600MW 火力发电机组培训教材（第二版）

汽轮机设备及其系统

华东六省一市电机工程（电力）学会　编

中国电力出版社
www.cepp.com.cn

内容提要

2000 年由华东六省一市电机工程（电力）学会组编的《600MW 火力发电机组培训教材》（一套 5 册）出版以来，已深受了 600MW 级火力发电机组的生产人员、工人、技术人员和管理干部等上岗培训、在岗培训、转岗培训、技能鉴定和继续教育等的欢迎，为此在目前全国电力系统中 600MW 发电机组已成为人们认为最佳的主力机组和至今已有 100 多台投入了电网运行的情况下，决定对本套教材进行全面修订，以适应电力生产人员、工人、技术人员和管理干部认真学习和熟练掌握亚临界、超临界、超超临界压力的 600MW 级火力发电机组的运行技术和性能特点，更好地满足各类电力生产人员的培训需要。

本书是《600MW 火力发电机组培训教材（第二版）》（汽轮机设备及其系统）分册，共分 17 章，主要介绍 600MW 汽轮机及其系统选择、技术参数和发展趋势；汽轮机组典型实例和本体主要部套；蒸汽系统及其设备；真空抽气系统及其运行监控；凝结水系统及其设备结构和参数；给水系统及其设备结构、参数和运行维护；给水泵小汽轮机及其系统、启动及运行；开闭式循环水系统和控制保护；主机润滑油、顶轴油、液压油及其净化系统；汽轮机调节及保安系统；发电机冷却和密封油系统；压缩空气系统结构及运行；汽轮机本体及其附件安装验收，油系统、蒸汽管道等检查和清洗；汽轮机主要工作系统调试；汽轮机整套启动、调试和甩负荷试验；500～1000MW 超临界压力汽轮机组特性、技术规范、控制系统功能和调节保安系统；超临界压力汽轮机组运行监视、控制设定、启动和维护等。

本书可作为从事亚临界、超临界、超超临界压力的 600MW 级火力发电机组汽轮机设备及其系统的安装调试、运行维护和检修技术等岗位生产人员、工人、技术人员和管理干部的上岗培训、在岗培训、转岗培训、技能鉴定和继续教育等的理想培训教材，也可作为从事 300～900MW 火力发电机组工作的汽轮机设备及其系统生产人员、技术人员、管理干部和大专院校有关师生的参考教材。

图书在版编目（CIP）数据

汽轮机设备及其系统/华东六省一市电机工程（电力）学会编. —2 版. —北京：中国电力出版社，2006.11（2023.1 重印）
600MW 火力发电机组培训教材
ISBN 978-7-5083-4559-8

Ⅰ. 汽… Ⅱ. 华… Ⅲ. 火电厂-蒸汽透平-技术培训-教材 Ⅳ. TM621.4

中国版本图书馆 CIP 数据核字(2006)第 077828 号

中国电力出版社出版、发行
（北京市东城区北京站西街 19 号 100005 http://www.cepp.sgcc.com.cn）
三河市百盛印装有限公司印刷
各地新华书店经售

*

2000 年 3 月第一版
2006 年 11 月第二版　　2023 年 1 月北京第十四次印刷
787 毫米×1092 毫米　16 开本　34 印张　922 千字　2 插页
印数31001—31500册　定价99.00元

《600MW 火力发电机组培训教材》

编 委 会

组编单位：山东省电机工程学会
安徽省电机工程学会
江西省电机工程学会
浙江省电力学会
福建省电机工程学会
上海市电机工程学会
江苏省电机工程学会

联合编委会成员：

主 任 委 员：	叶惟辛	江苏省电机工程学会
副主任委员：	林淦秋	上海市电机工程学会
	严行健	江苏省电机工程学会
委 员：	史向东	山东省电机工程学会
	赵家生	安徽省电机工程学会
	张 虹	浙江电力学会
	贾观宝	江苏省电机工程学会
	吕 云	福建省电机工程学会
	陈家湄	江西省电机工程学会

《汽轮机设备及其系统》
（第二版）

编　　写：丁有宇 丁 一
主　　审：王作宾

前言

近 10 多年来，大容量、高参数、高效率的大型发电机组在我国日益普及，由于 600MW 火力发电机组具有容量大、参数高、能耗低、可靠性高、环境污染小等特点，在我国《1994～2000～2010～2020 年电力工业科学技术发展规划》、《电力工业技术政策》及《电力工业装备政策》中都把 600MW 机组的开发研究和推广应用作为一项重要内容。自 1985 年以来，全国已有 100 多台的 600MW 机组陆续地投入了电网运行，它们即将成为我国电力系统的主力机组。为了确保 600MW 机组的安全、稳定、经济运行，600MW 机组岗位运行、技能鉴定和继续教育等培训工作就显着十分重要了。

为适应这一形势发展的需要，使广大生产岗位工人、技术人员和管理干部熟悉、了解和掌握 600MW 火力发电机组的技术性能和特点，经 2004 年 7 月华东地区六省一市电机工程（电力）学会联合编辑工作委员会联席会议认真讨论研究，决定组织修订《600MW 火力发电机组培训教材》（共 5 册），联合编委会根据联席会议精神，在中国电力出版社的积极支持和指导下，启动《600MW 火力发电机组培训教材》（第一版）的修订工作，选择修编专家和审稿专家，着手搜集资料，制订和审查编撰大纲等。2005 年 10 月各分册书稿陆续编写完毕，各负责单位分别对初稿组织专家进行了审查，随即送中国电力出版社编辑加工、出版和整个教材的编审工作，前后共花去了两年多的时间。

本套教材（第二版）共分五个分册，即《锅炉设备及其系统》、《汽轮机设备及其系统》、《电气设备及其系统》、《热工自动化》、《电厂化学与环境保护》，全套教材共约 350 万字。

本套教材（第二版）是以亚临界、超临界压力的 600MW 火力发电机组为介绍对象，并适当增加超超临界压力机组的内容。本套教材（第二版）是在对 600MW 机组各子系统的结构、原理、功能、性能和特点进行详细介绍的基础上，重点突出 600MW 火力发电机组的岗位运行和技能操作特点；在理论阐述和技能深度方面，以岗位运行知识为基础，提高技能操作能力为目的；在语言描述和整体内容方面，力求通俗易懂，深入浅出，并配备操作实例。本教材（第二版）属于 600MW 火力发电机组岗位运行、技能操作和继续教育的培训教材，适用于对具有大中专及以上文化程度的 600MW 火力发电机组生产岗位和技术管理人员培训之用，也可借用于高等院校热能动力和电力等专业的相关师生参考。

在本套教材的第二版修编过程中，华东地区六省一市电力公司、相关大专院校、发电厂以及有关专家学者和科技人员给了了热情的支持和帮助，我们在此一并表示感谢。我们还要感谢中国电力出版社，在历次联合编委会会议上都派出编辑参加和指导，经常关心编撰工作进度，协助解决疑难问题，对我们的工作给予了全方位的支持和鼓励。

限于编审人员的水平，本套教材第二版的疏漏之处一定不少，恳请广大读者提出宝贵意见，以便今后修订，提高质量，使之能更好地为我国电力工业的建设和发展服务。

华东地区六省一市电机工程（电力）学会

2006 年 5 月

编者的话

按照《华东地区六省一市电机工程（电力）学会联合编辑工作委员会 2004 年工作会议会议纪要》，根据形势发展的需求，对《600MW 火力发电机组培训教材》（第一版）内容进行调整和完善，增补近 10 多年来该领域的新技术、新材料、新工艺、新要求等内容，在本套教材第一版的内容基础上增加新的技术内容，删除部分过时的内容，形成一套学术水平和出版质量达到国内一流水平的大容量火力发电机组技术培训教材，并予以正式出版发行。

本次是《600MW 火力发电机组培训教材（第一版）》（汽轮机设备及其系统）分册的修编版，也是《600MW 火力发电机组岗位培训教材（第二版）》分册之一。我们认为《600MW 火力发电机组培训教材》修订后应成为在岗、在职 600MW 火力发电机组岗位运行、技能操作和继续教育的培训教材。

本次修编基本上保持了原书第一版的分篇格式，但对内容做了较大的增删和更新，改编后的内容力求反映近 10 多年来我国 600MW 大型火力发电机组，包括亚临界、超临界和超超临界压力机组的大量建设所带来的汽轮机设备及其系统的最新技术。

随着社会生活的现代化，各行各业需要越来越多的电力，对电力供应的可靠性要求也越来越高。因此，建设大容量电厂是满足上述要求的必然途径。我国电力工业自 20 世纪 80 年代以来，兴建的电厂越来越多地采用大功率发电机组，并优先选用的是 600MW 或更大的发电机组。自从 1985 年以来，全国已有 100 多台的 600MW 机组陆续地投入了电网运行，它们即将成为我国电力系统的主力机组。因此，全面地掌握 600MW 机组的性能，才能建设好、管理好和运行好大型电厂。

本书是以我国已采用的 600MW 机组的实践经验为基础进行编写的，共十七章。第一章阐述机组的选型，以及机组的主要技术参数；第二章对 600MW 汽轮机主要设备的结构和功能进行详细的阐述；第三章至第十二章详细讨论与汽轮机有关的各个工作系统；第十三章介绍汽轮机本体的安装；第十四章简述汽轮机及其有关工作系统的调试；第十五章介绍汽轮机整套起动的工作安排；第十六章介绍 500～1000MW 超临界汽轮机组的特性；第十七章针对超临界汽轮机组运行、维护中必须解决的关键技术问题，作了详尽、明确的阐述。

本书由浙江省电力公司丁有宇和杭州市电力局丁一合作编写，并由丁有宇完成全书统稿工作，最后全稿由王作宾审稿。

编　者

2006 年 5 月

目 录

概　述

第一节　汽轮机及其系统选择

建设火力发电厂的目的是把燃料的化学能转换为电能，并由送变电设施把电能输送到各个用户。从经济角度考虑，还希望用较少的燃料，发出尽可能多的电能。这就要求电厂既要安全、可靠，又要有较高的总效率。因此，选择良好的发电设备，是建设电厂的首要任务。

下面对汽轮机及其系统的选择作出简要的介绍。

汽轮机本体的安全、可靠及效率，对于定型的汽轮机，已由制造厂在设计、制造过程确定。电厂用户只能通过对比分析的方法，最后择优选用。对比分析一般从如下几方面进行：

（1）主要部件的结构性能。包括主汽门、调节汽门、导汽管的结构性能和布置方式，喷嘴室的结构和配汽方式，高、中、低压缸的结构性能，高、中、低压转子的结构性能，末级叶片长度，轴承的结构性能，盘车装置的结构性能，轴系的连接方式以及机组的热膨胀性能等。

（2）机组的布置方式。机组的布置方式对安装、运行、检修都有影响。如目前已投运的机组中，有的机组把主汽门和调节汽门都布置在运行层下面，运行平台上只有汽轮发电机组，运行层十分敞亮畅通，有的机组却把调节汽门和各个轴承的滤油装置都布置在平台上，结果整个平台显得拥挤不堪。

（3）机组的控制方式。包括主机和系统的控制，都应根据用户的具体要求加以分析比较后选定。我国已投运的机组，主机采用的是数字式电液控制系统（DEHC），各个辅机系统采用的是分散式控制系统（DCS），两者相互协调，形成了具有较高水平的闭环式自动控制体系，在集控室内通过计算机桌面、屏幕就能够了解各个系统的状况，发出相应的控制指令，运行管理既集中又方便。

（4）运行方案的确定。机组运行年限和运行方式的不同，对汽轮机的结构和材料的选用有一定的影响。因此，在选用汽轮机时，应将机组的运行规划通知汽轮机制造厂，以便制造厂在机组的结构和材料选用方面能更好地满足用户的需要。

（5）给水回热系统的选择。给水回热系统的总体性能对机组的效率影响甚大，在加热器数量相同的情况下，抽汽点（即抽汽参数）、抽汽流量的调整，以及加热器疏水导向的不同、给水旁路的不同，都会明显地影响机组的热循环效率。

（6）主蒸汽旁路的选择。机组启动、运行方式的不同，对主蒸汽旁路的容量和控制方式的要求也不同。因此，必须根据已规划好的启动、运行方式来选用主蒸汽旁路的容量和控制方式。应当注意的是，旁路不是越大越好。选择旁路时还应当注意旁路阀门的驱动方式，液力驱动的阀门动作较快（可以在 0.3s 以内完成动作），电动阀门的动作较慢（约在 0.5s 时间内完成动作）。

（7）真空凝结水和循环冷却水系统的选择　我国幅员辽阔，东西南北各占数千公里，从北方的漠河寒带到南沙群岛的热带，从西北的干旱高原到东海之滨的江南水乡，地理和气候条件千差万别。因此，要根据具体的地理气候条件来选择真空凝结水系统和循环冷却水系统。

要根据具体的水温、水质、水源条件来选用系统和设备、材料。如西北缺水地区，多选用闭式循环冷却水系统；海边电厂考虑凝汽器的材料时，则选用全钛管凝汽器；黑龙江地区在选用凝汽器的真空时，可以选取全年平均水温15℃，在海南岛年平均水温将取25℃或更高。

（8）再热系统的选择。对于亚临界压力机组，只采用一次中间再热，再热的冷端主蒸汽参数为高压缸的排汽参数。对于超临界压力机组，可以一次再热，也可以二次再热。采用哪种方案，要考虑经济性，也要考虑建造费用和运行管理等因素。第一次再热蒸汽的压力已较低，体积流量较大，因此再热蒸汽管道又长又粗大；第二次再热蒸汽的压力就更低，体积流量也更大，再热蒸汽管道就更加长、更加粗大。再热管系将十分庞大复杂，对整个汽轮机岛和锅炉岛的总体布置将有较大的影响，建造费用将明显增加，运行管理也较为困难。因此，超临界压力机组多数还是采用一次中间再热，采用二次再热的只占15％左右。

第二节　600MW汽轮机组主要技术参数

汽轮机组的技术参数归结为两大类：①影响机组经济性的技术参数称为经济技术参数；②影响机组安全的技术参数称为安全技术参数。

一、汽轮机组经济技术参数

汽轮机组的经济性主要由工质参数、设备的结构性能、各辅助工作系统的配置状况所决定。为了提高汽轮机组的经济性能，必须从这三方面下功夫，使其尽量符合人们的愿望。

1. 蒸汽参数对机组效率的影响

这里指的蒸汽参数是蒸汽的压力和温度。用来驱动汽轮机的单位流量蒸汽压力和温度越高，携带的能量越大，而做功后的压力和温度越低，则带走的无用能量（焓）就越小，这样蒸汽可能的做功能量（理想焓降）就越大；在能量相同的情况下，压力和温度越高，可能用来做功的能量比例就越大，无法做功而不得不被放弃的能量比例就越小（即熵值越小）。这就是蒸汽的基本热力性质。因此，为了提高单位流量蒸汽的做功能力和做功效率，应当尽可能地提高将要进入汽轮机的新蒸汽的压力和温度，同时尽量降低做功后"废蒸汽"的压力和温度。从焓熵图上蒸汽的热循环过程线可以明显地看到这种效果。

图 1-1（a）是最简单的蒸汽理想热循环在 $h-s$ 图上的示意图。过程线 a—b—c—a 所围的面积代表有可能做理想功（即未计及做功过程的其他能量损失）的能量，b—c—s_2—s_3—b 折线所包围的面积代表无法利用的汽化潜热；A—B—C—A 过程线表示提高初参数、降低背参数后的过程线。显然，A—B—C—A 折线所包围的面积大于 a—b—c—a 折线所包围的面积，能量转换效率 ABCA／（ABCA＋BC$s_1$$s_3$B）大于 abca／

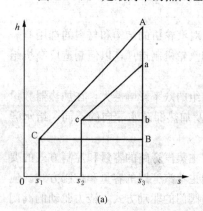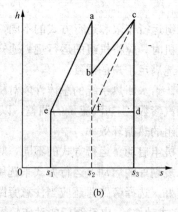

图 1-1　蒸汽热循环过程示意
（a）提高初参数、降低背参数效果示意；（b）中间再热效果示意

（abca＋bcs₂s₃b），也就是说，提高初参数、降低背参数后的 A－B－C－A 过程做功能力大，效率也高了。

此外，如果在蒸汽尚未丧失做功能力时，将其再次提高温度（即再热），也能较有效地增加蒸汽做功能量的比例，即提高循环的热效率。如图 1-1（b）所示，蒸汽由 a 点开始热/功转换到 b 点时，将其再次加热到 c 点，然后再由 c 点到 d－e－a 点。这样，整个循环的做功能量由 a－b－c－d－e－a 折线所包围的面积表示，而其中 b－c－f－b 折线包围的面积所代表的能量在热功转换过程中无熵增，它由 b－c－d－f－b 折线所包围的面积趋近于理想热循环的矩形面积（即假想的矩形 a－c－d－f－a 的面积）。这样，单位流量蒸汽的做功能力增大了，效率也提高了。这是一次再热的情况。理论上，再热次数越多则由 a－b－c－d…n 折线所包围的面积就越接近于理想热循环的矩形面积。但实际上，多次再热从技术上实现很困难，从经济技术角度考虑也不合理，通常只采用一次再热，最多两次再热。

600MW 亚临界压力汽轮机组均采用一次中间再热，超临界压力机组大多数也只采用一次中间再热，只有少数采用二次中间再热。

蒸汽参数的提高受到材料性能的限制。亚临界压力机组的初参数，压力约为 16～17.5MPa，温度约为 535～570℃；超临界压力机组的初参数，压力约为 24～26MPa，温度约为 550～570℃。如果想采用更高的初温，锅炉和汽轮机本体都要采用十分昂贵的材料，制造成本将大大提高，从经济技术角度考虑也是不合理的。压力的提高固然不受材料性能的限制，但对于超临界压力机组，是由直流锅炉供汽，"水"在锅炉中已没有液态和汽态之分，压力越高，可能溶解于"水"中的其他物质就越多。蒸汽在汽轮机的通流部分做功后压力将降低下来，原来在高压状态下溶解于"水"的物质将会释放出来，聚集于汽轮机的通流部分。初参数的压力越高，在通流部分的积垢就越快，这将使通流部分的效率明显降低。因此，在选用汽轮机组的初参数时，压力也不是越高越好。

由图 1-1 可以看出，降低背参数对提高机组热效率有显著的效果。背参数的降低，受两方面的限制：一方面受末级排汽面积的限制；另一方面还受大气温度的限制。在我国的地理条件下，背压大约为 0.0035～0.006MPa。

由图 1-1 还可以看出，不论提高初参数，还是采用中间再热，在增加理想焓降的同时，蒸汽的熵也增加了。也就是说，用提高初参数的办法，特别是用中间再热的办法来增加机组出力，在增加出力的同时，总是伴随着无用能量的增加。为了尽量减少无用能量的增加，必须采用别的办法，这就是回热抽汽。

2. 回热抽汽系统的作用

在汽轮机组中设置回热抽汽系统的目的，就是为了尽量减少进入凝汽器的无用能量。下面分析回热抽汽系统是怎样减少进入凝汽器的无用能量的。

在图 1-2 上给出了单位流量蒸汽一次水－汽－做功－汽－水的循环过程线。这是一个有一次中间再热的蒸汽热循环过程示意图。从过程线 A－B－c－d－e－A 可以看出，未采用回热抽汽情况下，中间再热单位流量蒸汽做功能力的增加量是折线 c－d－e－e1－c 所包围的面积，而同时增加的无用能量是折线 e－f－f1－e1－e 所包围的面积。采用回热抽汽之后，过程线是 A－B－1－2－C－D－3－4－5－6－…－n－E－A，无用能量的增量由折线 e－f－f1

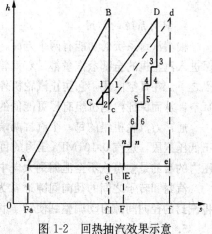

图 1-2　回热抽汽效果示意

—e1—e 所包围的面积缩小成由折线 E—F—f_1—e1—E 所包围的面积。可见，回热抽汽对减少进入凝汽器的无用能量（也即提高热循环的效率）有十分明显的效果。

上面只是对在理想条件下（即循环过程中，蒸汽释放的内能完全用于做功），简单地比较了无回热抽汽与有回热抽汽两者之间的差别。实际上，在同样有回热抽汽的循环中，回热系统抽汽点的不同，以及各抽汽点抽汽量的不同，都会造成循环效率的不同。

回热抽汽的安排应当是：高品位（即处于高热焓、低熵值蒸汽状态）处不抽汽或少抽汽，低品位处则尽可能地多抽汽。这是提高回热抽汽系统节能效果的重要原则。

此外，抽出的蒸汽在把热能传给锅炉给水（凝结水）之后，它本身也冷却下来变成凝结水，这些凝结水通常称为加热器的疏水。这些疏水的不同导向，也会造成不同的结果。因此，这些疏水的导向，应经过对整个热循环系统进行详细的热平衡计算后予以确定。

3. 真空系统的作用

真空系统由抽真空系统和密封系统两部分组成。它的作用是用来建立汽轮机组的低背压，也即用来建立凝汽器的高真空，使蒸汽能够最大限度地把热焓转变为汽轮机的动能。对于凝汽式汽轮机，蒸汽到了最后几级，已进入饱和区，蒸汽的饱和压力和饱和温度——对应；压力越低，温度也就越低。凝汽器中的高真空，使蒸汽能够工作到很低的压力和温度，最后被冷却水带走的能量也就减少了，汽轮机效率提高了。

应当注意，抽真空系统所建立的真空，只是建立凝汽器真空的一个必要条件。在汽轮机组尚未投入运行时，凝汽器中的真空取决于抽真空系统所建立的真空；在汽轮机组投入运行后，抽真空系统的作用只是把泄漏到汽轮机内部的空气及时地抽走，是确保凝汽器真空的一个必要条件。在汽轮机组投入运行后，凝汽器内的真空还（甚至是主要）取决于进入凝汽器内的蒸汽与循环冷却水的热交换状况。蒸汽与循环冷却水的热交换状况主要取决于凝汽器的换热面积和循环冷却水的温度 t_w（t_w 取决于环境温度）、水量。由此可见，在具体的电厂环境条件下（也就是说，在具体的环境温度条件下），要确保凝汽器内具有良好的真空，必须保证抽真空系统性能良好，有足够大的凝汽器换热面积和足够的循环冷却水量。通常，要求循环水冷却倍率（在相同的单位时间内，进入凝汽器的循环水与蒸汽的质量比）不小于 60。

在某些特殊的运行工况下，如低负荷运行时，蒸汽到了末几级已不能够继续膨胀做功，汽轮机的这几级变成了鼓风机，蒸汽可能被加热、升温，导致凝汽器内的真空变坏。此时，应当调整运行方式，使汽轮机末几级有足够的冷却流量。如果无法调整运行方式，则必须向凝汽器内喷注冷却水，以确保凝汽器和汽轮机末几级的安全。凝汽器的喷水冷却装置是保证凝汽器真空的后备设施。

4. 轴封系统的作用

轴端汽封系统的功能有两个方面。在汽轮机组的压力区段，它防止蒸汽向汽轮机外泄漏，确保进入汽轮机的全部蒸汽量都沿着汽轮机的叶栅通道前进、做功。它是保证汽轮机效率的重要手段之一。在真空区段，它防止汽轮机外侧的空气向汽轮机内泄漏，保证汽轮机真空系统有良好的真空，从而保证汽轮机组有尽可能低的背参数，即保证了汽轮机效率。

通常，汽轮机组的每一个汽缸两端各有一组轴封，每组轴封由多段组成，如图1-3所示。对于低压区段，送汽 0.101MPa 压力的目的是使外部的空气不能进入汽轮机内部，抽汽 0.096MPa 压力的目的是使蒸汽不至泄漏到大气中；对于高压区段，省去了 0.101MPa 压力的送汽。

汽封和转子之间的径向间隙通常为 0.4～0.6mm。目前，已发明了"自动调整汽封"，可以将汽封的径向间隙自动调整到使转子磨损接近于零，汽轮机组的运行效率相应提高。

5. 汽封系统的作用

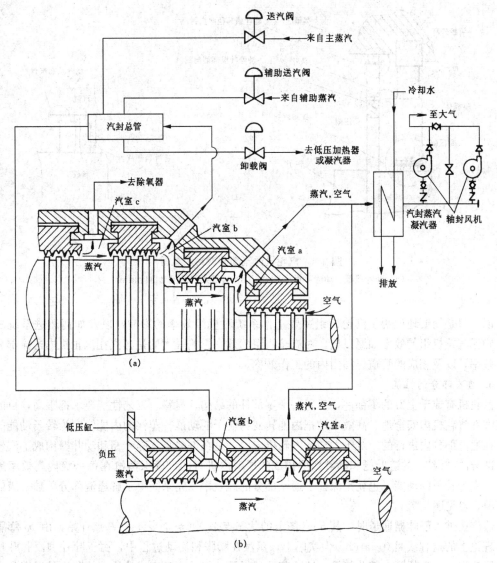

图 1-3　汽轮机轴封系统示意
(a) 高压轴封；(b) 低压轴封

这里是指汽轮机通流部分的汽封。设置它的目的是尽量减少蒸汽从高压区段通过非做功通道泄漏到低压区段，以保证尽可能多的蒸汽在做功通道做功，这样才能保证汽轮机通流部分有较高的效率。

汽轮机通流部分的汽封分径向汽封和轴向汽封两种，如图 1-4 所示。

对于冲动式汽轮机，隔板汽封起主要作用；隔板汽封只用于有隔板的通流部分。对于反动式汽轮机，如果静叶叶栅做成隔板式，那么隔板汽封和叶顶汽封同样重要。对于转鼓反动式汽轮机，静叶顶部和动叶顶部汽封同样重要。轴向汽封只起辅助作用。600MW 汽轮机组的轴向总长度较大，运行时汽缸、转子的相对膨胀较大，设置动静叶叶根轴向汽封已失去实际意义，有的制造厂将冲动式汽轮机的动、静叶叶根轴向汽封改为径向汽封，这样既保证了轴向的膨胀不受影响，又起到了汽封的作用。

隔板汽封和静叶栅顶部汽封的径向间隙约为 0.4～0.6mm，动叶顶部汽封的径向间隙则与动

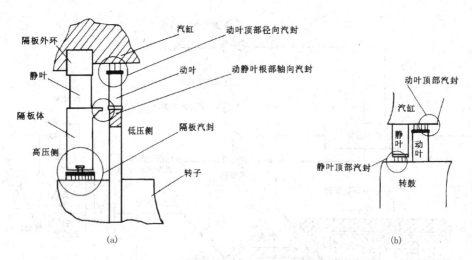

图 1-4 汽轮机通流部分汽封示意图

(a) 动叶顶部、动静叶根部汽封；(b) 转鼓式汽轮机动静叶顶部汽封

叶长度有关。

以上只是简要地说明了汽轮机组主要工作系统对机组效率的影响，以及如何改进系统的性能，确保汽轮机组的效率如愿以偿。对汽轮机组的效率影响最大的是蒸汽在汽轮机内通流部分的工作效率，以及相应的管道、阀门内的工作效率。

6. 通流部分的性能

汽轮机有成千上万的零部件，对每一个零部件的结构、材料、工艺性能要求都很高，目的是使蒸汽在汽轮机内安全地、高效率地把内能转变为转子的动能。蒸汽的内能转变为转子动能的过程是在通流部分内进行的。对于大功率汽轮机来说，是在许多级（静叶栅和动叶栅构成了汽轮机通流部分的"级"）的静叶栅和动叶栅所构成的通道内进行的。确保蒸汽在每一级内高效率地把内能转变为转子的动能，也就是保证了通流部分的高效率。先来简单了解通流部分单独一级的工作情况，参见图 1-5。

蒸汽在进入静叶栅通道时，其 $h-s$ 图上的状态点是 0（p_0，t_0），从 0 点开始，由 p_0 膨胀至 p_2，理论上的过程线是 0—a—b。但实际上，蒸汽在膨胀和流动过程中，由于叶片型面和叶片端部的涡流损失，消耗了一部分能量。这一部分消耗了的能量，又变成热能，使蒸汽的温度升高了一些，在 p_1 和 p_2 情况下等压加热，即在不做功的情况下，使蒸汽的熵值由 s_0 增大到 s_2。因此，从 0 点开始，由 p_0 膨胀至 p_2，蒸汽膨胀做功的过程线是 0—1—2。由于上述汽流通道内的损失，实际过程比理论过程少做功（Δh）。为了尽量减少这种损失，叶片不仅要求做得很光滑，而且型线要求也很严格。其中按三元流动原理设计的可控涡流型的级效率较为理想。

蒸汽在静叶通道内膨胀，压力从 p_0 降到 p_1 的同时，其速度也从静叶进口处的 c_0 增加到出口处的 c_1，然后进入动叶。从动叶出口速度三角形可以看出，c_1 越大，c_{2u} 也即余速 c_2 就越大。这就是说，对于一定的 u 值，加大 c_1 的结果，蒸汽所做的功并没有增大，而是增大了动叶出口处的余速。能够做功的是 u 所代表的动能，即单位流量蒸汽做功的能力为

$$w = \frac{u^2}{2}$$

其中：u 是叶片在蒸汽沿圆周方向（也称切向）动能推动下形成的圆周速度，$u = c_{1u} - c_{2u}$，m/s。

从动叶出口速度三角形还可以看出，汽流速度的轴向分量 $c_{1a} = c_{2a}$，它们代表汽流在单位面积内的通流能力。

人们的目的是蒸汽要能够尽可能多做功，又不会形成太大的余速。这就要选择最佳速比 u/c。在通流部分静（动）叶平均直径上，通常选择 $u/c≈$ 0.5。在这种条件下，余速 c_2 最小，$c_{1u}≈u$，$c_{2u}≈0$。此时余速 c_2 的方向近似垂直于 u，与汽轮机的轴向基本相同。这就是说，蒸汽由初参数膨胀到背参数，其总焓降应当合理分配。在高压缸，蒸汽的体积流量变化不很大，叶片高度的变化也较缓慢，焓降的分配差别也较小；中压缸的前几级，焓降差别也不很大，到了中压缸后几级，特别到了低压缸，各级焓降的差别就很大。其目的就是为了使通流部分有合理的焓降分配，提高通流部分的效率。此外，还应注意，圆周速度 u 是沿着叶片高度变化的，静动叶片的截面型线要相应地变化，以适应汽流流线的变化。正如上面所说的，用三元流动的理论来设计和选用叶片。

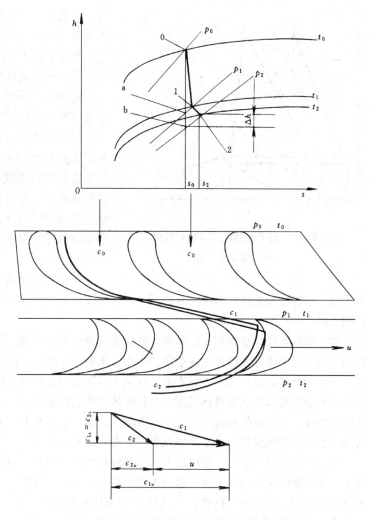

图 1-5　蒸汽在汽轮机一级内的能量转换示意图
u—叶片的圆周速度；c_1—静叶出口速度；c_2—动叶出口速度

600MW 汽轮机的通流部分是由许多级组成的，而且还分为高压、中压、低压汽缸。在高压缸的调节级后和每个汽缸的最后一级，余速 c_2 无法利用或无法大部分利用来作为下一级的 c_0；在有抽汽口处，余速 c_2 也无法大部分利用来作为下一级的 c_0；其他中间各级的余速，如果动静叶的型线匹配得当，余速能够大部分利用来作为下一级的 c_0。

根据各级焓降应合理分配和尽可能利用余速 c_2 的要求，同一个汽缸内的通流部分应当是一个平滑完整的汽流通道。它从高压缸第 2 级至高压缸最后一级、中低压缸各自的第一级到最后一级，其汽流通道应当是平滑地逐渐扩展的流线型通道。

在汽轮机的通流部分中，第一级（即调节级）和最后一级（末级）的性能对通流部分性能的影响最大。先来看看调节级，参见图 1-6。

对于正常设计的调节级，蒸汽在调节级中的膨胀过程线是从 0 到 a；如果调节级的性能不好，蒸汽在调节级中的膨胀过程线是从 0 到 b，而蒸汽在整个高压缸中的膨胀过程线将由 0—a—b_1 移至 0—b—b_2。蒸汽的品位降低了，蒸汽在整个高压缸中的做功能力也降低了。当然，整个高压缸的效率也降低了。通常调节级的焓降比高压缸中压力级的焓降大，尤其是在部分负荷时，影响更大。为了使调节级有良好的性能，应当选用最佳的 u/c，尽量完善动叶和静叶（喷

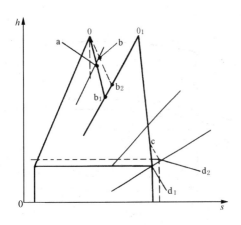

图 1-6　调节级和末级性能对机组
性能的影响示意图

嘴）的型线；调节级的性能还与喷嘴组的布置方法及运行方式有关。因此，无论是在设计时，还是在选用和运行时，都要经过详细分析、综合比较之后，作出最佳选择。

通流部分最后一级即末级的性能，对汽轮机的效率影响也很大。

对于正常设计的末级，蒸汽的膨胀过程线是从 c 到 d_1；如果末级的性能不好，蒸汽在末级中的膨胀过程线变成从 c 到 d_2。这样，不仅末级的效率降低了，而且整个蒸汽热循环过程的背参数也被提高了。这不仅影响机组效率，严重时还可能影响汽轮机通流部分的通流能力，从而影响机组的总功率。

影响末级性能的主要因素有四方面，即蒸汽的参数、动静叶片的结构型线、凝汽器的真空（如前面"真空系统的作用"所述）和排汽部分的结构型线。

这里蒸汽参数主要指蒸汽的湿度，也即水在蒸汽中的比率。末级中蒸汽所含的水，不但不能做功，而且对末级叶片还产生冲刷腐蚀作用。水的比率越大，影响就越严重。为了尽量减少末级蒸汽中水的比率，通常从两方面着手。首先，尽可能地提高进入低压缸蒸汽的过热度。这就意味着要尽可能地提高蒸汽的再热温度。在相同的再热温度条件下，初参数为超临界压力的蒸汽到末级时的湿度，大于亚临界压力参数的蒸汽湿度。无论是超临界压力还是亚临界压力机组，在次末级和末级安装除湿结构，是排除蒸汽中所含水分的另一手段。

优良的末级叶片结构、型线是提高末级效率的重要因素。提供足够大的末级通流面积，是保证末级有较高效率的主要条件。这就意味着采用尽可能长的叶片。现在，成功应用的末级叶片长度已达到 1000mm 以上；已设计并试验成功的钛合金叶片，长度已达到 1300mm 以上。与此同时，末级叶片的型线也作了精密细致的改进，使其完全适应末级汽流三元流动的流线特性。

蒸汽从末级排出，要设置良好的导流结构，将蒸汽导入凝汽器。这样，可以保证末级有畅通无阻的"后路"，蒸汽可以充分地膨胀做功，对提高末级效率很有好处。

7. 配汽机构对汽轮机组效率的影响

这里是指管道、阀门的结构以及配汽方式对机组效率的影响。

蒸汽在管道内流动，其速度越大，损失的能量也就越大。为了减小沿管道的能量损失，应当合理地限制蒸汽的管内速度。如要求沿管道的压力损失≤1%，那么利用流体的能量方程和连续方程，就可以确定汽流的管内速度和求出相应的管径。管道应当避免直角急转弯，管内表面粗糙也是必须避免的。而良好的保温，可以减少热量损失。

主汽阀和配汽阀门的压力损耗应当尽量减小。阀门应当有足够的通流直径，阀门喉部后面要有足够有效的扩压段；汽轮机运行时主汽阀全开；配汽阀门的功率分配应当注意到在几个主要工况（如 50%、70%、85%、100% 负荷）下不发生节流现象；配汽阀门后面的导汽管和配汽室的结构型线要尽可能符合蒸汽的流线，尽量避免撞击和涡流区。

通过上述对汽轮机组各个工作系统和通流部分特性的简要分析，已了解影响机组效率的各种客观因素。这些因素只有在特定条件下（即设计工况），才能具有最佳效果。在其他条件下，这些因素可能变差了（如部分负荷运行），于是机组的效率有可能下降。这就是人为因素对机组效率的影响。这也是一个很重要的因素。

负荷变化对机组效率产生影响的具体例子如下。

北仑发电厂两台不同型号的汽轮机，设计铭牌功率为 600MW，各自的保证热耗分别是 7880kJ/kW·h 和 7790kJ/kW·h。在不同负荷下的热耗如下：

1 号机（设计值）：

功率（MW）	功率（%）	热耗（kJ/kWh）
600	100	7880
510	85	7887
420	70	7963
300	50	8194

2 号机（设计值）：

功率（MW）	功率（%）	热耗（kJ/kWh）
600	100	7790
510	85	7832
420	70	7911
300	50	8079

上述数据是厂家在技术文件中提供的。在机组投产后，实测结果，在 600MW 工况时，1 号机热耗约增加 3%，为 8116.4kJ/kWh，2 号机热耗约增加 1.5%，为 7907kJ/kWh。

一般来说，600MW 汽轮机组在电网中应多处于承担基本负荷的运行状态，这样其效率可以得到基本保证。处于部分负荷运行，特别是处于 ≤70% 负荷情况下运行，其效率是不能令人满意的。

机组处于部分负荷运行，不是机组的固有特性，而是人为指令，即人为因素造成的。为了使机组在整个服役期间内有令人满意的效率，合理地安排运行计划是很重要的。也就是说，由于人为因素对机组运行效率的影响十分明显，必须合理地规划这种人为因素。

可以把热耗随功率的变化关系制成如图 1-7 的曲线，或储存于运行管理的电脑内。电厂运行人员和电网调度人员应根据热耗－功率之间的关系特点和在不同时间电网的负荷情况，科学地制定

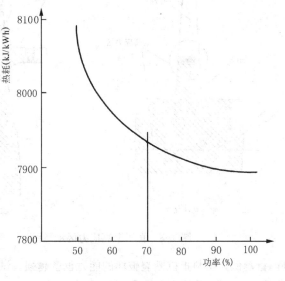

图 1-7　热耗随功率变化曲线图

运行规划，才能保证汽轮机组在计划运行期间内有令人满意的效率。

二、汽轮机组安全技术参数

汽轮机组的安全技术参数主要体现在设备的结构、材料性能，各个工作系统配置的完善性和科学的运行管理。本节将对这三方面分别加以具体的讨论。

汽轮机本体能否安全地承担运行任务，是电厂安全生产至关重要的因素。保证构成汽轮机本体的各个零部件能够安全地承担各自的任务，是汽轮机本体能够安全运行的基本物质条件。下面具体地了解构成汽轮机本体各个零部件的安全技术参数。

1. 转子的安全技术参数

转子是汽轮机组最重要的部件。它承担最重要的任务，其工作状态比较复杂，在高温、高转速情况下，既承担着巨大的离心应力及传递功率所产生的扭转应力，又承担着热应力、蠕变，还可能产生弯曲、振动等。因此，对转子的结构、材料性能要求特别苛刻。

(1) 离心应力是由于转子高速旋转引起的。它是由转子体本身的离心应力和安装于转子上面的叶片离心应力两部分组成。

离心应力与转子的材料密度、直径成正比，与转速的平方成正比。转子的不同结构对离心应力的大小影响也很大。如在相同的转速、材料、直径条件下，有中心孔的转子心部应力是无中心孔转子心部应力的 2 倍。

就离心应力而言，最高应力区分布在转子三个区域内，即末级处的中心、转子（叶轮）与叶片连接处和结构突变处，如图 1-8 所示。这种离心应力在整个运行期间内，总是使构件处于开裂的趋势，因此必须加以严格地限制。转子材料的屈服极限与离心应力之比，即安全系数，应不小于 1.8。

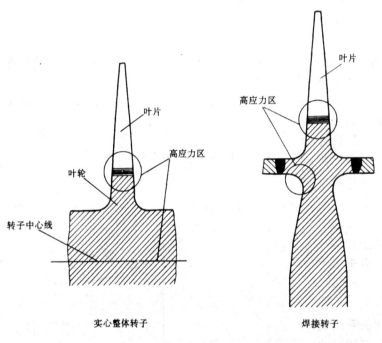

图 1-8　转子上高应力区示意图

此外，还要注意转子材料在其工作温度状况下有足够的抗断裂韧性，即 K_{1c} 的数值足够大。转子材料的 K_{1c} 越大，材料抵抗断裂破坏的能力就越强。对于同一种材料而言，在固态状况下，温度越高，K_{1c} 就越大，材料抵抗断裂破坏的能力也就越强；当温度低到某一数值时，材料的抗断裂韧性急剧下降，变得非常容易断裂。材料的抗断裂韧性急剧下降所对应的这一温度，称为材料的脆性转变温度，通常记作 T_{FATT}。显然，对于同样的材料，脆性转变温度 T_{FATT} 越低，材料抵抗断裂破坏的能力也就越强。试验统计数据表明，只有当材料的工作温度 T_g 高于 T_{FATT} 50K 以上，即 $T_g - T_{FATT} \geqslant 50K$ 时，材料抵抗断裂破坏的能力才是正常的。也就是说，要求转子材料的脆性转变温度低于工作温度 50K 以上。这是转子材料一个重要的安全技术参数。

(2) 扭转应力是由于转子传递力矩而产生的。低压转子与发电机转子连接端的轴颈处扭转应力最大。此处的扭转应力，应考虑在发电机可能发生短路时，冲击力矩所产生的最大扭转应力。此时，汽轮机轴系可能发生瞬间的扭转振动。但只要负荷不发生与轴系扭转振动频率同步的变化，瞬间的扭转振动即很快衰减、消失。

(3) 热应力主要发生在高压转子的前几级和中压转子的前几级。它是由于转子各部分温度不均匀，各部分材料之间膨胀或收缩互相限制而引起的。一部分材料受拉的同时，则另一部分材料必然受压。温度如果反复变化，则材料受到反复变化的拉—压交变应力。温差越大，交变应力就越大。材料经过反复多次交变应力的作用之后，有可能产生疲劳裂纹。温差越大，产生疲劳裂纹的期间就越短。详细计算表明，如果蒸汽与转子的温差达到150℃，那么，即使平滑的转子表面，其热应力将大到材料屈服极限的数值；如果是这样，转子表面很快就会产生疲劳裂纹。由此可见，为了限制热应力，就必须限制蒸汽与转子的温差。此外，由于构成转子的材料相当厚大，各部分材料之间的热传导需要相当长的时间，于是，限制蒸汽的升温（降温）速度是限制热应力的另一个重要手段。这两个手段在汽轮机启动和停机时是非常重要的。这是因为在高速旋转的情况下，转子表面与蒸汽之间的热交换相当强烈，转子表面将很快被蒸汽所加热（冷却）；而转子内部材料的热传导却十分缓慢，升温（降温）也就十分缓慢；此时，如果蒸汽很快升温（降温），那么转子表面也很快升温（冷却），其结果是很快加大转子本身的温差，造成极大的热应力。

计算表明，像600MW这样的汽轮机转子，在蒸汽温度不变的情况下，转子表面温度和转子内部温度趋于基本均匀所需的时间约为4～5h。由此可见，汽轮机在冷态启动时，事先送汽预热的时间应当不少于4～5h。此外，由 $\sigma \propto \alpha E \Delta t$（其中 σ 为热应力；α 为转子材料热膨胀系数；E 为弹性模量；Δt 为温差），可以计算出蒸汽与转子的温差以不大于100℃为宜，蒸汽的升温速度以不大于2.5℃/min为宜。

为了有效地控制汽轮机转子的热应力，现在已根据"转子的寿命计算和寿命管理"理论，组成了按寿命管理的"机组自动启、停控制系统"，运行人员只要向控制电脑键入升温（降温）速度，机组就能够在保证热应力处在安全范围内实现机组的自动启、停。

这里要特别指出，所谓"甩负荷带厂用电"和"甩负荷维持空转"的做法是非常有害的！

汽轮机在稳定满负荷运行中，转子（以及汽缸）各区段的温度与相应区段的蒸汽温度非常接近，其表面温度与内部温度也非常接近，温度场处于较好的稳定状态，热应力、热变形

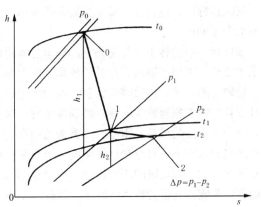

图 1-9　汽轮机甩负荷后带厂用电或空转时
通流部分热力过程线

都很小。此时，汽轮机一旦甩负荷，主汽门和调节汽门全部关闭，汽轮机的通流部分很快处于真空状态。所谓"甩负荷带厂用电"和"甩负荷维持空转"，就是在汽轮机处于高温、高真空的状况下，送进少量的蒸汽来维持其空负荷或极低负荷运行。再来看看此时通流部分会出现什么样的状况，参见图1-9。在这种状况下，蒸汽在通流部分的膨胀过程线是0—1—2。其中，过程线0—1是在调节级内进行，而1—2是在调节级后的所有压力级内进行。由于送汽量很少，调节级后的蒸汽压力 p_1 和温度 t_1 都很低，p_0 和 p_1 的差值很大，于是调节级的焓降 h_1 很大；而 p_1 却很接近 p_2，$\Delta p = p_1 - p_2$ 很小。这样，调节级后的整个通流部分其他级总的焓降 h_2 也就很小，基本上只能维持蒸汽的流动。到通流部分的最后几级，甚至变成鼓风机。此时，正处于高温、高转速状态的转子，将受到压力为 p_1、温度为 t_1 的蒸汽急烈的冷却，造成极大的热应力和热变形。这对汽轮机转子是一种严重的损害。因此，汽轮机甩负荷后带厂用电或甩负荷后维持空转的做法是极端错误的！应当尽量避免这种情况的发生。

正确的做法应当是汽轮机甩负荷后让其惰走，待故障排除后很快地带满负荷。如果故障无法立即排除，则惰走后投入盘车。如果故障在数小时内排除，仍然要尽快地带满负荷；如果故障在

短时间内无法排除，则继续盘车，等候故障排除后视具体情况重新安排相应的启动方式。

热变形也是一个应当注意的问题。在汽轮机启动、停机或汽缸疏水不畅时可能出现这种情况。热变形将会引起转子的弯曲，而发生弯曲的转子投入运行是很危险的。因此，必须对转子的弯曲度加以监测，严格限制弯曲度。在转子轴端外圆的晃度应不大于 $30\mu m$。

蠕变现象是高、中压转子前几级的另一个应当注意的问题。这是高温区段的材料在离心应力的作用下，缓慢地发生塑性变形的现象，严重的蠕变将导致材料的断裂。对于经历长期运行的汽轮机转子，应当检查叶轮外径的增大是否在允许的范围内。

（4）振动特性是汽轮机转子的重要安全参数。汽轮机转子的振动主要有三种类型，即质量不平衡振动、油膜振荡和蒸汽振荡。

对于质量不平衡振动，在转子的材料、结构确定之后，转子的固有频率就确定了。如果把转子的临界转速（固有频率）记作 n_c，把汽轮机转子在正常运行时的工作转速记作 n_n，为了避免在工作转速下发生共振，要求 n_c 与 n_n 的差值足够大，即要求 $|n_c - n_n| \geqslant 15\% n_n$。

转子在制造厂应做高速动平衡试验。要求在额定转速下，转子的轴振动全幅值小于 $20\mu m$，在未达额定转速时，转子的轴振动全幅值小于 $40\mu m$。经动平衡试验合格的转子，应禁止在其上面再作任何零部件的装拆或位置的改动。

投入运行后，汽轮机－发电机轴系任何轴颈处允许的振动（双幅）值不大于 $50\mu m$，联轴器处不大于 $80\mu m$。

实际运行中的转子，与支持它的轴承支座构成了一个振动系统。要了解转子的振动特性，除转子本身外，还要了解与其相关的轴承支座的基本特性对振动系统的影响。

运转着的转子，被油膜所托起，而油膜由运转着的转子和轴承的轴瓦（下文将把轴承的轴瓦及其支托它的支座通称为支座）共同维持着。这样，转子、油膜、支座组成了一个振动系统。其中，转子有自己的质量、刚度和固有振动频率；支座也有自己的质量、刚度和固有振动频率；油膜在既定的状态下，也有自己的刚度，但质量相对地可以忽略不计，其固有振动频率可以理解为相对地无穷大（即油膜的固有振动频率对振动系统无影响）。这就说明，由转子、油膜、支座组成的振动系统，其振动特性与转子、油膜、支座的刚度有关，与转子、支座的固有振动频率也有关。它们的具体关系可以概述如下：

1）在已确定的转子旋转角速度 ω 条件下，如果支座的固有振动频率 ω_z 大于 2ω，以及转子的刚度小于支座刚度的一半，则转子、油膜、支座所组成的振动系统有稳定的固有频率，系统的振动特性是稳定的。

2）在变化的 ω（如驱动给水泵的小汽轮机转子）条件下，当 $\omega/\omega_z \leqslant 0.5$ 和 $\omega/\omega_z \geqslant 10$（即柔性支座）时，转子、油膜、支座所组成的振动系统，其振动特性是稳定的。

3）在 $0.5 \leqslant \omega/\omega_z \leqslant 10$ 的情况下，系统的振动特性不稳定，将在很宽的转速范围内容易发生强烈振动。

上述支座的固有振动频率 ω_z，可以用测振仪实地测得。这样，就很容易判断所得到的转子、支座系统，在相应的 ω 条件下，其振动特性是否稳定。

油膜振荡（又称自激振荡）是转子在油膜中旋转而引起的。当转子静止时，油膜无承载能力，转子的载荷把轴颈下的油挤出，轴颈与轴瓦相接触。当转子旋转时，轴颈下面即形成有承载能力的油楔。轴颈的线速度越大，轴颈下面形成的油楔承载能力就越大。当油膜的承载能力和轴颈的载荷相平衡时，转子处于稳定运转状态；当油膜的承载能力大于转子轴颈载荷及液力阻尼偏低时，就有可能发生油膜振荡。

假如转子在角速度 ω 时发生油膜振荡，那么再升高转速，油膜振荡不会消失，而是越来越激烈，而且振荡频率约为转子旋转频率的一半。只有把转子的转速尽快降下来，才能使振荡消失。然后按如下方法进行处理：

1）增大轴承单位面积的承载数值，即增大比压（轴瓦单位轴向长度的载荷）。增大比压的一项有效办法是将轴瓦的轴向长度车短或者在轴瓦中部开一条周向的沟槽。这样轴瓦承载面积减小，比压增大，有利于防止油膜振荡。但应注意，不可因此而导致油温过高。

2）改变轴系各支座的负荷分配，也能改变比压，对油膜振荡也有阻止作用。如将发生油膜振荡的支座抬高，增加该轴承的载荷，也有利于转子的稳定。

3）改变轴承的间隙比和改变油的黏度，也有明显的效果。

对于 600MW 汽轮机组，一旦发生油膜振荡，后果可能相当严重，必须有事先预防的办法。这就是：

1）转子的临界转速 n_c 应大于 0.6 倍工作转速 n_n，即 $n_c \geqslant 0.6 n_n$。

2）如果无法满足 $n_c \geqslant 0.6 n_n$ 这一要求，那么必须要求设备供应方对转子、支座的失稳转速进行计算，其失稳转速 n_{sw} 应当大于 1.2 倍工作转速 n_n，即 $n_{sw} \geqslant 1.2 n_n$。

关于油膜振荡的详细分析，请参看《汽轮机强度计算》第七章"转子动力学"和其他有关著作。

蒸汽振荡是因沿转子体圆周蒸汽的压力不均匀而造成的，正确运行不会发生蒸汽振荡。

上述讨论，只是针对单独一根转子。实际上，大型汽轮机组有数根转子和发电机转子连接成转子轴系。处于轴系中的每一根转子，其临界转速与单独状态时相比，有所提高。各轴承的比压，尤其是相邻两个轴承的比压，既相互影响，又可以根据需要适当调整。当轴系状态确定之后，上述讨论的结论仍然适用。

2. 叶片的安全技术参数

叶片的安全技术参数主要是应力、频率和防腐蚀措施，特别是频率最为重要。

在 600MW 汽轮机组上使用的叶片，就其长度而言，可大致分为三种，即短叶片、中长叶片和长叶片。

短叶片用于高压缸和中压缸的前数级。它们处于高温区段工作，承受着离心力和蒸汽加以的弯曲力。相对地说，只要叶片的结构设计得合理，应力还是较低的。但在高压缸的第一级也即调节级，在低负荷运行时，由于此时该级的焓降很大，叶片将承受相当大的弯应力。同时，低负荷时调节级的进汽沿圆周分布不均匀，以致这一级的叶片还承受着相当强烈的脉冲力。因此，该级的叶片要做得特别强固（叶根强固，叶片的工作部分也强固），叶片的固有振动频率要很高（也称"非调频叶片"），使得其固有振动频率远远地避开可能的蒸汽脉冲频率。只有这样，该级的叶片才能保证在可能出现的各种运行工况下，能够安全地承受蒸汽的强大冲击力，而不会发生叶片与蒸汽力的共振。在设计或选用汽轮机时，要充分注意到这一点。

用于其他各级的短叶片，也希望是"非调频叶片"。

中长叶片用于中压缸最后数级和低压缸的前 1～3 级。这些叶片的应力已达到较大数值，其最高应力区是叶根处。对叶片进行应力安全校核时，其安全系数 k 应满足如下要求：

对叶片型线部分拉弯合成应力　　　　$k \geqslant 1.6$（动应力另作讨论）

对围带和拉筋的弯应力　　　　　　　$k \geqslant 1.25$

对齿叶根型弯应力　　　　　　　　　$k \geqslant 1.65$

对叉型叶根的拉弯合成应力　　　　　$k \geqslant 1.65$

对结构、型线突变处（应力集中区）　$k \geqslant 3 \sim 6$

叶片的动应力（蒸汽加于叶片上的弯应力）与汽流的激振力成正比。动应力比上列的静应力危险得多，所以要加以严格限制。有的设计，对不同情况分列如下：

对喷嘴调节的调节级	$\sigma \leqslant 250 \times 0.098 \text{MPa}$
在有抽、排汽口的压力级	$\sigma \leqslant 350 \times 0.098 \text{MPa}$
在普通的压力级	$\sigma \leqslant 450 \times 0.098 \text{MPa}$
在自由叶片级	$\sigma \leqslant 200 \times 0.098 \text{MPa}$
在有限成组或整圈连接围带级	$\sigma \leqslant 450 \times 0.098 \text{MPa}$

中长叶片要设计成"非调频叶片"比较困难，一般为调频叶片。其调频的安全要求如下：

(1) A_0 型振动。指叶片的固有振动频率介于 Kn 和 $(K-1)n$ 之间时可能发生的振动。对于 3000r/min 的汽轮机，其叶片的动频率应符合下列两个条件

$$f_{d1} - (K-1)n_1 \geqslant 7.5 \text{Hz}$$
$$Kn_2 - f_{d2} \geqslant 7.5 \text{Hz}$$

式中　f_{d1}——工作温度下叶片在转速 n_1 时的动频率，Hz；

f_{d2}——工作温度下叶片在转速 n_2 时的动频率，Hz；

n_1——汽轮机转速的上限，r/s；

n_2——汽轮机转速的下限，r/s；

K——倍率，$K=2、3、4、5、6$。

也就是说，叶片的动频率应避开相应转速下的危险激振力频率，避开数不得小于 7.5Hz。

(2) B_0 型振动。指叶片的固有振动频率与频率为 nz 的激振力同步或接近时可能发生的共振。此时，叶片的静频率应满足如下要求

$$f_d - nz \geqslant 0.15nz = 15\%nz$$
$$nz - f_g \geqslant 0.12nz = 12\%nz$$
$$f_g - f_d \geqslant 0.08f_0 = 8\%f_0$$

式中　f_d——全级叶片组中最低的 B_0 型振动静频率，Hz；

f_g——全级叶片组中最高的 B_0 型振动静频率，Hz；

f_0——全级叶片组的 B_0 型振动计算静频率，Hz；

n——汽轮机转速，r/s；

z——全级的静叶只数。

长叶片的振动频率安全校核与中长叶片的校核方法基本相同，但对弯应力的限制更加严格。表 1-1 列出了已得到安全应用的长叶片弯应力的例子。

表 1-1　　　　　　　　　　长叶片弯应力

截面位置相对高度	0.0	0.1	0.2	0.3	0.4	0.5	0.6	0.7	0.8	0.9
叶片长度（mm）	弯应力（×98067Pa）									
610	100	105	110	113	115	93	98	80	62	23
665	171	188	198	210	206	189	176	147	101	35
700	93	101	117	131	144	153	155	141	104	48
765	290	277	158	272	295	329	400	361	214	75
780	74	82	90	101	113	133	167	194	155	61
844.55	102	115	138	162	191	228	209	181	172	59
1050	93	108	132	167	212	252	267	222	159	99

3. 汽缸的安全技术参数

汽轮机的汽缸实际上是一个结构特殊、工作状态特殊的压力容器。大多数的汽缸由上下两半通过连接件组合而成。高、中压汽缸承受着高温、高压蒸汽产生的载荷；低压汽缸的排汽部分由于内部的高真空而承受着大气压力所产生的载荷。由于载荷性质的不同，因此应当注意的安全技术参数也就各不相同。

高、中压汽缸的主要问题是保证中分面良好密封、尽可能低的热应力和小的热变形。为了保证工作状态下中分面具有良好的密封性能，首先要求汽缸中分面平整、光洁，上下两半自由合拢，沿整个中分面任何区段的穿透间隙 $b \leqslant 0.05$ mm；上下两半自由合拢时，不允许有内张口现象，允许的外张口数值不得大于 0.1 mm。当运行时，同一区段上下两半温差不得大于 30℃；启动或停机过程中，蒸汽与汽缸的温差不得大于 100℃。

高、中压汽缸上连接的蒸汽管道较多，在汽缸与管道连接处，往往对汽缸产生明显的管道推力（拉力）。这种附加推力（拉力）将造成汽缸局部变形，甚至造成汽缸整体变位，导致汽轮机转子与汽缸的对中遭到破坏。又因为运行中的转子不可避免地存在着或大或小的振动，也会通过支座将振动传递到汽缸，这就使得管道对汽缸的附加推力具有一定程度的动载因素。因此，必须严格限制蒸汽管道对汽缸的推力和力矩。其要求为

$$F \leqslant 5\%W$$

式中　　F——管道推力；

　　　　W——汽缸本体（含隔板等）重力。

为此，对于管道的布置和安装工艺，特别是与高、中压缸连接的主蒸汽管道和再热蒸汽管道，在设计和安装时，都要注意满足上述要求。

低压缸可能出现的主要问题是刚度和稳定性问题。如果刚度不足，可能在运行时的高真空状况下，汽缸发生意料不到的变形，这种变形可能引起轴承支座的变位，机组的同心度随之遭到破坏，导致一系列问题。刚度不足还可能导致低压缸构件的失稳，产生缸体的振动。此外，低压缸还与结构庞大、处于高真空状态的凝汽器相连接，当汽轮机的负荷发生变化时，或者当凝汽器的水位发生变化时，低压缸的排汽口与凝汽器的进汽口（也称喉部）之间的相互作用力随之发生变化，它们也将对低压缸的稳定性产生影响。对于低压缸可能出现的上列问题，主要通过对设计的审查和已有同类型机组的调查进行判断。如北仑发电厂 2 号汽轮机，就是通过对设计的审查和已有同类型机组的调查，发现 GEC－ALSTHOM 公司所提供的低压缸刚度不足。GEC－ALSTHOM公司在确认之后，到现场进行设计修改、结构改装。在中方严密的质量监督下，耗时三个多月，终于纠正了原来的错误设计。

无论是高、中压缸还是低压缸，防止汽缸内部积水和汽缸进水是另一个注意的重要问题。在各个蒸汽管道和汽缸本体上，设置足够的疏水通道并保证其畅通，就可以防止汽缸内部积水；在可能导致汽缸进水的管道上设置性能良好的止回阀，可以有效地防止汽缸进水。

4. 本体其他安全技术参数

轴系对中良好是汽轮发电机转子平稳运行的重要条件。600MW 汽轮发电机组的轴系由高压转子、中压转子、低压转子 A、低压转子 B、发电机转子（励磁机转子）组成。各转子之间用刚性联轴器（通过螺栓）连接在一起时，要求刚性联轴器精确对中，其外圆偏差应小于 0.02 mm。各转子对接前，应当按设计要求调整好联轴器之间的张口和中心线的高度差，以满足各轴承载荷合理分配的要求。

推力轴承的推力瓦块乌金厚度与推力盘轴向窜动间隙之和，应小于通流部分的最小间隙。这样才能保证一旦推力瓦块乌金被破坏时，通流部分的部件不致被损坏。

通流部分的最小间隙应当大于任何工况下汽缸与转子之间的相对膨胀值。

5. 调节、保安系统的主要功能

为了使汽轮发电机组能够可靠、稳定地运行，除了使汽轮机本体的部件能够在预计的状态下能够可靠、稳定地工作之外，机组的各个系统也必须能够同步地按预定要求进行工作，才能确保机组可靠、稳定地运行。调节、保安系统的任务就是协调各个系统同步地按预定要求进行工作。

调节系统最重要的安全技术参数是危急遮断器的动作转速、主汽门及调节汽门的严密性和汽门完成关闭的时间。

危急遮断器的重要任务之一是当汽轮机转速超过转速整定值时，关闭汽门油动机的进油口同时打开油动机的排油口，使汽门迅速关闭。危急遮断器的动作转速应当在110%～112%额定转速之间。

在危急遮断器动作之后，汽轮机的最高转速应在3450r/min以下。达到这一要求的必要条件之一是汽门要具有良好的密封性。在汽轮机投入运行之前，就要对汽门做严密性试验，并达到如下要求：

主汽门全关、调节汽门全开状况下，汽轮机的盘车速度不变；

调节汽门全关、主汽门全开状况下，汽轮机的盘车速度不变。

保安系统在下列情况出现时，必须及时完成保护任务：

(1) 汽轮机振动大；

(2) 轴承温度超限；

(3) 润滑油及高压控制油压力低；

(4) 汽轮机膨胀超限；

(5) 排汽缸温度超限；

(6) 低压缸（及凝汽器）真空低；

(7) 主蒸汽温度低；

(8) 密封蒸汽压力低；

(9) 汽轮机轴向推力超限和推力瓦块损坏；

(10) 其他保护回路中各种设定值超限。

三、启动、停机、变负荷特性

600MW汽轮机总体结构比较庞大，组成汽轮机的主要部件，如主蒸汽和再热蒸汽管道、汽缸、转子等，都比较厚大，因此它们的惯性（包括质量惯性和温度惯性）相当大。在汽轮机启动、停机和变负荷时，要注意厚大部件的惯性大（特别是热惯性大）这一特点，妥善安排汽轮机的工作参数。

冷态启动是汽轮机最重要的启动方式。此时，整个机组将由室温的静止状态开始，逐渐过渡到满负荷的工作状态，汽轮机的部件和工作系统状态变化很大。注意到汽轮机部件和系统的惯性特点，这种变化应当是逐渐的，部件和系统能够承受的。

600MW汽轮机组的主蒸汽管道和再热蒸汽管道结构尺寸比较大，受热后的膨胀量很大，要有足够的时间送汽暖管，使管道各区段膨胀均匀，避免膨胀不均引起管道振动和对汽缸产生不正常的推力。同时注意，及时、有效地疏水，防止管道内因积水而引起水击，造成管道振动。

汽轮机本体在投入盘车之后，由每个汽缸的前后轴封送汽（同时投入抽真空系统）进行暖机，并注意疏水管道处于畅通状态。由于此时转子处于低速转动状态，蒸汽与转子的热交换比较缓慢，蒸汽与转子（及汽缸）的温差可取150～200℃，蒸汽的过热度应大于50℃，并保证有足够的暖机蒸汽流量。汽轮机冲转之前的暖机时间不得少于5h。汽轮机冲转时，要求转子的温度不低于150℃。这是因为汽轮机高、中压转子材料的脆性转变温度大约在80～120℃之间，转子只有在150℃以上，才具有正常的抗断裂韧性，此时转子进入高速运行状态才比较安全。

用于汽轮机冲转的蒸汽温度，应当高于汽轮机金属温度约100℃，过热度80℃以上。这是因为汽轮机冲转时进汽量很少，在第一级内蒸汽的焓降很大，温度降低幅度很大，原来温度较高的蒸汽经过第一级之后，蒸汽温度就接近于转子的金属温度，这样可以避免转子受到热冲击；如果进入第一级之前，蒸汽温度与转子金属温度接近，第一级后的蒸汽温度将比转子金属温度低得多，转子将受到冷冲击（效果与热冲击相当）。

汽轮机组启动时，为了使内、外缸以及转子的热膨胀能够协调一致，必须注意调整内外缸夹层的送汽温度和送汽量。

汽轮机组在温态启动、热态启动、工况变动以及停机过程中，主要问题仍然是控制热应力和热膨胀（或相对膨胀），而热应力和热膨胀取决于设备与蒸汽的温差、升温（降温）幅度、升温（降温）速度。计算表明，在温态启动、热态启动、工况变动以及停机过程中，在设备与蒸汽的温差≤50℃、升温（降温）速度≤1.5℃/min的条件下，汽轮机组的热应力和热膨胀可以控制在安全的范围内。

第三节　600MW汽轮机组现状和发展趋势

从20世纪60～90年代的30年间，电站汽轮机产品在单机功率和蒸汽初参数上都没有重大的突破，只是在产品的可靠性、机动性、控制水平和经济性等方面有所进展。

至今（1996年）火力发电站最大的单轴汽轮机是俄罗斯的科斯特罗姆电站的1200MW机组（23.5MPa，540/540℃）；最大的双轴汽轮机组是美国阿摩斯电站的1300MW机组（24.7MPa，538/538℃）。

在汽轮机的生产能力方面，目前全世界大型汽轮机制造厂有18家，如表1-2所示。

为了进一步降低机组单位功率的质量，提高机组的内效率，有的制造厂正在研制更高参数的大型机组。如日本川越电站700MW燃用天然气的超临界压力机组，其初参数压力为31.6MPa、温度为566/566℃，汽轮机的设计热耗为7461kJ/kWh，汽轮机组热循环效率为48.26%。

表 1-2　　　　　　　　　**主要汽轮机制造厂的生产能力**

企 业 名 称	年生产能力（MW）	企 业 名 称	年生产能力（MW）
美国GE公司	25000	德国KWU公司	7000
美国西屋公司	14000	德国BBC公司	4000
俄罗斯ЛМЗ工厂	10000	德国M.A.N公司	3000
俄罗斯ХТЗ工厂	6000	日本东芝公司	4000
俄罗斯ТМЗ工厂	3000	日本三菱公司	4000
法国Alsthom公司	10000	日本日立公司	4000
英国GEC公司	3000	哈尔滨汽轮机厂	4500
英国Parsons公司	3000	东方汽轮机厂	3000
瑞士ABB公司	10000	上海汽轮机厂	3000

我国最大的汽轮机制造厂——哈尔滨汽轮机厂，生产的600MW汽轮机组已投运多台。由该厂生产的、安装于哈尔滨第三电厂的亚临界压力600MW机组，其设计热耗为7829kJ/（kW·

h），接近世界最先进水平。该厂已投运的合金钢长叶片为1000mm，已研制的钛合金叶片系列有700、1000、1200mm；正在设计的单机功率有800、1000MW。

各国电站汽轮机组典型产品的经济技术水平，如表1-3所示。

表 1-3 各国电站汽轮机组典型产品的经济技术水平

制造厂 （所在国）	功率 （MW）	转速 （r/min）	蒸汽参数		末级叶片高（mm） ×排汽口数	可用率 （%）	负荷 方式	设计热耗 （kJ/kWh）
			压力（MPa）	温度（℃）				
哈尔滨汽轮机厂	600	3000	16.7/3.2	537/537	1000×4		基本	7835.6
东方汽轮机厂	600	3000	16.7/3.36	538/538	1016×4		基本	7888
上海汽轮机厂	600	3000	16.7/3.2	538/538	869×4		基本	7901
ЛМЗ（俄罗斯）	800	3000	23.5/3.75	540/540	960×6	98	基本	7708
ХТЗ（俄罗斯）	500	3000	23.5/3.75	540/540	1050×4	97	基本	7712
GE 公司（美国）	600	3000	17/3.5	538/538	851×4	91.5	调峰	8441
WH 公司（美国）	600	3000	16.7/3.36	537/537	869×4	89.5	两班	8005
KWU 公司（德国）	785	3000	18.6/	525/525	875×4	96	调峰	7997
ABB 公司（瑞士）	600	3000	24.2/4.34	536/566	867×4	91.7	基本	7648
Alsthom（法国）	600	3000	16.7/3.62	537/537	1072×4		基本	7790
GEC 公司（英国）	660	3000	16.3/	538/538	945×4		两班	7955
Parsons（英国）	600	3000	16.7/3.49	537/537	965×4		基本	7878
斯柯达（捷克）	500	3000	16.2/	535/535	1050×4		基本	7942
日立（日本）	600	3000	16.7/3.61	538/538	1016×4		基本	7888
东芝（日本）	700	3000	24.1/	538/538	851×4		调峰	7909
三菱（日本）	600	3000	16.6/3.24	537/537	1016×4		调峰	7878

我国电站自20世纪80年代以来开始装备600MW等级的汽轮发电机组，这些机组的基本特点请参见表1-4。图1-10～图1-13（其中图1-11～图1-13详见本书最后附图）分别为反动式和冲动式、四缸四排汽、亚临界压力和超临界压力、三缸四排汽600MW汽轮机组的总体结构图。

表 1-4 我国电站典型 600MW 等级汽轮发电机组的基本特点

序号	电厂名称 制造厂 名称	平圩电厂	华能石洞口 第二发电厂	北仑发电厂（1 号）	北仑发电厂（2 号）	邹县电厂
		哈尔滨汽轮机厂 （WH 技术）	瑞士 ABB 公司	日本东芝公司	法国 Alsthom 公司	东方汽轮机厂 （日立技术）
1	型 号	N600-16.7/ 537/537	D4Y454	TC4F-33.5	T.2.A.650. 30.4.46	DH—600—40—T
2	型 式	亚临界压力、 一次中间再热、 四缸四排汽反 动凝汽式	超临界压力、 一次中间再热、 四缸四排汽反 动凝汽式	亚临界压力、 一次中间再热、 四缸四排汽冲 动凝汽式	亚临界压力、 一次中间再热、 四缸四排汽冲 动凝汽式	亚临界压力、 一次中间再热、 三缸四排汽冲动 凝汽式
3	额定出力（MW）	600	600	600	600	600
4	最大连续出力 （MW）	618	645	656.6	661.03	658

序号			电厂名称	平圩电厂	华能石洞口第二发电厂	北仑发电厂（1号）	北仑发电厂（2号）	邹县电厂
		制造厂名称		哈尔滨汽轮机厂（WH技术）	瑞士 ABB 公司	日本东芝公司	法国 Alsthom 公司	东方汽轮机厂（日立技术）
5	主要参数	主蒸汽	流量(t/h)	1815	1844.2	1794.5	1747.1	1810
			压力(MPa)	16.57	24.2	16.56	16.66	16.7
			温度(℃)	537	538	537	537	538
		再热蒸汽	流量(t/h)	1496	1568.9	1517.3	1525.5	1517.4
			压力(MPa)	3.36	4.34	3.6	3.62	3.61
			温度(℃)	537	566	537	537	538
		排汽压力(kPa)		4.1/5.7	4.9	4.57/5.69	4.04/5.25	4.4/5.4
		冷却水温(℃)		20	20	20	20	20
		给水温度(℃)		273	285.5	272.5	269.1	271.5
6	回热抽汽级数			8	8	8	8	8
7	保证热耗（kJ/kWh）			8005	7647.6	7871.6	7790	7888
8	汽轮机内效率（%）	高压缸		88.78	88.46	87.10	89.39	
		中压缸		92.52	93.55	95.64	94.34	
		低压缸 A		87.91	85.36	85.35	85.92	
		低压缸 B		90.33	90.46	89.32	87.85	
9	启动方式			高压缸（可中压缸）	高压缸	高压缸	中压缸	中压缸（可高中压缸）
10	汽轮机级数	高压缸		单列调节级＋10级反动级	单列调节级＋21级反动级	单列调节级＋7级压力级	单列调节级＋8级压力级	单列调节级＋6级压力级
		中压缸		2×9级反动级	2×17级反动级	2×6级压力级	9个压力级	5个压力级
		低压缸		2×2×7级反动级	2×2×5级反动级	2×2×7级压力级	2×2×5级压力级	2×2×7级压力级
		合 计		57级	76级	48级	38级	40级
11	转子结构			高、中、低压转子均为整锻转子，有中心孔	高、中、低压转子均为组焊转子，无中心孔	高、中、低压转子均为整锻转子，无中心孔	高、中、低压转子均为整锻转子，无中心孔	高、中、低压转子均为整锻转子，无中心孔
12	汽轮机总长(m)			31.592	25.00	29.27	28.91	27.24

从表 1-3 和表 1-4 中可以看出，国内外 600MW 等级汽轮机组的总体结构状态和主要的技术经济指标。在通流部分的结构方面，冲动式和反动式的优点得到了很好的应用；蒸汽参数多数采用以亚临界压力 16～19MPa、温度 530～566℃的参数，且以 16.6～16.7MPa、540℃最为普遍，而采用超临界压力的蒸汽压力约为 24MPa、温度 536～566℃。

汽轮机组的热耗，亚临界压力机组约为 7790～8000kJ/kWh（GE 公司的 600MW 调峰机组热耗为 8441kJ/kWh，超临界压力机组约为 7650～7910kJ/kWh。

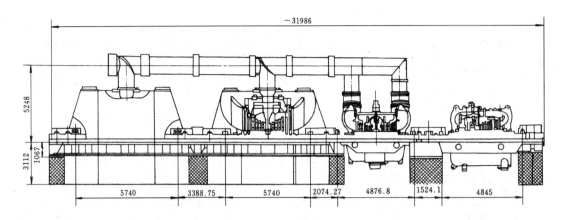

图 1-10　哈尔滨第三电厂 600MW 汽轮机结构图（哈尔滨汽轮机厂制造）

汽轮机末级叶片长度对机组的功率和效率有明显的影响。目前用于 3000r/min 的 600MW 等级机组的合金钢末级叶片长度约为 787～1072mm；已研制成功的钛合金叶片长度有 700、900、1000、1200、1300mm，长度为 1500mm 的钛合金叶片正在研制之中。我国早期安装的 600MW 等级汽轮机组的末级叶片长度为 850～900mm，近期安装的机组末级叶片长度为 1000～1072mm。

在汽轮机组的总体结构方面，600MW 等级机组多数采用四缸四排汽的形式，即高压缸、中压缸（单流程、双流程均有采用）、两个双流程低压缸。也有采用高、中压缸合缸的结构，构成三缸四排汽的总体结构，其好处是使机组更加紧凑。但由于合缸高中压缸尺寸较大，热惯性大，有可能造成调峰性能较差。这种结构形式的中压缸级数较少，有可能限制中压缸效率的提高。

600MW 等级机组的高、中、低压缸采用双层（内、外）缸形式。高、中压缸由铸造制成，低压缸多数为焊接结构。绝大多数制造厂的汽缸采用带法兰的水平中分面。由 ABB 公司制造的石洞口二厂超临界压力 600MW 机组，其内缸分面没有法兰，用钢圈紧固，且内缸分面与汽缸中分面成 50°夹角。现代 600MW 等级汽轮机汽缸采用窄法兰，不设法兰螺栓加热，运行、检修较为方便。采用双层缸结构，汽缸壁可以较薄，有利于降低启动、停机过程的热应力。

600MW 等级机组的汽轮机转子，绝大多数制造厂采用整锻转子或焊接转子，只有俄罗斯和日本的三菱公司还有套装转子。现在制造的整锻转子大多数没有中心孔。

汽轮机转子的支承方式，有采用两根转子四个轴承和两根转子三个轴承两种基本形式（即四支承和三支承）。中国、俄罗斯、美国的 GE 公司和 WH 公司、法国 Alsthom、英国 GEC 公司、日本等多数采用每根转子由两个轴承支承。瑞士的 ABB 公司和德国的 KWU 公司在两根转子中间只用一个轴承，组成单支点轴系。

支持轴承的形式，中国的哈汽和上汽、美国的 GE 公司和 WH 公司、日本的三菱和东芝公司，对承受负荷不很重的轴承（如高中压转子和第一根低压转子的），采用可倾瓦轴承，对承受负荷很重的轴承（如第二根低压转子和发电机转子的），则采用圆筒形轴承，轴系的稳定性较好。中国的东方汽轮机厂、俄罗斯、日本的日立公司，对负荷不很重的轴承，采用可倾瓦轴承，对承受负荷很重的轴承，采用椭圆形轴承，瑞士的 ABB 公司采用类似于椭圆形轴承的改良型袋式轴承。

汽轮发电机轴系的盘车，多数采用低速盘车方式。在重载轴承处，有用顶轴油设施和不用顶轴油设施两种形式。

为了提高大型汽轮机组的经济性和可靠性，各制造厂正在对大型汽轮机从参数、单机功率、控制水平、安全设施等方面进行不懈的努力。

美国的西屋公司正在研制 800MW、31.0MPa/593/566/566℃ 的超临界压力两次再热汽轮机组。在煤、水耗量不变的条件下，效率和功率各提高 10%，厂用电降低 4%，在整个机组寿命期内估计可节约 1.4 亿美元。

俄罗斯正在研制 23.5MPa、585/585℃ 和 31.5MPa、650/570℃ 的 800~1000MW 和 2000MW 的电站汽轮机。

瑞士正在研制 1600MW、26.0MPa、538/552/565℃ 两次再热汽轮机。

这些努力的主要目的是提高机组的经济性和可靠性。如西欧、俄罗斯和日本各公司都制定了电站汽轮机的可靠性指标：可用率不得低于 0.97，大修间隔不得小于 4 年，无事故累计运行时间不得少于 5000h，使用寿命不得少于 30 年。俄罗斯国家标准规定超临界压力参数汽轮机组的热耗率，300MW 机组为 7725kJ/kWh，500~800MW 机组为 7641kJ/kWh。

目前各国公司正在积极采取措施来达到或超过上述指标。

采用燃气－蒸汽联合循环电站是提高电站热效率的另一重要途径。如浙江镇海 300MW 的燃气－蒸汽联合循环电站，采用两台 100MW 等级燃气轮机和一台 100MW 等级的汽轮机，电站的热效率达到 47.8%。

第二章

600MW 汽轮机本体主要部套

第一节　600MW 汽轮机组典型实例

在图 1-10～图 1-13 中，给出了 600MW 汽轮机四种典型的总体结构。这四种典型的总体结构分别是：亚临界压力反动式四缸四排汽机组、亚临界压力冲动式四缸四排汽机组、超临界压力反动式四缸四排汽机组、亚临界压力冲动式三缸四排汽机组。本章将首先对上述机组从总体方面作一些简要的介绍，然后再对汽轮机本体的主要部套进行具体的阐述和比较。

一、哈尔滨第三电厂 600MW 汽轮机组（见图 1-10）

该机组是哈尔滨汽轮机厂制造的亚临界压力、一次中间再热、单轴、反动式、四缸四排汽机组。该机组适用于大型电网中承担调峰负荷和基本负荷。机组的设计寿命在 30 年以上。

该机组的主要技术规范如表 2-1 所示。

表 2-1　　　　哈尔滨第三发电厂 600MW 汽轮机组的主要技术规范

名　　称	单　　位	设计指标
额定功率	MW	600
主汽阀前额定压力	MPa	16.67
主汽阀前额定温度	℃	537
额定功率主蒸汽流量	t/h	1783
再热阀前额定压力	MPa	3.205
再热阀前额定温度	℃	537
再热蒸汽流量	t/h	1474.59
额定背压	kPa	4.9
冷却水温度	℃	20
最终给水温度	℃	272.6
最大保证工况热耗	kJ/kWh	7835.6
主汽阀前最大允许压力	MPa	17.5
超压 5% 时最大主蒸汽流量	t/h	1990
最大计算功率	MW	654
最高冷却水温度	℃	33
工作转速	r/min	3000
调节控制系统型式	—	DEH-Ⅲ
通流级数		57
高压部分级数		1+10
中压部分级数		9×2
低压部分级数		7×2+7×2
高压转子临界转速	r/min	2057

名　　称	单　　位	设 计 指 标
中压转子临界转速	r/min	1976
低压1号转子临界转速	r/min	1702
低压2号转子临界转速	r/min	1764
末级动叶片高度	mm	1000
动叶片防水刷保护型式		进汽边背弧焊上成型整块钨铬钴硬质合金
盘车速度	r/min	3
转子最大外缘直径	mm	3726
汽轮机本体质量	t	1270
汽轮机中心线距运行层标高	mm	1067

与平圩电厂的600MW机组比较,其最大工况下的热耗由8005kJ/kWh减少到7835.6kJ/kWh,热效率有了较大提高。其主要做了如下重大改进:

(1) 应用可控涡流方法设计高、中、低压缸的通流部分。高、中压缸的压力级全部采用扭曲静叶片和变截面动叶片,减少了二次流损失、漏汽损失和冲角损失,与直叶片相比,效率有较大提高。

(2) 调节级采用了子午面型线的弯曲静叶片,构成了弯曲汽道;低压缸末二级采用了子午面型线的扭曲静叶片,构成了扭曲汽道;这样就能够减少二次流损失,并可减小对动叶片的激振力,使工作环境最恶劣的调节级动叶片和低压缸末二级动叶片更加安全。

(3) 设计了新的低压缸模块。在新模块设计中,采用了有效长度为1000mm的末级叶片,转子末级叶片根径有所减小,低压缸各级焓降、叶片高度和速比也进行了调整,使之更为合理。低压缸全部静叶片都采用扭曲叶片,前四级动叶片采用变截面叶片,后三级动叶片采用扭曲叶片。该低压缸按三元流方法设计,末级用三元流场计算方法进行校核。经叶栅气动试验表明,各截面型线损失较小。

(4) 动叶片采用自带围带成圈连接代替铆接围带成组连接,能大大减少产生共振的机率和降低振动应力。

汽轮机采用喷嘴调节方式,共有四组喷嘴组。进汽是由两根主蒸汽管从运行层下部进入置于该机两侧的两个高压主汽调节联合阀,由两侧各两个调节阀流出,经过4根高压导汽管对称地进入高压缸喷嘴室。从汽轮机组机头向发电机看去,高压缸各级为反向布置。蒸汽通过4组喷嘴组进入调速级及10级高压压力级后,由高压缸下部两侧排出,经冷段再热管进入再热器。再热后的蒸汽由热段再热管送至机组两侧的中压主汽调节联合阀,再经4根中压导汽管从中压缸中部进入双流程的中压缸。在中压缸中经过正反各9级反动式压力级之后,从中压缸两端上部4个排汽口排出,合并成两根连通管,分别进入A、B低压缸。低压缸是双分流结构,蒸汽从中部进入,经正反各7级反动式压力级后,从4个排汽口向下排入2个凝汽器。

该机组采用高压缸启动,也可以用中压缸启动。

汽轮机共有8段用于回热系统加热的非调整抽汽,分别置于高压缸第8级后(用于8号高压加热器)、第11级后(高压缸排汽,用于7号高压加热器)、中压缸第16级后(用于6号高压加热器)、第20级后(即中压缸排汽,用于除氧器和给水泵小汽轮机),以及低压缸A/B第22、24、25、26级后(分别用于4、3、2、1号低压加热器),如图2-1所示。

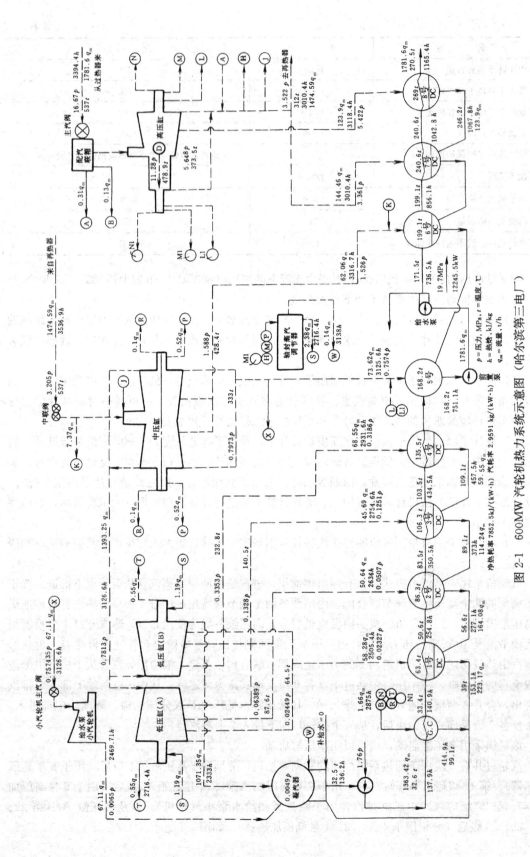

图 2-1 600MW 汽轮机热力系统示意图（哈尔滨第三电厂）

汽轮机设备及其系统

汽轮机的高、中压缸都是双层缸结构，内外缸都具有水平中分面。高、中压缸的外缸通过与汽缸中分面齐平的上猫爪座落在前后两个轴承座上。低压缸为三层结构（外缸、内缸A、内缸B）。低压缸通过垫板直接座落在基础台板上。

汽轮机的盘车装置位于低压缸下半处。这样，当需要拆卸轴承盖或联轴器盖时，无需拆卸盘车装置。

汽轮机的高、中、低压转子均为有中心孔的整锻转子。轴系各转子都是用刚性联轴器相连接。联轴器与转子锻成一个整体。

轴系各转子都由两个轴承支持，共有8个支持轴承和1个推力轴承。

高压转子和中压转子两端选用了4瓦块可倾瓦轴承，这种轴承稳定性好，具有自动对中能力。1号低压转子前端（调节级端）选用了两瓦块可倾瓦轴承，这种轴承具有较大的承载能力。其余3个支持轴承选用了短圆轴承，具有较高的稳定性。

推力轴承位于高、中压缸之间的中轴承箱内，为自位推力轴承。在推力轴承靠近推力盘两侧的支持环内，各安装8块可滑动的推力瓦块。推力瓦块由背面的调整块支持，通过调整块的摇摆运动，使同侧的各瓦块承载均匀，从而不受轴承与推力盘的偏心和轴承巴氏合金厚度不均的影响。

汽轮发电机组各个重载轴承处均设有顶轴油装置，借以减小盘车阻力。

该汽轮发电机组各个轴承的失稳转速，如表2-2所示。

表 2-2　　　　哈尔滨第三电厂600MW汽轮发电机组轴系各轴承失稳转速

轴承编号	轴 承 位 置	轴 承 型 式	失稳转速（稳定性，r/min）
1	高压转子排汽侧	可倾瓦（4瓦块）	不失稳
2	高压转子进汽侧	可倾瓦（4瓦块）	不失稳
3	中压转子高压缸侧	可倾瓦（4瓦块）	不失稳
4	中压转子低压缸侧	可倾瓦（4瓦块）	不失稳
5	1号低压转子前侧	可倾瓦（2瓦块）	不失稳
6	1号低压转子后侧	短圆瓦	＞3900
7	2号低压转子前侧	短圆瓦	＞3900
8	2号低压转子后侧	短圆瓦	＞3900
9	发电机转子前侧	可倾瓦	不失稳
10	发电机转子后侧	可倾瓦	不失稳
11	励磁机转子后侧	可倾瓦	不失稳

按规范要求，失稳转速大于125％工作转速，即大于3750r/min，则为稳定。容易得出结论，该汽轮发电机组在工作转速以内不会发生失稳现象。

该汽轮发电机组轴系各阶临界转速和扭振固有频率，如表2-3所示。

表 2-3　　　　哈尔滨第三电厂600MW汽轮发电机组轴系临界转速和扭振固有频率

序 号	轴 系 临 界 转 速		扭 振 固 有 频 率	
	名　　称	数值（r/min）	阶　　次	数值（Hz）
1	发电机转子一阶	823	f1	12.3452
2	1号低压转子一阶	1702	f2	19.9236

序 号	轴 系 临 界 转 速		扭 振 固 有 频 率	
	名　称	数值（r/min）	阶　次	数值（Hz）
3	2号低压转子一阶	1764	f3	22.3893
4	励磁机转子一阶	1711	f4	38.7274
5	中压转子	1976	f5	58.5040
6	高压转子	2057	f6	86.7291
7	发电机转子二阶	2310	f7	86.7580
8	中间轴1	3683	f8	92.1935
9	中间轴2	4059	f9	92.1935
10	励磁机转子二阶	3751	f10	125.0440

按规范要求，轴系临界转速应避开工作转速的15%。对于3000r/min的汽轮机来说，轴系的临界转速小于2550r/min或大于3450r/min，即可保证工作转速下的平稳运行。扭振固有频率的规范是：工频<45Hz或>55Hz，倍频<93Hz或>108Hz。该机组于1995年6月20日在哈尔滨第三电厂并网发电，机组启停灵活、振动小，汽轮机各瓦处的主轴振动全幅值如表2-4所示。

表 2-4　　　　　　　　　　汽轮机各瓦处的主轴振动全幅值

轴 承 编 号	1	2	3	4	5	6	7	8
全振幅（0.01mm）	2.6	3.3	5.6	3.3	4.3	2.7	5.9	6.6

汽轮机规范要求：振幅<0.076mm为优良，允许振幅<0.125mm。由此可见，轴系能够保证运行的稳定性。

该机组已具有较高的自动控制水平。汽轮机的自动控制和监视保护系统包括数字电液控制系统（DEH）、汽轮机本体监视仪表（TSI）和危急自动保护装置（ETS）。

该机组的自动控制系统可以实现下列自动控制：

（1）机组启动条件，如汽温、汽压、差胀、挠度、油压、真空等的自动判断，自动决定机组能否启动，自动给出机组升速时的目标转速值。

（2）计算转子的热应力和热应力的变化趋势，并根据热应力变化趋势给出升速率、暖机时间及升负荷率。对汽轮机转子的热应力进行闭环控制（ATC投入时）或进行监视（ATC退出由司机控制启动时）。

（3）对汽轮机的一些重要参数如差胀、振动、油温、窜轴、真空等进行监视。当这些参数超限时，发出警报信号，并可通过CRT（计算机屏幕）显示系统，显示汽轮发电机组的运行参数，必要时进行打印，对某些重要参数可以进行事故追忆打印。

（4）自动控制机组的同期并网，实现机组的功率和频率闭环自动调节。

（5）危急自动保护装置（ETS）对汽轮机的重要参数进行不间断的监视。当汽轮机的某些重要参数超限时，如超速、窜轴（推力轴承磨损）、真空低、调节油压低、润滑油压低，以及用户设定的其他重要参数超限时，快速关闭所有进汽阀门，以保证机组的安全。

（6）能够对阀门进行最佳模式管理，使汽轮机在启动、停机或变负荷过程中，汽轮机各部件有较均匀的温度场，减小热应力和热变形。

二、北仑发电厂2号600MW汽轮机组（见图1-11）

该机组是由Alsthom公司制造的亚临界压力、一次中间再热、单轴、冲动式、四缸四排汽机组。其高、中、低压缸都是具有中分面的双层缸结构。高、中压缸分别由前轴承箱、中轴承箱和3号轴承箱支撑，其外缸都采用上猫爪支承形式。

高、中压缸外缸上猫爪与推力轴承之间分别设有2对推拉杆（共4根）。汽缸受热膨胀时，高、中压缸上猫爪仅在前、中轴承箱上滑动，即中压缸膨胀后，通过一对推拉杆推动高压缸向前滑动，而轴承箱本身不动；高压缸向前滑动时，又通过另一对推拉杆带动推力轴承一起向前移动，以此来改善汽缸、转子的热膨胀。

2个低压缸则直接座落在基础台板上，低压缸机脚与台板之间另设有2mm厚的不锈钢垫片。汽轮机的轴承箱、低压缸台板与汽轮机的钢筋混凝土基础之间分别设有副台板，这些副台板均用一种早强、自流、无收缩（法国牌号为"Betec"）的水泥将其固定。"Betec"水泥层直接与基础的水泥粘接，而副台板与轴承箱、低压缸台板之间又设有顶起螺栓，用来调整台板的标高、水平和扬度。

高、中、低压转子都是无中心孔的整锻转子（其中高压转子制造时发现锻件中心有缺陷，故镗了中心孔），各有两个支持轴承。

汽轮机的8个轴承都是三瓦块可倾瓦轴承（发电机的轴承为椭圆轴承）。机组设有两台100%（油压为30MPa）的顶轴油泵，每个轴承都有顶轴油装置。

轴系的各个转子都是用刚性联轴器相连，各个转子的刚性联轴器均与相应的整锻转子锻成一个整体。高、中压转子之间和中、低压转子之间都设有调整垫片，借以调整汽轮机的通流部分间隙。

汽轮机的盘车装置（高速盘车，50r/min）、主油泵及其减速装置都设在前轴承箱内。机组还设有风动盘车装置，以便在机组停机时将转子盘动至所需的位置。

汽轮机采用喷嘴调节方式，主蒸汽通过4个高压主汽调节阀，分别经4根$\phi 333 \times 46$的高压导汽管进入反向布置的高压缸，经1个调节级和8个压力级做功之后，高压缸排汽经冷段再热管送到锅炉进行再热。再热后的蒸汽，由热段再热管经4个中压主汽/调节阀（中联门）、4根$\phi 508 \times 22$的中压导汽管进入中压缸，经单流程9个压力级之后，中压缸的排汽经其后端上部的2个排汽口，通过2根$\phi 1450 \times 10 / \phi 1000 \times 10$变直径的中、低压连通管，分别进入各有双流程$2 \times 5$级的低压缸A、B，然后排入低压凝汽器A和高压凝汽器B。

该机组的进汽阀门较多，高、中压缸主汽阀、调节阀各为4个，共计16只阀门。主汽阀与调节阀又均为组成一体的联合阀（合计8只联合阀门）。这些联合阀门分别位于高、中压缸两侧的运行平台上。该机组的每个轴承进油口前都设有润滑油过滤器，也都位于运行层汽轮机组旁边。这样，汽轮机组运行平台显得既拥挤又不雅观。

汽轮机共有8段用于回热系统加热的非调整抽汽，分别置于高压缸第7级后（用于8号高压加热器）、高压缸排汽（用于7号高压加热器）、中压缸第3级后（用于6号高压加热器）、第6级后（用于除氧器和给水泵小汽轮机）、中压缸排汽以及低压缸A/B的第2、3、4级后（分别用于4、3、2、1号低压加热器），如图2-2所示。

汽轮机的超速保护装置用测速发电机，不再设机械式危急遮断器。该测速发电机位于前轴承箱内，由汽轮机主轴的伸出轴带动。另外，还设有2套并联的电液安全装置，可通过隔离或释放安全油的办法，来实现机组安全系统的试验和连锁跳闸。

该汽轮机采用双背压凝汽器。低压缸排汽口与凝汽器颈部的连接采用整圈的"狗骨形"橡胶伸缩节，便于安装和更换。

北仑发电厂2号机组的主要技术规范如表2-5所示。

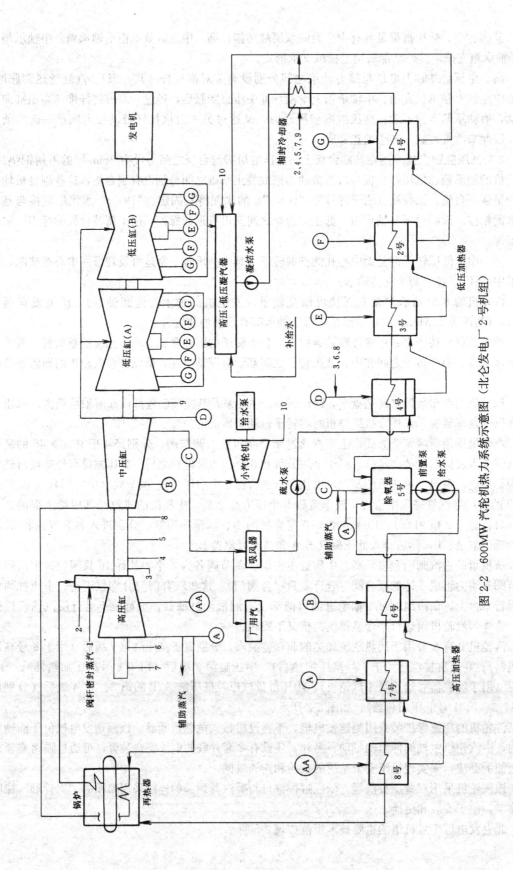

图 2-2 600MW 汽轮机热力系统示意图 (北仑发电厂 2 号机组)

表 2-5　　　　　　　　　　　　北仑发电厂 2 号机组的主要技术规范

名　　称	单　位	设　计　指　标
额定功率	MW	600
主汽阀前额定压力	MPa	16.66
主汽阀前额定温度	℃	537
额定功率主蒸汽流量	t/h	1747.1
再热阀前额定压力	MPa	3.656
再热阀前额定温度	℃	537
再热蒸汽流量	t/h	1525.5
额定背压	kPa	4.04/5.25
冷却水温度	℃	20
最终给水温度	℃	269.1
最大保证工况热耗	kJ/kWh	7790
主汽阀前最大允许压力	MPa	17.5
超压 5% 时最大主蒸汽流量	t/h	1971.9
最大计算功率	MW	661.03
最高冷却水温度	℃	33
工作转速	r/min	3000
调节控制系统型式	—	DEHC
通流级数		38
高压部分级数		1+8
中压部分级数		9
低压部分级数		5×2+5×2
高压转子临界转速	r/min	2435
中压转子临界转速	r/min	2237
低压 1 号转子临界转速	r/min	1776
低压 2 号转子临界转速	r/min	1776
末级动叶片高度	mm	1072.5
动叶片防水刷保护型式		进汽边背弧焊上成型整块钨铬钴硬质合金
盘车速度	r/min	50
汽轮机中心线距运行层标高	mm	1000

三、邹县发电厂 600MW 汽轮机组（见图 1-13）

该机组是由东方汽轮机厂与日立公司合作生产的亚临界压力、一次中间再热、冲动式、三缸四排汽机组。该机组由一个高、中压合缸和二个双流程低压缸构成。

高、中压缸是具有中分面的双层缸结构，汽缸的上、下半为整体铸件；低压缸为分流式三层焊接结构，分上、下半 4 块组成，可整体组装、分块运输。

汽轮发电机组轴系由汽轮机的 1 根高、中压转子、2 根低压转子和 1 根发电机转子共 4 根转子组成。各转子通过与转子锻成一体的刚性联轴器相连接。每根转子由两个轴承支持。

汽轮发电机组轴系的推力轴承置于 2 号轴承座内。盘车装置位于低压转子与发电机转子的连接处。

主蒸汽经位于高、中压缸下部的 2 个主汽阀和 4 个调节汽阀进入汽轮机高、中压缸的高压部分。蒸汽在高压缸中，经 1 个单列调节级和 6 个冲动式压力级后，由汽轮机车头侧排入冷段再热管，送至再热器。再热后的蒸汽，由热段再热管经过位于高、中压缸中部两侧的中压主汽/调节联合汽阀进入高、中压缸的中压部分。经单流程 5 个冲动式压力级之后，中压缸的排汽从其后端上部的排汽口排出，经中、低压缸蒸汽连通管，分别从低压缸中部进入双流程 2×7 级的低压缸（A）、（B），然后排入低压凝汽器（A）和高压凝汽器（B）。

汽轮机共有 8 段用于回热系统加热的非调整抽汽,第 1 段抽汽位于高压缸第 5 级后(用于 8 号高压加热器)、第 2 段抽汽位于高压缸排汽(用于 7 号高压加热器)、第 3 段抽汽位于中压缸第 3 级后(用于 6 号高压加热器)、第 4 段抽汽位于中压缸排汽(用于除氧器和给水泵小汽轮机)、第 5、6、7、8 段抽汽位于低压缸(A)、(B)的第 1、3、4、5 级后(分别用于 4、3、2、1 号低压加热器)。

图 2-3 是邹县发电厂 600MW 汽轮机热力系统示意图,该机组的主要技术规范如表 2-6 所示。

表 2-6　　　　　　　　　　邹县发电厂 600MW 汽轮机组的主要技术规范

名　　称	单　位	设计指标
额定功率	MW	600
主汽阀前额定压力	MPa	16.67
主汽阀前额定温度	℃	538
额定功率主蒸汽流量	t/h	1810
再热阀前额定压力	MPa	3.61
再热阀前额定温度	℃	538
再热蒸汽流量	t/h	1517.4
额定背压	kPa	4.3/5.6
冷却水温	℃	20
最终给水温度	℃	271.5
最大保证工况热耗	kJ/kWh	7888
主汽阀前最大允许压力	MPa	17.5
超压 5% 时最大主蒸汽流量	t/h	2020
最大计算功率	MW	658
最高冷却水温度	℃	33
工作转速	r/min	3000
调节控制系统型式	—	DEHG
通流级数		40
高压部分级数		1+6
中压部分级数		5
低压部分级数		7×2+7×2
高中压转子临界转速	r/min	1864
低压 1 号转子临界转速	r/min	1792
低压 2 号转子临界转速	r/min	1809
末级动叶片高度	mm	1016
动叶片防水刷保护型式		进汽边背弧焊上成型整块钨铬钴硬质合金
盘车速度	r/min	2
汽轮机中心线距运行层标高	mm	914.4

该机组的设计寿命为 30 年,要求每年运行 7500h。规划 30 年内总启停次数为:

冷态启动　　　　　　　　200 次

温态启动　　　　　　　　1000 次

热态启动　　　　　　　　2500 次

极热态启动　　　　　　　150 次

正常停机　　　　　　　　4000 次

正常负荷变化　　　　　　12000 次

紧急停机　　　　　　　　200 次

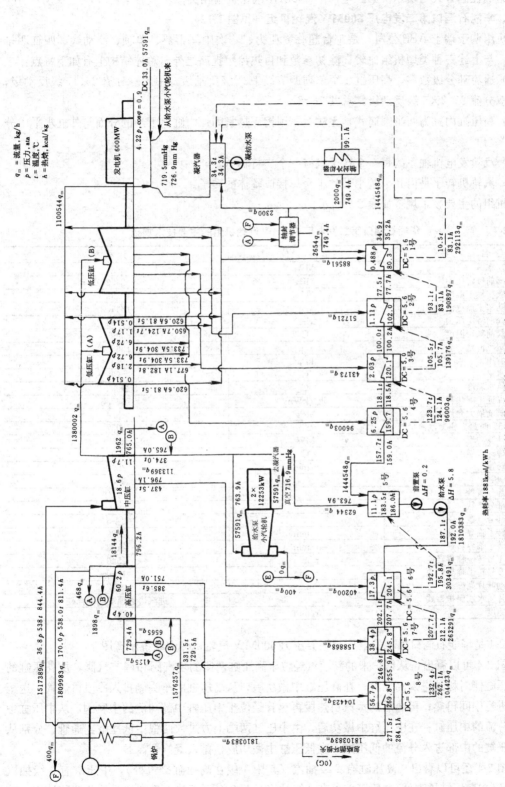

图 2-3 600MW 汽轮机热力系统示意图（邹县发电厂）

注：1ata＝9.80665×10⁴Pa；1kcal/kg＝4.1868kJ/kg；1mmHg＝1.33224Pa。

机组的控制方式与哈尔滨第三电厂的 600MW 汽轮机组相类似。

四、华能石洞口第二发电厂 600MW 汽轮机组（见图 1-12）

该机组购于瑞士 ABB 公司，是 1 台超临界压力、一次中间再热、单轴、反动式、四缸四排汽机组。与上述三种类型机组比较，除初参数和再热参数提高之外，总体结构上有如下特点：

（1）通流部分级数多，高压缸 1 个单列调节级＋21 级反动级，中压缸分流 2×17 级反动级，低压缸双分流 2×2×5 级反动级，总共 76 级。

（2）高压缸内缸为两半圆筒式，无法兰，用钢环热紧固；内缸上下半的分面与外缸水平中分面成 50°夹角。

（3）汽轮发电机轴系的每一个转子只有一个支持轴承。

（4）汽轮机转子是由几个较小锻件组合焊接成整体的转子。

该机组的主要技术规范如表 2-7 所示。

表 2-7　　　　　华能石洞口第二发电厂 600MW 汽轮机组的主要技术规范

名　　称	单　　位	设 计 指 标
额定功率	MW	600
主汽阀前额定压力	MPa	24.2
主汽阀前额定温度	℃	538
额定功率主蒸汽流量	t/h	1844.2
再热阀前额定压力	MPa	4.34
再热阀前额定温度	℃	566
再热蒸汽流量	t/h	1568.9
额定背压	kPa	4.9
冷却水温度	℃	20
最终给水温度	℃	285.5
最大保证工况热耗	kJ/kWh	7647.6
主汽阀前最大允许压力	MPa	25.4
超压 5%时最大主蒸汽流量	t/h	1957
最大计算功率	MW	645
最高冷却水温度	℃	33
工作转速	r/min	3000
通流级数		76
高压部分级数		1＋21
中压部分级数		2×17
低压部分级数		5×2＋5×2
高压转子临界转速	r/min	2589
中压转子临界转速	r/min	2188
低压 1 号转子临界转速	r/min	1540
低压 2 号转子临界转速	r/min	1600
末级动叶片高度	mm	867
动叶片防水刷保护型式		进汽边近顶端高频淬硬
盘车速度	r/min	10.2

图 2-4 是华能石洞口第二发电厂超临界压力 600MW 汽轮机热力系统示意图。

由图 2-4 可以看出，从锅炉来的新蒸汽经位于高压缸两侧的主汽阀和调节汽阀，从高压缸的靠近中压缸侧对称地进入高压缸；在高压缸中做功后，从高压缸的车头侧排入冷段再热管，送至再热器进行中间再热；再热后的蒸汽由热段再热管经位于中压缸中部两侧的中联阀，从中压缸中部进入分流的中压缸；在中压缸中做功后，由中压缸两端上方进入两根中低压缸连通管，分别从两个低压缸的中部进入分流的低压缸；在低压缸中做功后，排入凝汽器。

从图 2-4 还可以看出，高压缸有 2 级抽汽（其中 1 级在高压缸排汽处），中压缸有 3 级抽汽（其中 1 级在高压缸排汽处），低压缸也有 3 级抽汽，共 8 级用于热力系统加热的非调节抽汽；其中第 5 级抽汽还供给两台容量各 50%的给水泵小汽轮机的用汽（小汽轮机的备用汽源来自高压

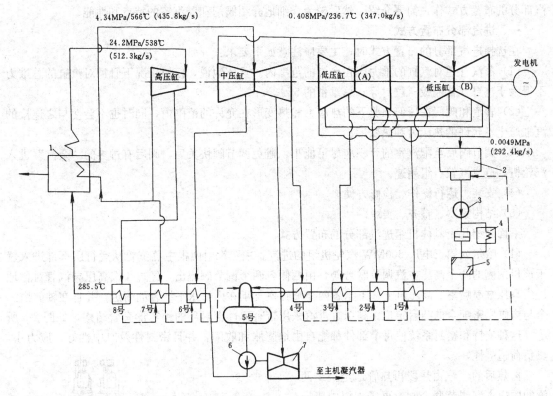

图 2-4 超临界压力 600MW 汽轮机热力系统示意 (华能石洞口第二发电厂)

1—锅炉；2—凝汽器；3—凝结水泵；4—轴封冷却器；5—精除盐装置；6—汽动给水泵 (两台)；

7—给水泵小汽轮机 (两台)；1~4 号—低压加热器；5 号—除氧器；6~8 号—高压加热器

缸排汽，两个汽源能自动切换)。

该汽轮机采用数字电液调节系统 (DEH)。调节系统的调速范围为 $0\sim114\%\times3000$r/min，转速不等率为 $2\%\sim10\%$ (连续可调)，迟缓率为 0.1%。主机调节系统能与机组顺序控制系统相连进行汽轮机自动启动、同期并网、带负荷，并能根据汽轮机运行状况、蒸汽参数以及允许的寿命损耗率来确定升速率和升负荷率。

从上述各机组的主要技术数据，可以看出：

(1) 亚临界压力等级各机组的初参数和背参数差别非常小。

(2) 机组的自动化水平都比较高。

(3) 机组的系统配置略有不同。

(4) 机组的总热耗率差别不小，分别为 7835.6kJ/kWh，7790kJ/kWh，7888kJ/kWh，7647.6kJ/kWh。

(5) 主机本体结构差别很大。

对于汽轮机本体来说，超临界压力机组与亚临界压力机组的差别主要表现在进汽部分和高压缸，而且超临界压力机组通流部分的级数比亚临界压力机组的级数多。

下面，将对 600MW 汽轮机本体各部分的结构特点、性能进行具体的阐述和必要的分析比较。

第二节　600MW 汽轮机组进汽部分

这里所指的汽轮机组进汽部分主要包括进汽管道、阀门、配汽室。将首先对几个典型机组进汽部分的布置方式作一简要介绍，然后较为详细地介绍阀门和配汽室的特点和性能。

一、进汽部分布置方式

在选择进汽部分的布置方式时，主要应注意如下要求：

（1）蒸汽管道对汽缸的推力应在允许的范围内。具体地说，任何工况下管道对汽缸的总推力不得大于汽缸（含隔板、汽封等）总重量的 5%。

（2）管道和阀门在任何工况下的热应力和热变形在允许的范围内，同时也不会使与之连接的汽缸产生不允许的热应力和热变形。

（3）调节阀后至配汽室的容积应尽可能小，避免调节阀快关后，阀后有过多的"余汽"进入汽轮机，造成汽轮机组超速。

（4）安装、运行操作、检修方便。

（5）结构紧凑、整齐、美观。

下面介绍几个具体机组进汽部分的布置方式。

（1）哈尔滨第三电厂 600MW 汽轮机组的进汽。主蒸汽由两根主蒸汽管从运行层下部进入置于该机两侧的两个高压主汽调节联合阀，由两侧各两个调节阀流出，经过 4 根高压导汽管对称地进入高压缸喷嘴室。高压缸上、下半各两个喷嘴室支承在内缸水平结合面附近，并且在轴向由三个与内缸紧密配合的凸台定位。高压缸进汽采用带有弹性密封环的钟罩形套管结构，如图 2-5 所示。这种支持和密封系统使每个部件都能自由地膨胀和收缩，并且密封性及对中性好，应力小，热负荷适应性好。

再热后的蒸汽由热段再热管送至机组两侧的中压主汽调节联合阀，再经 4 根中压导汽管从中压缸中部进入双流程的中压缸。中压缸两端上部设有两根蒸汽连通管，分别与

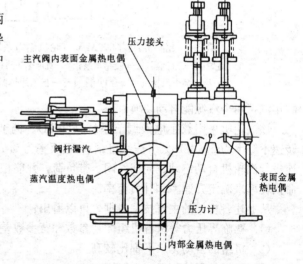

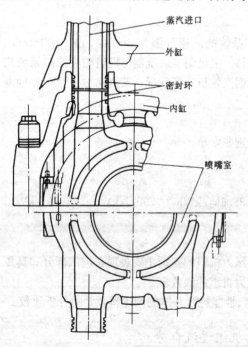

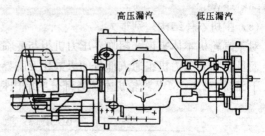

图 2-5　高压缸进汽部分示意图
（哈尔滨第三电厂 600MW 汽轮机）

图 2-6　高压主汽调节联合阀外形图
（哈尔滨第三电厂 600MW 汽轮机）

A、B低压缸进汽口连接。图2-6、图2-7分别是该机组的高压主汽调节联合阀、中压主汽调节联合阀的外形图。

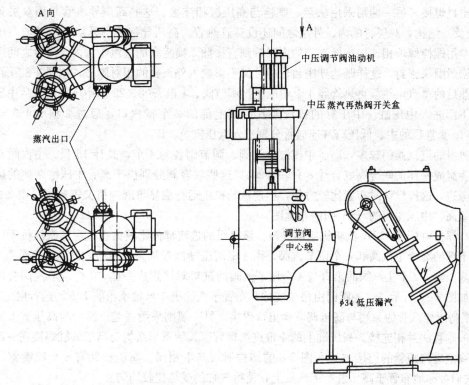

图 2-7　中压主汽调节联合阀外形图（哈尔滨第三电厂600MW汽轮机）

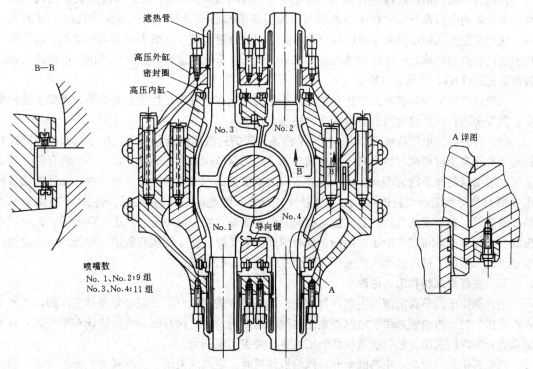

图 2-8　高压缸进汽部分示意图（北仑发电厂2号600MW汽轮机）

（2）北仑发电厂 2 号 600MW 汽轮机组的进汽。主蒸汽通过 4 个高压主汽/调节阀，分别经 4 根 $\phi333\times46$ 的高压导汽管从高压缸的上部和下部进入反向布置的高压缸。导汽管的一端与高压调节阀出口焊接，另一端则采用法兰、螺栓与高压缸相连接。这些高压导汽管采用双层套管式（即双层管）结构，双层管的内、外层之间还设有遮热管。高压导汽管的外层管法兰与高压缸凸缘处法兰用螺栓螺母相连接；导汽管的内层管则直接插入喷嘴室的进汽短管内。两者之间用活塞环式的密封圈来密封，这样既达到密封目的，又不影响内外汽缸的相对膨胀，如图 2-8 所示。

再热后的蒸汽由热段再热管经 4 个中压主汽调节阀、4 根 $\phi508\times22$ 的中压导汽管从中压缸的上部和下部进入中压缸。中压缸的排汽经其后端上部的 2 个排汽口，通过 2 根 $\phi1450\times10$ 和 $\phi1000\times10$ 变直径的中、低压蒸汽连通管分别进入低压缸 A、B。

该机组的进汽阀门较多，高、中压缸主汽阀、调节阀各为 4 个，共计 16 只。主汽阀与调节阀又均为组成一体的联合阀（合计 8 只联合阀）。这些联合阀分别位于高、中压缸两侧的运行平台机组旁边，这样设计时布置比较方便，但使汽轮机组运行层显得既拥挤又不雅观。图 2-9 是该汽轮机组高、中压主汽阀/调节阀的布置图。

（3）邹县电厂 600MW 汽轮机组的进汽。该机组的进汽部分比较典型。主蒸汽经位于汽轮机运行层下部的 2 个主汽阀和 4 个调节汽阀，由 4 根高压导汽管从高、中压缸的高压部分上下各 2 根进入高压缸。2 个主汽阀的出口与 4 个调节汽阀的进口对接焊成一体，4 个调节汽阀合用一个壳体，如图 2-10 所示。这些阀门由吊架支撑，布置于汽轮机 1 号轴承箱前下方的运行层之下。

4 根高压导汽管的一端与高压调节阀出口焊接，另一端则采用法兰、螺栓与高压缸上 4 根进汽短管的垂直法兰相连接。高压缸上的 4 根进汽短管以其钟罩形结构与高压外缸焊接在一起。它们与喷嘴室进汽短管的连接方式和图 2-8 的结构形式基本相同。高压缸共有 4 个喷嘴室（喷嘴组），它们对称地布置于高压缸上下汽缸上，使得汽缸的受热比较均匀。

再热后的蒸汽由热段再热管经过位于高、中压缸中部两侧的中压主汽调节联合汽阀，进入高、中压缸的中压部分。中联阀的进口与热段再热蒸汽管道连接，出口通向中压缸下部的进汽口，这种布置方式能尽量缩短中联阀至中压缸之间的管道长度，即减少管道蒸汽容积，避免阀门快关后汽轮机的超速。中压缸的排汽经 1 根中、低压缸蒸汽连通管，依次从低压缸中部进入双流程的低压缸（A）、低压缸（B）。

该机组进汽部分布置方式的优点是显而易见的，它在注意满足性能的前提下，做到了结构紧凑、整齐美观，汽轮机运行层显得宽阔、畅通。

（4）石洞口二电厂超临界压力 600MW 汽轮机组的进汽该机组有两只高压主汽阀，呈卧式对称地布置于高压缸两侧。每只高压主汽阀与两只高压调节阀组合在一起，成为一个组合件。对应上汽缸喷嘴组的调节阀为卧式布置；对应下汽缸喷嘴组的调节阀为立式布置。立式布置的调节阀用一根 U 形导汽管与汽缸连接。由于呈悬臂式布置，因此在每只高压主汽阀壳体上有两只承重的弹簧支架，来承受主汽阀的悬臂重量和部分管道重量，并保证冷态、热态位移的需要。两只中压联合汽阀对称地布置于中压缸两侧，也有弹簧支架支撑，便于膨胀和收缩。双流的中压缸由两端顶部的两根中、低压缸蒸汽连通管与两个双流的低压缸连接。

二、主汽阀结构和工作原理

主汽阀位于调节阀前面的主蒸汽管道上。从锅炉来的主蒸汽，首先必须经过主汽阀，才能进入汽轮机。对于汽轮机来说，主汽阀是主蒸汽的总闸门。主汽阀打开，汽轮机就有了汽源，有了驱动力；主汽阀关闭，汽轮机就被切断了汽源，失去了驱动力。

汽轮机正常运行时，主汽阀全开；汽轮机停机时，主汽阀关闭。主汽阀的主要功能是，当汽轮机需要紧急停机时（如汽轮发电机组失去负荷，调节阀调节失灵等），主汽阀应当能够快速关

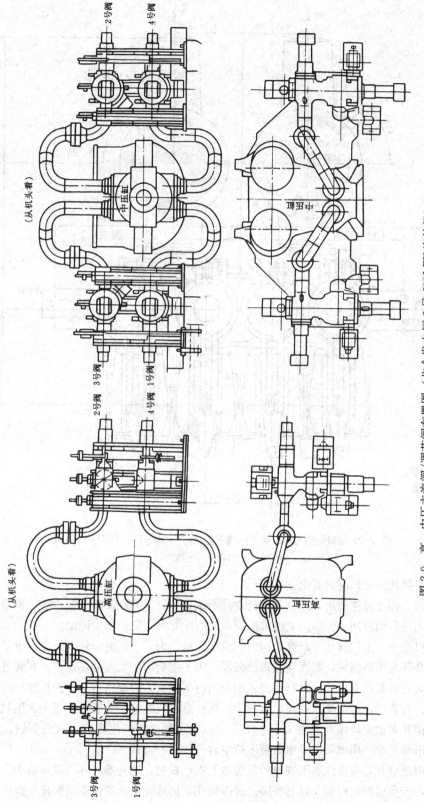

图 2-9 高、中压主汽阀/调节阀布置图（北仑发电厂 2 号 600MW 汽轮机）

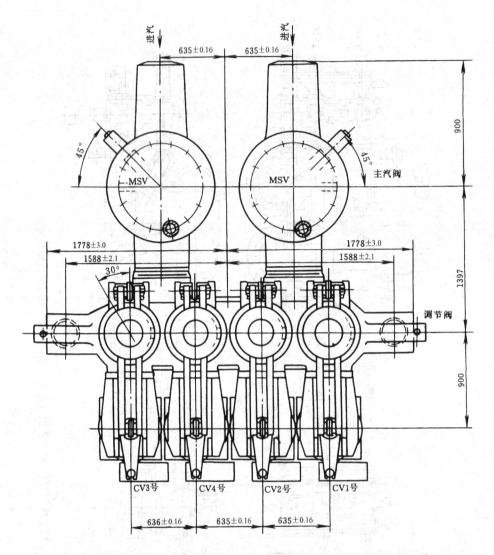

图 2-10　高压主汽阀、调节汽阀布置图（邹县电厂 600MW 汽轮机）

MSV—主汽阀；CV—调节阀

闭，而且越快越能保证机组的安全。

主汽阀的关闭速度主要由其控制系统的性能所决定。对于 600MW 等级的汽轮机组，要求主汽阀完成关闭动作的时间＜0.2s。主汽阀控制系统的性能将在第十章中讨论。

在汽轮机组中，主汽阀处于最高的压力、温度区域。为了在高温条件下可靠地承受甚高的压力，其构件必须采用热强钢，阀壳也做得比较厚。为了避免产生太大的热应力，阀壳各处厚度应尽量均匀，阀壳外壁面必须予以良好保温，阀腔内应采取良好的疏水措施，并在运行时注意疏水通道的畅通。在启动、负荷变化或停机过程中，应注意主汽阀部件金属表面避免发生热冲击（汽流与金属表面相对速度较高且温差大于 100℃），以免金属表面产生热应力疲劳裂纹。注意尽可能不采用"甩负荷带厂用电"或"甩负荷维持空转"的运行方式。

急剧的温度变化，对主汽阀上螺栓的危害也是很严重的。这些螺栓在高温环境中承受着极大的拉伸应力，产生缓慢的蠕变，其材料随之逐渐硬化、韧性降低、脆性逐渐明显；温度急剧变化所产生的热交变应力，将会使其产生热疲劳裂纹。螺栓工作的时间越长，蠕变就越大，材料就越脆，就越容易在热交变应力的作用下螺栓产生裂纹，甚至断裂。

此外，急剧的温度变化，将使阀盖与阀壳之间产生明显的膨胀差，致使螺栓的受力面倾斜，螺栓发生弯曲，从而在已承受极大拉伸应力的螺栓上又增加了弯应力；急剧的温度变化，还造成阀盖内外表面很大温差，阀盖产生凹、凸变化，又增加了螺栓的弯应力。这种交变的弯应力和热应力，将导致螺栓很快产生裂纹，甚至折断。因此，对螺栓应当有计划地进行检查。对于工作期在 60000h 以内的，硬度不合格、有裂纹的个别螺栓，应更换新的；对于工作期在 60000h 以上的，硬度不合格、有裂纹的该批（组）螺栓，应整批（组）更换新的。

用 CrMoWV 钢制成的螺栓，其布氏硬度 HB290～360 的，可以继续使用；

HB361 和 HB361 以上，以及 HB279 和 HB279 以下，应当更换新的；

HB280～289 的，建议在两年内换新的。

上述对主汽阀上螺栓的讨论，也适用于调节阀及其他在高温环境中工作的螺栓。

阀杆在工作过程中，将承受很大的冲击力，阀杆应选用冲击韧性良好的热强钢，而且其截面尺寸的选取应保证能承受这种冲击力，应避免阀杆截面尺寸的突变，尽量避免应力集中。由于密封的要求，阀杆与套筒之间的间隙比较小，因此要求阀杆、套筒配合表面平直，并予以硬化处理（如氮化处理）或涂、敷耐磨金属层，还要注意防腐，以保证其光滑耐磨。

不同的制造厂，不同的机型，主汽阀本身的结构就各不相同。

图 2-11 是北仑发电厂 2 号 600MW 汽轮机的高压主汽阀结构示意图。该阀的阀芯腔内另设有预启阀，借以减小主汽阀开启时的提升力。该主汽阀的主要技术规范如表 2-8 所示。

表 2-8 高压主汽阀的主要技术规范

名称＼规范	阀门通流直径（mm）	阀杆行程（mm）	名称＼规范	阀门通流直径（mm）	阀杆行程（mm）
主汽阀	$\phi200$	65	预启阀	$\phi67.5$	15

该主汽阀的主要结构要素如下：

（1）主汽阀阀座与阀壳之间采用过盈配合，有 0.056（$\phi260$ 处）～0.114（$\phi340$ 处）mm 的过盈量，并用销子固定，以防止阀座转动。阀座下游沿汽流方向有一个扩压段。

（2）主汽阀、预启阀与其阀座的接触面处均镶有司太立合金，借以提高阀门的严密性和耐磨性。

（3）主汽阀阀杆与预启阀阀芯制成一体，并通过套筒 7、螺母 6 与主汽阀阀芯 8 相连接，阀杆（预启阀处）与套筒之间的间隙为 0.45～0.50mm。

（4）为了提高阀杆的耐磨性和减少阀杆漏汽，阀杆上装有 4 段阀杆衬套，这些衬套与阀杆接为一体，工作时同步移动。

（5）阀杆衬套与套筒的间隙为：套筒 7 处 0.64～0.72mm；套筒 4 处和套筒 17 处 0.34～0.42mm。套筒外圆的配合尺寸为：套筒 4 处 0～0.03mm；套筒 17 处 0～0.028mm。

（6）主汽阀阀杆由套筒 4、17 导向，阀盖上设有阀盖漏汽孔。主汽阀腔内另装有蒸汽滤网，阀前设有疏水孔。

该主汽阀实测关闭时间为：1 号阀 0.28s；2 号阀 0.30s；3 号阀 0.29s，4 号阀 0.26s。

图 2-12 是北仑发电厂 1 号 600MW 汽轮机的高压主汽阀结构示意图。该阀为立式结构，主要包括阀壳、阀座、阀碟（其中右侧高压主汽阀阀碟内装有预启阀）、阀杆（其中右侧高压主汽阀阀杆带有预启阀）、阀杆套筒、阀盖、蒸汽滤网等部件。

该高压主汽阀为单座球形阀。其中一个主汽阀（右侧）的主阀碟 3 上钻有通孔，阀杆 4 端部

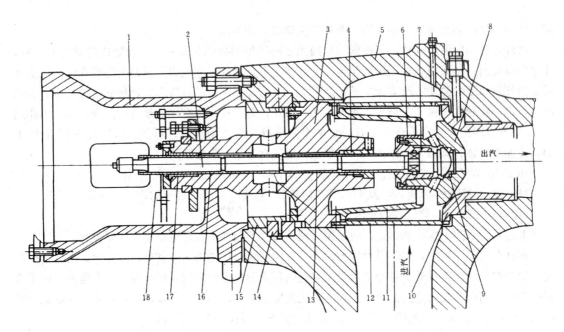

图 2-11　高压主汽阀结构示意图（北仑发电厂2号600MW汽轮机）

1—操纵座支架；2—阀杆（预启阀阀芯）；3—阀盖；4，7，17—套筒；5—阀壳；6—皇冠
螺母；8—主汽阀阀芯；9—预启阀阀座；10—主汽阀阀座；11—防护罩；12—滤网；13—阀杆
套筒；14—压环（6片）；15—压环套；16—阀杆导向套筒；18—挡汽片

从孔中穿过，预启阀2置于阀杆的端部，并采用螺纹、定位销与阀杆连成一体。预启阀与主阀碟的密封面呈圆锥形，并经过淬硬处理；主阀碟与阀座的密封面也经过硬化处理。主阀碟开启时，由阀杆上的凸肩推动向上移动，关闭时由预启阀向下压紧。为了防止阀碟转动，在阀碟内孔的两侧开有导向槽，而一个横穿阀杆的销子两端则嵌入该槽内，阀碟与阀盖之间有一定的自由度，这样既为阀碟的上下移动起导向作用，又能使阀碟在阀座上找中，防止阀碟转动。主阀碟下游的阀座成扩展形状，作为主阀碟下游的扩压段。不带预启阀的阀碟则通过阀杆的凸肩与阀杆端部的螺母（另加定位销）直接紧密地连成一体。

主汽阀开启时用油动机12推动，关闭时由弹簧室11内的弹簧压下。油动机按控制系统的指令对主汽阀实施控制（控制原理将在第十章中阐述）。

机组启动时，先开预启阀，主蒸汽通过主阀碟上的通孔（也即预启阀的通道）流入该高压主汽阀的下游，进入主汽阀、调节阀间彼此连通的腔室，既可为调节阀腔室预热，又可流入另一个不带有预启阀的高压主汽阀阀碟下游，以减小阀门开启时的提升力。

预启阀设计为大约能通过75%的维持机组空转的流量，而且能够缓慢打开，以便对调节阀腔室缓慢地进行加热，直到主阀碟前后压差为主汽阀前压力的15%～20%为止。至此，主阀碟便打开。

高压主汽阀的阀碟上下游处均设有疏水孔，还设有阀杆漏汽孔。

主汽阀进汽短管内，沿短管中心线纵向设有垂直于水平面的导流筋板。它使汽流在进入阀门时发生涡流或旋涡的可能性降至最低限度，这就避免了发生涡流或旋涡时所造成的压力损失和通流能力的降低。同时，也使被蒸汽滤网挡住的杂物很快地掉落在阀腔底部。要特别注意，在汽轮机投产不久期间，蒸汽中的杂物将比较多，因此，一有检修机会，就应将掉落在阀腔底部的杂物清除干净。这对汽轮机调节阀和通流部分将起着重要的防护作用。

蒸汽滤网是三层结构，内层是一个不锈钢的多孔圆筒，是永久性使用的；中间层是一个临时

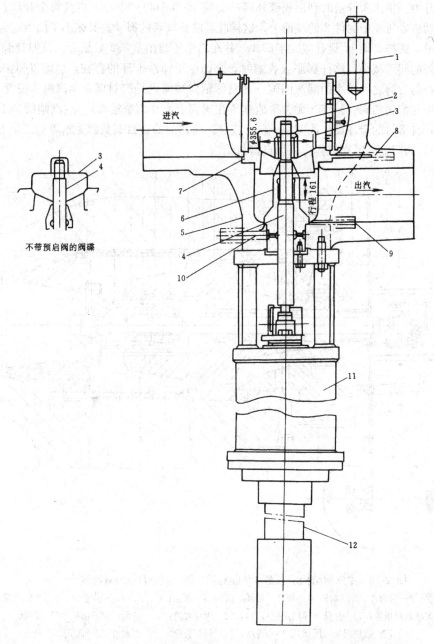

不带预启阀的阀碟

图 2-12 高压主汽阀结构示意图（北仑发电厂 1 号 600MW 汽轮机）

1—阀盖；2—预启阀；3—阀碟；4—阀杆；5—阀壳；6—阀杆套筒；7—阀座；8—阀座前
疏水；9—阀座后疏水；10—阀杆漏汽；11—弹簧室；12—油动机

的不锈钢细网眼滤网，用来截留细小的金属杂物（尤其是在初始启动阶段）及锅炉、管道检修后夹带来的细小颗粒；外层是不锈钢的粗网眼滤网，用来保护细网眼滤网，使其免遭初始启动期间大颗粒杂物的机械损伤。

华能石洞口第二发电厂超临界压力 600MW 汽轮机的主汽阀结构如图 2-13 所示。与亚临界压力汽轮机的主汽阀比较，其壳体更加厚重，密封措施更加严密。该机组的主汽阀都设计成带预启阀的平衡式单座阀。主汽阀开启时先打开预启阀，以减小开启时主汽阀的前后压差，减小主汽阀开启时的提升力。主汽阀开启时利用阀碟外圆的套筒 10 导向和对中心。主汽阀全开后，阀碟靠蒸汽力和油动机紧压在密封件 2 的端面上，这样既可防止阀碟的振动，又减小了漏汽。为了减少阀杆的漏汽量，阀杆套筒 17 设计成二半形式，并在二半外圆相差 180°处设有二只弹簧卡环，使套筒与阀杆之间的间隙减小。阀杆膨胀或收缩时，套筒由于弹性卡环的存在，也可以膨胀或收缩，始终保持阀杆与套筒之间较小的漏汽间隙。套筒的轴向端面也是密封面。主汽阀前设置有滤网，其结构和作用与前述相同。阀座 3 无过盈地座落在阀壳上，并用螺栓固定。主汽阀阀盖 1 设计成自密封结构，自密封的卡环设计成四块，便于安装。自密封的密封圈截面为不等边三角形（一次性使用零件）。阀门盖的紧固螺栓也采用自密封结构。

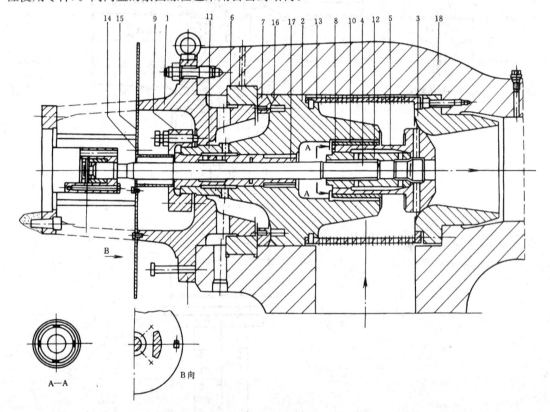

图 2-13　主汽阀结构示意图（华能石洞口第二发电厂 600MW 汽轮机）

1—阀盖；2—密封件；3—阀座；4—阀杆（带预启阀）；5—阀碟；6—卡环；7—定位环；8—平衡汽隙；
9—阀杆套筒压盖；10—套筒（导向定位）；11，12—阀杆套筒；13—滤网；14—防护套筒（网状）；
15—防护挡板（网状）；16—焊缝；17—阀杆套筒（导向密封）；18—阀壳

三、调节阀结构和工作原理

调节阀的工作环境与主汽阀基本相同，因此在设计或选用调节阀及其部件时应注意的事项与主汽阀的基本相同。然而，调节阀的功能与主汽阀有较大差别。

调节阀的功能是通过改变阀门开度来控制汽轮机的进汽量。在汽轮发电机组并网带负荷之前，调节阀不同的开度（在蒸汽参数不变情况下）对应不同的转速，开度大则进汽量大，相应的转速高；在汽轮发电机组并网带负荷之后，调节阀不同的开度（在蒸汽参数不变情况下）对应不同的负荷，即开度大发出的功率也大。调节阀在部分开度情况下，蒸汽将发生节流现象，造成蒸汽在不做功情况下的熵增，损失一部分能量，做功能力降低。因此，在进行汽轮机的配汽设计时，应使调节阀在正常运行时处于全开状态。

汽轮机设备及其系统

汽轮机的进汽调节方式有节流调节和喷嘴调节。也有采用组合调节的方式，即机组在启动时，各调节阀都部分地打开，汽轮机处于全周进汽状态，使汽缸和转子受热均匀；待汽轮机的温度场趋于均匀、相对膨胀符合设计要求之后，再自动切换为喷嘴调节。大功率汽轮机组正常运行时，大多数采用喷嘴调节方式，正如上面介绍的几种 600MW 等级的汽轮机组，正常运行时，都是采用喷嘴调节。

对于喷嘴调节的方式，每一个调节阀对应着汽轮机高压缸内的一组喷嘴组，蒸汽经过调节阀之后，由进汽导管送至汽缸上的进汽短管进入喷嘴组。上述介绍的几种 600MW 等级的汽轮机组，均有 4 个调节阀，对应 4 组喷嘴组。为了使汽轮机在启动时沿圆周方向受热均匀，设计时应合理安排各个调节阀的开启顺序，如图 2-14 所示，4 个调节阀的开启顺序为 1-2-3-4 号，这样的设计是考虑汽轮机启动时受热能够比较均匀。

各个调节阀的配汽量大小，应根据汽轮机的运行计划进行安排。安排的原则是，使阀门在各个主要的运行工况时，不会产生大的节流，并避免流量（功率）产生突跳式变化（如设计时使各个调节阀的开启有一定的重叠度）。对于主要用于承担基本负荷的 600MW 汽轮机组，1～3 号调节阀全开时，应能达到 $80\%\sim85\%$ 的额定功率，4 个调节阀全开时，在额定参数条件下，应能达到 110% 的额定负荷。

调节阀通流面积（即阀门喉部直径）的选取，应使蒸汽（在主要工况下）通过阀门的速度小于 50m/s 或更低，这样可以尽量减少蒸汽在做功前的能量损失。

每个调节阀的开度变化，以及各个调节阀的开启次序，必须既准确又灵敏，才能保证汽轮机组适应电网负荷变化的要求。这就要求调节阀的结构要非常可靠、灵敏，同时也要求推动调节阀的油动机及其控制系统非常准确、灵敏。

为了保证在汽轮机组发生意外事故时能够迅速切断进入汽轮机的汽源，要求调节阀能够迅速而严密地关闭。调节阀全部关闭的时间应小于 0.2s。

高压调节阀本体的结构与高压主汽阀大同小异，主要由阀壳、阀盖（以及紧固件和密封件）、阀杆套筒（密封、定位、对中、防振）、带预启阀的阀杆（也有个别制造厂的调节阀不设预启阀）、阀碟（内有预启阀）、阀碟套筒（导向、对中）、阀座（其喉部下游有扩压段）、滤网（有的制造厂不设调节阀滤网）和操纵座等部件组成。

由于各制造厂风格不同，阀门的具体结构形状也有一些差别。

图 2-15 是北仑发电厂 1 号 600MW 汽轮机的高压调节阀结构示意图。图 2-16 是北仑发电厂 2 号 600MW 汽轮机的高压调节阀结构示意图。

北仑发电厂 2 号 600MW 汽轮机调节阀喉部的通流直径为 160mm，阀杆行程为 80mm。调节阀各主要部件的配合特性如下：

(1) 阀座与阀壳之间的过盈配合尺寸为 0.05～0.142mm（ϕ248 处）和—0.016～0.029mm（ϕ210 处），并用销子固定，以防止阀座转动。阀座喉部下游有一扩压段能够回收一部分动能，减少流动损失。

(2) 阀杆与阀芯（即阀碟）做成一体，阀芯的头部（即与阀座配合部位）为球形面，阀芯与阀座的接触面处，二者均镶有司太立合金，以提高阀门的耐磨性和严密性。该调节阀没有预启阀，但阀芯处设有平衡孔，以减小打开时阀杆所需的提升力。阀芯和阀杆均设有套筒。它们的配合尺寸如下（mm）：

阀芯与阀芯套筒（ϕ155 处）为 0.03～0.055；

阀杆与阀杆套筒（ϕ41.5 处）为 0.009～0.05；

阀杆与阀杆套筒（ϕ41.9 处）为 0～0.016；

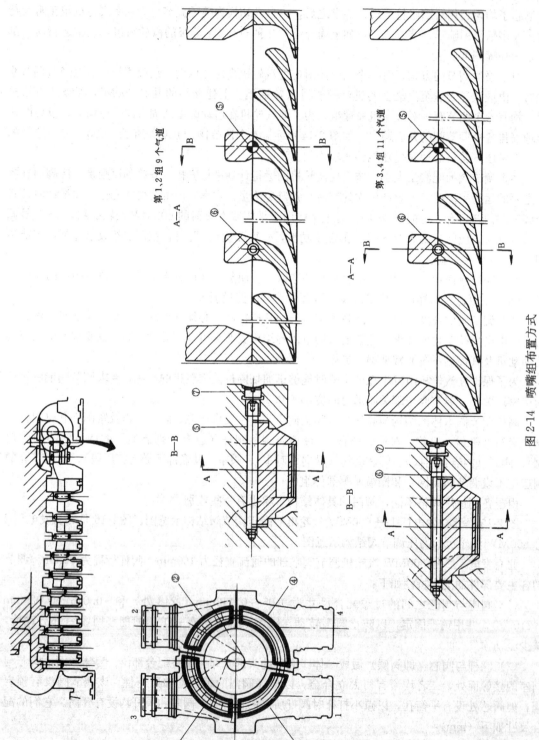

图 2-14 喷嘴组布置方式

第 1,2 组 9 个气道

第 3,4 组 11 个汽道

阀杆与阀杆套筒（φ42.4 处）为
0～0.016。

（3）阀芯、阀杆套筒与阀罩之间设有叠
片式阻汽片，该阻汽片能够游动，可以自动
找中，其间隙表示在图 2-16 上。

（4）内套筒 4、顶部套筒 10 的配合尺寸
为（mm）：

内套筒与阀芯套筒 3 之间（φ170 处）为
0.16～0.24；

内套筒与阀罩 12 之间（φ200 处）为
－0.06～0.015；

顶部套筒 10 与阀杆套筒之间（φ50 处）
为 0.26～0.32；

顶部套筒与阀罩之间（φ75 处）为 0
～0.049。

该调节阀设有两处阀杆漏汽孔，它们与
汽轮机的轴封系统相连接。

图 2-17 是华能石洞口第二发电厂超临界
压力 600MW 汽轮机的高压调节阀结构示意
图。该调节阀的阀碟设计与该机组的主汽阀
的阀碟设计相同，其作用也相同，调节阀的
防振和密封措施也与主汽阀的相同，只是具
体尺寸不同。该阀阀碟的导向套筒靠近阀碟
的一段间隙较小，以保证阀碟移动时能够良
好对中，其他部分的间隙较大，借以提供进
入预启阀前腔室的蒸汽通道。蒸汽通过导向
套筒和导向壳体上的通孔后，进入预启阀前
腔室。该调节阀阀杆的密封结构与该机组的
高压主汽阀的相同。

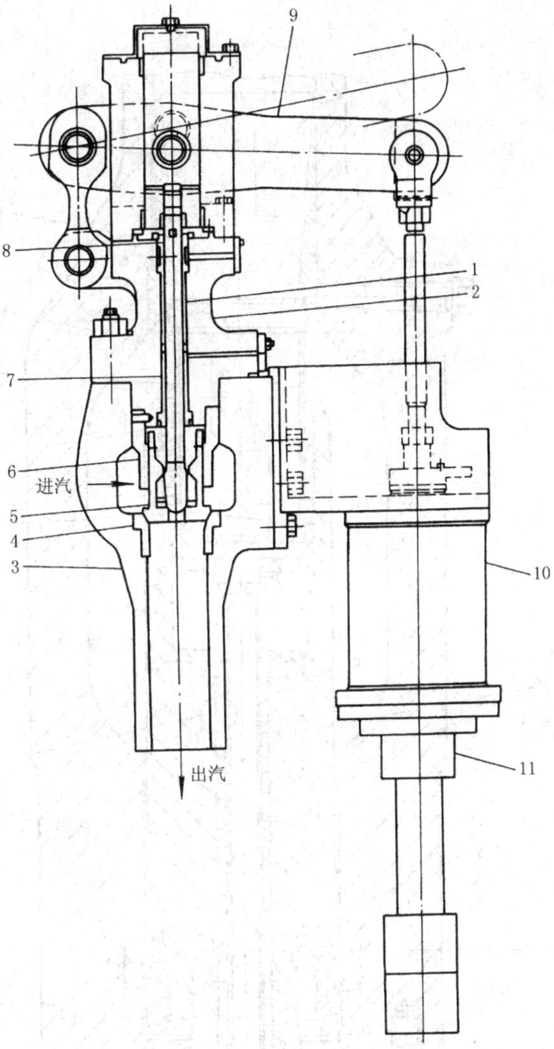

每只调节阀前面都设有永久性的蒸汽滤
网，主要起稳流作用。该阀的扩压管与阀壳

图 2-15　高压调节阀结构示意图
（北仑发电厂 1 号 600MW 汽轮机）

1—上阀杆套筒；2—阀盖；3—阀壳；4—阀座；5—阀碟；
6—阀碟套筒；7—下阀杆套筒；8—阀杆；9—配汽杠杆；
10—弹簧室；11—油动机

在冷态时有较小的间隙，便于拆卸。扩压管与阀壳材料的膨胀系数不同，扩压管材料的膨胀系数
比阀壳材料的膨胀系数大 50%，这样热态时扩压管与阀壳之间没有间隙。扩压管与阀壳之间用
螺栓固定。该机组的高压调节阀有卧式和立式两种：卧式调节阀的扩压管较长，可以直接插入内
缸的密封装置；立式调节阀的扩压管较短。

四、再热主汽/调节阀（中联门）

再热主汽/调节阀用来控制进入中压缸的再热蒸汽。它们的结构原理与高压主汽阀和调节阀
大同小异。

对于采用中压缸启动的汽轮机组，在启动过程中，再热主汽/调节阀的功能与高压部分的主
汽阀、调节阀的相同。对于用高压缸启动的汽轮机组，在启动过程中，再热主汽/调节阀通常不
发挥调节作用。汽轮机组在正常运行中，再热主汽/调节阀也不发挥调节作用，只有在某些情况

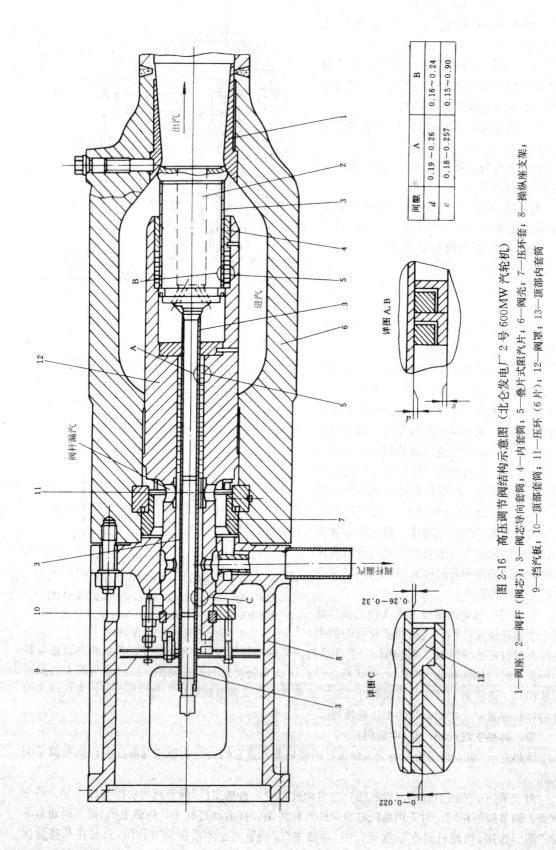

间隙	A	B
d	0.19～0.26	0.16～0.24
e	0.18～0.257	0.15～0.90

详图 A，B

详图 C

图 2-16　高压调节阀结构示意图（北仑发电厂 2 号 600MW 汽轮机）

1—阀座；2—阀杆；3—阀芯（阀芯）；4—内套筒；5—叠片式阻汽片；6—阀壳；7—压环套；8—操纵座支架；
9—挡汽板；10—顶部套筒；11—压环（6 片）；12—阀罩；13—顶部内套筒

出汽

进汽

阀杆漏汽

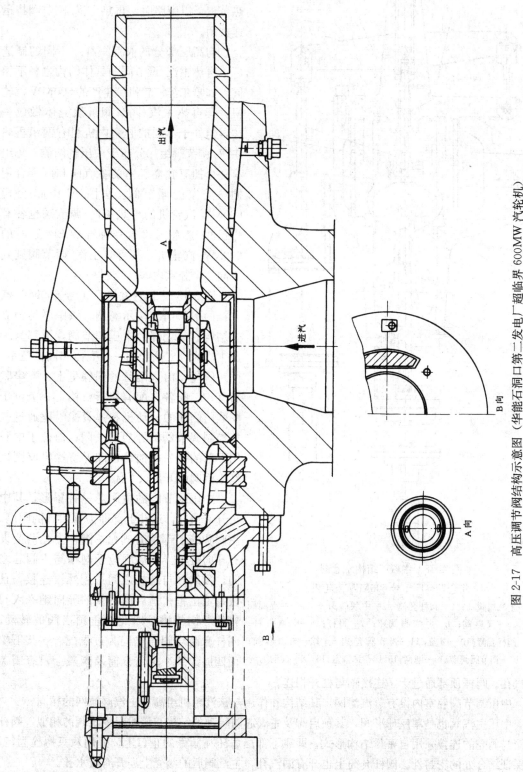

出汽

A

进汽

B 向

A 向

B

图 2-17　高压调节阀结构示意图（华能石洞口第二发电厂超临界 600MW 汽轮机）

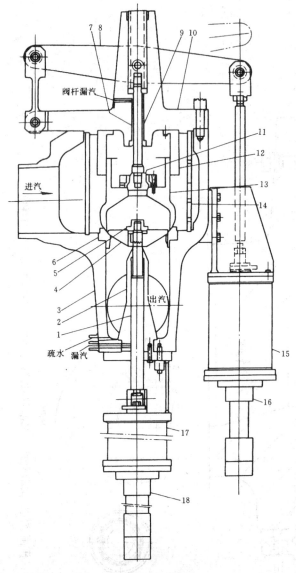

进汽

阀杆漏汽

出汽

疏水 漏汽

7 8 9 10

11

12

13

14

15

16

17

18

图 2-18 中联门结构示意图
（北仑发电厂 1 号 600MW 汽轮机）

1—主汽阀阀杆；2—阀杆套筒；3—中联门阀壳；4—主汽阀阀碟；5—预启阀；6—主汽阀阀座；7—阀杆；8—配汽杠杆；9—阀杆套筒；10—阀盖；11—调节阀预启阀；12—阀碟套筒；13—调节阀阀碟；14—滤网；15,17—弹簧室；16,18—油动机

下，如汽轮机需要紧急停机，或需要将再热蒸汽予以旁路时，再热主汽/调节阀将迅速关闭。

与高压部分的阀门一样，不同的制造厂，再热主汽/调节阀的具体结构也各不相同。如哈尔滨汽轮机厂生产的 600MW 汽轮机，其再热主汽/调节阀虽然壳体做成一体，但处于不同的腔室内机组有两组再热主汽/调节阀组，分布于中压缸两侧，每组有一个拥有独立腔室的主汽阀和两个合用同一腔室的调节阀。法国 Alsthom 公司 600MW 汽轮机的再热主汽/调节阀也各有自己的腔室。日本和瑞士 ABB 公司的 600MW 汽轮机，其再热主汽/调节阀则处于同一个腔室内。

图 2-18 是北仑发电厂 1 号 600MW 汽轮机的中联门结构示意图。该中联门为立式结构。其上部为中压调节阀，下部为中压主汽阀，二阀合用一个壳体和同一腔室、同一阀座，而且两者的阀碟呈上、下串联布置。二阀各自配有执行机构，一个位于中联门侧面的油动机和弹簧操纵座通过杠杆控制调节阀的开启或关闭；而位于中联门下部的另一个油动机和弹簧操纵座则控制主汽阀的开启或关闭。

中压调节阀的主阀芯呈钟罩形，其中央开有通孔，通孔上部即为预启阀的阀座。主阀芯的上部装有阀帽，阀帽内孔两侧设有导向键槽。预启阀位于阀帽与主阀芯之间，预启阀与阀杆之间采用螺纹连接，且设有定位销；预启阀两侧的导向键嵌入阀帽的导向槽内，以此防止预启阀的转动。阀杆套筒与阀盖之间为过盈配合，其下端面四周敛缝。阀盖套筒及阀盖上设有阀盖漏汽孔。阀杆顶部通过十字连接轴与杠杆相连。

中压调节阀腔室内设有蒸汽滤网，其结构和作用与该汽轮机组高压主汽阀滤网的相同。

中压主汽阀也是单座球形阀，其预启阀及主阀芯防转动的结构与该机组主汽阀的相似。阀杆套筒与阀壳的连接采用自密封结构形式，即靠下部凸肩压在阀壳的止口上，并用八只螺栓固定，以保证结合处的密封性。阀杆套筒上也开有漏汽孔，主汽阀后的阀壳上还开有疏水孔。

华能石洞口第二发电厂的 600MW 汽轮机组有两套中联门，安装在中压缸两侧，对称卧式布置。利用法兰与汽缸相连接，左侧与中压上外缸连接，右侧与中压下外缸连接。中联门下面有弹簧支架支撑，可以自由膨胀。该中联门的结构原理与图 2-18 的中联门基本相同，只是形状有所不同，右侧为中压调节阀，左侧为中压主汽阀，二阀合用一个壳体和同一腔室、同一阀座，而且两者的阀碟呈左、右串联布置。二阀各自配有执行机构，一个位于中联门右侧的油动机和弹簧操纵座控制调节阀的开启或关闭；而位于中联门左侧的另一个油动机和弹簧操纵座则控制主汽阀的开启或关闭。

中压调节阀的主阀芯呈钟罩形，其中央开有通孔，通孔的左侧为预启阀的阀座，预启阀阀芯与阀杆做成一体，阀杆顶部与油动机推杆相连，主汽阀也有预启阀，也与阀杆做成一体，阀杆顶部也与油动机推杆相连。

中压调节阀的主阀芯由其套筒来导向、对中。为了防止运行中阀芯转动，在阀芯的导向、定位套筒上设有一个导向定位键。

中压主汽阀阀芯内侧斜面与阀杆套筒外侧斜面相接触，以防止主汽阀在运行中振动。该阀的阀芯与阀杆套筒在相差 90°位置上有两只对应的缺口，安装时，装入后应旋转 90°。主汽阀阀杆的密封方式与该机组的高压主汽阀相同。中压主汽阀和调节阀的阀盖也采用自密封结构，与高压主汽阀相似。

中联门腔室内设有二层蒸汽滤网，其结构和作用与该汽轮机组高压主汽阀的滤网基本相同。

图 2-19 和图 2-20 分别是北仑发电厂 2号 600MW 汽轮机的中压主汽阀和中压调节阀结构示意图。

中压主汽阀的技术要素如表 2-9 所示。

表 2-9　　中压主流阀的技术要素

名　　　称	主汽阀	预启阀
阀门喉部通流直径（mm）	$\phi450$	$\phi67.5$
阀杆行程　　　　（mm）	145	15

主汽阀和预启阀与其阀座之间的接触面处均镶有司太立合金。主汽阀阀芯内设有预启阀阀座。主汽阀阀座与阀壳之间的配合尺寸为 $\phi560^{+0.044}_{-0.07}$ 和 $\phi660^{+0.095}_{-0.225}$。阀座喉部下游设有一个扩压段，以减少汽流的流动损失。

预启阀阀芯与主汽阀阀杆做成一体，阀杆上共有 5 段阀杆套筒 5、7、10，且与阀杆连为一体，它们的配合尺寸是

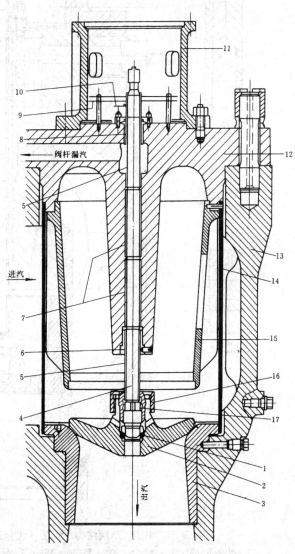

图 2-19　中压主汽阀结构示意图
（北仑发电厂 2 号 600MW 汽轮机）

1—预启阀阀座；2—主汽阀阀芯；3—主汽阀阀座；4—阀杆；
5—阀杆导向套筒；6，8—套筒；7—阀杆中间套筒；9—挡汽板；
10—阀杆端部套筒；11—操纵座支架；12—阀盖；13—阀壳；
14—蒸汽滤网；15—防护套；16—螺母；17—内套筒

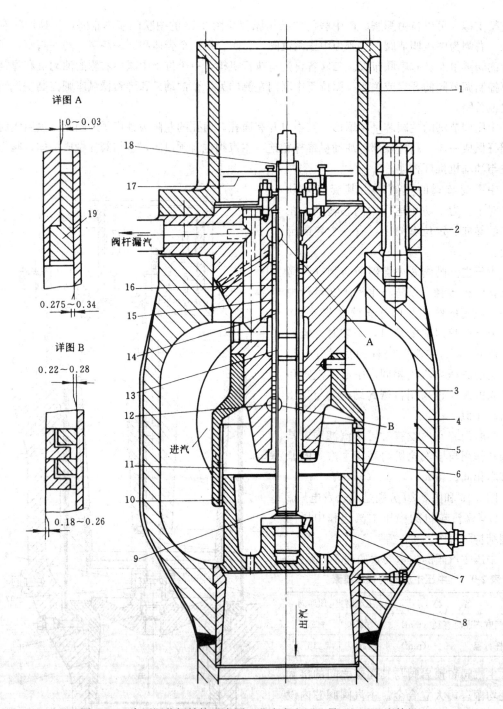

图 2-20 中压调节阀结构示意图（北仑发电厂 2 号 600MW 汽轮机）

1—操纵座支架；2—阀盖；3—外套筒；4—阀壳；5—导向套筒；6—内套筒；7—阀芯；8—阀座；
9—阀杆；10—密封环；11，15—阀杆套筒；12—叠片式阻汽片；13—阀杆中间套筒；
14，16，19—套筒；17—挡汽板；18—阀杆顶部套筒

$\phi 53.5_{0.01}^{0.059}/\phi 53.9_0^{0.02}/\phi 54.5_{0.01}^{0.059}/\phi 54.8_{0.01}^{0.059}/\phi 54.9_0^{0.02}$；连成一体的阀杆及阀杆套筒由外套筒 6、8

导向，阀杆套筒外圆的配合尺寸是 $\phi 64.5_{0.34}^{0.42}/\phi 65_{0.34}^{0.42}$；内套筒 17 的配合尺寸为 $\phi 75_{0.45}^{0.5}/$
$\phi 65.3_{0.64}^{0.72}/\phi 114_{0.03}^{0.106}$。

主汽阀关闭时间测定（1994 年 2 月，冷态）如下：

1 号阀 0.30s，2 号阀 0.30s，3 号阀 0.29s，4 号阀 0.26s。

中压调节阀的技术要素如表 2-10 所示。

阀座与阀壳之间用销子固定，阀座喉部下游也带有一个扩压段。阀芯与阀座接触面也镶有司太立合金。阀杆与阀芯间采用螺纹连接，且用定位销固定，阀杆端部外缘与阀芯之间的配合间隙为 0.01～0.059mm。阀芯设有平衡孔，阀芯与内套筒之间设有两道密封环。

阀座与阀壳之间的过盈配合尺寸为 $\phi410^{0.04}_{-0.063}/\phi430^{-0.063}_{-0.166}$；阀杆配有阀杆套筒，且两者连为一体，它们之间的配合尺寸为 $\phi53^{0.059}_{0.01}/\phi53.4^{0.02}_{0}/\phi54^{0.059}_{0.01}/\phi54.4^{0.02}_{0}$；阀杆套筒与阀盖之间设有叠片式阻汽片；阀杆由导向套筒 5、套筒 19 导向，阀杆与导向套筒之间的配合间隙为 0.275～0.34mm。中压调节阀实测的关闭时间为 0.28s。

五、导汽管和喷嘴室

导汽管和喷嘴室是把从调节阀来的蒸汽送进汽轮机的部件。它们的工作压力、温度与调节阀的基本相同。也就是说，要求它们在高温条件下能够安全地承受工作压力、非汽流通道处有良好的密封性；导汽管与喷嘴室连接处能够自由地相对膨胀；喷嘴室与汽缸的配合既要良好对中，又能自由地相对膨胀；结构设计时应注意避免应力集中，特别应避免热应力集中。

喷嘴室是把蒸汽送进汽轮机通流部分的最直接部套，其通道应具备良好的通流性能。

图 2-21 是华能石洞口第二发电厂超临界压力 600MW 汽轮机的进汽短管和喷嘴室结构示意

表 2-10　中压调节阀的技术要素

阀门通流直径（mm）	$\phi355$
阀杆行程（mm）	145

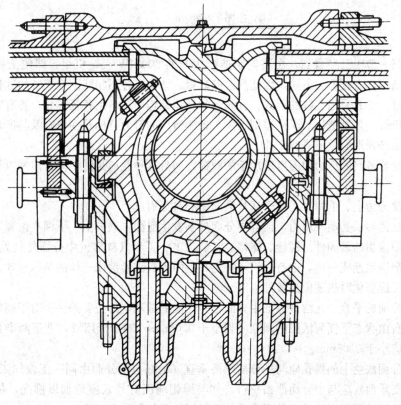

图 2-21　导汽管和喷嘴室结构示意图
（华能石洞口第二发电厂 600MW 汽轮机）

图。该机组的 4 根进汽短管及 4 个喷嘴室以汽缸中心为对称中心，对称地布置于高压缸的上、下半。导汽管的进汽端以焊接的结构形式与调节阀出汽口相连接，出汽端钟罩形外层管采用法兰螺栓的结构形式与高压外缸相连接，出汽端内层管与喷嘴室则用直接插入式，并用活塞环式的密封圈予以密封。带弹性密封环的直接插入连接方式，既能达到密封目的，又能保证短管与喷嘴室的对中和自由膨胀。这种连接方式得到广泛应用。

喷嘴室汽道的走向沿圆周的切线方向布置，这样由短管进来的蒸汽在喷嘴室内避免了冲击和旋涡，顺利地进入喷嘴组，具有较好的汽动性能。

图 2-8 是北仑发电厂 2 号 600MW 汽轮机的导汽管和喷嘴室结构示意图。该机组的 4 根导汽管和 4 个喷嘴室上下、左右轴对称布置，喷嘴室汽道也呈上下、左右轴对称，沿圆周整圈布置，分别镶嵌在高压缸内缸，通过固定环及搭子将其与内缸固定。3 号、4 号喷嘴室外径处还有导向键，用于喷嘴室的膨胀导向。导汽管出汽端内层管与喷嘴室也用直接插入式，用活塞环式的密封圈予以密封。

导汽管的材料为 10CrMo910，其硬度为 HB140～190，水压试验压力为 26.5MPa。

喷嘴室的材料为 B64J-V（ZG20CrMo1V），其机械性能如表 2-11 所示。

表 2-11 机 械 性 能

抗拉强度 （N/mm²）	屈服强度 （N/mm²）	延伸率 （%）	断面收缩率 （%）	硬　　度 （HB）
590～740	≥400	≥18	≥28	190～230

第三节　汽　　缸

在本章第一节中已经看到，由不同制造厂生产的 600MW 汽轮机组，即使工质参数完全相同，其总体结构也有较大的不同，因此汽缸的数量、结构也各不相同。就汽缸的数量而言，多数采用四个汽缸，少数采用三缸的形式。就汽缸的具体结构而言，则各扬其长，各有特色，尤其是高压缸和中压缸，各制造厂的风格差别较大。各制造厂的努力目标是使汽缸及其所包容的所有部件能够安全地按预期的效能进行工作。

汽缸承受着蒸汽的压力和温度所加于的载荷，而且这种载荷是随不同区段和汽轮机不同的负荷而变化的。

汽缸通常分为上、下两半，转子从其纵向中心贯穿而过。

为使汽缸能够承受蒸汽压力，而且中分面处不发生泄漏，汽缸上、下两半用紧固件牢固地结合在一起。最常用的紧固件是螺栓、螺帽。它们沿上、下半汽缸靠近中分面外径处的法兰将上、下两半汽缸牢固地连成一体，也有用钢环将上、下两半汽缸紧箍成一体的结构形式。后一种方法结构紧凑，工况变化时热适应性较好。

汽缸中分面的平直、光洁是保证中分面密封性能的最基本的必要条件。对于高中压缸，上下两半合拢，自由状态下任何区段的间隙应当小于 0.05mm；对于低压缸，上下两半合拢，自由状态下的间隙应小于 0.08mm。

汽缸中分面法兰上的螺孔应与中分面严格垂直（最好与中分面由同一工位加工）。法兰上的刮面（螺帽支承面）应与中分面严格平行，并与螺帽端面对号入座地加以拂配，使两者良好贴合。这样，就能够保证螺栓的有效紧力，并避免螺栓上的附加弯矩。

600MW 汽轮机的蒸汽参数较高，为了使汽缸壁能设计得较薄，以便提高制造质量和减小汽缸体的热惯性和热应力，汽轮机的高、中压缸采用双层缸结构。内缸用猫爪支承于外缸之内，并用定位键（销）和导向键来定位（承受内缸对外缸的载荷）和导向。内缸包容着许多部件，如喷嘴室、隔板套、隔板（及隔板汽封）以及相应的定位、导向零件。有的制造厂在汽缸的高温区段、内外缸夹层内还设有遮热薄筒，以减少内缸对外缸的热交换（主要是热辐射），使内缸及外缸的内外壁面温差减小，热应力也减小。

汽缸本身的热膨胀和汽缸与转子之间的相对膨胀，是汽轮机设计、安装、调试时十分重要的问题。设计时应通过汽缸、转子的热膨胀计算，合理地选定汽缸的死点位置，以及推力轴承（转子相对死点）的位置，并留足膨胀间隙。

进入汽缸的蒸汽参数对汽缸的热膨胀和热应力有巨大的影响。这种影响在汽轮机启动（特别是冷态启动）时特别严重。在第一章中，已经讨论过汽流参数激烈变化所造成的严重后果。

汽轮机运行中，不允许汽缸内有任何积水。如果汽缸内有水，轻则造成汽缸温差增大，引起汽缸翘曲变形，动静部分摩碰；严重的积水会损坏汽轮机转子。因此，汽缸的疏水设施应有足够的通流面积，并避免无法疏水的洼窝结构等。汽缸还应备有防进水设施，防止水从任何与其连接的管道进入汽缸。

进入汽缸的蒸汽回路，对汽缸的热膨胀和热应力也有较大的影响，因此设计时应注意汽流回路的合理布置。如应设有用于内、外汽缸夹层加热的蒸汽通道，以便汽轮机启动时有足够的蒸汽量预热内、外缸，使汽缸的热膨胀较快地趋于均匀；配汽设计中，注意各喷嘴组的进汽次序和进汽量，使启动时汽缸得到均匀加热，避免将较低温度的抽汽从较高温度的汽缸区段引出等。有的制造厂将调节级与同汽缸的压力级反向布置，调节级后的蒸汽可以更均匀地加热内缸，这也是一种较好的办法。

汽缸壁的厚度应均匀，避免厚度突变和因结构突变引起的刚度突变，尤其要避免径向刚度突变。因为结构突变和径向刚度突变，都会产生极大的局部应力和热应力，很容易导致汽缸产生裂纹。汽缸中分面法兰应尽量向汽缸中心线靠近，并使用窄法兰，减小中分面处的金属质量集中，使该处的截面尺寸接近于汽缸其他截面的尺寸。这样可以避免产生太大的应力（蒸汽压力所形成）和热应力（温差所形成），也能减小汽缸因变形不均匀而发生翘曲。

汽缸的进汽管道（或排汽/抽汽管道），不应集中于汽缸的某一区段，因为汽缸局部金属质量过分集中，可能使铸造过程的残余应力难以完全消除，造成热态情况下汽缸意外的变形。这种意外的热态变形将导致汽缸的翘曲，或汽缸中分面泄漏（尤其是内缸中分面泄漏最为麻烦），而且这种热态变形可能长期存在，在冷态时又检查不到，无法处理。对于高、中压合缸的机组，很容易发生这种情况，要特别注意予以妥善处理。

汽缸内部的喷嘴组和隔板，在将汽流的内能转换为动能的同时，受到汽流极大的反作用力矩，这种力矩将由支承或定位元件传递到内缸和外缸。因此，在设计汽缸的支承、定位零件时，要考虑到在各自的工作温度条件下，这些零件能够安全地承受这种力矩。在设计内外缸之间的支承和定位零件时，还应注意轴向推力对定位、支承零件的可能破坏。

对于汽缸来说，中分面紧固件（螺栓、螺帽或紧箍钢圈）是极为重要的零件。计算这些紧固件的紧力时，应注意它们各自的工作温度。在高温区段的螺栓，还应注意高温蠕变的问题。关于汽缸中分面螺栓紧力以及材料选用等问题，可参阅有关科技书。

汽缸的支承、定位、导向状况，对汽轮机组安全性也有较大影响。支承、定位、导向的设置，要注意到汽轮机运行中能够良好对中，各汽缸、转子、轴承的膨胀不会受到阻碍。汽缸由静止时的冷态到运行时的热态，纵向、横向、上下都发生膨胀，各定位、导向件的设置要保证纵向、横向膨胀不受阻碍且不影响对中。支承结构的设置，要保证上下膨胀不影响汽缸、转子、轴

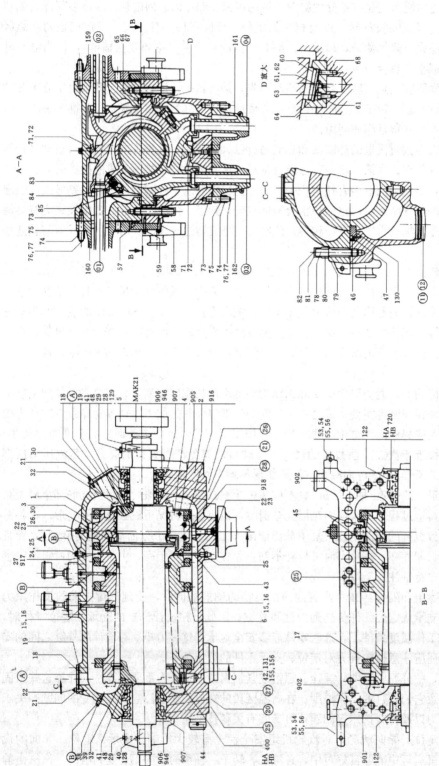

图 2-22 高压缸结构示意图（华能石洞口第二发电厂超临界压力 600MW 汽轮机）

1—上外缸；2—下外缸；3—上内缸；4—下内缸；5—高压转子；6—钢套环；15,16—上隔热罩；17,46,54,61,67,72,156—内六角螺钉；18—盖板；19—垫圈；21—六角螺栓；22,24,27,38—螺塞；23,25,39—密封圈；26—喷嘴环；28,40,47—支承销；29,77,82,907—六角螺钉；30,901,905—锥形销；32—平衡螺塞；41—平衡扇块；59、42—侧向螺栓；43—电线套管；44—立柱销；48—轴向销；53,60—球形块；55,62,63—垫片；56,66—薄垫片；57—支架；58,73,78,83—双头螺栓；59、85—六角螺母；64—中间部件；65—支承块；68—圆柱销；74,80—螺母；75,79—支撑圈；76,81—护罩；84—加长套筒；122—锁定螺钉；128~131—调整垫片；155~158；159,160—网壳；161—左侧进汽管；162—右侧进汽管；902,918—顶开螺杆；906—安装环；916—导向销；917—套筒环；946—探测规；⑩、⑬—左进汽口；155~158；159,160—网壳；161—左侧进汽管；162—右侧进汽管；902,918—顶开螺杆；906—安装环；916—导向销；917—套筒环；946—探测规；⑩、⑬—左进汽口；⑪—右进汽口；⑫—左排汽口；⑬—右排汽口；⑳—轴封供汽室；㉕—泄漏回汽室；㉒—较平衡时打开；㉓—用内规探测内缸时打开承的对中。对于高、中压缸，目前应用较多的支承方式是采用支承面与中分面重叠的上猫爪支承结构。

一、华能石洞口第二发电厂超临界压力 600MW 汽轮机汽缸结构

图 2-22 是华能石洞口第二发电厂超临界压力 600MW 汽轮机的高压缸结构示意图。

该机组的高压缸为双层、单流程结构。高压缸内不设隔板，反动式的静叶栅直接装在内缸上，有一个调节级和 21 个反动级。高压缸有 2 段抽汽，第 16 级后是向 8 号高压加热器供汽的第 1 段抽汽，第 21 级后（即高压缸排汽处）是向 7 号高压加热器供汽的第 2 段抽汽。该机组高压内缸的主要特点是，上下半中分面没有法兰，而是用 7 只钢套环将内缸上下半紧箍成一个圆筒体，仅在进汽部分加 4 只螺栓来加强密封。钢套环用环形燃烧器等专用工具加热后热套到内缸上，钢套环冷却收缩后能够保证内缸在稳定和不稳定工况下长期运行而不泄漏。这种结构形式的内缸形状简单、匀称、重量轻；其相应的外缸直径小，因而外缸的法兰可以做得较窄、较薄。内缸中分面与外缸水平中分面成 50°夹角，目的是使喷嘴室的良好汽流通道保持完整，同时使进汽段辅助法兰避开水平中分面而处于进汽口处，从而外缸的直径可以减小。

该机组高压缸进汽的连接部位，如图 2-23 所示。

图 2-24 是华能石洞口第二发电厂超临界压力 600MW 汽轮机的中压缸结构示意图。

该机组的中压缸为双流程、双层结构。中压缸内也不设隔板，反动式的静叶栅直接装在内缸上，有 17×2 个反动级。中压缸布置有 3 段抽汽，其抽汽口非对称排列。第 3 段抽汽位于中压缸机头侧的第 6 级后，向 6 号高压加热器供汽；第 4 段抽汽位于中压缸发电机侧第 11 级后，向除氧器和给水泵小汽轮机供汽；第 5 段抽汽位于中压缸第 17 级后（即中压缸排汽），向 4 号低压加热器供汽。中压缸第一级静叶采用辐流式静叶栅，布置于中压内缸进汽口的环形通道内。从辐流式静叶栅出来的汽流，进入双流程中压缸的左、右第一级动叶。与轴流式静叶栅相比，省了一级静叶的位置，机组长度可以短一些。中压缸中部进汽通道采用"双旋涡"结构，汽流导向良好，流道圆滑，压力损失小，变工况时对第一级静叶的冲角变化很小，从而保证中压缸第一级有较高的效率。中压内缸进汽段两侧法兰上各开一道能够容纳膨胀的

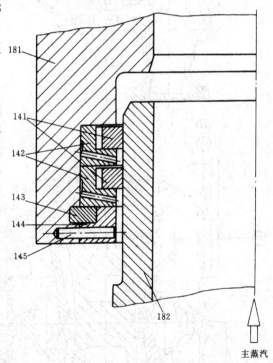

图 2-23 高压缸进汽连接部位示意图
141—密封环；142—导环；143—保险环；144—定位环；
145—圆柱销；181—内缸进汽管；182—进汽管

槽缝（参看中分面视图），此槽缝可改善中压内缸进汽部位（高温段）法兰和汽缸的热膨胀性能，减小中压缸膨胀量和热应力。中压缸进汽连接方法与高压缸的相似。

该机组的低压缸进汽压力、温度都比较低，但蒸汽的容积流量却很大，因此低压缸的体积很大。低压缸应注意的主要问题是刚度问题。低压缸也采用双层缸结构，主要目的是提高低压缸的刚度。低压缸的内外缸采用钢板焊接结构加以组装。低压内缸主要承受汽压、温度变化；外缸作为排汽部分，处于真空状态，承受大气压力。低压外缸下部与凝汽器相连接。由中压缸引出的导

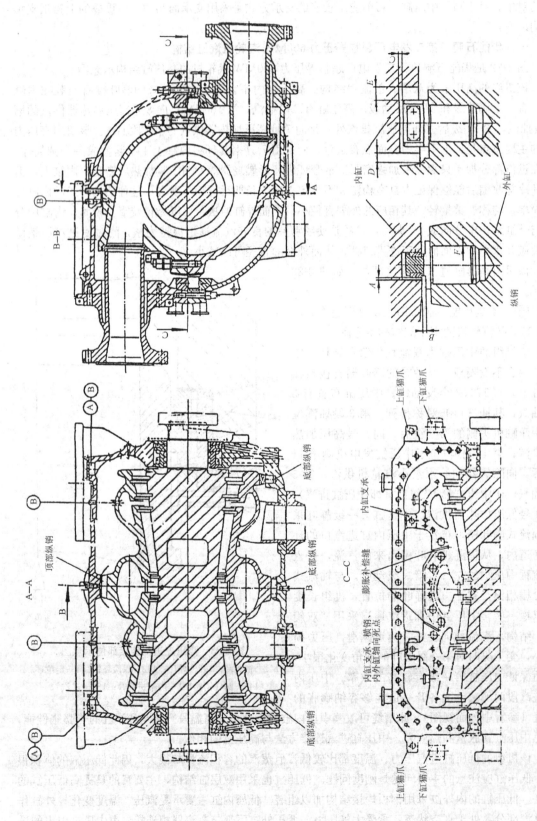

图 2-24 中压缸结构示意图（华能石洞口第二发电厂超临界压力 600MW 汽轮机）

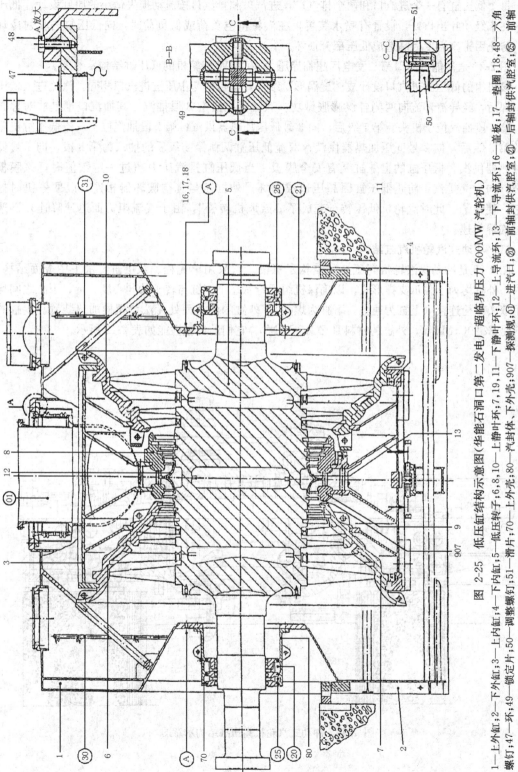

图 2-25 低压缸结构示意图（华能石洞口第二发电厂超临界压力 600MW 汽轮机）

1—上外缸；2—下外缸；3—上内缸；4—下内缸；5—下内壁转子；6,8,10—上静叶环；7,19,11—下静叶环；12—上导流环；13—下导流环；16—盖板；17—垫圈；18,48—六角螺钉；47—环；49—锁定片；50—调整螺钉；51—滑片；70—上外壳，下外壳；80—汽封体，下外壳；907—探测规；①—进汽口；⑳—前轴封供汽腔室；㉑—后轴封供汽腔室；㉕—前轴封回汽腔室；㉚—前喷水管；㉛—后喷水管；㉚—后轴封回汽腔室；㉖—较平衡时打开汽管分别在两个双流程的低压缸中部与低压缸连接。导汽管按流量相等、流动损失最小的原则设计。每个低压缸有一个进汽口和两个排汽口，进汽口和排汽口按流动损失最小的原则设计。低压缸内在末级动叶出口处，设置有喷水装置，在汽轮机空负荷或低负荷时，向低压缸内喷射冷却水，防止因排汽温度太高造成低压部分损坏。

图 2-25 是华能石洞口第二发电厂超临界压力 600MW 汽轮机的低压缸结构示意图。

该机组的低压缸进汽口设计成"旋涡形"结构，其目的与中压缸进汽口相同。汽流进入低压缸中部后，经导流环流向两侧各级膨胀做功。双流低压缸有 3 段抽汽，其抽汽口也是非对称布置。第 6 段抽汽位于机头侧第 1 级后，向 3 号低压加热器供汽；第 7 段抽汽位于双流低压缸机尾侧的第 3 级后，向 2 号低压加热器供汽；双流低压缸两侧第 4 级后的抽汽为第 8 段，向 1 号低压加热器供汽。低压缸的上外缸装有安全膜板，当低压缸排汽压力超过一定数值时，该膜板破裂，向大气排汽，防止低压缸因超压造成损坏。外缸还与真空破坏器相连，以便停机时打开它，使转子（此时汽轮机低压转子变成了"鼓风机转子"，由于气流阻力而迅速降速）迅速通过临界转速。

二、冲动式汽轮机汽缸结构

图 2-26 是冲动式汽轮机高压缸的结构示意图。它采用单流程、双层缸、水平中分面结构。其内、外缸均为上猫爪支撑形式，以确保机组运行状态下汽缸与转子的同心度。上、下缸之间均采用双头螺栓连接（上缸为通孔，下缸为螺孔），外缸的法兰面处无法兰螺栓加热装置。内缸的材料是 ZG20CrMo1V，外缸的材料是 ZG15Cr2Mo。它们的机械性能如表 2-12 所示。

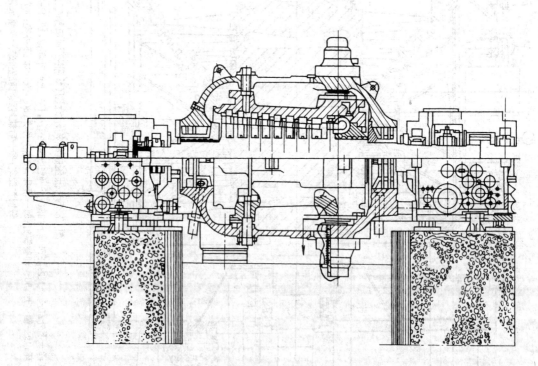

图 2-26　冲动式汽轮机高压缸结构示意图

表 2-12

机械性能 材料	抗拉强度 （MPa）	屈服强度 （MPa）	延伸率 （%）	断面收缩率 （%）	硬　　度 （HB）
ZG20CrMo1V	590～740	≥400	≥18	≥28	190～230
ZG15Cr2Mo	590～780	≥440	≥15		170～235

图 2-27 是冲动式汽轮机中压缸的结构示意图。

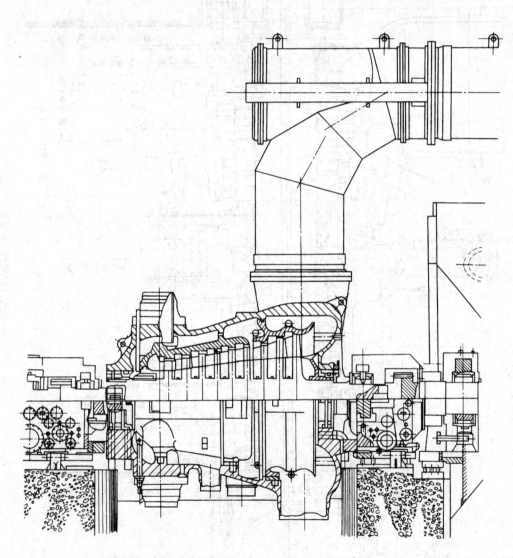

图 2-27　冲动式汽轮机中压缸结构示意图

图 2-28 是冲动式汽轮机高、中压缸的结构示意图。

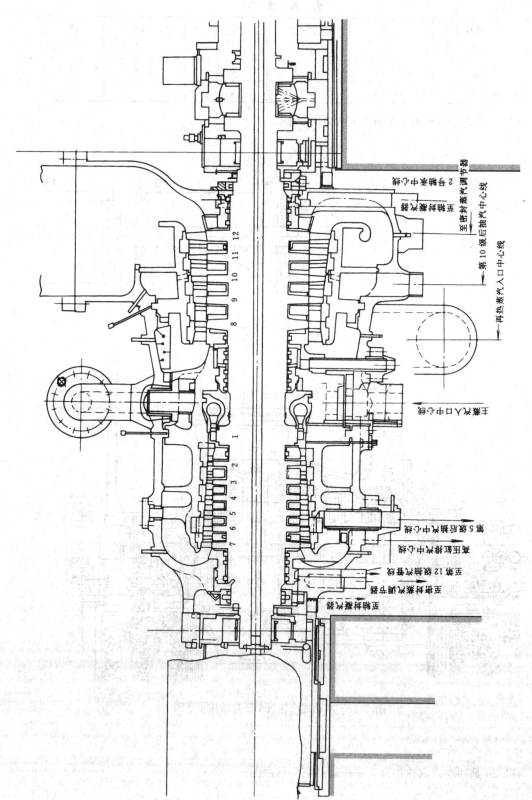

图 2-28 冲动式汽轮机高、中压缸结构示意图

第四节 隔板、静叶和汽封

一、隔板结构和功能

隔板主要用于冲动式汽轮机，有些反动式汽轮机也将静叶栅做成隔板式结构。隔板用来把汽缸分成若干个汽室，使蒸汽的压力、温度逐级下降，蒸汽的热能在静叶组成的汽道（喷嘴）中（对于冲动式汽轮机是大部分，对于反动式汽轮机是一部分）被转换成动能，以很高的速度进入动叶片的流道，推动转子转动。工作时，隔板除承受前、后蒸汽压差所产生的均布载荷之外，还承受着从静叶汽道中喷出的高速汽流的反作用力矩。

隔板主要由外环、外围带、静叶栅、内围带、隔板体等组成。对于高、中压缸中的隔板，在外环处还设有与动叶顶部相对应的汽封体。其制作过程是：先将成型的成品静叶片嵌装在冲有叶型孔的内、外围带之间，然后分别与外环、隔板体焊接并连成一体，最后将隔板分成上、下两半加工至所需尺寸（静叶片不再加工）。对于高压缸及中压缸前数级的隔板，上、下两半合拢时，自由状态下中分面的间隙应小于 0.02mm；对于大型隔板，上下两半合拢时，自由状态下中分面的间隙应小于 0.05mm。

上隔板装于上汽缸，下隔板装于下汽缸。上、下隔板之间由定位键定位（兼密封）。对于高压缸及中压缸前数级隔板，尺寸较小，将其全部定位于上缸，在中分面处用压板压住（压板与中分面处留有 1～2mm 膨胀间隙），与上缸形成一体。扣缸时，装有上隔板及隔板汽封的整个上缸扣到下缸上。

对于大型隔板（如中压缸后面数级及低压缸内的隔板），上隔板本身无定位结构，以其自重落在下隔板上，其中分面处也设有两个横向定位键，该定位键除作上、下隔板间的定位外，还能减小隔板中分面处的漏汽。隔板的上、下半还用螺栓连接在一起（其紧固力矩约为 48N·m），形成整圈的隔板。

下隔板通过其靠近中分面处的两个搭子悬挂、固定在内缸的隔板槽内，其底部设有定位键，使之在内下缸隔板槽中定位。搭子除承受隔板的自身重量外，主要是承受蒸汽从隔板上的汽道喷出时对隔板所产生的反作用力矩。

隔板外环与汽缸上隔板槽的配合，其轴向间隙约为 0.1（对于薄的小隔板）～0.2mm（对于厚的大隔板），径向间隙约为 1.5～2.0mm。这是考虑到隔板与汽缸的装卸和热膨胀的需要。

隔板体内圈装有隔板汽封圈，用以阻止蒸汽由高压区段通过非做功通道泄漏到低压区段。隔板汽封与转子之间的间隙约为 0.4～0.6mm。

隔板与叶轮、动叶之间的轴向间隙，要考虑各区段汽缸与转子的相对膨胀量。由于各种汽轮机的具体结构不同，隔板与叶轮、动叶之间的轴向间隙各不相同。表 2-13 为北仑发电厂 2 号 600MW 汽轮机组高压缸内隔板与叶轮、动叶片（围带及根部处）之间的轴向（及径向汽封）间隙设计值。

表 2-13 中的部位代号如图 2-29 所示。

反动式汽轮机的静叶栅也有组焊成隔板形式的，如哈尔滨汽轮机厂制造的 600MW 汽轮机组的静叶栅，由单只自带"内环"和"外环"的扭曲静叶片整圈组焊而成，静叶片之间靠内外环处型线配合成圈，内环和外环分别有整圈焊缝，焊接后形成一块隔板。中分面处有斜线或折线切口，将隔板分成上、下两半。在隔板内环（即隔板体）开有膨胀槽，以吸收静叶的膨胀量。如图 2-30 所示。

表 2-13　　　　　　隔板与叶轮、动叶片的轴向间隙设计值（名义/最小，mm）

部位 级号	a	b	b'	c	d	d'	e	e'	f	f'
1		6.5/4.6	6.5/4.5	2.7	5/3.3	13.5/10.5	5/3.3		13/10	85.5/82.5
2	6.5/3.5	4.9/2.5	4.6/2.5	1.1	5/3.3	10/7	5/3.3	10/7	10/7	10/7
3	6.5/3.5	5.1/2.2	4.4/2.2	1.1	5/3.4	10/7	5/3.4	10/7	10/7	12/9
4	5.5/2.5	5.1/2.1	4.4/2.1	1.1	5/3.5	10/7	5/3.5	10/7	10/7	16/13
5	9.5/6.5	7.2/4.2	6.3/3.9	1.1	5.5/3.7	10/7	5.5/3.7	10/7	10/7	13/10
6	9.5/6.5	7.2/4.2	6.3/3.8	1.1	5.5/3.7	10/7	5.5/3.7	10/7	10/7	13/10
7	9.5/6.5	7.3/4.3	6.2/3.6	1.1	5.5/3.9	18/15	5.5/3.9	12/9	10/7	47/44
8	8.5/5.5	7.5/4.5	6/3.5	1.1	5.5/3.8	12/9	5.5/3.8	12/9	12/9	18/15
9	8.5/5.5	7.6/4.6	5.9/3.3	1.35	5.5/3.9	12/9	5.5/3.9	24/21	10/7	55/52

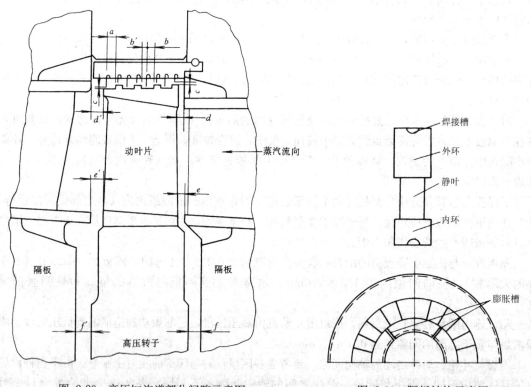

图 2-29　高压缸汽道部分间隙示意图　　　　　　图 2-30　隔板结构示意图
（北仑发电厂 2 号 600MW 汽轮机）

上海石洞口二电厂的 600MW 反动式汽轮机，其高、中压缸的静叶直接装在内缸上，低压缸的静叶则装在静叶环上，静叶环再装到汽缸上。

二、静叶

从第一章图 1-5 可看出，静叶（在调节级称喷嘴）是构成汽轮机级的主要零件之一。蒸汽在静叶（喷嘴）组成的汽道内膨胀、加速，将蒸汽的热能转变成动能。从静叶（喷嘴）出来的高速汽流进入动叶，推动动叶从而使汽轮机转子驱动发电机发电。

静叶（喷嘴）的型线直接影响它们所组成的汽道型线，对汽轮机的级效率有直接的影响。如第一章中所述，按照可控涡流理论设计的叶型，其通流效率比较令人满意。

汽轮机级的静叶只数及静叶的安装方式，对同一级的动叶的激振力特性有直接影响，从而影响动叶片的安全。在动叶片较短的级内，动叶可以设计成非调频叶片，这种影响被动叶本身予以克服；在动叶片较长的级内，这种影响表现为从静叶喷出的汽流对动叶的激振频率必须给予充分注意。为了减小静叶出流对动叶的激振力，有的制造厂采用了"弯曲汽道"静叶（如哈尔滨汽轮机厂的600MW汽轮机组），还可以采用静叶出汽边与动叶进汽边成一定交角的设计方法，借以减小或避免静叶出流对动叶的激振力。

在动叶片较长的级内，还应注意静叶本身的频率应在安全的范围内。这一点对将静叶直接安装在内缸（或静叶环上）的反动式汽轮机尤为重要。这种结构形式安装的静叶主要有预扭静叶和非预扭静叶两种。对于预扭静叶，其固有频率与转动频率之比＞4.4时，视作非调频叶片；对于非预扭静叶，固有频率要计算出四种振型，轴向振型、切向振型、单节点振型、扭转振型，其固有频率与转动频率之比≥4.4时，可不调频，小于4.4时要调频，并且要避开动叶出汽边引起的激振力频率。

三、汽封

汽封的功能是阻止蒸汽从压力较高的区段经过非做功途径泄漏到低压区段，尽量减少蒸汽在汽轮机做功过程中的能量损失。

用于汽轮机的汽封系统大多数采用迷宫汽封，因为它能经得起较高的蒸汽参数。迷宫汽封是在合金钢环体上车制出一连串较薄的环状轭流圈薄片，每一轭流圈后面有一膨胀室。当蒸汽通过轭流圈时，速度加快（但速度不可能超过蒸汽参数所对应的音速），在膨胀室蒸汽的动能转变成热能，压力降低，比容增大；蒸汽通过下一个轭流圈时，比容再次增大，压力再次降低。依此类推，蒸汽在通过一连串的轭流圈时，在每个轭流圈的前后压差就很小，其泄漏量就大大减小。

图 2-31 是各种迷宫汽封的结构示意图。

迷宫汽封的汽封片尖部厚度应尽可能加工得薄一些，这样万一轴和汽封之间发生摩擦时，在轴几乎尚未被加热的情况下，汽封片尖部就已被擦掉。

当汽封圈前后压差确定

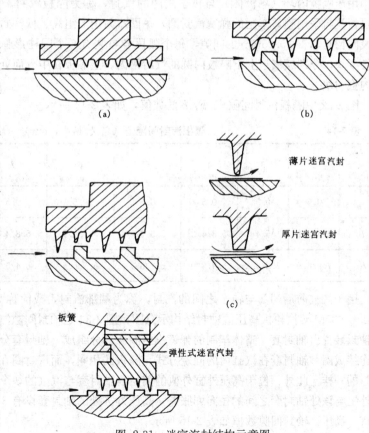

图 2-31 迷宫汽封结构示意图
（a）平式迷宫汽封；（b）分级式迷宫汽封；（c）双分级式迷宫汽封

之后，通过汽封的漏汽量与间隙面积成正比，因此迷宫汽封的径向间隙和直径应尽可能小些。实际采用的最小径向间隙约为 0.38～0.64mm。为使在间隙如此小的条件下，避免汽封与轴发生摩擦造成不良后果，采用了弹性式迷宫汽封结构形式。

在汽轮机的不同部位，采用的汽封结构形式各不相同，因而相应地有不同的名称。

用于动叶顶部与隔板外环汽封体之间的汽封，称动叶顶部汽封。其结构特点如图 2-29 所示。

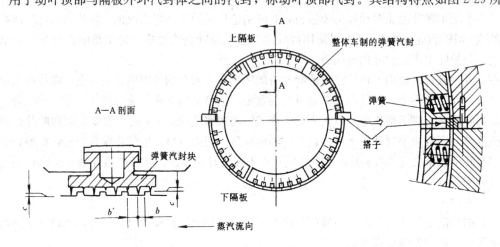

图 2-32　隔板汽封结构示意图（北仑发电厂 2 号 600MW 汽轮机）

用于隔板内环（隔板体）与转子之间的汽封，称为隔板汽封。其结构特点如图 2-32 所示。该隔板汽封采用整体车制的弹簧汽封圈，每圈汽封由 6 组高、低汽封齿组成，分成 6 个弧段，各弧段间留有 0.1～0.25mm 的间隙，每个弧段各自装有 6 个圆柱形弹簧，6 个弧段的汽封块分上下各 3 块，分别镶嵌于上下隔板内圆的汽封槽内。上隔板在中分面处还设有搭子，借以支承上隔板的汽封块。

图 2-32 中隔板汽封间隙 c、b、b' 的数值，如表 2-14 所示。

表 2-14　　　　　　　　　　隔板汽封间隙值（名义/最小，mm）

级号 部位	2	3	4	5	6	7	8	9
c	0.5	0.5	0.5	0.5	0.5	0.5	0.5	0.5
b	4.3/3.3	5/4	5.3/4.3	5.5/4.5	5.7/4.7	5.8/4.8	6.1/5.1	6.4/5.4
b'	7.9/6.9	7.2/6.2	6.9/5.9	6.7/5.7	6.5/5.5	6.4/5.4	6.1/5.1	5.8/4.8

用于汽缸前后端部与转子之间的汽封，称为端部汽封，或简称为轴封。图 2-33 是北仑发电厂 2 号 600MW 汽轮机高压缸轴封结构示意图；图 2-34 是轴封间隙测量位置示意图。该汽缸的前后轴封装置由轴封套、整体车制的弹簧汽封圈两部分组成。轴封套分上下两半，用螺栓、螺母加以连接成圈。轴封套在汽缸内的固定方式与隔板的相同，而汽封圈在轴封套内的定位方法和隔板汽封的一样。此外，位于高压外缸外侧的前、后轴封套与汽缸的 3 个连接处设有弹性环，用于补偿外缸与该处轴封套之间的径向膨胀差。高压外缸处的轴封套设有 3 个腔室，用于轴封系统的送排汽。高压缸轴封间隙数值如表 2-15 所示。

图 2-34（a）中相应的高压缸轴封间隙值，见表 2-15。

　　　　　汽轮机设备及其系统

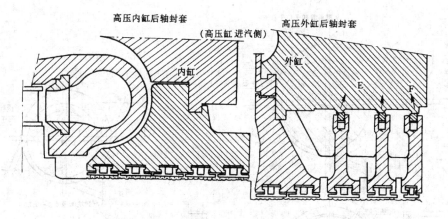

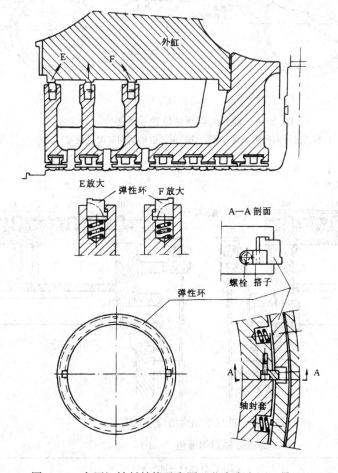

图 2-33 高压缸轴封结构示意图（北仑发电厂 2 号 600MW 汽轮机）

该机组的中压缸汽封间隙与高压缸的相同。

该机组低压缸前后轴封装置也由轴封套和整体车制的汽封圈组成。轴封套是钢板焊接件，其内的蒸汽腔室分别与第 2～5 段弹簧汽封圈相通，用于平衡、调整汽封圈的弹簧力，使该处的轴封间隙在任何运行工况下仍能维持正常值，如图 2-35 所示。低压缸轴封装置的第 1、5 段轴封采用直平齿形的汽封块，第 2～4 段则采用斜平齿形汽封块，如图 2-34（b）所示。

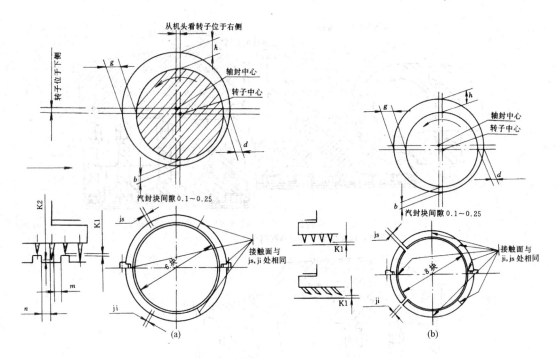

图 2-34 轴封间隙测量位置示意图

(a) 高压缸轴封间隙测量位置；(b) 低压缸轴封间隙测量位置

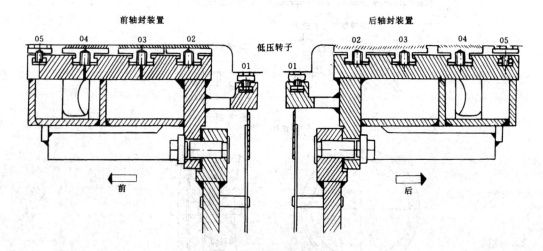

图 2-35 低压缸轴封结构示意图

表 2-15 高压缸轴封间隙值（mm）

轴封圈	高压内缸轴封（进汽侧）									
编 号	K1. g	K1. d	K1. h	K1. b	K2. g	K2. d	K2. h	K2. b	m	n
01~05	0.43~0.73	0.23~0.53	0.48~0.78	0.18~0.4	0.43~0.73	0.23~0.53	0.48~0.78	0.18~0.48	2.6~3.5	3.3~4.2
	高压外缸轴封（进汽侧）									
06~10	0.45~0.70	0.25~0.50	0.50~0.75	0.20~0.45	0.45~0.70	0.25~0.50	0.50~0.75	0.20~0.45	1.9~2.8	4.4~4.9
	高压外缸轴封（排汽侧）									
01~07	0.45~0.70	0.25~0.50	0.50~0.75	0.20~0.45	0.45~0.70	0.25~0.50	0.50~0.75	0.20~0.45	8.9~10.1	4.2~5.1

图 2-34（b）中相应的低压缸轴封间隙值如表 2-16 所示。

表 2-16　　　　　　　　　　　低压缸轴封间隙值（设计值，mm）

段数	K1.g	K1.d	K1.h	K1.b
第 1～5 段	0.7～1.0	0.5～0.75	0.7～1.1	0.5～0.7
第 5 段	0.7～1.05	0.5～0.80	0.75～1.1	0.5～0.7

汽轮机各部位的汽封，动、静部分之间的间隙比较小。因此，汽封的主要功能是保证有效密封、对中和避免动、静部分之间的磨碰。上列数据只作为例子，不同结构的汽轮机，其具体数据将有所不同，高压缸如此，中、低压缸也如此。

第五节　转子和动叶

在第一章中，已就转子应力（包括热应力）、振动（包括油膜振荡）问题作了扼要介绍，对动叶片的动应力和调频原则也作了简单的说明。本节将对转子的结构、材料、轴系的连接、支承方法，以及动叶片的结构、材料等问题，以本章第一节列举的几种典型汽轮机组为例进行具体讨论。

一、转子结构和材料

600MW 汽轮机转子体多数采用整体锻件，也有采用焊接方法将若干较小锻件组焊成大型转子体。后者的优点是各锻件尺寸较小，每一个锻件的材料性能容易得到可靠的保证，运行时应力（包括热应力）较小。

由于各制造厂的汽轮机结构各不相同，转子体的结构也有所不同。冲动式汽轮机采用轮盘式转子，反动式汽轮机则多数采用转鼓式转子。

本章第一节中，介绍了 4 种十分典型的 600MW 汽轮机组，即冲动式四缸四排汽机组、冲动式三缸四排汽机组、反动式四缸四排汽机组和超临界压力反动式四缸四排汽机组。这几种典型机组在总体结构上有较大差别，转子的结构也有较大差别，其中高压转子和中压转子的差别最为明显。

冲动式四缸四排汽汽轮机组的轴系由一个高压转子、一个中压转子和两个低压转子组成。各转子的联轴器与转子体锻成一体。高、中、低压转子之间的联轴器依次用螺栓紧固，形成整个汽轮机轴系。北仑发电厂 1 号汽轮机轴系是用刚性联轴器把 1 根单流程反向高压转子、1 根双流程中压转子、2 根双流程低压转子连接而成。这四根转子均为整锻式转子，即其叶轮、联轴器法兰、推力盘及主轴由同一锻件加工而成。所有转子均无中心孔。各转子之间全部采用刚性联轴器连接：其中，中压转子与低压 A 转子的联轴器之间、低压 A 转子与低压 B 转子联轴器之间设有调整垫片；低压 B 转子与发电机转子联轴器之间嵌装有盘车齿轮。汽轮机转子的叶轮上开有轴向平衡孔，借以减小转子的轴向推力。

汽轮机的每根转子分别由两个轴承支承。轴系的推力盘（轴系相对死点）设在中压转子的前端，即位于中轴承箱内。

该机组的高、中压转子采用 CrMoV 合金钢锻件，具有良好的耐热高强度性能；低压转子采用 NiCrMoV 合金钢锻件，具有良好的低温抗脆断性能。

转子在精加工前要进行超声波和磁粉探伤检查以及其他各种试验，如热跑合（热稳定性试验）等，以确认转子的材料满足所要求的理化性能指标。

各转子在最终装配完毕之后，都要在试验台上进行高速动平衡。该机组的各转子联轴器法兰外缘上均设有平衡槽。另外，在调节级后及高、中压缸前后轴封外侧的主轴凸肩上，也都设有装平衡质量的螺孔，低压转子末级叶轮上也设有平衡槽，在现场不开缸也可以调整平衡质量。

转子经过高速动平衡之后，进行超速试验。试验转速为120%工作转速（即3600r/min）。

该机组各转子临界转速计算值如表2-17所示。

北仑发电厂2号汽轮机也是冲动式四缸四排汽汽轮机，其轴系由1根单流程反向高压转子、1根单流程中压转子、2根双流程低压转子组成。各转子都是整体式转子。

表2-17　　　各转子临界转速计算值

高压转子	2500r/min
中压转子	2360r/min
低压（A）转子	1800r/min
低压（B）转子	1850r/min

高压转子的锻件毛坯先在工厂进行热处理，在粗加工后，再进行热跑合即热稳定性试验。其方法是：将粗加工后的转子以温升率为45.2℃/h加热到550℃情况下，恒温16h，然后以降温率为40℃/h降温至40℃。

高压转子的材料为25CrMoV11，其化学成分、机械性能如表2-18所示。

表2-18　　　　　　　　　　　　　　　化学成分和机械性能

化学成分 （%）	C	Si	Mn	P	S	Ni	Cr	Mo	V	Al
	0.23 ～0.33	≤0.35	0.35 ～0.85	≤0.02	≤0.02	0.4 ～0.8	1.0 ～1.5	1.0 ～1.3	0.25 ～0.35	≤0.015
机械性能	抗拉强度 （MPa） 735～900	屈服强度 （MPa） ≥590	延伸率 （%） ≥14	断面收缩率 （%） ≥45						

高压转子的脆性转变温度（FATT）为38℃。

高压转子因锻件心部存在缺陷，制造厂对其镗中心孔（$\phi100$），以去除缺陷，并经磁粉及超声波探伤检查合格。

高压转子的第1、3、9级叶轮的端面开有平衡槽，联轴器法兰螺孔附近另设有平衡孔，用于放置平衡重块。叶轮平衡槽设置的数量应根据转子的重量、长度而定。采用这种多平面平衡的方法，能够使转子达到良好的平衡。

中压转子也为整锻式转子，材料与高压转子的相同，无中心孔。其热跑合方法是：以温升率为48.2℃/h将转子加热到550℃情况下，恒温18h，然后以降温率为21.1℃/h将转子降温到65℃。其他试验内容与高压转子的相同。

中压转子的脆性转变温度（FATT）为10℃。

中压转子在第1、3、9级叶轮端面开有平衡槽（第9级端面为双平衡槽），联轴器法兰螺栓孔附近也另设有平衡孔，用于放置平衡重块。

两根低压转子均为整锻转子，无中心孔，其材料化学成分和机械性能如表2-19所示。

表2-19　　　　　　　　　　　　　　　化学成分和机械性能

化学成分 （%）	C	Si	Mn	P	S	Ni	Cr	Mo	V	Cu	Sn	As	Sb
	0.22 ～0.30	≤0.02	0.20 ～0.60	≤0.01	≤0.02	3.2 ～3.8	1.5 ～2.0	0.30 ～0.55	0.07 ～0.17	≤0.15	<0.015	≤0.015	≤0.0015
机械性能	抗拉强度 （MPa） 800～950	屈服强度 （MPa） ≥700	延伸率 （%） ≥14	断面收缩率 （%） ≥45									

低压转子的脆性转变温度（FATT）为−40℃。

低压转子的第1、4、5级叶轮端面开有平衡槽，联轴器法兰螺孔附近也另开有平衡孔，用于放置平衡重块。

该机组的每个转子由两个轴承支承。推力轴承位于高、中压之间的中轴承箱处，推力盘在高压转子上。机组的高、中、低压转子之间均为刚性连接，低压（B）转子与发电机转子也为刚性连接。联轴器法兰连接螺栓、螺母的材料化学成分和机械性能如表2-20所示。

表2-20 化学成分和机械性能

化学成分 (%)	C 0.29	Si 0.25	Mn 0.4	P ≤0.004	S ≤0.005	Cr 1.25	Mo 0.46	Ni 3.8
机械性能	抗拉强度 (MPa) 1030~1225		屈服强度 (MPa) ≥885		延伸率 (%) ≥10	断面收缩率 (%) ≥68		硬度 (HB) ~363

高压转子和中压转子的法兰之间及中压转子和低压转子A的法兰之间各设有调整垫片；低压转子之间及低压转子B与发电机转子的法兰之间没有调整垫片。

各转子的临界转速如表2-21所示。

表2-21 各转子的临界转速

名 称	高压转子	中压转子	低压转子A	低压转子B
一阶（r/min）	2437	2237	1776	1776
二阶（r/min）	>4000	>4000	>4000	>4000

图2-36是冲动式汽轮机整锻转子示意图。

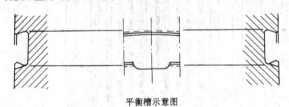

平衡槽示意图

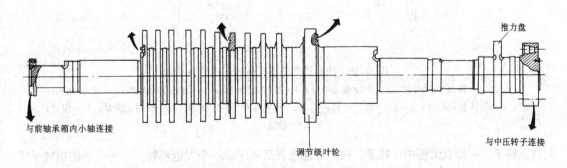

与前轴承箱内小轴连接　　　　　调节级叶轮　　　　　与中压转子连接

推力盘

图 2-36　冲动式汽轮机整锻转子示意图（高压转子）

图2-37是冲动式汽轮机高、中压转子示意图。

图2-38是冲动式汽轮机低压转子示意图。

哈尔滨第三电厂和平圩电厂的600MW反动式四缸四排汽汽轮发电机组的轴系，是由一个反

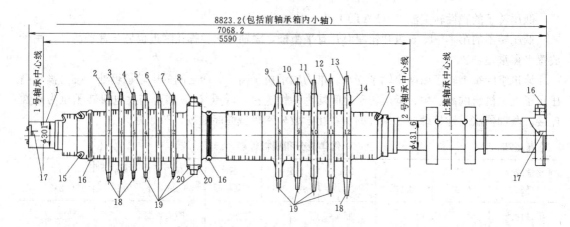

图 2-37　冲动式汽轮机高、中压转子示意图

1—转子；2—第 7 级动叶片；3—第 6 级动叶片；4—第 5 级动叶片；5—第 4 级动叶片；6—第 3 级动叶片；7—第 2 级动叶片；8—第 1 级动叶片；9—第 8 级动叶片；10—第 9 级动叶片；11—第 10 级动叶片；12—第 11 级动叶片；13—第 12 级动叶片；14、16—平衡重块；15—平衡螺塞；17—塞销；18、19—围带；20—镶件

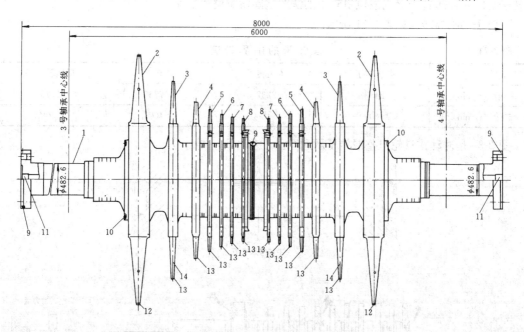

图 2-38　冲动式汽轮机低压转子示意图

1—转子；2—第 19 级动叶片；3—第 18 级动叶片；4—第 17 级动叶片；5—第 16 级动叶片；6—第 15 级动叶片；7—第 14 级动叶片；8—第 13 级动叶片；9，10—平衡重块；11—塞销；12—整圈式围带；13—围带；14—拉筋

向高压转子、一个双流程中压转子、两个双流程低压转子、一个发电机转子、一个励磁机转子组成。该机组的转子均为有中心孔的整锻转子，各个联轴器与转子锻成一体。每个转子由两个轴承支承。各转子均用螺栓予以刚性连接。

高压转子呈半鼓形，由耐热合金钢锻造而成，总长为 6144mm，最大外缘直径 ϕ1313.5。在转子的前、中、后各段设有一个动平衡面，可以加装平衡重块；在电厂必要时可以实现不揭缸进行动平衡。

中压转子为双分流对称半鼓形耐热合金钢整锻转子，总长为 6415.7mm，最大外圆直径 ϕ1532。其平衡面的设置与高压转子的相同。

低压转子为双分流对称合金钢整锻转子，总长为 6415.7mm，最大外圆直径 ϕ1532。其平衡面的设置也与高压转子的相同。

华能石洞口第二发电厂的超临界压力 600MW 反动式汽轮机采用了典型的转鼓式焊接转子。该机组共有高压转子、中压转子、低压转子 A、低压转子 B 四根转子。这四根转子均为焊接转子，转鼓分段锻造、组合焊接、除应力热处理等工序加工而成。采用焊接转子的好处是：每个锻件尺寸较小，机械加工方便，热处理时容易淬透，材质均匀，便于探伤，容易保证锻件质量；焊接式转子具有内部腔室，有利于轴向膨胀，热应力较低，在相同工况下的寿命损伤率较低，对快速工况变化有较强的适应能力。

高压转子是由几段转鼓、两个端轴组焊而成，联轴器与端轴锻成一体。

从车头侧看起，高压转子的结构依次为 1 号轴颈、轴封、21 个反动级叶轮、调节级叶轮、轴封、推力盘、2 号轴颈、联轴器。为了平衡高压转子的轴向推力，高压转子的进汽端设有平衡活塞（即将高压转子进汽侧的最高压力一段轴封段的直径放大），它的高压侧是调节级后的压力，低压侧与高压缸排汽相通。平衡活塞在此压差作用下产生与 21 个反动级及调节级方向相反的轴向推力，从而可以平衡一部分轴向推力。

在高压转子转鼓的两个端面上，开有环形燕尾槽，转子动平衡时可以加装转子平衡重块。为使汽轮机在不开缸条件下也能进行动平衡，在高压转子转鼓两端近两端面处均匀钻有 24 个螺孔，可用特殊工具伸进高压缸内，将平衡螺塞加装在螺孔内。

高压转子的材料为 CrMoV 钢。图 2-39 是转鼓式高压焊接转子示意图。

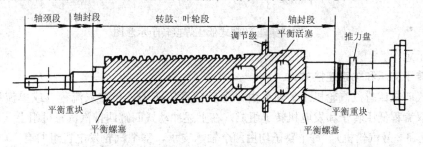

图 2-39 转鼓式高压焊接转子示意图

该机组中压转子采用双分流结构。中压转子由三段转鼓、两个端轴等构件焊接而成。三段转鼓的材料有所不同，转子的中间段转鼓采用 12％Cr 钢，另两段转鼓采用 21CrMoV5 钢。使用 12％Cr 钢就不必对中压转子高温区域采用低温蒸汽进行冷却。12％Cr 钢在高温下与常规的 CrMoV 钢相比，其蠕变断裂强度提高 30％～60％（温度越高越明显），蠕变量小，韧性好；与 21CrMoV5 相比，其 FATT 约低 40℃。所以采用 12％Cr 钢有利于提高再热汽温，提高汽轮机启、停和变负荷运行的可靠性。采用 12％Cr 钢制造的转子端轴，其轴颈部位须喷涂一层低合金钢，避免被轴瓦磨伤。

中压转子的两个联轴器也与端轴锻成一体。在转鼓的两个端面上设有加平衡重块的调整孔，可以在不开缸的条件下进行动平衡。

中压转子上布置有 2×17 列反动式动叶，由于中压缸两级抽汽口采用非对称排列，所以双分流动叶栅沿轴线方向也是不对称排列的。图 2-40 是转鼓式中压焊接转子示意图。

机组的低压转子也由几个转鼓、两个端轴焊接而成，联轴器也与端轴锻成一体。转鼓的两个端面上设有加装平衡重块的调整孔，可以在不开缸的条件下进行动平衡。图 2-41 是转鼓式低压

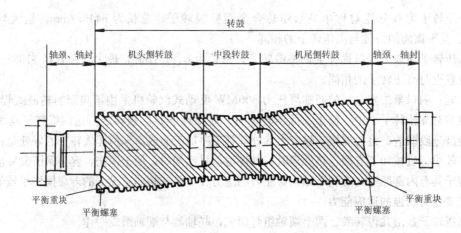

图 2-40 转鼓式中压焊接转子示意图

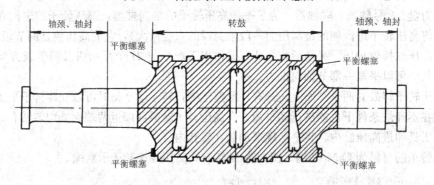

图 2-41 转鼓式低压焊接转子示意图

焊接转子示意图。

二、转子支承和轴系连接方式

冲动式四缸四排汽汽轮机组的轴系由一个反向高压转子、一个双流程（或单流程）中压转子、两个双流程低压转子和发电机转子组成。在上述冲动式四缸四排汽汽轮机组上（北仑港电厂1号汽轮机和2号汽轮机），每个转子均由两个轴承支承，整个汽轮发电机组共有10个轴承。各转子之间由螺栓将联轴器连成轴系。具体的连接结构因制造厂不同而有所差别。

北仑发电厂1号600MW汽轮发电机转子联轴器的连接方式如图2-42所示。中压转子和低压转子A之间，以及低压转子A和低压转子B之间均设有调整垫片，借以调整转子的轴向位置和通流部分的间隙。盘车齿轮设在低压转子B和发电机转子之间。

平圩电厂和哈尔滨第三电厂的600MW汽轮机轴系的连接方式与上述机组的相似。

图2-43是北仑发电厂2号600MW汽轮机联轴器的连接结构示意图。高中压转子之间、中低压转子A之间均设有调整垫片，借以调整转子的轴向位置和通流部分的间隙；低压转子之间以及低压转子与发电机转子之间不设调整垫片。转子联轴器法兰之间采用特制螺栓和螺母连接，法兰一侧端面还装有堵板，以减小鼓风损失。联轴器法兰外圆开有凹槽，作为转子对中和现场动平衡的测量基准。

邹县电厂的冲动式三缸四排汽600MW汽轮机组轴系由一个高、中压转子（高压部分反向单流程，中压部分正向单流程）和两个双流程低压转子及发电机转子组成。每个转子由两个轴承支承。各转子的连接方式与图2-42的相同。高中压转子与低压转子A之间设有调整垫片，盘车齿轮也布置在低压转子B和发电机转子之间。不同的是位于高、中压转子低压侧的推力盘设有两个盘面。低压转子 A 与低压转子 B 之间设有调整垫片，其余转子之间不设调整垫片。

华能石洞口第二发电厂的四缸四排汽汽轮机组的支承方式和轴系连接方式与众不同。高压转子前后各有一个轴承支承，中压转子本身没有轴承，而是通过前后联轴器支承在高压转子和低压转子 A 上；盘车齿轮设置在高、中压转子之间；低压转子 A 的前端有一轴承支承，后端支承在低压转子 B 上，低压转子 B 的前端也有一轴承支承，后端支承在发电机转子上。整个汽轮机组有四根转子，由四个轴承支承，构成了所谓的"单支点支承"轴系。

各转子之间的连接采用如图 2-43 所示的"胀套式"联轴器。它由法兰、法兰螺栓、膨胀套筒、螺母、保险圈等零件构成。法兰与转子锻成一体，两法兰的接触面用磨石磨光；膨胀套筒内侧呈锥形，法兰螺栓为锥体，与膨胀套筒紧密配合；法兰螺栓与膨胀套筒之间、膨胀套筒与法兰螺孔之间都没有间隙。运行时，依靠（法兰之间、法兰螺栓与膨胀套筒、膨胀套筒与法兰螺孔之间）静摩擦力和法兰螺栓的抗剪切力传递力矩。这种联轴器的主要优点是装、拆方便。

在汽轮机转子的连接过程中，要满足对中、通流部分轴向间隙、转子扬度、各轴承负荷分配等技术要求。图 2-44 是汽轮机轴系找中示意图，其中 3～6 号轴承布置在一条线上，1 号轴承高出该线 0.04mm，2 号轴承低于该线 0.59mm，这将使高中压与低压汽轮机转子上的联轴器法兰端面平行。发电机定子支座在制造厂加工时，7 号和 8 号轴承不在一条线上。当找中时，在发电机支座下垫上合适垫片，使汽轮机和发电机转子联轴器法兰端面平行，并使发电机侧的法兰低于汽轮机侧法兰 0.30mm。

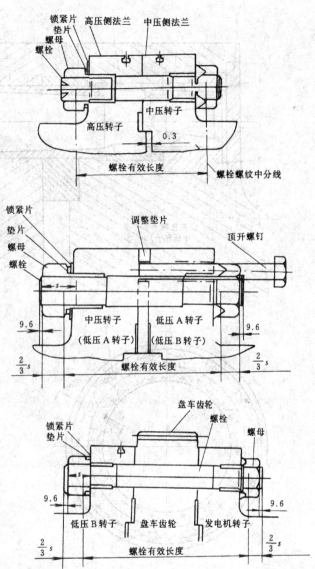

图 2-42　汽轮发电机转子联轴器连接方式示意图
（北仑发电厂 1 号 600MW 汽轮机）

三、动叶片

动叶片是汽轮机中数量最多的零件，也是最重要的零件之一。在汽轮机工作时，动叶片将蒸汽的动能转变成转子的旋转机械能。动叶片的型线设计和工作状态直接影响汽轮机的工作效率，也即直接影响汽轮机的经济性。另一方面，动叶片在工作过程中，承受着复杂的动、静应力，而且有的还承受着高温、高压或湿蒸汽的冲刷，工作环境十分恶劣。因此，动叶片除了要保证高的工作效率外，还应保证具有足够的安全性，包括在动静应力作用下的强度、抗振性能和抗腐蚀性

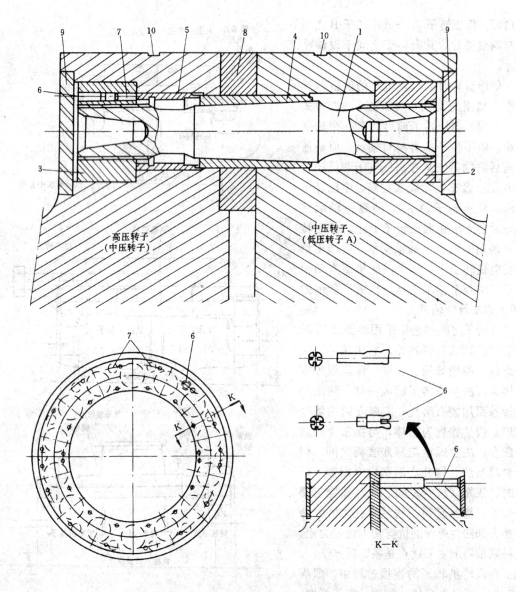

图 2-43 汽轮机联轴器的连接结构示意图（北仑发电厂 2 号 600MW 汽轮机）
1—螺栓；2，3—螺母；4—开口锥形套筒；5—内套筒；6—平衡重块；7—平衡孔；
8—调整垫片；9—堵板；10—测量基准槽

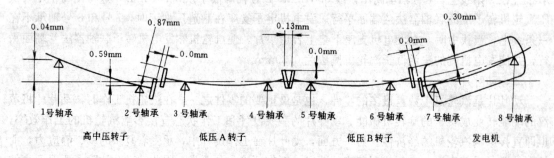

图 2-44　汽轮机轴系找中示意（邹县电厂三缸四排汽 600MW 汽轮机）

能。

每一只动叶片通常由叶根部分、中间体、型线部分、围带（叶顶）四部分组成，如图 2-45 所示。

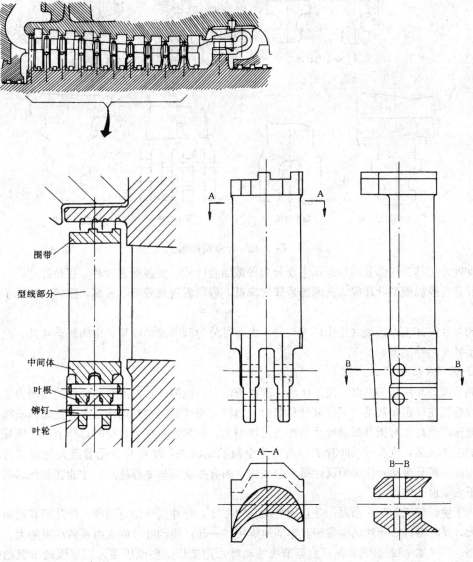

图 2-45 动叶片结构图

动叶片由叶根牢固地固定在叶轮上；中间体把叶根和叶片型线部分连接成一体；型线部分用于构成汽流通道；围带用来与同一级的其他动叶片相连接，以增强抗振性能，同时起着汽道径向密封和叶栅轴向密封的作用。

对于长叶片级，在动叶片的型线部分还可能设置有拉筋，借以与同一级的其他动叶片相连接，以增强抗振性能。拉筋有分段式、整圈式、Z 形等结构形式。

用于不同部位的动叶片，由于工作条件不同，采用的叶根、叶片型线、围带形式也各不相同。

叶根主要有倒 T 形和外包倒 T 形、菌形、叉形和多叉形、枞树形和圆弧枞树形等结构形式，如图 2-46 所示。前两者多用于短小叶片，后两者多用于长叶片。

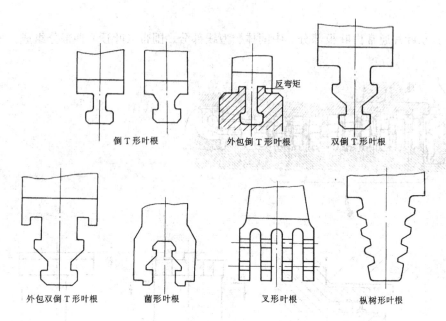

图 2-46　叶根结构图

动叶片按其型线部分的特点，主要分为等截面直叶片、变截面直叶片、扭转叶片、三元流扭转叶片及可控涡流型叶片等。前两者通流效率低，后两者通流效率比较高，扭转叶片介于两者之间。

动叶片按其工作区域（工作环境）分，大体可分为调节级动叶片、中间级动叶片、次末级和末级动叶片三种类型。

1. 调节级动叶片

调节级动叶片处于高温、高压区段，蒸汽密度大、速度高，汽流对动叶片的冲击力很大，特别是汽轮机在额定参数条件下带部分负荷时，蒸汽在喷嘴通道中的焓降很大，此时从喷嘴组喷出的汽流速度很高，对调节级动叶片的冲击力特别大；同时，在部分负荷时，调节级可能处于部分进汽的工作状态，汽流对动叶片的冲击力呈全幅脉动状态，动叶片承受着巨大的动应力和激振力。因此，调节级动叶片必须设计得十分强固，固有振动频率尽可能高，才能在如此恶劣的工作环境下安全地工作。

为了使调节级动叶片强固，并且固有振动频率高，叶片设计得宽而厚，叶片型线截面弯度也比较大，同时将许多叶片的围带相互牢固地焊接在一起，使动叶片的成组系数尽可能大。有的汽轮机制造厂（如 ABB 公司）甚至将调节级的动叶片围带焊成整圈围带，以增强调节级动叶片承受动应力的能力和抗振能力。

调节级动叶片的叶根也应设计得十分强固，才能保证调节级动叶片整体的强固性和抗振性能。

哈尔滨第三电厂的 600MW 汽轮机（哈尔滨汽轮机厂制造）调节级动叶片，采用电脉冲加工，三只为一组，并自带整体围带，形成所谓三联叶片。采用三叉形叶根，叶片组沿径向插入转子叶轮槽，然后叶轮和叶片一起钻铰销钉孔。每组有 3 个销钉，销钉与销孔有轻度的过盈配合。三联叶片组装配合，各组围带之间留有间隙，便于热膨胀。

北仑发电厂 2 号 600MW 汽轮机的调节级动叶片及高压缸各级动叶片，均采用叉形叶根、销钉固定于转子叶轮上。各级动叶片均自带围带，各叶片之间采用预扭的安装方法使各叶片的围带相互压紧。动叶片的围带呈马鞍形，即靠近动叶片内弧面处的一段为凹形，靠近背弧面一段为凸形，且在轴向有微量位移。动叶片安装时，将围带预扭一个角度，使整圈叶栅的围带处于弹性压紧。动叶片围带的预扭角度应准确计算，使其在运行时，仍能保持各叶片围带之间的紧密压紧、整圈连接，保证其结构刚性。其目的是提高抗振能力，减小动应力。

动叶片自带围带、形成整圈连接的另外一个好处是，在叶顶可以形成径向和轴向密封，通流汽道也比较平滑。

北仑发电厂 1 号 600MW 汽轮机（东芝制造公司）和邹县电厂 600MW 汽轮机（东方汽轮机厂和日立合作制造）的调节级动叶片，采用宽叶形直叶片、菌形叶根、铆接围带的结构形式。邹县电厂 600MW 汽轮机的调节级动叶片轴向宽度为 101.60mm，而其第二级的动叶片轴向宽度为 48.80mm。

华能石洞口第二发电厂的 600MW 汽轮机调节级动叶片（ABB 公司制造），采用焊接方法组焊到转子上，如图 2-47 所示。该机组投运不久，调节级断叶片，制造厂赔偿整个转子。

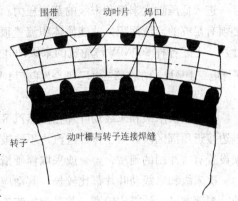

图 2-47　组焊式调节级动叶片

2. 中间级动叶片

把调节级、次末级和末级以外的各级通称为中间级。从高压缸至低压缸，中间级的工作环境逐渐变化，因此其动叶片的结构型线也逐渐变化。

高压缸中蒸汽压力、温度都比较高，其体积流量相对比较小，所需的通流面积也比较小，动叶片较短。其型线部分有采用直叶片的，如北仑发电厂 1 号和 2 号机组、华能石洞口第二发电厂 600MW 机组、邹县电厂 600MW 机组。哈尔滨第三电厂的 600MW 汽轮机，其高中压缸内的动叶片，全部采用可控涡流型动叶片。可控涡流型动叶片通流效率比直叶片通流效率高。

再热机组的中压缸进汽温度较高，压力相对比较低，故蒸汽体积流量较大，动叶片较长。为了保证有良好的通流效率，多数制造厂在中压缸中采用变截面扭转动叶片。

低压缸中的蒸汽体积流量比中压缸更大，但由于采用四流程分流，低压缸前数级动叶片长度与中压缸中后数级动叶片的长度相当，也多数采用变截面扭转动叶片。

中间级动叶片的叶根、围带，不同制造厂所采用的结构也不同。

哈尔滨汽轮机厂对高、中、低压缸中的动叶片，除调节级外，全部采用可控涡流型动叶片、枞树形叶根。

高压缸的中间级动叶片采用轴向直线式枞树形叶根、自带围带也是轴向直线式。高压缸中，动叶围带采用周向挤紧的方法，形成整圈连接。

中压缸正反向各 9 级反动式动叶片。其第 1～2 级枞树形叶根和围带采用轴向直线式，装配方法与高压缸的相同；第 3～9 级的枞树形叶根和自带围带端面与轴向呈 30°角，采用预扭方法装配，同时围带内装有短拉筋，形成整圈连接。各级的最后一只锁紧动叶片为围带中间封口结构。

低压缸有正反向各 7 级反动式动叶片。其第 1～5 级动叶片采用与中压缸 3～9 级相同的叶根和围带。两只锁紧动叶片采用紧定螺钉与相邻动叶片连接，螺钉周边敛缝防松。

东方汽轮机厂与日立合作制造的机组（安装于邹县电厂），其高、中压缸采用菌形叶根，铆接围带，分组连接。

北仑发电厂 2 号汽轮机的中间级动叶片，采用叉形叶根，动叶自带围带，采用预扭方法，形成整圈连接。

华能石洞口第二发电厂 600MW 汽轮机的中间级动叶片，采用倒 T 形或双倒 T 形叶根，动叶片自带围带，采用预扭方法，形成整圈连接。

3. 次末级和末级动叶片

进入低压缸次末级和末级的蒸汽压力、温度都较低，其体积流量很大，次末级、尤其是末级必须有足够的通流面积，才能使体积流量很大的蒸汽顺利通过。因此，要采用尽可能长的末级动叶片。上述各种 600MW 汽轮机的末级动叶片长度（mm）如下：

平圩电厂1号机	哈尔滨第三电厂	北仑发电厂1号机	北仑发电厂2号机	华能石洞口第二发电厂	邹县电厂
869	1000	844.6	1072.5	867	1016

此外，次末级和末级动叶片在湿蒸汽区域工作，蒸汽中的较大水滴高速地冲刷着动叶片的进汽边接近顶部区段。为了保证进汽边不致被冲坏，次末级，尤其是末级进汽边接近顶部区段，必须设置有防冲刷的硬质合金，或采取淬硬措施。

次末级和末级动叶片都比较长，其动应力和调频方法是非常重要的问题。为了承受动应力，动叶根部宽度设计得比较宽，并采取加装拉筋、围带等措施来进行调频和减小动应力。

由哈尔滨汽轮机厂制造的哈尔滨第三电厂 600MW 汽轮机，除调节级外，全部采用枞树形叶根。

次末级动叶片整个叶片经喷丸处理，采用圆弧枞树形叶根、拱形围带结构，围带的拱顶朝向转子轴线中心，构成整圈连接。运行时，在离心力的作用下，围带刚度大大增强，对动应力的承受能力以及抗振能力也相应提高。每只叶片装入叶轮之后，在中间体和轮缘之间用圆柱定位销与叶根底部的垫片一起将叶片轴向固定。锁紧末叶片用螺钉与相邻叶片连接固定。

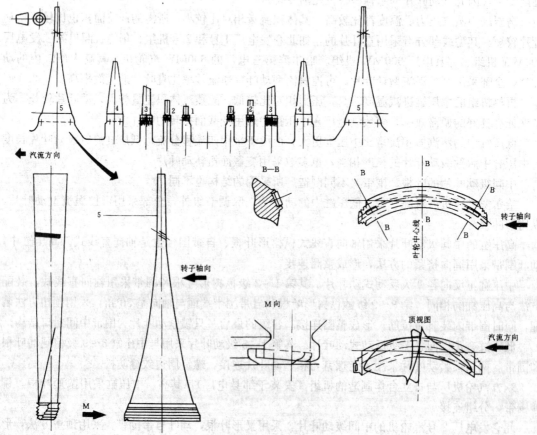

图 2-48 末级动叶片示意图

1000mm 的末级动叶片仍采用圆弧枞树形叶根、自带围带的结构形式。各动叶片的围带分界面呈轴线方向。安装时，围带不预扭，各围带相互之间严格配准，但没有过盈和挤压。由于 1000mm 末级动叶片成型设计时，其本身的扭转程度较大，运行时，在离心力的作用下，动叶片本身将发生扭转，其顶部的围带也将随着扭转，于是，在运行条件下，各围带相互挤紧，形成整圈连接。该叶片在相对叶高 0.65 处还设置有整圈松拉筋，起调频作用。该动叶片的固定方法与次末级的相同。末级动叶片近顶部约 1/3 区段焊有整条司太立硬质合金片，作为防水刷措施。

北仑发电厂 2 号汽轮机的低压缸每流程有 5 级冲动式动叶片。其前 3 级采用直叶片，结构和安装方法与高、中压缸动叶片的相同；第 4 级为扭转自由叶片，采用圆弧枞树形叶根；末级动叶片在相对高度约 0.75 处自带有扁鳍形拉筋，并采用淬硬方法作为防水刷措施。图 2-48 是该叶片的示意图。

华能石洞口第二发电厂 600MW 汽轮机的次末级和末级采用自由叶片，轴向枞树形叶根。

邹县电厂 600MW 汽轮机的次末级和末级动叶片采用多叉形叶根，并用铆接围带和拉筋进行调频。

从上述调节级、中间级、次末级和末级动叶片的实际例子，可以看出：为了提高通流部分的效率，动叶片的叶型部分最好采用可控涡流型；为使动叶片能够可靠地与转子固定成一体，叶根部分最好采用叉形和多叉形、枞树形和圆弧枞树形；采用预扭转或运行时自然扭转构成整圈连接围带，既能够满足动叶片调频的要求，又能使通流部分有较高的通流效率。哈尔滨第三电厂的 600MW 汽轮机组和北仑发电厂 2 号 600MW 汽轮机组，都具备了这三点优点。

第六节　轴承和轴承座

一、轴承结构和功能

现代大型汽轮机组径向支持轴承的形式，有圆轴承、三油楔圆轴承、椭圆轴承、可倾瓦轴承和"袋式轴承"等。它们担负着支承和润滑的任务。

高速旋转的转子轴颈将具有一定黏度的润滑油带到轴颈下方，形成油膜（也可称为油楔），将转子托起，转子轴颈处于润滑油包围之中。这样，就避免了转子轴颈与轴承轴瓦表面发生干摩擦。

在转子轴颈线速度很低时，轴颈下方可能无法形成油膜，此时转子轴颈与轴瓦表面将相接触，发生干摩擦，容易导致转子轴颈和轴瓦拉毛。为了避免这种现象发生，有的汽轮机组设置了高压（约 30MPa）顶轴油系统。在转子轴颈线速度很低时，高压顶轴油系统投入运行，高压油从轴颈下方将轴颈顶起，使转子处于安全的运转状态。直到转子轴颈的线速度足以在其下方形成油膜，且油膜的承载能力能够与轴颈载荷平衡。此时，高压顶轴油系统自动停运。

转子轴颈的线速度越高，形成油膜的托起合力就越大。当油膜托起的合力大于轴颈加到该轴承的载荷时，轴颈将被抛荡起来，这时，转子轴颈、油膜、轴承构成的系统发生"油膜振荡"，或称为"系统失稳"。设计和选用轴承时，要注意这些问题。

（1）圆轴承　常用的圆轴承在下瓦中分面附近位置（轴颈旋转方向的上游）处有进油口，轴颈旋转时只能形成一个油楔，这种轴承称为单油楔圆轴承。这种轴承有可能发生失稳现象。

（2）三油楔圆轴承　在其下瓦偏垂直位置两侧都有进油口，在上瓦还有一个进油口，轴颈旋转时能形成三个油楔，故称为三油楔圆轴承。

（3）椭圆轴承　其垂直方向的长径略大于水平方向的短径。在其下瓦中分面附近位置（轴颈旋转方向的上游）处有进油口，轴颈旋转时只能形成一个油楔。这种轴承也有可能发生失稳现象。

(4) 可倾瓦轴承　其轴瓦由若干可绕其支点转动的轴瓦弧段组成。每一个轴瓦弧段之间的间隙作为轴瓦的进油口，轴颈旋转时，每一个瓦块形成一个油楔。这种轴承自动对中性能好，不会发生失稳现象。

(5) "袋式轴承"　它是 ABB 公司对其所采用轴承的专有名称。这种轴承类似于椭圆轴承，但由于采用特殊的加工方法，在结构上，在轴瓦距两端面 40mm 处仍然是完整的圆轴瓦，借以阻挡油的泄漏程度；轴瓦的中间段与两端面之间形成深度约 0.7mm 的小台阶，构成油袋。下轴瓦还设置了顶轴油囊，油囊最深处的深度约 0.2mm。这种轴承仍然要注意避免失稳现象的发生。

转子轴颈在轴瓦内高速旋转，造成油膜内的液体摩擦，所消耗的能量将转变成热能。因此，每个轴瓦应有足够的润滑油流量，及时把轴瓦内的热量带走，才能保证轴瓦金属温度始终保持在允许的范围内（在 70～90℃ 的范围内，是正常状况，极限≤100～110℃）。这就要求轴颈与轴瓦间要有足够的间隙，也就是说，在运行状况下，要有足够的油膜厚度（600MW 汽轮机组的轴颈、轴瓦之间能够形成的油膜最大厚度约为 0.2mm）。此外，还要求轴瓦供油有足够的压力，才能保证轴瓦的供油量。润滑油供油压力太低和轴瓦金属温度太高，都是危险的，必须予以相应处理。

600MW 汽轮机轴系由许多轴承支撑着。这些轴承的轴颈直径和载荷比各不相同，轴颈的线速度也各不相同，油膜内的液体摩擦所产生的热量也各不相同，所需的润滑油量也就各不相同。因此，各轴承的进油口应设置油量调整设施，使各轴承的进油量合理分配。

轴承的载荷比、间隙（油膜厚度）、轴颈线速度、润滑油的流量和温度是轴承工作性能的决定因素。设计和选用轴承时，以及汽轮机组安装时，都应予以足够的重视。在正常工作转速下，通常轴承的进油温度约为 45℃，经过在轴瓦内工作后，润滑油的温升不高于 20℃，则该轴承各种工作因素是合理的。

汽轮机轴系还设置有推力轴承，借以承受轴系的轴向推力。其推力盘、油膜、推力瓦块之间的工作原理与支持轴承类似，只是其载荷不是转子的重量，而是轴系的轴向推力。

1. 哈尔滨第三电厂 600MW 汽轮机组轴承

该机组共有 8 个支持轴承和 1 个推力轴承。8 个支持轴承根据整个轴系各支撑位置及载荷的不同，从高压、中压到低压分别选用了不同形式的轴承。

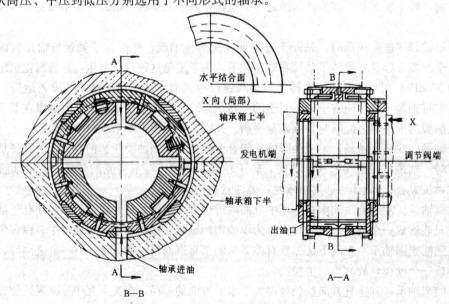

图 2-49　四瓦块可倾瓦轴承结构示意图

高、中压转子两端选用了四瓦块可倾瓦轴承。这种轴承稳定性好，具有自动对中能力。4块合金轴承瓦块通过其背面的球面销及垫片支承在轴承套中，瓦块可以绕其球面支持销摆动；轴承中分面上部的两块瓦块，其一端背面分别装有弹簧，从瓦块的一端压迫瓦块，人为地建立油楔。润滑油从4瓦块之间的间隙进入轴承，从轴承的两端油封环开孔处排出。这种轴承的润滑和稳定性都比较良好。图2-49是四瓦块可倾瓦轴承的结构示意图。

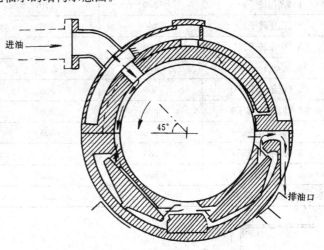

　　1号低压转子前（调节级侧）端采用两瓦块可倾瓦轴承。其上半是一整块半圆形瓦块，下半由两瓦块组成。下瓦通过背面的矩形键支承于轴承套内，瓦块可以微量摆动，具有自位性能。下半两块瓦体是铜质材料，导热性能良好，因此该瓦的承载能力较强，稳定性好。图2-50是两瓦块可倾瓦轴承结构示意图。

图 2-50　两瓦块可倾瓦轴承结构示意图

　　1号低压转子后（发电机侧）端及2号低压转子的两个轴承，采用短圆瓦轴承。该轴承的长径比小于1，载荷比较大（重载轴承），润滑油通过轴瓦内部的通道进入轴承上半的进油槽，然后经轴承两端的圆周油槽及下瓦的疏油孔流出，其结构如图2-51所示。

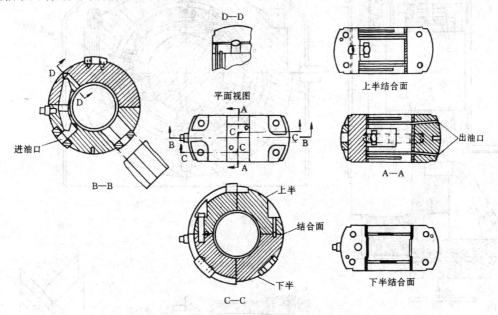

图 2-51　短圆瓦轴承结构示意图

　　该机组设有高压顶轴油系统，轴承的下瓦设有顶轴油孔，在轴颈的线速度很低时，高压顶轴油系统投入工作，将转子托起。

　　2. 北仑发电厂2号600MW汽轮发电机组轴承

　　该机组共设有10个支持轴承和一个推力轴承。其中汽轮机的高、中压转子和低压转子A、B

各有 2 个轴承，采用三瓦块可倾瓦轴承；发电机转子则配有 2 个椭圆轴承。这些轴承的主要技术数据如表 2-22 所示。

表 2-22   **轴 承 主 要 技 术 数 据**

轴承号	直径（mm）	长度（mm）	面积（cm²）	载荷（kN）
1（高压转子）	280	170	476	41.80
2（高压转子）	360	220	792	57.30
3（中压转子）	360	220	792	88.20
4（中压转子）	450	275	1238	117.00
5（低压 A 转子）	500	305	1525	289.00
6（低压 A 转子）	500	305	1525	292.00
7（低压 B 转子）	500	305	1525	288.50
8（低压 B 转子）	530	320	1696	297.50
9（发电机转子）	530	350	1855	365.50
10（发电机转子）	530	350	1855	376.20

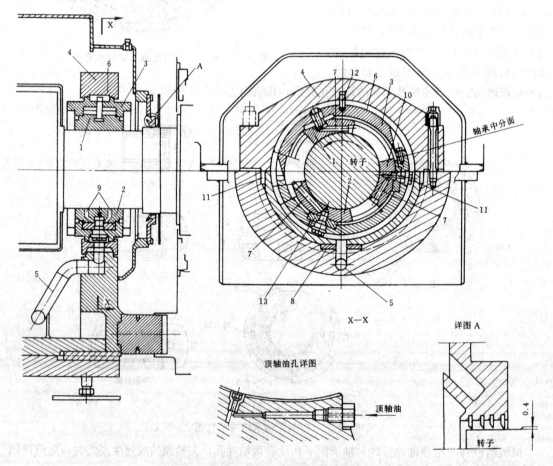

图 2-52 三瓦块可倾瓦轴承示意图

1—上瓦块；2—下瓦块；3—上瓦枕；4—上瓦座；5—润滑油进口；6—润滑油腔；7—瓦块上的
润滑油出口；8—下垫块；9—顶轴油孔；10—侧瓦块；11—侧垫块；12—止动销；13—心轴

推力轴承的总推力面积为 1675cm²，正常工况下所承受的推力为 360～390kN，最大推力为 500kN。

上列轴承用于润滑、冷却所需的总油量约为 103L/s，功率损耗约为 2000kW。

三瓦块可倾瓦轴承主要由瓦座、瓦枕、瓦块（上、下、侧）、调整垫片、止动销部件等组成，其中瓦座、瓦枕为上、下两半结构，如图 2-52 所示。

该轴承的上、下、侧瓦块均通过销轴支承在其瓦枕上，瓦块能够沿圆周方向（单向）摆动。瓦块与瓦枕之间由两侧端面（轴向）处的两个螺钉连接。其上瓦处还设有固定螺钉，下轴瓦在安装或检修翻瓦时，可利用特制的固定螺钉（专用工具）拧入下瓦块和侧瓦块内，将其固定在瓦枕上，以免脱落。上下瓦枕安装后，应做反时针旋转，直至上瓦座与上瓦枕之间的止动销就位为止。

由于该轴承的可倾瓦在轴向不能摆动，故在安装或检修时，应确保瓦块与转子轴颈能够均匀接触。

该机组设有高压顶轴油系统，轴承的下瓦和侧瓦上设有顶轴油孔，发电机转子两个椭圆轴承的下瓦各设有两个顶轴油孔。在轴颈的线速度很低时，高压顶轴油系统投入工作，将转子托起。该机组在整套启动时，各转子轴颈处被顶起的高度如表 2-23 所示。

表 2-23 各转子轴颈处被顶起的高度

轴承编号	1	2	3	4	5	6	7	8	9	10
转子顶起高度（mm）	0.12	0.10	0.12	0.08	0.12	0.10	0.09	0.09	0.07	0.08

汽轮机轴承自身设有前后油挡，其一端的外侧还设有外油挡。各轴承内外油挡与转子之间的间隙（设计值）如表 2-24 所示。

表 2-24 各轴承内外油挡与转子之间的间隙（设计值）

轴承编号	内油挡间隙（mm）				外油挡间隙（mm）			
	左侧	右侧	顶部	底部	左侧	右侧	顶部	底部
1	0.18	0.02	0.23	0				
2～3	0.38	0.22	0.43	0.17	0.35	0.02	0.35	0
4～7	0.27	0.02	0.35	0	～0.5	～0.15	～0.55	～0.15
8	0.47	0.22	0.55	0.15				

汽轮发电机轴系的推力轴承由轴承体、弹性支持环、瓦块、油封环、调整垫片、轴承盖等部件组成，如图 2-53 所示。

推力轴承的工作瓦块位于中压缸侧，非工作瓦块位于高压缸侧，工作瓦块和非工作瓦块各为 10 块，承力面积都是 1675cm²。在顶部的工作侧瓦块和非工作侧瓦块各设有 2 只热电偶，用来测量瓦块的温度。轴承体和弹性支持环均由上下两半组成。瓦块由其背部凸缘紧贴在弹性支持环上，并由定位插销和止动销加以定位和支承。各瓦块相对于转子推力盘端面能够左右摆动，使各瓦块承力均匀。推力盘设在高压转子的靠近中压缸侧。轴系的总轴向（推力轴承）间隙为 0.2～0.3mm（设计值），现场安装的实际间隙为 0.26mm。高压转子上推力盘的外圆 ϕ650 和 ϕ360，推力盘厚度为 108mm。推力盘的外缘和两侧都设有油封环，其间隙的设计值外缘处为 0.40～0.55mm，两侧为 0.40～0.539mm。

3. 华能石洞口第二发电厂 600MW 汽轮机组轴承

该机组轴系由四个径向轴承支承。这种"袋式轴承"类似于椭圆轴承。图 2-54 是袋式轴承

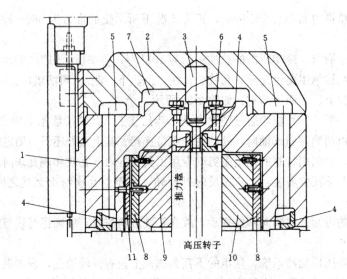

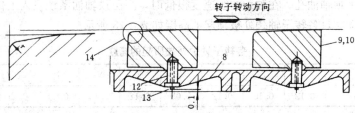

图 2-53 推力轴承结构示意图

1—轴承体；2—轴承盖；3, 15—止动销；4—油封环；5—进油孔；6—排
油节流螺孔；7—排油腔室；8—弹性支持环；9—非工作瓦块；10—工作瓦
块；11—调整垫片；12—定位插销；13—销子；14—油楔

的结构示意图。

该轴承是单套式结构，通过四块调整垫块定位于轴承座内。轴承的进油口设置在水平中分面附近，润滑油从右面顺转子旋转方向进入轴承；回油从两端泄出，进入泄油槽，通过泄油小孔排入轴承的油腔室。轴承底部开有顶轴油孔，顶轴油囊最深处的深度为 0.2mm。轴承顶部有一锁定销，防止轴瓦与轴颈一起转动。在轴瓦底部还设置有测温元件。

该机组各轴承的序号如图 2-55 所示，其主要技术数据如表 2-25 所示。

表 2-25   各轴承主要技术数据

轴承号	油楔 (mm)	直径 (mm)	长度 (mm)	长径比	载荷 (kN)	载荷比 (MPa)
1	0.15	200	157	0.785	36	1.15
2	—	355	290	0.810	189	1.86
3	0.17	450	400	0.890	395	2.21
4	0.22	475	425	0.890	558	2.79
5	0.22	500	450	0.900	595	2.67
6	0.17	400	335	0.880	309	2.20
7	0.15	250	211	0.840	9.492	0.18

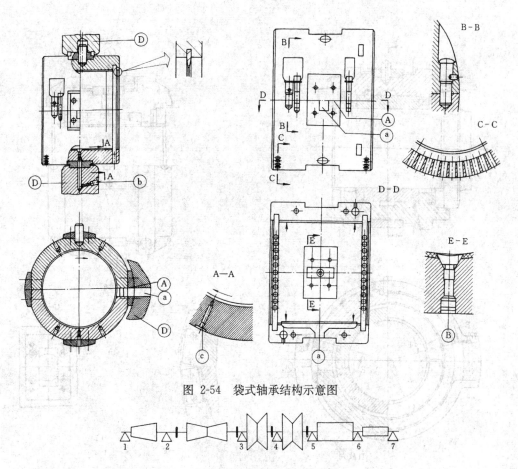

图 2-54　袋式轴承结构示意图

图 2-55　机组各轴承序号

各轴承的耗功、润滑油量、进油孔板前后压差、轴心位移数据如表 2-26 所示。

表 2-26　　　　　　各轴承耗功、润滑油量、进油孔板前后压差、轴心位移数据

轴承号	耗功 (kW)	润滑油量 (L/s)	孔板压差 ($\times 10^5$Pa)	孔板直径 (mm)	轴心位移（mm）		示意图
					x	y	
1	15	0.8	0.8	11	—	—	
2	286	7.9	1.0	31	—	—	
3	180	7.0	0.8	31	0.19	0.22	
4	220	8.0	0.8	33	0.25	0.20	
5	280	9.0	0.8	35	0.26	0.22	
6	107	5.5	0.8	27	0.19	0.18	
7	30	1.4	0.8	12.5			

该机组的 2 号轴承是支承推力联合轴承，图 2-56 是该轴承的结构示意图。推力轴承为双推力盘结构，推力盘设置在高压转子的靠近中压缸侧。

推力轴承的主要技术数据如表 2-27 所示。

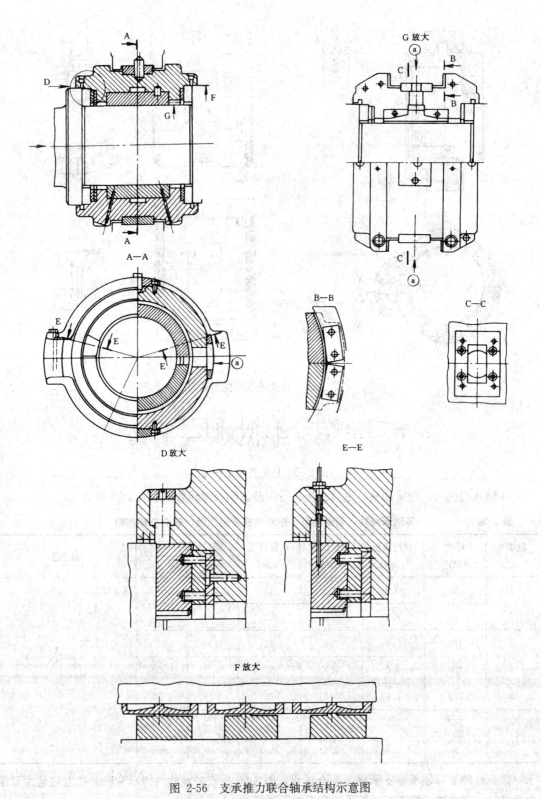

图 2-56 支承推力联合轴承结构示意图

汽轮机设备及其系统

表 2-27

瓦块承力面积（mm²）	推力（N）	压力（MPa）	润滑油量（L/s）	喷油孔直径（mm）
60200	45845	0.76	5.0	11

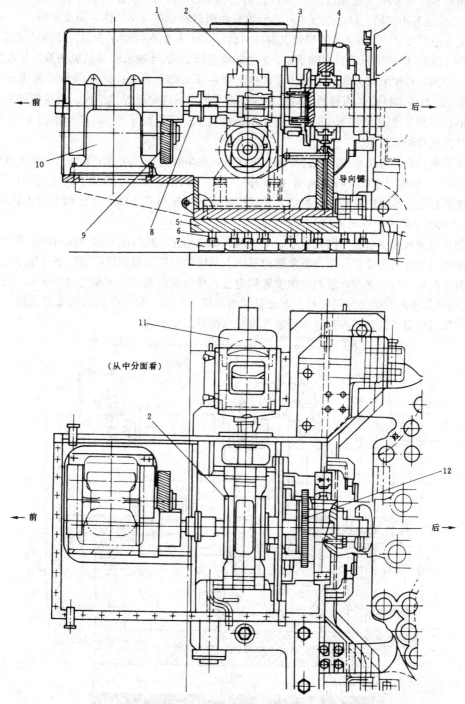

图 2-57　前轴承箱布置示意图

1—前轴承箱；2—盘车装置；3—测速发电机；4—1 号轴承；5—轴承箱主台板；6—顶起螺栓；7—轴
承箱副台板；8—齿形联轴器；9—减速齿轮；10—主油泵；11—盘车电动机；12—测速发信器齿轮

二、轴承座（箱）

轴承座（箱）的主要任务是放置、固定轴承。它主要由轴承支座、壳体、进排油管道、滑销等部件组成。此外，轴承座（箱）还可能承担着支承汽缸、放置主油泵或盘车装置的任务。此时，其结构和性能要相应地加以具体安排。由于汽轮机组的总体结构设计各不相同，轴承座（箱）的形式也各不相同。以北仑发电厂2号汽轮机组的轴承箱（座）作一简要介绍。

北仑发电厂2号600MW汽轮机组共有4根转子，由8个支持轴承支承。该汽轮机组共有7个轴承箱（座），即前轴承箱、中轴承箱、3号轴承箱和4～7号轴承座（从机头看，依次排列）。其中前、中和3号轴承箱为落地式结构，直接座落在其基础台板上；4～7号轴承座则分别放置于低压缸A、B两端排汽扩压管的洼窝中。这些轴承箱均采用钢板焊接结构。汽轮机的高、中压转子由前、中和3号轴承箱内的4个径向支持轴承支承；低压转子A、B则分别由4～7号轴承座内的径向支持轴承支承。

前轴承箱内设置有1号径向支持轴承、主油泵、盘车装置、转速测量装置（即转速发信齿轮磁阻发信器）、测速发电机、转子振动（指轴振）探头等部套。高压胀差探头位于前轴承箱后侧；主油泵座落在前轴承箱内左前方的底部，并通过减速斜齿轮与高压转子伸出轴上的齿轮相啮合。图2-57是该轴承箱的布置示意图。

前轴承箱通过其主台板与汽轮机基础上的地脚螺栓相连，其间配有副台板和顶起螺栓，借以调整前轴承箱的标高和扬度。主台板两侧由基座上的螺栓定位。前轴承箱的后下方与高压外缸连接处设有导向键，用于高压外缸的轴向膨胀和定位。导向键两侧的总间隙为0.05～0.10mm（设计值）。前轴承箱的两侧还分别装有盘车装置的电动机（左侧）和气动辅助盘车电动机（右侧），在其右侧靠近中分面处还装有高、中压缸热膨胀（绝对）指示表。

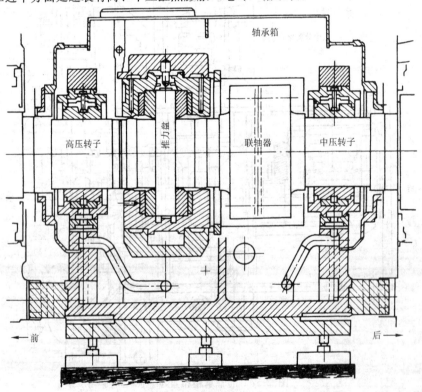

图 2-58　中轴承箱布置示意图

中轴承箱内放置有 2、3 号径向支持轴承、推力轴承（及其壳体）、高中压外缸的推拉杆（共 4 根）、转子轴向位移测量探头、转子振动测量探头等部套。中轴承箱的支持方式及与高、中压外缸的连接与前轴承箱的相同。图 2-58 是该轴承箱的布置示意图。

3 号轴承箱内放置 4 号径向支持轴承，即中压转子的后轴承及转子振动测量探头等部件。其支持方式及与中压外缸的连接也与前轴承箱的相同。中压胀差探头位于轴承箱后侧。

低压缸 A、B 两端的轴承座内分别设有 5～8 号径向支持轴承，在 8 号支持轴承处设有胀差测量探头。

上列胀差、振动和轴向位移的测量探头与转子之间的安装间隙均为 1.2±0.10mm。

第七节　汽轮机盘车装置

汽轮机盘车装置的主要功能，是在机组启动前或停机后用来盘动汽轮发电机组的轴系。

汽轮机在启动冲转前就要投入盘车装置，使轴系转动起来。检查汽轮机的动、静部分是否存在摩碰现象；检查转子轴系的平直度是否合格；并在暖机过程中使汽轮机转子温度场均匀，避免转子因受热不均而造成弯曲。

机组停机后，由于汽缸及通流部分上、下之间存在温差，转子在这种不均匀温度场中，将因受热不均匀而产生弯曲。为了避免这种现象的产生，在汽轮机停机时，必须自动投入盘车装置，让转子继续转动，使转子周围的温度场均匀，直到汽缸的金属温度降至 150℃ 以下为止。

盘车装置的驱动方式至少要备有自动和手动两种手段。不同的机组，自动盘车方式也有不同，有电动盘车、液动盘车、气动盘车等方式。盘车转速随不同机组也各不相同，有采用高速盘车，也有采用低速盘车，如第一章中所述，最低盘车速度约为 2r/min，最高盘车速度约为 50r/min。

图 2-59 是北仑发电厂 2 号 600MW 汽轮机组盘车装置的示意图。

该盘车装置布置在前轴承箱内，备用电动和气动自动驱动和手动盘车手段。其电动和气动驱动装置分别位于前轴承箱的左右两侧(从机头看)，并通过各自的联轴器带动盘车装置转动。

该盘车装置主要由蜗轮、蜗杆减速装置和自动离合器两大部分组成。自动离合器包括滑动件、棘爪、螺旋内齿轮、外齿轮和液压缓冲器（室）等主要部件。滑动件的内侧设有内齿轮（直齿）和棘齿，外侧则是螺纹外齿轮。

该盘车装置电动驱动部分采用机械传动、高速盘车方式。其驱动电动机（55kW、380V、1475r/min）通过液压联轴器、中间连接轴，带动机组轴系以 50r/min 的速度转动。气动驱动装置能使机组轴系以 2r/min 左右或以下的速度连续转动，或将转子盘动至所需的位置。

盘车装置的蜗杆放置于蜗轮下方，从机头看，其左、右各有伸出轴，左侧通过液力联轴器和中间连接轴与电动驱动部分的电动机连接，右侧通过齿形离合器和中间连接轴与气动马达连接。

电动机与盘车装置之间的液压联轴器主要由主动轮、从动轮、从动轮轴和联轴器法兰等部件组成，如图 2-60 所示。

该液压联轴器通过一对齿形联轴器分别与盘车电动机伸出轴和中间轴相连。液压联轴器的前盖与盘车电动机伸出轴上的一个齿形联轴器法兰连接；液压联轴器的从动轮轴法兰则通过另一个齿形联轴器与中间轴连接，该中间轴的另一端与盘车装置的伸出轴套连接。

液压联轴器的工质是汽轮机油，其工作温度不得高于 175℃。

正常情况下，由电动驱动部分进行盘车；在电动驱动部分发生故障时，由气动驱动部分进行盘车。

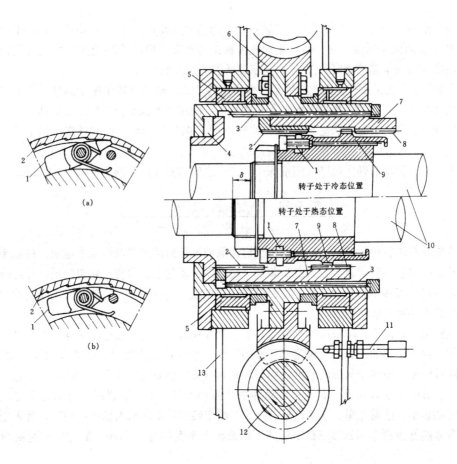

图 2-59 600MW 汽轮机组盘车装置示意图

(a) 转速<140r/min；(b) 转速>140r/min

1—棘爪；2—棘齿；3—螺旋齿轮；4—缓冲器；5—轴承；6—蜗轮；7—滑动件；8—内齿轮；9—外齿轮；
10—汽轮机转子；11—润滑油管；12—蜗杆；13—盘车装置外壳；δ—转子热态时的膨胀量

一、电动盘车装置主要功能

当汽轮机转子处于静止状态时，滑动件 7（见图 2-59）处于盘车装置右止点位置，棘爪 1 伸出并顶在棘齿 2 上。当蜗杆 12、蜗轮 6 转动后，蜗轮带动螺旋齿轮（内齿）3 一起转动，此时，由于棘爪（共 2 个）顶住棘齿及转子的惯性作用，滑动件不能随螺旋齿轮（内齿）一起转动，而只能沿轴向向左（向机头）移动；于是，滑动件上的内齿轮 8 与固定在汽轮机转子伸出轴上的外齿轮 9 啮合，棘爪与棘齿脱开，蜗轮通过螺旋齿轮及滑动件驱动外齿轮，从而使转子转动，直至达到汽轮机额定盘车速度。当滑动件向左移动至顶端时，缓冲器 4 内开始缓慢排油，以防止滑动件与端部碰撞。

汽轮机冲转后，由于汽轮机的转速高于盘车转速，此转速差所产生的反方向转矩推动滑动件沿轴向缓慢地向右（发电机侧）移动，滑动件上的内齿轮 8 与外齿轮 9 脱开，棘爪重新位于棘齿之内。由于盘车转速与汽轮机转速的差值是逐渐增加的，所以滑动件向右移动也是平稳的。当汽轮机转速达到 140r/min 时，棘爪在其两端不平衡力的作用下，其爪部缩入与棘齿脱开。此时，盘车装置与汽轮机转子脱开，盘车自动退出。

汽轮发电机组一旦解列，电动盘车装置立即投入运行。当汽轮机转子的转速降至约 140r/min 时，棘爪的棘部重新伸出顶住棘齿；当汽轮机转子的转速降至 50r/min 时，滑动件向左移动至工作位置，内、外齿轮啮合，由电动盘车装置盘动转子。

二、电动盘车装置对工作条件的要求

1. 启动条件

盘车电动机应当在主控制室和就地操作盘上都能够控制其启动或停运。当同时满足下列条件时，才能启动盘车电动机。

（1）顶轴油压正常，即油压为30MPa；

（2）发电机密封油压正常，即油压为0.9MPa；

（3）气动盘车的驱动装置已经停运；

（4）润滑油压力高于0.1MPa；

（5）就地安全开关闭合；

（6）液压联轴器开关销处于正常位置。

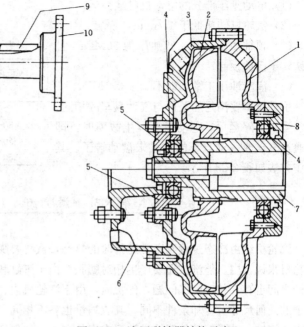

图 2-60 液压联轴器结构示意
1—主动轮；2—从动轮；3—壳体；4—轴承；5—轴承盖（电动机侧）；6—前盖；7—从动轮轴；8—轴承盖（盘车装置侧）；9—平键；10—从动轮轴法兰

2. 运行安全保护

当发生下列任何一种情况时，即发出报警信号。

（1）通往盘车装置的润滑油管道上滤网，其前、后压差达到0.03MPa，提醒运行人员作滤网切换操作；

（2）盘车电动机投运后2min内，汽轮机转子的转速未达到40r/min，运行人员应立即停运盘车电动机，进行检查；

（3）盘车电流过大。

3. 停止运行条件

当发生下列任何一种情况时，盘车电动机自动停止运行。

（1）盘车电动机电流过大（60A）；

（2）顶轴油压低至25MPa；

（3）润滑油压低于0.1MPa；

（4）就地安全开关断开；

（5）液压联轴器开关销跳出。

该盘车装置的气力驱动部分主要用于机组检修时，以很低的速度将汽轮机转子盘动至所需要的位置。气动装置主要由气动马达和齿形离合器两部分组成。气动马达的气源来自电厂的仪器仪表用压缩空气系统。气动盘车必须按以下顺序进行操作：

（1）在气动盘车控制盘上合上操作开关；

（2）确认齿形离合器已经啮合；

（3）扳动气动马达上的操作手柄，使仪器仪表用压缩空气进入气动马达，驱动盘车装置；切不可先启动气动马达，再合上操作开关，以免损坏齿形离合器。

启动气动盘车装置时，要满足如下条件：

（1）电动盘车部分的电动机已经停运；

（2）汽轮机转速低于 1r/min；

（3）顶轴油压正常，即油压为 30MPa，且确认转子已被顶起；

（4）润滑油压正常，即不低于 0.1MPa。

手动盘车要满足的条件与气动盘车的相同。

当机组停运后，电动盘车发生故障时，即应通过气动或手动盘车的方式来盘动转子。其操作方法如表 2-28 所示。

表 2-28 转子盘动操作方法

汽缸金属温度 （℃）	转子盘动周期 （min）	转子盘动角度 （°）
>450		连续盘动
450～350	15	180
350～250	30	180
250～150	60	180

第八节 滑 销 系 统

汽轮机组由冷态过渡到正常运行时的热态，汽缸要膨胀，转子也要膨胀。对于采用双层缸的汽轮机来说，内、外汽缸还要产生相对膨胀。由于汽缸和转子的温度场及几何尺寸不同，汽缸和转子之间也存在相对膨胀问题。停机时，由于汽轮机内、外缸几何尺寸及冷却条件不同，汽缸与转子的几何尺寸及冷却条件不同，其收缩量也各不相同。为了保证汽轮机在启动、运行和停机过程中，汽缸、转子等部件能按设计要求定位和对中，保证其膨胀（收缩）不受阻碍，汽轮机组配置了一套滑销系统。

不同制造厂的汽轮机组，其结构和总体布置方式各不相同，所采用滑销系统的布置也就各不相同。图 2-61 是北仑发电厂 2 号 600MW 汽轮机组的滑销系统示意图。

该机组的滑销系统共设有三个固定点（死点），分别位于低压缸 A、B 排汽口和 3 号轴承箱底部的中心线上。以此为基点，低压缸 A、B 分别向机头和发电机方向的膨胀不受阻碍，高、中压缸向机头方向的膨胀也不受阻碍。转子的相对膨胀死点，设在高压转子的推力盘处，位于中轴承箱内，并以此为基点，高压转子向机头侧膨胀，中、低压转子向发电机侧膨胀。

该机组的高、中压外缸下半底部设有轴向导向键；高、中压外缸的上猫爪通过二个半球面垫片与位于轴承箱上的滑动垫块接触，该接触面位于汽缸水平中分面处；中压外缸后部（即发电机侧）下猫爪的一个凸肩嵌入 3 号轴承的洼窝内，该凸肩则作为高、中压缸轴向膨胀时的死点；高、中压外缸下半缸底部两侧与轴承箱之间均设有轴向导向键，也作为横向膨胀的基点；位于中轴承箱侧的高、中压缸下缸猫爪，在其靠中分面处分别设有凸缘，而在与其对应的中轴承箱处，则分别配有外伸形压板；该压板用螺栓与中轴承箱固定，其外伸端又被压紧在下猫爪的凸缘上。

该机组的高、中压内缸均通过其上汽缸水平中分面的四个搭子，座落在外下缸内侧靠近中分面处的四个水平台肩上，其间各自设有滑动垫片。内上缸与外下缸滑动垫片之间的接触面既作为内、外缸之间的支持面，又作为其相对滑动面。内下缸的四个横键（搭子）则分别镶嵌在外下缸内侧的四个键槽内，其中靠进汽侧的二个横键与键槽之间设有调整垫片，并作为内缸轴向膨胀的死点。内下缸底部与外下缸之间还设有导向滑键，以使内、外缸之间定位，并允许内缸轴向自由膨胀。中压缸内的隔板套也采用这种支持、定位方式。

该机组滑销系统的特点是，在高、中压外缸上猫爪处及高压外缸与推力轴承之间，各设有二根推拉杆（推拉杆内可通油进行冷却，以减小其自身的热膨胀），借以改善汽缸、转子之间的相对膨胀。这两对推拉杆的作用如下：

当中压缸受热膨胀时，以其后端下猫爪底部的凸肩为死点，通过其前端上猫爪下部的垫片使中压缸在中轴承箱上的滑动垫块上滑动；此时，外侧的一对推拉杆使高压缸以同样方式，在中轴

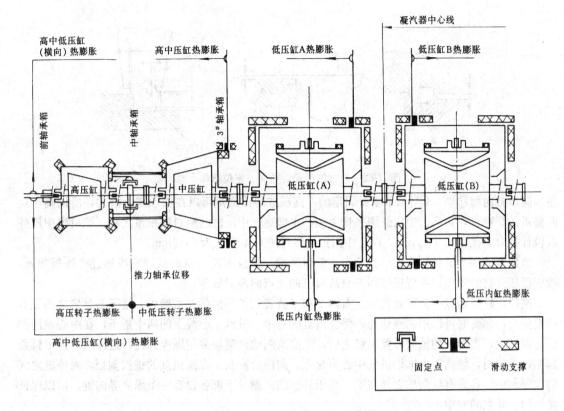

图 2-61　汽轮机组滑销系统示意图

承箱和前轴承箱上向前滑动,而中轴承箱和前轴承箱本身不移动。在高压外缸向前膨胀的同时,通过高压外缸上猫爪与推力轴承之间的另一对推拉杆又带动推力轴承一起向前移动。

由上所述,该汽轮机组的滑销系统设计较为简单,且具有下列优点:

(1) 前、中轴承箱与其基础台板之间采用固定连接方式,高、中压外缸仅在轴承箱上滑动,前、中轴承箱本身不移动,从而避免了与轴承箱连接的油管对汽缸膨胀的牵制作用。

(2) 高、中压外缸之间及高压外缸与推力轴承之间,通过推拉杆构成刚性连接,使汽缸的膨胀与转子的膨胀直接联系在一起,从而保证了汽缸内喷嘴与转子调节级动叶片之间,以及通流部分的正常工作间隙,也确保了汽缸轴封段处的正常轴向工作间隙,既有利于安全,又有利于保证机组的效率。

华能石洞口第二发电厂的四缸四排汽 600MW 汽轮机组,其高、中压缸的上猫爪搁置在轴承座上,猫爪及轴承座支持面上都镶嵌有耐磨且易于滑动的合金,2 个低压缸各自通过 8 个可调支承,座落在基础台板上。机组的 1～5 号轴承座底部都设有纵销,在机组的中心线位置上,4 个汽缸和 5 个轴承座均设有垂直的立销,纵销和立销的设置,确保了机组膨胀时汽缸与轴承座保持良好对中。1 号和 3～5 号轴承座均用地脚螺栓固定在台板上,汽缸膨胀时轴承座不移动。考虑到汽缸膨胀时对 1、3 号轴承座的推力比较大,因此在台板上还设有横销。2 号轴承座在汽轮机组膨胀时可以沿轴向自由滑动,为了保证滑动时不翘头,在轴承座前后两侧设有四只角销,压住轴承座底板。轴承座与下缸猫爪间设有压板,防止汽缸在不正常力或力矩作用下发生意外翻转。高、中压缸的下缸各有"搁脚"搁置在 2 号轴承座的"搁脚槽"内,构成推拉装置(起推拉杆的作用),如图 2-62 所示。

该机组的高、中压缸以 3 号轴承座为死点,中压缸向前膨胀时,借助推拉装置推动 2 号轴承

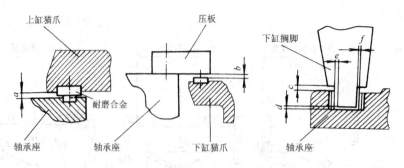

图 2-62　汽缸的滑动、导向、定位部位示意

座和高压缸向前移动。1号轴承座是固定的，高压缸的前猫爪可以在轴承座上滑动，所以高压缸前猫爪的膨胀量，是高、中压缸膨胀量之和，也即高、中压缸的绝对膨胀量之和。该机组中压外缸设计绝对膨胀量为11.7mm，高、中压缸的设计绝对膨胀量为25.9mm。

该机组的两个低压缸在4号轴承座的前后两端，外缸搁脚与基础预埋底板通过弹性板焊死，构成低压外缸的死点，两低压缸则各自从自己的死点向前后膨胀。

高压内缸是通过中分面处前后左右四个搭子搁置在外下缸的支肩槽内，搭子与台肩之间设有调整垫片，必要时可以用调整垫片来保证内缸的对中。进汽中心线上的两个搭子，在中心线两侧设有调整块，当内缸的轴向位置确定之后，配准两侧的调整块并用螺栓固定，这样两个搭子就兼起横销的作用，使高压内缸以进汽中心为死点，向前后膨胀。在高压缸的进汽侧处，内外缸之间的顶部和底部各设有纵向单面导向键，高压外缸的两侧及下部各设有一个纵向导向键，借以保证高压内、外缸的对中。

中压内缸的滑销结构与高压内缸的类似。它以其机头侧的搁脚处为死点，向前后膨胀。在其进汽中心线的上下及两个排汽侧的下部，共设有4个纵向销，用于保证中压内、外缸的对中。

低压内缸在其中分面进汽中心线两侧处，各设有一个横销，在内外缸之间的底部中心设有一个固定点，内缸就由此向前后、左右膨胀。

该机组转子的死点（推力轴承）设置在2号轴承箱内。

由上述两个具体例子均可看出，机组的滑销系统既注意了机组的膨胀、对中，又注意了通流部分的间隙，以及膨胀过程的膨胀量、力或力矩不致损坏任何部件。

　　汽轮机设备及其系统

第三章

蒸汽系统及其设备

蒸汽系统是指主蒸汽、再热蒸汽系统，旁路系统，轴封蒸汽系统，辅助蒸汽系统和回热抽汽系统。

第一节　主蒸汽和再热蒸汽系统

对于采用一次中间再热的 600MW 汽轮机组，蒸汽系统主要包括主蒸汽系统、再热蒸汽系统、回热抽汽系统、旁路系统、轴封蒸汽系统、辅助蒸汽系统。

主蒸汽系统是指从锅炉过热器联箱出口至汽轮机主汽阀进口的主蒸汽管道、阀门、疏水管等设备、部件组成的工作系统。

在主汽阀前，通常设置有电动主汽阀。在汽轮机启动以前电动主汽阀关闭，使汽轮机与主蒸汽管道隔开，防止水或主蒸汽管道中其他杂物进入主汽阀区域。在主蒸汽管道的最低位置处，设置有疏水止回阀及相应的疏水管道，用于在汽轮机启动前暖管至 10% 额定负荷以前，以及汽轮机停机后及时进行疏水，避免因管内积水发生水击（水锤）现象。

对于设置有旁路的汽轮机组，其高压旁路管道也由主蒸汽管道上（位于电动主汽阀及疏水管道上游）接出。

再热蒸汽系统包括冷段和热段两部分。

再热冷段指从高压缸排汽至锅炉再热器进口联箱入口处的管道和阀门。

在接近高压缸下方的排汽管道上，设置有高压缸排汽止回阀。对于采用中压缸启动的汽轮机组，高压缸排汽止回阀另配有一个电动旁路阀（构成小旁路），用于机组启动时的倒暖缸，即利用再热冷段蒸汽经该旁路阀倒流至汽轮机高压缸进行暖缸。机组在冷态启动时，当高压缸的金属温度达到要求（如 190℃以上）时，该电动旁路阀即关闭，并打开高压缸至凝汽器管道上的阀门，使高压缸处于真空状态。

在高压缸排汽管道的最低位置处也设有疏水管道及相应的疏水止回阀。回热抽汽系统的第 2 段抽汽管道，也由高压缸排汽管道接至 7 号高压加热器。有的机组，在高压缸排汽管道上，设有通往小汽轮机（驱动给水泵）、除氧器和辅助蒸汽系统的管道及相应的阀门，考虑汽轮机低负荷时，向小汽轮机、除氧器和辅助蒸汽系统供汽。

对于采用中压缸启动的汽轮机组，在高压旁路管道至再热冷段的蒸汽管道之间，设置有管径较小的（约 $\phi50$）连通管，启动时，在高压缸进汽前用来对高压缸排汽管（即再热冷段管道）进行暖管。此时，要特别注意再热冷段可靠地进行疏水。此外，由于采用中压缸启动，启动过程中高压缸变成了"鼓风机"，有可能造成高压缸过热。为了避免高压缸过热，在其排汽管道与凝汽器之间设有连通管及相应的阀门，在启动过程中该管道开通，高压缸处于高真空状态，尽量减小其鼓风损失（也即减小鼓风发热量）。

再热热段指锅炉再热器出口至中联门前的蒸汽管道。在该段管道上，也应设有暖管和疏水管道，其中疏水管道在 20％额定负荷之前，应一直开通。在该段管道的中联门前，接有通往凝汽器的低压旁路管道及相应的旁路阀门。

图 3-1（a）是北仑发电厂 2 号 600MW 汽轮机的主蒸汽、再热蒸汽、旁路系统示意图。该机组的主蒸汽系统采用 1—4 布置方式，即从锅炉二级过热器出口联箱来的主蒸汽，通过 1 根 ϕ659×107.3 的主蒸汽母管穿出锅炉房，在进入汽轮机房之后分成 4 根 ϕ392.2×65.9 的主蒸汽管，分别与汽轮机的 4 个主汽阀相连接。

该机组的再热冷段采用 2—1—2 的布置方式，即高压缸 2 根 ϕ812×21.4 的排汽管，在排汽止回阀之后，合并成 1 根 ϕ1117.6×27.8 的再热冷段母管，到锅炉房之后，又分成 2 根 ϕ812×21.4 的冷段再热蒸汽管进入锅炉再热器的入口联箱。从锅炉再热器出口联箱来的蒸汽，先经 2 根 ϕ812×42.5 的热段蒸汽管道，后合并为 1 根 ϕ1016×52.3 的热段管道，进入汽轮机房之后，又分成 4 根 ϕ609.6×33.02 的热段管道，分别与汽轮机的 4 个中压主汽阀相连接。

该机组的主蒸汽、再热蒸汽的设计基本能满足汽轮机在蒸汽阀门全开、加 5％超压（VWO＋5％）工况的蒸汽通流要求。主蒸汽和再热蒸汽在管内的参数（设计值）如表 3-1 所示。

表 3-1 主蒸汽和再热蒸汽在管内的参数（设计值）

参　　数	主蒸汽	再热冷段蒸汽	再热热段蒸汽
流量（kg/s）	563	514	473.4
压力（设计/运行，MPa）	19.34/18.34	5.0/4.3	5.0/4.3
温度（设计/运行,℃）	546/543	343/328.5	546/543
流速（m/s）	＜100	＜75	＜100
压降（MPa）	＜0.85	冷段＋再热器＋热段	＜0.3

该机组的主蒸汽、再热蒸汽管道上，还分别设有安全阀和电磁释放阀，并相应地带有消声器。

图 3-1（b）是北仑发电厂 1 号 600MW 汽轮机的主蒸汽、再热蒸汽、旁路系统示意图。

主蒸汽、再热蒸汽系统的管道能够满足汽轮机在蒸汽阀门全开、加 5％超压（VWO＋5％）工况的蒸汽通流要求。此时，蒸汽的参数如表 3-2 所示。

表 3-2 蒸　汽　参　数

参　　数	流量（kg/s）	压力（MPa）	温度（℃）
主蒸汽	555.6	17.39	537
高压缸排汽	512.5	3.89	323.6
再热蒸汽	467.3	3.15	537

该机组的主蒸汽管道则是采用"2—1—2"的布置方式。锅炉产生的新蒸汽从左右两侧的过热器分别用 ϕ615.57×92.57 的主蒸汽管道接出，汇成一根 ϕ715.82×107.57 的总管之后进入汽轮机房的中间层，然后分成两根 ϕ465×70.06 的主汽管，各自接至左右主汽阀。主汽管采用这样的布置方式，其目的在于均衡进入汽轮机的蒸汽温度和节省管材。为了减小蒸汽的流动阻力损失，在主汽阀前的主蒸汽管道上不设任何截止阀门（上述 2 号机也如此），也不设置主蒸汽流量测量节流元件，汽轮机的进汽流量由汽轮机高压缸调节级后的蒸汽压力折算得到。

主汽阀前的主蒸汽母管以及两根分叉管上，都设有疏水管路。三路疏水各经一只气动疏水阀后导向凝汽器。疏水阀可在集控室内控制开启或关闭。当汽轮机的负荷低于额定负荷的 20％运行时，疏水阀即自动开启，以确保汽轮机本体及相应管道的可靠疏水。

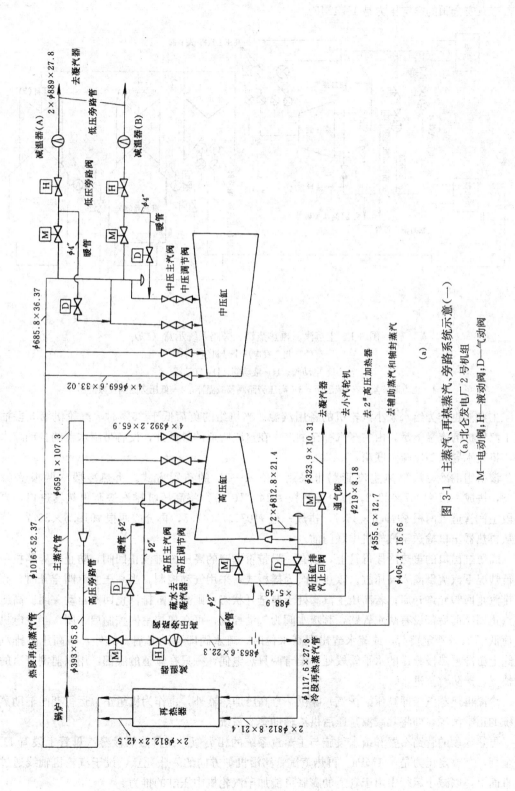

图 3-1 主蒸汽、再热蒸汽、旁路系统示意（一）

（a）北仑发电厂 2 号机组

M—电动阀；H—液动阀；D—气动阀

主蒸汽管道的母管上，设有一只电磁释放阀和三只安全阀。电磁释放阀可在集控室内远动控制，三只安全阀的整定压力是 19.1MPa。

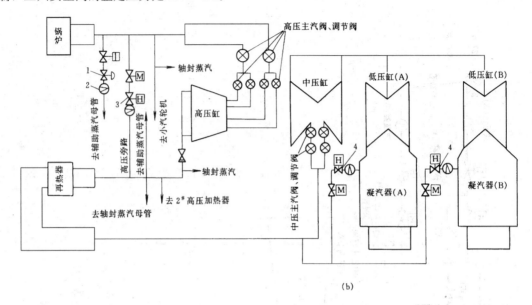

图 3-1　主蒸汽、再热蒸汽、旁路系统示意（二）
（b）北仑发电厂 1 号机组
M—电动阀；H—液动阀；D—气动阀
1—压力调节阀；2—减温器；3—高压旁路阀及减温器；4—低压旁路阀及减温器

　　主蒸汽也作为给水泵小汽轮机的备用汽源。当机组的负荷低于 25％时，汽轮机第 5 段抽汽供小汽轮机的汽量不足，由主蒸汽补充供汽。在这段管道的最低处，设有带疏水器的自动疏水管路，将疏水导入高压疏水联箱。

　　该机组的冷、热再热主汽管路也采用 "2—1—2" 的布置方式。再热冷段（两根 $\phi762 \times 15.8$，拼成一根 $\phi1067 \times 22.2$，再分成两根 $\phi914 \times 16.67$）将高压缸排汽送至再热器进口，再热热段主汽管道（两根 $\phi919.5 \times 36.7$，拼成一根 $\phi1071.7 \times 42.5$，再分成两根 $\phi919.5 \times 36.7$）将主汽从再热器出口输送至汽轮机中联门前。

　　高压缸出口的再热冷段母管上，设有一只带重锤臂的高压缸排汽止回阀，防止在旁路投用等运行情况下汽流倒灌入高压缸。该止回阀为摇板式，采用气动控制。当高压主汽阀全开时，高压缸排汽止回阀允许开启；若高压主汽阀处于非全开状态，则高压缸排汽止回阀自动关闭。高压缸排汽止回阀前后都设有疏水管路，其疏水阀为气动控制，可在集控室内控制启、闭。当发电机的负荷低于 20％额定负荷，或疏水罐出现高水位时，疏水阀即自动开启。另外，在高压缸排汽止回阀上游冷再热段管道的水平管段处，设有两只热电偶，一只在管道的底部，用以监测管道的积水情况，严防汽缸进水。

　　冷段再热蒸汽（即高压缸排汽）除供 7 号高压加热器外，也作为机组正常运行期间辅助蒸汽系统的正常汽源，即将其减温减压后供给辅助蒸汽系统。

　　再热热段的管路布置和疏水设施与主蒸汽系统的相类似。在再热热段蒸汽母管上设有 11 只安全阀，其整定压力是 4.1MPa。再热蒸汽管路沿机炉方向的膨胀死点，设于汽轮机轴线通过的垂直面上，以减小运行中由于管道的膨胀可能加于汽轮机中压缸的推力。

　　由于总体布置方式有所差别，其他机组的主蒸汽、再热蒸汽系统的具体布置也将有所不同，但基本原则大同小异。

主蒸汽和再热蒸汽系统的运行状况，取决于管内的工质参数，也即蒸汽的流量、压力和温度。因此，在主蒸汽和再热蒸汽系统上，还设有流量、压力、温度监测装置，随时监视管内工质参数的情况，如管内参数不符合要求，应及时予以相应调整。

在机组启动阶段，特别是在机组进行冷态启动时，应进行充分暖管，同时注意可靠地进行疏水。任何时候都不允许管内有积水存在（包括主蒸汽管道的蒸汽吹扫时）。

管道内蒸汽的压力、温度取决于锅炉的供汽参数，最高压力允许 5% 的超压，温度为设计值正负偏差5℃。正常运行情况下，管内蒸汽（也即汽轮机的进汽）的流量取决于压力和调节阀的开度，而最大流量和最小流量则取决于锅炉的最大蒸发量和维持稳定燃烧的最低负荷。

系统内设置减温器的目的，是当蒸汽温度可能超限时，向其内部喷注减温水，使蒸汽温度符合要求。

系统内的各种阀门（包括主汽阀、调节阀、止回阀、疏水阀、安全阀）控制可靠、开启灵活、关闭严密，是保证系统正常工作的最基本条件。

第二节　旁　路　系　统

在某些情况下，不允许蒸汽进入汽轮机。如当锅炉（刚点火不久）提供蒸汽的温度、过热度都比较低时，或运行中的汽轮机意外地失去负荷时，都不允许蒸汽进入汽轮机。在这些情况下，锅炉提供的蒸汽就可以（并非唯一）通过旁路系统加以处理（回收工质）。旁路系统的设置使机组采用中压缸启动较为方便，有利于改善汽轮机的暖机效果，缩短启动时间。当汽轮机系统出现小故障需要短时检修时，锅炉可维持在最低稳燃负荷下运行，故障排除后，即可很快重新冲转并网带负荷运行。

对于采用一次中间再热的机组，采用的旁路有一级大旁路系统和高低压串联的两级旁路系统两种形式。我国 600MW 级的汽轮机组，均采用后一种形式。高压旁路系统设置在进入汽轮机高压缸前的主蒸汽管道上，其容量的选择各不相同，30%、50%、60%、100% 的额定负荷蒸汽流量均有；低压旁路系统设置在进入汽轮机中压缸前的再热热段蒸汽管道上，其容量有 50%、65% 的额定负荷蒸汽流量。

旁路系统由旁路阀、旁路管道、暖管设施以及相应的控制装置（包括液压控制和 DEH 控制系统）和必要的隔音设施组成。

旁路系统的通流能力应根据机组可能的运行情况予以选定。旁路的通流能力并不是越大越好。

旁路系统的动作响应时间则是越快越好，要求在 1~2s 内完成旁路开通动作，在 2~3s 内完成关闭动作。

高压旁路系统在下述情况下必须立即自动完成开通动作：

(1) 汽轮机组跳闸；

(2) 汽轮机组甩负荷；

(3) 锅炉过热器出口蒸汽压力超限；

(4) 锅炉过热器蒸汽升压率超限；

(5) 锅炉 MFT（主燃料跳闸）动作。

当发生下列任一情况时，高压旁路阀快速自动关闭（优先于开启信号）：

(1) 高压旁路阀后的蒸汽温度超限；

(2) 撤下事故关闭按钮；

(3) 高压旁路阀的控制、执行机构失电。

当高压旁路阀动作时，其减温水隔离阀、控制阀同步动作。

低压旁路系统在下述情况下应立即自动完成开通动作：

(1) 汽轮机跳闸；

(2) 汽轮机甩负荷；

(3) 再热热段蒸汽压力超限。

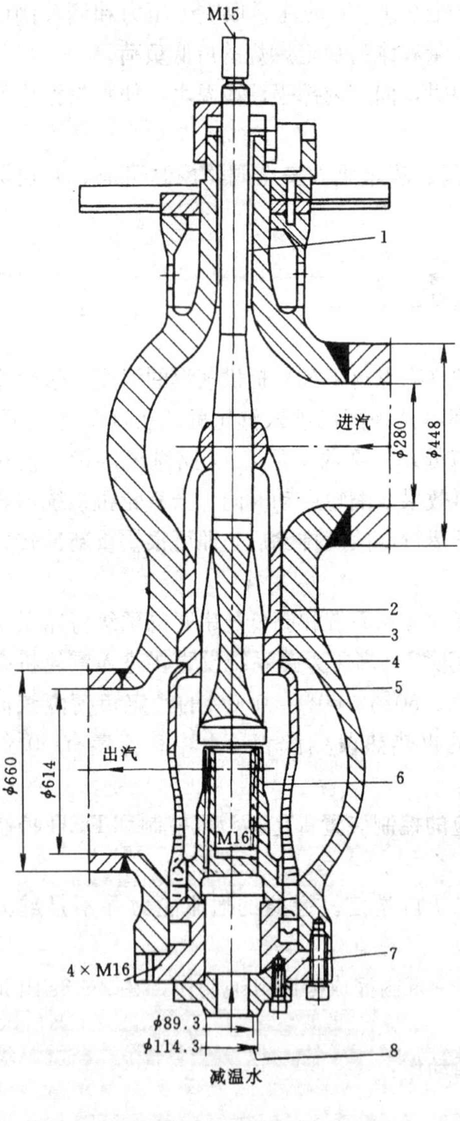

当发生下列任一情况时，低压旁路系统应立即关闭：

(1) 旁路阀后蒸汽压力超限；

(2) 低压旁路系统减温水压力太低；

(3) 凝汽器压力太高；

(4) 减温器出口的蒸汽温度太高；

(5) 撤下事故关闭按钮。

当低压旁路阀开启或关闭时，其相应的减温水调节阀也随之开启或关闭（后者关闭略有延时）。

图 3-2～图 3-4 分别为北仑发电厂 1 号和 2 号 600MW 汽轮机组的高压旁路阀、低压旁路阀和减温水隔离阀、调节阀的结构示意图。

该机组高、低压旁路阀的设计技术规范如表 3-3 所示。

表 3-3　高低压旁路阀的设计技术规范

名　　称	高压旁路阀	低压旁路阀
设计压力（MPa）	19.34	5.0
设计温度（℃）	546	546
进/出口处蒸汽压力（MPa）	17.8/6.29	1.5/0.8
进/出口处蒸汽温度（℃）	537/300	537/534
蒸汽流量（工作/最大，kg/s）	277.78/292.4	113.9/115.9
阀门通流直径（mm）	180	410
阀门行程（工作/最大，mm）	86/100	137/140
阀门开/关时间（s）	2/5	2/5

减温水隔离阀和调节阀的设计技术规范如表 3-4 所示。

图 3-5 和图 3-6 分别是北仑发电厂 2 号 600MW 汽轮机组的高压旁路阀和减温水控制阀的液压控制原理图。

图 3-2　高压旁路阀结构示意图
1—阀杆导向套筒；2—阀座；3—阀杆；
4—阀壳；5—喷射罩；6—减温水喷嘴；
7—底盖；8—减温水喷水法兰

该机组高压旁路的液压控制系统主要包括液压油供油装置、液压控制、执行机构以及蓄压器、滤网、管道、阀门等部件，系统的工质是汽轮机油。

表 3-4　　　　　　　　　　　　减温水隔离阀和调节阀的设计技术规范

名　称	隔　离　阀	调　节　阀
设计压力（MPa）	27	27
设计温度（℃）	200	200
进/出口处减温水压力（MPa）	21/18.43	18.43/11.59
进/出口处减温水温度（℃）	200	200
减温水流量（kg/s）	57.7	57.7
阀门通流面积（工作/最大，cm²）	10.18/10.8	11.5/12.5
阀门行程（工作/最大，mm）	全开/60	58/60
阀门开/关时间（s）	5～8（正常开/关）	2（紧急关）

　　液压油供油装置用于向高压旁路阀、减温水隔离阀以及温度调节阀的液压控制、执行机构和安全控制系统提供压力油。它配有两台互为备用的100％容量的内置式齿轮油泵，油泵出口管道上各设有一个充压阀。当蓄压器内的油压达到24MPa时，充压阀动作，此时油泵出口处的油流至充压阀后，再次向蓄压器充压。充压阀内还设有止回阀，以防止充压阀动作后，汽轮机油从蓄压器内泄出。蓄压器内的充气袋充有氮气，其初压为12MPa（充氮前必须释放蓄压器内的汽轮机油）。

　　在通往液压控制、执行机构和安全装置的回路上，还分别设有减压阀，以维持这两个回路的正常油压。

　　高压旁路阀液压控制的动作过程如下：

　　（1）当机组正常运行时，电磁阀受电、提起，处于上止点位置（图 3-5 所示位置），此时，压力油进入关断阀右腔室，并使关断阀向左移动至工作位置（图 3-5 所示位置），接通电液转换器滑阀与油动机之间的油路。当电磁阀失电（即电磁阀落下，堵住压力油的进口）或压力油的压力不足时，关断阀则在其左侧弹簧力的作用下，向右移动至右止点位置，切断电液转换器滑阀与油动机之间的油路，油动机便不再受电液转换器所输出信号的控制。此外，必要时可通过位于关断阀左侧的操作手柄，手动将关断阀重新向左移动，恢复其工作位置，接通电液转换器滑阀与油动机之间的油路。

　　（2）由供油装置来的压力油 p 分成两路，经滤网后，分别进入电液转换器滑阀

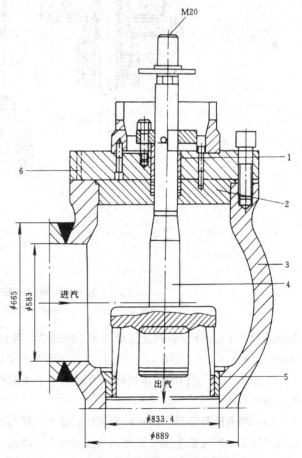

图 3-3　低压旁路阀结构示意图
1—导向套筒；2—顶盖；3—阀壳；4—阀杆；5—阀座；6—法兰

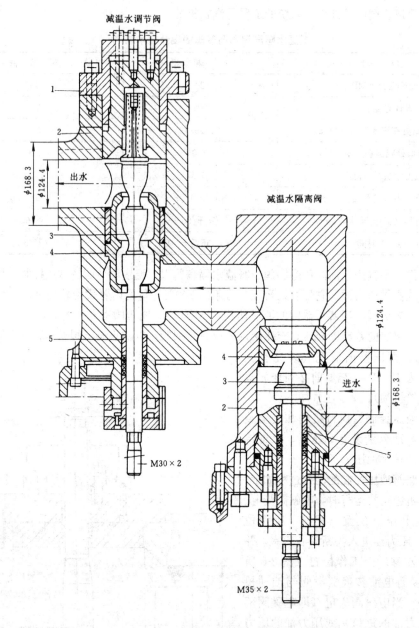

图 3-4 减温水隔离阀和调节阀结构示意图

1—阀盖；2—阀壳；3—阀杆（蝶）；4—阀座；5—导向套筒

两侧的腔室 V_{st1}、V_{st2}，并通过滑阀中心的通道，各自从其排油口（即滑阀中上部与摆动杆端部的摆叉之间）排出。当摆叉处于垂直位置（即图示位置）时，滑阀的二个排油口面积相等，此时 V_{st1} 室和 V_{st2} 腔室内的油压相同，滑阀便处于中间平衡位置（即图示位置），切断通向油动机的油路。

（3）当电液转换器收到来自位置控制器的电信号后，通过磁钢产生的电磁力，使摆动杆向左或向右摆动。摆叉的左摆或右摆均造成滑阀二个排油口的排油面积不等，导致 V_{st1} 腔室和 V_{st2} 腔室内油压的不同。于是，滑阀在其两端腔室油压差的作用下，向左或向右移动，从而接通油动机的进油和排油回路。若滑阀向左移动，则压力油 p 经滑阀后，从电液转换器右侧油路通过关断

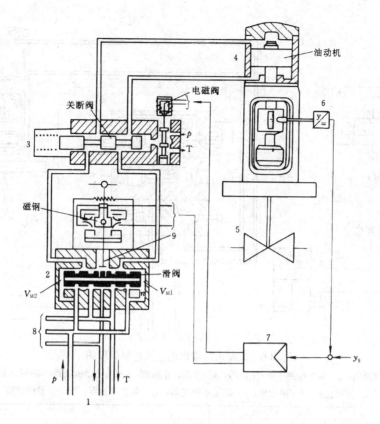

图 3-5　高压旁路阀液压控制原理图

1—液压油供油装置；2—电液转换器及滑阀；3—关断阀；4—油动机；
5—高压旁路阀（减温水调节阀）；6—阀位变送器；7—阀位控制器；
8—来、去其他阀门控制、执行机构的油路；9—摆动杆

阀，进入油动机活塞下油腔；在压力油的作用下，油动机活塞向上移动，打开高压旁路阀（或调节阀），油动机上腔室的油则经关断阀、电液转换器左侧油路、滑阀后由 T 油路排向供油装置。与此同时，位于油动机活塞杆上的位置变送器，将油动机活塞的位移信号"y"输入位置控制器，直至达到控制系统的阀位指令"y_s"；位置控制器输出的电信号消失，则摆动杆在其上部弹簧力的作用下，重新回复至垂直位置，滑阀又处于中间平衡位置，切断油动机的进、排油路，油动机活塞便停止移动，处于新的平衡位置。若滑阀向右移动，其动作过程相同，但方向相反，即压力油从电液转换器左侧油路进入油动机上部油腔，油动机活塞向下移动，关小高压旁路阀（或减温水调节阀）。

　　（4）滑阀左右两端还各自配有操作手柄，可分别进行操作，直接使滑阀左右移动以实现上述动作过程。

　　（5）在高压旁路阀液压控制、执行机构上，还配有两套安全控制系统，分别用于高压旁路阀的"快开"和"快关"。在机组正常运行时，安全系统不动作。当安全控制机构接到有关动作信号后，其电磁阀即受电、动作，打开其相应的释放阀，使辅助蓄压器内的压力油流入油动机下（上）腔室，使高压旁路阀快速开启（或关闭）。

　　减温水控制阀液压控制的动作过程是：

　　当电磁线圈失电时，4/3 通阀处于中间位置（图 3-6 所示位置），此时该阀切断通往油动机的

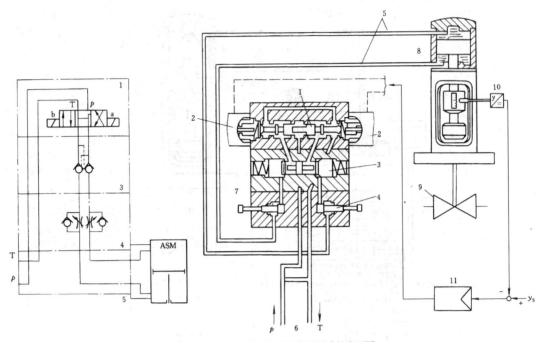

图 3-6　减温水控制阀的液压控制原理图

1—4/3 通阀；2—电磁线圈；3—止回阀；4—节流、止回阀；5—去油动机油路；6—液压油装置；
7—控制装置；8—油动机；9—减温水隔离阀；10—位置变送器；11—位置控制器

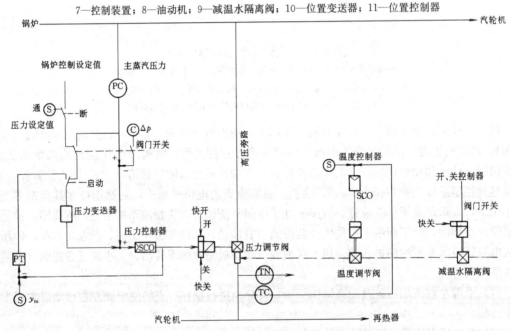

图 3-7　高压旁路系统的控制原理图

压力油路。

当电磁线圈 a 受电时，4/3 通阀向右移动，压力油打开右侧止回阀，经右侧节流、止回阀进入油动机活塞上油腔，使油动机活塞向下移动，关闭减温水隔离阀；隔离阀完全关闭后，通过位移变送器，将位移信号"y"输入位置控制器（冲销"y_s"），使位置控制器的输出信号消失，电磁线圈 a 即失电，4/3 通阀又重新回到其中间位置。

同样，当电磁线圈 b 受电时，4/3 通阀向左移动，于是，压力油从左侧油路打开减温水隔离阀。

减温水隔离阀、控制阀同样备有手动操作按钮和安全控制系统。

低压旁路液压控制的动作过程与高压旁路的相同。

汽轮机运行过程中，高、低压旁路系统处于热态备用状态，它们必须随时配合主机控制系统的指令进行有效的工作。因此，它们各配有一套电液控制系统，用于控制旁路的液压油系统中油泵的启停、高低压旁路阀的阀位以及高压旁路温度调节阀的阀位。

图 3-7 和图 3-8 分别是高、低压旁路系统的控制原理图。

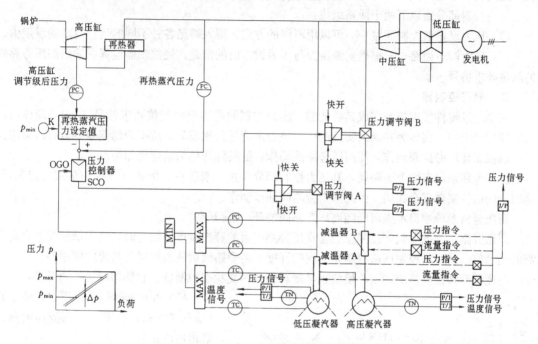

图 3-8 低压旁路系统的控制原理图

高、低压旁路电液控制系统的硬件由两部分组成。第一部分是高、低压旁路控制柜（高、低压旁路各一个），设置在汽轮机房电子室内，是旁路系统的控制中心；第二部分是操作盘，设置在集控室内，必要时可以进行人/机对话。高低压旁路控制柜内分层插入各种具有独立功能的印刷线路功能板。各功能板通过板后的接口，按其需要用硬接线相互连接，以完成各功能板之间的信息交换。各功能板的版面上设有一些指示灯，以提示这些功能板的工作是否正常。整个控制系统还设有公共报警控制板，以监视整个系统的工作情况。

高、低压旁路控制柜内主要设有下列类型的功能板：

（1）电源控制系统——电源板、AC/DC 转换板及电源监视板；

（2）信号测量系统——4～20mA 电流信号输入板、热电偶信号转换板及信号超限报警板；

（3）液压油控制系统——中心控制 CPU 板（RM50）及状态监视板（5H20）；

（4）中心控制系统——中心处理器 CPU 板（RM40、RM11、RM50）及模拟板、阀位控制器 RK10 等；

（5）与外接相连的驱动系统——控制电液转换器的 LK10 板、快开/快关装置的控制板（SM10）；

（6）故障诊断系统——公用的公共报警板 SSIO。

高、低压旁路系统操作盘配有各种按钮和指示灯。

高压旁路系统控制的参数是主蒸汽压力，相应的调节机构是高压旁路阀；低压旁路系统控制的参数是再热蒸汽的压力，其控制机构是低压旁路阀。

高、低压旁路控制系统均由压力控制和阀门控制两部分组成。

一、压力控制部分

它是通过编程器用计算机的工程语言将软件模块组态后，固化在中心处理器内的 EPROM 中来实现的。其控制的核心模块是带观察器的变状态控制器（SCO），能在整个负荷范围内都得到较满意的调节性能。

压力控制部分由以下两个回路组成：

（1）压力设定值控制回路——可以用不同的方式，写入满足各种不同的运行要求的设定值；

（2）压力调节回路——根据实测压力与压力设定值的偏差，经控制器运算后输出高压旁路阀的阀位要求信号 y_s。

二、阀门控制器

它是通过硬件模拟板来完成其功能的。压力控制回路输出的阀位要求信号（y_s），即该阀门控制器的给定值。高压旁路阀的实际阀位与该给定值进行比较后，所得到的偏差经运算后输出信号，以控制高压旁路阀动作，使高压旁路阀动作后的实际阀位与给定值相等。

低压旁路系统有两个旁路阀，其压力控制部分共用一套软件，但各自设有一个阀门控制器，这两个阀门控制器完全相同，因此两个旁路阀同步动作。

高压旁路系统减温水隔离阀随高压旁路阀的开/关而开/关。

高压旁路温度调节阀的控制参数是高压旁路阀后的蒸汽温度。运行时，可在操作盘上设定所需的温度值，然后由控制回路控制调节阀的开度，使旁路阀后的蒸汽温度与设定值相等。

温度调节阀控制系统的核心模块也是带观察器的变状态控制器。它能够满足下列要求：

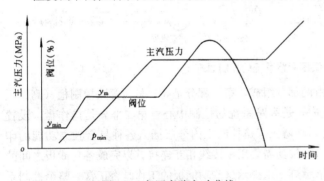

图 3-9　高压旁路启动曲线

（1）在任何运行工况下，减温水量（动态和静态）都要与高压旁路的蒸汽量相适应；

（2）即使在高压旁路蒸汽流量很小的情况下，也能够稳定地控制减温水量；

（3）能够保证减温水不过量。

旁路系统的运行方式与汽轮机的运行方式密切相关。如北仑港电厂 2 号 600MW 汽轮机设计为中压缸启动，其高压旁路的运行方式可分为全自动、半自动、手动三种方式。全自动方式又对应着汽轮机的程控启动和跟随两种方式；半自动方式则对应着汽轮机的定压运行方式。

程控启动方式只用于机组的冷态启动工况。此时，高压旁路阀的开度与主蒸汽压力之间的关系如图 3-9 所示。

当锅炉点火时，按下操作盘上的启动按钮，这时高压旁路系统的控制即进入程控启动方式。由于锅炉点火时要有少量的蒸汽流量，以防止再热器干烧。故一旦投入程控启动方式，高压旁路阀就要有一个最小开度 y_{min}，并保持该最小开度直至主蒸汽压力上升至最小设定值 p_{min} 为止。维持压力最小设定值 p_{min}，高压旁路阀的开度随着锅炉燃烧量的增加而开大，直到预先设定的开度值 y_m。随着锅炉燃烧量的继续增加，主蒸汽压力上升至汽轮机的冲转压力 8.72MPa（冷态启动冲转时为 4.6MPa，并网后再逐渐升至 8.72MPa），届时程控启动方式完成，旁路由手动切换为自动控制方式，机组自动转入定压运行方式。随着汽轮机高压调节阀的开度增大，高压旁路阀逐渐关小直至全关。一旦高压旁路阀全关，高压旁路系统即自动转入跟随方式，处于热态备用状态。

低压旁路系统运行方式也分为全自动、半自动和手动三种。在全自动运行方式时，再热热段蒸汽压力的设定值，分为启动和正常运行两个阶段，由低压旁路控制系统自动给出。启动又分为冷态和热态两种情况，分别给出压力设定值。

机组冷态启动时，再热热段蒸汽压力先设定为 1.6MPa，在接到来自 DEHC 系统的信号要求后，再热热段蒸汽压力逐渐降至 0.8MPa；在汽轮机倒缸结束后，根据高压缸调节级后压力计算得出的再热热段蒸汽理论压力设定值，再补加一个偏差 Δp（0.3MPa），将其与 0.8MPa 相比较，取二者的大值，作为正常运行情况下低压旁路系统跟随运行方式的设定值，以确保在机组正常运行时，低压旁路阀处于关闭状态。当再热热段蒸汽压力上升太快时，低压旁路阀开启，参与调节；当再热热段蒸汽压力比设定值大 0.5MPa 时，低压旁路阀快开，以防止再热热段蒸汽压力超限。

机组热态启动时，再热热段蒸汽压力的设定值始终维持 1.6MPa；在倒缸结束后，除计算设定值与 1.6MPa 比较后取大值外，其余均与冷态启动时相同。

半自动和手动运行方式与高压旁路系统的大同小异。

由上述可以看出，旁路的设置只是用于机组启动过程和汽轮机失去负荷时的应急设施。机组正常运行时，旁路系统一直是处于备用（闲置）状态。由于旁路的设置，投资增加，机组的系统安装和维护都增加了许多工作量，机组的事故率也增加了。因此，有些电厂认为设置旁路（特别是对于带基本负荷的机组）得不偿失，已不再设置旁路系统了。

第三节　轴封蒸汽系统

轴封蒸汽系统的主要功能是向汽轮机、给水泵小汽轮机的轴封和主汽阀、调节阀的阀杆汽封供送密封蒸汽，同时将各汽封的漏汽合理导向或抽出。在汽轮机的高压区段，轴封系统的正常功能是防止蒸汽向外泄漏，以确保汽轮机有较高的效率；在汽轮机的低压区段，则是防止外界的空气进入汽轮机内部，保证汽轮机有尽可能高的真空（也即尽可能低的背参数），也是为了保证汽轮机组的高效率。轴封蒸汽系统主要由密封装置、轴封蒸汽母管、轴封加热器等设备及相应的阀门、管路系统构成。

汽轮机组的高、中、低压缸轴封均由若干个轴封段组成。相邻两个轴封段之间形成一个汽室，并经各自的管道接至轴封系统。

在汽轮机组启动前，汽轮机内部必须建立必要的真空。此时，利用辅助蒸汽向汽轮机的轴封装置送汽。在汽轮机组正常运行时，汽轮机的高压区段的蒸汽向外泄漏，同时，为了防止空气进入轴封系统，在高压区段的最外侧一个轴封汽室（见图 1-3 的汽室 a），则必须将蒸汽和空气的混合物抽出；在汽轮机的低压区段，则必须向汽室 b 送汽，而将汽室 a 的蒸汽、空气混合物抽走（见图 1-3）。由此看来，轴封蒸汽系统包括：送汽、回（抽）汽和漏汽三部分。

为了汽轮机本体部件的安全，对送汽的压力和温度有一定的要求。因为送汽温度如果与汽轮机本体部件温度（特别是转子的金属温度）差别太大，将使汽轮机部件产生甚大的热应力，这种热应力将造成汽轮机部件寿命损耗的加剧，同时还会造成汽轮机动、静部分的相对膨胀失调，这将直接影响汽轮机组的安全。

在汽轮机启动时，高、中压缸轴封的送汽温度范围是：冷态启动时，用压力为 $0.75\sim$ 0.80MPa、温度为 150～260℃的蒸汽向轴封送汽，对汽轮机进行预热；热态启动时，用压力为 0.55～0.60MPa、温度为 208～375℃的蒸汽向轴封送汽。对于高、中压缸，较好的轴封送汽温度范围是 208～260℃，这一温度范围适用于各种启动方式。低压缸轴封的送汽温度则取 150℃或更低一些。

为了控制轴封系统蒸汽的温度和压力，系统内除管道、阀门之外，还设有压力调节装置和温度调节装置。

在汽轮机组正常运行时，轴封系统的蒸汽由系统内自行平衡。但此时压力调节装置、温度调节装置仍然进行跟踪监视和调节。此时，通过汽轮机轴封装置泄漏出来的蒸汽，分别被接到除氧器（或除氧器前的高压加热器）、低压加热器、轴封冷凝器（轴封冷却器），尽可能地回收能量，确保汽轮机组的效率。

当汽轮机紧急停机时，高、中压缸的进汽阀迅速关闭。此时，高压缸内的蒸汽压力仍然较高，而中、低压缸内的蒸汽压力接近于凝汽器内的压力，于是，高压缸内的蒸汽将通过轴封蒸汽系统泄漏到中、低压缸内膨胀做功，造成汽轮机的超速。为了避免这种危险，轴封系统应设置有危急放汽阀，当轴封系统的压力超限时，放汽阀立即打开，将轴封系统与凝汽器接通。

轴封蒸汽系统通常有两路外接汽源。一路是来自其他机组或辅助锅炉（对于新建电厂的第一台机组）的辅助蒸汽，经温度、压力调节阀之后，接至轴封蒸汽母管，并分别向各轴封送汽；另一路是主蒸汽经压力调节后供汽至轴封蒸汽系统，作为轴封蒸汽系统的备用汽源。

图 3-10 是汽轮机的轴封系统示意图。

该系统由汽轮机的轴封装置，轴封冷凝器，轴封风机，轴封压力调节器，压力调节阀，温度调节器、减温器，以及相应的管道、阀门等部件构成。

当机组在启动或低负荷运行时，轴封蒸汽系统的汽源来自辅助蒸汽系统或再热冷段蒸汽系统。这些蒸汽经过进汽隔离阀、进汽调节阀 PCV 之后，进入轴封蒸汽母管。轴封蒸汽压力调节器控制送汽侧的压力调节阀 PCV 的开度，以调整轴封蒸汽压力略高于大气压力。此时，出口调节阀 PCV 处于关闭状态。

随着机组负荷的增加，高、中压缸轴封漏汽和高、中压缸进汽阀的阀杆漏汽也相应增加，致使轴封蒸汽压力上升。于是，轴封蒸汽压力调节器逐渐将进汽阀关小，以维持轴封蒸汽压力正常值。

当轴封进汽调节阀全关时，轴封蒸汽系统的汽源切换为高、中压缸漏汽。此时，轴封蒸汽压力改为出口调节阀来控制。当机组的负荷进一步增加，高、中压缸的漏汽压力高于正常值时，多余的蒸汽经出口调节阀排至 2 号、1 号低压加热器的疏水箱。

当送往低压缸轴封的蒸汽温度太高时，温度控制器即控制温度调节阀（即冷却水阀）向减温器喷水，以维持低压缸轴封蒸汽温度的正常值（≈150℃）。

当机组正常运行时，高压内缸前轴封与高压外缸第一段前轴封（由内往外数，下同）之间的汽室，直接通往高压内、外缸之间的夹层，使高压内缸前轴封的大部分漏汽排入高压内、外缸夹层；高压外缸前、后第一段轴封及中压外缸第一段前轴封的漏汽，分别经过各自的节流孔板之后，接到中压缸排汽管道上，即第五段抽汽管道上；高压外缸前、后第二段轴封、中压外缸第二段前轴封和第一段后轴封、小汽轮机的第一段前轴封的漏汽，均接到主汽轮机低压缸前、后轴封和小汽轮机后轴封的轴封送汽管道上。中压缸的轴封共有六段，其中内缸前轴封有两段，外缸前轴封有四段共组成五个汽室。中压外缸后轴封有三段，组成两个汽室。中压内缸两段前轴封之间的汽室与高压缸第 7 级后的抽汽管道相连，其间设有电动调节阀。中压内缸第二段前轴封与中压

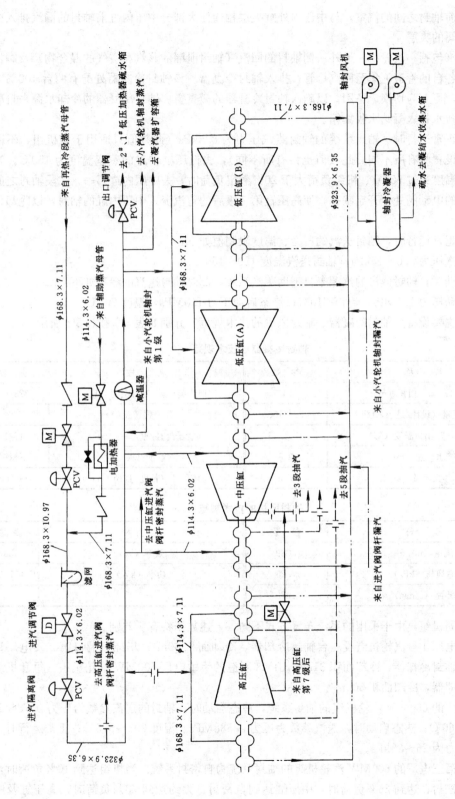

图 3-10 汽轮机轴封系统示意图

外缸第一段前轴封之间的汽室，与中压内外缸夹层相通使大部分中压内缸前轴封的漏汽排入中压内、外缸之间的夹层。

汽轮机（包括小汽轮机）最外一侧轴封的回汽（轴封泄漏的蒸汽和空气的混合物）及阀杆漏汽，均通过各自的管道汇集至回汽母管，排入轴封冷凝器。该轴封冷凝器处配有两台100%容量的轴封风机，可互为切换、备用，以确保轴封冷凝器的微真空。轴封冷凝器的冷却水源来自凝结水系统，其疏水排入凝结水收集箱。

当机组正常运行时，轴封系统的轴封蒸汽压力为8.5kPa（此数值只适用于该机组，不同的机组，系统设置将有所不同，此数值也将有所不同），去低压缸轴封的蒸汽温度为150℃。当再热热段蒸汽温度超过500℃、机组负荷大于20%额定负荷时，去中压内缸第一、二段轴封之间汽室的管道上的电动阀处于开启状态，使高压缸第7级后的蒸汽流入中压内缸的轴封，以冷却该处的部件。

当机组正常运行时，轴封送汽的压力、温度限制值如下：

轴封送汽压力2.0～15kPa；轴封送汽温度120～150℃。

机组启动时，轴封蒸汽的汽源来自辅助蒸汽系统，此时轴封送汽的参数如下：

冷态启动压力1.0MPa，温度210℃；热态启动压力1.0MPa，温度265℃。

该系统主要设备如轴封冷凝器、轴封风机的技术规范，分别如表3-5和表3-6所示。

表3-5 轴封冷凝器的技术规范

名　称	参　数	名　称	参　数
加热（冷却）面积（m²）	120	加热蒸汽进/出口温度（℃）	223/60
凝结水流量（设计/最小，t/h）	350/100	管子数（根）	803
凝结水进/出口温度（℃）	47.4/48	管子外径/壁厚（mm）	16/1
凝结水流速（m/s）	0.8	管子材料	不锈钢
加热蒸汽流量（kg/h）	4739	总体尺寸（长度/直径，mm）	4400/1000

表3-6 轴封风机的技术规范

名　称	参　数	名　称	参　数
流量（m³/h）	5089	效率（%）	58
总风压（kPa）	7.25	功率（kW）	17.5
转速（r/min）	2970		

对于不同机组，由于采用的系统布置方式不同，上述数据将有所差别。

北仑发电厂1号汽轮机组设一台轴封冷却器，冷却面积60m²；华能石洞口第二发电厂每台机组设一台轴封冷却器，冷却面积31m²；JIM3制造的伊敏厂500MW汽轮机组，每套机组设一台轴封冷却器，冷却面积300m²。

邹县电厂的600MW汽轮机组的轴封系统，冷态启动时，轴封的送汽参数为压力0.784MPa、温度150～260℃；热态启动时，送汽参数为压力0.588MPa、温度208～375℃；正常运行时，轴封系统的压力为26～28kPa。

哈尔滨第三电厂的600MW汽轮机组的轴封系统为自密封系统。当机组达到10%负荷时，高压缸达到自密封；达到25%负荷时，中压缸达到自密封；大约达到70%负荷时，高压缸及中压缸的漏汽就可以满足低压缸汽封的需要量，此时轴封系统达到自密封。当机组的负荷大于70%以后，高、中压缸轴封漏汽除向低压缸轴封供汽外，多余的蒸汽通过溢流调节阀排往凝汽器。为防止轴封蒸汽与高压转子轴封区金属之间产生太大的温差，转子热应力过大而造成变形或裂纹，设置了高压轴封减温喷水调节站。机组在正常运行情况下，当轴封蒸汽温度与调节级端高压缸端壁金属温度之差大于85℃时，通过高压减温器向轴封蒸汽喷水。高压轴封减温喷水调节站则维持低压轴封蒸汽的温度在121～177℃之间，以防止轴封体变形和造成汽轮机转子损坏。该系统中还设有两个安全阀，当轴封蒸汽压力绝对值达到0.276MPa时，这两安全阀同时开启，排放系统中多余的蒸汽。

第四节　辅助蒸汽系统

　　辅助蒸汽系统的主要功能有两方面。当本机组处于启动阶段而需要蒸汽时，它可以将正在运行的相邻机组（首台机组启动则是辅助锅炉）的蒸汽引送到本机组的蒸汽用户，如除氧器水箱预热、暖风器及燃油加热、厂用热交换器、汽轮机轴封、真空系统抽气器、燃油加热及雾化、水处理室等；当本机组正在运行时，也可将本机组的蒸汽引送到相邻（正在启动）机组的蒸汽用户，或将本机组再热冷段的蒸汽引送到本机组各个需要辅助蒸汽的用户。

　　图3-11是汽轮机辅助蒸汽系统单线示意图。

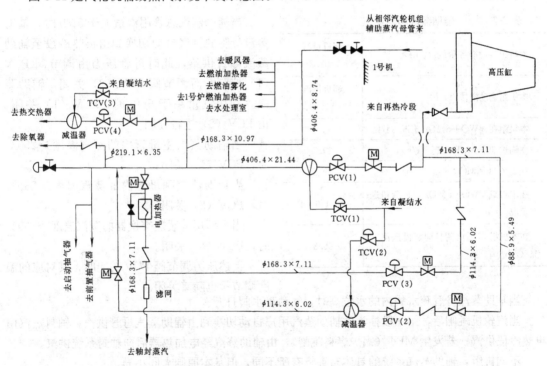

图 3-11　汽轮机辅助蒸汽系统单线示意图

　　该系统主要由辅助蒸汽母管、相邻机组辅助蒸汽母管至本机组辅助蒸汽母管供汽管、本机组再热冷段至辅助蒸汽母管主供汽管、本机组再热冷段至辅助蒸汽母管小旁路、轴封蒸汽母管，以及一系列相应的安全阀、减温减压装置等组成。为了减小热态启动期间汽轮机轴封系统的热应力，该系统还设置了再热冷段直接向轴封系统供汽的管路。

　　该系统辅助蒸汽额定流量为90.4t/h，额定压力为1.1MPa，额定温度为195℃。

　　辅助蒸汽母管至轴封蒸汽系统的管路上，设有一只电加热器，启动时用来提高轴封蒸汽的温度（从195℃提高到265℃）。在正常运行期间，轴封蒸汽的最低温度为265℃。

辅助蒸汽系统内共有 6 只安全阀，辅助蒸汽母管上 3 只，再热冷段至小旁路管上 1 只，再热冷段至轴封蒸汽管道上 1 只，这 5 只安全阀的压力整定值均为 1.57MPa；另 1 只安装在辅助蒸汽母管至厂用热交换器的管路上，其压力整定值为 1.0MPa。

该系统内共有三只减温器。再热冷段至辅助蒸汽母管上一只，再热冷段至辅助蒸汽小旁路管上一只，这两只各有一只压力控制器，以维持辅助蒸汽母管的压力不大于 1.1MPa，辅助蒸汽温度不高于 195℃；另一只设在辅助蒸汽母管至厂用热交换器管路上，维持热交换器的压力不大于 2.1MPa，温度不高于 145℃。减温器的喷水均取自凝结水泵出口母管。

在机组启动期间，辅助蒸汽系统的汽源来自相邻机组的辅助蒸汽系统，向本机组除氧器、真空系统抽气器、汽轮机轴封、燃油加热及雾化、厂用热交换器及化学水处理室供汽。

在机组低负荷期间，随着负荷的增加，当再热冷段压力足够时（1.5MPa），辅助蒸汽开始由再热冷段供汽。在再热冷段蒸汽温度高于 280℃时，轴封也由再热冷段供汽，随着负荷进一步增加，逐渐切换成自保持方式，机组进入正常运行阶段。

正常运行期间，当汽轮机第 4 段抽汽压力足够时，由第 4 段抽汽向除氧器、暖风器及燃油加热、厂用热交换器直接供汽。

该机组在各种可能工况下，辅助蒸汽总耗量如表 3-7 所示。

表 3-7　　　　辅助蒸汽总耗量

本机组启动准备阶段（t/h）	邻机供汽 101.2
本机组启动阶段（t/h）	邻机供汽 116.0
本机组在 VWO＋5％OP 工况（t/h）	6.5
在锅炉 30％MCR 工况（t/h）	29.5
在锅炉 50％MCR 工况（t/h）	29.5
在本机组 VWO＋5％OP 且向邻机送汽工况（t/h）	90.4/90.4
在本机组 70％负荷且向邻机送汽工况（t/h）	66.3

当辅助蒸汽总管用汽量大于 5t/h 时，辅助蒸汽母管的供汽自动切换到由再热冷段至辅助蒸汽母管供给，此时母管压力由调节阀 PCV（1）控制，而调节阀 PCV（2）关闭；辅助蒸汽总管用汽量小于 5t/h 时，PCV（1）关闭，由 PCV（2）进行控制。

当辅助蒸汽主母管内的蒸汽温度＞250℃时，PCV（1）关闭；

当辅助蒸汽副母管内的蒸汽温度＞230℃时，PCV（2）关闭；

当去厂用采暖热交换器的蒸汽温度＞160℃时，PCV（4）关闭。

上述压力调节阀 PCV 关闭时，其对应的温度调节阀也随着关闭。

当辅助蒸汽母管疏水袋内的水位高时，气动疏水阀打开。

当汽轮机跳闸后，第 4 段抽汽的辅助蒸汽用户自动切换到由辅助蒸汽母管供汽，轴封蒸汽由再热冷段供汽；若发生 MFT（锅炉燃料跳闸），由辅助蒸汽经电加热器后向轴封系统供汽。

不同机组，辅助蒸汽系统的具体布置将有所不同，但基本原则大同小异。

第五节　回热抽汽系统及其设备

首先介绍抽汽系统的一般情况，然后介绍抽汽系统的主要设备。

一、回热抽汽系统概况

回热抽汽系统用来加热进入锅炉的给水（主凝结水）。回热抽汽系统性能的优化，对整个汽轮机组热循环效率的提高起着重大的作用。回热抽汽系统抽汽的级数、参数（温度、压力、流量），加热器（换热器）的形式、性能，抽汽凝结水的导向，以及系统内管道、阀门的性能，都应予以仔细的分析、选择，才能组成性能良好的回热抽汽系统。

理论上回热抽汽的级数越多，汽轮机的热循环过程就越接近卡诺循环，其热循环效率就越高。但回热抽汽的级数受投资和场地的制约，不可能设置得很多。目前我国 600MW 等级的汽轮机组，采用 8 段回热抽汽（3 段用于高压加热器的抽汽、1 段用于除氧器的抽汽、4 段用于低压加热器的抽汽）。通常，用于高压加热器和除氧器的抽汽，由高、中压缸（或它们的排汽管）处引出，而用于低压加热器的抽汽由低压缸引出。

在抽汽级数相同的情况下，抽汽参数对系统热循环效率有明显的影响。抽汽参数的安排应当是：高品位（高焓、低熵）处的蒸汽少抽，而低品位（低焓、高熵）处的蒸汽则尽可能多抽。

对回热抽汽系统中加热器的性能要求，可归结为尽可能地缩小蒸汽与给水（主凝结水）之间的温差，也即尽可能地缩小 $\Delta t = t_V - t_w$（t_V—进口处的汽温；t_w—出口处的水温）。为了实现这一目的，目前主要通过以下两种途径。

一种途径是，采用混合式加热器，从汽轮机抽来的蒸汽在加热器内和进入加热器的给水（主凝结水）直接混合，蒸汽凝结成水，其汽化潜热释放到给水中，两者成为统一体，压力、温度相同，$\Delta t = 0$。采用这种方式的每一台加热器，都必须相应地配备一台水泵来调整给水的压力，使其与相应段的抽汽压力一致。须知水泵也是要耗功的。因此，必须进行详细比较之后予以取舍。目前，除氧器是采用这种方式。有的制造厂（如俄罗斯），在最后两个低压加热器上采用混合式加热器，这是一种有益的尝试。

另一种途径是，仍然采用表面式加热器（换热器），但针对汽、水特点，在结构上采取必要措施，尽量提高加热器的加热效果。

一般的说，由汽轮机的高、中压缸抽出的蒸汽具有一定的过热度，在加热器的蒸汽进口处，可设置过热蒸汽冷却段（简称过热段）；经过加热器换热之后的凝结水（疏水），比进入加热器的主凝结水温度高，故可设置疏水冷却段。这样，就可以充分利用抽汽的能量，使加热器进出口的（温度）端差尽量减小，有利于提高整个回热系统的效率，如图 3-12 所示。

在过热蒸汽冷却段内，过热蒸汽被冷却，其热量由主凝结水吸收，水温提高，而过热蒸汽的温度降低至接近或等于其相应压力下的饱和温度。但要注意的是，采用过热段是有条件的，这些条件是：在机组满负荷时，蒸汽的过热度 ≥83℃，抽汽压力 ≥1.034MPa，流动阻力 ≤ 0.034MPa，加热器端差在 0 ～ −1.7℃，过热段出口蒸汽的剩余过热度 ≥30℃。

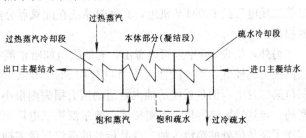

图 3-12　加热器汽水流程示意图

在疏水冷却段内，由于疏水温度高于进水温度，故在换热过程中是疏水温度降低，主凝结水吸热而温度升高。疏水温度的降低，可导致相邻压力较低的加热器抽汽量增大；进水温度升高则导致本级抽汽量的减少。其结果是：高品位的蒸汽少抽，低品位的蒸汽多抽，这对提高回热系统的效率很有好处。

设置疏水冷却段，没有像过热蒸汽冷却段的限制条件，因此目前 600MW 机组的所有加热器都设置了疏水冷却段。

加热器设置疏水冷却段不但能提高经济性，而且对系统的安全运行也有好处。因为原来的疏水是饱和水，在流向下一级压力较低的加热器时，必须经过节流减压，而饱和水一经节流减压，就会产生蒸汽而形成两相流动，这将对管道和下一级加热器产生冲击、振动等不良后果。经冷却后的疏水是不饱和水，这样在节流过程中产生两相流动的可能性就大大地减小。

此外，对于高压加热器来说，其疏水最后都是自流到除氧器去的。未经冷却的疏水所带的热量，将使除氧的抽汽量大大减少，甚至造成除氧器的自生沸腾。而疏水冷却段的设置，使疏水温度降低，有利于保证除氧器的抽汽量，也排除了其自生沸腾的可能性。

加热器应具有足够的换热面积，选用导热性能良好的材料，也是保证回热系统效率的必要条件。因为当加热器具有足够的换热面积并选用导热性能良好的材料能够使加热器的温度端差尽可能地小一些，系统的效率就高一些。

关于加热器凝结水（疏水）的导向，目前600MW等级汽轮机回热系统多数采用顺流逐级疏水的方式，目的是简化系统，而对系统效率的影响则由疏水冷却段予以补偿。

抽汽的管道、阀门要有足够的通流面积，管道内表面应尽可能平滑，以减小阀门、管道的流动损失。

图2-1～图2-4是几个600MW汽轮机组的热力系统图。从这些图上可以看出，系统的布置大同小异。但抽汽的参数各有差别，因而回热系统的效率也就有所差别。表3-8给出了这些机组的抽汽参数和回热系统的热耗率和汽耗率。

从表3-7中可以看出，同一个机组的回热系统中，每个加热器的焓升分配差别较大，各机组的焓升分配并没有恪守某种规律，而是以系统的高效率为目标进行分配。有的机组，在7号高压加热器处分配的焓升特别大，这是因为用于7号高压加热器的抽汽从高压缸的排汽引出，其蒸汽的过热度较低，属于低品位蒸汽，换热过程不可逆损失小，应当尽量多抽一些，这样有利于整个热循环效率的提高。分配到除氧器后面（高压侧）第一个高压加热器（6号）的焓升值则比较小，这是因为这一段抽汽是再热后的蒸汽，其能量品位很高，换热过程不可逆的热量损失较大，应尽量少抽一些蒸汽。

由于除氧器是混合式加热器，其加热效率最高，因此有的机组如哈尔滨第三电厂和华能石洞口第二发电厂的600MW机组，其回热系统在除氧器分配的抽汽量都比较大，这有利于系统效率的提高。

另外，从表3-8中还可以看出，有的机组如哈尔滨第三电厂的600MW汽轮机组的低压部分抽汽压力比较低，第8段抽汽压力只有0.0245MPa，第7段抽汽压力为0.0639MPa；而华能石洞口第二发电厂回热系统的抽汽管道的压力损失则很小，这些对提高汽轮机组热循环效率都是有利的。与其他亚临界压力机组相比，哈尔滨第三电厂600MW机组的焓升分配最为合理，基本上实现了高品位处的蒸汽少抽，低品位处的蒸汽尽量多抽的原则。因此，其回热系统的效率比其他机组的高。

表 3-8 　　　　　　　　**600MW汽轮机组抽汽参数和回热系统的热耗率和汽耗率**

（加热器序号由低压1号至高压8号）

	电 厂 名 称	哈尔滨第三发电厂	北仑发电厂（1号机）	邹县电厂	华能石洞口第二发电厂
参　数		哈汽型	东芝型	日立东方型	ABB型
8号加热器	压力 $p/\Delta p$ （MPa）	5.65/0.349	5.72	5.902/0.343	7.257/0.217
	温度 t （℃）	373.5	383.5	385.6	354.3
	焓升 Δh （kJ/kg）	151.1	142.6	118.045	138.8
	流量 q_m （t/h）	123.9	123.8	104.423	137.135

电厂名称 参数		哈尔滨第三发电厂 哈汽型	北仑发电厂1号机 东芝型	邹县电厂 日立东方型	华能石洞口第二发电厂 ABB型
7号 加 热 器	压力 $p/\Delta p$（MPa）	3.522/0.211	3.49	3.96/0.1953	4.66/0.139
	温度 t（℃）	312	316.5	331.5	298.8
	焓升 Δh（kJ/kg）	269.16	182.7	201.765	149.4
	流量 q_m（t/h）	144.46	140.33	158.868	133.614
6号 加 热 器	压力 $p/\Delta p$（MPa）	1.588/0.095	1.638	1.824/0.1274	2.429/0.073
	温度 t（℃）	428.4	439	437.5	476.5
	焓升 Δh（kJ/kg）	103.39	116.9	65.72	137.4
	流量 q_m（t/h）	62.06	69.4	40.2	86.260
除 氧 器	压力 $p/\Delta p$（MPa）	0.797/0.048	0.835	1.147/0.0588	1.175/0.036
	温度 t（℃）	333	342.2	374	360.7
	焓升 Δh（kJ/kg）	160.65	75.6	113.022	202.2
	流量 q_m（t/h）	73.62	30.248	62.344	112.756
4号 加 热 器	压力 $p/\Delta p$（MPa）	0.335/0.019	0.582	0.6588/0.046	0.3941/0.0118
	温度 t（℃）	232.8	293.5	304.9	235.3
	焓升 Δh（kJ/kg）	117.2	109.9	169.533	76.9
	流量 q_m（t/h）	68.55	62.927	96.003	45.698
3号 加 热 器	压力 $p/\Delta p$（MPa）	0.133/0.014	0.287	0.214/0.0147	0.2315/0.0069
	温度 t（℃）	140.5	213.2	182.8	180.9
	焓升 Δh（kJ/kg）	69.9	99.4	76.6	134.8
	流量 q_m（t/h）	45.69	55.626	43.173	76.518
2号 加 热 器	压力 $p/\Delta p$（MPa）	0.0639/0.004	0.1364	0.1147/0.006	0.0799/0.0043
	温度 t（℃）	87.6	136.3	124.7	92
	焓升 Δh（kJ/kg）	105.07	106	94.185	97.7
	流量 q_m（t/h）	50.64	57.89	51.721	54.313
1号 加 热 器	压力 $p/\Delta p$（MPa）	0.0245/0.0015	0.0542	0.0504/0.0025	0.0303/0.0009
	温度 t（℃）	64.5	83.4	81.5	68.7
	焓升 Δh（kJ/kg）	110.93	182.7	177.9	134.2
	流量 q_m（t/h）	58.28	89.365	88.561	35.762
热耗率（kJ/kWh）		7852.5	7878	7873.87	7647.6
汽耗率（kg/kWh）		2.9591	2.991	3.0167	3.07432

图 3-13 给出了上述各机组 1～8 段抽汽处的抽汽量和相应加热器的焓升。从图中可以看出，各机组焓升和抽汽量的分配情况。在高压段，曲线 3 机组（日立东方型）的焓升及抽汽量分配最好，其余依次是曲线 1 机组（哈汽型）、曲线 2 机组（东芝型）、曲线 4 机组（ABB 型）；在除氧器段，曲线 4 机组的焓升及抽汽量分配最好，其余依次是曲线 1 机组、曲线 3 机组、曲线 2 机组；在低压段，曲线 2 机组的焓升和抽汽量分配最好，其余依次是曲线 1 机组、曲线 3 机组、曲

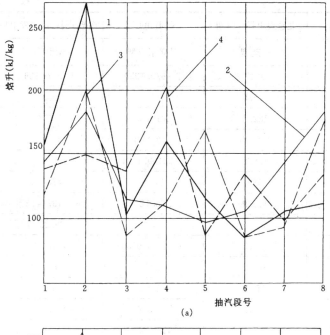

(a)

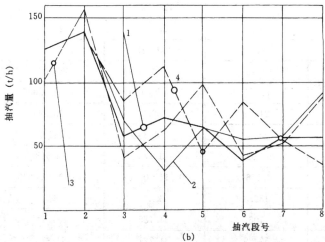

(b)

图 3-13 汽轮机各段抽汽量和相应加热器的熔升

(a) 各机组同号加热器给水熔升比较;

(b) 各机组同号抽汽段抽汽量比较

1—哈尔滨第三发电厂600MW 机组;2—北仑发电厂1 号 600MW 机组;

3—邹县电厂 600MW 机组;4—华能石洞口第二发电厂 600MW 机组

线 4 机组。

从总体看,曲线 1 机组的回热系统性能最好。但如果将该系统的 4 号低压加热器的熔升适当调整低一点,1 号低压加热器的熔升提高一些,效果将更好。

电厂抽汽系统的具体设置,除了要求系统有令人满意的效率之外,还要求系统必须十分安全可靠。

抽汽系统的许多抽汽管道直接由汽轮机本体引出,这些管道的工作状态对汽轮机本体安全的影响,在设计系统时必须予以充分注意。

在汽轮机跳闸时,这些抽汽管道中的蒸汽将会倒灌到汽轮机本体,致使汽轮机发生意外的超速;在汽轮机低负荷运行、或某一(某些)加热器水位太高、或加热器水管泄漏破裂、或管道疏水不畅时,水可能倒灌到汽轮机本体,这些情况对于汽轮机本体都是很危险的,不允许的。为了防止上述情况的发生,在抽汽管道紧靠汽缸的抽汽口处,设置有抽汽隔离阀和由仪器仪表用压缩空气驱动的抽汽止回阀。一旦有工质倒灌趋势,该止回阀立即自动关闭。抽汽系统的高压部分还设置有安全阀、水侧旁路等安全设施。

保证各种阀门启闭灵活、可靠,关闭严密,则是确保抽汽系统安全的关键。

上述 600MW 汽轮机组的抽汽系统,均采用三只高压加热器、一只除氧器、四只低压加热器。

图 3-14 是北仑发电厂 1 号 600MW 汽轮机组的抽汽系统示意图。

从图 3-14 可以看出,在 1~6 段的抽汽管道上,都设有电动隔离阀和气动控制止回阀。它们均尽量地靠近汽轮机抽汽口处布置,以减少抽汽管道上可能储存的蒸汽能量,这样可以避免汽轮机跳闸时蒸汽倒灌入汽轮机而引起汽轮机超速。在抽汽隔离阀的止回阀上下游,设有接到疏水联箱的疏水管路,其疏水阀由气动控制。另外,在抽汽隔离阀和止回阀之间,还有一根疏水、排汽管路,在停机或需要对阀门进行检修时,打开手动疏水隔离阀,即可将该管段内的积水排尽。该机组的 2、1 号低压加热器分别放置在高压凝汽器和低压凝汽器喉部,所以第 7、8 段抽汽管路直

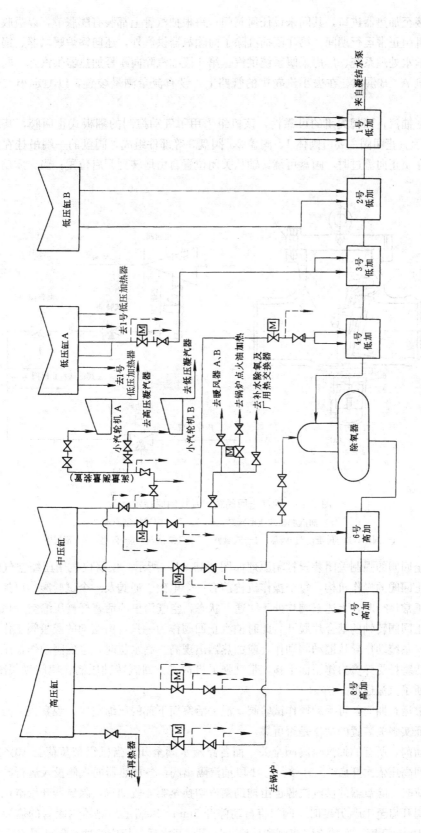

图 3-14 北仑发电厂 1 号机组抽汽系统示意图

接从抽汽口接至加热器进口，其间未设任何阀门；每根抽汽管上都装有膨胀节，以吸收管道的热膨胀力。在机组正常运行期间，第4段抽汽除了向除氧器供汽外，还向锅炉暖风器、锅炉燃油加热系统、化学水处理系统、厂房采暖系统供汽。第5段抽汽除向4号加热器供汽外，同时也向给水泵小汽轮机A、B供汽。在去小汽轮机的管路上，设有流量测量装置，以测定小汽轮机的用汽量。

为了保证抽汽止回阀关闭的可靠性，该机组采用了气动控制的翻板式止回阀，其结构如图3-15（a）所示。止回阀主要由阀体1、阀盖2、阀盘3等部件组成。阀盘的一端吊挂在阀体的转轴上，当有介质正向流过时，阀盘可绕转轴从关闭位置自由地转到开启位置；当介质反流时，则自动关闭。

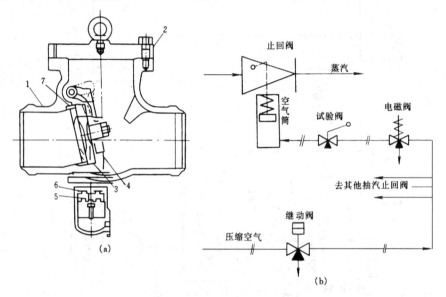

图 3-15　抽汽止回阀结构及控制原理示意图

（a）抽汽翻板式止回阀结构；（b）强关装置控制原理

1—阀体；2—阀盖；3—阀盘；4—阀盘臂；5—气缸活塞；6—弹簧；7—密封圈

该抽汽止回阀的强制关闭装置控制原理如图3-15（b）所示。仪器仪表用压缩空气经继动阀送往各抽汽止回阀的操作机构，每个操作机构前有一个电磁三通阀及一个试验阀，可控制压缩空气的通断。正常运行时，上述三阀均处于"通"状态，空气筒里的活塞杆被压缩空气顶上，带动强关机构与止回阀转轴的啮合片脱开，此时抽汽止回阀作为一只自由摆动的翻板阀工作。当汽轮机的危急保安系统动作导致继动阀动作，或加热器出现高—高水位时，电磁阀动作，压缩空气来源被切断，活塞杆受弹簧力作用而下移，带动强关机构将止回阀转轴压制在使阀盘关闭的位置，于是强迫切断了汽流通道。

机组正常运行期间，可手动操作试验阀，泄去活塞筒下部的压缩空气，观察止回阀阀位的变化情况，以证实强关装置的动作是否可靠。

机组启动前，所有的抽汽隔离阀全关，而各路疏水阀全开。当机组带负荷至10%额定负荷时，从低压到高压依次开启6、5、3、2、1段抽汽隔离阀，各加热器的汽侧投入运行。机组达到15%额定负荷时，除氧器的供汽汽源也由辅助蒸汽切换至第4段抽汽，除氧器开始滑压运行。在各抽汽隔离阀开启至10%开度时，阀门将自动停开5min，以满足加热器内暖管的需要，然后再继续开启至100%开度。在抽汽隔离阀和抽汽止回阀全开之后，相应的抽汽隔离阀前后的疏水阀

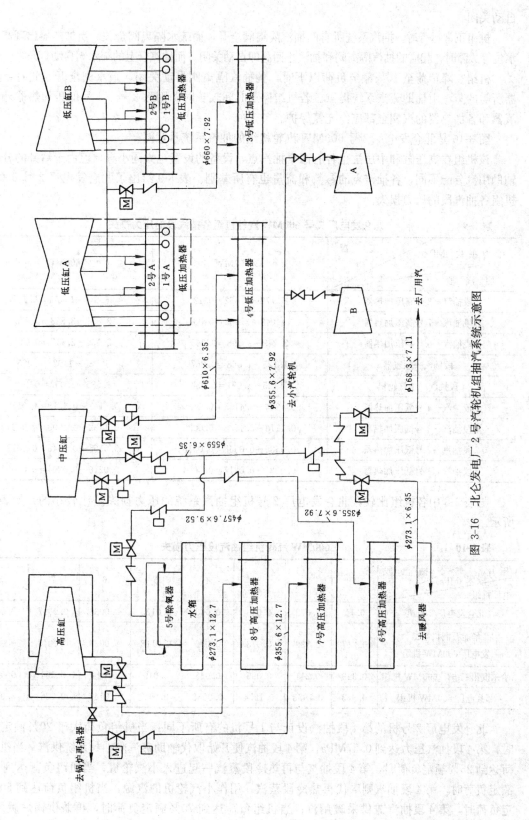

图 3-16 北仑发电厂 2 号汽轮机组抽汽系统示意图

自动关闭。

机组正常运行时，抽汽系统所有的抽汽隔离阀全开，而疏水隔离阀全关。当加热器出现高—高水位等故障时，相应的抽汽隔离阀和抽汽止回阀即自动关闭。而抽汽管上的疏水阀自动打开。

机组在降负荷至10%额定负荷以下时，各抽汽隔离阀自动关闭，疏水阀全开。此时，除氧器所需的蒸汽由辅助蒸汽系统提供。若机组停运时间较长时，则除2号、1号低压加热器外，除氧器和各加热器的汽侧全部应作充氮保护。

图3-16是北仑发电厂2号600MW汽轮机组的抽汽系统示意图。

该机组在高压缸和中压缸也各有两个抽汽点，设备的设置也大同小异。但由于焓升的分配和辅助用汽分配不同，各抽汽点的参数和流量也有所差别。表3-9给出了北仑发电厂2号600MW机组各抽汽段的压力损失。

表 3-9   **北仑发电厂2号600MW汽轮机组各抽汽段的压力损失**

压力损失（MPa） 工况 抽 汽 段	620.67MW	600MW
1段抽汽—8号高压加热器	5.772－5.652＝0.12	5.541－5.431＝0.11
2段抽汽—7号高压加热器	4.043－3.963＝0.08	3.891－3.813＝0.078
3段抽汽—6号高压加热器	2.243－2.198＝0.045	2.160－2.117＝0.043
4段抽汽—除氧器	1.125－1.058＝0.067	1.085－1.02＝0.065
4段抽汽—小汽轮机	1.125－1.091＝0.034	1.085－1.052＝0.033
5段抽汽—4号低压加热器	0.4294－0.4165＝0.0129	0.4143－0.4018＝0.0125
6段抽汽—3号低压加热器	0.1173－0.1138＝0.0035	0.1132－0.1098＝0.0034
7段抽汽—2号低压加热器	0.0586－0.0568＝0.0018	0.0565－0.0548＝0.0017
8段抽汽—1号低压加热器	0.0221－0.0217＝0.0004	0.0210－0.0204＝0.0006

与表3-8中各机组比较，北仑发电厂2号机组抽汽系统的压力损失是比较小的，如表3-10所示。

表 3-10   **600MW汽轮机组抽汽段压力损失**

压力损失（MPa） 抽汽段 电厂机组	1	2	3	4	5	6	7	8
北仑发电厂2号机	0.11	0.078	0.043	0.065	0.0125	0.0034	0.0017	0.0006
华能石洞口第二发电厂600MW机组	0.217	0.139	0.073	0.036	0.0118	0.0069	0.0043	0.0009
哈尔滨第三电厂600MW机组	0.349	0.211	0.095	0.048	0.019	0.014	0.004	0.0015
邹县电厂600MW机组	0.343	0.1953	0.1274	0.0588	0.046	0.0147	0.006	0.0025

北仑发电厂2号机的第4段抽汽设计与1号机的有所不同：当机组负荷大于20%额定负荷时，第4段抽汽压力达到0.27MPa，第4段抽汽便开始取代辅助蒸汽向轴封系统供汽；当机组负荷达到25%额定负荷时，第4段抽汽与再热冷段蒸汽一起进入小汽轮机；当机组负荷达到35%额定负荷时，第4段抽汽则取代再热冷段蒸汽，用作小汽轮机的汽源；当机组负荷达到50%额定负荷时，第4段抽汽兼供采暖用汽；当机组负荷达到70%额定负荷时，再兼供锅炉暖风器、燃油加热器的用汽。

华能石洞口第二发电厂的超临界压力汽轮机组，其第4段抽汽的压力较高（1.175MPa），该段抽汽用作除氧器的汽源，这样可以避免高压加热器的疏水造成除氧器自生沸腾，同时提高除氧器后给水的温度，使第4段抽汽的加热能量得到充分利用，对提高系统效率有利。

在机组正常运行期间，汽轮机组回热抽汽系统的效率与轴封系统也有关系。轴封系统中轴封装置漏汽的不同导向，对回热抽汽系统的效率将有不同的效果。目前，多数机组的高压缸第一段轴封漏汽导向除氧器和低压缸的轴封送汽，高压缸第二段轴封漏汽和中压缸第一段轴封漏汽导向轴封冷却器。详细计算表明，热量损失在5.5kJ/kWh左右。如果将高压缸的第一段轴封漏汽直接导向7号高压加热器，其余各段轴封漏汽可视压力情况，分别导向除氧器、1号低压加热器和轴封冷却器，效果将会好一些。

二、回热抽汽系统主要设备

回热抽汽系统的主要设备包括高压加热器、除氧器、低压加热器和轴封冷却器等。

至今为止，汽轮机回热系统大多数采用表面式回热加热器。表面式回热加热器从结构上可分为两种，联箱—盘香管式和管板—U形管（或直管）式。目前采用最多的是管板—U形管形式的回热加热器。它结构紧凑、省材料、流动阻力小、换热效率高。回热加热器有立式布置和卧式布置两种。立式布置检修方便、占地面积小，但换热效果较差，在设计汽机房屋架高度时，要考虑吊出管束及必要时跨越运行机组的因素；卧式布置换热效果较好（换热管表面的凝结水膜较薄），便于布置疏水冷却段，但安装及检修没有立式布置方便，占地面积也较大。目前我国600MW汽轮机组回热系统多数采用卧式回热加热器。下面首先介绍高压加热器的结构、性能，然后介绍低压加热器和除氧器的结构、性能。

1. **高压加热器结构和性能**

图3-17是华能石洞口第二发电厂高压加热器的外形图；图3-18是其结构示意图。

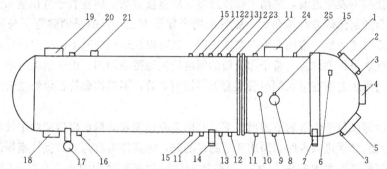

图 3-17　高压加热器的外形图

1—水室放气口；2—给水出口；3—化学清洗接口；4—人孔；5—给水进口；6—水侧放气口
（另一侧为水侧安全阀座）；7—水室座架；8—水室出口；9—短接排水口；10—运行排汽口；
11—水位表接口；12—高低水位警报接口；13—疏水调节阀信号接口；14—座架；
15—温度计接口；16—汽侧排汽口；17—滚动支架；18—危急疏水器；19—上级高压
加热器疏水入口；20—启动排汽及化学清洗接口；21—汽侧安全阀座；22—压力表接口；
23—现场切割中心线；24—加热蒸汽入口；25—启动排汽口

从图3-18可以看出，回热加热器由壳体、管板、管束和隔板等主要部件组成。

该加热器的壳体采用轧制钢板制造、全焊接结构。为检查壳体内部时便于抽出壳体，壳体上标有现场切割线。在切割线下面衬有不锈钢保护环，以免切割时损坏管束。壳体中部设有滚动支承，供检修时抽出壳体用。在壳体相应于管板的位置处是加热器的支点，靠近壳体尾部是滚动支承，当壳体受热膨胀时，加热器的壳体可以沿轴向自由滚动。

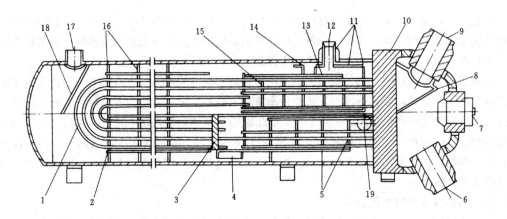

图 3-18　高压加热器结构示意图

1—U形管；2—拉杆和定距管；3—疏水冷却段端板；4—疏水冷却段进口；5—疏水冷却段隔板；
6—给水进口；7—人孔密封垫；8—独立的分流隔板；9—给水出口；10—管板；11—蒸汽冷却段
遮热板；12—蒸汽进口；13—防冲板；14—管束保护环；15—蒸汽冷却段隔板；16—隔板；
17—疏水进口；18—防冲板；19—疏水出口

在壳体的右侧（见图 3-18 所示的位置）是加热器的水室。它采用半球形、小开孔的结构形式。水室内有一分流隔板，将进出水分隔开。分流隔板焊接在管板上，分流隔板靠近出水侧与给水出水管的内套管相焊接，这样可以避免管、壳交接处的尖峰应力。水室上还有排气接管、安全阀座和化学清洗接头。

高压加热器管束的壁厚很小，而管板却很厚，为了可靠地将它们连接起来，并保证在高温、高压、工况变化时不发生泄漏，采用了焊接加爆胀的连接方法，即在管子伸出管板处堆焊 5mm，然后用全方位自动亚弧焊进行填角焊。胀管采用全爆胀方法，目的是消除管子与管板之间的间隙，这样既可以防止泄漏、避免间隙内腐蚀加剧，又可以在运行中减小振动；而且，管子与管板之间的热传导性能也能得到改善，管子和管板的温度较快地得到均匀。由于该机组的加热器管子采用碳钢材料，故爆胀之前在进水侧的管端套上不锈钢套管，不锈钢套管在爆炸胀管的同时胀紧于管子内壁。

过热蒸汽冷却段位于给水的下游出口端。它由包壳包围着的给水出口端给定长度的全部管段组成。过热蒸汽从套管进入本段，采用套管的目的是，将高温蒸汽与入口接管座根部、壳体及管板隔开（从而避免产生太大的热应力）。过热段的包壳以该套管为中心，可以向四周自由膨胀。该段中配置了适当形式的隔板，使蒸汽以给定的流速均匀地通过管子，达到良好的换热效果。蒸汽进口接管座的下方，设有一块不锈钢防冲板，避免了蒸汽直接冲击管束。设计时，过热蒸汽离开本段时的过热度取为 30℃。

从过热段流出的蒸汽进入冷凝段。冷凝段主要是利用蒸汽凝结时放出汽化潜热来加热给水。一组隔板使蒸汽沿着加热器长度方向均匀地分布。它们在加热器的上部留出一定的蒸汽通道，让蒸汽均匀地自上而下流动，并逐渐凝结，蒸汽由汽态变成液态（相变对流换热）。此时该组隔板主要起着支承和防振功能（在加热器设计时，应对整个管系进行振动分析，以防止在各种负荷情况下发生振动）。

在加热器壳体的左侧（见图 3-18 所示的位置）用不锈钢板分割出一段独立的疏水扩容室，使上一级的疏水在这里扩容后再进入冷凝段，有效地避免了疏水对管束的冲击或引起振动。

疏水冷却段位于给水进口流程侧（在图 3-18 所示卧式加热器下方）。它采用内置式全流程虹吸式结构。其优点是结构简单、紧凑、可靠，需要的静压头小，凝结疏水不浸沐换热面、能利用全部换热面；设计时还选取较低流速，隔板开口面积相近，双进口虹吸口，对平均对数温度进行修正等，这样压力损失减小，避免汽化，保证良好的液态换热性能。它用包壳板把该流程的所有管子密封起来，并用一块较厚的端板将冷凝段与疏水冷却段隔开。端板的作用是，当蒸汽进入端板的管孔和管子外表面之间的间隙时，被凝结而形成水密封（毛细密封），以阻止蒸汽泄漏到该段内。由图 3-18 中还可以看出，疏水冷却段的入口 4 在正常疏水水位（见图 3-18 中 19）之下，这就使蒸汽无法进入疏水冷却段，而疏水（这里指凝结段的加热蒸汽的凝结水）则可以由这一加热器壳体的底部进入该段，然后由一组隔板引导向上流动。在此过程中，疏水进一步放热，温度降到饱和温度以下，最后从位于疏水冷却段顶部的壳体侧面疏水口 19 流出。这种疏水出口的设置，便于在运行前排放壳体内的气体。

在该机组的回热系统中，8 号、6 号高压加热器具有过热蒸汽冷却段和疏水冷却段。蒸汽首先进入过热蒸汽冷却段，在隔板的引导下曲折流动，把大部分过热度所含热量传递给主凝结水，到出口时，蒸汽已接近饱和状态，但仍然有少量的过热度。然后流至冷凝段，在隔板的引导下均匀地流向该段的各部分，由下而上横向流过管束，放出汽化潜热后凝结成水，称为疏水；外来的上一级疏水经扩容后也进入冷凝段。积聚在壳体底部的疏水，经端板底部的吸水口进入疏水冷却段，在一组隔板的引导下向上流动，最后从位于该段顶部壳体侧面的疏水管疏出。与此同时，给水（主凝结水）由进口管在水室下部进入水室，然后经 U 形管束由上而下依次吸收疏水冷却段、凝结段、蒸汽冷却段的热量，最后在水室的上部出水管流出。

华能石洞口第二发电厂的几个高压加热器是国内设计、制造的。其主要技术数据如表 3-11 所示。

表 3-11　　　高压加热器的主要技术数据（华能石洞口第二发电厂 600MW 汽轮机）

高压加热器编号	8 号	7 号	6 号
给水流量（kg/h）	1884239	1884239	1884239
给水进/出口温度（℃）	256.5/285.5	223.8/256.5	192.8/223.8
加热蒸汽流量（kg/h）	134885	129388	83102
加热蒸汽压力（MPa）	7.101	4.58	2.4
加热蒸汽温度（℃）	356.6/286.8	301.4	477.2/221.7
疏水出口流量（kg/h）	134885	264273	347375
疏水出口温度（℃）	262.3	229.5	198.5
上级疏水流量（kg/h）	—	134885	264273
给水端差（℃）	1.25	2	—2
疏水端差（℃）	5.8	5.7	5.7
给水流速（m/s）	1.86	1.93	2.01
壳体设计压力（MPa）	8.65	6.15	3.15
汽侧试验压力（MPa）	12.94	9.23	4.724
壳体设计温度（℃）	365/320	310	490/275
管侧设计压力（MPa）	37	37	37

高压加热器编号	8 号	7 号	6 号
水侧试验压力（MPa）	55.5	55.5	55.5
管侧设计温度（℃）	325	300	258
壳侧压力降（MPa）	0.0345	0.054	0.05
管侧压力降（MPa）	0.0588	0.0686	0.0706
加热器总长（mm）	9100	11355	11210
过热段面积（m²）	103.6	不设过热段	121.7
冷凝段面积（m²）	1503.9	1701.3	1514.6
疏水冷却段面积（m²）	262.5	376.7	433.7
总面积（m²）	1870	2080	2070
U 形管总数（根）	2906	2788	2673
管子外径/壁厚（mm）	φ16/2.5	φ16/2.5	φ16/2.5
壳体内径（mm）	φ2100	φ2100	φ2100
水室内径（mm）	φ2100	φ2100	φ2100
管板厚度（mm）	570	570	570
给水流程数	2	2	2
管子与管板连接方式	焊接后爆胀	焊接后爆胀	焊接后爆胀
放置方式	卧式	卧式	卧式
加热器净质量（kg）	99100	104300	93300

该机组的 7 号高压加热器不设过热蒸汽冷却段，因为高压缸排汽的过热度不高。由于没有过热蒸汽冷却段，其结构与低压加热器的基本相同（见图 3-19）。

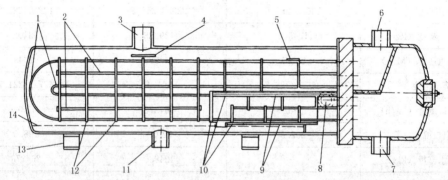

图 3-19 低压加热器的结构示意图

1—U 形管；2—拉杆和定距件；3—蒸汽进口；4—防冲击挡板；5—防护屏板；6—给水出口；
7—给水进口；8—疏水出口；9—疏水冷却段隔板；10—疏水冷却器密封件；11—可选用的疏水
冷段旁路；12—管子支承板；13—加热器支架；14—水位

北仑发电厂 2 号机的回热抽汽系统也设有三台高压加热器、一台除氧器、四台低压加热器和一台轴封冷却器。三台高压加热器均设有过热蒸汽冷却器和疏水冷却器。表 3-12 是该机组高压加热器的主要技术数据。

表 3-12　　　　　　　　高压加热器的主要技术数据（北仑发电厂 2 号机）

高压加热器编号		8 号	7 号	6 号
设计压力	水侧（MPa）	27.1	27.1	27.1
	汽侧（MPa）	6.95	5.5	2.65
试验压力（水侧/汽侧，MPa）		41.03/11.50	40.95/8.27	40.94/3.96
设计温度	水侧（℃）	305/285	290/270	250/230
	汽侧（℃）	394/285	344/270	477/230
总换热面积（m²）		1848	1572	1277
分部换热面积（m²）	过热蒸汽冷却段	255	137	153
	冷凝段	1488	1181	833
	疏水冷却段	90	239	277
给水流量（kg/h）		1729379	1729379	1729379
给水流速（m/s）		2.72	2.72	2.72
给水进口温度（℃）		245.8	213.2	185.9
给水出口温度（℃）		271.7	245.8	213.2
加热蒸汽压力（MPa）		5.657	3.962	2.198
加热蒸汽温度（℃）		373.9	362.2	457.4
加热蒸汽流量（kg/h）		106726	115564	71140
管子根数（根）		1601	1519	1465
管子外径/壁厚（mm）		18/2.16	18/2.16	18/2.16
管子材料		不锈钢	不锈钢	不锈钢
管板厚度（mm）		398	387	382
管子与管板连接方式		胀管后加焊接	胀管后加焊接	胀管后加焊接
加热器外形尺寸（直径/长度，m）		1.9/12.5	1.85/12.1	1.8/10.65
加热器重量（运行条件下，t）		72.96	62.57	49.5

　　亚临界压力的北仑发电厂 2 号机，其高压加热器的汽侧设有一只安全阀，水侧设有两只安全阀，它们的压力整定值如表 3-13 所示。

表 3-13　　　　　　　　　　　高压加热器压力整定值

高压加热器编号	8 号	7 号	6 号
汽侧安全阀压力整定值（MPa）	6.95	5.5	2.65
水侧安全阀压力整定值（MPa）	27.1	27.1	27.1

　　高压加热器实际上是一个承受高温、高压的压力容器，其安全问题是极为重要的。因此，设计、制造时应进行详细的应力计算，并在出厂前做水压试验，以确保高压加热器结构性能的可靠性。此外，在高压加热器的水侧和汽侧都设有安全阀，并在投入运行以前予以校验、整定，确保其性能绝对可靠。运行时，保持高压加热器的正确水位、保证水质符合要求，对于加热器乃至抽汽系统的安全也是十分重要的。

　　2. 低压加热器结构和性能

　　图 3-19 是低压加热器的结构示意图。

低压加热器的结构与高压加热器的大同小异。由于低压加热器不设过热蒸汽冷却段，每只低压加热器由冷凝段和疏水冷却段构成。因其压力比较低，故其结构比高压加热器简单一些，壳体和管板的厚度也薄一些。其水室可以是半球形的（如北仑发电厂2号机），也可以是圆筒形的。低压加热器的管材采用不锈钢材料，这是因为在除氧器之前的主凝结水，其含气量（主要是指氧气）较高，而且设备及管道真空部分还可能继续漏入空气，故需要耐腐蚀的材料。由于管束采用了耐腐蚀的不锈钢，加热器不再设置排气装置，仅在筒体上开了排汽口。

此外，由于没有过热蒸汽冷却段，蒸汽入口设置在加热器的中部。

表3-14给出了华能石洞口第二发电厂超临界压力600MW机组低压加热器的主要技术数据。

表 3-14　　　低压加热器的主要技术数据（华能石洞口第二发电厂600MW汽轮机）

低压加热器编号	4 号	3 号	2 号	1 号
凝结水流量（kg/h）	1386209	1386209	1386209	1386209
凝结水进口温度（℃）	122	89.2	62.0	33.3
凝结水出口温度（℃）	140.0	122.0	89.2	62.0
加热蒸汽流量（kg/h）	44453	76190	61046	51506
加热蒸汽压力（MPa）	0.393	0.2313	0.074	0.0249
加热蒸汽温度（℃）	236.3	182.7	92.1	64.9
疏水出口流量（kg/h）	44453	120648	181688	243194
疏水出口温度（℃）	127.7	95.0	67.7	39
上级疏水流量（kg/h）	—	44453	120648	181688
壳体设计压力（MPa）	0.40	0.20	0.06	0.06
壳体设计温度（℃）	245	190	100	80
管侧设计压力（MPa）	4.3	4.3	4.3	4.3
管侧设计温度（℃）	155	155	155	155
壳侧压力降（MPa）	0.0029	0.0333	0.01569	0.01373
管侧压力降（MPa）	0.0178	0.0921	0.0921	0.0892
加热器长度（mm）	10440	13900	14960	16100

表3-15给出了北仑发电厂2号机（620.67MW工况下）低压加热器的主要技术数据。

表 3-15　　　　　　低压加热器的主要技术数据（北仑发电厂2号机）

低压加热器编号		4 号	3 号	2 号	1 号
设计压力（水侧/汽侧，MPa）		4.4/0.58	4.4/0.3	4.4/0.3	4.4/0.3
试验压力（水侧/汽侧，MPa）		6.66/0.84	6.48/0.4		
设计温度	水侧（℃）	157	134	134	134
	汽侧（℃）	157/265	134	134	134
总换热面积（m²）		1248	1031	541	547
分部换热面积（m²）	冷凝段	1147	940	541	547
	疏水冷却段	96	86		
主凝结水［流量（t/h）/流速（m/s）］		1428.8/2.36	1428.8/2.30	1428.8/2.27	1428.8/2.25
主凝结水（进/出口温度,℃）		100.3/142.1	81.6/100.3	58.2/81.6	35/58.2

低压加热器编号	4 号	3 号	2 号	1 号
加热蒸汽压力（MPa）	0.4165	0.1138	0.0568	0.0211
加热蒸汽温度（℃）	246.4	116.9	84.6	61.2
加热蒸汽流量（t/h）	101.79	44.91	60.95	53.61
管子根数（根）	866	866	432	432
管子外径/壁厚（mm）	18/0.9	18/0.9	18/0.9	18/0.9
加热器外形尺寸（直径/长度，m）	1.7/14.5	1.6/13	1.75/13.5	1.75/13.5
加热器重量（运行条件下，t）	27.96	22.84	30.1	30.1

从表 3-15 可以看出，该机组的 4 号、3 号低压加热器设有冷凝段和疏水冷却段，2 号、1 号低压加热器只有冷凝段，没有疏水冷却段。这是因为此处抽汽压力较低，疏水（抽汽凝结水）的温度与主凝结水的温度差已比较小，设置疏水冷却段的实际意义不大。

4 号、3 号低压加热器的汽侧各有一个安全阀，其压力整定值分别为 0.57MPa 和 0.3MPa。4 号、3 号低压加热器的水侧也各设有一个安全阀，其压力整定值是 4.3MPa。4 号、3 号加热器的疏水也采用自高压到低压逐级自流的方式。

3. 加热器运行和维护

加热器是电厂的重要辅机，它们的正常投运与否，对电厂的安全、负荷率、经济性影响很大。机组实际运行的安全性和经济性，首先取决于设计和制造，但实际运行中良好、严格的管理就更加重要。

先述加热器在抽汽系统中的正确连接。图 3-20 是加热器（蒸汽、排气、主凝结水和疏水）的基本连接示意图。

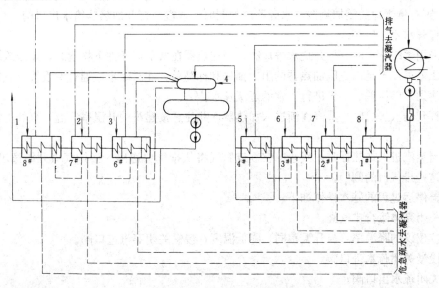

图 3-20　加热器的基本连接示意

由图 3-20 中可以看出，蒸汽来自第 1～8 段抽汽，被分别引到 8 号、7 号、6 号高压加热器、除氧器和 4 号、3 号、2 号、1 号低压加热器。主凝结水经 1～4 号低压加热器之后进入除氧器，然后由给水泵将给水（即主凝结水）输送到 6～8 号高压加热器，最后进入锅炉。三只高压加热器（水侧）设有一个大旁路，2 号、1 号低压加热器（水侧）设有一个大旁路，4 号、3 号低压加热器则单独旁路（停运）。

在正常情况下，高压加热器的疏水逐级自流（即由8号→7号→6号），最后流入除氧器；低压加热器的疏水也是逐级自流（即由4号→3号→2号→1号），最后流入凝汽器。在事故情况下，每一只加热器都有危急疏水口，此时疏水分别直接流入凝汽器。

在加热器的汽侧和水侧，通常都设置有排气管道。在正常情况下，高压加热器的排气分别独立排入除氧器，低压加热器的排气则分别独立地排入凝汽器。在启动期间，高压加热器的排气另有一路可分别独立地排入凝汽器。加热器内的汽侧还设置有充氮管接头，以便在机组停机时间较长时，为加热器进行充氮保养。

加热器的汽侧和水侧都分别设有放水阀，以便在机组启动时，当水质不合格，或机组停运时，将加热器内的水排至污水池。

加热器启动过程的基本操作如下：

（1）打开壳侧和水侧所有排气阀。

（2）慢慢地打开给水进口阀的手动旁路阀，开始向加热器水侧（即水室侧）注水。注水速度取决于进水的温度和建议的温度变化率（建议取升温率≤2℃/min，最大不超过3℃/min），使加热器温度达到水温。随着加热器的注水，空气或氮气（若充氮）从水室的启动排气口逸出。

（3）当所有的气体从水侧排尽后，关闭水室的启动排气口。

（4）打开给水（主凝结水）进口阀，关闭给水（主凝结水）进口的手动旁路阀。

（5）当加热器温度已经稳定，但还没有达到给水（主凝结水）温度时，可打开给水口旁路阀，并按建议的升温率继续监视加热器的温升。当加热器达到给水的温度并且稳定后，若加热器后面的给水管路中无压力也无流量，则可打开给水出口处的旁路阀直至压力平衡，然后打开给水出口阀，并关闭给水出口旁路阀；若加热器后面的给水管路中有给水压力而无流量，则只需打开给水出口阀；如果加热器后面的给水管路中有给水压力和流量（如当系统中使用加热器给水旁路运行时），则在慢慢地关闭加热器给水旁路阀的同时，慢慢地打开加热器给水出口阀。

（6）打开水室出口阀。

（7）采用逐级疏水时，打开疏水进口阀。当加热器在低负荷条件下投运时，逐级疏水的加热器之间的压差可能不足以克服加热器的阻力损失和标高差，此时疏水应通过专设管道直接疏入凝汽器，待达到足够压差后，再进行正常的逐级疏水。

（8）打开蒸汽进口阀，蒸汽逐渐进入加热器，并注意按建议的升温率升温，直到正常的运行温度。

（9）当蒸汽进入加热器时，残余的空气或氮气将从排气口逸出；当排气口开始逸出蒸汽时，即可关闭这些排气口的阀门。

加热器停运过程的基本操作如下：

（1）关闭壳体运行排气阀。

（2）按建议的降温率（与升温率同）降低温度，慢慢关闭蒸汽进口阀。

（3）慢慢关闭疏水进口阀。

（4）关闭疏水出口阀。

（5）慢慢地关闭给水进口阀。

（6）关闭给水出口阀。

（7）从壳体内排出冷凝水。

在抽汽系统启动和运行的整个过程中，始终要监视加热器（汽侧）的疏水水位情况。系统投运前，通常正常水位已在加热器的水位指示板上标明，一般允许疏水水位偏离正常水位±38mm。

北仑发电厂 2 号机高压加热器疏水水位的允许偏离值为±50mm。其正常工作水位、事故放水水位、高—高水位给定如表 3-16 所示。

表 3-16   高压加热器水位给定值

高压加热器	8 号	7 号	6 号
正常工作水位（mm）	190±50	190±50	175±50
事故放水水位（mm）	≥240	≥240	≥225
高—高水位（mm）	390	390	375

当高压加热器内的疏水水位上升至事故放水水位时，延时 3s，打开气动式水位调节阀，将该加热器内的疏水直接排入凝汽器，并（延时 3s）关闭通往该加热器抽汽管道上的止回阀。当疏水水位达到高—高水位时，再次确认关闭通往该高压加热器抽汽管道上的电动隔离阀和止回阀，并打开该抽汽管道上的疏水阀（设置在隔离阀、止回阀的前、后）。再次确认全开该高压加热器的事故疏水阀，并关闭来自上一级加热器的正常疏水阀。打开该高压加热器给水旁路阀，然后关闭给水的进、出口阀，使该高压加热器退出运行。

该机组的低压加热器水位给定如表 3-17 所示。

表 3-17   低压加热器水位给定值

低压加热器	4 号	3 号	低压加热器	4 号	3 号
正常工作水位（mm）	185±50	180±50	高—高水位（mm）	385	380
事故放水水位（mm）	≥235	≥230			

其监控方式与高压加热器的相同。

加热器水位太低，会使疏水冷却段的吸水口露出水面，而蒸汽进入该段，这将破坏该段的虹吸作用，造成疏水端差变化和蒸汽热量损失且蒸汽还会冲击冷却段的 U 形管，造成振动，还有可能发生汽蚀现象破坏管束。

加热器的水位太高，将使部分管子浸沐在水中，从而减小换热面积，导致加热器性能下降（出口处给水的温度降低）。加热器在过高水位下运行，一旦操作稍有失误或处理不及时，就可能造成汽轮机本体或系统的损坏（如水倒灌进汽轮机、蒸汽管道发生水击等）。

造成加热器水位过高的主要原因有疏水调节阀失灵、加热器之间压差太小、超负荷、管子损坏等。

在汽轮机停机时，可以通过水压试验确定管子是否泄漏。在运行中，则可从检测流量、观察疏水调节阀的工作情况来判断管子是否泄漏；如果压力信号或阀杆行程指示器表示阀杆是在逐渐开大，或者比（相应负荷下的）正常开度大，则说明多出的疏水量是由于管子泄漏造成的。

实际运行中，正确判断水位和合理调整水位是非常重要的。虽然每台加热器都设有水位计、水位调整器和水位铭牌等装置，但实际上从水位计得到的水位往往高于加热器的实际水位，即造成了假水位现象。其原因在于水位的信号显示和控制是通过壳体上下两个接口分别引出的，在卧式加热器中蒸汽流过上接口处的速度与接近液面处的速度是不同的。由于水位计通常设置在靠近疏水冷却段的进口处，而相应的蒸汽处在加热器的前端流速较高，故该处的静压低，其水位就偏高，所测得的水位就偏高。虽然水位计的指示已达到加热器水位标牌上的刻度线，但其实际水位可能仍然偏低，严重时会造成水封失去，所以必须进行现场的水位调整。

现场的水位调整可以铭牌上的正常水位为起点，把水位逐渐提高。在每提高一次水位的同时，测量疏水的出口温度。此时将会发现疏水水温逐步下降，给水出口温度开始时不变，尔后从某一水位起开始下降（这说明水位已高到开始触及管子）。可以将给水出口温度尚未下降的这一水位定为该加热器的高水位，再由此按设计要求定出正常水位和低水位。有的电厂在运行中希望加热器处于低水位运行，其目的是在机组负荷变化时，可以延缓加热器的报警时间，避免加热器的保护装置动作，这不论从经济或安全角度考虑都是不可取的。

在运行中，加热器出口端差是监督的一个重要指标，因为许多不正常的因素都与此有关。当加热器的换热面结垢致使加热器传热恶化或加热器管子堵塞时，加热器出口端差都将会增大；如果由于空气漏入（在压力低于大气压区段）或排气不畅，加热器中聚集了不凝结的气体，也会严重影响传热，此时端差也会增大；加热器水位太高，淹没了部分换热面积，由于传热面积减小，也将使出口端差增大；若抽汽管道的阀门没有全开，蒸汽发生严重节流损失（此时抽汽口与加热器蒸汽进口处之间的压差大大增加），也会造成加热器出口端差增大。

为了避免加热器管子结垢和被腐蚀，必须保证主凝结水的纯度。对于 600MW 等级的大功率机组，在正常运行条件下，凝结水应经过精除盐处理之后再进入加热器。精除盐处理之后的水质要求达到表 3-18 所示的标准

表 3-18 水质要求标准值

硬度 （$\mu mol/L$）	电导率 （$\mu S/cm$）	SiO_2 （$\mu g/L$）	Na （$\mu g/L$）	Fe （$\mu g/L$）	Cu （$\mu g/L$）
~0	≤0.2	≤15	≤5	≤8	≤3

进入和贯穿高压加热器的给水的水质建议达到如下指标：

溶解氧的浓度≤7ppb（最大）；pH 值不小于 9.6。

进入省煤器的给水和加热器排出的疏水，其铁离子浓度低于 5ppb。

整个回热系统要求在 pH＝9.3～9.6 之下运行。

给水（主凝结水）的电导率≤0.2$\mu S/cm$。

钝化或形成保护膜可以使管子防止化学腐蚀。如果保护膜的完整被破坏，则管子的基体材料将开始被腐蚀。每一种材料适用水的某个 pH 值范围，在这个范围内化学腐蚀最小。某些介质还能增强保护膜的形成。加入某些化学添加剂能够保持给水的良好水质，防止腐蚀性气体的产生。

当使用一台或一列加热器被旁路时，将使仍然在运行的加热器流量增大到失常或损坏的程度，故不得超过规定极限。在超负荷工况下运行，会大大缩短加热器的寿命，因此应尽量减少超负荷运行的时间。

停机期间，应对加热器进行适当的保养，如汽侧充氮，水侧注入联胺（使加热器内联胺的浓度达到 200ppm）等。

4. 除氧器结构和性能

溶解于水中的气体，一方面对设备起腐蚀作用，另一方面也妨碍加热器（和锅炉）的换热性能，因此必须将水中的气体去除。除氧器就是完成该项任务的设备。

除氧有化学除氧和热力除氧两种方法。化学除氧可以彻底除氧，但只能去除一种气体，且需要昂贵的加药费用，还会生成盐类，故电厂中较少单独采用这种方法。热力除氧采用加热方法，它能够去除水中的大部分气体。对于亚临界压力机组，热力除氧已能够基本满足要求；对于超临界压力机组，则在热力除氧的基础上，再做补充化学除氧，这样加药量少，生成的盐类也少，影响不大。

热力除氧基于如下原理：气体在水中的溶解度正比于该气体在水面的分压力。水中各种气体分压力的总和与水面的混合气体的总压力相平衡。当水加热至沸腾时，水面处蒸汽的分压力接近其混合气体的总压力，其他气体的分压力接近于零，故水中溶解的其他气体几乎全部被排除出水

面。但是，气体排到水面需要路径和时间，而且水面的气体必须及时排到远离水面处。此外，能够形成较大气泡的气体才能逸出水面，而水中尚存的分子状气体，则需要更强的驱动力才能排出水面。为了满足上述这些条件，在进行除氧器的结构设计时，必须注意满足下述条件：

（1）水与蒸汽要有足够大的接触表面；

（2）迅速把逸出水面的气体排走；

（3）加热蒸汽与需要除氧的水之间有足够长的逆向流动路径，即有足够大的传热面积和足够长的传热、传质时间。

也就是说，除氧器中必须构成初步除氧和深度除氧这样两个除氧过程。

从压力方面分，除氧器有真空式、大气式和高压式三种类型；从内部结构方面分，除氧器有淋水盘式和喷雾填料式两种类型；从除氧部分的设置方式分，除氧器有立式和卧式两种。600MW 大型汽轮机组，采用的是高压的喷雾填料卧式除氧器。

采用高压式除氧器的好处，可以减少造价昂贵、运行时条件苛刻的高压加热器的台数，而且在高压加热器旁路时，仍然可以使给水温度有较高水平，还容易避免除氧器的自生沸腾现象。提高压力也就是提高水的饱和温度，使气体在水中的溶解度降低，对提高除氧效果更有利。

采用喷雾填料卧式除氧器，可以布置多个排汽口和凝结水喷嘴，使气体能够更快排除，也使凝结水的除氧效果大大提高，并且使其更能够适应机组的变负荷运行。

图 3-21 是华能石洞口第二发电厂的喷雾填料卧式除氧器的结构示意图。

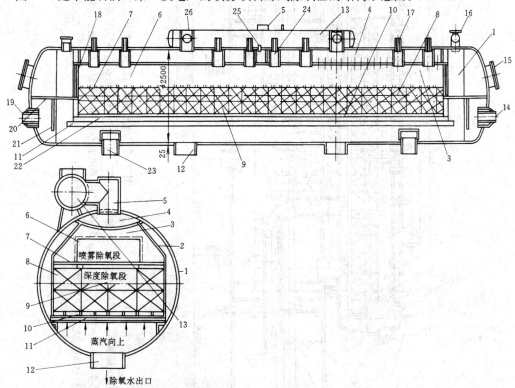

图 3-21　喷雾填料卧式除氧器的结构示意图

1—除氧器本体；2—侧包板；3—衡速喷嘴；4—凝结水进水室；5—凝结水进水管；6—喷雾除氧段；
7—布水槽；8—淋水盘箱；9—深度除氧段；10—栅架；11—工字钢托架；12—除氧水出口管；
13—凝结水进水集箱；14—进水管；15—人孔（2 个）；16—安全阀管座（3 只）；17—排气管（8 只）；
18—喷雾除氧段人孔门；19—进汽管；20—进口平台；21—匀汽孔板；22—基面角铁；
23—蒸汽连通管；24—放汽管；25—放汽管（水压试验时用）；26—进水分管

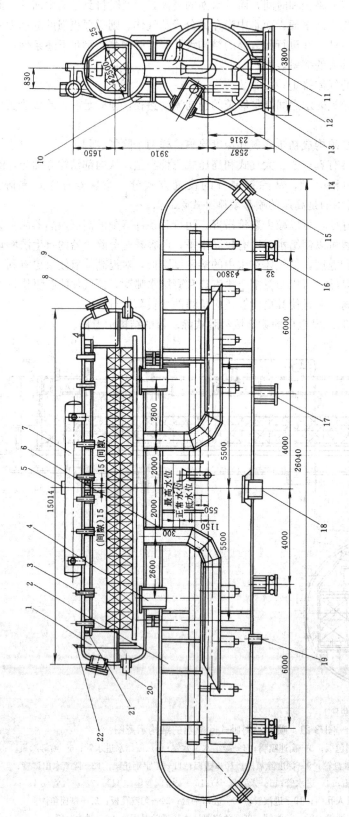

图 3-22　给水水箱与卧式除氧器的组合

1—2400t/h除氧头；2—235m³ 水箱；3—排气口 8×ϕ57×3.5；4—汽平衡管 2×ϕ637×16；5—凝结水进口管 ϕ609×16；6—下水管 2×ϕ637×16；
7—避水集箱 ϕ750×16；8、15—人孔；9—高压加热器疏水进口；10—除氧头与水箱连接支架；11—溢流管；12—加热装置；13—支座限制装置；
14—锅炉启动放水装置；16—活动支架；17—固定支架；18—出水口；19—放水口；20—加热蒸汽进口；21—凝结蒸汽进口；22—安全阀（3只）

从图 3-21 中可以看出，除氧器大致可分为除氧器本体、进水集箱、凝结水进水室、喷雾除氧段、深度除氧段、出水管、蒸汽连通管、衡速喷嘴等部分（部件）。

凝结水通过进水集箱分水管进入除氧器的两个相互独立的凝结水进水室。在两个进水室的长度方向均匀布置 148 只 16t/h 的衡速喷嘴。因凝结水的压力高于除氧器汽侧的压力，水汽两侧的压差作用在喷嘴板上，将喷嘴上的弹簧压缩而打开喷嘴，凝结水即从喷嘴中喷出。喷出的水呈圆锥形水膜进入喷雾除氧段空间。在这个空间中，过热蒸汽与圆锥形水膜充分接触，由于接触面积很大，迅速把凝结水加热到除氧器压力下的饱和温度。此时，绝大部分的非冷凝气体就在喷雾除氧段中被除去，这就是除氧的第一阶段。

穿过喷雾除氧段空间的凝结水喷洒在淋水盘箱上的布水槽中，布水槽均匀地将水分配到淋水盘箱。淋水盘箱由多层一排排的小槽交错布置而成。凝结水从上层的小槽两侧分别流入下层的小槽中。就这样一层层流下去，共流经 16 层小槽，使凝结水在淋水盘箱中有足够的时间与过热蒸汽接触，并使汽、水的换热面积达到最大值。流经淋水盘箱的凝结水不断再沸腾，凝结水中剩余的非凝结气体在淋水盘箱中被进一步除去，凝结水中的含氧量降低到 7ppb 的标准。这就是除氧的第二阶段，即深度除氧阶段。

在喷雾除氧段和深度除氧段被除去的非冷凝气体，均通过设置在除氧器上部的排气管排向大气。

除氧器两端各有一个 $\phi600$ 的进汽管，过热蒸汽从进汽管进入除氧器下部，首先由匀汽孔板把蒸汽沿除氧器下部截面均匀分配，使蒸汽均匀地从栅架底部进入深度除氧段，再由深度除氧段向上流入喷雾除氧段，这样就形成了汽、水逆向流动，以提高除氧器的除氧性能。

合格的除氧水从除氧器的出口管流入除氧器水箱（即给水水箱），并由给水泵（经过各高压加热器之后）送至锅炉。

给水水箱与卧式除氧器的组合，如图 3-22 所示。

给水箱是凝结水泵和给水泵之间的缓冲容器，在机组启动、负荷大幅度变化、凝结水系统故障或除氧器进水中断等异常情况下，可以保证在一定时间内（600MW 机组约为 5～10min）不间断地向锅炉供水。给水箱的内部设置有启动加热装置和锅炉启动放水装置。在电厂中，常把除氧器和与之相连的给水箱统称为除氧器。

除氧器在回热抽汽系统中的连接，如图 3-23 所示。

除氧器在抽汽系统中的连接方式与其预定的运行方式有关。对于定压运行方式，其抽汽压力应略高于除氧器的工作压力，而在低负荷时应能够切换到压力较高一级的抽汽，并由压力自动调节器来保证除氧器所需的工作压力。但这种运行方式压力损失较大，系统的效率受到一些影响，只有基本负荷机组才采用除氧器定压运行方式。

对于负荷变化较多的机组，较好的办法是采用除氧器滑压运行的连接方式，这样抽汽管路上不设调节阀，除氧器的压力随机组负荷变化而变化，不发生节流，效率高一些。

在稳定于额定负荷情况下，除氧器的定压、滑压运行方式效果基本相同。对于定压运行的除氧器，当负荷变化时，因汽源压力得到上一级的保证，仍可按定压运行，故不会发生任何变化。对于滑压运行的除氧器，负荷上升时，除氧器内的压力随之上升，而除氧器内的水温不能立即随着升高，变成不饱和水，产生"返氧"现象，但此时给水泵发生汽蚀的可能性很小；负荷下降时，则由于除氧器发生"再沸腾"而使除氧效果更好，但此时给水泵发生汽蚀的可能性增大。

实际上，负荷激增的可能性较小，而负荷突然降低的可能性则经常发生，故除氧器采用滑压运行方式应着重注意避免给水泵发生汽蚀（进口处的水发生汽化）。防止给水泵发生汽蚀的主要办法是：

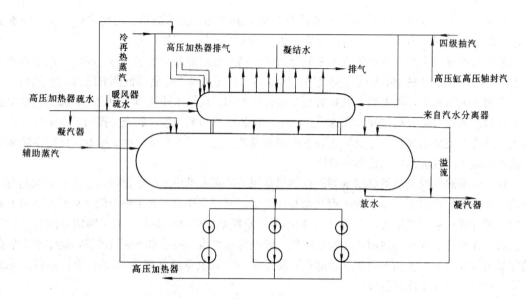

图 3-23　除氧器在抽汽系统中的连接图

（1）将除氧器（含给水箱）设置于高处，如汽轮机房顶，使给水泵进口处的静压尽可能高一些；

（2）在给水泵之前设置转速较低的前置泵，提高给水泵进口处的压力；

（3）减少除氧器至给水泵进口处之间的弯头及附件，选用较大口径的管子，使流速、压力损失低一些；

（4）设法加速水温的降低；

（5）设置备用汽源，在负荷骤降时，以备用汽源向除氧器供汽，维持除氧器适当压力。

除氧器的实际连接应满足加热蒸汽、主凝结水、轴封来汽、疏水的接入和空气的排放、给水的输出以及给水箱高水位时溢流、停运时放水等方面的要求。

表 3-19 给出了华能石洞口第二发电厂和北仑发电厂 2 号机除氧器的主要技术参数。

表 3-19　　　　　　　　　　除氧器的主要技术参数

电 厂 参 数	北仑发电厂（2 号汽轮机）	华能石洞口第二发电厂 600MW 汽轮机
设计压力（MPa）	1.4	1.4
设计温度（℃）	380	371
进口处凝结水流量（t/h）	1438.8	1850
进口处凝结水压力（MPa）	1.6	1.4
进口处凝结水温度（℃）	142.1	140
加热蒸汽流量（t/h）	98.1	112.756
加热蒸汽压力（MPa）	1.158	1.175
加热蒸汽温度（℃）	357.4	360.7
水箱出口处给水压力（MPa）	1.058	
水箱出口处给水温度（℃）	182.3	185.6

除氧器的水位监控方式与加热器的基本相同。除氧器的正常水位通常是在水箱中心线处，允

许上下偏离值约各为 50mm。当水位超限时，溢水阀自动打开，多余的水通过溢水管流入凝汽器；当水位达到高水位时，发出报警信号；当水位达到高—高水位时，发出报警信号并关闭抽汽阀门。在低水位时，发出报警信号；在极低水位时，发出报警信号并关闭给水泵。

除氧器必须有正确的运行方式，才能保证安全和良好的除氧效果。除氧器启动之前，必须先由凝结水泵向除氧器的进水集箱充水，并由集箱向除氧器内供水。当除氧器水箱的水位上升到正常水位之后，才能开启水箱内的加热装置，随后再按规程操作。除氧器在启动初期，由辅助蒸汽系统供汽，此时为低压定压运行；当随着负荷增加而切换为由抽汽作为汽源之后，即开始滑压运行，直到满负荷。启动时若发生振动应立即停止送汽，并先检查是否发生水击，然后检查其他原因，并采取相应排除措施。

若除氧器内压力突然升高或降低，应立即检查介质流量是否正常、压力和负荷是否适应，增大或降低进水压力，使进水压力与除氧器内部压力差在正常范围内。若除氧器水位变化过快，应检查进水流量、压力，并相应调节阀门开度直到正常水位为止。当水箱水位降到极低水位而无法调节时，应立即停运给水泵并停机。

真空抽气系统

第一节 真空泵及其系统

对于凝汽式汽轮机组，需要在汽轮机的汽缸内和凝汽器中建立一定的真空，正常运行时也需要不断地将由不同途径漏入的不凝结气体从汽轮机及凝汽器内抽出。真空系统就是用来建立和维持汽轮机组的低背压和凝汽器的真空。低压部分的轴封和低压加热器也依靠真空抽气系统的正常工作才能建立相应的负压或真空。

真空抽气系统主要包括汽轮机的密封装置、真空泵以及相应的阀门、管路等设备和部件。图4-1是华能石洞口第二发电厂600MW汽轮机组的真空抽气系统连接示意图。汽轮机凝汽器的抽气总管从N1接入抽气系统，经阀门2和射气式抽气器3及止回阀4进入真空泵5。气体在水环式真空泵内经过一级和二级压缩、升高压力，与部分密封水一起进入气水分离器11。在分离器内，水与气体分离，大部分气体经上部的排气管排至大气，小部分气体进入射气式抽气器的喷嘴，在喷嘴的出口处，这部分气体具有一定的动能，将凝汽器内的气体引出，并压送至真空泵的进口；由分离器分离出来的水从下部管道引出，送至冷却器14，冷却后又回真空泵中，循环使用。

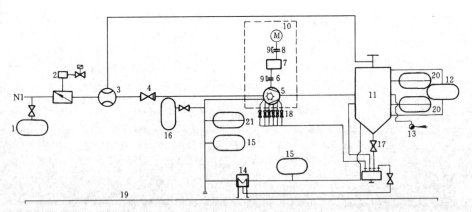

图 4-1 真空抽气系统连接示意图

1、16—压力表；2—阀门；3—射气式抽气器；4—止回阀；5—水环式真空泵；6、8—联轴器；
7—减速齿轮；9—联轴器保护罩；10—电动机；11—气水分离器；12—水位计；13—补充水控制
装置；14—冷却器；15—热电偶；17、18—球阀；19—底板；20—水位警报器；21—热电偶

对于600MW汽轮机组，目前真空抽气系统采用的抽气设备多数是水环式真空泵和射气式抽气器相结合。图4-2是水环式真空泵的结构示意图。它的主要部件有叶轮和壳体。叶轮由叶片和轮毂组成。叶片和轮毂可以整体铸出，也可以将冲压出来的叶片焊接到轮毂上组成整个叶轮。叶片有直板状的，也有向前弯的或向后弯的。试验证明，后弯式叶片的工作性能较差，前弯式或径

向式的较好。

　　泵的壳体由若干零件组成。不同形式的水环泵，其壳体的结构也不同。但在壳体内都有一个圆柱体空间，叶轮偏心地装在这个空间内，同时在壳体侧面的适当位置上开有吸气口和排气口，实现轴向吸气和排气。壳体不仅为叶轮提供工作空间，而且更重要的是壳体还直接影响泵内的能量交换。

　　水环泵工作之前需要向泵内灌注一定数量的水，这些水起着传递能量的媒介作用，故也把这些水称为工作介质（工质）。

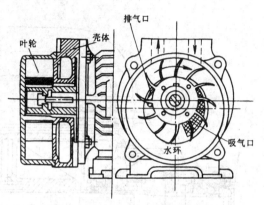

图 4-2　水环式真空泵结构示意图

　　当叶轮在原动机（如电动机）带动下旋转时，工质在叶片的推动下获得圆周速度，由于离心力的作用，将水甩向外径形成一个贴在圆柱体内表面的水环。由于叶轮与壳体是偏心的，水环的内表面也就与叶轮偏心。壳体内的水形成了一个与圆柱壳体同心的圆筒形水环，其结果是水环内表面、叶片表面、轮毂表面和壳体的两个端面围成了许多互不相通的小空间。由于叶轮与水环是偏心的，所以处于不同位置的小空间，其容积是不同的。也就是说，对于某一指定的小空间，随着叶轮的转动，它的容积也是不断由小变大，再由大变小。

　　在小空间由小变大的区段，壳体端面开有吸气口，使之与吸气管相通，于是气体不断被吸入；在小空间由大变小的大部分区段，使它密封，这样吸进来的气体随着小空间容积的缩小而被压缩。当小空间的容积减小到一定程度，也即气体被压缩到一定程度时，它从壳体侧面的开口处与排气管相通，排出已被压缩的气体。此时，水环泵就完成了吸气、压缩、排气的全部工作过程。由此看来，水环泵的工作过程与容积泵的很相似。

　　由于水环式真空泵是利用水作为工质进行工作的，所以泵体内的水温决定了各小室内空间在旋转过程中所能达到的真空。也就是说，最高真空是由水的汽化压力所决定的，而水的汽化压力就是当时当地水温下的饱和蒸汽压力。因此，作为工质的水应当及时予以冷却，使其尽可能地保持为能够达到的最低温度。

　　为了排除工作水温、季节气候等条件的影响，稳定持久地满足凝汽器要求的高真空，在水环泵的吸入口前串联配置了一台射气抽气器。由凝汽器蒸汽冷却区抽出的不溶气体和蒸汽混合物，首先被吸入射气抽气器，进行第一次压缩后从其扩压管排出，再引入水环泵进行第二次压缩，然后从水环泵的排气口排出。因为射气抽气器混合室内的真空，亦即抽气器吸入口的真空不受水温变化的影响，且能达到比水环泵吸入口更高的真空，所以能够更好地满足凝汽器的要求。

　　真空抽气系统启动的时候，在水环式真空泵内工作水的供水泵开动的同时，打开阀 2 和阀 4（见图4-1），此时，凝汽器中抽出的空气—蒸汽混合物即经由阀 2、阀 4 被吸入水环泵，在泵内被压缩之后进入气水分离器 11，气体被排入大气，分离出来的水则留在分离箱内循环使用。当吸入口的真空达到 88.0kPa 时，射气抽气器 3 开始投入运行，此时由凝汽器抽出的气体和蒸汽混合物首先由射气抽气器进行第一次压缩，然后再经水环泵作第二次压缩，直到凝汽器内达到要求的真空。随着气体的排出，同时也夹带着一部分水被排出，并借以带走热量，起冷却作用，所以必须在吸气口补充一定数量的水，使水环保持恒定的体积。

　　水环泵工作时，叶片搅动液体而造成很大的能量损失，所以其效率很低，一般只有 0.3

～0.45。为避免能量损失过大，一般限制叶轮外圆的速度在14～16m/s之内。

图4-3是华能石洞口第二发电厂采用的水环式真空泵结构示意图。从图中可以看出，该泵由两级叶轮组成。它的主要组成部件有：端盖、主轴、中央壳体、叶轮、轴封、轴承等。真空泵的主轴由电动机通过减速齿轮驱动。前、后端盖和中间隔板沿垂直中心线分割成两个气室，即进气室和排气室。当真空泵的叶轮旋转时，从凝汽器引出的抽气通过管道进入右侧的进气室，经第一级叶轮2压缩后，由右侧排气室通过真空泵上部的管道交叉连接引入左侧的进气室；再经第二级叶轮4压缩后，由左侧的排气口排入气水分离器。

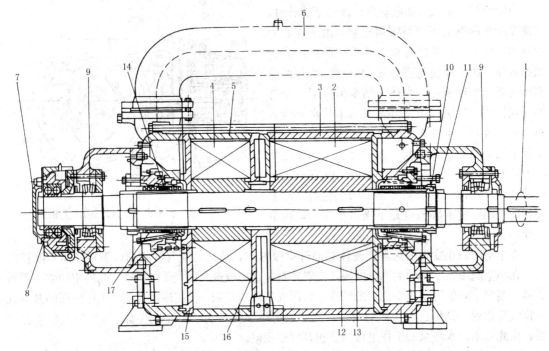

图4-3　水环式真空泵结构示意图（华能石洞口第二发电厂600MW汽轮机）
1—轴；2—第一级叶轮；3—第一级外壳；4—第二级叶轮；5—第二级外壳；6—连接管；
7—轴承端盖；8—滚珠轴承；9—滚柱轴承；10—填料压盖；11—密封冷却水进口；12—前端盖；
13—填料冷却与密封水出口；14—填料中间环；15—后端盖；16—中间隔板；17—密封填料

当真空泵工作时，必须不断地补充合格的除盐水，以便充灌水环。一部分水则与气体被排出，被排出的这部分水经气水分离器之后又可以继续使用。在真空泵的下部设有排污阀，可以在运行时连续排污。

表 4-1　　　　　　　　　　　　　　　　真空泵主要技术数据

转速（r/min）	415	吸入口温度（℃）	21.9
需要功率（kW）	250	冷却水温（℃）	17.6
抽吸总容积（m³）	2300	冷却器进/出口水温（℃）	22/29
初始吸头（10^5Pa）	1	运行水量（m³/h）	39
最终吸头（kPa）	34	冷却水量（m³/h）	88.6
吸气流量（kg/h）	61.3	设计工况效率（%）	34.2
夹带汽量（kg/h）	134.8	噪声（dB）	83
吸头（kPa）	3.4		

该机组真空抽气系统配备了两台100％的水环式真空泵，启动时两台同时投运，正常运行时一台投运，另一台备用。真空泵的主要技术数据如表4-1所示。

该水环式真空泵抽吸的总容积为2300m³，启动时两台泵并列工作达到如表4-2所示的相应压力所需时间。

表4-2   所 需 时 间 值

压力（kPa）	所需时间（min）
34	13
20	18
10	25

由于水环式真空泵是利用水来密封、进行能量转换并带走压缩气体时所产生的热量，这样三个重要功能，因此在真空泵启动前必须首先向泵内灌水，并将工作水回路投入运行，决不允许真空泵在无水条件下运行。而且，运行时要经常监视气水分离器中的水位，如果水位降低，则应随时加以补充。真空泵在各种工况下的补充水量和总水量如表4-3所示。

图4-4表示真空泵耗功、抽吸容量与吸头、转速之间等工作特性曲线；图4-5～图4-8

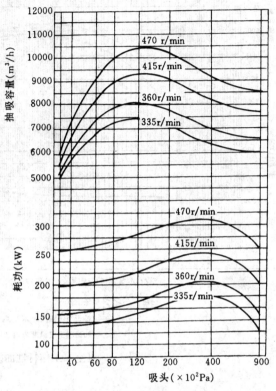

图 4-4   真空泵工作特性曲线图

上给出了在不同工作水温下，真空泵的耗功、抽吸容量、吸头之间等工作特性曲线；图4-9～图4-12上给出了在不同工作水温下，两台泵并列运行时，为了使凝汽器内的压力达到某一数值所需要的抽吸时间。

表4-3   真空泵在各种工况下的补充水量和总水量

吸入口压力	$33 \times 10^2 Pa$				$120 \times 10^2 Pa$				
水温差（℃）	10	5	2	—	20	10	5	2	—
转速（r/min）	补充水量（m³/h）			总水量（m³/h）	补充水量（m³/h）				总水量（m³/h）
335	8	13	22	39	5.4	9.2	14	21	38
360	8.9	14.5	23	—	5.9	9.8	15	22	—
415	11	17	26	—	7.2	11.5	17	24	—
470	13	19.5	28	—	8.5	13.5	19	25	—

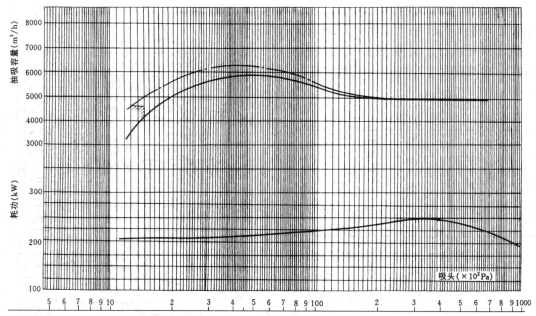

主冷却水温 12.6℃；中间冷却水温 17.6℃；工作水温 20.0℃

图例： 保证工作点

——— 抽干空气温度为 20℃ 时的曲线

—·—·— 抽饱和空气温度为 21.9℃ 时的计算曲线

图 4-5 真空泵工作特性曲线图（工作水温 20℃）

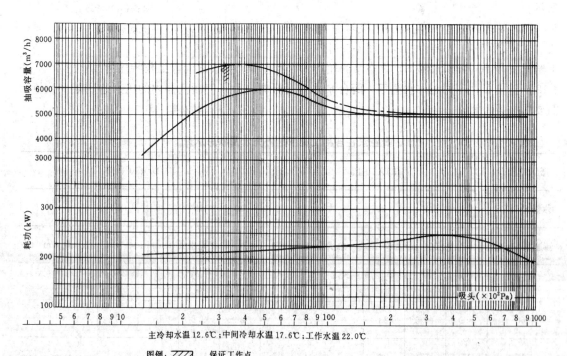

主冷却水温 12.6℃；中间冷却水温 17.6℃；工作水温 22.0℃

图例： 保证工作点

——— 抽干空气温度为 20℃ 时的曲线

—·—·— 抽饱和空气温度为 21.9℃ 时的计算曲线

图 4-6 真空泵工作特性曲线图（工作水温 22℃）

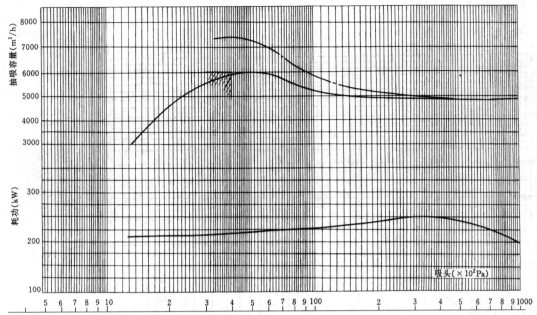

主冷却水温 20℃;中间冷却水温 24.6℃;工作水温 29.0℃

图例: ▨ 保证工作点

—— 抽干空气温度为 20℃ 时的曲线

—·—· 抽饱和空气温度为 23.3℃ 时的计算曲线

图 4-7 真空泵工作特性曲线图(工作水温 29℃)

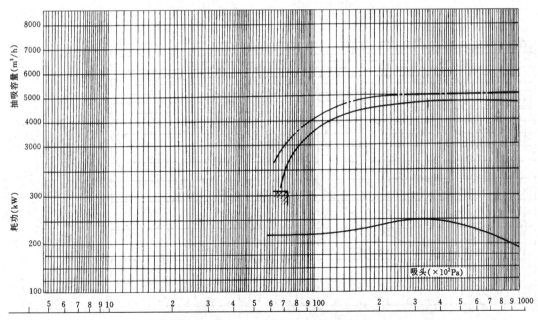

主冷却水温 31℃;中间冷却水温 37.5℃;工作水温 42℃

图例: ▨ 保证工作点

—— 抽干空气温度为 20℃ 时的曲线

—·—· 抽饱和空气温度为 38.3℃ 时的计算曲线

图 4-8 真空泵工作特性曲线图(工作水温 42℃)

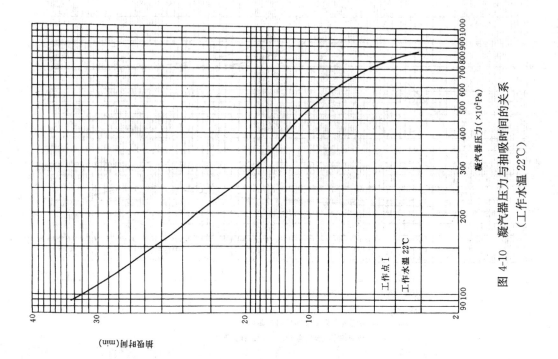

图 4-10 凝汽器压力与抽吸时间的关系
（工作水温 22℃）

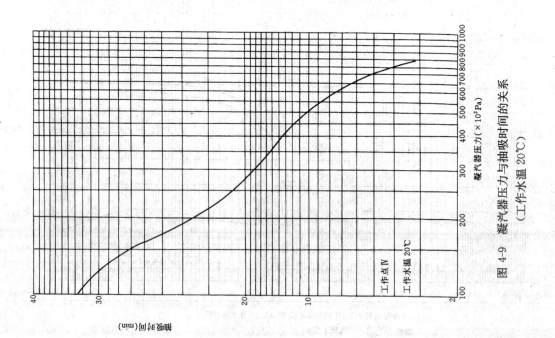

图 4-9 凝汽器压力与抽吸时间的关系
（工作水温 20℃）

142

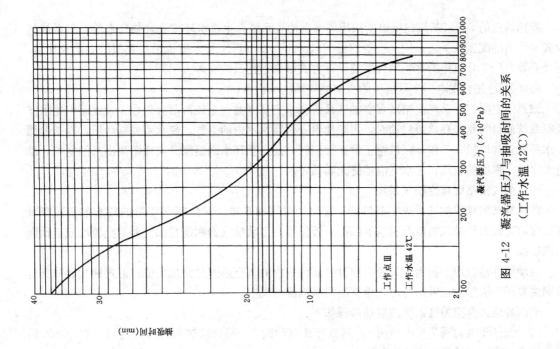

图 4-12　凝汽器压力与抽吸时间的关系
（工作水温 42℃）

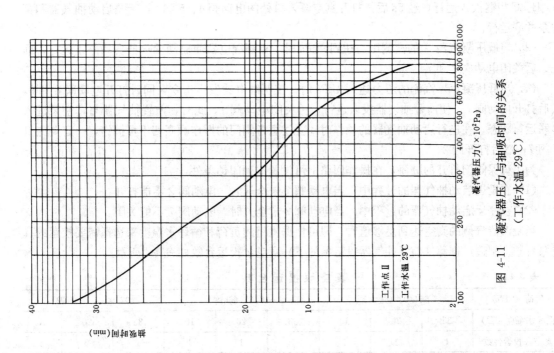

图 4-11　凝汽器压力与抽吸时间的关系
（工作水温 29℃）

第二节　真空系统运行和监控

我国制造的 600MW 汽轮机组所采用的真空抽气系统，也是水环式真空抽气系统。其系统的设置和设备的配置与上述系统及设备的相类似。北仑发电厂 1 号机组也采用类似的系统及设备。而北仑发电厂 2 号机组的真空抽气系统设计方式则与上述系统有较大不同。

图 4-13 是北仑发电厂 2 号机组的真空抽气系统示意图。

该系统由凝汽器蒸汽凝结区真空抽气系统和水室真空抽气系统两部分组成。设置凝汽器水室真空系统的目的是：在机组启动时，用来抽出凝汽器水室内的空气，使水室建立负压，以帮助循环水系统正常地投入工作；在机组正常运行期间，抽出循环水因温度升高而游离出来的空气，维持水室一定程度的负压，使水室内始终充满循环水。

一、蒸汽凝结区真空抽气系统

蒸汽凝结区真空抽气系统主要包括一台启动射气抽气器、三台 50％ 容量的离心射流真空泵和一台前置式射气抽气器以及相应的阀门、管道等。启动抽气器和前置抽气器的汽源均来自辅助蒸汽系统。

启动抽气器仅用于机组启动时，使凝汽器汽侧内的真空迅速达到规定值；前置抽气器和真空泵则主要用于机组的正常运行时，维持凝汽器汽侧的真空。

蒸汽凝结区真空抽气系统的启动步骤如下：

（1）先打开电动阀 7 和电动阀 1，然后打开电动阀 2，使启动抽气器投入运行，约 10min 后凝汽器蒸汽凝结区的真空可达 20kPa。

（2）此时控制继电器自动地同时向三台真空泵发出投运指令。若启动条件满足，则真空泵 A、B、C 相继投入运行，经 5s 后，打开真空泵入口处的电动阀 4、5 和 6，于是启动抽气器和真空泵并联运行。

（3）当低压凝汽器 A 的汽侧压力达到 9kPa 时，控制继电器使启动抽气器自动停止运行，即先、后关闭电动阀 2 和 7。

（4）当低压凝汽器汽侧的压力达到 4kPa 时，控制继电器发出指令，同时打开电动阀 8 和 9，然后打开电动阀 3，使前置抽气器投入运行，再关闭电动阀 1，此时，前置抽气器与真空泵进入串联运行状态。在进行启动抽气器的操作时，要注意各阀门的操作顺序切不可搞错，一定要先打开阀 7，然后打开阀 2。

为了确保阀门打开的顺序，在操作回路上可设置下列闭锁条件：

（1）在投运启动抽气器的过程中，当电动阀 7 未全开时，电动阀 2 不能打开；

（2）在停运启动抽气器的过程中，当电动阀 2 未全关时，电动阀 7 不能关闭。

当凝汽器汽侧的真空达到足够值时，即可根据机组的负荷和循环水温度来选择需要投运的真空泵台数。制造厂推荐（前置抽气器投运条件下）真空泵投运台数如表 4-4 所示。

表 4-4　　　　　　　　　　　　　　真 空 泵 投 运 台 数

负荷（MW）	661.03（最大）			620.67（铭牌）			197.9（30％MCR）		
循环水温度（℃）	33	20	10	33	20	10	33	20	10
真空泵投运台数	1	1	1	1	1	1	1	2	2

凝汽器真空抽气系统的主要设备及技术参数如下。

1. 真空泵组

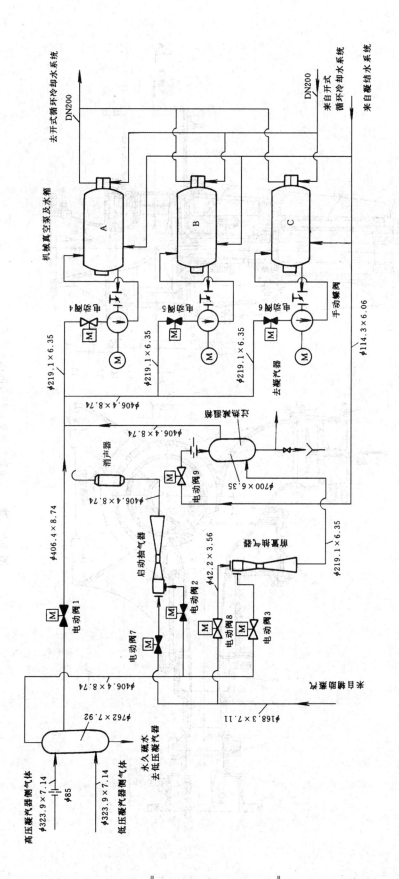

图 4-13 真空抽气系统示意 (北仑发电厂 2 号机组)

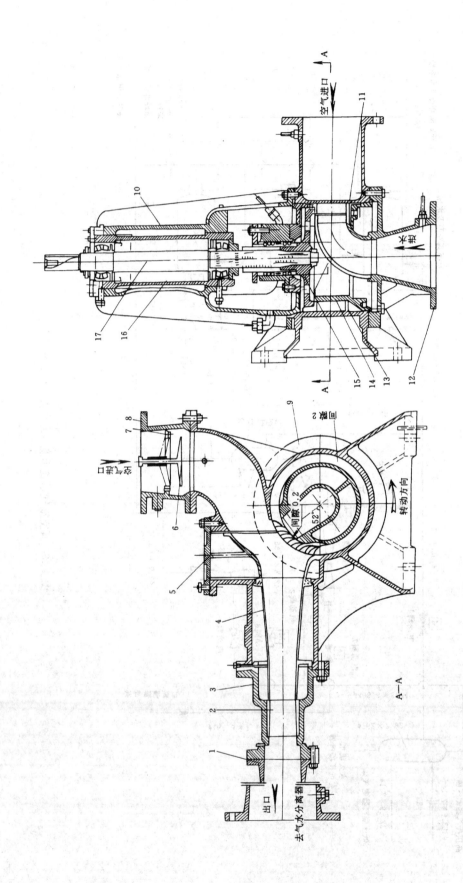

图 4-14 离心射流真空泵泵体部分剖面示意图

1—出口侧扩压管；2—锥形扩压管；3—出口侧扩压套管；4—锥形混合管；5—盲衬套；6—阀碟；7—阀座；8—阀体；9—真空泵体；10—轴承座；11—喷嘴；12—进水喇叭口；13—叶轮；14—水室；15—叶轮喇叭口；16—轴承盘；17—泵轴

真空泵的技术参数如表4-5所示。

表 4-5 真空泵的技术参数

干燥空气抽出量（kg/h）	45	配套电动机［kW/V/（r/min）］	55/380/1470
工作水（凝结水）流量（L/s）	50	电动机效率（%）	92
转速（r/min）	1450	气水分离箱容量（m³）	～4.5
轴功率（kW）	40	循环冷却水（海水）流量（L/s）	28.8

真空泵主要由泵体部分、水箱、配套电动机以及连接管道、阀门等部件组成。这些部件组装在同一块底板上，整体运输。

泵体部分主要包括泵壳、进水喇叭口、水室、喷嘴、叶轮盘、叶轮、主轴、锥形混合器、锥形扩压管、轴承和轴承座等部件。图4-14为离心射流真空泵泵体部分的剖面示意图。

离心射流真空泵的工作原理如下：

从水箱来的凝结水，首先由泵进口处的喇叭口进入水室，经喷嘴流入叶轮，喷嘴中心线与泵体水平中心线呈52°夹角；电动机通过真空泵主轴、叶轮盘驱动叶轮转动，并将喷嘴出口的凝结水以很高的速度打入泵体侧面的锥形混合管内，在锥形混合管内造成真空，吸入气体，即将凝汽器汽侧内的不凝结气体吸出。于是，水流带着吸入的气体，形成气水混合物，经锥形扩压管排至气水分离箱。

气水分离箱内设有冷却水管（240根钛管，ϕ19.05×0.5），其冷却水来自开式循环冷却水系统。气水混合物在分离箱内被分离，气体排至大气，凝结水则经水箱下部的出口管道再次进入真空泵内继续使用。气水分离箱内最初的注水来自凝结水系统。

安装时，叶轮与泵壳内壁之间的间隙为2mm，叶轮顶部与喷嘴端部的间隙为0.2mm。该泵在其空气进口处设有一个空气阀，利用该阀前后压差进行开关。即当凝汽器处于微真空时，空气阀在大气压（阀后）与微真空（阀前）的压差作用下，处于关闭状态；当真空泵投运后，空气阀的阀后真空高于阀前真空，于是在这新的压差的作用下，空气阀自动打开。

2. 前置抽气器

前置抽气器主要由蒸汽室、喷嘴、空气入口室和扩压管等部件组成，其结构如图4-15所示。

前置抽气器的工作原理如下：

辅助蒸汽（1MPa）经蒸汽室后进入喷嘴，蒸汽在喷嘴中膨胀加速，高速蒸汽通过扩压管前端的混合室，混合室内形成高真空，将凝汽器内气汽混合物吸入混合室，并随同高速蒸汽一起进入扩压管；在扩压管中，蒸汽的流速减低，压力升高至略高于大气压，然后排入过热减温箱；在过热减温箱内的汽气混合物又被箱体上部的凝结水冷却，其汽气混合物进入射流真空泵入口，而疏水则排入凝汽器。

过热减温箱又称为混合冷凝器。它是一立式钢制圆筒，分别与进出口管道相连接，筒体的直径和高度分别为ϕ700mm和2445mm。

前置抽气器的主要技术参数如表4-6所示。

表 4-6 前置抽气器主要技术数据

辅助蒸汽压力（MPa）	1.1	辅助蒸汽流量（kg/h）	456
辅助蒸汽温度（℃）	180	前置抽气器出口压力（kPa）	12

3. 启动抽气器及消声器

启动抽气器的结构如图4-16所示，它主要是由蒸汽室、喷嘴、扩压管等部件组成，其主要技术参数如表 4-7 所示。

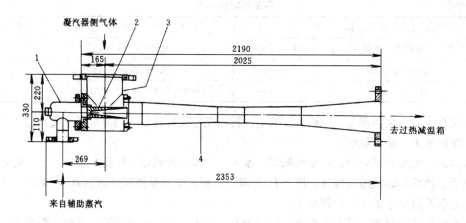

图 4-15　前置抽气器结构示意图

1—蒸汽室；2—喷嘴；3—空气入口室；4—扩压管

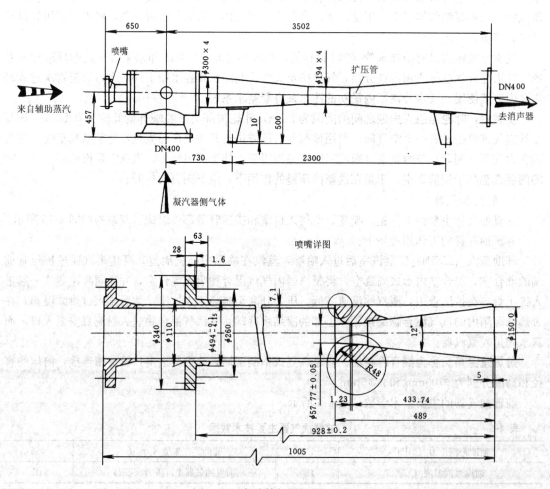

图 4-16　启动抽气器结构示意图

表 4-7		启动抽气器技术参数		
凝汽器汽侧容积（m³）	1300	辅助蒸汽耗量（kg/h）		13500
凝汽器汽侧的初压（MPa）	0.1	辅助蒸汽压力（MPa）		1.1
达到 20kPa 需要的工作时间（min）	10	辅助蒸汽温度（℃）		180

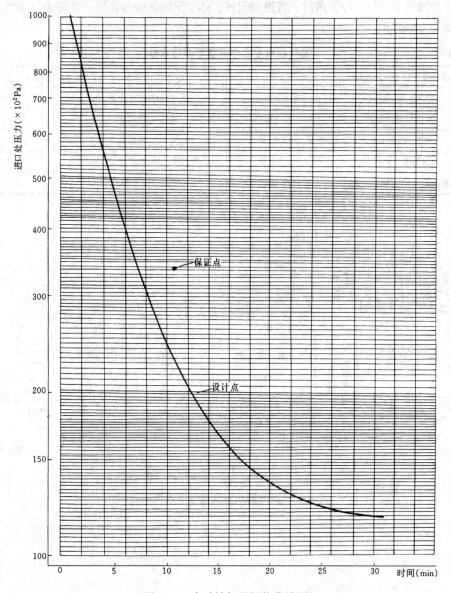

图 4-17　启动抽气器性能曲线图

图 4-17 是启动抽气器的性能曲线图。

消声器用来降低启动抽气器的工作噪声，位于启动抽气器的出口处，其主要技术参数如表 4-8所示。

表 4-8		消 声 器 技 术 参 数	
消声量（dB）	30	进/出口处管径（mm）	DN400/DN450
筒体直径/长度（mm）	610/2642		

二、水室真空抽气系统

凝汽器水室真空抽气系统主要包括两台水环式机械真空泵组、真空破坏阀、放气阀以及管道、其他阀门等部件。图 4-18 为凝汽器水室真空抽气系统流程图。

凝汽器水室真空泵组主要包括两台水环式机械真空泵、两台冷却器、一只气水分离箱（配合两台水环式真空泵工作）以及阀门、管道等附件。整个泵组被组装在同一底板上。泵组的主要技术参数如表 4-9 所示。

表 4-9　　　　　　　　凝汽器水室真空泵组主要技术参数

每台设计容量（m³/h）	250	冷却器传热面积（m²）	0.8
入口压力（kPa）	30	工质（凝结水）流量（m³/h）	1.4
入口温度（℃）	15.5	进口工质温度（℃）	49.3
转速（r/min）	1450	出口工质温度（℃）	40
轴功率（kW）	8.5	冷却水（海水）流量（m³/h）	3.7
配套电动机 [kW/V/（r/min）]	11/380/1500	气水分离箱容量（L）	250

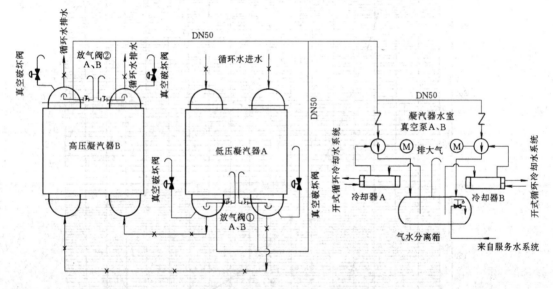

图 4-18　凝汽器水室真空抽气系统流程图

———————— 汽轮机设备及其系统 ||

第五章

凝结水系统及其设备

第一节 系统概述

凝结水系统的主要功能是将凝汽器热井中的凝结水由凝结水泵送出，经除盐装置、轴封冷凝器、低压加热器输送至除氧器，其间还对凝结水进行加热、除氧、化学处理和除杂质。此外，凝结水系统还向各有关用户提供水源，如有关设备的密封水、减温器的减温水、各有关系统的补给水以及汽轮机低压缸喷水等。

凝结水系统的最初注水及运行时的补给水来自汽轮机的凝结水储存水箱。

凝结水系统主要包括凝汽器、凝结水泵、凝结水储存水箱、凝结水输送泵、凝结水收集箱、凝结水精除盐装置、轴封冷凝器、低压加热器、除氧器及水箱以及连接上述各设备所需要的管道、阀门等。图 5-1 是北仑发电厂 2 号汽轮机的凝结水系统流程示意图。

该系统的工作过程如下：

机组在正常运行时，利用凝汽器内的真空将凝结水储存水箱内的除盐水通过水位调节阀自动地向凝汽器热井补水。当正常补水不足或凝汽器真空较低时，则可通过凝结水输送泵向凝汽器热井补水；当正常补水不足或凝汽器处于低水位时，事故电动补水阀打开；当凝汽器处于高水位时，气动放水阀 LV（2）打开，将系统内多余的凝结水排至凝结水储存水箱。

凝结水输送泵出口处设有安全阀，其整定压力为 0.9MPa；其出口管道至有关用户的支管上也分别设有安全阀，其中至凝汽器热井补水支管的安全阀整定压力为 0.28MPa；至密封水系统支管的安全阀整定压力为 0.8MPa。

凝结水泵进口处设有滤网，滤网上游附设安全阀，其整定值为 0.2MPa。每台凝结水泵出口管道上均设有再循环回路，使凝结水泵作再循环运行。凝结水泵出口处各设有止回阀、电动隔离阀及流量测量装置。在它们之后，两根凝结水管合并为一根凝结水母管（ϕ406.4×12.7），该母管上接有一根 ϕ48.3×3.68 的支管，向密封水系统和凝结水泵的轴封供水，该支管上设有止回阀、安全阀，安全阀的整定值为 0.5MPa。

该凝结水系统中还设有小流量回路，即通过轴封冷凝器下游凝结水支管（ϕ168.3×7.11），经气动流量调节阀 FCV（3）、倒 U 形管后，返回高压凝汽器 B 热井，以使凝结水泵作小流量运行（400t/h）。

流经精除盐装置的凝结水回路上设有两个旁路，即 33.3% 和 100% 的凝结水旁路，以便视凝结水水质和精除盐装置设备情况作不同方式的运行。

流经轴封冷凝器的凝结水回路上也设有旁路，而且配有电动隔离阀和节流孔板（ϕ210）。设置节流孔板的目的是确保有一定流量的凝结水流经轴封冷凝器。在机组处于正常负荷（620MW）运行时，该凝结水流量为 350t/h；当凝结水泵作最小流量（400t/h）运行时，该凝结水流量为100t/h。机组在正常运行时，电动隔离阀全开；凝结水流量小于 350t/h 时，该电动隔离阀关闭。

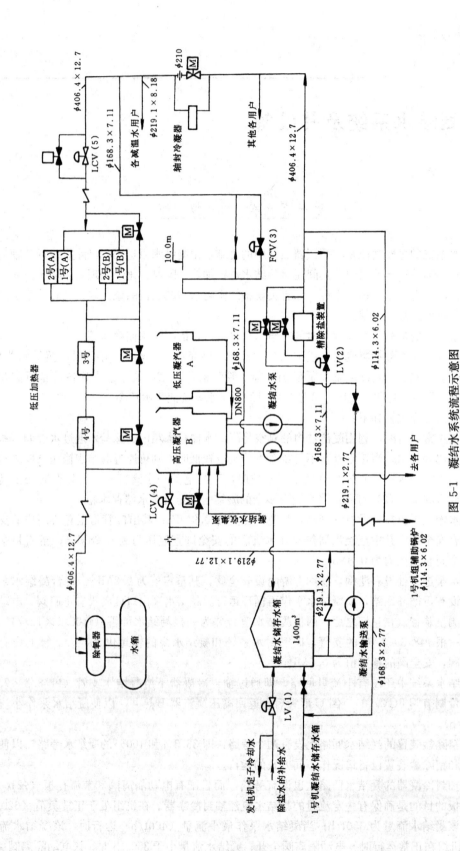

图 5-1 凝结水系统流程示意图

汽轮机设备及其系统

凝结水系统在去锅炉注水和厂用采暖系统注水的管道上，也分别设有安全阀，其相应的整定压力为4.3MPa、1.1MPa。

凝结水母管上还接有若干支管，分别向下列用户提供水源：

(1) 凝汽器真空泵水箱和前置抽气器的减温水；

(2) 凝结水储存水箱；

(3) 汽动、电动给水泵和汽动给水泵的前置泵轴封冷却水（经减压阀之后）；

(4) 小汽轮机（驱动给水泵）电动排汽碟阀的密封水；

(5) 闭式冷却循环水系统高位水箱补水；

(6) 阀门密封水；

(7) 加药系统的氨箱；

(8) 各类减温水。

在流经低压加热器的凝结水回路上设有旁路，而且配有电动隔离阀，即2号、1号低压加热器合用一个旁路，4号、3号低压加热器为单独旁路，可分别将上述低压加热器从凝结水系统中撤出运行。

凝结水系统中所有设备均为非铜质零部件，以保护凝结水的水质。此外，凝结水系统中还设有加药点，通过添加氨和联氨来改善凝结水中的pH值和降低含氧量。

第二节　主要设备结构及技术参数

一、凝汽器

凝汽器的主要功能是在汽轮机的排汽部分建立低背压，使蒸汽能最大限度地做功，然后冷却下来变成凝结水，并予以回收。凝汽器的这种功能由真空抽气系统和循环冷却水系统给予配合和保证。真空抽气系统的正常工作，将漏入凝汽器的气体不断抽出；循环冷却水系统的正常工作，确保了进入凝汽器的蒸汽能够及时地凝结变成凝结水，体积大大缩小（在0.0049MPa的条件下，单位质量的蒸汽与水的体积比约为2800），既能将水回收，又保证了排汽部分的高真空。

凝汽器主要由壳体、管板、管束、中间管板等部件组成。管板将凝汽器壳体分割为蒸汽凝结区和循环冷却水进出口水室；中间管板用于管束的支持和定位。凝汽器下部还设有收集凝结水的空间，称为热井。凝结水汇集到热井之后，由凝结水泵输送到回热加热系统。

凝汽器蒸汽凝结区的布置方式和循环冷却水的流程布置方式，对凝汽器的结构、性能有很大的影响。目前大功率汽轮机组的凝汽器管束采用被称为"教堂窗式"的布置方式。使用经验证明，这种布置方式的换热效果良好，汽流在管束中的稳定性也较好。图5-2是这种管束布置方式的示意图。

由图5-2可以看出，在凝汽器的蒸汽进口处，管道形成的蒸汽通道较大，流速较低，因而汽阻较小。随着蒸汽不断从横向进入管束，汽道逐渐变窄，蒸汽量因沿途凝结而减少，但在其逐渐变窄的通道中仍能保持流速基本不变，这样可以防止蒸汽滞止区域的存在，有利于后排管子的换热效果。此外，这种汽道的布置方式使得蒸汽横穿管子的排数较少从而减小汽液两相流动的压力降。

由于管束布置得合理，凝结水下落时不断冲击下排管束的外表面，使管子外表面的层流层不断受到破坏，始终不能增厚，从而改善传热效果。

在凝汽器中，有一部分蒸汽直接从管束底部向上进入管束，这部分蒸汽不断地对自上而下流动的凝结水产生较剧烈的扰动，加热凝结水。这样，一方面可使凝结水脱氧，另一方面还可以减小凝结水的过冷度。

"教堂窗式"管束的中间空气冷却区，依靠真空泵的抽吸作用使此区域形成较低的压力，管束中所有不凝结的气体在压差的作用下，都流到此区域，并不断被抽出。在空气冷却区之前的管束内布置有特殊的预冷区，此预冷区内汽流维持较高的雷诺数，传热效果好，能用以补偿蒸汽凝结后期区域中，由于不凝结气体增加，造成对传热效果的不利影响。

循环冷却水则有单流程和双流程两种布置方式。单流程结构的进水室和出水室分别位于凝汽器管束的两端；双流程结构的进水室和出水室位于管束的同一端（将其称为前端），而另一端（将其称为后端）为回水室，即循环冷却水在回水室内由第一流程流出之后转入第二流程，循环冷却水两次通过凝汽器内的管束。

600MW 汽轮机组采用的凝汽器内压力可分为单背压和双背压两种。对于 600MW 级汽轮机组，均有两个低压缸。当凝汽器进出口循环冷却水的温差大于 10℃ 时，采用双背压可以节省循环水量，而两个凝汽器仍然能够获得较高的平均真空。参见图 5-3，由于两个凝汽器具有不同的背压，可将凝汽器由通常的并联运行方式改为串联运行方式。

由图 5-3 中可以看出，当采用单背压凝汽器并联运行方式时，循环水温由 t_1 升至 t_2，凝汽器内凝结水的温度为 t_s；当采用双背压的凝汽器并改为串联运行方式时，在同样水量、同样出入口水温的情况下，两个凝汽器内凝结水的温度分别为 t_{s1} 和 t_{s2}，显然 $t_{ar}=(t_{s1}+t_{s2})/2$，$t_{ar}<t_s$，故双背压可以提高凝汽器平均真空，从而降低了汽轮机组的冷端损失，一般热耗可降低 0.2%～0.3%。但如果取很低的背压，就需要增加循环水的冷却倍率或增大凝汽器的冷却面积，这将会增加运行费用或设备的成本。

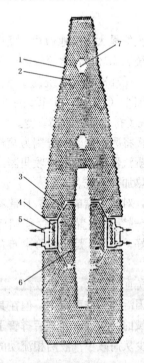

图 5-2 凝汽器管束
布置方式

1—钛管（25.4×0.7×9750）；
2—钛管（25.4×0.5×9750）；
3—挡板；4—空气冷却区；
5—抽气口；6—预冷区；7—
拉杆

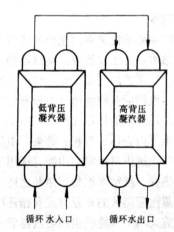

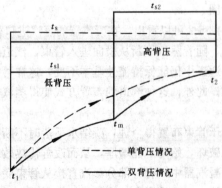

图 5-3 凝汽器循环水温示意图

由于汽轮机凝汽器的运行条件与环境因素有密切的关系，所以不同地区、不同国家所采用的设计参数各不相同。表 5-1 给出了几个国家常用的电功率汽轮机凝汽器主要设计参数。

表 5-1 几个国家常用的电功率汽轮机凝汽器主要设计参数

国家名称 设计参数	美 国		英 国		德 国		日 本	法 国
	河、海、水库	冷却塔	河、海	冷却塔	河	冷却塔	河、海	河、海
冷却水技术温度(℃)	16~21	26~32	10~15	17~18	9~10	22~23	19~21	15
凝汽器计算压力 ($\times 10^5$ Pa)	0.0509 ~0.0676	0.0843 ~0.152	0.0343 ~0.042	0.044 ~0.049	0.0245 ~0.040	0.069 ~0.083	0.0412 ~0.051	0.0343 ~0.054
凝汽器单位面积蒸汽负荷 [kg/(m² · h)]	45~60	40~50	30~35	32~35	40~60	40~50	32~40	32~36
冷却倍率	45~65	35~40	55~65	45~55	50~60	45~50	55~60	60~70
凝汽器管内流速(m/s)	2.1~2.4	2.1~2.4	1.8~1.9	1.8~1.9	1.8~2.0	1.8~2.0	~2.0	1.8
凝汽器管长度(m)	10~20	10~18	12~18	12~18	8~10	8~10	9~18	10~11
凝汽器管外径(mm)	22~25	22~25	25	25	23~25	23~25	25~32	20~25
循环水泵扬程(m)	8~18	28~30	10~12	22~25	12~15	25	5~7	7~10

目前我国大功率汽轮机组采用的凝汽器均为双背压凝汽器，循环水的流程则有单流程也有双流程的布置方式。

不同的循环冷却水水质将对凝汽器部件提出不同的材料性能要求。对于采用淡水作为循环冷却水水源时，凝汽器的管束采用不锈钢材料；对于采用海水作为循环冷却水水源时，其管板和管子的材料要求具有良好的耐腐蚀性能。目前我国采用钛管板和钛管，且管板与管子采用胀管后焊接的组装工艺，各沿海电厂的运行实践证明，其效果良好。

凝汽器各主要部件的结构、性能，通过实际例子予以说明。

【实例 5-1】 华能石洞口第二发电厂采用双背压、双流程凝汽器，其主要技术参数如表 5-2 所示。

表 5-2 凝汽器主要技术参数

管子总数（根）	37608	冷却水进口设计温度（℃）	20
管子总有效面积（m²）	29000	冷却水温（最低/最高，℃）	4/31
管子尺寸（外径×壁厚×长度，mm）	25.4×0.5×9750	冷却水压降（$\times 10^5$ Pa）	0.7
中间管板间距（mm）	744	凝结水含氧量（100%负荷无补水时，ppb）	5
热井净容量（最大/设计，m³）	109.7/97	安装前试验压力（$\times 10^5$ Pa）	4.65
		安装后汽侧试验压力（$\times 10^5$ Pa）	4.65
冷却水	长江靠近入海口的微咸水	管子材料	钛
汽轮机排汽量（kg/s）	292.9+24.4	管板材料	碳钢、冷却水侧复钛层
排汽压力（$\times 10^5$ Pa）	0.049	水室	碳钢复环氧树脂
冷却水流量（m³/s）	19.12	管子与管板连接方式	胀管加焊接
管内冷却水流速（m/s）	2.18		

该凝汽器的管子采用钛管，管板采用复合钛板，其耐腐蚀性能良好；管束采用"教堂窗式"布置，换热效果良好；循环水后水室端盖采用"门式结构"，端盖上还设有快开式人孔门，便于检修。

凝汽器接颈与低压外下缸之间有中间连接件相连。每个低压外下缸与对应的中间连接件之间采用焊接方式连接，中间连接件与对应的凝汽器接颈之间采用"狗骨式"橡胶膨胀节的挠性连接方式。凝汽器的接颈呈扩张形，用以将汽轮机排汽的动能转换成压力势能。凝汽器底部两侧直接刚性地支持在基础上，这样可以减小低压缸的膨胀对凝汽器的影响，同时也避免了凝汽器负荷变化对低压缸以及汽轮机运行平台的影响。图5-4是"狗骨式"橡胶膨胀节的结构示意图。

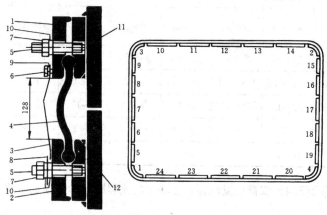

图5-4　"狗骨式"橡胶膨胀节的结构示意图

1—上压板；2—下压板；3—保护板；4—"狗骨式"橡胶膨胀节；5—螺栓；6—螺钉；7—螺母；8—垫圈；9、10—锁定垫圈；11—中间连接件；12—接颈

该机组凝汽器除接收低压缸的排汽之外，还有低压旁路扩容器的排汽、给水泵小汽轮机的排汽、1号低压加热器和轴封冷却器的疏水，以及凝汽器扩容箱的排汽和疏水。此外，凝汽器还接入补水管路和凝结水再循环管路等。

由于循环冷却水取自长江入海口处的江水，既含盐又含泥沙，所以凝汽器管子采用钛管。钛管材料密度小、化学性能稳定、抗腐蚀性能强，硬度、强度也很高，对含有泥沙的循环水有很好的抗冲蚀和抗腐蚀能力。故管壁可以薄一些，这对提高换热性能也有好处。

凝汽器分对称的A、B两侧，每侧有四个"教堂窗式"管束。A、B侧各有一个进水室、后水室（回水室）和出水室，循环水从水室下部进水口接入，随后平行流过两个管束，进入后水室混合，在水平转向后，从另外两个管束流过，进入出水室，再从出水室盖板上的出水口排出。进水室的形状按最小循环压损设计。各水室内涂有环氧树脂保护层，防止循环水对水室的腐蚀。此外，水室内还采用阴极保护法来防止金属的电化学腐蚀，即用比水室金属电位更低的金属通过导体与被保护的阴极金属相偶接，这样外加的金属成为阳极（即牺牲阳极）而不断被腐蚀，而与之相偶接的金属受到保护。凝汽器运行时，牺牲阳极的表面呈现腐蚀产物及材料的磨损。根据规定的时间间隔，用测量电位的方法来检查牺牲阳极及其连接件是否完好；检修时，如果牺牲阳极及其连接虽然完好，但预计其剩余的"牺牲量"不足以保证凝汽器运行到下一个计划检修周期，那么就要更换牺牲阳极及其连接件。

沿管束长度在垂直方向上装有中间管板，用以支撑和固定钛管，并起减振作用。蒸汽进入凝汽器时，并不是均匀、稳定的，而是有一定程度的波动和冲击作用，故中间管板数量和位置的确定应注意满足防振的要求。该凝汽器有96块中间管板，间距为744mm。

疏水扩容箱设置在凝汽器的机头、机尾外侧。扩容箱是一个立式的圆柱形容器。管道疏水进入扩容箱后扩容膨胀，并喷水降温，扩容后的蒸汽从扩容箱顶部送入凝汽器颈部回收，疏水从扩容箱底部经U形密封管送入凝汽器底部的热井。

凝汽器处在真空条件下运行，一旦真空系统的严密性遭到破坏，空气漏入，就直接影响汽轮机的排汽压力，使蒸汽的做功能力下降，降低循环的热效率，同时使凝结水中的含氧量增加。如果钛管发生泄漏，循环水漏入汽侧，使凝结水水质恶化。因此，必须对凝汽器的真空和水质进行连续监视，发现泄漏时及时予以补正。

当循环水漏入凝汽器汽侧时，凝结水的含盐量大大增加，凝结水的电导率和 Na^+ 明显增加。所以，检测出凝汽器凝结水的电导率和 Na^+ 如果明显增大，则可判定钛管已经发生泄漏，必须采取相应补正措施。

凝汽器的水位是凝汽器运行时的主要监视项目之一。该凝汽器正常水位要求在 1.125～1.425m 的范围内。当水位低至 1.125m 时，打开凝结水正常补水阀，补水至 1.425m 为止。当水位高至 1.75m 时，打开凝结水正常溢流阀，将凝结水从轴封冷却区后溢流至补给水箱；当水位高至 1.85m 时，发出"凝结水水位高"报警信号；当水位高至 2.6m 时，发出"特高"报警信号。当水位低至 1.05m 时，打开凝结水紧急补水阀，同时发出"凝结水水位低"的报警信号；当水位低至 0.9m 时，以"三取二"信号控制相应的凝结水泵，令其停止运行，同时控制备用凝结水泵不能启动。

凝汽器运行一段时间后，循环水中的杂物会堆积、阻塞在钛管的进水管口上，靠循环水的正常流动是冲不掉的，必须进行反冲洗，即让循环水反向流过管束，将管口上的杂物冲掉。

凝汽器钛管水侧可能被水中杂物污染，小水生物寄生而直接影响传热效率，增加阻力甚至减少循环水量，因此设置了加氯系统和胶球清洗系统，以便防止水生物寄生和必要时对钛管管束进行胶球冲洗。

【实例 5-2】 北仑发电厂 2 号 600MW 汽轮机配有一套双背压、双壳体、双进双出、单流程凝汽器（低压凝汽器 A 和高压凝汽器 B）。凝汽器与低压缸也是采用"狗骨式"的连接方式。其主要技术参数（在额定功率 620.67MW 条件下）如表 5-3 所示。

表 5-3　　　　　　　　　　　　　　凝汽器主要技术参数

技术参数	低压凝汽器	高压凝汽器
冷却面积（m^2）	15020	15020
管子清洁系数	0.95	0.95
传热系数［$kJ/（h \cdot m^2 \cdot ℃）$］	13959	14450
背压（kPa）	4.11	5.39
汽轮机排汽量（kg/h）	555527	552420
小汽轮机排汽量（kg/h）	28739	29649
凝汽器热负荷（GJ/h）	1297.2	1272.7
循环水流量（海水，m^3/h）	61200	
进口处循环水温度（℃）	20	25.18
出口处循环水温度（℃）	25.18	30.26
循环水温升（℃）	5.18	5.08
循环水管内流速（m/s）	2.28	
循环水水阻（kPa）	69.5(7.1mH$_2$O)	
凝结水温度（℃）	29.5	34.2
热井容量（最高水位，m^3）	120.9	
凝汽器管子、管板材料	纯钛	
凝汽器管子直径/壁厚（mm）	24/0.5 (0.6)	
凝汽器管子数量（根）	35892	
凝汽器管子有效长度（m）	11.1	

技术参数	低压凝汽器	高压凝汽器
凝汽器管板尺寸（高×宽×厚，mm）	4090×3330×28	
凝汽器管板数量	2×4	
中间管板材料	碳钢	
中间管板数量	15×4	
管子与管板连接方式	胀管加焊接	

高、低压凝汽器分别通过其支座框架直接座落在零米层的 7 块基础台板上，其间用地脚螺钉固定成刚性支撑。位于中间处的 2 块基础台板与凝汽器支座框架之间用角焊焊死，作为高、低压凝汽器膨胀的固定点（死点），其余基础台板与凝汽器支座框架之间设有聚四氟乙烯滑动垫板，该处支座框架上的螺栓孔均为长扁形孔，便于凝汽器的膨胀。基础台板的下部都带有锚脚，而且用混凝土固定。

每个凝汽器各有 2 个前水室和 2 个后水室，水室呈钟罩形结构，有利于循环水的流动。水室内衬有厚度为 3mm 的氯丁橡胶，每个水室设有 2 个人孔门。每个凝汽器内设有相互独立的 2 组管束，半个凝汽器可作单侧运行。凝汽器内管子均朝循环水流的反方向倾斜，其两端的高度差为 50mm，以便于凝汽器停运后管子的疏水。凝汽器的每个管板、每一通道都分别设有凝结水取样点，便于检查凝汽器是否泄漏。凝汽器壳体、管板与水室之间的连接采用法兰、螺栓连接方式。

高、低压凝汽器颈部内分别装有 2 号、1 号低压加热器、汽轮机旁路系统的减温器；小汽轮机的排汽，低压旁路的排汽也分别通过凝汽器颈部进入凝汽器。低压凝汽器侧面装有疏水扩容箱，疏水在扩容箱内经扩容减温后流入热井，其减温水来自凝结水系统。

正常运行时，高、低压凝汽器的两组管束同时投入运行。如有需要，可将其中一组管束关闭，凝汽器作单侧运行。低压凝汽器热井内的凝结水通过连接管 $\phi800$ 流向高压凝汽器的热井，并会同其凝结水由两路 $\phi914×7.92$ 管道分别通往两台凝结水泵。该凝汽器水位的控制动作指标如表 5-4 所示。

表 5-4　　凝汽器水位的控制动作指标

热井水位（mm）	控制动作	热井水位（mm）	控制动作
≤1080	发出报警信号	≥1360	关闭水位调节阀
≤1030	事故电动补水阀打开	≥1400	发出报警信号
≤200	报警，凝结水泵跳闸（信号 3 取 2）	≥1540	放水阀打开
≥1280	事故电动补水阀关闭		

当凝汽器的压力大于 20kPa 时，汽轮机跳闸。

该凝汽器也设有循环水加氯系统和胶球清洗系统，以防止水生物寄生和清除管内积污。

二、凝结水泵

凝结水泵将凝汽器热井中的凝结水输送至除氧器的水箱。凝结水在被输送过程中，还要经过精处理，清除杂质后先经过低压加热器，再进入除氧器的水箱。

汽轮机组通常设有两台互为备用的 100% 凝结水泵，一台运行，另一台备用。几个典型机组凝结水泵的主要技术参数如表 5-5 所示。

表 5-5　　　　　　　　　　　　　凝结水泵主要技术参数

机　　　组	北仑发电厂 1 号机	北仑发电厂 2 号机	石洞口二电厂机组
台　　　数	2	2	2
设计流量（m³/h）	1776	1810	1760
设计扬程（m）	323	305	270
转速（r/min）	1000	1485	1480
功率（kW）	1846		1618
泵效率（%）	83.5	81	80
最小流量（m³/h）		400	600
最小流量时扬程（m）		425	313
电动机功率（kW）	2050	2050	1670

图 5-5 是北仑发电厂 2 号机组的凝结水泵剖面图；图 5-6 是该泵的性能曲线图。

由图 5-5 中可以看出，该泵是立式、双吸式离心泵，共有 5 级。凝结水泵的筒体悬挂、固定在凝结水泵坑内，其高度为 6900mm，5 级蜗形泵壳、短管、导管及出水导管之间采用法兰、止口连接方式，各法兰止口的结合面处都有 O 形密封圈，其材料为合成橡胶。叶轮端部与泵壳内壁之间的密封处都分别装有可更换的壳体和叶轮磨损环。泵轴由上、中、下三部分组成，各轴之间均采用对开式套筒联轴器连接。上轴顶部与电动机轴之间采用带法兰的套筒式联轴器连接；推力轴承位于电动机侧；下轴处套装有 5 级叶轮，第一级叶轮为双吸式，其余四级均为单吸式。整个泵轴共设有 9 个导向的径向轴承，分别位于首级叶轮两端、1 号泵壳上端部、2～5 号泵壳出水侧、导管出水端（中轴处）和上轴的上部。这些导向轴承全部是橡胶轴承。泵轴的轴颈处都装有轴套。

凝结水泵进口处的管道上配有手动碟阀和滤网，其出口管道处分别装有止回阀、电动隔离阀、流量测量装置和最小流量管道。

凝结水泵可在主控制室内进行启、停操作，在就地控制盘上设有紧急停泵按钮。

当满足下列条件时，才可以启动凝结水泵。

（1）凝汽器热井水位高于 200mm；

（2）凝结水泵进口阀全开；

（3）凝结水泵最小流量阀全开；

（4）除氧器水位低于最高水位；

（5）凝结水泵出口电动阀全关或凝结水母管压力高于 2.9MPa。

凝结水泵启动后，打开其出口电动阀，待该出口电动阀全开后，备用凝结水泵的出口电动阀也打开，以便使该备用凝结水泵处于紧急备用状态。

当发生下列任一情况时，发出报警信号，运行的凝结水泵跳闸，备用的凝结水泵即自动启动。

（1）运行泵出口电动阀未开，延时 80s 后；

（2）运行泵进口阀全关；

（3）手动按下就地紧急停机按钮；

（4）运行泵电动机推力轴承温度达到或高于 90℃；

（5）运行泵电气故障。

当发生下列任一情况时，发出报警信号。

（1）凝结水泵出口压力低于 2.9MPa；

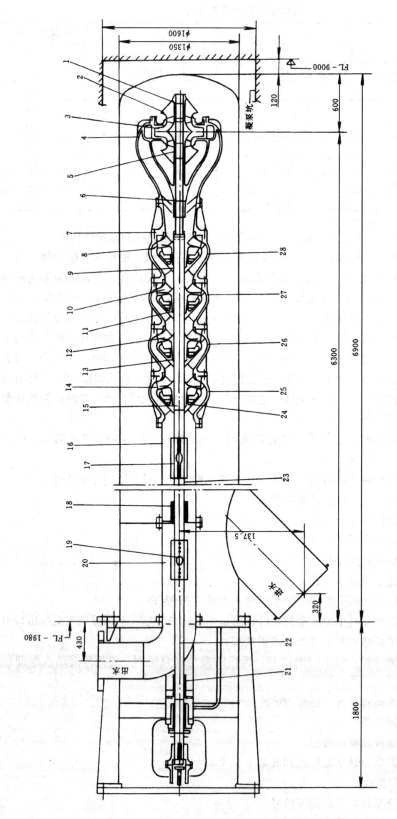

图 5-5　凝结水泵剖面图

1—1 号轴承；2—进水喇叭口；3—1 号叶轮；4—1 号泵壳；5—2 号轴承；6—3 号轴承；7—短管；8—2 号叶轮；9—4 号叶轮；10—3 号叶轮；11—5 号轴承；12—4 号叶轮；13—6 号轴承；14—5 号叶轮；15—下泵轴；16—导管；17、19—联轴器；18—8 号轴承；20—出水导管；21—9 号轴承；22—上泵轴；23—中泵轴；24—7 号轴承；25—5 号泵壳；26—4 号泵壳；27—3 号泵壳；28—2 号泵壳

汽轮机设备及其系统

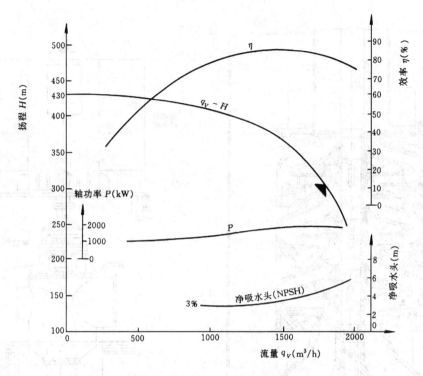

图 5-6　凝结水泵性能曲线图

（2）凝结水泵出口处滤网的前后压差大于 20kPa；

（3）除盐装置出口处凝结水温度高于 47℃；

（4）凝结水泵的轴封水和冷却水流量低于 70％正常流量（0.35m³/h）。

当发生下列任一情况时，应立即停运凝结水泵。

（1）凝结水泵电动机轴承温度达到或高于 95℃；

（2）凝结水泵电动机线圈温度高于 135℃；

（3）凝结水泵轴承温度高于 85℃；

（4）凝结水泵的振动加速度大于 0.8g（g—重力加速度，相当于定速下振幅为 0.636mm）。

北仑发电厂 1 号机组凝结水泵的结构性能与 2 号机组的大同小异。

图 5-7 是华能石洞口第二发电厂汽轮机组的凝结水泵剖面图；图 5-8 是其装置的外形图。

由图 5-8 可以看出，整个凝结水泵的静子重量由靠近泵的吸入及排出水管的泵壳台板支撑在混凝土基础上。电动机定子的重量由其混凝土基础承担。整个电动机转子及凝结水泵转子的重量由设置在电动机上的轴向推力轴承承受。

由图 5-7 可看出，凝结水泵共有 4 级叶轮，首级叶轮为双吸式叶轮，其余 3 级为单吸式叶轮。首级叶轮采用双吸式，是为了降低水在叶轮入口处的流速，使泵的必须汽蚀余量减小，有利于提高泵的抗汽蚀性能。

叶轮用键与泵轴周向定位，轴向定位则用轴肩及轴套。

为了使首级叶轮入口处的水流分布均匀，双吸式叶轮的两侧分别设有导流器。首级叶轮的排水由环形通道引入次级叶轮。后三级叶轮的排水通过扭曲式导叶依次导流。扭曲式导叶的进口边与泵的轴向平行。为了减少泄漏，叶轮两侧设有磨损环。叶轮上的磨损环的硬度比泵壳上的大，这样可以防止彼此咬住，同时泵壳上的磨损环磨损后可以更换。

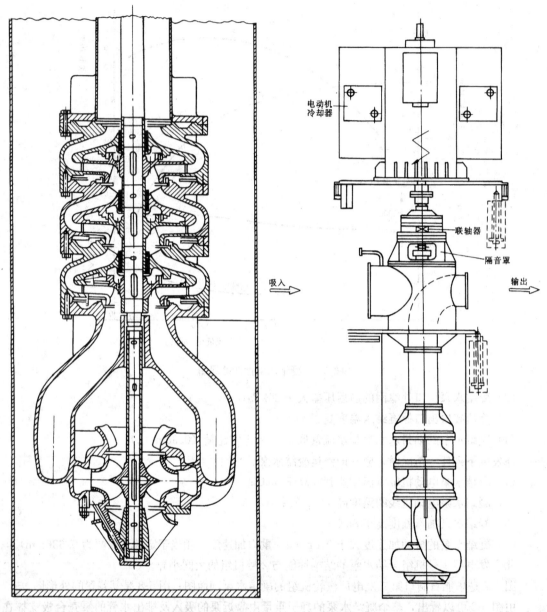

图 5-7 凝结水泵剖面图　　　　图 5-8 凝结水泵装置外形图

泵轴是由不锈钢制作的，分两段制造，彼此之间用套筒联轴器连接。由于泵轴较长，为了保证运行时泵轴的稳定性，在扭曲导叶与泵轴之间、首级叶轮排水流道与泵轴之间、泵轴顶端以及出水弯管前都设有径向滑动轴承。径向滑动轴承的材料是人造橡胶，由泵的压力水流润滑、冷却。泵轴顶端的轴承润滑水流由首级叶轮出口处引入，途中经过入口导流器的叶片内通道，然后回流入首级叶轮的入口处。电动机转子、凝结水泵转子的重量，以及 2～4 级叶轮的轴向推力，均由设在电动机上的轴向推力轴承承受。推力轴承是推力瓦块型的，浸沉在润滑油池里。油池里设有冷却用的盘管，盘管内通以冷却水，油池里还设有测温装置和油位计。

电动机转子与凝结水泵转子之间采用挠性联轴器连接。

首级叶轮上、下进口处的壳体设计成喇叭状，喇叭口内有整体铸造的导叶片，下喇叭口处还包含一个径向轴承。次末级叶轮对应的泵壳带有整体铸造的扭曲式导叶和径向轴承。泵壳的磨损环装在叶轮进口处，用以减少叶轮入口处的泄漏。泵壳上设计有定心用的凸肩，以便对中。

凝结水泵在运行时，其出口阀始终是打开的，由于凝汽器热井水位的变动，凝结水泵的流量相应地予以自动调节，以防止汽蚀，这就是汽蚀调节。凝结水泵的汽蚀调节，是将泵的出口阀全开，当汽轮机负荷变化（排汽量也变化）时，借助凝结水泵进水水位的变化来调节泵的出水量，达到汽轮机排汽量的变化与凝结水泵输水量之间自动平衡。当凝汽器热井的水位降低时，叶轮入口处液体的压力低于饱和压力，亦即必须的汽蚀余量 Δh_r 大于有效汽蚀余量 Δh_a，就会发生汽蚀。但是，汽蚀刚开始阶段，扬程下降的幅度并不大；如果到了汽蚀严重阶段，扬程发生垂直下降。水泵进口静压越高，就越不容易发生汽蚀。

图 5-9 是凝结水泵汽蚀调节原理曲线图。当凝汽器热井的水位为某值时，管道曲线与泵的 q_V—H 曲线交于 K 点，此时为正常工作。如果热井水位降低，则管道曲线与 q_V—H 曲线的交点将随水位的降低情况分别交于 K1、K2、K3…，而流量也分别为 q_{V1}、q_{V2}、q_{V3}…。可见，保持热井水位稳定和保持泵处于 q_V—H 线上运行，就能保证凝结水泵的稳定运行。

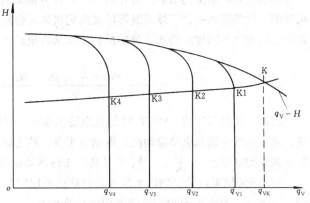

图 5-9　凝结水泵汽蚀调节原理曲线图

三、凝结水储存水箱及凝结水输送泵

凝结水储存水箱用来储存经化学处理后的除盐水，并用作凝结水的水源及补给水（北仑发电厂 2 号机组的凝结水储存水箱容量为 1400m³）。

凝结水输送泵用来将凝结水储存水箱内的除盐水输送到凝汽器热井和密封水系统，并向下列系统或设备注水：

（1）凝结水系统；

（2）闭式循环冷却水系统；

（3）锅炉上水；

（4）2 号、1 号低压加热器疏水箱；

（5）除氧器水箱。

凝结水输送泵可在就地控制盘或在主控室内进行启、停操作。当凝结水储存水箱的水位高于低—低水位时，即可启动凝结水输送泵。当发生下列任一情况时，凝结水输送泵即自动停运。

（1）凝结水储存水箱内的水位低于低—低水位；

（2）凝结水输送泵进口滤网前后的压差大于 0.025MPa；

（3）凝结水输送泵电气故障。

凝结水储存水箱的水位由其进口阀控制。当箱内水位太低而除盐水的电导率合格时，该阀打开；当水位太高或除盐水的电导率不合格时，该阀关闭。

四、凝结水收集箱及凝结水收集泵

凝结水收集箱用来收集和储存汽动给水泵和电动给水泵的轴封回水及轴封冷凝器的疏水。凝结水收集泵维持凝结水储存水箱内的储存水位。泵的进口处设有滤网。凝结水收集泵可在就地或主控室内控制其启、停，水位太高时该泵启动，水位太低时该泵停运。

第六章

给水系统及其设备

给水系统的主要功能是将除氧器水箱中的主凝结水通过给水泵提高压力，经过高压加热器进一步加热之后，输送到锅炉的省煤器入口，作为锅炉的给水。此外，给水系统还向锅炉再热器的减温器、过热器的一、二级减温器以及汽轮机高压旁路装置的减温器提供减温水，用以调节上述设备出口蒸汽的温度。给水系统的最初注水来自凝结水系统。

第一节 系统概述

我国目前已采用的 600MW 汽轮机组给水系统主要设备包括两台 50％的汽动给水泵及其前置泵，驱动小汽轮机及驱动电动机，电动给水泵、液力联轴器及其驱动电动机，电动给水泵的前置泵及其驱动电动机，8 号、7 号、6 号高压加热器等设备以及管道、阀门等配套部件。

对于 600MW 汽轮机的给水泵组，目前已采用的基本配置是：两台 50％的纯电调汽动给水泵和一台 25％～40％的液力调速的备用电动给水泵。

为了适应机组运行时负荷变化的要求，汽动给水泵和电动给水泵要有灵活的调节功能。要求汽动主给水泵的小汽轮机的调速范围为 2700～6000r/min，允许负荷变化率为 10％/min；要求电动给水泵组从零转速的备用状态启动至给水泵出口的流量和压力达到额定参数的时间为 12～15s；要求主汽轮机负荷在 75％ 以下时，给水调节功能应能够保证锅炉汽包水位在 ±15mm 范围内变化，不允许≥±50mm（对于直流锅炉，则要求保证压力、流量在允许的范围内）。一般给水泵的出口不设调节阀，前置泵的流量等于或略大于主给水泵的流量。小汽轮机的汽源，通常采用高压蒸汽和低压蒸汽联合（可相互切换）供汽，以便满足给水泵小汽轮机调节品质的要求。

为了具体地了解给水系统的功能和设备配置情况，以北仑发电厂 2 号机组的给水系统为例加以介绍。

北仑发电厂 2 号汽轮机给水系统，如图 6-1 所示。

该给水系统配备了两台 50％的汽动给水泵及其前置泵，一台电动给水泵及其前置泵，两台 50％的小汽轮机，驱动电动给水泵的电动机、驱动前置泵的电动机，6～8 号高压加热器等设备以及管道、阀门等配套部件。

一、汽动给水泵组

由图 6-1 可以看出，两台汽动给水泵与其前置泵的连接管之间设有连通管，使给水泵与前置泵除作一一对应的运行方式之外，在单泵运行时，还可通过阀门切换作交叉运行。

汽动给水泵的前置泵（LP）进口管道处设有手动隔离阀、流量测量装置和滤网。当该滤网前后的压差达到 0.13MPa 时，发出报警信号；滤网的上游设有安全阀，其整定压力为 1.5MPa。前置泵的出口管道处设有止回阀、手动隔离阀，而止回阀的上游管道上接有再循环（小流量）支管，前置泵出口的给水经流量调节阀后回到除氧器水箱。

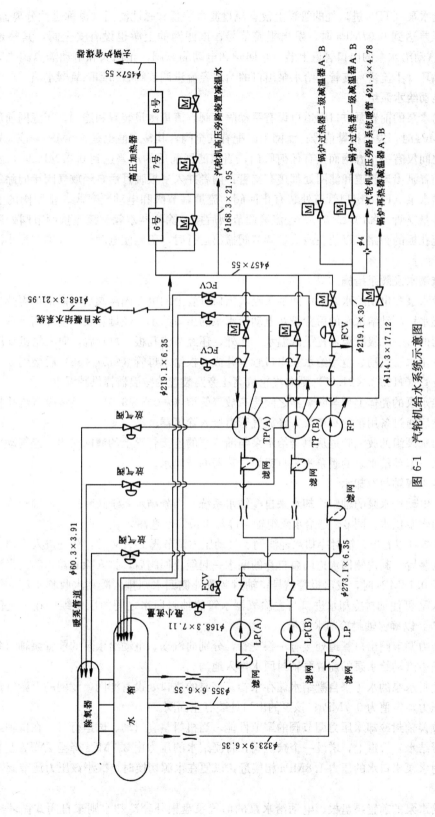

图 6-1 汽轮机给水系统示意图

汽动给水泵（TP）进口处的管道上设有流量测量装置和磁性滤网（也称磁性分离器）。当滤网前后的压差达到 0.07MPa 时，发出报警信号；该滤网的上游也设有安全阀，其整定压力为 2.8MPa。汽动给水泵的出口管道上装有止回阀和电动隔离阀，止回阀和电动隔离阀之间的管道上接有再循环（小流量）支管，给水泵出口的给水经流量调节阀后回到除氧器水箱。

二、电动给水泵组

电动给水泵的前置泵进口管道也设有手动隔离阀、流量测量装置和滤网。当滤网前后的压差达到 0.13MPa 时，发出报警信号；滤网上游配有安全阀，其整定值也是 1.5MPa。该前置泵与电动给水泵之间仅有一个滤网而没有任何阀门，当该滤网前后的压差达到 0.07MPa 时，发出报警信号。在前置泵出口管道和滤网处都接有支管，两者并入一根暖管后，经放气阀接向除氧器。

电动给水泵（FP）出口管道处装有止回阀、流量调节阀和电动隔离阀。止回阀的上游处也设有最小流量支管（φ219.1×30），经流量调节阀后接入除氧器水箱。该流量调节阀处还设有多级减压节流孔板的旁路，以便在该流量调节阀撤出运行时，仍能使电动给水泵维持最小流量工况（再循环）运行。

三、减温水及暖泵措施

汽动给水泵和电动给水泵的中间抽头经其出口母管上的电动隔离阀后，向锅炉再热器的减温器提供减温水；汽动给水泵的后置级及电动给水泵的出口给水，经母管及电动隔离阀后，分别向锅炉过热器的一、二级减温器提供减温水。此外，还经节流孔板（φ4）后，向汽轮机高压旁路系统提供暖管用水；汽动、电动给水泵出口管合并成一根给水母管（φ457×55）后接到 6 号高压加热器，其支管（φ168.3×21.95）则向汽轮机高压旁路装置的减温器提供减温水。

汽动给水泵的壳体上部与除氧器之间接有放气管道（φ60.3×3.91），经多级节流孔板后接入备用泵，然后通过备用泵的平衡管，经放气管道接入除氧器。

电动给水泵组的放气管道从电动给水泵与前置泵的连接管道上的滤网接出，经气动放气阀后接入除氧器。电动给水泵的暖泵水来自锅炉过热器的减温水。

四、给水泵轴封冷却水

汽动、电动给水泵的轴封冷却水来自凝结水系统。当凝结水系统故障时，该轴封冷却水则改由事故密封水泵供水。图 6-2 是给水泵组轴封冷却水系统示意图。

由图 6-2 可以看出，轴封冷却水经滤网、气动压力调节阀 PDCV 后，分别进入汽动、电动给水泵的轴封装置。其内侧回水连同泵自身的漏水一起经止回阀后，排入除氧器水箱。当滤网前后的压差高于 0.12MPa 时，发出报警信号；轴封装置外侧回水则排入凝结水收集水箱。气动压力调节阀 PDCV 可使轴封冷却水进口与去除氧器水箱的轴封回水之间的压差维持在一定值，即大于 0.09MPa，以确保轴封冷却水流量。

气动压力调节阀出口管道处接有一根支管，分别向汽动、电动给水泵的前置泵轴封装置提供冷却水，其中汽动给水泵的前置泵轴封回水排入地沟。

事故密封水泵的水源来自凝结水储存水箱。该泵的进口处设有滤网，滤网的上游管道配有安全阀，其压力整定值为 0.7MPa；该泵的出口处装有止回阀。

为了改善轴封冷却水压力调节阀的调节性能，当机组整套启动、试运行时，在供轴封冷却水的供水（凝结水）管道上，增设一个减压阀，将凝结水的压力由 3.7MPa 降至 2MPa 左右，使之与事故密封水泵出口水的压力 1.8MPa 相接近，以便在水源切换时，减小该压力调节阀上游的压力波动。

汽动给水泵的前置泵盘根、电动给水泵的前置泵盘根外套冷却水则来自闭式循环冷却水系统。

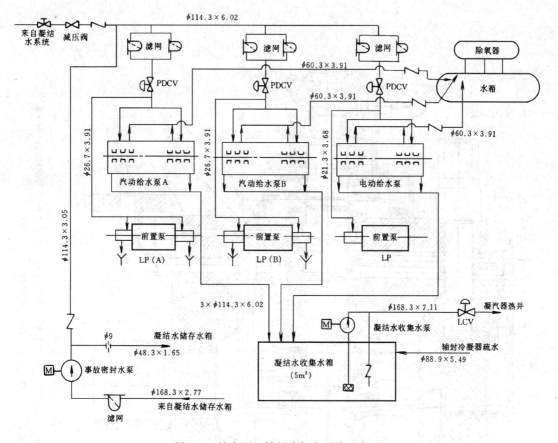

图 6-2 给水泵组轴封冷却水系统示意图

第二节 给水泵结构及技术参数

如前所述，600MW 汽轮机组配备了两台 50％的汽动给水泵及其前置泵和一台 30％的电动给水泵及其前置泵。运行时，给水泵及其前置泵同步投入。两台给水泵并联运行时，能够满足机组最大负荷的锅炉给水量，此时电动给水泵处于备用状态。电动给水泵主要用于启动工况和当两台汽动给水泵中有一台停运时，与仍在运行的汽动给水泵并联运行，以满足相应负荷的给水流量要求。

一、汽动给水泵及其前置泵

1. 汽动给水泵

随着工质参数的提高，给水泵出口处的压力也就随着提高。为了确保处于高压条件下部件的安全，目前 600MW 机组配备的给水泵为圆筒形、双壳体的结构形式。图 6-3 是汽动给水泵的结构示意图。

该泵为双壳体、筒形、双吸式五级卧式离心泵。它主要由外壳、端盖、内泵体（内泵体也称泵芯，包括内蜗壳、叶轮、主轴、套筒和轴承）等部件组成。

泵的外壳是无中分面的锻制圆柱筒。泵的进口管道与外壳采用法兰连接，出口管则采用焊接方法与外壳焊成一体。外壳的前、后端盖与外壳之间采用止口定位、螺栓螺母连接方式，端盖与壳体之间还设有密封垫片。前、后端盖上部处均焊有平衡管法兰，前、后端盖经平衡管相连通，

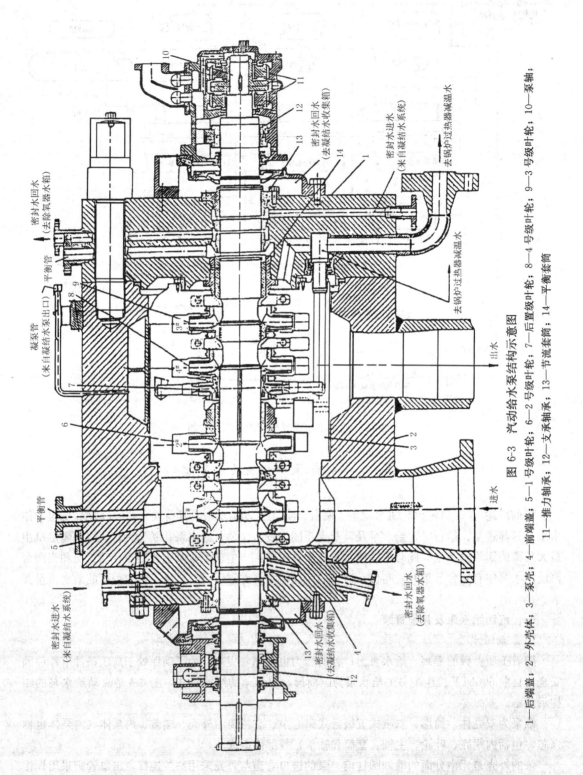

图 6-3 汽动给水泵结构示意图

1—后端盖；2—外壳体；3—泵壳；4—前端盖；5—1号级叶轮；6—2号级叶轮；7—后置级叶轮；8—4号级叶轮；9—3级叶轮；10—泵轴；11—推力轴承；12—支承轴承；13—节流套筒；14—平衡套筒

使给水泵进出口处的轴封均处于泵的进口压力之下。平衡管上还接有暖泵管道，该管道经一个隔离阀后接至除氧器，用于给水泵启动或停机时的暖泵和放气。后端盖内的平衡水能够减小 3 号叶轮进口处的泄漏量，使得 3 号叶轮进口处具有双层密封，压力水通过平衡套筒上的螺旋密封和泵的进口压力水密封。

泵的内壳体是双蜗壳形，上、下两半，法兰结构连接方式。内壳体套装在外壳之中，采用止口、密封垫片的定位密封方式，并通过后端盖将内壳体固定。内壳体内部包含着泵的转动部分——转子；内壳体和转子组成泵的螺旋形内芯——泵芯。整个泵芯体可以整体地从外壳内抽出，需要检修时，将螺旋形泵芯上半壳打开，整个泵的转子将看得很清楚，便于检查、检修。泵芯蜗壳的中分面经过磨光、不设垫片，在压力的作用下，密封良好。泵芯所有的蜗壳及流道铸造成一个整体部件。

内壳体采用双蜗壳的目的是为了平衡泵在运行时的径向力。因为径向力的产生对泵的工作极为不利，使泵产生较大的挠度，甚至导致密封环（磨损环）、套筒发生摩擦而损坏。同时，径向力对于转动的泵轴来说是一个交变载荷，容易使轴因疲劳而损坏。采用双蜗壳结构，将压水室分隔成两个对称部分，叶轮上半部的液体沿外蜗壳流出，叶轮下半部的液体沿内蜗壳流出，虽然外蜗壳与内蜗壳内沿叶轮的径向力分布不是均匀的，但由于上、下蜗壳相互对称，因此作用在叶轮上的径向力近似相等，彼此抵消，达到平衡。

泵芯的蜗壳内是泵的转动部分，包括叶轮、主轴、套筒、轴承等部件。在各级叶轮进出口、平衡套筒、中间套筒处，均设有可以更换的密封环，密封环轴向长度根据该处的压差而定，以减小泵芯与叶轮之间的轴向泄漏量。密封环与叶轮套筒之间的径向间隙约为 0.5mm。1、2 级叶轮5、6 以及后置级叶轮 7 与 3、4 级叶轮 9、8 为对称布置，以减小轴向推力。

叶轮为密封式结构，精密铸造而成，流道表面光洁，以保证较高的通流效率。1 级叶轮为双吸式结构，目的仍然是降低其进口流速，使其在较低的进口静压头下也不发生汽蚀，安全运行；其余各级叶轮均为单吸式结构。

叶轮上的叶片在叶轮进口处的布置采用延伸式。叶片延伸布置比平行布置做功面积大，进口处速度较低，能提高泵的抗汽蚀能力。但叶片在叶轮进口处不宜延伸太多，以免进口边叶片上、下端直径相差太大造成流角不同。通常取叶片进口边与转轴中心线成 30°～45°，如图 6-4 所示。

各级叶轮、平衡套筒和中间套筒与泵轴之间均采用过盈配合，且用平键固定。叶轮、套筒在装卸时，其加热温度约为 150～200℃。

泵轴两端的轴封装置均采用密封水、节流套筒的螺旋密封形式。螺纹齿顶与节流套筒之间留有径向间隙（单侧约为 0.15～0.22mm），轴封冷却水（即密封水）通过套筒上的节流孔流入螺纹槽与套筒内圆之间的间隙，当泵轴旋转时起轴向密封作用。

各级叶轮的进出口以及中间套筒与对应密封环之间，都采用径向密封的结构形式。叶轮的径向间隙设计值如表 6-1 所示。

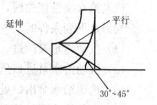

图 6-4　叶片进口边的布置示意图

表 6-1　叶轮的径向间隙设计值

叶轮号	1 左/右	2	3 进口/出口	4 进口/出口	后置级
间隙（mm）	0.46～0.54/0.51～0.59	0.53～0.60	0.53～0.60/0.46～0.53	0.46～0.52/0.51～0.60	0.51～0.56

各套筒处的径向间隙如表 6-2 所示。

给水泵的前后轴承都是圆筒形轴承，推力盘套装在泵轴端部，推力盘与推力轴承之间的间隙为 0.45～0.50mm。

表 6-2 各套筒处的径向间隙

名　称	节流套筒	平衡套筒	中间套筒
间隙（mm）	0.38～0.46	0.43～0.52	0.46～0.52

汽动给水泵及其前置泵的主要技术参数如表 6-3 所示。

表 6-3 汽动给水泵及其前置泵的主要技术参数

名　称		汽　动　给　水　泵				前　置　泵			
工　况		1	2	3	4	1	2	3	4
运行台数		2	2	1	1	2	2	1	1
工作温度（℃）		184.8	181	181	182.1	184.8	181	181	182.1
流量（m³/h）		1305	987	1590	1280	1305	987	1590	1280
动压力（MPa）		23.52	19.76	19.60	20.28	0.98	1.06	0.89	0.99
关闭压力（MPa）		30.33	23.72	30.33	25.15	1.13（最小流量时）			
所需净吸水压力	压降=0 时（MPa）	0.41	0.29	0.57	0.39	0.059	0.059	0.074	0.059
	压降=3%时（MPa）	0.31	0.22	0.46	0.31	0.049	0.049	0.059	0.049
转速（r/min）		5700	5040	5700	5190	1480			
效率（%）		84	85	82	86	83	77	84	83.5
轴功率（kW）		8960	5660	9350	7430	378	335	416	375
配备原动机		小汽轮机				电动机（460kW/3000V/105.2A，1500r/min，效率95.6%）			

注　表中工况：1—最大出力（保证）；2—额定工况（600MW，循环水温度20℃）；3—超出力工况；4—额定负荷（600MW，循环水温度33℃，一台汽动给水泵、一台电动给水泵）。

汽动给水泵的最小流量及压头（在转速 5700r/min 时）如下：

旁路阀全开时：≥400m³/h，28.62MPa；

旁路阀全关时：≥440m³/h，28.67MPa。

汽动给水泵性能曲线，如图 6-5 所示。

当满足下列条件时，汽动给水泵才能启动：

（1）汽动给水泵的进、出口阀门已经打开；

（2）汽动给水泵进口压力高于 0.8MPa；

（3）汽动给水泵出口处的最小流量阀已打开；

（4）汽动给水泵的放气阀已打开；

（5）除氧器水位高于低—低水位；

（6）汽动给水泵的前置泵已经正常投运；

（7）驱动给水泵的小汽轮机已具备启动条件。

当发生下列任一情况时，驱动汽动给水泵的小汽轮机跳闸停运，并发出报警信号：

（1）除氧器水箱的水位低至低—低水位；

（2）汽动给水泵的进口阀或出口阀未全开；

（3）汽动给水泵的振动幅值达到 90μm；

（4）汽动给水泵轴向位移达到 0.6mm；

（5）对应的前置泵跳闸；

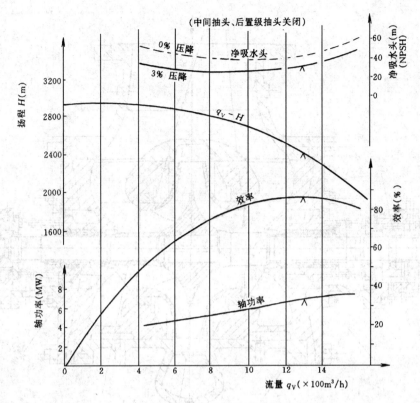

图 6-5　汽动给水泵性能曲线图

（6）当转速高于 2000r/min 时，流量小于 200t/h，延时 10s；

（7）汽动给水泵的轴承温度高达 90℃时报警，达 95℃时手动跳闸；

（8）汽动给水泵进口水压低于 0.8MPa，延时 5s；

（9）汽动给水泵轴封水进、出口压差低至 0.06MPa。

2. 汽动给水泵的前置泵

汽动给水泵的前置泵为单级、双吸、卧式离心泵。图 6-6 是该泵的结构示意图。

由图 6-6 中可以看出，泵轴两端的轴封采用盘根结构，其冷却水来自闭式冷却水系统。轴封盘根中部设有带节流孔的密封环，称为轴封的水封环。此处的密封水来自凝结水系统，该密封环与泵轴套筒之间的径向间隙设计值为 0.5mm。密封水经水封环上的节流孔流入盘根，其回水排入地沟。前置泵叶轮的两侧进口处均设有密封环，该密封环与叶轮之间的径向间隙设计最小值为 0.635mm。

图 6-7 为汽动给水泵前置泵的性能曲线；图 6-8 是汽动给水泵与其前置泵并列运行时泵组的性能曲线。

当满足下列条件时，汽动给水泵的前置泵才能启动：

（1）前置泵进、出口处的阀门已打开；

（2）前置泵出口的最小流量阀已打开；

（3）除氧器水箱的水位高于低—低水位。

当发生下列任一情况时，前置泵跳闸停运，并发出报警信号：

（1）前置泵的进、出口阀门未全开；

（2）前置泵的振动高达 4.6m/s^2；

（3）除氧器水箱的水位低至低—低水位；

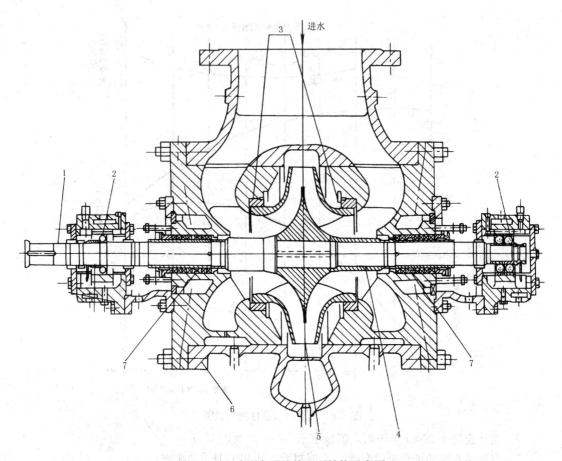

图 6-6　汽动给水泵的前置泵结构示意图

1—泵轴；2—轴承（推力轴承）；3—壳体磨损环；4—中间套筒；5—叶轮；6—泵壳；7—水封环

(4) 前置泵进口处流量小于 300t/h；

(5) 电动机电气故障；

(6) 事故停泵按钮按下。

二、电动给水泵及其前置泵

电动给水泵也称启动给水泵。电动给水泵（FP）与汽动给水泵除了驱动方式与汽动给水泵不同之外，其本体的结构性能与汽动给水泵的基本相同，也为双壳体、筒形、双吸、卧式离心泵，共有 5 级。图 6-9 是电动给水泵的结构示意图。

电动给水泵的前置泵为单吸、单级、卧式离心泵。

电动给水泵叶轮处的轴封径向间隙如表 6-4 所示。

表 6-4　　　　　　　　　　　　　　轴 封 径 向 间 隙

叶 轮 号	1 右	1 左	2	3	4	5
间隙（mm）	0.48~0.55	0.51~0.58	0.46~0.53	0.46~0.52	0.46~0.52	0.46~0.52

套筒处的轴封间隙如表 6-5 所示。

表 6-5　　　　　　　　　　　　　　套筒处的轴封间隙

名　称	轴封套筒	平衡套筒	中间套筒
间隙（mm）	0.38~0.42	0.38~0.46	0.38~0.45

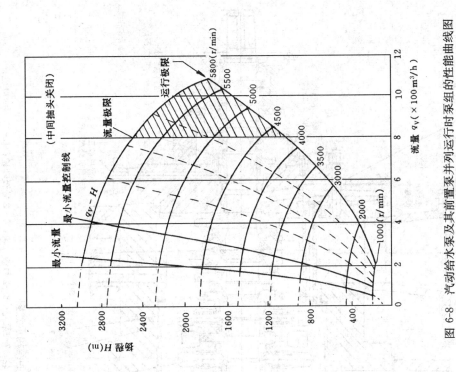

图 6-8 汽动给水泵及其前置泵并列运行时泵组的性能曲线图

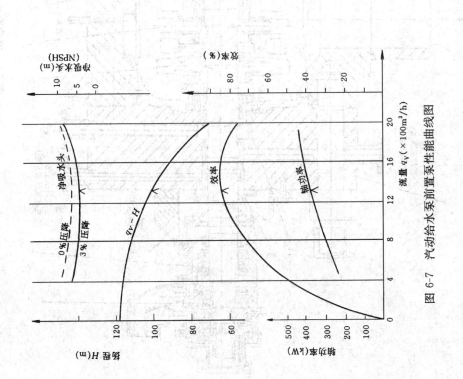

图 6-7 汽动给水泵前置泵性能曲线图

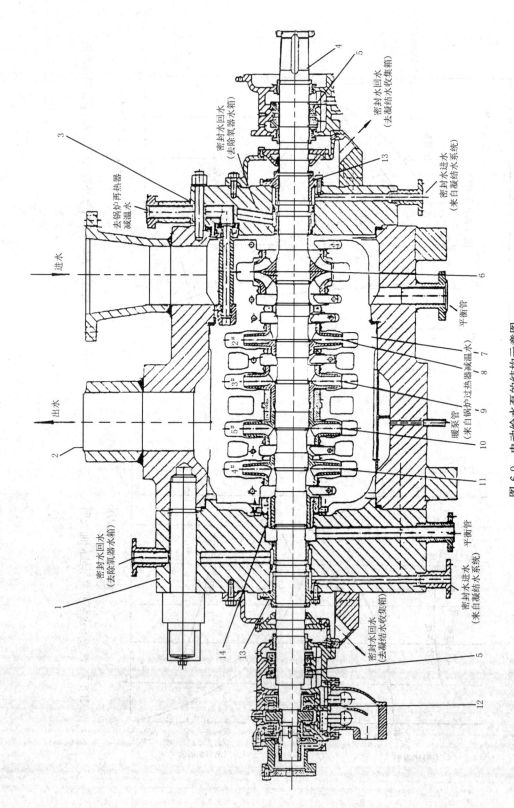

图 6-9　电动给水泵的结构示意图

1—后端盖；2—外壳；3—前端盖；4—泵轴；5—支承轴承；6—1号级叶轮；7—泵壳；8—2号级叶轮；9—3号级叶轮；10—5号级叶轮；11—4号级叶轮；12—推力轴承；13—节流套筒；14—平衡套筒

电动给水泵的前置泵（LP）叶轮密封环的径向间隙设计最小值为 0.61mm，其推力轴承（双列向心滚珠轴承）的轴向间隙设计值为 0.13～0.20mm。

电动给水泵及其前置泵的主要技术参数如表 6-6 所示。

表 6-6 <center>**电动给水泵及其前置泵的主要技术参数**</center>

名　称		电动给水泵			前　置　泵		
工　况		1	2	3	1	2	3
工作温度（℃）		182.8	181	182.1	182.8	181	182.1
流量（m³/h）		777	1000	777	777	1000	777
动压力（MPa）		23.57	19.43	20.34	0.93	0.80	0.93
关闭压力（MPa）		30.14	30.14	26.61	1.11（最小流量时）		
净吸水压力	压降=0%时（MPa）	0.27	0.33	0.25	0.049	0.078	0.049
	压降=3%时（MPa）	0.19	0.25	0.18	0.039	0.069	0.039
转速（r/min）		5800	5800	5450	1485	1485	1485
效率（%）		81	73	80	81.5	78	81.5
轴功率（kW）		5565	6555	4860	220	255	220
配套电动机		6700kW/10000V/436A，1500r/min，效率 97.5%					

注　表中工况：1—最大出力；2—超出力；3—额定负荷（600MW，循环冷却水温 33℃，一台汽动给水泵和一台电
动给水泵并联运行）。

图 6-10 和图 6-11 分别是电动给水泵及其前置泵的性能曲线。

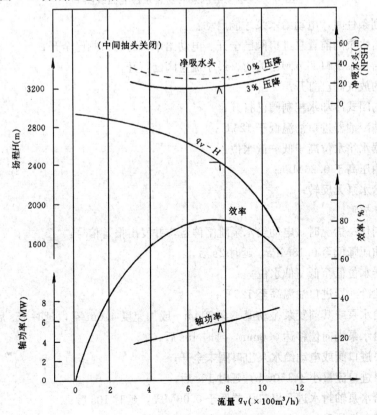

图 6-10　电动给水泵性能曲线图

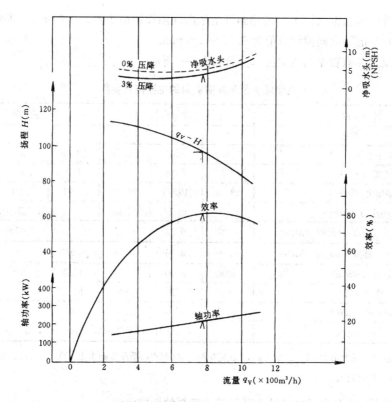

图 6-11 电动给水泵的前置泵性能曲线图

当满足下列条件时，电动给水泵才能启动：

(1) 电动给水泵的前置泵进口阀已全开、电动给水泵的出口阀已全开；

(2) 电动给水泵出口调节阀已关闭、最小流量阀已打开；

(3) 泵组的放气阀已打开；

(4) 泵组的闭式冷却水控制阀已打开；

(5) 工作油冷油器进口油温低于 125℃；

(6) 除氧器水箱水位高于低—低水位；

(7) 润滑油压高于 0.26MPa；

(8) 电动给水泵无反转；

(9) 无电气故障。

当发生下列任一情况时，电动给水泵跳闸停运，并发出报警信号：

(1) 润滑油压降低至 0.18MPa，延时 2s 后；

(2) 除氧器水位低至低—低水位；

(3) 工作油冷油器进口油温高至 125℃；

(4) 电动给水泵或其前置泵振动值高至 90μm—或加速度 4.6m/s^2，延时 15s 后；

(5) 电动给水泵轴向位移达 0.6mm，延时 15s 后；

(6) 前置泵进口阀或电动给水泵出口阀未全开；

(7) 前置泵进口流量小于 150t/h，延时 10s 后；

(8) 电动给水泵轴封水进、出口压差低于 0.06MPa，延时 10s 后；

(9) 电动机电气故障；

（10）事故跳闸按钮按下。

三、电动给水泵液力传动装置

主给水泵由小汽轮机驱动，在变工况时，可以改变小汽轮机的转速满足不同负荷的要求。电动给水泵由定转速的电动机拖动，在变工况时，只能依靠液力联轴器来改变给水泵的转速，以满足相应工况的要求。

液力联轴器是利用液体传递扭矩的，可以无级变速。它的主要功能是可以改变输出轴的转速，从而达到改变输出功率的目的。

电动给水泵通过液力传动装置的液力联轴器与电动机连接。液力传动装置主要包括传动齿轮、液力联轴器及其执行机构（如滑阀、油动机、执行器等）、调节阀、壳体以及工作油泵、润滑油泵、电动辅助油泵和冷油器等部件。图 6-12 和图 6-13 分别是液力联轴器的示意图和剖面图。

液力联轴器主要由泵轮、涡轮、旋转内套、勺管等部件组成。泵轮与涡轮具有相同的形状、相同的有效直径（循环圆的最大直径），只是轮内的叶片数不能相同。一般泵轮与涡轮的径向叶片数相差 1~4 片，以免引起共振。

由图 6-12 可以看出，泵轮 1 装在主动轴（与电动机相连）3 上，涡轮 2 装在从动轴（与泵轴相连）4 上，泵轮与涡轮彼此不相接触，它们之间保持较小的轴向间隙，一般只有几毫米。旋转内套 5 用螺栓与泵轮相连。勺管 6 可以调节泵轮与涡轮内的工作油量，回油箱 7 是勺管的回油箱，外壳 8 是整个液力联轴器的外壳。

由图 6-12 中还可以清楚地看出，在沿旋转轴线的纵向截面上，泵轮和涡轮构成两个碗状结构，它们形成的腔室称为循环圆。循环圆内充满工作液体——工质，如汽轮机油。

当主动轴在原动机的驱动下以一定的转速 n_p 旋转，则循环圆内的工质在泵轮叶片的驱动下，从靠近轴心处流向泵轮的外周处，在流动过程中，工质从泵轮处获得了能量，因而工质在泵轮的出口处具有较大的动量矩 $\left(\int mvr\mathrm{d}r = \sum_{r_i}^{r_o} 质量 \times 速度 \times 质心半径 \right.$，其中 r_i—内半径；r_o—外半径 $\bigg)$。这些具有较大动量矩的工质沿着绝对速度的方向冲入涡轮。冲入涡轮内的工质，首先作用在涡轮的外周处的叶片上，然后沿着涡轮的径向流道，流向涡轮靠近从动轴的轴心处。在工质从涡轮的进口流向出口的过程中，工质的动量矩减小，涡轮则从工质获得了力矩，于是以 n_t 的转速转动起来，转动方向与泵轮相同，但转速 $n_t < n_p$。工质从涡轮出口处流出，动量矩已经很小了，但它又重新流入泵轮，在泵轮中它又获得了能量，于是在泵轮出口处的工质又具有较大的动量矩。这些工质又冲入涡轮的流道，将能量传递给涡轮。以此不断循环，涡轮始终能从工质获得能量，并以转速 n_t 连续转动。

改变液力联轴器勺管的位置，可以改变液力联轴器循环圆内的工质流量，从而改变传递的力矩 M 和滑差 s（也即改变速比 i），使联轴器输出轴有适当的扭矩 M 和转速 n_t，按相应工况的要求驱动电动给水泵。

如果不计泵轮、涡轮内的流动阻力，那么泵轮和涡轮的力矩相等，即 $M_p = M_t$。若把两者的旋转角速度分别记作 ω_p 和 ω_t，不计机械损失和容积损失（工质泄漏等），则工质从泵轮得到的功率为 $M_p \omega_p$，涡轮从工质得到的功率为 $M_t \omega_t$，则联轴器的效率

$$\eta = \frac{M_t \omega_t}{M_p \omega_p} = \frac{\omega_t}{\omega_p} = \frac{n_t}{n_p}$$

可见，在不计流动损失、机械损失和容积损失的理想条件下，联轴器的传动效率等于它的转速比。

另外，速比 i 与滑差 s 有如下关系

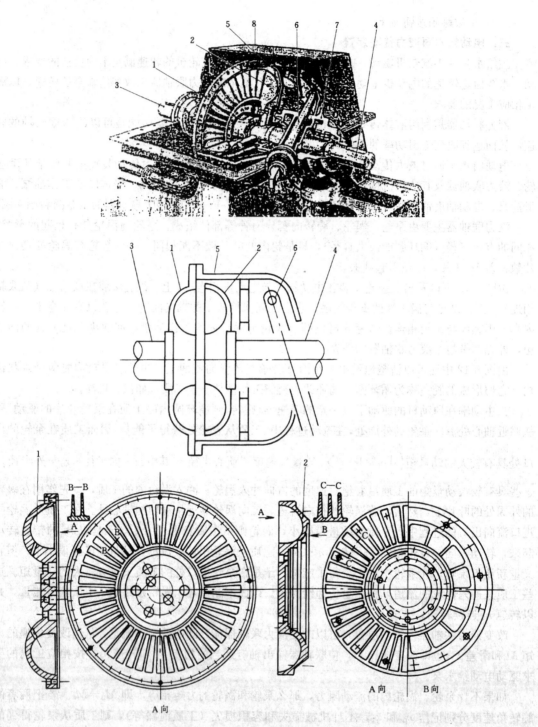

图 6-12　液力联轴器示意图

1—泵轮；2—涡轮；3—主动轴；4—从动轴；5—旋转内套；6—勺管；7—回油箱；8—外壳

$$i=\frac{n_{\mathrm{t}}}{n_{\mathrm{p}}}=1-\frac{n_{\mathrm{p}}-n_{\mathrm{t}}}{n_{\mathrm{p}}}=1-s$$

　　也就是说，滑差等于转速差除以泵轮转速（北仑发电厂 2 号机组采用的液力联轴器满负荷时的滑差为 3%，华能石洞口第二发电厂 600MW 机组采用的液力联轴器满负荷时的滑差为

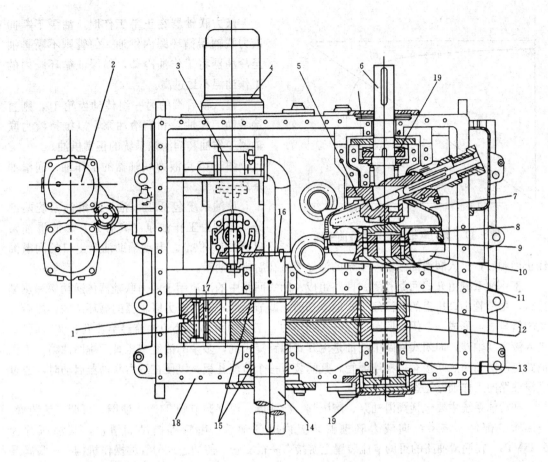

图 6-13　液力联轴器剖面图

1—输入轴传动大齿轮；2—滤网；3—电动辅助油泵；4—电动辅助油泵电动机；5—勺管上壳体；6—液压联轴器输出轴（涡轮轴）；7—液压联轴器壳体；8—勺管下壳体；9—涡轮；10—涡轮壳；11—泵轮；12—泵轮轴传动小齿轮；13—泵轮轴；14—输入轴；15—轴承；16—润滑、工作油泵传动齿轮；17—滑润、工作油泵；18—壳体；19—推力轴承

3.3%）。

在工质物性参数保持恒定时，泵的扭矩 M、联轴器效率 η 与速比 i 的变化关系，称为液力联轴器的外特性。图 6-14 是液力联轴器的外特性曲线。

由图 6-14 可以看出，液力联轴器的效率 η 随着速比 i 的增大呈直线增大，而扭矩 M 则呈下降趋势。当到达 A 点之后，扭矩 M 迅速下降，当 $i=0.99$ 时，$M=0$。对液力联轴器的要求是既要有高的效率，又要有足够大的扭矩 M，故通常设计时取 $i=0.95\sim0.975$。

从图 6-13 可以看出，在液力联轴器的输入轴上装有传动大齿轮 1，大齿轮又驱动泵轮轴上的小齿轮 12，由于小齿轮是直接装在泵轮轴上的，故大齿轮使小齿轮增速，泵轮轴与小齿轮同步旋转。此时，泵轮通过工质驱动涡轮旋转。

液力联轴器工作时，泵轮与涡轮形成的循环圆内大部分是工作油，小部分是空气。在运行过程中，循环圆内的油温将升高，在速比 $i=0.666$ 时，液力联轴器的功率损失最大，因此油温最高。循环圆内油温升高，空气受热膨胀，有可能使泵轮与涡轮爆炸损坏。为此，在旋转内套上装有易熔塞，当循环圆内的油温升高至 160℃时，易熔塞熔化，循环圆内的工作油连同空气一起从熔塞孔排出，涡轮停止转动。

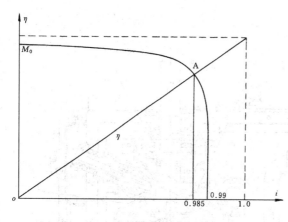

图 6-14　液力联轴器的外特性曲线图

液力联轴器在正常工作时，油泵不断向液力联轴器循环圆内供油，勺管则不断排油至冷油器将工作油冷却，以保证循环圆内的工作油温不致过高。

输入轴后端的另一组传动齿轮 16，则直接带动工作油泵和润滑油泵，以维持液力联轴器工作油和润滑油系统的正常供油。

图 6-15 是液力联轴器的工作油、润滑油系统示意图。

该油系统包括工作油、润滑油系统两部分，分别由工作油泵（离心泵）和润滑油泵（齿轮泵）供油。电动辅助油泵出口的润滑油经止回阀后，进入润滑油系统，多余的油经节流孔后排入油箱。

工作油系统由开式回路和闭式回路组成。闭式回路中的油流用于液力联轴器传递功率和热量排放，由勺管出口排出的油流经工作油冷却器、调节阀后，进入液力联轴器的循环圆内，然后又从勺管排出，形成一个闭式回路。在开式回路中，工作油泵出口处的油流经节流孔、调节阀后，进入液力联轴器，即闭式回路中的油是由开式回路提供的，多余的油经减压阀后排回油箱。工作油路与润滑油路之间接有一根连通管，其间装有一个节流孔板，以便在液力联轴器启动时，通过润滑油路向工作油路迅速注油。

润滑油系统主要包括润滑油泵、减压阀、冷油器、温度调节阀 TCV、滤网、可调节流装置、止回阀等部件。该系统向液力联轴器装置内的各轴承、齿轮等提供润滑油，其油压约为 0.35MPa。在润滑油路的可调节流装置上游接有一根支管，使油进入勺管的操作机构——滑阀及油动机，该路油（也即勺管的控制油）的油压约为 0.45～0.5MPa。润滑油系统还向电动给水泵的支持轴承、推力轴承、电动机轴承和齿形联轴器提供润滑、冷却用油。

工作油系统和润滑油系统各配有一台冷油器，其冷却水均来自汽轮机的闭式循环冷却水系统。冷油器的主要技术参数如表 6-7 所示。

表 6-7　　　　　　　　　　　　　　　冷油器主要技术参数

名　　称	工作油冷油器	润滑油冷油器
油量（L/min）	152	58
冷却水量（额定/最小，m³/h）	70/35	44/25
冷却水进/出口温度（℃）	38/53	38/41
工作/试验压力（MPa）	1.1/1.6	1.1/1.6

勺管的位置控制是通过气动执行器、凸轮/连杆传动机构、流量调节阀和滑阀/油动机来实现的。其动作过程是：当气动执行器使凸轮朝"满负荷输出转速"方向转动时，滑阀及连杆向左下侧移动，接通腔室 a，于是，从润滑油系统来的控制油进入油动机上部腔室，使油动机活塞连同勺管向右下侧移动，与此同时，与油动机活塞杆（即勺管）上斜块相接触的滚轮在其弹簧力的作用下，也随之贴紧斜块向左下侧移动，带动滑阀套筒下移，于是使滑阀又回到其初始位置（即腔室 a），切断油动机的进油，活塞便停止移动，此时勺管则处于一个新的位置；位于上部的另一个凸轮也同时作同方向转动，并通过连杆开大调节阀，进入液力联轴器的油量增大，使涡轮轴的输出转速升高。当气动执行器使凸轮朝"零输出转速"方向转动时，接通滑阀的腔室 b，勺管向

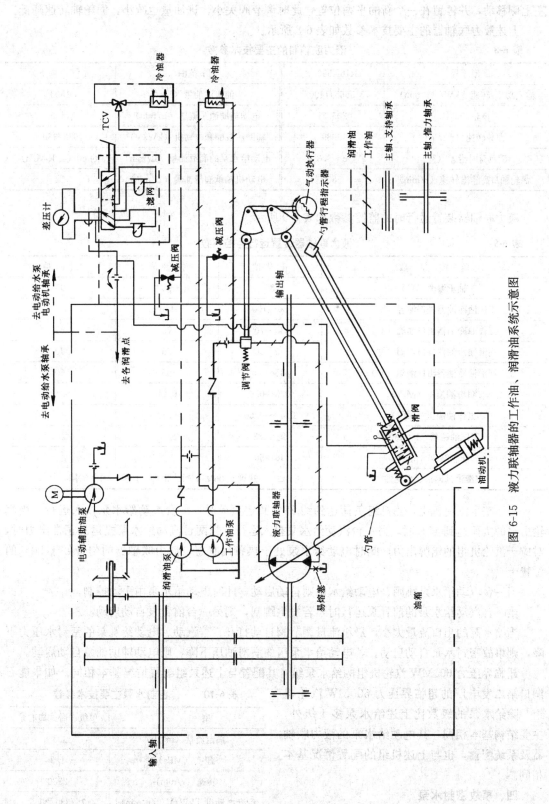

图 6-15 液力联轴器的工作油、润滑油系统示意图

左上侧移动，并停留在一个新的平衡位置，此时调节阀关小，进油量也减小，涡轮轴转速降低。

上述液力联轴器的主要技术参数如表 6-8 所示。

表 6-8 液力联轴器的主要技术参数

型 号	R16K550.1	调节范围	4∶1（向下）
输入功率/转速［kW/（r/min）］	5565/1490	油箱注油量（L）	1500
齿轮传动比	205/51	电动辅助油泵流量（L/min）	1445
泵轮转速（r/min）	5989	辅助油泵配套电动机（kW/V）	5.5/380
满负荷时滑差（%）	3～3.3	电动给水泵的润滑油量（L/min）	约 60（0.15MPa）
涡轮轴最高输出转速（r/min）	5800	电动机轴承润滑油量（L/min）	12

液力联轴器装置运行时的监控参数如表 6-9 所示。

表 6-9 液力联轴器装置运行监控系数

监 控 参 数	正 常 值	报 警 值	跳 闸 值
轴承温度（℃）	85	90	95
工作油冷油器进口油温（℃）	60～100	110	125
工作油冷油器出口油温（℃）	35～70	75	85
润滑油冷油器进口油温（℃）	45～60	65	70
润滑油冷油器出口油温（℃）	35～50	55	60
润滑油油压（MPa）	0.3～0.4	0.22	0.18
工作油油压（MPa）	0.45～0.50	0.32	
工作油流量（L/min）	约 1083		
油箱油位（mm）	40～60		
润滑油滤网前、后压差	达到 0.06MPa 时，报警、切换、清洗滤网		

对于整个汽轮机组，当机组负荷达到约 25% 额定负荷时，一台汽动给水泵投入运行。当汽轮机组的负荷达到 45% 时，另一台汽动给水泵投入运行。当两台汽动给水泵投运且正常出力时，对应于汽轮机组的铭牌出力，此时电动给水泵处于热备用状态，液力联轴器的勺管处于 50% 的位置上。

当一台汽动给水泵跳闸，电动给水泵则自动启动，此时电动给水泵由手动控制。

当一台汽动给水泵的前置泵运行时，若发生跳闸，则另一台前置泵自动启动。

当给水泵的出口流量太小，最小流量调节阀自动打开。若汽动、电动给水泵的密封水压力下降，则事故密封水泵自动启动。若电动给水泵组的润滑油压下降，则电动辅助油泵自动启动。

超临界压力 600MW 汽轮机组的给水泵组，其配置与上述泵组配置情况基本相同。如华能石洞口第二发电厂的超临界压力 600MW 汽轮机组，除给水泵的级数比上述给水泵多 1 级外，主要结构基本相同，其电动给水泵的液力联轴器及系统配置，也与上述机组的配置情况基本相同。

表 6-10 密封水泵主要技术参数

型 式	单级、卧式离心泵
额定流量（m³/h）	55
压头（MPa）	1.9
转速（r/min）	2980
配套电动机［kW/V/（r/min）］	75/380/2955

四、事故密封水泵

给水泵组配备有一台事故密封水泵。当凝

结水系统发生故障时，用其维持给水泵组的密封用水。当有一台给水泵处于运行中而密封水母管的压力低至2.1MPa时，该泵自动投入运行；当给水泵组停运时，该泵停运。北仑发电厂2号机组事故密封水泵的主要参数如表6-10所示

第三节　给水泵组运行与维护

汽动给水泵组和电动给水泵组的运行方法大致相同。在以下的叙述过程中，将其通称为给水泵组，或简称为泵组。

一、泵组启动前检查

泵组启动前应当进行如下的检查工作：

（1）电动给水泵的电动机已单独进行试运转，各项设计技术参数（尤其应注意其转速、转向、振动值等）符合设计要求；驱动给水泵的小汽轮机进行单独试运转，检查其调速系统的性能是否符合设计要求，除了要求其转速、转向、振动值等符合设计要求外，尤其是自动超速跳闸试验，要求在超过额定转速5%以上能够可靠地关闭小汽轮机的供汽。

（2）检查机械密封、轴端密封冷却水系统和轴端密封冷却器，打开冷却水隔离阀，充分打开冷却水节流、截断阀，检查冷却水的流量，并注意可靠地排出冷却水系统内的空气。

（3）注水，即将整个给水系统的所有容积充满合格的水，打开旁路阀周围的进口阀，使水充满进口管路、泵体和排出管路直至出口排出阀，直到排气管路不再逸出空气为止；排出所有压力表管路内的气体，直到空气不再排出（排气期间最高温度为80℃）。打开最小流量管路的截止阀，并保护它们防止其意外关闭。检查最小流量系统上控制阀的工作性能是否可靠。

（4）启动投运油系统（包括工作油系统和润滑油系统），检查给水泵的油系统和电动给水泵液力联轴器油系统的工作性能（如油压和轴承温度）是否符合设计要求。

（5）检查整个系统中所有监测仪表和控制机构是否符合设计要求、性能稳定、可靠。

（6）启动投运冷却水系统，检查前置泵机械密封处的泄漏量，检查给水泵轴封节流衬套的注入水系统工作是否正常。

（7）进行暖泵，即向冷态中的给水泵注入暖水，使其均匀受热。暖泵时间取决于泵的尺寸大小、级数、圆筒壁厚度、端盖厚度以及环境温度、泵的初始状态。暖泵过程需要全开泵的吸入口阀门，暖泵的热水必须流到泵的各个部位，并且连续不断。暖泵时，要注意泵轴端处注入式密封装置的注入水压力在最大压力以下。

二、泵组启动与试运转

从泵组总体考虑，给水泵组启动的条件是：

电动给水泵的电动机及其液力联轴器已做好启动准备；驱动给水泵的小汽轮机已作好启动准备；给水箱已充水且水位高于低—低水位；冷却水系统已投运；给水泵及其前置泵已暖泵且效果良好；电动给水泵液力联轴器的辅助油泵已投运且运行正常；液力联油器、电动机、电动给水泵的油压达到设计要求（上述例子为160kPa）；汽动给水泵的润滑油和工作油泵投入工作，油压达到设计要求（上述例子为150kPa）；所有监测仪表、控制机构已能够可靠地执行任务。

若以上条件已经达到，则电动给水泵的电动机可以启动，汽动给水泵小汽轮机可以开始盘车。

电动给水泵开始阶段的转速约为1500r/min（液力联轴器的最小输出转速），汽动给水泵初始阶段应慢慢增速直到2500r/min，此时应注意防止最小流量管路上的压力阀意外关闭。

此外，要开始检查油压及轴承温度，泵的压力，最小流量管路中流体的声音及温度，所有轴

承工作是否平稳，轴密封工作情况和注水系统工作情况是否正常；再次检查前置泵机械密封处的泄漏量和给水泵轴封节流衬套注水系统的工作情况；测试给水泵组的惰走时间。

三、启动和停机操作程序

启动、停机操作程序以华能石洞口第二发电厂600MW机组为例进行介绍。

1. 启动前的准备工作

投运冷却水系统。冷却水供应至冷却水室、前置泵轴端密封冷却器、润滑油冷却器、主油泵冷却器及电动机冷却器，并观察其流动情况。

检查前置泵机械密封冷却水回路的磁性分离器工作情况，如有堵塞，则进行清理。

打开最小流量回路人工控制隔离阀，关闭给水泵出口管路的阀门。

对泵组进行正常注水，此时应打开管路系统的排气阀（水温低于80℃时）；如果需要，可连续数次打开前置泵机械密封水回路的排气口（在水温低于80℃情况下）。

检查各个油系统油的充满程度，包括前置泵轴承箱、压力联轴器油箱内的充油情况。

打开暖泵回路系统上的阀门。

2. 电动给水泵启动前的检查和汽动给水泵盘车期间的检查

检查前置泵、给水泵、液力联轴器及电动机内部冷却水和给水回路上的泄漏情况。

检查前置泵、给水泵、液力联轴器及电动机油系统的泄漏情况。

检查前置泵机械密封温度及其监控功能，要求80℃时报警，95℃时跳闸停泵。

检查前置泵、给水泵、液力联轴器及电动机的轴承温度：前置泵80℃时报警，90℃时停泵；液力联轴器90℃时报警，95℃时停车；电动机90℃时报警，100℃时停机。

检查轴端密封注入水的压力、温度，要求压力不低于1.55MPa，进出口温差不大于30℃，进出口压差110～140kPa。检查电动机内的空气温度监控功能，140℃报警，145℃停机。

3. 启动

启动电动给水泵的电动机，此时液力联轴器输出转速约为1500r/min，并注意液力联轴器从该转速到最大输出转速应不超过15s。

启动汽动给水泵的前置泵，打开最小流量阀。当出口压力达到稳定状态时，打开出口阀，并启动汽动给水泵（即小汽轮机启动）。当小汽轮机的转速达到2500r/min、泵的输出流量≥360m³/h时，关闭前置泵的最小流量阀。

检查前置泵的机械密封温度、监视前置泵、给水泵、液力联轴器及电动机的轴承温度。

升高给水泵的转速，直到泵的出口压力几乎达到泵在正常工作时的压力。

打开给水泵的出口阀。

根据给水泵的性能曲线图，监视泵工作的极限曲线。

监视最小流量阀开关（开或关）的位置。电动给水泵流量小于250m³/h时打开最小流量阀，流量等于300m³/h时关闭最小流量阀；汽动给水泵流量小于400m³/h时打开最小流量阀，流量等于480m³/h时关闭最小流量阀。

检查轴封注入水系统的泄漏情况。

4. 泵组从启动至满负荷期间的监视

监视前置泵机械密封出口循环水温度，80℃时报警，95℃时停泵。

监视前置泵、给水泵、液力联轴器、电动机的轴承温度；汽动给水泵组轴承温度达到80℃时报警，90℃时停泵。

监视油压。当辅助油泵工作时，给水泵处的油压为120kPa，如降低到80kPa时则停泵。

监视滤网前后压差的情况，压差为70kPa时报警，压差为85kPa时滤网停用，进行清理。

监视前置泵机械密封的泄漏情况。

监视前置泵与给水泵流量的平衡情况。

监视轴封注入水系统的泄漏情况。

监视电动给水泵的工作油压力，当压力为220kPa时，发出报警信号。

5. 停泵操作程序

降低给水泵转速，由其他给水泵承担负荷；打开最小流量阀，并观察其开或关的位置；当给水泵转速降到最低转速时，关闭小汽轮机的进汽阀，测定惰走时间；启动辅助油泵；当给水泵组转速降到适当数值时（尚未停转），投入盘车；停用前置泵；关闭暖泵系统；关闭给水泵出口阀（注意：盘车情况下，进口阀必须仍然打开着）；当给水泵圆筒体温度降至80℃以下时，停用给水泵轴封注入水系统、停止冷却水供应、盘车退出、油系统停运。

四、给水泵故障、原因及处理

(1) 轴承温度太高，原因是润滑油流量不足、润滑油不清洁、轴承有缺陷（如安装不当），处理方法是增加润滑油量并将润滑油处理至合格，检查或重新安装轴承。

(2) 轴套内泄漏，轴套垫圈破损，应更换新的轴套垫圈。

(3) 泵不能输送给水，原因是泵未注水、泵转速太低、叶轮损坏或堵塞、吸入口堵塞、泵转向错误，处理方法是引水倒流入泵、检查泵的输入传动装置、清除堵塞物或更换叶轮、检查泵的传动装置转向是否正确。

(4) 泵的流量不足或压力低，原因是吸入口处有空气漏入、泵转速太低、吸入系统的汽蚀余量太低并有可能发生泵汽蚀、吸入口堵塞、叶轮损坏、泵转向错误，处理方法是检查吸入口是否泄漏、检查原动机的转速及传动装置是否正常、检查吸入管路系统、清除吸入口处的堵塞物、更换叶轮、检查传动装置的转动方向。

(5) 传动装置过载，可能是由于液体密度或流速变化造成的。

(6) 密封机构温度太高，原因是密封水管道堵塞、密封水的磁性分离器堵塞，处理方法是清除堵塞物，确保冷却水畅通。

(7) 密封泄漏，可能是密封面损坏，可检查密封面，如已损坏，则予以更换。

(8) 振动超标，振动大的原因很多，主要有泵的转子对中不良、转子弯曲、轴承有缺陷，处理方法是校正对中、检查转子的平直度，如已弯曲应予以较直，检查并整修轴承。

第七章

驱动给水泵小汽轮机及其系统

驱动给水泵的小汽轮机本体结构的组成部件与主汽轮机的基本相同，主汽阀、调节阀、汽缸、喷嘴室、隔板、转子、支持轴承、推力轴承、轴封装置等样样俱全。和主汽轮机类似，不同的制造厂，小汽轮机的具体结构也有所不同。如由 ABB 公司供货的华能石洞口第二发电厂的小汽轮机为双流程的反动式汽轮机，配有两个主汽阀和三个调节阀，其中一个为低压主汽阀，对应两个低压调节阀，每个低压调节阀对应一组喷嘴。又如由 Alsthom 公司供货的北仑发电厂 2 号机组的小汽轮机，则是单流程冲动式汽轮机，配有高压主汽阀—调节阀和低压主汽阀—调节阀。图7-1 和图 7-2 分别是上述小汽轮机的本体结构示意图。

在第二章中已对主汽轮机本体各部件的结构、功能、技术要求作了必要的阐述，这些阐述也适用于小汽轮机本体部件。

然而，小汽轮机的工作任务是驱动给水泵，必须满足锅炉所需的供水要求。因此，小汽轮机的运行方式与主汽轮机的大不相同。这些不同的特性集中体现在小汽轮机自身的润滑油系统、压力油系统和调节系统上，特别是表现在小汽轮机的调节系统的功能上。为此，在本章中将介绍给水泵小汽轮机的蒸汽系统、润滑油系统、压力油系统和调节系统的主要组成和功能。

第一节 小汽轮机蒸汽系统

如前所述，小汽轮机至少必须准备两路供汽的汽源，即高压汽源和低压汽源。在前面列举的600MW 机组的例子中，高压汽源来自主汽轮机的高压缸排汽（即再热冷段的蒸汽），低压汽源来自主汽轮机的中压缸排汽（与除氧器相同）。有的机组，还配备了来自其他机组高压汽源的切换设施（如华能石洞口第二发电厂）。

图 7-3 为北仑发电厂 2 号机组小汽轮机的蒸汽系统示意图。

由图 7-3 中可以看出，小汽轮机的供汽来自主汽轮机。根据主汽轮机的不同运行工况，该小汽轮机的汽源分别来自再热蒸汽冷段和主汽轮机的 4 段（即中压缸排汽）抽汽处。高压主蒸汽（再热冷段蒸汽）经高压主汽阀、调节阀后进入汽缸下部的喷嘴室；低压蒸汽则经低压主汽阀、调节阀后进入汽缸上部的第一级（低压）喷嘴。两台小汽轮机（A/B）的排汽经各自的电动碟阀之后排入凝汽器 A/B。

小汽轮机排汽口管道的支管上还设有电动的真空破坏阀，该阀在机组正常运行时处于关闭状态。其下游管道上还接有密封水管，使该支管保持一定的水位，以确保真空破坏阀的严密性。密封水来自凝结水系统，经 $\phi5$ 的节流孔板后进入支管，其溢水排入地沟。排汽碟阀的阀杆处也接有密封水管，以确保小汽轮机排汽管道的严密性。

小汽轮机的轴封系统与主汽轮机的轴封系统相连通，小汽轮机启动时，由主汽轮机的轴封蒸汽向小汽轮机的第一段前、后轴封供汽，然后经第二段轴封排入轴封冷凝器。正常运行时，小汽轮机第一段前轴封的蒸汽排入主汽轮机的轴封蒸汽系统，并随主汽轮机的轴封排汽经减温减压器

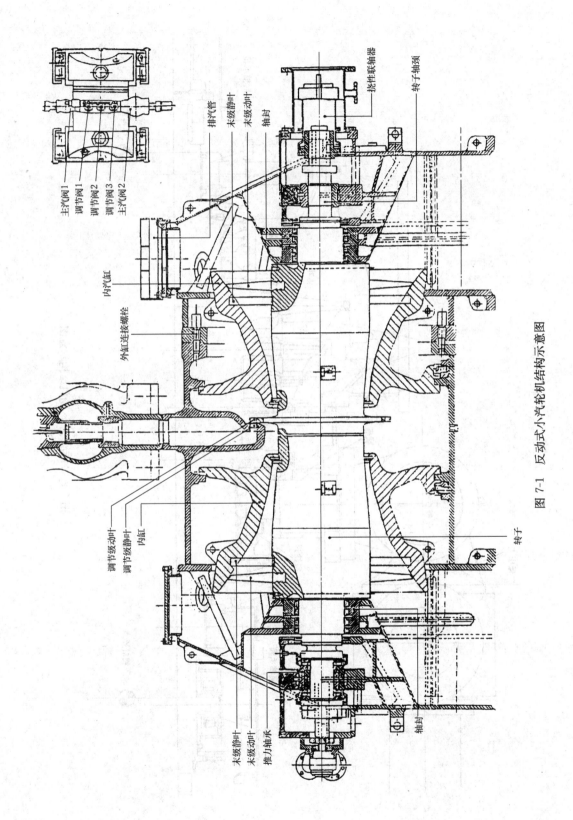

主汽阀1
调节阀1
调节阀2
调节阀3
主汽阀2

排汽管
末级静叶
末级动叶
轴封

挠性联轴器
转子轴颈

内汽缸

外缸连接螺栓

调节级动叶
调节级静叶
内缸

转子

末级静叶
末级动叶
推力轴承

轴封

图 7-1 反动式小汽轮机结构示意图

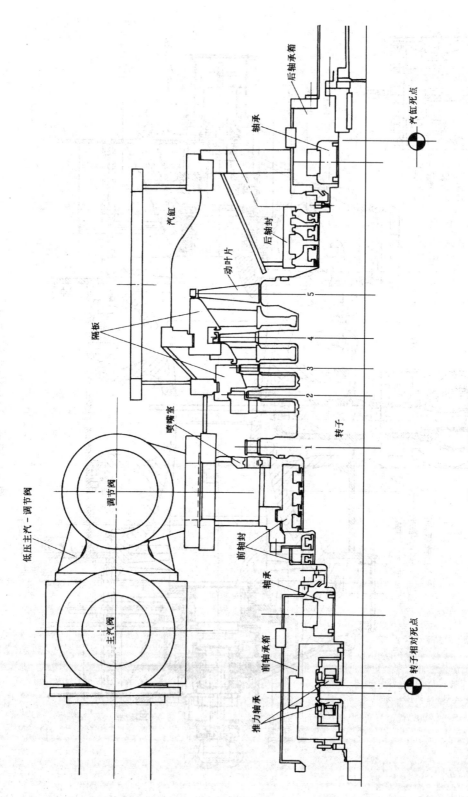

图 7-2 冲动式小汽轮机结构示意图

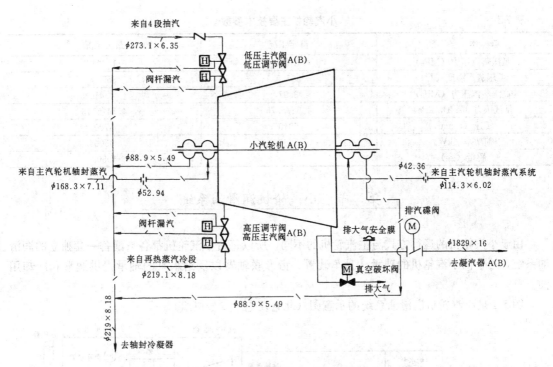

图 7-3 小汽轮机蒸汽系统示意图

后，向小汽轮机的第一段后轴封供汽，其供汽压力由主汽轮机轴封系统的出口压力调节阀控制，维持供汽压力为 8.5kPa（表压），温度为 150℃。

小汽轮机的进汽阀包括高压主汽阀—调节阀和低压主汽阀—调节阀，共有四只阀门。高压主汽阀—调节阀和低压主汽阀—调节阀的壳体部分分别连成一体。高压主汽—调节联合阀布置在小汽轮机的侧面，低压主汽—调节联合阀布置在小汽轮机的上部，其调节阀直接座落在小汽轮机的汽缸上方。

高、低压主汽阀的主要技术参数如表 7-1 所示。

表 7-1 主汽阀主要技术参数

名　　称	高压主汽阀	低压主汽阀
主汽阀通流直径（mm）	140	200
主汽阀行程（mm）	42	70
预启阀通流直径（mm）	30	40
预启阀行程（mm）	7.5	12
阀杆直径（mm）	35	40

高、低压调节阀的主要技术参数如表 7-2 所示。

表 7-2 调节阀主要技术参数

名　　称	高压调节阀	低压调节阀
通流直径（mm）	106	184（主阀）/120（从阀）
行程（mm）	30.4	50+35
阀杆直径（mm）	30	50

高、低压调节阀的阀盖上均设有阀盖漏汽室，其漏汽经轴封蒸汽系统排入轴封冷凝器。

该小汽轮机的主要技术参数如表 7-3 所示。

表 7-3　　　　　　　　　　　　　　　小汽轮机主要技术参数

技 术 参 数	额定工况	最大工况
低压蒸汽压力（MPa）	1.122	1.224
低压蒸汽温度（℃）	357.5	355.9
高压蒸汽压力（MPa）	3.97	4.41
排汽压力（A/B, kPa）	4.54/5.75	4.74/6.13
转速（r/min）	5040	5700
轴功率（kW）	5760	9500
质量（kg）		19500

第二节　小汽轮机润滑油系统

由于小汽轮机的运行方式与主汽轮机的不同，所以每台小汽轮机都各自配备一套独立的润滑油系统，用于向小汽轮机的轴承、盘车装置、齿形联轴器以及给水泵的轴承提供润滑和冷却用油。

图 7-4 是小汽轮机润滑油系统的示意图（北仑发电厂 2 号机组）。

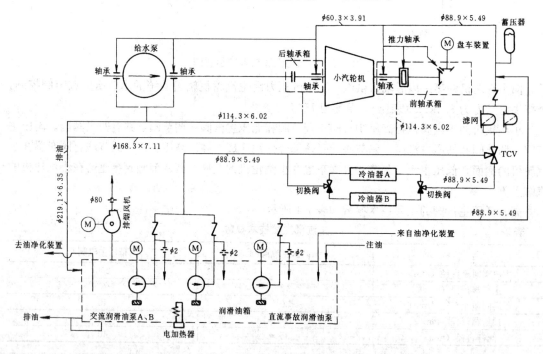

图 7-4　小汽轮机润滑油系统示意图

该润滑油系统主要包括润滑油箱、二台 100％ 容量的交流润滑油泵、一台直流事故润滑油泵、排烟风机、二台 100％ 容量的冷油器、温度调节阀（三通式）TCV、蓄压器等部件。在交、直流润滑油泵出口管道的回油管上（止回阀的上游）各装有 φ2 的节流孔板，以此来防止出口处油压超限。二台交流润滑油泵中，A 泵的电源由正常的厂用电系统供电，B 泵的供电线路接到保安电源线路上。油泵出口的润滑油经冷油器、温度调节阀 TCV 及滤网后，进入小汽轮机和给水泵的各个润滑点。温度调节阀（三通式）能够自动调节冷、热油的进油量，使其出口油温保持在 45～50℃ 范围内。滤网的过滤精度为 45μm。冷油器的冷却水来自闭式循环冷却水系统。直流事故润滑油泵出口的润滑油直接接入上述滤网、止回阀下游的管道。润滑油母管上还设有一台蓄压器，其容量为 200L，最初充氮压力为 0.186MPa（46℃时）。润滑油箱的容积为 6500L，油箱内设有二组电加热器（12kW/380V）、油位计、温度计、排烟风机等部件。此外，还设有来/去主汽轮机润滑油系统的接口。

该系统的润滑油箱、交直流润滑油泵、温度调节阀等部件均组成一个整体，置于小汽轮机运转层的前下方。

交流润滑油泵、直流事故润滑油泵和排烟风机的主要技术参数，如表 7-4 所示。

表 7-4   交直流油泵和排烟风机主要技术参数

技　术　参　数	交流润滑油泵	直流事故润滑油泵	排烟风机
流量（L/min）	590	445	700（m³/h）
压头（MPa）	0.45	0.47	0.0049
转速（r/min）	2900	2400	
轴功率（kW）	5	4	
配套电动机［kW/V/（r/min）］	11/380/2900	5.5/220/2400	0.75/380/3000

冷油器的主要技术参数如表 7-5 所示。

华能石洞口第二发电厂小汽轮机的润滑油系统，其设备的配置与上述系统的有所不同。系统中配有一台由小汽轮机直接驱动的齿轮式主油泵、一台交流电动机驱动的辅助油泵、一台直流事故油泵。系统内不设蓄压器，用定压阀来调节系统油压。用温度控制器来调节油温。系统内设有 3 只油压转换器，用来监视润滑油的供应情况。在 60％ 额定油压时，油压转换器启动交流辅助油泵。若交流辅助油泵因故不能运行，则经过一段延时之后，直流事故油泵自动启动，与此同时，脱扣电磁阀动作，自

表 7-5   冷油器主要技术参数

冷却面积（m²）	47
热交换量（kJ/h）	670955
润滑油流量（L/min）	590
冷却水流量（m³/h）	24
进/出口油温（℃）	56.5/45
进/出口冷却水温度（℃）	38/45
进口水压（MPa）	0.75

动主汽阀和调节阀同时关闭，给水泵小汽轮机停运。如果润滑油压降到低于 40％ 的额定油压，辅助油泵和事故油泵同时启动，此时脱扣电磁阀也动作，小汽轮机停运。

该系统油泵的主要技术参数如表 7-6 所示。

表 7-6   油泵主要技术参数

名　　　称	主油泵	辅助油泵	事故油泵
台　　　数	1	1	1
型　　　式	齿轮式	离心式	离心式
流量（L/min）	720	720	288
油压（×10⁵Pa，表压）	5	5	3
功率（kW）	18	18	4.5

对于油系统，除了要求组成系统的各种设备、部件有合格的性能之外，保证油质合格是系统能够正常运行的极为重要的因素。系统中用的油应当符合制造厂或相应标准的规定，切不可任意

更换油种。如果不得已需更换油种，必须经过有关专业部门鉴定合格后才能进行系统注油。

在油箱注油之前，应进行如下检查：

（1）肉眼检查油箱中是否有水或其他杂物，油箱应清理干净；

（2）油系统中所有的管路必须牢固严密，可靠地清洗干净；

（3）信号线路、控制线路和电气连接线路应正确、牢固、有条理，如滤油器的压差监测、液位开关、监视仪表及其相应的接线等，均应连接好并且处于备用状态；

（4）过滤元件必须正确就位；

（5）检查油质校验报告，油质必须合格。

润滑油在注入油箱之前，应通过滤油器过滤。滤油器滤网的过滤能力（过滤粒度）不得超过 $5\mu m$。第一次注油时将油箱充油至高油位。

润滑油系统试运行时，需进行如下各项试验或检查：

（1）在辅助油泵和事故油泵启动前，检查油箱油位，应处于高油位；

（2）检查油位监视器的功能，应准确无误；

（3）检查辅助油泵、事故油泵、排烟风机的转动方向，正确无误；

（4）调整油系统压力开关的位置值，使油泵能自动启动或停运，并能发出信号和自动停机；

（5）检查轴承和驱动装置的供油情况；

（6）检查油滤网压差监测器；

（7）冷油器的冷却水投运；

（8）调整压力调节阀出口油压至设计值；

（9）调整油温控制器，使轴承的供油温度为45℃左右；

（10）检查轴承排油温度；

（11）调整油箱内油温测量装置，使油加热器的出油温度在 50～55℃ 时发出报警；

（12）检查轴瓦金属温度监测元件，根据设计要求调整好监测装置，使其第一步能发出报警、第二步给水泵小汽轮机跳闸停机。

要特别注意：当润滑油系统的油温在 20℃ 以下时，禁止启动给水泵小汽轮机！

为了保证系统可靠地运行，正确的运行操作程序和安全保护措施是非常必要的。这些操作程序和保安措施如下。

1. 运行操作程序

（1）当油箱内油位处于高油位时，润滑油系统才能启动；

（2）当工作的润滑油泵出口油压低于 0.3MPa，或母管内润滑油压低于 0.26MPa 时，备用润滑油泵即自动启动；之后，当备用润滑油泵出口油压高于 0.3MPa、且母管内油压高于 0.26MPa 时，延时 2s 后，备用润滑油泵自动停运；

（3）当润滑油母管内的油压低于 0.18MPa 时，自动启动直流事故油泵；

（4）当小汽轮机的转速低于 33r/min，并且小汽轮机的金属温度低于 100℃ 时，润滑油泵才可以停运；

（5）当润滑油箱内油温低于 25℃ 时，电加热器开始加热。

2. 安全保护措施

（1）当润滑油箱内的油位到达高、低油位时，报警，到达低—低油位时，小汽轮机跳闸；

（2）当温度调节阀下游管道内的油温达到 55℃ 时，报警；

（3）当滤网前后压差达到 0.08MPa 时，报警；

（4）当润滑油母管内油压降至 0.26MPa 时，报警，且备用交流油泵自动启动；

（5）当润滑油母管内的油压降至 0.18MPa 时，小汽轮机跳闸，同时直流事故油泵自动启动；

（6）当润滑油母管内油压降至 0.14MPa 时，报警，盘车跳闸。

此外，在润滑油母管上还装有试验用的电磁阀，当该阀动作时，可以校验交、直流备用油泵启动的可靠性。

第三节　小汽轮机压力油系统

驱动给水泵的小汽轮机配备有自身的压力油系统，用于向小汽轮机调节系统和保安系统供油。目前，小汽轮机压力油系统有两种配置方式：①每台小汽轮机配置一套压力油系统（如北仑发电厂 2 号机组）；②两台小汽轮机共用一套压力油系统（如华能石洞口第二发电厂 600MW 机组）。为安全防火，小汽轮机压力油系统与主汽轮机采用相同的工质，即采用抗燃油（如磷酸脂抗燃油）。

小汽轮机压力油系统的设备配置主要包括压力油油箱、压力油泵（2 台 100% 容量，其中一台运行，一台备用）、一台净化再生油泵及油再生器、滤网、蓄能器（蓄压器）、压力调节装置（压力调节阀、安全阀）、冷油器、电加热器、试验电磁阀以及连接系统的管道、阀门（隔离阀、止回阀）等部件。

图 7-5 是北仑发电厂 2 号机组的小汽轮机压力油系统示意图。

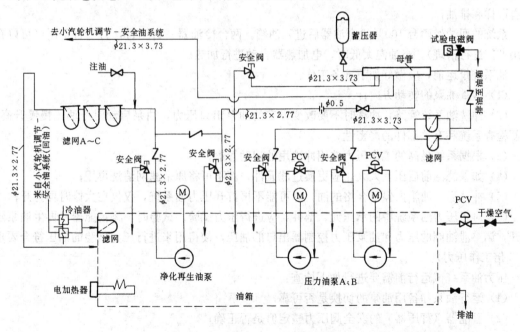

图 7-5　小汽轮机压力油系统示意图

系统的设计油压（油泵出口处）为 10.1MPa，在液压油泵出口管道上装有压力调节阀 PVC，借以稳定压力油系统的压力。此外还装有安全阀，其压力整定值为 12.1MPa，目的是防止系统超压。

压力油泵出口的压力油经出口止回阀后，再经两个 100% 容量的滤网（过滤精度 3μm），然后进入母管。母管上接有若干支管，分别将压力油送往下列设备或回路：

（1）去小汽轮机的调节、保安系统；

（2）经节流孔板（φ5）、止回阀后，送至净化、再生回路，其间设有安全阀，安全阀的压力整定值是 0.4MPa；

（3）经安全阀（即溢油阀）回到油箱，安全阀的压力整定值为 12.1MPa。

净化、再生回路主要由净化再生油泵、安全阀和油再生器组成。油再生器则由下列三个串联的滤网构成：

精滤网（A）——过滤精度为 $0.5\mu m$；

净化、再生滤网（B）——过滤精度为 $3\mu m$；

脱水滤网（C）——过滤精度为 $3\mu m$。

净化、再生回路上的安全阀压力整定值为 0.4MPa。

压力油泵和再生油泵的主要技术参数如表 7-7 所示。

表 7-7　油泵主要技术参数

技　术　参　数	压力油泵	再生油泵
流量（L/min）	15	50
压力（MPa）	10.1	0.3
转速（r/min）	1500	1500
轴功率（kW）	4	0.4
配套电动机［kW/V/（r/min）］	5.5/380/1500	0.55/380/1500

该系统配备的油箱容积为 250L。油箱内设有电加热器、液位计、回油滤网（过滤精度为 $125\mu m$）、温度计和充气压力调节阀等部件。调节阀下游的压力调整为 0.14MPa。此外，油箱上设有取样和排油口。

系统的回油经两台 100% 的冷油器后进入油箱。两台冷油器一台运行，另一台备用（可以在备用期间进行清理）。当油温太低时，电加热器自动进行加热。

油系统投运前，应做好如下准备工作：

（1）检查油泵的转动方向；

（2）冲洗油系统管路，冲洗时不要改变设定的油泵出口压力，油泵启动时令油压慢慢升高，以便检查系统和有关部件的严密性；

（3）根据系统最高的工作压力选用冲洗用的辅助管道；

（4）如果滤网前后压差太大，应更换过滤元件，而不可将原来滤网清洗再用；

（5）冲洗后，油箱内保留合格的油，尽可能不再打开压力油系统，仅仅在大修时再打开；

（6）对于压力油系统中的承压元、部件，应进行压力试验。试验时，将蓄能器和再生油泵隔离开，调整泄油阀的压力和油泵压力控制器出口的油压，使得用来进行压力试验的油压符合要求（1.5 倍工作压力）。

压力油系统试运行前需要进行如下检查：

（1）运行油泵和备用油泵的切换是否可靠；

（2）蓄能器（蓄压器）的安全阀压力整定值是否正确；

（3）去再生回路的隔离阀必须打开；

（4）冷油器的冷却水系统已投运；

（5）用来进行压力试验的油泵压力限制器和安全阀的整定值正确无误，若需要调整，则调整后予以铅封；

（6）油箱内的电加热器能够正常工作，即当油温低于 25℃时加热，油温高于 45℃时断开。

系统的运行和保护条件如下：

1. 运行条件

（1）当油箱内的油位处于高油位时，油泵可以启动。

（2）当压力油母管内的油压低于8.1MPa，或压力油泵出口的油压低于7.1MPa时，备用压力油泵即自动启动；之后，若压力油母管内的压力高于8.1MPa，而且备用油泵出口的油压高于7.1MPa时，则工作的压力油泵即可停运。

（3）当两台压力油泵都停运，且油箱内的油位高于低油位时，才可以启动净化再生油泵；当压力油泵启动时，自动停运净化再生油泵。

（4）当小汽轮机和压力油泵均停运，仅有净化再生油泵工作时，应打开充气压力调节阀上游的隔离阀，使干燥空气（即仅用压缩空气）进入油箱，以保护油箱内的油质；反之，则关闭该隔离阀。

2. 保护条件

当发生下列任一情况时，发出报警信号：

（1）油箱内油位达到高、低油位；

（2）压力油泵出口管道上的滤网前、后压差达到0.07MPa；

（3）当压力油母管内的油压低于8.1MPa时，延时7s后即切换至备用压力油泵进行工作；

（4）当压力油母管内的油压低于6.1MPa时，小汽轮机跳闸；

（5）当油箱内的油温低于45℃时，电加热器进行加热。

华能石洞口第二发电厂的两台小汽轮机共用一套压力油系统。系统内设有两台100％的压力油泵，一台运行，另一台备用或两台交替运行。油泵的出口压力为12MPa。当系统中油压低于9MPa时，备用压力油泵即自动启动。系统内还设有空气过滤器和湿汽分离器，使得油箱中当油位波动时进入油箱的空气保持干燥和清洁。该系统采用小净化回路，系统运行时，一部分油流经小净化回路回到油箱。系统的其他设计思想与上述例子基本相同。

第四节　小汽轮机调节保护系统

给水泵小汽轮机调节系统的任务是，根据锅炉给水调节的需要，通过改变小汽轮机的转速来改变给水泵的转速，使得给水泵的供水符合锅炉的负荷要求。

目前每台给水泵小汽轮机各设有一套独立的调节—保护系统。采用的调节方式有两种：一种是模拟式电液调节（用模拟量进行控制），如北仑发电厂2号机组；另一种是数字式电液调节（用数值量进行控制），如华能石洞口第二发电厂的超临界压力600MW机组。电液调节就是控制功能由电气系统完成，或者说，控制指令由电气系统发出，而完成该指令的执行机构是液压机构。将电气指令信号转换为液力操作信号的部件称为电液转换器。它是电液调节系统中的关键部件，其性能必须十分可靠，才能完成电液调节系统的任务。

泵组正常运行时，前置泵向给水泵的供水情况和给水泵的出水情况基本保持恒定，因此给水管路的阻力特性也基本保持恒定。图7-6是给水泵的工作特性曲线。从图7-6可以看出，若管道系统的阻力特性不变，当给水泵的转速从n_1变到n_2时，给水泵工作特性曲线发生变动，

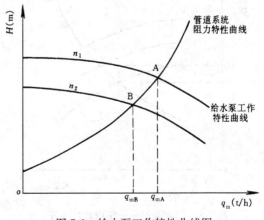

图7-6　给水泵工作特性曲线图

从而使工作点位置由 A 点移至 B 点，给水泵的出水流量相应地从 q_{mA} 变为 q_{mB}。因此，只要通过调节系统改变给水泵小汽轮机的转速，就可以改变给水泵的出力。

锅炉运行时所需要的给水量由其给水控制系统输出控制指令，该指令通过电液转换器转换为液力控制系统中电磁滑阀的行程信号。于是液力执行机构在电磁滑阀的控制下，开大或关小给水泵小汽轮机的进汽阀，改变给水泵小汽轮机的进汽量，以此改变给水泵的转速，也即改变给水泵的出力，使其与锅炉的出力相平衡。

可见，给水泵小汽轮机的调节系统由三个主要部分组成：电气控制部分（锅炉给水）、电液转换器、液力执行机构。调节系统的工作过程可以用程序方框图（见图 7-7）表示。

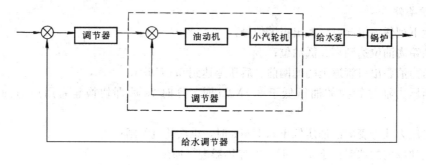

图 7-7 给水调节过程方框图

图 7-7 中虚线框内是小汽轮机的调节执行机构。如上述所指出，改变给水泵的转速，即可改变给水泵的出力，即给水泵小汽轮机转速改变，将导致给水泵出口的流量、压力发生改变，如图 7-8 所示。在给水泵出口阀全开，不参与调节的情况下，管道阻力曲线 H_w 不发生变化。当需要将流量由 q_{m1} 改变到 q_{m2}、压头由 H_1 改变到 H_2，即给水泵的工作点从 1 改变到 2 时，可以将给水泵（即小汽轮机）的转速由 a（r/min）改变到 b（r/min），即可得到所需要的工作点 q_{m2} 及相对应的 H_2。

对于给水泵小汽轮机，转速和出力是随主汽轮机负荷的变化而变化的，主汽轮机负荷增加，锅炉所需的给水量也增加，给水泵小汽轮机的转速就要提高；反之，转速降低。也就是说，小汽轮机调节阀的开度取决于锅炉所需的给水流量。这就是给水泵小汽轮机调节的基本出发点。

一、给水泵小汽轮机数字式电子调节系统

给水泵小汽轮机的电子调节系统的工作程序可用如图 7-9 的方框图来表示。其中：

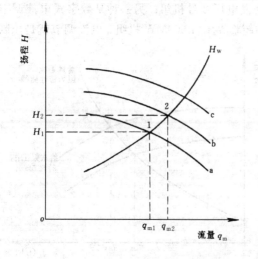

图 7-8 给水泵流量—扬程特性曲线

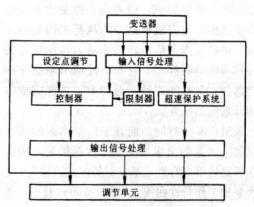

图 7-9 给水泵小汽轮机电子
调节系统工作程序方框图

（1）变送器模块。将监测到的一次信号通过各种相应的变送器，转换为电气线路的电气信号。由变送器模块可以获得诸如转速、压力、温度以及调节单元位置所需的电气调节信号。转速以矩形波信号发送，其他所有被测量到的信号则以电流信号发送。

（2）输入信号处理模块。进行模/数转换的 A/D 转换器。它将输入的电气模量信号按照规定的比例转换成数值量信号，如由变送器输入的转速、压力、阀位的电气信号（物理量采用电流信号 $0\sim20\text{mA}$ 或 $4\sim40\text{mA}$，电流信号比电压信号的抗干扰性强），通过 A/D 模块转换成数值量，$0\%\sim100\%$ 对应于 0 转速、最低压力、阀门全关至额定转速、额定压力、阀门全开。这样，调节器内的控制过程就可以按数值判断的方式进行。A/D 模块只用于数字式电液调节系统，模拟式电液调节系统省略该模块。

（3）设定点调节模块。实质上是人/机对话窗口。如可以将转速设定为在 $0\%\sim115\%$ 的额定转速范围内进行调节。任何其他控制对象的调节范围，也可以像转速设定那样，设定所需要的调节范围。还可将调节范围以参变函数的方式事先写入模块，必要时可以修改（即可编程序控制）。

（4）控制器模块。也称调节器模块，将经过“输入信号处理模块”处理后的标准输入信号（实际值）与事先存于控制模块内的设定值作比较，产生供调节单元用的控制信号（指令）。控制模块内包含着如下工作功能单元：

“或”门单元，将输入信号以二取一的方式送出。

“三取二”单元，某些重要的控制对象，为了避免判断错误，设有三路输入信号，在控制器内，取相同多数，即三个信号中，取两个判断性质相同的信号作为正确依据，输出指令信号。

小值选择器，取小值输出。

大值选择器，选大值输出。

切换开关单元，控制电气线路切换开关。

开关单元，控制电气线路开/关。

定值单元，输入信号与设定值比较，若输入信号大于设定值，则输出设定值。

比例调节器（也称 P 调节器），功能是将信号放大，即将实际的信号值与设定值之差，按一定比例放大，生成“调节差”信号，目的是使控制更加灵敏、可靠。

（5）限制器模块。用于防止运行中异常情况的发生。

（6）超速保护系统。用于当小汽轮机超速或其测量回路中出现严重干扰时，强迫小汽轮机跳闸。这一保护系统可以在任何情况下进行试验而不影响小汽轮机的正常运行。

（7）输出信号处理模块。将输出信号（如调节单元的动作信号）通过 D/A 转换器转换成模拟电气信号，其强度达到电液转换器或其他接收装置所需要的程度。

（8）调节单元。对控制对象实施控制的机构或装置。如对于小汽轮机，实际上直接的调节单元是调节阀的油动机。

电气调节系统输出的电气控制信号送至液压控制装置中的电磁滑阀，电磁滑阀接到电气指令后动作，带动控制油动机的液力滑阀，于是油动机对调节阀实行控制，达到改变汽轮机进汽量的目的。

二、电气调节系统主要功能

给水泵小汽轮机电气调节系统的主要功能是测量转速、超速保护、测量线路（通道）监视、转速调节（阀门位置控制）等。

1. 转速测量

汽轮机转速测量是采用三个相互靠近的传感器，根据电磁感应原理，从装在汽轮机主轴上的测速齿轮测取信号的，如图 7-10 所示。在转速测量装置中，传感器输入的矩形波信号被转换成正比于转轴转动频率的电流信号，并且，两个脉冲之间的时间间隔也被测出。经过串联电流回路，从三个转速实际信号中产生出转速平均值。转速平均值与三个实际信号之差值也受到监视，如果差值大于5%，相应的转速测量通道将被断开。

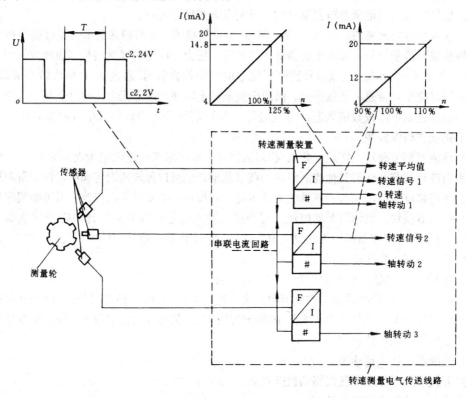

图 7-10　转速测量电气线路示意图

如果 $1s < T < 60s$，而且三个测速装置中有两个发出"轴转动"信号时，才能确认"轴转动"信号，并发出"轴转动"信号；当 $T \geqslant 60s$ 时，发出"轴静止"（0 转速）信号。

2. 超速保护和测量通道监视

超速保护和测量通道监视由转速测量装置（参见图 7-10）来实现。用三个超速保护装置来确保超速保护信号的可靠性，三个信号分别与超速设定值（相当于 110% 额定转速）比较，并按照"三取二"的判断原则发出操作指令。也就是说，在三个转速测量装置中，有两个发出超速信号，该信号才被确认并发出相应的操作指令；如果三个转速测量装置中只有一个发出超速信号，则只表示该测量回路有了故障，此时不确认为超速，也不发出超速操作指令，只显示该测量回路一个报警信号——"转速测量失效"。

测量通道监视使各个测量回路受到跟踪监视。如果测量回路发生故障，如失去信号发送能力、信号失效等，在相应的回路装置上就显示"转速故障"的信号。这说明有故障的测量回路将立即发出故障信号。如果有两个测量回路同时发生故障，就会导致汽轮机跳闸。

3. 转速调节

转速调节功能主要包括实际转速值的确定和输出、转速设定值的设定和转速调节三方面。

（1）实际转速值的确定。实际转速值以百分比的形式来代表汽轮机的转速，即 100% 表示额定转速。转速实际值信号由转速平均值（0%～125%）和转速信号 1、转速信号 2（90%～110%）产生。在 0%～90% 额定转速（启动阶段）内，由转速平均值信号作为转速实际值；在 95%～108% 额定转速（运行阶段）内，必须有一个高分辨率的信号，因此采用"切换逻辑"开关将转速实际值切换到转速信号 1 和 2 中的最高值,如图 7-11 所示。

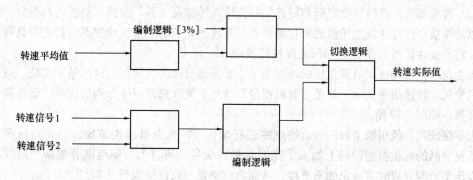

图 7-11　实际转速值确定和输出方框图

（2）转速设定值的设定。转速设定值是通过向积分器输入一个升速（正信号）或降速（负信号）来实现的,设定值为 100％ 相当于 100％ 额定转速。转速设定值的调节范围一般取为 0％～115％ 额定转速,并分为三个区段,对应三种不同的工况。即:0％～95％ 额定转速（启动工况）;95％～107％ 额定转速（运行工况）;108％～110％ 额定转速（超速区段）;而 115％ 额定

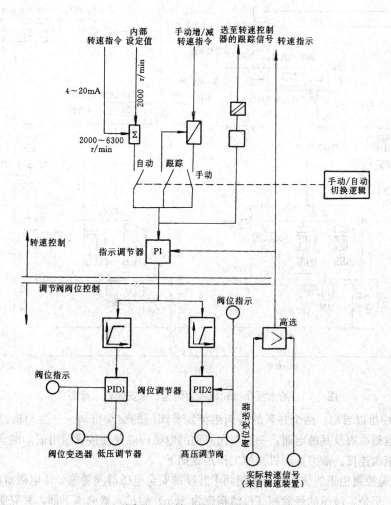

图 7-12　转速控制系统示意图

转速时汽轮机跳闸。

（3）转速调节。将转速设定值和转速实际值输入转速调节器，由调节器进行判断后，将判断结果以动作指令信号送往汽轮机的阀位调节器，实现汽轮机的调节。转速调节器主要具有P比例功能，它的线性区可以在2‰~8‰之间按需要调节。

阀位调节：由转速调节器发出的转速指令，必须通过改变汽轮机的进汽量来实现。对于给水泵小汽轮机，转速指令实际上就是"蒸汽流量"指令。蒸汽流量指令分别送往高、低压调节阀阀位调节器，如图7-12所示。

为了保证高、低压调节阀的开启按顺序进行工作（即先开低压调节阀，后开高压调节阀），在高压调节阀的阀位控制回路上加入了延迟处理的信号，使整个控制范围分成两个阶段，并使低、高压调节阀开启时有一定的重叠度，从而蒸汽流量与阀位呈线型关系。

三、液力调速、保护执行装置及其功能

1. 液力调速系统

用于操作高、低压调节阀开度的液力调速执行装置主要包括滑阀组、油动机及弹簧操纵座、滤网及连接管道、阀门等零部件，如图7-13所示。

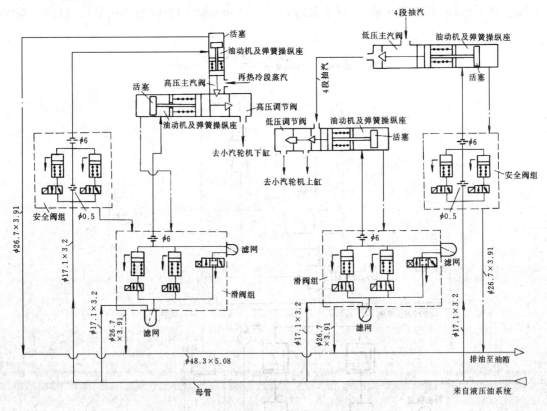

图7-13 给水泵小汽轮机液力调速、保安装置示意图

由图7-13中可以看出，两个并联的滑阀组控制着阀门的驱动机构——油动机。滑阀组由两个并联的安全电磁滑阀及其继电器、一个双向移动的电磁阀以及连接管道组成。油动机、弹簧操纵座、调节阀依次连接。液力操动机构的工作过程如下。

由安全/调速控制柜来的信号，首先使两个并联的安全电磁滑阀受电，该电磁滑阀向右移动，接通进油油路；于是，液压油经滤网（过滤精度为3μm）后进入继电阀下部，并克服弹簧力，将

继电阀内的活塞顶至上止点，堵死其排油口，使液压调速回路建立起油压。随后，由安全/调速控制柜来的信号，控制安全电磁阀向左或向右移动，以控制调节阀的开度。

当电磁滑阀向右移动，接通进油油路，使电磁滑阀出口的压力油经滤网后进入油动机活塞下油腔；于是，油动机活塞在压力油的推动下，克服弹簧力向左移动，此时调节阀开度增大，给水泵小汽轮机的进汽量增加，给水泵转速提高，给水量也随之增加；与此同时，弹簧操纵座下底座也随油动机活塞作同方向的移动，位于弹簧操纵座上的位移发讯器将位移信号输入安全/调速控制柜。当阀位达到所需的位置，阀位信号消失，于是电磁滑阀失电并回复至中间位置，切断液压油路，使油动机活塞停止移动，停留在一个新的平衡位置，此时，给水泵小汽轮机及给水泵便处于一个新的运行工况。

当电磁滑阀向左移动，液压调速系统的动作过程与上述相同，但方向相反，即关小调节阀，使给水泵小汽轮机转速降低，给水泵流量减小。油动机活塞在弹簧力的作用下，将其下油腔的压力油通过电磁滑阀排至油箱。

2. 液压安全系统

液压安全系统主要用于控制高/低压主汽阀的开/关，并控制所有的电磁安全阀（包括高/低压主汽阀及调节阀的安全电磁阀）的动作。能够在事故状态下，快速排放压力油，关闭高低/压主汽阀及调节阀。

控制高/低压主汽阀开/关的液压安全系统主要包括两个安全阀组、阀门操动机构及系统的连接管道、阀门等零部件。安全阀组由两个并联的安全电磁阀及其继电器组成，阀门操动机构即为油动机及其弹簧操纵座。

主汽阀的动作过程如下：当安全电磁阀通电时，安全阀向右移动，接通液压油路，将继电滑阀活塞顶至上止点，堵死压力油的排油口，于是压力油使高/低压主汽阀全开。当安全电磁阀失电时，安全阀向左移动，切断液压油路，而且使继电阀活塞下的压力油排出，于是，继电阀活塞在其上、下压力油压差和弹簧力的共同作用下，迅速打开继电阀的排油口，于是油动机活塞下腔的压力油被迅速排出，高/低压主汽阀迅速关闭。

当需要紧急停机时，安全系统使所有的安全电磁阀失电，将主汽阀和调节阀同时迅速关闭。

3. 运行保护

当发生如下任一情况时，液压调速/安全系统发出报警信号：

(1) 滑阀组进口处滤网的前、后压差达到 0.7MPa；

(2) 滑阀组出口处滤网的前、后压差达到 0.25MPa；

(3) 小汽轮机排汽压力高至 30kPa，延时 100s；

(4) 小汽轮机振动高至 34μm；

(5) 小汽轮机推力轴承磨损至 0.5mm。

当发生如下任一情况时，液压调速/安全系统的两组安全通道直接控制电磁安全阀的电气回路（直流电源），使小汽轮机跳闸并发出报警信号：

(1) 润滑油油箱内油位低至低—低油位；

(2) 小汽轮机排汽压力高至 50kPa；

(3) 润滑油油压低至 0.18MPa；

(4) 压力油油压低至 6.1MPa；

(5) 小汽轮机振动值高至 80μm；

(6) 小汽轮机推力轴承磨损至 0.8mm；

(7) 小汽轮机超速至 115% 额定转速；

(8) 手动跳闸；

(9) 其他来自给水泵控制系统的跳闸信号。

为了保证油压控制系统的可靠性，还配有一套调速试验系统，包括阀门关闭试验、调节阀活动试验、超速试验等。

阀门关闭试验包括高低压主汽阀和高低压调节阀的关闭试验。主汽阀关闭试验是当小汽轮机采用低压汽源供汽时，进行高压主汽阀的关闭试验，即就地操作按钮，使其安全阀组失电，关闭高压主汽阀。当小汽轮机采用高压汽源供汽时，先慢慢关闭小汽轮机低压汽源的手动隔离阀，检查低压调节阀的开度，待手动隔离阀全关后，才可进行低压主汽阀的关闭试验，方法同高压主汽阀的。

调节阀活动试验是当小汽轮机跳闸后，使滑阀组的电磁安全阀受电，然后手动操作控制高低压调节阀全开或全关。

超速试验是指给水泵小汽轮机的超速试验，有自动、半自动和实际定期超速三种情况。自动超速试验由控制柜内的一个加速器定期自动进行，无需运行人员干预，试验时不会引起汽轮机跳闸。半自动超速试验可定为每两周进行一次，其试验程序如下：

(1) 将安全装置中的试验阀处于切断压力油通向排油增强器的通道，将电磁安全阀与安全系统隔开，脱扣电磁阀处于准备操作状态，解除限位开关的控制器，使小汽轮机处于复位连锁状态；

(2) 由控制器将超速模拟信号送至脱扣电磁阀，使增强器排油；

(3) 开启排油增强器，使主汽阀从全开状态关至部分开启状态；

(4) 将试验阀回复到中间位置，使自动主汽阀全开。

实际超速试验至少每年进行一次，试验时将小汽机轮与给水泵解列，运行人员按下升速按钮，使小汽轮机升速，直至超速保护动作。

此外，对润滑油系统和压力油系统也应定期进行检查、试验，以保证系统性能的可靠性。

四、给水泵小汽轮机安全保护系统

为了保证给水泵小汽轮机的安全，除了要求电液调节系统动作迅速和可靠之外，还必须设置必要的安全保护装置，以便在遇到设备事故或异常情况时，能够快速切断给水泵小汽轮机的进汽，从而避免设备损坏或事故扩大。

给水泵小汽轮机的保护系统应包括启动、运行、脱扣时的保护。

在给水泵小汽轮机启动阶段，启动前脱扣装置的排油口必须关闭，使设备处于正常运行位置。此时，可使一个启动的信号输送到液力控制系统的电磁阀，使保安回路的排油口相继关闭，在回路中建立起油压，自动主汽阀开启，电液转换控制系统开始工作，允许汽轮机升速和带负荷。

液压保护系统工作时，系统中的压力或是全压或是压力为零。机组正常运行时，保护系统中的压力为全压；机组甩负荷时，压力为零。

在汽轮机组发生故障而且需要停机时，可以使脱扣电磁阀失电或使保护系统泄压来使汽轮机停机。如果同一个通道泄压，则与之并联的其他通道也泄压。任何一个通道的脱扣信号都应保持到电气和液压系统连锁解除之后，这样就不可能在无控制的情况下重新启动汽轮机。

不同制造厂的机组，保护系统的具体设置也将有所不同。但保护系统的设计安排必须考虑双通道保护、具有足够的可靠性、可以对自动主汽阀和最重要的脱扣信号进行试验而不会造成汽轮机跳闸。保护系统提供了第二手段来防止汽轮机超速。它独立于控制系统，但在需要停机时，它则向控制系统发出一个跳闸信号。

图 7-14 是北仑发电厂 2 号机组给水泵小汽轮机保护系统。

汽轮机设备及其系统

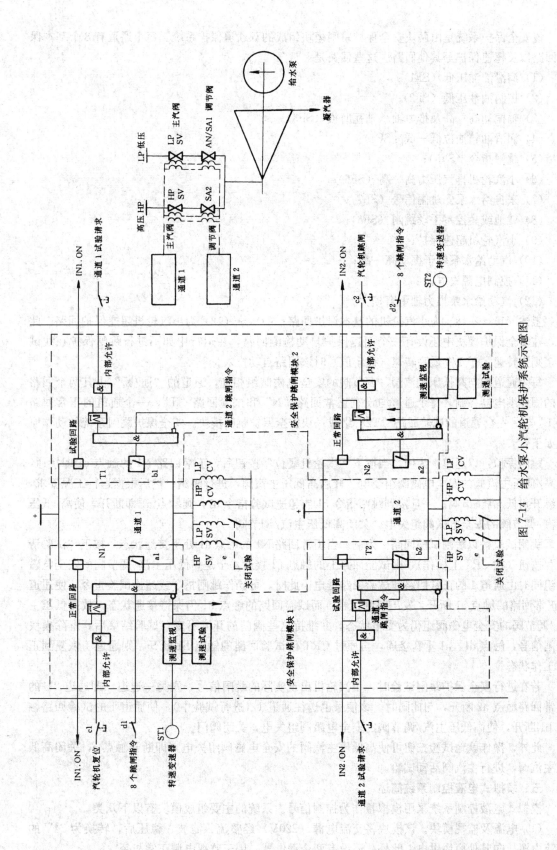

图 7-14 给水泵小汽轮机保护系统示意图

该安全保护系统是由两块安全保护跳闸模块组成的双通道保护系统。每个通道有 8 个基本保护回路以及超速保护等其他回路。这些回路是：

(1) 润滑油油压低（SF1）；

(2) 控制油油压低（SF2）；

(3) 轴振动高—高及推力轴承轴瓦磨损（SF3）；

(4) 润滑油箱油位低—低（SF4）；

(5) 跳闸指令（SF5）；

(6) 小汽轮机排汽压力高—高（SF6）；

(7) 来自给水泵侧跳闸信号（SF7）；

(8) 就地或集控室手动跳闸（SF8）；

(9) 小汽轮机超速保护；

(10) 汽动给水泵转子振动高—高；

(11) 控制电源失电；

(12) 汽动给水泵推力轴承磨损大。

上述（1）～（8）为小汽轮机的基本保护回路；（9）～（12）为小汽轮机超速保护回路。此外，在安全保护模块中还设有一个超速保护自动检测回路，在运行中如不进行跳闸保护在线试验，则当转速大于 1/2 最高转速（设定值）时该回路自动投入。

每个通道均与高低压主汽阀、调节阀的安全电磁阀组相连，通道的"通/断"由其两个回路中的固体继电器控制。每个通道均设有正常回路"N"和试验回路"T"，一个通道的正常回路"N1"与另一个通道的试验回路"T2"组成一块安全保护跳闸模块。安全保护跳闸系统的动作原理如下：

跳闸保护：以通道 1 为例。当揿下"汽轮机复位"按钮后，正常回路 N1 的触点 a1 即接通，使高/低压主汽阀的安全电磁阀组受电，开启高低压主汽阀，进行暖阀；然后根据运行工况要求，相继开启低/高调节阀。一旦接到跳闸指令 c1 或超速试验指令 d1，则触点 a1 即断开，使高/低压主汽/调节阀的安全电磁阀组失电，关闭高低压主汽/调节阀。

跳闸试验：以跳闸试验回路 1 为例。当正常回路 N1 的触点 a1 处于接通状态，按下"试验请求"按钮（在 CRT 上操作），则试验回路上的触点 b1 接通，于是高低压主汽/调节阀的安全电磁阀组同时由通道 1 的正常回路和试验回路受电。此时，可操作跳闸指令或超速试验指令，使通道 1 正常回路的触点 a1 断开，发出跳闸信号，而试验回路的触点 b1 仍保持接通状态，故高低压主汽/调节阀的安全电磁阀组仍为受电状态，并维持这些阀门的开度不变。试验结束后，解除模块跳闸信号，触点 d1、a1 重新接通，再通过 CRT 使试验回路的触点 b1 断开，则通道 1 恢复到正常工作状态。

若在进行安全保护跳闸试验时，小汽轮机出现实际的跳闸信号，则另一通道（即通道 2）的正常回路触点 a2 断开，与此同时，该信号也送往通道 1（进行试验中），使通道 1 的试验回路触点 b1 断开，使高低压主汽/调节阀的安全电磁阀组失电，关闭阀门。

此外，操作就地试验按钮可使高低压主汽阀的安全电磁阀组失电，即断开触点 e，关闭高低压主汽阀，进行主汽阀活动试验。

五、模拟式电液控制系统简述

模拟式电液控制系统采用模拟量作为控制信号。系统的主要组成模块有以下几类。

(1) 电源及监视模块。该模块将交流电源（220V）经整流、滤波、稳压后，转换为 24V 的直流电源，向其他模块供电。此外，还设有两个继电器，用于监视电源正常与否。

（2）安全保护跳闸模块。两块安全保护跳闸模块分别用于小汽轮机的两个安全保护通道，一旦接到跳闸指令，即可使高低压主汽阀、调节阀的安全电磁阀失电，关闭阀门。此外，还可利用该模块进行在线模拟跳闸试验。

（3）阀位控制模块。两块阀位控制模块分别用于高低压调节阀的阀位控制。

（4）逻辑处理模块。两块逻辑处理模块分别用于各种逻辑功能和手动/自动切换功能。

（5）转速设定、测量和控制模块。它接收测速装置送来的转速信号，并将其与转速设定指令进行比较后，输出"主汽流量指令"至阀位控制模块，通过改变高低压调节阀的开度来调节给水泵小汽轮机的转速。

（6）自动升速设定控制模块。该模块用于启动过程中的转速控制，分为自动/手动两种控制方式。在自动方式下，根据启动工况（冷、热态）自动设定不同的暖机时间和升速率；在手动方式下，则由运行人员手操作直接控制小汽轮机转速。

还有操作盘，配用指示表、指示灯、按钮等。

模拟式电液控制系统的转速控制也分为三种情况，即启动、正常运行和跳闸保护等。

第五节　给水泵小汽轮机启动及运行

一、启动步骤

给水泵小汽轮机的启动步骤如下：

（1）投运润滑油系统；

（2）投运盘车装置；

（3）投运压力油系统；

（4）投入冷却水、疏水系统；

（5）投入轴封蒸汽及抽真空系统；

（6）高低压调节阀试验；

（7）进汽管道暖管；

（8）小汽轮机复位；

（9）小汽轮机暖缸；

（10）安全保护通道试验；

（11）冲转、升速、带负荷；

（12）主汽阀试验。

小汽轮机首次暖缸应使汽缸金属温度达到100℃后，才允许冲转汽轮机。图7-15是北仑发电厂2号机组小汽轮机的冷热态启动曲线。

在小汽轮机启动、升速过程中，应注意监视如下参数：蒸汽温度、主汽阀金属温度、汽缸上下温差（应小于50℃）和升温速度（应小于2.5℃/min）、轴承金属温度、转子振动值。

二、运行监视

小汽轮机运行中应监视如下项目：

（1）润滑油系统的油箱油位、滤网上游的油温、滤网前后压差、润滑油泵出口油压、润滑油母管压力、盘车电动机线圈温度等。

（2）压力油系统的油箱油位、滤网上游的油温、滤网前后压差、滑阀组进口处滤网的前后压差、液压油泵出口油压、液压油母管压力、再生油泵出口油压等。

（3）小汽轮机的排汽压力、转子振动值、转速、轴承金属温度、推力轴承磨损量、转子偏心度、膨胀量等。

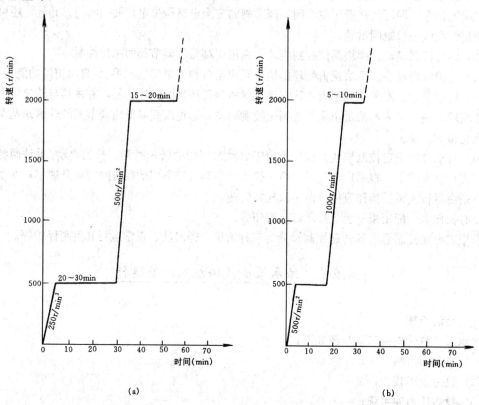

图 7-15　小汽轮机的冷热态启动曲线图

（a）冷态启动曲线；（b）热态启动曲线

循 环 水 系 统

　　循环水系统的主要功能是向汽轮机的凝汽器提供冷却水，以带走凝汽器内的热量，将汽轮机的排汽（通过热交换）冷却并凝结成凝结水。此外，系统还为除灰系统和开式冷却水系统提供水源。由于电厂地理条件的不同，循环水系统所采用的循环水将有所不同，可能是江河、湖泊的淡水，也可能是海水（如海边的电厂）。系统的设置方式有开式和闭式两种。开式循环水系统将循环水从水源输送到用水装置之后，即将循环水排出，不再利用，这种方式用于水源充足的环境；闭式循环水系统将循环水从水源输送到用水装置之后，排水经冷却装置之后循环使用，运行过程中只补充小部分损失掉的循环水，这种设置方式多用于水源比较紧缺的环境。

　　循环水系统主要包括取水头、进水盾沟、进水工作井、循环水泵房设备、循环水进水管道、凝汽器、循环水排水管（箱涵）、虹吸井、排水工作井、排水盾沟和排水头等部分。其中，用于海边电厂的循环水系统涉及的问题和设备以及辅助设施较多，以海边电厂的循环水系统为例，予以介绍。

　　图 8-1 是海边电厂——北仑发电厂 1、2 号机组的循环水系统设置示意图。

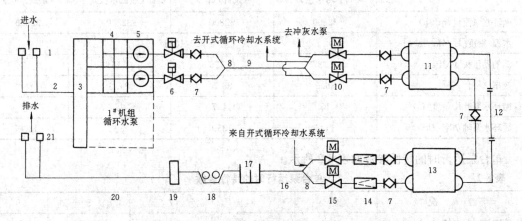

图 8-1　循环水系统设置示意图

1—取水头；2—进水盾沟；3—进水工作井；4—循环水泵房滤网设备；5—循环水泵；6—液压止回蝶阀；7—膨胀节；8—Y 形钢管；9—ϕ3000 混凝土预应力管；10—进口电动蝶阀；11—低压凝汽器 A；12—回水管调整段；13—高压凝汽器 B；14—胶球收球网；15—出口电动蝶阀；16—方孔排水沟；17—虹吸井；18—3、4 号机循环水进水管；19—排水工作井；20—排水盾沟；21—排水头

　　该系统中的取/排水接头、进/排水盾沟、进/排水工作井均为 1 号、2 号机组的公用水道，采用深层取水和浅层排水的方式。取/排水接头均为 1540mm×1540mm（内径）的方形铸铁管；进/排水盾沟的内径分别为 ϕ5000 和 ϕ4800，每节盾沟长度均为 1m。

　　穿越厂区部分的循环水进水管采用 ϕ3000 承插式钢筋混凝土预应力管，每节长度为 4m，其间采用 ϕ2926（外径）橡胶圈密封，橡胶圈的截面直径为 ϕ36。

循环水泵出口和凝汽器进、出水钢管均通过 Y 形钢管及连接钢管段分别与 $\phi3000$ 混凝土管和钢筋混凝土方孔形排水管（3500mm×3500mm）相连接。钢管的防腐措施为：外壁采用环氧树脂涂层，刷涂三层（共厚 $400\mu m$）；凝汽器至碟阀部分的钢管内壁采用氯丁橡胶涂层（3mm 厚）；碟阀至 $\phi3000$ 混凝土管采用环氧沥青涂层，刷涂四层（共厚 $60\mu m$），外加牺牲阳极（锌块）。

主汽轮机循环水系统配备有 2 台循环水泵、4 台旋转滤网、4 个拦污栅、1 台爬草机、3 台滤网冲洗泵以及水位测量装置等设备。

第一节　主机循环水系统主要设备

一、循环水泵

1. 循环水泵结构性能

循环水系统配备有 2 台 50％额定负荷容量的立式、可调叶片、筒形、定速混流水泵。该泵能在处于反转情况下（10％额定转速以下）进行启动。单台循环水泵运行时，能提供 75％总的循环水量，并可通过调整叶轮的叶片角度，在循环水温为 27.8℃ 及以下时，确保汽轮机能够带600MW 负荷。该循环水泵的设计转速为 365r/min，配套电动机为 2500kW、10000V、372r/min。

两台泵并列运行时的主要特性参数如表 8-1 所示。

表 8-1　　　　　　　　　　　　两台泵并列运行时的主要特性参数

工　　况	1	2	3	4
旋转滤网前水位（m）	+0.9（平均水位）	+2.1（设计水位）	−1.84（最低水位）	+4.82（最高水位）
循环水泵流量（m³/h）	32800	32800	32800	32800
水温/密度［℃/（kg/m³）］	20/1028			
总的动压头（MPa）	0.137	0.125	0.164	0.126
效率（％）	86.5	86.5	81.5	86
循环水泵叶片角度（°）	15	14.7	17	14.5
循环水泵轴功率（kW）	1486	1359	1882	1300

单台泵运行时的特性参数如表 8-2 所示。

表 8-2　　　　　　　　　　　　单台泵运行时的特性参数

工　　况	5	6	7	8	9
旋转滤网前水位（m）	−1.84	+4.84	−0.8	+4.82	−1.84
水温/密度［℃/（kg/m³）］	27.8/1028				
总的动压头（MPa）	0.138	0.092	0.116	0.081	0.119
效率（％）	86.5	83	82	79	84
循环水泵叶片角度（°）	15.5	13.5	21	19.5	20
循环水泵轴功率（kW）	1494	1038	1978	1445	1872

循环水泵的特性曲线如图 8-2 所示。图 8-3 是该循环水泵的剖面图。

从图 8-3 可以看出，循环水泵主要由泵壳、泵轴、叶轮及其调节装置、驱动电动机等部套组成。

循环水泵的壳体由进水喇叭口、下壳体、中壳体、出水弯头以及上部端盖共五大部分组成（其材料为含镍铸铁），各部分之间均采用法兰与螺栓、止口连接方式，其间各自镶有 O 形密封

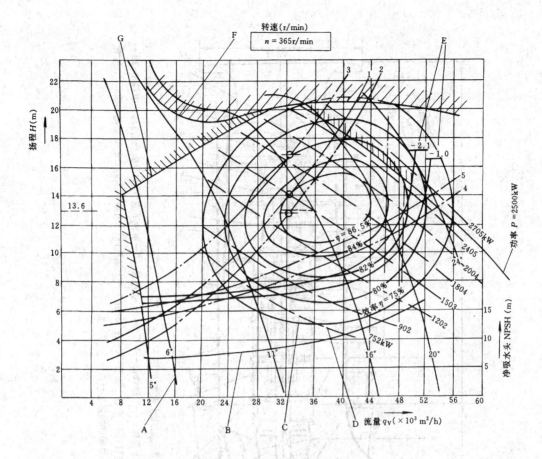

图 8-2　循环水泵的特性曲线图

1—2 台循环水泵并列运行，循环水泵进口水位（滤网前，下同）为 EL＋0.9m（平均水位）；2—2 台循环水泵并列运行，循环水泵进口水位为 EL＋2.1m；3—2 台循环水泵并列运行，循环水泵进口水位为 EL－1.84m；4—单台循环水泵运行（75%总的循环水量），循环水泵进口水位为 EL－0.8m；5—单台循环水泵运行，循环水泵进口水位为 EL－1.84m
A—循环水泵叶片角度曲线；B—NPSH（净吸水头）曲线；C—循环水泵效率曲线；D—循环水泵轴功率曲线（海水密度为 1.02t/m³）；E—循环水泵进口水位为该数值时，循环水泵连续运行的范围；F—循环水泵短时间运行的范围；G—循环水泵连续运行的范围

圈（φ1950×6）。

　　泵的基座座落在循环水泵房零米下的基础上，其外缘周围浇有早强、无收缩水泥；出水弯头则座落在基座顶表面，并采用法兰/螺栓、止口及 O 形密封圈的连接方式；中壳体则悬挂、固定在出水弯头的底表面上；整个循环水泵壳体便连成一体，并座落、固定在循环水泵的基础上；循环水泵出水弯管（DN1800）又与循环水泵的出口钢管（DN2100）相连接。

　　循环水泵的内壳体主要由叶轮室、扩压段和锥形管三大部分组成，其间采用法兰/螺栓和止口的连接方式。扩压段内还装有导流筋板和循环水泵的下轴承座，叶轮室座落在进水喇叭口内侧的洼窝内，二者之间镶有 φ10×4835、φ10×4725 的密封圈。

　　循环水泵的泵轴为一空心轴（φ250/φ85），泵轴内还装有用于调节叶轮位置（即叶片角度）的芯轴，芯轴的直径为 φ80。泵轴和芯轴均由上、下两部分组成，其间都用垂直、对开式套筒联轴器连接。循环水泵的下泵轴通过螺栓与叶轮毂连成一体；上泵轴则通过泵轴联轴器与电动机相连接。

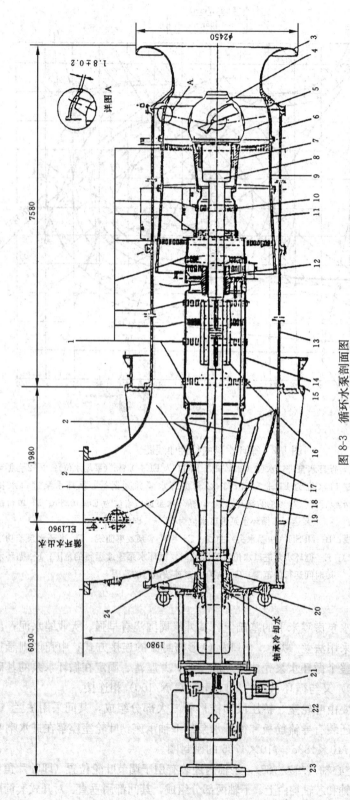

图 8-3 循环水泵剖面图

1—牺牲阳极块；2—牺牲阳极棒；3—进水喇叭口；4—叶轮室；5—叶轮；6—下壳体；7—下轴承；8—下泵轴；9—扩压段；10—泵轴下套管；11—锥形管；12—中轴承；13—中壳体；14—泵轴中套管；15—循环水泵基座；16—泵轴联轴器；17—出水弯管；18—泵轴上套管；19—泵轴；20—上泵轴；21—叶轮调节装置的驱动电动机；22—叶轮调节装置；23—泵轴联轴器法兰；24—上部端盖

整个泵轴共设有3个导向轴承，分别位于上泵轴的中部、下泵轴的上部和叶轮毂的上部，推力轴承则位于电动机的上轴承处。导向轴承均为橡胶轴承。在泵轴和叶轮毂的轴颈处均装有不锈钢轴套。

循环水泵轴外面装有轴套管，并分成下、中、上泵轴套管三部分，三者之间也采用法兰/螺栓和止口的连接方式，套管的材料为含镍铸铁。此外，在泵轴上套管的外缘还设有导流板，以使循环水泵出水沿导流板流向出水弯管。

导向轴承的润滑、冷却水来自电厂的服务水系统。该冷却水经上轴承后，沿泵轴套管流入中、下轴承，然后排入叶轮室。该冷却水的备用水源则来自循环水泵出口水，经止回阀后接入用于循环水泵轴承润滑、冷却水的管道上，一旦服务水系统故障时，该备用水源自动投用。冷却水管道上设有安全阀，其整定压力为0.45MPa。

为提高循环水泵各个零部件的耐腐蚀性能，在循环水泵壳体、泵轴套管、齿轮箱（叶轮调节装置）等部件上均刷有防腐漆。另外，在循环水泵内壳体的扩压段、锥形管和泵轴套管及其导流板处还分别设有牺牲阳极，即锌块（条）。

循环水泵的叶轮结构如图8-4所示。它主要包括叶轮体、叶轮毂、调节螺母、调节拨叉、传动销、曲柄、叶片（共四片）和叶轮端盖等主要部件。这些部件均采用耐海水腐蚀的材料。

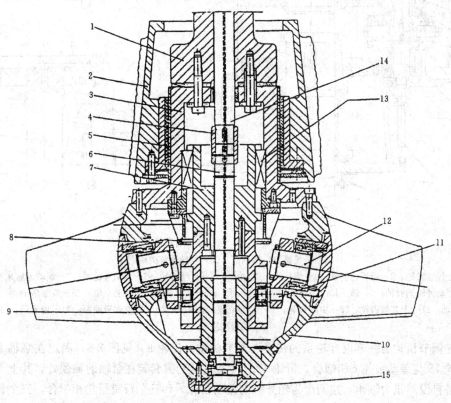

图8-4　循环水泵叶轮结构示意图

1—上泵轴；2—下轴承座；3—叶轮毂；4—芯轴联轴器；5—下轴承；6—下芯轴；7—调节螺母；8—曲柄；
9—调节拨叉；10—叶轮体；11—传动箱；12—叶轮；13—平键；14—上芯轴；15—叶轮端盖

调节叶轮的工作原理如下：通过叶轮毂与下泵轴的螺栓连接，使整个叶轮组件与循环水泵轴连成一体。当循环水泵处于停运或循环水泵轴（包括叶轮组件）与芯轴处于同步转速时，芯轴（外螺纹）与调节螺母（内螺纹）之间没有相对转动，叶片则处于某一位置；当芯轴与调节螺母之间发生相对转动时，调节螺母在其外缘处8个平键的作用下产生上下移动（芯轴只作相对转动，不作上下移动），带动调节拨叉也随之作上下移动；传动销在调节拨叉下部的弧形槽内移动，并带动曲柄转动，叶片产生转动，将叶片调节至一个新的位置。通过叶片位置指示装置将叶片所处角度传送至控制盘，并作就地指示。

叶轮调节机构主要包括驱动电动机、蜗轮—蜗杆传动装置、差动齿轮组、上下行星齿轮(共三组，均布)、芯轴齿轮、泵轴齿轮以及齿轮箱等部件。图8-5为叶轮调节机构的剖面示意图。

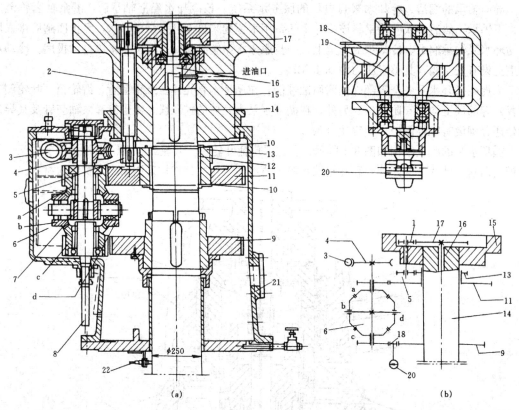

图 8-5　叶轮调节机构剖面示意图
(a) 叶轮调节机构剖面；(b) 叶轮调节机构原理
1—上行星齿轮；2—行星齿轮轴；3—蜗杆；4—蜗轮；5—下行星齿轮；6—差动齿轮组；7—差动齿轮水平轴；8—差动齿轮垂直轴；9、11、13—齿轮；10—推力轴承；12—套筒轴承；14—上泵轴；15—泵轴联轴器；16—上芯轴；17—上芯轴齿轮；18—中间齿轮；19—中间齿轮、油泵轴；20—齿轮润滑油泵；21—齿轮箱；22—泵轴振动探头

叶轮调节机构为一套混合轮系的传动、调节机构。齿轮9（见图8-5）固定在泵轴上，通过中间齿轮18与差动齿轮c相啮合；齿轮11、13通过其套筒套装在泵轴的轴颈处，其上下两个端面处又各自设有推力轴承，这两个齿轮分别与差动齿轮a和三个行星齿轮相啮合，三个行星齿轮则与上芯轴齿轮箱啮合。蜗轮蜗杆传动装置由一个电动机驱动，通过差动齿轮轴带动差动齿轮组转动。

当循环水泵在某一叶轮位置下正常运行时，齿轮9随同循环水泵轴同步转动，并带动中间齿轮18转动；中间齿轮一方面带动齿轮式润滑油泵，使该油泵投入运行并向各传动齿轮及轴承提供润滑油，另一方面则带动差动齿轮c与循环水泵轴作同步转动；差动齿轮c通过锥形齿轮b、d带动差动齿轮a转动，此时，行星齿轮轴（竖轴及横轴）2发生转动；差动齿轮a通过齿轮11、

13 使下上行星齿轮 5、1 转动，即下上行星齿轮既围绕循环水泵轴作公转（由泵轴联轴器带动），又作自转（由齿轮 13 带动），并由上行星齿轮 1 带动上芯轴齿轮 17 转动，以致芯轴与循环水泵轴作同步转动；此时，芯轴与循环水泵轴之间不发生相对转动，循环水泵叶轮的叶片角度处于某一位置下运行。

当循环水泵叶轮的叶片位置需要改变时，叶轮调节自转的驱动电动机 [7.5kW/380V/(1440r/min)] 通过链条带动蜗杆 3、蜗轮 4 转动（44r/min），则差动齿轮的竖轴及横轴也随之转动；差动齿轮横轴的转动，通过锥形齿轮 b、d 的传动，与差动齿轮 a 的转动叠加，造成齿轮 11、13 的转动发生变化（增加或减小），以致齿轮 11、13 的转速与齿轮 9 及循环水泵轴的转速不同步；接着，通过下上行星齿轮、芯轴齿轮，使芯轴与循环水泵轴的转速不同步，二者发生相对转动，然后通过调节叶轮内相应的传动机构，改变叶片的角度，使循环水泵叶轮在一个新的位置下运行；叶轮调节装置的驱动电动机可作顺时针或逆时针转动，从而使循环水泵叶片角度增大或减小；在叶轮调节机构驱动电动机的伸出轴上还配有手轮，操作人员可通过手轮传动蜗杆、蜗轮，来改变循环水泵叶轮叶片的运行角度。

当循环水泵处于静止状态时，也同样可以采用上述方法，即通过驱动电动机或手动转动电动机伸出轴上的手轮，来改变循环水泵叶轮上叶片的角度。此时，齿轮 9、中间齿轮 18 及传动齿轮 c 均处于静止状态，下上行星齿轮也不围绕泵轴作公转（仅在调整叶片角度期间作自转）。

循环水泵叶轮的叶片运行角度可在就地指示，同时也在操作控制盘显示。

循环水泵叶轮叶片的运行角度为 5°～24°；其整定值范围为 3°～26°。当循环水泵叶轮的叶片角度达到或超过整定值时，则通过行程开关切断叶轮调节装置驱动电动机的电源，以避免发生事故。

2. 循环水泵运行和维护

（1）循环水泵的启动条件。只有全部满足下列条件时，循环水泵才允许启动。

1）检查叶轮间隙，当循环水泵叶轮的叶片角度为 20° 时，叶片中心线外缘处与叶轮室内壁之间的间隙应符合设计要求（1.8±0.2mm）；检查轴承间隙，应符合设计要求（循环水泵中、下轴承的总间隙为 0.84±0.2mm 和 1.15±0.2mm），当该间隙值达到 2.0mm 和 2.35mm 时，应更换中、下轴承；检查循环水泵芯轴与泵轴中心的同心度，应符合设计要求（最大允许偏差为 0.07mm）。

2）轴承的振动值应符合设计要求。

3）轴承的润滑、冷却水系统已正常运行，水质合格（杂质含量≤80mg/L，杂质的颗粒尺寸≤50μm，其中最大颗粒≤75μm，循环水泵正常运行时，该润滑、冷却水量为 1.5m³/h，压力为 0.35MPa）；为齿轮、轴承提供润滑油的油系统已正常运行、油质合格。

4）检查盘根处的泄漏量，应在允许的范围内（正常情况下为 0.3～0.6L/h，最大为 5L/h）。

5）检查叶轮调节机构是否灵活、可靠，即将循环水泵叶片角度活动全行程，以防卡涩。

6）循环水泵进口水位高于 -2.2m，循环水泵出口碟阀关闭，循环水泵的润滑、冷却水流量满足要求（大于 14L/min，压力高于 0.23MPa，循环水泵电动机的冷却水量大于 250L/min）。

7）驱动电动机的供电电源符合要求（电压不低于 7kV）。

8）循环水泵的叶片角度位于最小位置；循环水泵逆转转速小于 10% 额定转速。

（2）循环水泵运行中的保护。当发生下列任一情况时，循环水泵自动跳闸（当发生下列前四种情况之一时，运行泵跳闸，备用泵自动投运）。

1）循环水泵进口水位低于 -2.2m（延时 1s 后）；

2）循环水泵上游的旋转滤网前、后压差达到 14.7kPa；

3）循环水泵电动机的电流大于 210A；

4）循环水泵电动机电气故障；

5）出口碟阀开度小于 30%，延时 2min；

6）另一台循环水泵停运，其出口碟阀开度大于 30%，延时 15s；

7）另一台循环水泵停运，其出口碟阀开度大于 85%，延时 4s；

8）另一台循环水泵的逆转转速达到 100%额定转速；

9）循环水泵电动机的电源电压低于 7kV。

（3）当发生下列任一情况时，手动停泵。

1）循环水泵电动机的轴承、推力轴承温度＞95℃；

2）循环水泵电动机绕组的温度＞135℃（125℃报警）；

3）循环水泵轴振动值高（＞1mm）。

表 8-3　液压止回阀主要技术数据

通流直径（mm）		DN2100
设计压力（MPa）		0.7
试验压力（MPa）		1.0
试验泄漏量（L/min）		0.11
试验关闭时间（碟阀 A/B，s）		15.8/15.6
电厂实测动作时间	碟阀 A（全开/全关，s）	43/23
	碟阀 B（全开/全关，s）	46/23

二、循环水泵出口处液压止回碟阀

循环水泵出口处的液压止回碟阀位于循环水泵房外侧的阀门井内。它同时具有隔离、止回阀的功能，由液压油缸操作其开启或关闭。碟阀配有一个关闭重锤和一套可调整的液压缓冲装置。正常运行时，碟阀在液压作用下锁定在其全开位置。当循环水泵失电或液压控制系统的所有电磁阀电源发生故障时，碟阀则在重锤的作用下自行关闭。

液压止回阀的主要技术数据如表 8-3 所示。

碟阀开启和关闭动作曲线如图 8-6 所示。图 8-7 是液压止回碟阀的外形图。

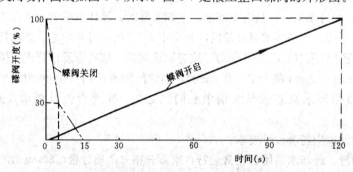

图 8-6　碟阀开启和关闭动作曲线图

循环水泵出口碟阀的液压控制系统主要包括液压控制装置、液压缓冲器、液压油缸和阀门、软管、管道等部件。图 8-8 为该系统的流程示意图。系统的工质为汽轮机油。

液压控制装置通过控制其进排油路来操作循环水泵出口碟阀的开启和关闭。此外，可通过调节其油路上的流量调节阀改变碟阀的开启或关闭速度，以免发生水锤现象。液压控制装置主要由两台 100%容量的电动液压油泵、一台备用的手动油泵、液压关断阀、电磁阀、流量调节阀、蓄压器、安全阀、止回阀以及连接管道等部件组成。

液压油缸是碟阀开/关的执行机构，通过油缸内活塞的移动带动碟阀的驱动轴转动，使碟阀开启或关闭。

液压缓冲器主要包括止回阀、流量调节阀、行程开关阀等部件。它用于控制液压油缸进、排油的油量，以改变碟阀的开、关速度。行程开关由一个斜块控制，斜块与油缸的活塞杆相连接。

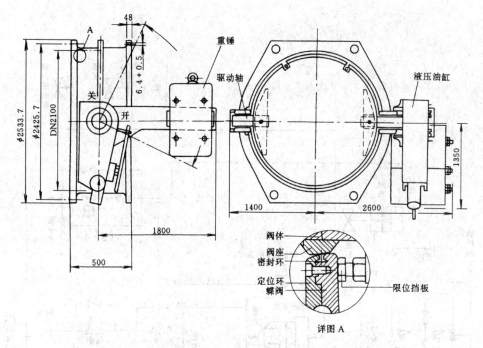

图 8-7　液压止回碟阀外形图

当活塞移动至某一位置时，通过斜块的斜面、阀杆顶部的杠杆，使该阀门开启或关闭。

碟阀开启过程如下：

（1）启动一台电动液压油泵 A 或 B，电磁阀 1 受电打开；

（2）三通电磁切换阀 2 受电打开，其排油口关闭，液压油通往液压关断阀上部腔室；

（3）电磁阀 3 失电；

（4）此时，从液压油泵出口来的压力油经电磁阀 1、三通电磁切换阀 2 分别进入液压关断阀滑阀的上、下腔室，由于滑阀上、下面积差所产生的作用力，迫使滑阀向下移至下止点位置，将油口 a 和 b 隔绝；

（5）压力油经液压缓冲装置后，进入液压油缸内活塞下腔，使活塞向上移动，带动碟阀驱动轴转动，开启碟阀；

（6）液压油缸活塞上腔的油则经电磁阀 3，排入液压控制装置的油箱；

（7）当碟阀全开后，液压油泵停运。

碟阀的关闭过程如下：

（1）电动液压油泵停止运行；

（2）电磁阀 1 失电关闭；

（3）三通电磁切换阀 2 失电关闭（进油口），打开其排油口，液压关断阀上部腔室内的压力油与排油口接通；

（4）此时，碟阀在其重锤的作用下关闭；

（5）液压油缸内的活塞也随之向下移动，活塞下腔室内的压力油经液压缓冲装置排出，进入液压关断阀油口 a，并将该关断阀的滑阀顶至上方，打开其油口 b，使排出的压力油回至液压控制装置的油箱；

（6）电磁阀 3 受电关闭，液压控制装置油箱内的油在碟阀关闭过程中，经止回阀〔电磁阀 3 的旁路管道〕被吸入液压油缸的活塞上腔，使碟阀平稳关闭至全关位置。

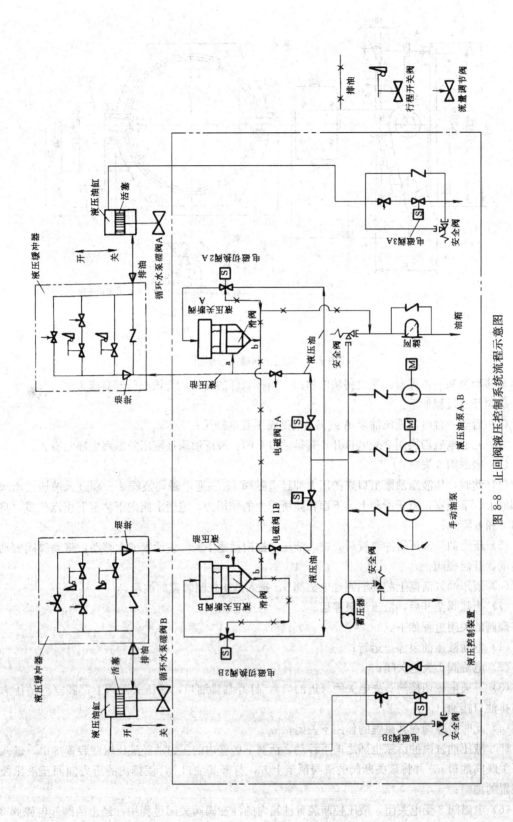

图 8-8 止回阀液压控制系统流程示意图

当运行中的液压油泵出口油压低于 16.1MPa 时,发出报警信号,并自动驱动备用的液压油泵。当两台液压油泵都发生故障时,则可人工操作手动油泵,并按上述操作方式开启碟阀。

油压控制装置主要部件的技术数据如表 8-4 所示。

三、凝汽器循环水进/出口碟阀

凝汽器进出口处的循环水截止阀均为电动碟阀,布置在汽机房零米层"A"侧的阀门坑内,其主要技术数据如表 8-5 所示。

表 8-4   油压控制装置主要部件技术数据

油箱容量(L)	200
油泵流量/压力〔(L/min)/MPa〕	12/25
配套电动机〔kW/V/(r/min)〕	5.5/380/1500
油泵出口安全阀压力整定值(A/B,MPa)	25.1/23.1

表 8-5   电动碟阀主要技术数据

通流直径(mm)		DN2100
配套电动机〔kW/V/(r/min)〕		1.5/380/1500
碟阀试验压力(MPa)		0.8(10min)
泄漏量(L/min)		0.11
关闭时间	进口处碟阀 A/B	207/200
(s)	出口处碟阀 A/B	202/205

四、循环水泵房滤网设备

循环水泵房的滤网设备主要包括 4 台旋转滤网、3 台冲洗水泵、4 个拦污栅、1 台机械式耙草机和 2 块平板钢闸门等。

1. 旋转滤网

旋转滤网用来过滤进入循环水泵的海水,并通过滤网冲洗水将积聚在滤网网板上的脏物及海生物冲至垃圾槽。每台循环水泵配有两台旋转滤网,其主要技术数据如表 8-6 所示。

表 8-6   旋转滤网主要技术数据

上、下传动轴之间的垂直距离(m)	15.6		配套电动机〔双速,kW/V/(r/min)〕	1.7/3.4/380/700/1440
旋转速度(m/s)	0.36/0.25		速比	250
网板外形尺寸(长×宽,mm)	2080×588	齿轮减速装置	输入转速(r/min)	710/1435
网丝直径/网孔尺寸(mm)	φ1.6/12.5		输出转速(r/min)	3/6
网板数量(只)	58		滤网冲洗水流量/压力〔(m³/h)/MPa〕	25/0.25
网板能承受的最大压差(设计值,kPa)	14.7			

旋转滤网装置主要由导轨、框架、双速电动机及其齿轮减速箱、驱动轮装置、从动轮、滤网和冲洗水装置等组成。

驱动轮轴与从动轮轴呈上、下水平布置,其轮轴两侧均装有链轮,并通过二个传动链作反时针转动(面对循环水流向)。驱动轮轴上装有一个皮带轮,它与双速电动机及其齿轮减速箱伸出轴上的皮带轮相连接,其间还装有一个中间过渡轮。滤网冲洗水管位于循环水泵房地坪上,靠近驱动轴处,当滤网转动到该处时,冲洗水通过冲洗水管上的喷嘴从网板背后进行喷射,冲洗积聚在网板上的脏物,经垃圾槽落入垃圾筐内。

滤网驱动轴设有罩壳,罩壳上开有观察孔。

框架的梁和滤网板架上装有牺牲阳极板。

旋转滤网装置还配有气泡式压差监测系统。旋转滤网均设有二个水位探头,一个位于拦污栅上游,另一个位于旋转滤网下游。该监测系统配有 2×100% 容量的空气压缩机(10m³/h,1MPa),空气压缩机出口的压缩空气经压力调节阀、流量调节阀后,去二个水位探头。该系统还配有压差指示表和带 5 个电接点的压差变送器,以供就地指示和传送压差信号。

旋转滤网绝对不能在滤网冲洗泵停运或滤网冲洗水管道上的电动碟阀关闭时转动。因此,滤网冲洗泵的停运必定迫使旋转滤网停止转动。

由于两台旋转滤网服务于一台循环水泵，所以这两台旋转滤网同步转动或停运有如下连锁：

（1）正常运行工况。

1）当滤网前后的压差（即水位差）超过 0.98kPa 时，则第一台冲洗水泵投运，至各旋转滤网冲洗水管上的各电动阀均打开，若冲洗水压头正常，延时后二台旋转滤网作低速转动；当上述压差降至 0.98kPa 以下时，以上设备至少维持 3min 运行后停止转动。

2）当滤网前后的压差超过 1.96kPa 时，则两台旋转滤网改作高速转动，冲洗水泵、电动阀的状态同上；当该压差降至 1.96kPa 以下时，则按 1）运行。

3）当滤网前后压差超过 4.9kPa 时，发出报警信号，旋转滤网、冲洗水泵、电动阀仍维持 2）的工作状态，当该压差降至 4.9kPa 以下时，则按 2）、1）依次运行。

4）当滤网前后的压差超过 9.8kPa 时，发出第二次报警信号，旋转滤网、冲洗水泵、电动阀的工作状态同上；当该压差降至 9.8kPa 以下时，则按 3）、2）、1）依次运行。

5）当滤网前后的压差超过 14.7kPa 时，发出第三次报警信号，旋转滤网停止转动；若在 10s 内仍保持该压差值，则对应的循环水泵自动跳闸；循环水泵跳闸后，由于流经旋转滤网的水量减少，其前后压差也下降，则旋转滤网将按 4）、3）、2）、1）依次运行。此时，第二台循环水泵所对应的另两台旋转滤网仍可运行。

（2）单台循环水泵运行工况。当只有一台循环水泵运行时其对应的二台旋转滤网投运。此时，一台冲洗水泵已足以提供其冲洗用水，去另两台旋转滤网冲洗水管的阀门关闭。

（3）瞬间运行工况。循环水泵启动前，其对应的两台旋转滤网必须低速转动约 2min，或高速转动 10min。

2. 滤网冲洗泵及其冲洗水系统

循环水泵房旋转滤网配有 3 台 50％容量的滤网冲洗泵，其主要技术参数如表 8-7 所示。

表 8-7 滤网冲洗泵主要技术参数

流量（m³/h）	50
压头（MPa）	0.39
效率（％）	70
转速（r/min）	2900
轴功率（kW）	9
配套电动机［kW/V/（r/min）］	15/380/2920

该泵为二级立式离心泵，泵的出口处设有滤网，直接从循环水泵房下的进水通道取水。泵的总高度为 11m，其中水下部分 9.49m。它主要由叶轮、泵轴、进水口、叶轮室、扩压段、泵筒、台板、出水管等部件组成。

3 台滤网冲洗水泵通过各自的出口管道汇集至冲洗水母管，其出口管道上均配有止回阀、滤网及手动隔离阀。冲洗水母管上接有 4 根支管（DN80），分别去 4 台旋转滤网，在这些支管上均装有电动碟阀。

滤网冲洗泵和电动碟阀均按旋转滤网发出的指令动作。

3. 平板钢闸门、拦污栅及耙草机

循环水泵房内配有 2 个平板钢闸门，插入循环水进水通道的闸门槽内，必要时可隔离循环水泵房的进水，以便检修位于闸门下游的旋转滤网、循环水泵。平板钢闸门布置在拦污栅与旋转滤网之间，当循环水泵、旋转滤网运行或处于备用状态时，该闸门应在闸门槽外存放。

循环水泵的进水通道内装有 4 个固定式拦污栅，分别位于 4 个旋转滤网的上游。拦污栅主要由扁钢格栅（5mm×50mm）和钢梁组成，其外形尺寸为 15.6m×2.46m。循环水泵房的地坪上还设有一台机械式耙草机，用于清除、收集拦污栅上积聚的脏物，并将之排入垃圾槽内。

为了防止海生物在循环水通道寄生，循环水系统设有加氯装置，在运行期间向循环水中加氯，以杀灭海生物。为了清洗凝汽器管束管子内壁的积垢，循环水系统还设有胶球清洗系统。

4. 凝汽器胶球清洗系统

胶球清洗系统采用直径略大于凝汽器管子内径的海绵胶球，在循环水压力的作用下，通过胶球与管子内径之间的摩擦，来清洗管子内壁，以维持凝汽器管子的清洁度，从而保证凝汽器有较高的热交换效率。图 8-9 是北仑发电厂 2 号机的凝汽器胶球清洗系统示意图。

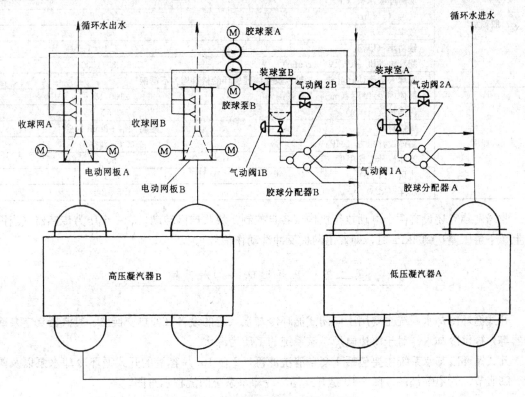

图 8-9 凝汽器胶球清洗系统示意图

该系统有两个相同的独立回路，各自清洗对应的凝汽器内的管子。每个回路包括胶球泵、收球网、装球室、胶球分配器、胶球注射管以及阀门、管道等。

胶球清洗系统的工作程序如下：

（1）先、后开启胶球泵、气动阀 2，从收球网侧面来的循环水经胶球泵送出后，通过装球室气动阀 2、胶球分配器、胶球注射管进入循环水进水管道，以建立水流循环并至少运行 3min。随后，开启气动阀 1，此时，装球室内的海绵胶球经气动阀 1、胶球分配器、胶球注射管进入循环水管道，随循环水进入凝汽器管子内清洗管子，并经收球网回收后，由胶球泵重新送入装球室。如此反复循环，以达到清洗管子的目的。

（2）胶球的回收及更换：将胶球开关置于"收球"位置，则气动阀 1 关闭，胶球便在装球室内积聚，5min 后停止胶球泵运行并关闭气动阀 2。

（3）间断运行：自动运行 1h，停运（备用）1h。

（4）收球装置网板自动反冲洗：收球装置网板每周反冲洗一次。此外，当网板上、下游之间的压差达到 3kPa 时，压差开关即发出动作信号，此时气动阀 1 关闭，装球室回收胶球；25min 后，电动执行机构将网板置于反冲洗位置；30min 后，电动执行机构将网板重新置于工作（收球）位置，重新打开气动阀 1，装球室内的胶球再次进入凝汽器管子作循环清洗。

该系统的胶球是软质海绵胶球，其外径为 $\phi25mm$。每次清洗投放胶球 400 只。

该系统主要设备的技术参数如表 8-8 所示。

表 8-8　　　　　　　　　胶球情况系统主要设备的技术参数

胶球泵	流量（m³/h）	60
	压头（MPa）	0.16
	所需净吸水头（m）	3
	转速（r/min）	1450
	效率（%）	73
	轴功率（kW）	4.4
	配套电动机 [kW/V/（r/min）]	5.5/380/1500
	胶球泵的壳体、叶轮、泵轴以及壳体磨损环的材料均为不锈钢	
收球网	筒体内径/壁厚（mm）	2100/15
	筒体长度（mm）	2850
	筒体材料	耐腐蚀钢＋3mm 衬胶
	筒体设计压力（MPa）	0.45/真空
	筒体设计工作温度（℃）	50
	流量（m³/h）	8.5
	压降（kPa）	1.5～2.5

收球网装置还设有两个电动执行机构（各自控制一块收球网转动）和一个压力传感器（当网板上、下游压差达到 3kPa 时，即发出网板反冲洗动作信号）。

第二节　开式循环冷却水系统

开式循环冷却水系统主要用于向闭式循环冷却水系统的设备（如热交换器、凝汽器真空泵冷却器等）提供冷却水。对于海边电厂，该系统的工质为海水。

开式循环冷却水系统主要包括 1 套自清洗滤网、2 台 100% 容量的开式循环冷却水泵以及阀门、膨胀节、管道等部件。图 8-10 是开式循环冷却水系统的流程示意图。

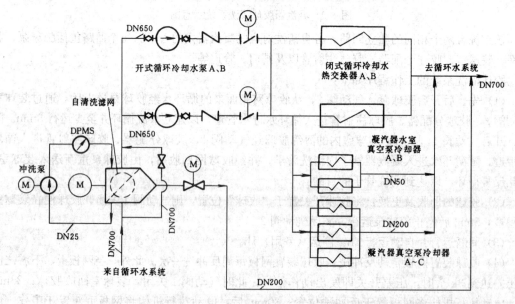

图 8-10　开式循环冷却水系统流程示意图

该系统从凝汽器前循环水的 Y 形进水管接头取水，经电动自清洗滤网后，由开式循环冷却水泵送出，向各用水设备提供冷却水。其回水排至凝汽器前循环水 Y 形排水管，并随主循环水排至大海。

开式循环冷却水管道采用耐海水腐蚀钢材，内衬氯丁橡胶。

一、自清洗滤网

电动自清洗滤网用于清除循环水（海水）中的杂物，防止海水中的脏物进入开式循环冷却水泵和闭式循环冷却水热交换器。自清洗滤网设有反冲洗装置，当滤网前后压差达到一定值时，反冲洗装置即投入运行，将积聚在滤网上的脏物冲走，并绕过开式循环冷却水系统的设备，直接排至循环水的出水侧。

自清洗滤网的主要技术参数如表 8-9 所示。

表 8-9　　　　　　　　　　　　自清洗滤网主要技术参数

滤网壳体直径/壁厚（mm）	810/8	最大允许流量（kg/s）	1550
滤网壳体长度（mm）	1830	滤网前后允许最大压差（MPa）	0.1
网孔尺寸（mm）	4～5	滤网设计工作压力（MPa）	0.23/0.1
滤网只数（只）	8	滤网设计工作温度（℃）	50

驱动反冲洗转子的电动执行机构（电动机、减速齿轮箱）的技术参数如表 8-10 所示。

表 8-10　　　电动执行机构技术参数

电动机〔kW/V/（r/min）〕	1.1/380/1420
执行机构输出转速（r/min）	140/67

自清洗滤网的工作过程如下：

（1）循环水进入自清洗滤网经滤网筐过滤后，进入开式循环冷却水泵。滤网筐由 8 块扇形拱状滤网片组成，其间用支撑筋板固定、隔开。

（2）循环水在流经滤网筐时，其中的脏物则积聚在滤网筐的上游侧，致使滤网筐的前后压差增大。当该压差达到整定值时，压差监测系统即发出滤网筐"脏"的指示信号，需要进行反冲洗运行。

（3）打开反冲洗管道的电动出口阀，同时齿轮箱电动机启动，通过封闭式传动轴、减速齿轮箱，带动反冲洗转子转动。

（4）反冲洗转子下端带有一个扇形的垃圾槽，槽的一端与反冲洗管道相连通。当反冲洗转子的垃圾槽转动至完全覆盖某一扇形拱状滤网时，则垃圾槽与橡胶密封板使该扇形拱状滤网上游处形成一个腔室。由于该腔室与反冲洗出口管道（接至循环水排水管）相连通，滤网上游侧处于低压状态。此时，滤网下游的压力高于其上游的压力，在这种压差的作用下，该块滤网下游的循环水改变流向，从流往电动进水

自清洗滤网主要由滤网壳体、滤网筐、反冲洗转子、轴承座、橡胶密封板、电动减速装置和电动出口阀等部件组成。图 8-11 是自清洗滤网的结构示意图。

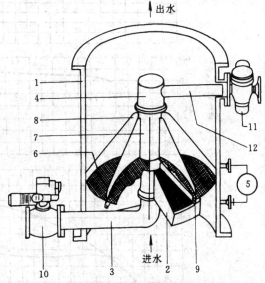

图 8-11　自清洗滤网结构示意图

1—滤网壳体；2—反冲洗转子；3—反冲洗管；4—减速齿轮箱；5—压差测量装置；6—滤网筐；7—轴承座；8—支撑筋板；9—橡胶密封板；10—电动出口阀；11—齿轮箱电动机；12—封闭型传动轴

滤网而转为流向反冲洗转子的垃圾槽,形成一股反冲洗水流。

(5) 在上述反冲洗水流的作用下,积聚在该块滤网前的脏物被反冲洗水流冲刷落下,并随水流直接排至循环水的出水管道,使该块滤网得到清洗。

(6) 随着反冲洗转子的转动,其垃圾槽逐个清除各扇形拱状滤网。

(7) 当反冲洗转子被大块杂物卡涩时,则该反冲洗转子能自动反转2s,在清除该杂物之后,再恢复正常运转。

按反冲洗管道的最佳设计,上述反冲洗水的流量约为流入电动进水滤网的循环水流量的2.5%,反冲洗过程所需的时间约为10~15s。

电动进水滤网还配备有压差测量系统和冲洗装置。

压差测量系统用于测量滤网前后的压差,当压差值达到整定值时即发出信号,自动启动反冲洗转子。系统主要包括压差计、磁性触点等。

冲洗装置主要用于冲洗积聚在压差测量系统回路中的脏物,以确保该系统正常工作。它主要

表 8-11	冲洗泵技术参数
流量（kg/s）	0.55
压头（MPa）	0.09
配套电动机〔kW/V/（r/min）〕	0.37/380/2760

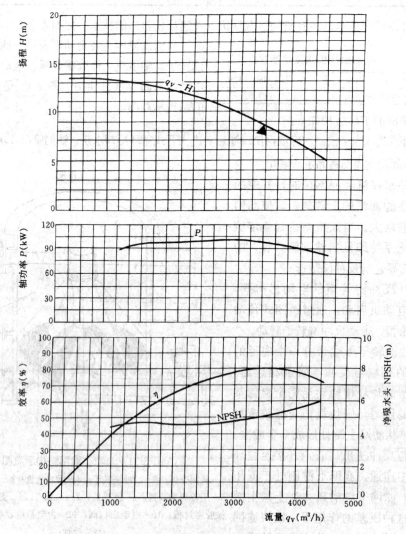

图 8-12　开式循环水泵的特性曲线图

包括一台冲洗泵和隔离阀等。冲洗泵从滤网下游侧取水，回水至滤网的上游侧。该泵的主要技术参数如表8-11所示。

在机组正常运行时，自清洗滤网系统应处于"自动"操作位置。当滤网前后压差达到整定值时，电动出口阀打开，并启动反冲洗转子。待反冲洗完毕，再关闭电动出口阀，停止反冲洗转子运行。当滤网前后压差测量系统发生故障时，则反冲洗转子将自动冲洗滤网100s。

二、开式循环冷却水泵

开式循环冷却水系统采用的水泵是单级、单吸、卧式离心泵，其主要技术参数如表8-12所示。

表 8-12　　　　　　　　开式循环冷却水泵主要技术参数

流量（m³/h）	3360	轴功率（kW）	99.3
压头（kPa）	83.3	转速（r/min）	590
所需净吸水头（kPa）	49	配套电动机〔kW/V/（r/min）〕	132/380/590
效率（%）	80	电动机效率（%）	93

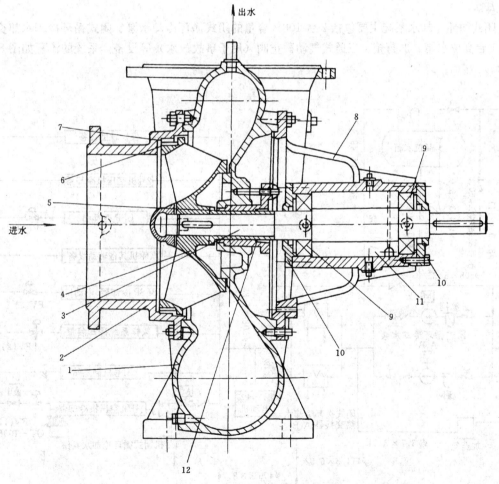

图 8-13　开式循环水泵剖面图

1—泵壳；2—进水短管；3—泵轴；4—叶轮；5—泵轴套筒；6—叶轮磨损环；7—壳体磨损环；8—轴承座；9—轴承；10—轴承端盖；11—润滑油池；12—盘根压盖

开式循环冷却水泵的特性曲线如图 8-12 所示，其剖面图如图 8-13 所示。

当发生下列任一情况时，开式循环冷却水泵便发出报警信号、停止运行，并自动启动另一台备用的开式循环冷却水泵，其整定值如表 8-13 所示。

表 8-13 　　　　　　　　　 开式循环冷却水泵故障报警等整定值

故　　　障	整定值	故　　　障	整定值
电动机绕组温度高	150℃	出口流量小	2000m³/h
出口压力低	0.17MPa	出口电动碟阀	未全开

第三节　闭式循环冷却水系统

闭式循环冷却水系统的功能是向汽轮机、锅炉、发电机的辅助设备提供冷却水。该系统为一闭式回路，用开式冷却水系统中的水流经闭式循环冷却水热交换器来冷却闭式循环冷却水系统中的冷却水。

闭式循环冷却水系统主要包括 2 台 100％容量的闭式循环冷却水泵、闭式循环冷却水热交换器、1 台高位水箱、加药箱、三通式气动截止阀（用于事故放水）等设备。系统的流程如图 8-14 所示。

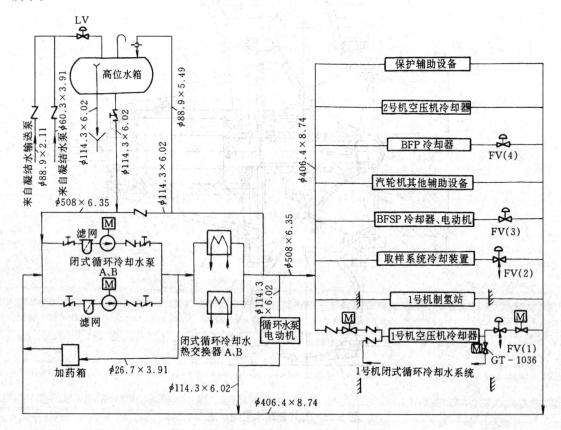

图 8-14　闭式循环冷却水系统流程示意图

一、系统概述

闭式循环冷却水系统采用除盐水作为系统工质，用凝结水输送泵向闭式循环冷却水高位水箱及其系统的管道注水，然后通过闭式循环冷却水泵在该闭式回路中作循环。由凝结水泵来的凝结水（位于精除盐装置出口母管处的支管）则用于该系统正常运行时的补给水。

系统正常运行时，由高位水箱内的液位开关来控制液位调节阀 LV 的开启或关闭，以维持高位水箱内的水位在正常范围内（水箱容量 $50m^3$，水量为 $46.6\sim42.7m^3$）。

闭式循环冷却水管道回路与高位水箱之间设有一根再循环管，以使高位水箱内的水温与管道回路中的水温相同。

闭式循环冷却水泵进口管道上还设有加药箱，加药箱上方设有加药漏斗，用于添加磷酸盐。此外，在泵的进口管道上还另设有加药点（添加联氨），以此来调整闭式循环冷却水的 pH 值，改善其水质。

当闭式循环冷却水系统发生故障时，为了确保取样系统冷却装置在机组停运过程中对冷却用水的要求，则自动打开气动截止阀 FV（2），使高位水箱内的冷却水直接流经取样系统冷却装置，经气动截止阀 FV（2）后排入地沟。截止阀 FV（1）则使系统能够与相邻机组的对应系统连接起来，在事故时可以相互救助。但在各机组正常运行时，此截止阀 FV（1）应关闭。

闭式循环冷却水系统按机组 VWO＋5％OP 工况（即最大负荷＋5％超压）设计。一台闭式循环冷却水泵和一台闭式循环冷却水热交换器能满足机组机、炉、电辅助设备的冷却用水，也包括相邻机组空压机、制氢站设备的冷却用水。

闭式循环冷却水系统的用户及其耗水量（北仑发电厂 2 号机组），如表 8-14 所示。

表 8-14   闭式循环冷却水系统的用户及其耗水量

用 户 名 称		耗水量（m^3/h）
汽轮机辅助设备	汽轮机液压油装置冷却器 A 或 B	8
	汽轮机润滑油冷却器 A 或 B	400
	小汽轮机—给水泵 A 的润滑油冷却器 A 或 B	24
	小汽轮机—给水泵 B 的润滑油冷却器 A 或 B	24
	给水泵前置泵 A、B 的壳体冷却水	4.8
	电动给水泵电动机冷却水	33
	电动给水泵前置泵的壳体冷却水	2.4
	电动给水泵润滑油冷却器	40
	电动给水泵工作油冷却器	70
	凝结水泵 A 或 B 的电动机推力轴承冷却水	1.2
	循环水泵 A、B 电动机冷却水	38
	取样系统冷却装置	22
	空压机系统冷却器 A～C	80
发电机辅助设备	发电机氢气冷却器 A～D	540
	发电机定子冷却水的冷却器 A 或 B	127
	励磁机冷却器 A 或 B	30
锅炉辅助设备	磨煤机冷油器 A～F	192（总）
	引风机 A、B 轴承冷却水	
	空气预热器 A、B 导向/支承轴承冷却水	
	排污疏水冷却器	
其他公用设备冷却水（如制氢站设备冷却水等）		

二、主要设备及技术参数

1. 闭式循环冷却水泵

闭式循环冷却水系统配有二台 100％容量、单级、双吸、卧式离心水泵，其主要技术参数如表 8-15 所示。

表 8-15 　　　　　　　　　　　　　闭式循环冷却水泵主要技术参数

流量（m³/h）	1980	转速（r/min）	1460
压头（MPa）	0.392	效率（％）	87
		轴功率（kW）	247
净吸水头（MPa）	0.07	配套电动机〔kW/V/（r/min）〕	300/3000/1483

闭式循环冷却水泵的特性曲线如图 8-15 所示，图 8-16 是闭式循环冷却水泵的结构示意图。

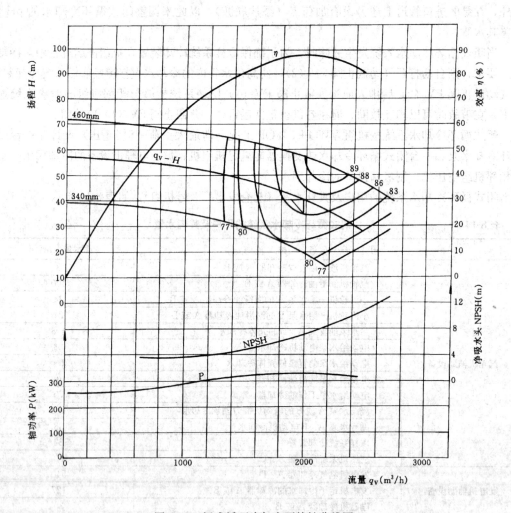

图 8-15　闭式循环冷却水泵特性曲线图

该泵的壳体和叶轮处各自配有磨损环，泵轴由两端的滚珠轴承支承，其推力轴承设在泵的非驱动侧，也是滚珠轴承。泵两端的轴封是采用带节流孔的水封环加盘根的轴封结构，其冷却水来自闭式循环冷却水泵的出口。

2. 闭式循环冷却水热交换器

两台 100％容量的热交换器为双流、直管、表面、卧式热交换器，采用开式循环冷却水（海水）来冷却闭式循环冷却水（除盐水），其主要技术数据如表 8-16 所示。

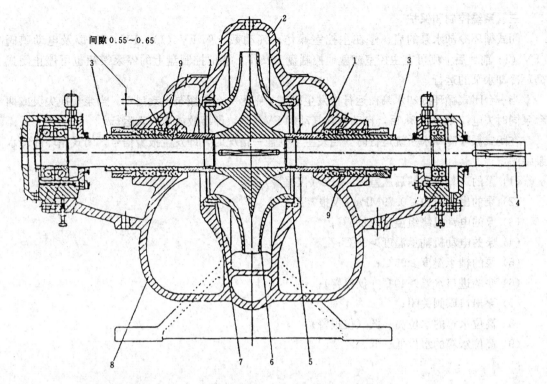

间隙 0.55~0.65

图 8-16　闭式循环冷却水泵结构示意图

1—止动螺母；2—上壳体；3—泵轴套筒；4—泵轴；5—壳体磨损环；6—叶轮；
7—叶轮磨损环；8—泵壳；9—水封环

表 8-16　　　　　　　　　　　热交换器主要技术数据

冷却面积（m²）	1315	管板材料	纯钛
闭式/开式冷却水流量（m³/h）	1890/3160	管板厚度（mm）	50
闭式冷却水流速（m/s）	0.7	管板与管子连接方式	胀管
开式冷却水流速（m/s）	2.2	管侧进/出口开式水温（℃）	33/37
管子直径/壁厚（mm）	19/0.5	壳侧进/出口闭式水温（℃）	46/38
管子根数（根）	3314	热交换器壳体直径/长度（mm）	2250/9636
管子有效长度（mm）	6650	热交换器水室内衬以氯丁橡胶	
管子材料	纯钛		

3. 高位水箱

高位水箱是系统中的中间水箱，其主要数据如表 8-17 所示。

4. 加药箱

加药箱主要数据如表 8-18 所示。

表 8-17　高位水箱主要技术数据

有效容积（m³）	50
设计压力（MPa）	0.1
设计温度（℃）	50
筒体直径/长度（mm）	2800/9000

表 8-18　　　加药箱主要数据

有效容积（m³）	0.17
设计压力（MPa）	1.1
设计温度（℃）	46
筒体直径/壁厚（mm）	550/8
筒体高度（mm）	922

三、系统控制和保护

闭式循环冷却水泵的启、停在主控室操作，气动截止阀 FV（1）、FV（2）以及电动碟阀〔FV（1）前、后〕则可在主控室或就地控制盘上操作。就地控制盘上的停泵按钮也可停止闭式循环冷却水泵的运行。

当一台闭式循环冷却水泵在运行中发生跳闸，则另一台备用泵自动启动。当泵切换失灵或两台泵同时失电，则延时 3s 后，自动打开气动阀 FV（1），即事故放水投入运行。

在闭式循环冷却水系统运行时，当发生下列任一情况时，即发生报警信号，闭式循环冷却水泵跳闸：

（1）泵的进口滤网前后压差≥20kPa（仅报警）；

（2）泵的出口压力≤0.79MPa（仅报警）；

（3）泵的电动机绕组温度>135℃；

（4）泵的电动机轴承温度>95℃；

（5）泵的轴承温度≥95℃；

（6）泵的进口水温>40℃（仅报警）；

（7）泵出口碟阀关闭；

（8）高位水箱的水位高、低（仅报警）；

（9）高位水箱的水位低—低。

主 机 油 系 统

主机油系统是指汽轮发电机组的润滑油系统、顶轴油系统、调节/安全油系统。

第一节 润 滑 油 系 统

润滑油系统的任务是可靠地向汽轮发电机组的各轴承（包括支承轴承和推力轴承）、盘车装置提供合格的润滑/冷却油。

由于不同制造厂的汽轮发电机组整体布置各不相同，所以相应地润滑油系统的具体设置也有所不同。但从必不可少的要求来看，润滑油系统主要由润滑油箱（及其回油滤网、排烟风机、加热装置、测温元件、油位计）、主油泵、交流电动（备用）油泵、直流电动（事故）油泵、冷油器、油温调节装置（或油温调节阀）、轴承进油调节阀（或可调节流孔板）、滤油装置（或滤网）、油温/油压监测装置以及管道、阀门等部件组成。

国产 600MW 汽轮机组的润滑油系统，其离心式主油泵由汽轮机主轴驱动。在额定工况下，主油泵向三方面供油，一路经射油器作为动力油，将主油箱的油抽出，并经冷油器之后送往机组的各润滑点（轴承、盘车装置）、低压密封备用油管路和主油泵进口；一路送往机械式超速装置；一路送往电机的高压密封油系统。

在机组启动阶段和主油泵供油压力低于整定值时，交流备用润滑油泵自动启动，向轴承润滑油母管供油，高压氢密封油泵自动启动，向氢密封油系统和机械超速装置、手动脱扣装置供油。

在机组运行中，当润滑油母管内的油压低于整定值时，直流事故油泵即自动启动，其供油方向与交流备用润滑油泵相同。

各轴承进口处供油的油温要求在 45℃（极限范围 43～49℃）。油箱中油温的最低极限是 10℃，如果油箱中的油温低于 10℃，则必须加热升温至 25℃以上油系统才能启动。

油系统配置有油净化装置。油净化装置主要由净化箱、输油泵、排烟风机、流量计、流量控制阀及相应的阀门、管道组成。经净化后的润滑油要求达到：杂质颗粒度小于 8μm，水分比例小于 0.05%。

润滑油系统与控制油系统完全分开。

北仑发电厂 1 号机组的润滑油系统配置有主油泵、油蜗轮泵、交流辅助油泵、盘车油泵和直流事故油泵。单级、双吸、离心式主油泵直接由汽轮机的轴头小轴驱动。在机组正常运行时，主油泵的进油由装于主油箱内的油蜗轮泵供给，主油泵出口的压力油作为动力油驱动蜗轮泵，其乏油经冷油器之后送往各轴承作为润滑油。机组在启动、升速过程或停机情况下，由盘车油泵向润滑系统供油。若盘车油泵不能正常工作，则启动直流事故油泵维持润滑油压。当机组在 90%额定转速以下时，辅助油泵代替油蜗轮泵向主油泵进口供油。图 9-1 是该机组润滑油供油系统各主要设备的配置示意图。

由图 9-1 可以看出，在油蜗轮泵处设有节流阀、旁路阀和泄油阀。节流阀主要控制进入油蜗

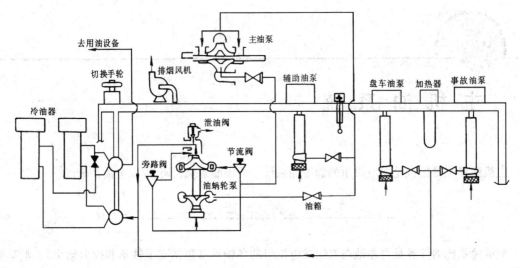

图 9-1　润滑油供油系统主要设备配置示意图

轮泵的压力油流量；旁路阀主要控制旁路（绕开油蜗轮泵而直接进入润滑油系统）中的压力油流量；泄油阀控制最后的润滑油压力。机组在首次冲转到 3000r/min 后，须对上述三只阀门进行配合调整，使其既有足够的压力油进入油蜗轮泵，以保证主油泵进口所需的油压，又能保证有足够的油量向润滑系统供油。正常运行时，要求的油压（汽缸中分面标高）为：主油泵进口处油压 0.11～0.14MPa；主油泵出口处油压 1.4～1.65MPa；润滑油压 0.18～0.19MPa。

上述各电动油泵的主要参数如表 9-1 所示。

表 9-1　　　　　　　　　　　　　　电动油泵主要参数

名　　称	交流辅助油泵	直流事故油泵	盘车油泵
容量（m³/min）	6.3	5.64	12
出口压力（MPa）	0.213	0.32	0.37
转速（r/min）	1465	1750	2890
电动机电压/功率（V/kW）	380/45	220/45	380/70

盘车油泵和辅助油泵均能在集控室 CRT 或就地控制盘上控制其启停。事故油泵可在集控室备用盘上或就地控制盘上控制启动，而其停运只能在就地控制盘上操作。当盘车油泵或辅助油泵发生电气故障时，它们将各自停运并报警。但事故油泵发生电气故障时，则只报警，继续运行，直至人工操作停运。

当发生下列任一情况时，备用的盘车油泵自动启动：

（1）轴承润滑油压<0.11MPa；

（2）主油泵出口油压<1.21MPa；

（3）发电机主开关跳闸 3s 内。

当发生下列任一情况时，备用的直流事故油泵自动启动：

（1）轴承润滑油压<0.11MPa；

（2）主油泵出口油压<1.14MPa；

（3）盘车油泵交流电源失电。

当主油泵进口油压<0.07MPa 时，交流辅助油泵自动启动。

在各油泵的就地控制盘上，设有油泵自动启动的试验按钮，它们可通过动作电磁阀来模拟各种油压跌落情况。因而，可在机组正常运行时进行润滑油泵自动启动试验，以确保润滑油系统性能的可靠性。

　　系统中设置了两只100％额定容量的表面式冷油器（一台运行，一台备用），由闭式循环冷却水进行冷却。两台冷油器出口油管道上设有一连通阀，两只冷油器切换时，须先开启该连通阀，向备用中的冷油器充油，以免发生断油事故。冷油器的主要技术数据如表9-2所示。

表 9-2　　　　　冷油器主要技术数据

冷却面积（m²）	485	
管子内径×壁厚（mm）	$\phi16\times1.2$（光管）	$\phi16\times1.12$（翅片管）
管子数量（根）	2286（光管）	354（翅片管）
管子长度（mm）	3050	
管子安装方式	胀管	
流量（m³/min）	冷却水 9.75	汽轮机油 4.439
进口温度（℃）	35	67.4
出口温度（℃）	41.4	46
设计压力（MPa）	1.05	0.48①

①通常电厂中所用的冷油器，一般都是油在壳体侧，冷却水在管内，且油压高于水压，以防管子破裂时水进入油中。而该系统的冷油器压力却是水压高于油压。

　　当系统中主油箱的油位为正常油位±100mm时，就地控制盘上出现"主油箱油位高/低"报警，CRT上出现"润滑油系统故障"报警；当主油箱油位为正常油位－200mm时，CRT上出现"主油箱油位低—低"报警。

　　主油箱内设有加热器，可在就地盘上手操，也可自动启停。当控制开关在自动位置时，油箱内油温低于27℃，且油位高于"低—低"报警值时，加热器自动投用；当油

箱内油温高于32℃时，加热器自动停用。

　　供油系统出来的润滑油，经套装油管分别送往各轴承及推力轴瓦磨损检测装置、发电机密封油系统、危急遮断器注油及复位装置等，并供盘车装置、各联轴器冷却用油。每个供油分路上均设有一个与需油量（各不相同）相匹配的缩孔，以适当分配各部分的油流量。各轴承处进口缩孔的设计值（mm）为：1号支承轴承ϕ23.1；2号支承轴承ϕ16.9；3号支承轴承ϕ16.9；4号支承轴承ϕ23.1；5号支承轴承ϕ29.9；6号支承轴承ϕ23.5；7号支承轴承ϕ23.5；8号支承轴承ϕ25.6；9号支承轴承ϕ21.7；10号支承轴承ϕ19.1；11号支承轴承ϕ6.0；推力轴承（两侧）$2\times\phi28.0$。

　　该机组各轴承对润滑油油温的要求如图9-2所示。在机组运行的各个不同阶段，轴承油温应控制在上下限制值之间。正常运行时，轴承的进油温度应控制在38～49℃范围内。

　　图9-3是北仑发电厂2号机组的润滑油系统流程示意图。

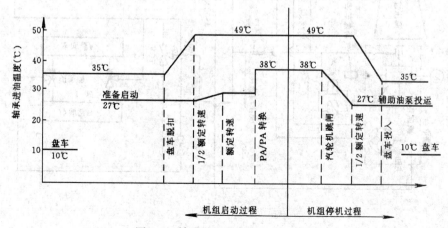

图 9-2　轴承润滑油温的上、下限值

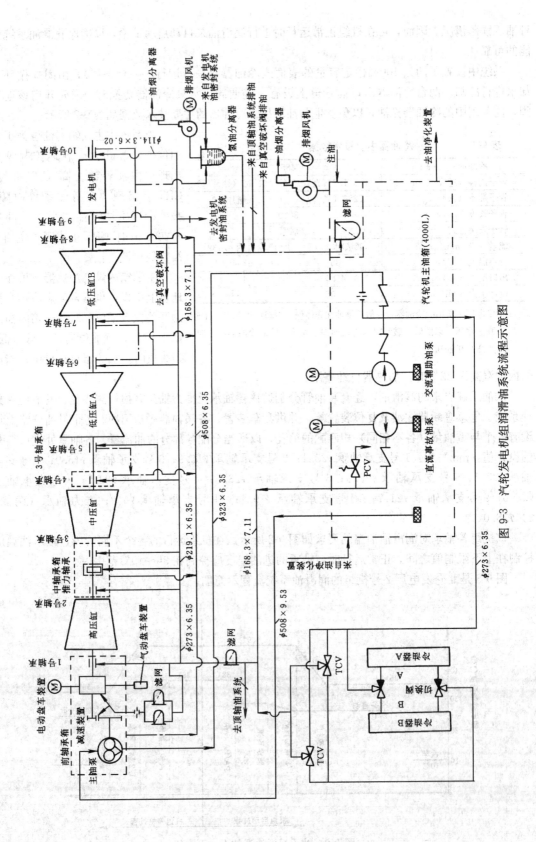

图 9-3 汽轮发电机组润滑油系统流程示意图

该机组润滑油系统与上述 1 号机组一样，采用组合油箱结构，将交流辅助油泵、直流事故油泵、排烟风机、回油滤网等都放置在主油箱内。与上述 1 号机组不同的是，油箱内没有加热器，而是用两套并联的三通式温度自动调节阀来调节油温，其出口油温整定值为 44.5℃，即各轴承的进油温度为 45℃左右。主油泵为齿轮油泵，通过减速齿轮装置与汽轮机的主轴相连，其工作转速是 764r/min。在机组运行时，当润滑油压降至 0.2MPa 时，交流辅助油泵和直流事故油泵同时启动，与此同时，汽轮机跳闸。在系统中，除盘车装置的润滑油进口处装有两个滤网（2×100%，过滤精度为 25μm）之外，其余各轴承进油处都未设滤网，这样在机组初次投运前、大修或油管路检修后，都必须在各轴承进油口加装临时滤网，进行油循环以净化油质。

润滑油系统运行时，在主控室和就地控制盘上均可启动或停运交流辅助油泵。当润滑油压低于 0.2MPa 且汽轮机转速高于 1r/min 时，或在汽轮机跳闸时，交流辅助油泵自动启动。只有在润滑油压高于 0.2MPa 且汽轮机转速高于 2900r/min 时，或在汽轮机转速低于 1r/min 时，才能手动停运交流辅助油泵。

在主控室和就地控制盘上均可手动启动直流事故油泵，但只能在就地操作盘上手动停运直流事故油泵。当润滑油压低于 0.2MPa 且汽轮机转速高于 1r/min 时，或在交流辅助油泵电气故障时，直流事故油泵自动启动。只有在润滑油压高于 0.2MPa 且交流辅助油泵正常运行时，或在汽轮机转速低于 1r/min 时，才可以在就地控制盘上手动停运直流事故油泵。

润滑油系统的主要保护整定值如下：

(1) 油箱油位高/低至 2200/1900mm 时，报警；

(2) 油箱油位低至 1800mm 时，报警；

(3) 油箱回油侧油位高至 2650mm 时，报警；

(4) 排烟风机压差高至 1.96kPa 时，报警；

(5) 轴承进油温度高至 50℃时，报警；高至 60℃时，手动跳闸；

(6) 润滑油母管内油压低至 0.2MPa 时，报警、手动跳闸；

(7) 推力轴承乌金温度高至 95℃时，报警；

(8) 推力轴承乌金温度高至 110℃时，手动跳闸；

(9) 汽轮机轴承乌金温度高至 115℃时，报警；

(10) 汽轮机轴承乌金温度高至 130℃时，手动跳闸；

(11) 发电机轴承乌金温度高至 110℃时，报警；

(12) 发电机轴承乌金温度高至 120℃时，手动跳闸。

该系统主要设备的技术数据如下：

(1) 主油箱的容积为 5880mm×3480mm×3000mm；各油泵的主要参数如表 9-3 所示。

表 9-3　　　　　　　　　　　　润滑油系统各油泵主要参数

名　　　称	主　油　泵	交流辅助油泵	直流事故油泵
流量（m³/h）	396	405	187
压力（MPa）	0.26	0.4	0.21
转速（r/min）	764	1475	1450
配套电动机 [kW/V/（r/min）]	—	75/380/1500	15/220/1500

(2) 冷油器。两台 100%额定容量的立式冷油器，其主要技术数据如表 9-4 所示。

表 9-4　　　　　　　　　　　　　立式冷油器主要技术数据

冷却面积（m²）	860.2	管侧进/出口水温（℃）	38/43
壳侧/管侧流量（m³/h）	402/400	冷油器管子直径/壁厚（mm）	19/1.7
壳侧/管侧内流速（m/s）	0.8/1	冷油器管子材料	不锈钢
壳侧/管侧流程数	1/2	冷油器管子有效长度（mm）	2800
壳侧/管侧介质工作压力（MPa）	0.3/0.7	冷油器管子与管板连接方式	胀　管
壳侧进/出口油温（℃）	57.2/45		

（3）冷油器的冷却水来自闭式循环冷却水系统。

由上述例子可以看出，润滑油系统的供油温度取 45℃为宜，轴承乌金温度≤80℃，最高极限≤105℃。

第二节　顶轴油系统

设置汽轮发电机组的顶轴油系统，是为了避免盘车时发生干摩擦，防止轴颈与轴瓦相互损伤。目前大型汽轮机组多数设有顶轴油系统，但有的机组则不设顶轴油系统（如北仑发电厂 1 号机组）。

在汽轮机组由静止状态准备启动时，轴颈底部尚未建立油膜，此时投入顶轴油系统，为了使机组各轴颈底部建立油膜，将轴颈托起，以减小轴颈与轴瓦的摩擦，同时也使盘车装置能够顺利地盘动汽轮发电机转子。

图 9-4 是顶轴油系统的流程示意图（北仑发电厂 2 号机）。

该系统主要包括两台 100% 额定容量的顶轴油泵、滤网、压力调节阀、压力开关以及阀门、管道等部件。其油源、回油均来自汽轮机的润滑油系统。

自汽轮机润滑油系统来的润滑油经滤网后，进入顶轴油泵，顶轴油泵出口的顶轴油经其母管之后，通过各支管送往汽轮发电机组的各个支承轴承。每台顶轴油泵的出口管道上均装有一个电磁阀、一个止回阀。当一台顶轴油泵启动时，其对应的电磁阀仅开启几秒钟，使顶轴油泵出口的顶轴油经节流孔板减压后，回至润滑油箱。随后，该电磁阀即关闭，并靠油压使止回阀强制关闭。于是，顶轴油经另一个止回阀进入顶轴油母管。采取上述措施的目的是避免在顶轴油泵启动时电动机过载。

此外，顶轴油泵出口管道上还设有压力调节阀（PCV）和减压阀，其整定值分别为30.1MPa 和 40.1MPa。汽轮发电机的每个轴承（顶轴油的）进油口处均设有顶轴油流量调节装置，可手动调整所需要的顶轴油流量（6～10L/min）。顶轴油泵进口管道上设有两个 100% 容量的滤网（互为备用），其过滤精度为 10μm，还装有压差开关。当滤网前后压差达到 0.07MPa 时，压差开关即发出报警信号，提醒运行人员手动更换滤网。

顶轴油系统投运时，在主控室或就地操作盘上均可启动或停止顶轴油泵的运行。

表 9-5　　　顶轴油泵主要技术参数

流量（L/min）	130（最大 150）
压力（MPa）	30.1
转速（r/min）	1475
轴功率（kW）	72.3
配套电动机 [kW/V/（r/min）]	90/380/1500

当汽轮机的转速高于 1r/min 时，如发生下列任一情况则顶轴油泵自动投运：

（1）盘车电动机过载（电流＞60A）；

（2）一台顶轴油泵运行情况下，其顶轴油压≤25.1MPa 时，则另一台也投运；

（3）运行的一台顶轴油泵电气故障，则另一

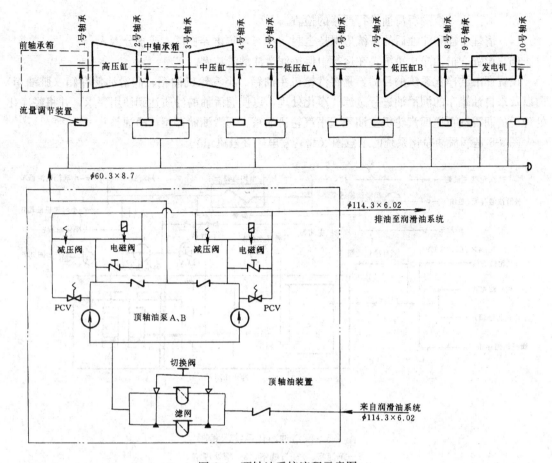

图 9-4 顶轴油系统流程示意图

台投运。

当顶轴油母管内的油压降压 25.1MPa 时，压力开关动作，发出报警信号；当润滑油箱内的油位降至低－低油位时，或顶轴油泵进口压力低于 0.2MPa 时，顶轴油泵自动停运。

只有在汽轮机转速高于 2900r/min 或另一台备用顶轴油泵已经运行的情况下，才能手动停运原来运行的顶轴油泵。

上述系统顶轴油泵的主要技术参数如表 9-5 所示。

第三节　润滑油净化系统

对于汽轮机组，保证润滑油系统能正常地工作，是机组安全保障的极其重要任务。润滑油系统除了合理地配置设备和系统的流程连接之外，还有一个非常重要的任务，这就是确保系统中润滑油的理化性能和清洁度，能够符合使用要求（包括系统注油和运行期间）。润滑油的理化性能在设计时就应当注意并予以妥善安排。润滑油的清洁度，则是在安装、注油、运行、管理中应当十分重视、仔细处理的。

为了保证系统中润滑油的清洁度，必须认真做好如下工作：

（1）安装时，各种设备、管道、阀门以及通油的所有腔室，都必须清理干净，直到露出金属本色；不允许有落尘、积水（湿露）、污染物、锈皮、焊渣或其他任何异物。

（2）对系统中所有的容器进行油冲洗，直到冲洗油的油质合格为止。

（3）对注入系统的润滑油进行严格的检查。

（4）清理干净和注油后的系统应保持全封闭状态，防止异物落入或水分渗入。

（5）设置润滑油净化系统，在运行中保持润滑油的清洁度。

设置润滑油净化系统的目的，是将汽轮机主油箱、小汽轮机油箱、润滑油储存箱（脏油箱）内以及来自油罐车的润滑油进行过滤、净化处理，以使润滑油的油质达到使用要求，并将经净化处理后的润滑油再送回汽轮机主油箱、小汽轮机油箱、润滑油储存箱（净油箱）。

图 9-5 是润滑油净化系统的示意图（北仑发电厂 2 号机组）。

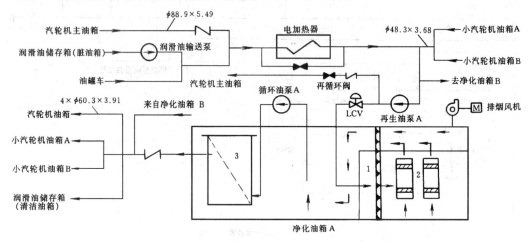

图 9-5　润滑油净化系统示意图

1—沉淀室；2—过滤室；3—精处理室

该系统主要包括两台 50％容量（2×8000L/h）的净化油箱及其各自所属的再生油泵、循环油泵、液位控制开关，以及阀门、管道等部件。净化油箱的总容量为汽轮机（包括小汽轮机）整个润滑油系统容量（80000L）的 20％，即每小时能够连续净化处理 16000L 润滑油。

从汽轮机主油箱、小汽轮机油箱、润滑油储存箱（脏油箱，经润滑油输送泵）内以及来自油罐车的润滑油，经电加热器后（如需要的话），分别由再生油泵 A（或 B）送入油净化箱 A（或B）。A、B 两套净化系统，可以一套单独运行，也可两套并列运行。

从再生油泵来的润滑油经气动液位控制阀 LCV 后，进入净化油箱内的沉淀室，经过一个由多孔铝薄片组成的沉淀滤网后，去除润滑油中的水分，并经重力疏水阀将分离出来的水排入地沟；从沉淀室来的润滑油进入过滤室（容积 3280L），经 28 个聚丙烯纤维袋过滤，除去颗粒度＞70μm 的机械杂质，并将沉淀室来的水经重力疏水阀排入地沟；由过滤室出来的润滑油再经过循环泵送入精处理室，经 7 个精处理、凝聚过滤元件后，除去颗粒度＞3μm 的机械杂质，再次分离润滑油中的水分，将其排入地沟，并将经净化处理后的润滑油输送至汽轮机主油箱、小汽轮机油箱、润滑油储存箱（净油箱）。精处理室出口管道上装有安全阀，其压力整定值为 0.272MPa。

经上述净化处理后的润滑油，其油质（设计值）为：含水量❶＜1％；含金属杂质颗粒度＜1μm；含非金属杂质颗粒度＜3μm；含其他杂质颗粒度＜40μm。

---

❶　哈尔滨第三电厂的国产 600MW 汽轮机组配置的润滑油净化系统，经净化处理后的润滑油水分含量小于 0.05％，杂质颗粒度小于 8μm。

上述润滑油净化系统的运行控制程序如下：

（1）润滑油净化系统通过位于净化油箱侧的就地控制盘机械操作，如投运、停运净化油箱、启动、停止再生油泵、循环油泵和排烟风机。该控制盘上还设有自动/手动运行、正常/再循环的选择按钮，并配有报警指示灯，报警信号同时引入主控室。

（2）当精处理室内的油位低于或为"低油位"时，则通过其液位开关打开气动液位控制阀LCV，并启动再生油泵，润滑油便流入净化油箱；当精处理室内的油位上升至高油位时，其液位开关则启动循环油泵，润滑油经精处理室过滤元件后，进入汽轮机、小汽轮机油箱或润滑油储存箱（清洁油箱）。

（3）当来自再生油泵的润滑油量与循环油泵送出的润滑油量不匹配时，造成油位过高或过低时，则可分别通过其油位开关控制再生油泵或循环油泵的启或停，直到油位恢复正常为止。

（4）如果过滤室内的过滤袋堵塞，造成沉淀室和过滤室内的油位上升至高油位时，也可通过其液位开关关闭液位控制阀LCV，停止再生油泵的运行，并发出报警信号。

（5）如果精过滤室元件堵塞，而导致精过滤室前后压差达到0.172MPa，则停止油净化系统的运行。

（6）当油温≤63℃时，电加热器（220V、60kW）投用；当油温≥67℃时，电加热器停用，随后润滑油输送泵或再生油泵维持运行5min，避免加热器中的油温继续升高。电加热器上设有一只安全阀，其压力整定值为0.3MPa。

（7）当排烟风机前后压差达到0.5kPa时，或第三级过滤室油温高时，发出报警信号。

润滑油净化系统各油泵的主要技术参数如表9-6所示。

表9-6　　　　　　　　润滑油净化系统各油泵的主要技术参数

名　　称	再生油泵	循环油泵	润滑油输送泵
流量（m³/h）	8	8	20
压力（kPa）	196	196	216
转速（r/min）	1420	1420	2900
轴功率（kW）	2.24	2.24	2.75
配套电动机〔kW/V/（r/min）〕	3.5/380/1500	3.5/380/1500	4/380/3000

用于润滑油系统的汽轮机油（ISO VG32）理化性能如下：

运动黏度（40℃）为（28.8～35.2）×10⁻⁶ m²/s；黏度指数≥95；密度（15℃）为≤880 kg/m³；闪点＞190℃；凝固点≤-6℃；苯胺点≥95℃；不溶解介质不能检出（＜0.005％）；通流性能（50mL油量流经1.2μm精度的滤网时间）≤500s；含水量≤0.025％；酸价≤0.20KOHmg/g；铜片腐蚀试验合格（ASTM-D130）；锈蚀试验合格（ASTM-D665）；抗氧化试验合格（ASTM-D943）；油－水破乳化试验合格（ASTM-D1401）；起泡特性试验合格（ASTM-D892）。

第四节　液压油系统

汽轮机液压油系统用于向汽轮机调节系统的液力控制机构提供动力油源，还向汽轮机的保安系统提供安全油源。液压油系统的工质是磷酸脂抗燃油。不同机组，调节系统和安全系统采用的压力有所不同，如哈尔滨第三电厂600MW汽轮机组采用的液压油压力为14.48MPa，北仑港电厂1号机组采用的液压油压力为11.2MPa，2号机组采用的液压油压力为12.1MPa（安全油压力为1.1MPa）。可见，不同制造厂，采用的系统布置和选用工质参数也有所不同。

液压油系统主要包括液压油箱、液压油供油系统（去汽轮机调速系统和安全系统）、液压油冷却系统以及液压油再生（化学处理）系统。

图 9-6 是汽轮机液压油系统的流程示意图（北仑发电厂 2 号机组）。

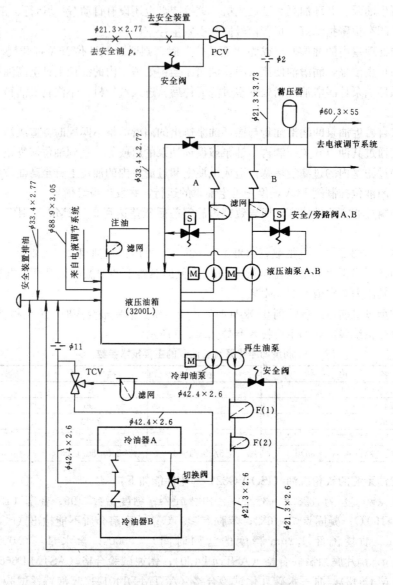

图 9-6　汽轮机液压油系统流程示意图

该系统的主要设备和部件有液压油箱（容量为 3200L）、油泵、冷却油泵、再生油泵、蓄压器、滤网等，都组装在一起，其间通过管道相连接。

一、液压油箱

液压油箱注油口处设有一个注油滤网（过滤精度为 3μm），油箱上还设有磁性液位指示器和高低液位、最低液位报警接点，以及温度测量仪表（温度计、热电偶）。

二、液压油供油系统

液压油供油系统配有两台 100% 额定容量的电动高压柱塞泵（流量可调）。泵内设有压力调节器，可通过调整柱塞的行程来改变油泵出口处的流量，并保持其出口油压为定值（12MPa）。液压油泵出口处的高压油经液压母管向汽轮机调速系统供油。

柱塞油泵出口管道上装有以下设备：

（1）筒形滤网，精度 $3\mu m$，备有堵塞指示器；

（2）安全/电磁旁路阀，安全阀的压力整定值为 13.5MPa，该阀也可作为（电磁）旁路阀使用，即在液压油供油系统投运初期，柱塞泵出口的高压油经该旁路阀流回油箱，系统如此循环，借以提高油温；

（3）蓄压器，装在柱塞泵出口液压油母管上，用以确保在调速系统的油动机动作时使液压油系统仍能维持其正常的工作压力。蓄压器的容量为 17.8L，正常工作压力为 12MPa，初始充气压力为 7.6MPa。

安全油系统是从柱塞泵出口母管处接出一根支管（$\phi21.3\times3.73$），经节流孔板（$\phi2$）和自动压力调节阀后，将液压油的压力从 12.1MPa 减至 1.1MPa 的安全油，然后向汽轮机的安全系统供油。在压力调节阀的下游还装有一个安全阀，其压力整定值是 1.4MPa。

安全油通往安全装置，当安全装置动作或做试验时，通过开启电磁阀将安全油排至油箱，致使汽轮机安全系统动作，汽门关闭。

三、液压油冷却系统

液压油冷却系统配有一台冷却油泵、两台 100% 容量的冷油器、温度调节装置（图 9-6 是三通式温度调节阀 TCV）和滤网等部件。冷却系统维持油箱内的油温为 50℃，其冷却水源来自闭式循环冷却水。系统中主要设备的技术参数如下：

（1）冷却油泵的流量为 103.6L/min，压力为 0.6MPa；冷却油泵和再生油泵并联布置，合用一台电动机，电动机的参数为 380V、1.5kW、1500r/min。

（2）冷油器为直管、单流程、卧式热交换器，其主要技术参数如表 9-7 所示。

表 9-7		冷油器主要技术参数		
冷却面积（m^2）	3.7	管子材料		不锈钢
冷却水流量（m^3/h）	8	管子外径/壁厚（mm）		10/1
液压油流量（m^3/h）	6	管子有效长度（mm）		2000
管侧（冷却水）进/出口温度（℃）	38/40	管子数量（根）		56
壳侧（液压油）进/出口温度（℃）	55/48.5	管子与管板的连接方式		胀管
壳侧/管侧工质压力（MPa）	0.5/1			

（3）滤网的过滤精度为 $3\mu m$，配有压差报警装置，当滤网前后压差达到 0.05MPa 时，发出报警信号。

四、液压油再生系统

液压油再生系统用来对液压油进行化学处理，以维持液压油的酸度小于 0.5mgKOH/g。系统配有一台再生油泵、一台再生滤网装置、一台金属丝滤网装置以及安全阀等部件。它们的主要技术数据如下：

（1）再生油泵，流量为 5.9L/min，压力为 0.2MPa。

（2）再生滤网，是硅藻土的筒形滤网，滤网内设有两个硅藻土过滤元件，其过滤精度为 $1\mu m$，并使液压油的酸度保持在要求值的范围内。

（3）金属丝滤网，精度为 $1\mu m$，其过滤元件采用纤维素元件，该滤网设有压差报警装置，当滤网前后压差达到整定值时，即发出报警信号。

（4）安全阀，设置在滤网上游，其压力整定值是 0.5MPa。

五、液压油系统运行控制

机组正常运行时，一台液压油泵投运，向液压油系统和安全油系统供油，液压油冷却油泵和再生油泵同时工作，以维持液压油的油质和油温；另一台液压油泵则处于备用状态。

在汽轮机组启动前，应首先将液压油系统投入运行：

（1）当液压油处于冷态时，开启高压液压油泵，通过液压油作油循环的方式（此时安全/旁路阀用作旁路阀）将油温提高到35℃，之后，将该阀关闭作安全阀使用，其压力整定值为13.5MPa。

（2）当油温高于35℃时，即可启动液压油泵，直接向系统供油。

（3）液压油泵启动后，应尽快启动冷却油泵和再生油泵。

在汽轮机组运行期间液压油冷却油泵和再生油泵始终处于运行状态。只有当冷却系统或再生系统发生故障时，这两台泵才能在短时内（几小时内）停运。

当油箱处于正常油位时，可在就地控制盘或主控室启（或停）液压油泵。但切不可两台液压油泵同时停运。当汽轮机正常运行时，如果正在运行的液压油泵发生故障，或其出口油压降至10MPa以下，则备用中的另一台液压油泵自动启动投运。

液压油系统运行时，当下列项目达到整定值时，即发出报警信号：

油箱内油位高；

油箱内油位低；

油泵出口滤网前后压差达到0.7MPa；

冷却系统滤网前后压差达到0.05MPa；

再生系统滤网前后压差达到0.05MPa；

液压油高/低温度达到65/35℃；

液压油高/低压力达到13.5/10MPa。

液压油系统停运后，应将系统中的油排至油箱。

磷酸脂抗燃油的理化性能如表9-8所示。

表9-8　　　　　　　　　　　　磷酸脂抗燃油的理化性能

项　目		数　据	试验标准
本色		透明浅黄	ASTM1500
密度（15℃时，kg/m^3）		≥1130（1145）	ASTM1298
黏度（37.8/40/50/98.9℃，$\times10^{-6}m^2/s$）		48/44/25/4.4	ASTM445
酸价（mgKOH/g）		0.1	ASTM974
凝固点（℃）		−18	ASTM97
闪点（℃）		≥235	ASTM92
燃点（℃）		≥355	ASTM92
自燃点（℃）		≥620	ASTM286
相溶温度（℃）	丁基橡胶	107	
	氟化橡胶	147	
	环氧树脂	71	
	硅胶	177	
	尼龙	177	
	丁腈天然氯丁橡胶	不相溶	
	二元环氧树脂	相　溶	

对杂质含量的规定（100mL 内的杂质数量）如表 9-9 所示。

表 9-9 对杂质含量的规定

杂质颗粒度（μm）	颗粒数	杂质颗粒度（μm）	颗粒数
5～10	≤24000	50～100	≤110
10～25	≤5350	≥100	≤11
25～50	≤780		

为了确保汽轮机液压控制系统的可靠工作，抗燃油的油质必须在有关标准规定的范围内。

第十章

600MW 汽轮机调节及保安系统

发电厂中的汽轮机组是与锅炉、发电机协调运行的，并通过发电机出线与电网也必须协调工作。这样，汽轮机的控制就与锅炉、发电机乃至电网的运行密切相关。汽轮机的控制只是整个系统控制的一部分。

对电厂汽轮机组的要求是：必须保证机组能够按电网的实际需要进行工作，而在发生意外时，又能保证机组及系统的安全。因此，汽轮机组的控制包括调节及保安两方面。目前 600MW 汽轮机组，采用数字电液控制系统（DEHC），以实现上述控制的目的。

汽轮机组的调节功能包括以下几方面：

1. 调速功能

在机组并网以前，可以按人们的需要设定目标转速和升速率，如设定目标转速为 400r/min、600r/min、800r/min 等；设定升速率为保持、慢、中、快，如 $10r/min^2$、$100r/min^2$、$150r/min^2$、$400r/min^2$ 等。在机组并网后，能够保证机组转速与电网同步，其"速度变动率"在允许的范围内（3%～5%，通常取 4%）。在机组失去负荷，速度飞升时，能够限制机组最高飞升转速不超过允许值（约为 110% 额定转速），以保证机组的安全。汽轮机手动启动时，由运行人员根据汽轮机启动状态选择转速设定值和升速率；汽轮机自动启动时，由顺序控制程序自动选择。

2. 负荷调节功能

当汽轮机组并网后，其负荷调节有三种方式，即闭环系统调节（CCS）、自动负荷调节（ALR）和手动调节三种方式。在 CCS 方式时，DEH 接受 CCS 系统给出的增减负荷指令来调节阀门开度，此时 DEH 只充当 CCS 系统的执行部分。在 ALR 方式时，DEH 系统按照运行人员给出的负荷变化率（如保持、0.5%/min、1%/min、2%/min、3%/min 等），将机组带到所要求的负荷定值，负荷定值可由运行人员根据具体运行情况给定任意值。在手动调节方式时，则由运行人员操作负荷增减按钮，手动调整负荷。

在 DEHC 中，转速设定回路和负荷设定回路是相互独立的。

3. 线速度匹配（LSM，即同步调节）

在发电机并网前，线速度匹配回路通过对电网频率和发电机频率的偏差比较，自动校正转速设定值，使发电机频率跟随电网频率变化，且保持高于电网频率约 0.02～0.1Hz，直至并网完成。该功能可由运行人员投切，汽轮机组自动启动时，自动投入。

4. 高压调节阀进汽方式转换

为了提高机组效率，同时又不致使汽轮机热应力、热变形过大，采用了高压缸全周进汽（FA）和部分进汽（PA）两种方式。FA 方式时，四个高压调节阀接受相同的阀位指令，同时动作；PA 方式时，四个高压调节阀的阀位指令各不相同。汽轮机启动时，通常采用 FA 方式，当机组带到一定负荷后，再转至 PA 方式，负荷大于 7% 时，允许从 FA 方式转至 PA 方式。如果汽轮机为自动启动方式，当转换条件满足时，则转换自动进行。

5. 汽轮机自动启动功能

汽轮机自动启动功能使汽轮机组启动过程的各个步骤都自动完成。从暖阀开始，并网、带负荷至事先设定的目标负荷。在启动过程中，每一步，相应的指示灯闪亮，操作人员可以操作其按钮，使顺序控制往下执行。

汽轮机组的保安功能包括如下保护性跳闸逻辑：

(1) 汽轮机窜轴或推力轴承磨损（二取一）；

(2) 汽轮机相对膨胀超限；

(3) 汽轮机振动大超限；

(4) 机组轴承乌金温度高超限；

(5) 润滑油压低；

(6) EHC 油压低（三取二）；

(7) 汽轮机转速高于 75% 额定转速时，主油泵出口油压低；

(8) 危急（保安）油压低（二取一）；

(9) 凝汽器真空低（三取二）；

(10) 低压缸排汽温度高（二取一）；

(11) 汽轮机转速信号通道故障（三取二）；

(12) 机械跳闸电磁阀电源故障；

(13) 阀门控制器电源故障；

(14) 后备超速保护装置动作；

(15) 给水泵跳闸；

(16) 循环水泵跳闸；

(17) 凝结水泵跳闸；

(18) 发电机定子冷却水断水；

(19) 发电机跳闸；

(20) 锅炉主燃料跳闸。

为了实现上述调节、保护功能，必须配置完善、可靠的控制执行结构，这就是汽轮机的调节及保安系统。

第一节　调节及保安系统概述

一、汽轮机调节系统特性

汽轮机调节系统的任务是对汽轮机的转速、负荷进行调节，同时还应参与电网的一次调频，而且要求静态和动态调节过程具有足够的稳定性。

速度变动率 δ（也称转速不等率）代表汽轮机的静态调速特性，是汽轮机调节过程中一个重要参数。当汽轮机参与电网一次调频时，通常设定 δ 在 $4.5\% \sim 5.5\%$ 之间。一般希望将 δ 设计成连续可调，即视运行情况可进行调整。在机组处于空负荷区段以及额定负荷区段，δ 取大一些，在中间负荷区段，δ 可取相对小一些。在空负荷区段速度变动率取大一些，目的是为了提高机组在空负荷时的稳定性，以便机组顺利并网；在额定负荷区段，速度变动率取大一些，可使机组在经济负荷运行时稳定性较好。然而，δ 也不能太大，以免动态过程发生严重超速。从静态特性看，如果机组从满负荷慢慢降至空负荷，汽轮机的转速将由额定转速 n_0 升至 $(1+\delta)n_0$，如果机组突然从电网中解列出来，甩掉全负荷，那么仅靠转速升高来导致阀门关小是不够的，因为在阀门关闭过程中蒸汽仍将进入汽轮机，再加上原来储蓄在汽轮机内蒸汽的能量，就会导致汽轮机转速大大超过空负荷稳定转速 $(1+\delta) n_0$。δ 越大，超速就越严重。国际电工委员会（IEC）建议 δ 取值方法如下：

（1）具有随功率增加而转速下降的可调倾斜特性。倾斜特性用转速不等率 δ 表示，一般 δ 取 3%~6%，不允许超过 6%。

（2）局部转速不等率 δ^* 的最小值应不小于总转速不等率的 0.4 倍。

（3）在 0% 到 10% 额定负荷范围内，最大局部转速不等率无一定限制。

（4）在 90% 到 100% 额定负荷范围内，最大局部转速不等率不应超过总不等率的 3 倍（除最后一个调节汽阀外）。

（5）设有平移静态特性曲线的同步器时，同步器调整范围一般在频率增加方向能升高 $\delta+1\%$~2%，在下降方向能降低 3%~5%；在空负荷时，可调转速范围为额定转速的 +6%~-6%。

（6）静态特性的上下行线具有不重合性，以迟缓率 ε 表示，一般 ε 不大于 0.2%~0.5%。IEC 推荐不大于 0.06%。

（7）在额定参数条件下，汽轮机应能维持空负荷稳定运行。

（8）在并列运行时，由调速系统引起的功率摆动不应超过下式所规定的波动值

$$\Delta P/P_0 = (1.1\varepsilon/\delta^*) \times 100\%$$

在单机运行时，转速摆动不应超过 1.1ε。

图 10-1 是调节系统静态特性示意图。该图明显地表示了汽轮机转速 n、调速滑阀（又称错油门）行程 s、调节阀行程 h（或油动机行程 m）、汽轮机功率 P 之间的关系。图上各曲线的形状由调节阀型线、配汽传动机构的传动比以及调节方式等因素决定。其中第一象限功率与转速关系曲线 aa 的斜率，就是代表机组静态调节特性的速度变动率 δ。

当汽轮机从空负荷到额定负荷时，借助同步器在不大的范围内平移调节系统的静态特性曲线，以使机组维持在额定转速 n_0，如图 10-2 所示。

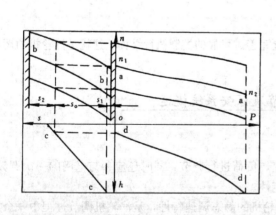

图 10-1　调节系统静态特性示意图

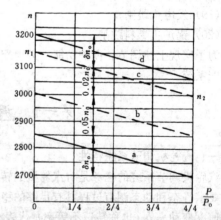

图 10-2　同步器特性示意图

前面已经指出，汽轮机组处于电力系统中运行，其控制是电网控制的一部分。图 10-3 是电网控制中心与各机组之间联系的示意图，图 10-4 是电网控制系统方框图。

如前所述，调节系统还应考虑汽轮机组可参与一次调频。影响机组参与一次调频能力的参数是汽轮机调节系统的迟缓率 ε、转速不等率 δ 以及静态特性曲线的形状。显然，过大的迟缓率不仅对电网频率微小的波动不会感受，还会引起汽轮机调节系统不稳定，当甩负荷时也会引起超速过甚。所以，IEC 建议大功率汽轮机调节系统的迟缓率 $\leqslant 0.06\%$。同时，为了使电网随机频率偏

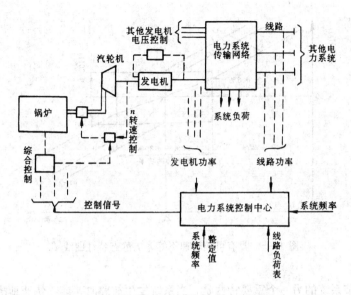

图 10-3　电网控制中心与各机组联系示意图

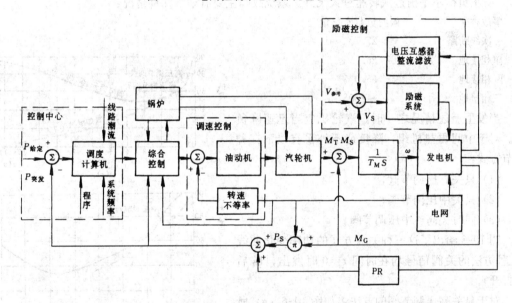

图 10-4　电网控制系统方框图

差能保持在较小的允许范围内，如 0.08％以内，利用汽轮机来平滑电网频率的随机偏差，曾提出迟缓率应取为 0.02％，这就要求采用高精度的电液调节系统。

　　当电网频率变化时，从一次调频观点看，电网中各机组就参与增减负荷。但是从经济运行考虑，对于大容量的高效率机组仍希望运行在其最大连续出力的运行点上（即经济负荷点），要求频率变化对运行点的影响尽量小，这就要有较大的转速不等率 δ。可是，随着电网容量的不断扩大，单机功率的大小也是相对地变化的，所以要求汽轮机调节系统具有在运行中可以调整的转速不等率，如图 10-5 所示。在一定范围内，如功率在（$\pm 3\% \sim \pm 30\%$）P_0、频率在 ± 0.05 $\sim 0.20 \mathrm{Hz}$ 范围内变化，在参考功率 P_0 附近的局部转速不等率可调到 10％，甚至 ∞，这时，频率的变化就完全不影响功率了。相反地，当转速不等率减小后，在频率的微小变化也将造成功率较大幅度的变化，这在很大程度上阻止了频率的变化，也就是说，减小转速不等率对稳定电网频

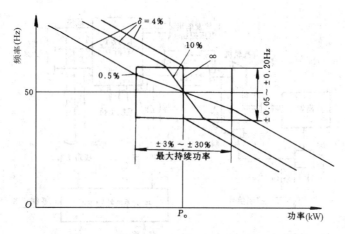

图 10-5　具有可调转速不等率的静态特性曲线图

率有明显的效果。

汽轮机组调节系统的另一个重要特性是，当系统发生故障时，能够快速地降负荷（即快关功能），防止负荷不平衡造成转速过大飞升。系统故障主要有如下几种情况：

事故种类	瞬时负荷变化量
一次线断路	27.7%
单相接地	26.7%
两相接地	65.0%
三相接地	~100%

当发生上述情况之一时，汽轮机应当迅速降负荷。对于中间再热机组，降负荷不外乎有以下三种调节方式：

（1）只关高压调节阀；

（2）只关中压调节阀；

（3）同时关高、中压调节阀。

图 10-6 给出了这三种关阀方式的功率变化曲线（三种方法的关阀信号均在时间 $t=0$ 时发出，1s 后再打开）。

对于只关高压调节阀的方法，如图 10-6（a）所示。当高压调节阀关到 1s 时，汽轮机仍有 60% 的整机功率，这是因为高压缸功率占的比例较小，中压缸功率仍有迟延的缘故。如果继续关下而不打开，则就如图 10-6（a）中虚线所示。当高压调节阀关下时，由于锅炉出口流量受到剧变，所以高压调节阀前压力将上升到汽包中的压力，且由于锅炉仍在燃烧加热，压力会继续升高（一般为 70~140kPa/s 的速度），如图 10-7 所示。直流锅炉也类似，汽压升高甚至使安全阀动作。同时，由于迅速关阀门，使汽温剧变，引起较大的热应力。

对于只关中压调节阀的方法，从图 10-6（b）可

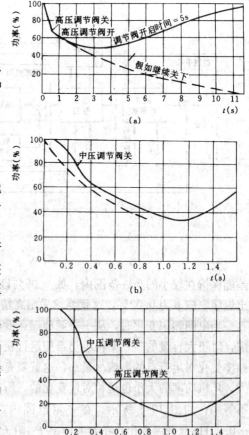

图 10-6　三种关阀方式的功率变化曲线图

以看出，在 1s 时间内功率可降到 40% 以下，作
用比较明显，而且由于再热器容积较大，再热蒸
汽的压力比主蒸汽压力低很多，再热安全阀整定
压力一般调整在高于额定再热压力的 10% 左右，
即使再热压力升高而使安全阀打开问题也不大。
此外，引起的汽缸热应力的危害也不大。图中虚
线是假定中压调节阀在 $t=0$ 时立即关下的情况。

对于高、中压调节阀同时关下的方法，如图
10-6 (c) 所示。显然，这种方法对降低机组负
荷是最有效的，在 0.5s 时已降至 40% 以下，1s
时降至 15% 以下。然而，由于高压调节阀关下所
引起的汽压、汽温的变化仍然比较明显。

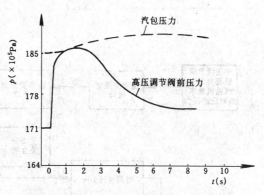

图 10-7　高压阀关闭时阀前压力变化

从上述比较看来，采用关中压调节阀的方法较为合理，但此时应注意轴向推力的变化应在允
许的范围内；在甩全负荷时关下高、中压调节阀对防止动态超速则更加有利。

上述三种方法是指调节阀关下后又打开，并将功率回升到原有的功率水平而言。考虑到某些
永久性故障后输电线路容量可能减小，就不允许立即恢复到原有功率水平，以免引起振荡甚至导
致静态不稳定。所以，只要求恢复到比原来水平低
的功率值，以符合已减小的输电容量。

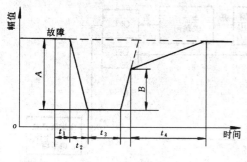

图 10-8　阀门快关曲线

总结起来，可以大致绘出快速关阀门时的功率
变化过程，如图 10-8 所示，其中时间 t_1 表示自故
障发生起经过信号部分元件延迟加上汽轮机控制元
件的延迟；时间 t_2 主要取决于汽轮机油动机的关闭
速度。这两个时间希望尽量短暂。时间 t_3 是阀门关
闭的持续时间，一般小于 1s；时间 t_4 是阀门再一次
缓慢打开的时间，约 5～10s。汽轮机关下的幅值 A
视故障情况而定，汽轮机回升的功率幅值 B 则视故
障后的情况而定。

由于从故障发生到处理故障的时间随着电网容量的扩大要求越来越短，所以必须迅速发出控
制信号，希望至少在比 0.3s 短的时间内发出。信号来源主要有如下三种：

(1) 不平衡测量（机组）功率—（电网）负荷。这种方法较实用，已得到广泛应用。

(2) 直接测量功角。这种方法有延迟，易受干扰。

(3) 测量加速度。这种方法技术要求高，尚未广泛采用。

下面介绍两种已用的电超速保护装置。

1. 哈尔滨汽轮机厂采用的电超速保护装置

该装置的逻辑方框图如图 10-9 所示。当汽轮机的功率超过发电机负荷一个预先规定的数值
如 30%，而且压力变送器和功率变送器均正常时，则由 CIV 发出要求关中压调节阀的指令，将
中压调节阀的电磁铁励磁，以快速关闭中压调节阀，并同时发出信号指示。在激励中压调节阀电
磁铁去关中压调节阀的同时，就去执行一项开中压调节阀的程序，经过 0.3～1.0s 时间延迟，并
判明主油开关已合闸时，就可以将中压调节阀打开，并对 CIV 发出一个闭锁信号，过 10s 后再复
置。在上述初始信号输入后，如果有情况不许可关下中压调节阀，则可由"制动 CIV 信号"设
置闭锁。

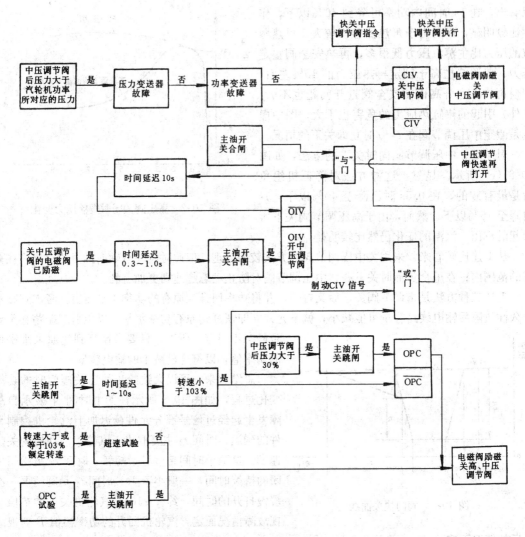

图 10-9　哈尔滨汽轮机厂采用的电超速保护装置逻辑方框图

OPC—超速保护控制；CIV—关中压调节阀；OIV—开中压调节阀

此外，当超速103％或超速保护控制OPC试验时，遇到跳闸等两种情况，均将高、中压调节阀关下。

2. **功率—负荷电超速保护装置**

图10-10所示的是美国、日本某些公司的机组上采用的电超速保护装置逻辑方框图。它是测取发电机负荷（或三相电流）与汽轮机的功率作比较，以判别是系统暂时故障还是油开关跳闸甩负荷故障，从而发出相应指令，或只关中压调节阀，或同时关高、中压调节阀，并令功率给定值为零。在判别信号时，不仅测取信号的绝对误差值，而且对信号误差的变化率也进行鉴别。当两个条件同时满足时，就通过与门发出相应指令。

二、大型中间再热汽轮机组调节特点

1. **影响大功率再热机组动态超速的主要因素**

即使调节阀关闭了，残留在汽轮机内的蒸汽容积对汽轮机超速的影响也是很大的。机组从电网中解列出来，在调节阀关闭的过程中，由继续流入的蒸汽流量引起的转子超速份量和残留在各

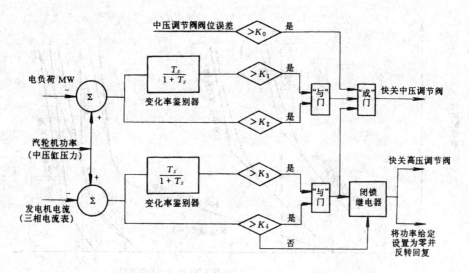

图 10-10　功率—负荷电超速保护装置逻辑方框图

段蒸汽容积中的蒸汽所做的功,这两因素引起转子超速的份量基本上是各占一半。由此可见,要降低动态超速,一方面要加快调节系统的快速性,这包括要缩短自甩负荷信号开始到调节阀开始关闭的延迟时间,以及调节阀油动机从额定负荷位置关到空载位置的时间;另一方面要减小蒸汽容积的时间常数。

2. 高、中压调节阀的匹配关系及旁路装置

中间再热汽轮机由于单机功率大,一般均为电力系统的主力机组,所以要求有较高的经济性。为减小中压调节阀的节流损失,希望它在较大的负荷范围内保持全开状态。当甩负荷时又要求中压调节阀与高压调节阀同时参与调节,迅速关下,以维持汽轮机空转。这样,就势必有一从全开位置转向关下的转折点,一般取额定功率的 30% 左右这一点,如图 10-11 所示。此时,高、中压调节阀同时开启,并同时控制空载转速。当功率为 30%P_0 时,中压调节阀已全开,高压调节阀约为 30% 开度。在功率从 30% 增加到 100% 的过程中,中压调节阀就一直全开,由高压调节阀来调节功率。

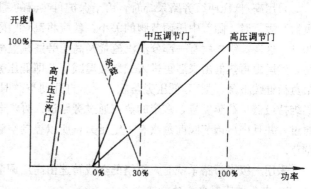

图 10-11　高、中压调节阀开启顺序

图 10-12 是一台 600MW 机组高、中压调节阀开启顺序。中压调节阀开启顺序是错开的,并且在空载时两只中压调节阀的开度已经很大,所以主要由高压调节阀来控制汽轮机空载转速。在这里必须说明,高、中压调节阀的开启是与旁路装置相配合的。

为了解决汽轮机空转流量和锅炉最低负荷之间的矛盾,并且为了保护中间再热器,需要设置旁路系统,但旁路系统的型式各不相同。

设计旁路系统的原则应当是:

(1) 甩负荷及低负荷时冷却再热器,起着避免干烧的保护作用;

(2) 协调汽轮机空载与锅炉最低负荷之间的流量匹配关系;

(3) 启动、甩负荷和停机时,回收汽水损失;

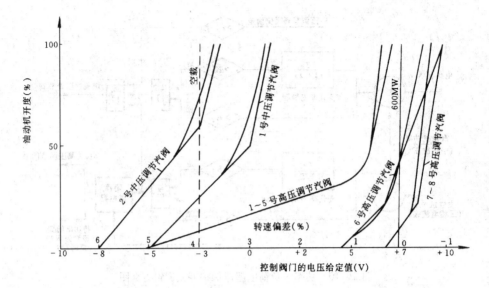

图 10-12　一台 600MW 机组的高、中压调节阀开启顺序

(4) 有利和方便机组启动；

(5) 提高机组负荷适应性和运行方式的灵活性；

(6) 减少高压安全阀的动作次数；

(7) 减温减压设备要可靠，控制方便。

一般常用的旁路系统有高/低压两级旁路系统和一级大旁路系统两种，其他型式只是在此基本型式的基础上再进行组合。

采用高/低压两级旁路系统时，由于保护再热器的需要，当机组在低负荷（如低于 30% 额定负荷）运行时，随着中压调节阀的关小，就应将高/低压旁路都开启，以维持锅炉的最低负荷为 30%。这样，锅炉就有一部分蒸汽流量经高压旁路减温减压后进入再热器，起到冷却再热器的作用，然后由再热器出来后再进入二级减温减压，即低压旁路减温减压器，最后排向凝汽器。当机组负荷继续下降，则高/低压旁路就进一步打开到空载时，汽轮机就只有空载流量流过，而锅炉仍维持最低负荷蒸发量，多余的蒸汽通过旁路进入凝汽器。由于中间再热器有（冷却）蒸汽流量通过，并且中压调节阀前蒸汽有一定压力，所以控制空载转速时，就一定要高、中压调节阀同时调节。

采用一级大旁路系统时，机组的空载转速由高压调节阀控制。

3. 中压调节阀快关功能

调节系统的快关（或称快控）功能是必不可少的。当电网发生故障时，由稳定控制装置计算、判定后，发出快控指令，中压调节阀在约 0.2s 内快速关闭。在全关状态维持一定时间（闷缸时间可调）后，重新开启。高压调节阀的动作视电网故障的严重程度而定，或不动（EVA 方式），或关至 50% 额定负荷所对应的位置（FCP 方式），或关至带厂用电运行（FCB 方式）。

4. 配汽方式

目前 600MW 汽轮机组多数采用混合式配汽方式，即喷嘴—滑压混合式调节。其主要特点是：在低参数（低负荷）向高参数（高负荷）过渡时采用滑参数运行方式，在高参数区段则采用喷嘴调节方式。采用这种调节方式，大功率机组的安全性、经济性都能够得到合理保证。

三、单元制汽轮机—锅炉控制和运行方式

汽轮机—锅炉协调控制主要有三种方式，即锅炉跟随控制方式、汽轮机跟随控制方式和机炉协调控制方式。

1. 锅炉跟随控制方式

这种控制方式是当汽轮发电机组按指令增加功率时，首先开大汽轮机的调节阀，增加汽轮机的进汽量，然后使发电机输出的功率与功率指令相一致。由于蒸汽流量（锅炉负荷）增加，蒸汽压力下降，与

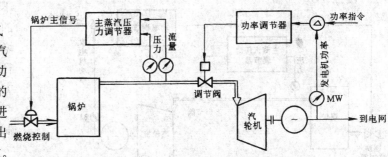

图 10-13　锅炉跟随控制方式示意图

新蒸汽压力给定值进行比较后，得到一个压力偏差信号。这一压力偏差信号送入锅炉燃烧调节系统，并且还用主蒸汽流量输入锅炉燃烧调节系统，控制燃料调节阀的开度，以增加燃料量，使主蒸汽压力维持不变。此外，作为燃烧控制的空气流量也同时进行控制。图 10-13 是锅炉跟随控制方式示意图。

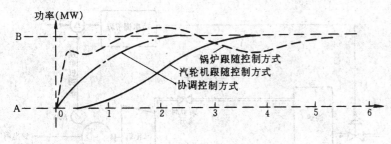

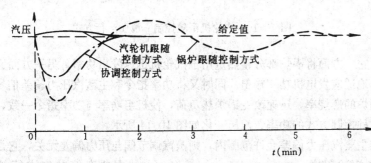

图 10-14　各种控制方式下的功率和汽压变化情况

这种控制方式是根据功率指令的变化，暂时利用锅炉的蓄能，使机组输出功率跟随功率指令变化。在锅炉储蓄能量（允许压力变化）范围内的负荷变化，对于比较小的负荷变化，其快速响应是可能的，可参加一次调频。但是，在大幅度的负荷变化时，由于锅炉燃烧延时较长，因此主蒸汽压力变化较大。这样的功率和汽压变化情况如图 10-14 所示。因此，为了不使蒸汽压力波动太大，导致运行不稳定，在经常有大幅度负荷变化的运行中，应对

负荷变化率加以限制。尤其是直流锅炉，其蓄能量只有汽包锅炉的几分之一。所以，对直流锅炉，采用锅炉跟随控制方式，将无法适应大的负荷变化。

2. 汽轮机跟随控制方式

（1）汽轮机跟随控制—定压运行方式。这种控制方式如图 10-15 所示。当功率指令要求增加功率时，首先是将功率的主信号增加，调整燃料送给量。随着燃烧强度的增加，主蒸汽压力上升，蒸汽流量增加。为了维持主蒸汽压力为常数，设在汽轮机前的前置压力调节器控制汽轮机的调节阀增大开度，使进汽流量增加，最后是新蒸汽压力又恢复到与压力给定值一致，而机组功率恰与功率指令相一致。这种控制响应缓慢，一般不采用。

（2）汽轮机跟随控制—滑压运行方式。这种控制方式如图 10-16 所示。由于汽轮机前的压力

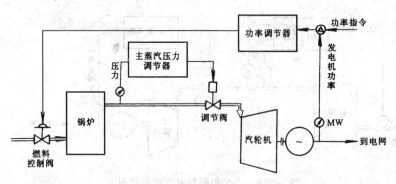

图 10-15 汽轮机跟随控制—定压运行方式

不进行调节，所以新蒸汽的压力就随功率（流量）增加而变化，故称滑压运行。一般滑压运行的控制方式也不单独采用，而是与喷嘴调节组成混合式控制。

3. 机炉协调控制方式

这种控制方式适应于汽包锅炉和直流锅炉。它把发电厂的机炉热工对象看作一个整体，当有功率指令传来时，要求对机炉主设备以及各种泵、风机等辅机设备的运行状态都同时进行考虑，对各种信号加以综合运算，以使对各参数（蒸汽、水、燃料、风等的参数）的影响程度减小到最小的条件下，各调节系统进行密切配合，来适应电网功率指令的要求。

图 10-17 是机炉协调控制方式示意图。采用蒸汽调节阀来控制主蒸汽压力这一点，与汽轮机跟随控制方式一样。当负荷变化时，主蒸汽压力的给定值可随之上下调整，并根据锅炉主蒸汽压力变化率及允许变动范围而利用锅炉蓄热量，这一点又与锅炉

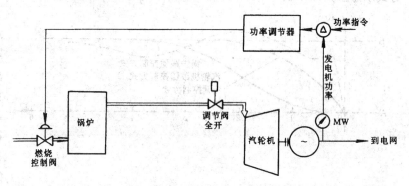

图 10-16 汽轮机跟随控制—滑压运行方式

跟随控制方式一样。所以，它一方面将锅炉部分蓄热量用于汽轮机迅速发出功率，另一方面又同时改变锅炉出力，这样综合地适应发电机功率输出。同时又将功率指令和主蒸汽压力偏差信号都输入锅炉调节系统，控制锅炉的燃烧率，迅速改变锅炉热负荷，使机组功率与功率指令一致，并使主蒸汽压力波动不大。这种控制方式的功率、汽压变化如图 10-14 所示。

这种控制方式：如果在主蒸汽压力偏差允许范围内，则蒸汽调节阀与压力偏差无关，它是根据功率偏差来进行控制的；一旦压力偏差超出允许范围时，这个偏差就用来修正调节阀的控制。

另外，除了运行控制方式对机炉的动态响应有很大影响外，发电厂采用的燃料对机组动态响应的影响也颇大。在石化燃料中，采用天然气燃料的机组，动态响应最快，燃煤机

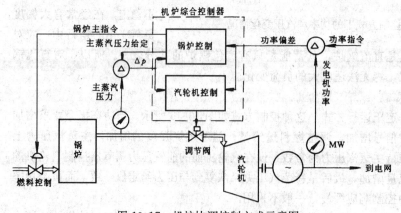

图 10-17 机炉协调控制方式示意图

组则最慢。

　　4. 承受冲击负荷的汽轮机调节系统

　　当用电大户（如大型炼钢厂）开始用电或关电时，对电网的供电质量（频率和电压）产生颇大影响，严重时还会损坏设备，危及电力系统的安全运行。这就提出了冲击负荷对电力系统的影响和解决这一问题的任务。

　　对于一般的汽轮机调节系统，可按下式估算冲击负荷造成的电网频率偏移值

$$\Delta f_\infty = f_0 \left(\frac{\Delta P}{P_0} \delta + \varepsilon \right)$$

式中　　Δf_∞——频率偏移稳态值；

　　　　　f_0——系统额定频率；

　　　　　ΔP——系统负荷变化值；

　　　　　P_0——系统运行容量。

　　如果调节系统的瞬时转速不等率 $\delta=5\%$，迟缓率 $\varepsilon=0.3\%$，冲击负荷 $\Delta P/P_0=20\%$，则可求得系统频率偏移值为 $0.65\mathrm{Hz}$，这已超过电力法规所规定的限度。

　　为此，提出了跟随冲击负荷变化而能够自动调节汽轮机功率的控制系统，如图 10-18 所示。此系统是在原有的转速调节系统上并联一个冲击负荷跟踪调节装置。

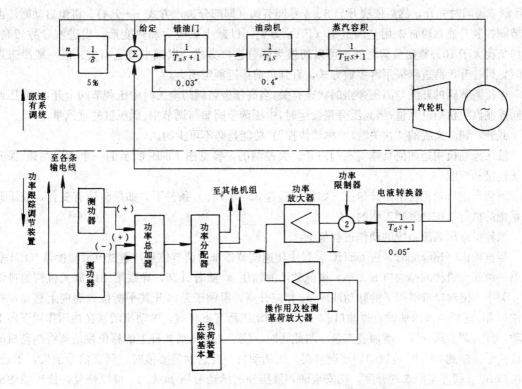

图 10-18　采用冲击负荷跟踪的自动调节汽轮机功率的控制系统示意图

　　这个系统的调节原理是，用有功功率变送器将电厂各条输出线路的功率测出（包括基本负荷和冲击负荷两部分），输入到功率总加器进行总加，同时经去除基本负荷装置将基本负荷分量去掉、把冲击负荷分量检出，再经功率分配器送到各台机组的放大器去，放大后的电信号就输送到电液转换器变换成脉冲油压，此脉冲油压就送入调节系统的二次油压管路，去控制油动机以调节

汽轮机的功率。当没有冲击负荷时,该电液转换器关闭,机组仍由原来的调节系统进行控制,按正常负荷运行。这一系统有如下优点:

(1) 消除了动态偏差;

(2) 提高了调节系统的响应速度;

(3) 减小了调速死区。

四、液压调速系统及其设备

由前述可知,汽轮机组调节及保安系统的最终动作效果,是使汽轮机汽阀(主汽阀、调节阀以及旁路阀等)在开启(或开度增大)和关闭(或开度关小)之间变化。

在正常的调节过程中,阀门的开启或关闭是比较平缓的。但当发生危急情况时,为了保证机组的安全,则要求阀门迅速完成目标动作,特别是需要阀门快速关闭时,执行机构应能保证既快速又可靠地完成阀门关闭动作。所以调节、保安系统由调节、保安、快关三大部分(回路)组成。

汽轮机通常设置有四道阀门,即高压主汽阀(MSV)、高压调节阀(CV)、中压主汽阀(RSV)和中压调节阀(IV)。由于中压调节阀和中压主汽阀通常设在同一阀体内,故将它们统称为中联门(CRV)。每只阀门都配置有各自独立的液压控制机构。它根据 EHC 装置发出的阀位指令,对阀门进行相应的控制。

高压调节阀可四只同时开启,并维持基本相同的开度(即全周进汽方式——FA),也可使1、2 号调节阀同时先开,然后依次开启3、4 号调节阀(即部分进汽方式——PA)。机组启动时,由调节阀控制升速,通常采用全周进汽(FA)方式,以减小热应力和热变形。当进汽参数较高、机组负荷大于 10% 额定负荷之后,可以切换为部分进汽方式,以减小节流损失。但一般冷态启动时,带、升负荷过程采用滑参数方式,直到负荷接近额定出力。

中压调节阀的开度与高压旁路的状态有关:当高压旁路阀门全关时中压调节阀全开,由高压调节阀控制汽轮机的进汽量;当高压旁路投运时,中压调节阀参与调节中、低压缸的进汽量。

此外,调节系统的"快关"(或称"快控")功能是必不可少的。

液压控制机构是如何具体实现阀门开、关控制的,参见图 10-19 所示的一个液压调速/保安系统连接示意图。

下面介绍汽轮机在给定转速值(如额定转速 3000r/min)条件下,如果转速有变化,液压调速系统的执行机构是怎样工作的。

汽轮机液压调速系统的动作过程如下:

当汽轮机转速降低时,由 DEHC 装置中转速调节器来的调节信号,通过电液转换器(EHA)使第一级放大机构的排油口 h 关小,则脉动油的油压 p_s 随着升高,导致第二级放大机构的排油口 g 关小,使油动机滑阀下的脉动油压 p_x 相应升高,滑阀于是离开其平衡位置而向上移动,打开油口 k,这样,液压油就通过油口 j、k 流入油动机活塞下腔室,油动机活塞在油压作用下向上移动,开大调节阀开度,增加进汽量。与此同时,位于油动机活塞杆上的移位发信器将油动机的移位信号反馈到 DEHC 装置的转速调节器,当油动机开度达到需要值时,调节信号消失,于是,排油口 h、g 回复至原来的开度,则安全油和液压油的脉动油压 p_s 和 p_x 得以恢复,使得油动机滑阀又重新回到其中间平衡位置,而油口 k 再次被封闭,油动机活塞停止向上移动,并处于一个新的平衡位置。此时,汽轮机就在一个新的工况下运行。

当汽轮机转速升高时,该油压调速系统的动作过程与上述相同,但方向相反,即油动机向下移动,油动机活塞下的液压油通过油口 k 排出,油动机活塞便在弹簧力的作用下,向下移动,关小调节阀开度,减小进汽量。同样,通过移位反馈信号,最终使汽轮机稳定在新的工况下运行。

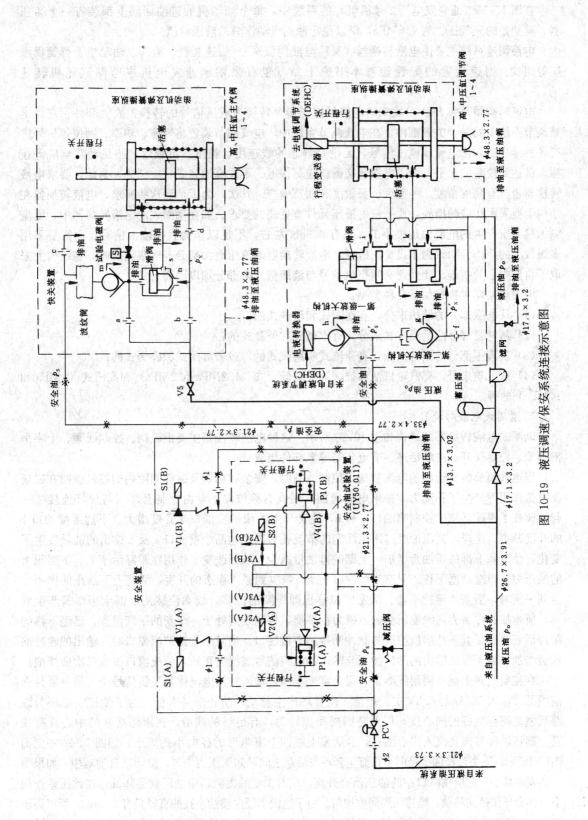

图 10-19 液压调速/保安系统连接示意图

在图 10-19（北仑发电厂 2 号机组）的系统中，每个油动机的进油回路上都装有一个蓄压器，其初始的充气压力为 7.6MPa，借以稳定油动机动作时的液压油压。

电液调速系统主要由电液转换器（又称电液伺服阀）、测速装置、滑阀、油动机及弹簧操纵座等组成。测速装置的配置参看本书第七章（也有采用测速发电机来监测汽轮机转速的）。

电液转换器是将 DEHC 发来的电信号控制指令转换为液压信号的转换、放大部件，它是电液调节系统中的一个关键部件。在电液调节系统中，电气调节装置将转速、功率、阀位等信号进行各种运算后输出电流或电压信号，无论是静态的线速度、精度、灵敏度，还是动态响应等指标，都达到较高的水平，所以电液转换器就应尽快地、不失真地完成这一任务。为此，要求电液转换器也具有高的精度、线速度、灵敏度和动态响应。其次，为了达到这些要求，电液转换器在结构上要采取相应的措施，比一般的液压元件有更高的要求。如在动圈式的电液转换器中，电流输入信号所产生的电磁力是很小的，只有 0.98N 左右，不足以作为直接输出信号，而需要采用多级放大的结构。同时为了提高灵敏度，电液转换器的液压放大部分——跟随滑阀，在结构上采取了自定中心的措施。此外还必须把电信号与液压信号两部分加以隔离。

电液转换器主要有如下几种类型：

（1）从电磁部分的结构来分，有动圈式和动铁式的；

（2）从电磁部分的励磁方式来分，有永磁式和外激式的；

（3）从液压部分的结构来分，有断流式和继流式的，或者滑阀式和碟阀式的；

（4）从工质来分，有汽轮机油和抗燃油的，低压式（1.2MPa 和 2MPa）和高压式（8MPa 和 14MPa）的等。

1. 动圈式电液转换器

动圈式电液转换器的结构如图 10-20 所示。这种电液转换器主要由磁钢、控制线圈、十字平衡弹簧、控制套环、跟踪活塞、节流套筒等零部件组成。

当电气调节装置输出的电流被送入控制线圈时，安装在磁钢及磁轭间隙内的控制线圈在磁场及电流作用下产生了移动力，如果电流增加，则线圈移位向下，由控制套环（与导杆连接在一起）改变了跟踪活塞的控制喷油口 a 和 b，使套环上边缘的喷油口 a 开度增大、下边缘喷油口 b 的开度减小。这样，高压油经过跟踪活塞的节流孔后再经这两个喷油口 a 及 b 排出的油量发生了变化，使活塞下部的排油量增加，上部的排油量减少，从而改变了作用在跟踪活塞上、下面积上的油压力使跟踪活塞下移。只有当喷油口 a 及 b 恢复到原来稳态的开度，活塞上下油压的作用力达到平衡时，活塞才维持不动。活塞的位移也即线圈的位移，线圈位移使上部十字弹簧产生变形，所增加的弹簧力与线圈所受的电磁力相平衡，控制线圈处于一个新的平衡位置。已经下移的跟踪活塞改变了其下凸肩所控制的脉冲油排油节流窗口。当减小排油节流窗口时，输出的脉冲油就会增加。为了保证输出的脉冲油压与输入的电流信号成线性正比，节流窗口做成二次曲线型。

在控制线圈上绕有两层线圈。一层为直流线圈，输入直流电流作为控制信号用。另一层为交流线圈，输入 50Hz 的 6.3V 交流电流，使套环产生脉动，防止套环卡涩。为了使控制套环与跟踪活塞之间有良好的同心度，以保持四周间隙均匀，有足够的润滑，在跟踪活塞的中心开有油孔。高压油经节流孔流入中心油孔，自活塞上端四个喇叭形的径向小孔流出。如图 10-20 中剖面图Ⅰ—Ⅰ所示，压力油经四个径向小孔流至套环与活塞之间，四周压力均匀，使活塞自动对中，如果哪一侧间隙减小，相应喇叭口中的油压就会升高，相对 180°的喇叭口中油压就会降低，在此压差作用下，将套环作径向移动，维持四周间隙均匀。由于这四个径向喷油小孔的直径只有 0.3mm，所以高压油进入电液转换器之前，除需经过一般的刮片式滤油器外，还要经过磁性滤油器，以防止任何杂质进

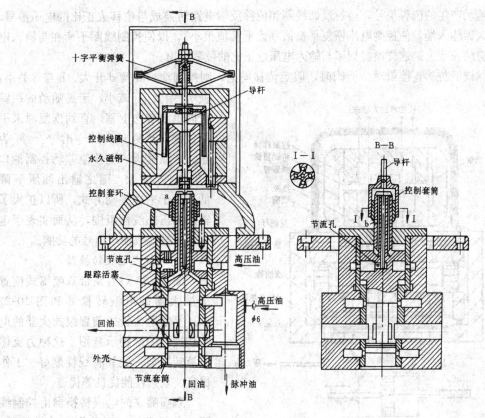

图 10-20 动圈式电液转换器结构图

入堵塞小孔，也防止铁屑被强磁钢吸附、磨损线圈、产生短路或卡死象限。

这种动圈式电液转换器，其时间常数约为 0.05s 以下。

另一种动圈式电液转换器的原理如图 10-21 所示。这种动圈式电液转换器的每一个稳定工况，在控制线圈中几乎没有电流通过，所以液压部分的小滑阀及跟踪滑阀的位移经位移反馈回授到功率放大器输入端，并与输入电压信号 U_{in} 平衡，从而得到电压信号与位移输出信号的线性放大。位移反馈回路具有零位和幅值调整，可调整控制线圈的零位和幅值。电流硬反馈回路 R2 可以调整功率放大器的传输系数，以获得适当的静态刚度。电压软反馈回路 R3C3 可以调整控制线圈的运动阻尼，使随动系统得到较好的稳定性和快速性。

这种型式的电液转换器主要动作过程如下：由电调来的电压控制信号输入功率放大器，转变为电流控制信号，使置于磁钢气隙中的控制线圈产生电磁力，随之发

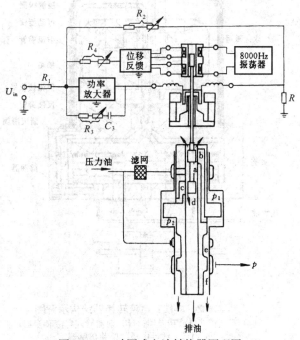

图 10-21 动圈式电液转换器原理图

生运动。运动产生的位移信号，通过反馈线圈和位移反馈电路转换成与位移成正比的电压信号，反馈回放大器输入端，使控制电流恢复平衡值（此平衡值很小），以使控制线圈平衡在与输入电压信号对应的位置上。这样便得到了与输入电压成正比的位移输出。

当控制线圈位移直接带动小滑阀时，假定位移向上，则控制油口 a 及 d 开大、b 与 c 关小，使 p_2 增大 p_1 减小，于是随动的跟踪滑阀也跟着向上移，直到恢复原来平衡位置，开度 a＝b，c＝d，$p_2＝p_1$ 为止。跟踪滑阀的上移使差动控制油口 e 减小、f 增大，随之输出油压 p 降低。由于采用差动方式，所以扩大了输出油压的线性范围，从而实现了电气信号转换成油压信号的功能。

2. 动铁式电液转换器

图 10-22（a）是带双喷嘴式前置级放大器的电液转换器和图 10-22（b）是带射流管式前置级放大器的电液转换器的结构示意图。这种力反馈电液转换器一般具有线性度好、工作稳定、动态性能优良等优点。

双喷嘴式的电液转换器由控制线圈、永久磁钢、可动衔铁、弹簧管、挡板、喷嘴、断流滑阀、反馈杆、固定节流孔、滤油器、外壳等主要零部件构成。高压油进入转换器后分成两股油路：一路经过滤油器到左右端的固定节流孔及断流滑阀两端的容室，然后从喷嘴与挡板间的控制间隙中流出。在稳态工况下，两侧的喷嘴挡板间隙是相等的，因此排油面积也相等，作用在断流滑阀两端的油压也相等，使断流滑阀保持在中间位置，遮断了进出执行机构油动机的油口。另一路高压油就作为移动油动机活塞的动力油，由断流滑阀控制。

当 EHC 装置送来的电气（电流）信号输入控制线圈、在永久磁钢磁场的作用下，产生了偏转扭矩，使可动衔铁带动弹簧管及挡板偏转，改变了喷嘴与挡板之间的间隙。间隙减小的一侧油压升高，间隙增大的一侧油压降低。在此压差的作用下，断流滑阀

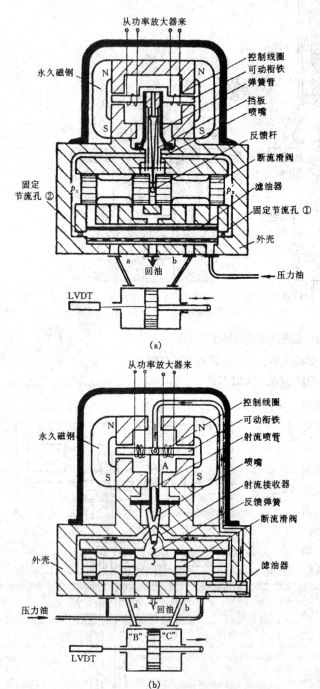

图 10-22 动铁式电液转换器结构示意图
(a) 双喷嘴式电液转换器；(b) 射流管式电液转换器；
LVDT—线性电压－位移传感器

移动，打开了油动机通高压油及回油的两个控制窗口，使油动机活塞移动，控制调节阀的开度。

当可动衔铁、弹簧管及挡板偏转时，弹簧管发生弹性变形，反馈杆发生挠曲。待断流滑阀在两端油压差作用下产生位移时，就使反馈杆产生反作用力矩，它与弹簧管、可动衔铁吸动力等的反力矩一起，与输入电流产生的主动力矩相比较，直到总力矩的代数和等于零，即断流滑阀达到一个新的平衡位置，这一位置与输入的电流量 ΔI 成正比。当输入信号极性相反时，滑阀位移方向也随之相反。

采用弹簧管可以防止喷嘴排油进入电磁线圈部分，这就消除了油液污染电磁部分的可能性。

有的电液转换器在喷嘴挡板前置级液压放大器的回油路上，加装了节流孔，使喷嘴扩散的喷油具有背压，油流不会产生涡流及汽蚀现象，从而提高了挡板运动的稳定性。

射流管式电液转换器由控制线圈、永久磁钢、可动衔铁、射流喷管、射流接收器、断流滑阀、反馈弹簧、滤油器及外壳等主要零部件组成。高压油进入转换器后，也分成两路，一路经滤油器送入射流喷管，油从射流管高速喷出。在射流喷管正面安置了一个射流接收器，上面有两个扩压通道。如果射流喷管处于中间位置，则左右两个扩压通道中形成相同压力，断流滑阀两端油压相同，也处于中间位置，遮断了进出执行机构（油动机）的油口。另一路高压油仍作为动力油，由断流滑阀控制。

当电调装置来的电流信号送入控制线圈时，在永久磁钢磁场的作用下，控制线圈发生了扭转，使可动衔铁带动射流喷管偏离中间位置，而射流喷管喷出的油流在接收器两个扩压通道中形成不同的油压。在这两个油压差值的作用下，断流滑阀发生移动，打开油动机进油和回油两个控制窗口，油动机活塞移动，来控制调节阀的开度。

在断流滑阀偏离它的中间位置时，它通过反馈弹簧力使偏转了的射流管达到一个新的平衡位置，从而使整个调节过程很快的稳定下来。

这两种电液转换器对加工精度、装配工艺要求都很高，断流滑阀与套筒之间的间隙很小，对油的清洁度要求较高。目前我国已有QDY 系列的产品以及 SF-6 型、YF-7 型、YFW04 型等电液转换器可供选用。

在图 10-19 所示的系统中，其电液转换器结构如图 10-23 所示，也属于动铁式类型的电液转换器。该电液转换器的工作原理如下：

由 DEHC 装置的转速调节器发出的阀位信号，使线圈 5 中的直流电流发生变化，上顶杆 6 在电磁力的作用下作上、下移动，其下端的陶瓷球阀 7 也随着作上、下移动，从而改变排油口 h 的开度，致安全油的脉动油压 p'_s 降低、升高；脉动油压 p'_s 的变化通过下部隔膜

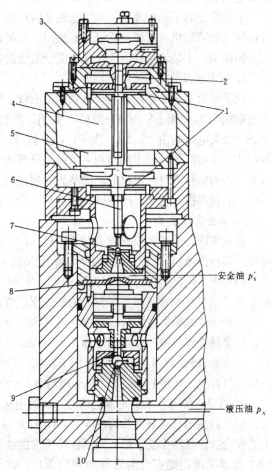

安全油 p'_s

液压油 p_x

图 10-23　电液转换器结构示意图
（北仑发电厂 2 号机组）
1、3、8—隔膜；2—弹簧；4—磁钢；5—线圈；
6—上顶杆；7—陶瓷球阀；9—下顶杆；10—球阀

（φ40mm×0.5mm）又使下顶杆相应地作上、下移动，改变下球阀的排油口 g 的开度，液压油的脉动油压 p'_x 降低、升高，最终使油动机滑阀、油动机活塞也相应地作上、下移动，关小、开大调节阀的开度。当上顶杆移动时，其上端的弹簧则在上顶杆产生一个与其动作方向相反的作用力，作为上顶杆移动过程的动反馈。当控制的调节阀开度达到阀位指令点时，通过油动机位移反馈信号，经 DEHC 装置的转速调节器，使电液转换器磁钢线圈上的直流电流为零，则上顶杆在弹簧力的作用下，恢复原位，油口 h、g 的开度也回到原来状态，脉动油压 p'_s、p'_x 得以恢复，调节阀便稳定在一个新的位置。

由此可见，DEHC 装置的阀位指令、油动机行程、调节阀开度，是一一对应的。

油动机、滑阀和弹簧操纵座的结构原理已为大家所熟悉，此处不再叙述。

五、安全系统及其设备

安全系统的功能是：一旦收到跳闸信号，保安执行机构就立即关闭汽轮机所有进汽阀门，停止汽轮机的运行，并强制关闭再热冷段管道中的止回阀（即高压缸排汽止回阀）以及抽汽管道中的抽汽止回阀。

安全系统主要包括安全装置、安全试验装置、快关装置、主汽阀油动机及其弹簧操纵座、转速测量和保护装置、手动停机按钮和真空破坏阀等部分。

安全系统的工作原理是：当安全油或液压油失压（即与排油管路接通）时，即通过相应的执行机构（如油动机及其弹簧操纵座）关闭汽轮机的进汽阀，以及排汽、抽汽止回阀。

如图 10-19 是北仑发电厂 2 号机安全系统的连接示意图，其各组成部分的构成如下。

1. 安全装置

该系统的安全装置配有两个并联的电磁阀，它们与安全油路相连。机组在正常运行时，这两个电磁阀受电，阀门 V1（A）/（B）关闭，其排油口被堵死，安全油回路充压；当两个电磁阀中任一个失电，阀门 V1（A）或 V1（B）打开，则安全油路与排油管路相通，安全油回路失压，即可快速关闭汽轮机的主汽阀和调节阀。设置两个并联电磁阀的目的是提高安全装置的可靠性。该电磁阀的信号来自汽轮机的测速装置（超速时）、凝汽器真空低、润滑油压太低、外部跳闸信号等。若收到任一信号，电磁阀 S1（A）/（B）即失电，阀门 V1（A）/（B）即被打开。

2. 安全试验装置

该系统的安全试验装置设有（A）和（B）两套回路，并各自有其"正常"位置和"试验"位置，其动作过程（以 A 回路为例，参见图 10-19）如下：

当处于"正常"位置时（即图示位置），可手动操作电磁阀 S1（A），阀门 V1（A）打开，安全油管路与排油管路相通，安全油路失压，汽轮机进汽阀关闭。

当处于"试验"位置时，操作电磁阀 S2（A），阀门 V2（A）打开，阀门 V3（A）关闭；于是，活塞弹簧侧腔室的安全油经阀门 V2（A）与排油管路相通，安全油路失压，活塞组失去平衡，并在其右侧活塞 P1（B）的作用下，向左移动，阀门 V4（A）关闭，并通过行程开关发出动作信号（即允许试验）。此时，由于阀门 V3（A）、V4（A）已经关闭，切断了安全油通往 V1（A）的回路，便可在机组正常运行时，试验电磁阀 S1（A）、V1（A）动作，而不会引起汽轮机进汽阀门的关闭。这是因为阀门 V1（A）打开后仅泄掉阀门 V4（A）至阀门 V1（A）之间管道中的安全油，而整个安全油回路仍保持正常的油压。在试验结束后按下"STOP"按钮，阀门 V1（A）重新关闭，则安全油重新向阀门 V1（A）与 V4（A）之间的管路注油，然后电磁阀 V2（A）、V3（A）复位［即阀门 V2（A）关闭、V3（A）打开］，活塞组回到其中间平衡位置，再次打开阀门 V4（A）。至此，安全油试验装置（A 回路）复位。

安全试验装置设置两套回路的目的是：当一套回路处于试验状态、进行安全系统通道试验时，另一套回路仍处于正常工作状态，以确保汽轮机组的安全运行。

3. 手动停机按钮

为了汽轮机组在任何意外情况下都能够实现停机，通常在集控室和就地（汽轮机机头处）各自设有一个手动停机按钮。在机组一旦出现异常情况需要紧急停机时，可人工揿下停机按钮，则上述安全系统即动作，机组便停止运行。

4. 真空破坏阀

真空破坏阀也是安全系统的组成部分，设在汽轮机低压排汽缸处。该真空破坏阀一旦动作，外界的空气即可进入低压缸，使汽轮机内的蒸汽不再进入低压缸膨胀做功，同时起摩擦、鼓风作用，从而使汽轮机转子的转速受到抑制。该机组的真空破坏阀采用液压控制，其工作原理如图10-24所示。

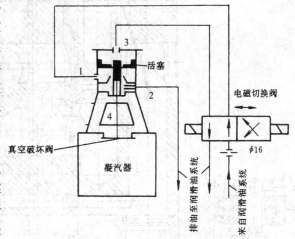

图 10-24　真空破坏阀工作原理图
1—润滑油进油口（关闭时）；2—润滑油排油；
3—润滑油进油口（打开时）；4—空气入口

在正常运行时，润滑油通过节流孔（$\phi16$）、电磁切换阀，经油口1进入活塞下腔，将活塞顶在其上止点位置，借阀杆使阀碟紧贴在阀座上，此时真空破坏阀处于关闭状态，使低压排汽及凝汽器与外界大气隔绝。当电磁阀动作，润滑油则经油口3进入活塞上腔，活塞下腔的润滑油则经油口1排至润滑油回路母管，油压降低；于是，在活塞上部油压和外界大气压以及凝汽器负压的双重作用下，活塞迅速移至下止点位置，打开阀碟，使外界空气进入低压缸和凝汽器。

5. 转速测量装置

现代大型汽轮机组采用电调方式。为此，汽轮机转速测量方法也由以往的机械调速器改为基于电磁感应的电气测速装置。

电气测速装置主要有两种型式。一种正如所介绍的测速方法。采用这种测速方式的汽轮机组，其转速测量、指示及连锁保护装置主要包括一个测速齿轮、2~3个磁阻发信器和指示仪表。通常测速齿轮套装在汽轮机高压转子的伸出轴上，磁阻发讯器位于测速齿轮的外缘，其输出信号（电压）分别接至就地表计和主控室 TSI 盘（包括 CRT 操作盘），以显示汽轮机的转速。输入 TSI 盘的转速信号也同时用于汽轮机转速连锁保护。

另一种转速测量、保护连锁方式是采用测速发电机。测速发电机将汽轮机的转速转换为电压信号送至调节控制装置。当汽轮机的转速达到110％额定转速时，测速发电机输出的电压即可通过电气保护回路，使安全装置中的电磁阀动作，从而关闭汽轮机的进汽阀。

测速发电机为永磁三相发电机，配有3组相互独立的绕组。其中2个绕组的输出同时接至 DEHC 装置的转速控制单元和安全保护单元，呈双回路布置，以确保其可靠性；第3绕组为备用绕组。

6. 快关装置

快关装置的作用是在安全油压失去时快速关闭主汽阀和调节阀（包括中压调节阀）。图10-19所示系统的快关装置主要由波纹筒、球阀、滑阀、壳体等部件组成。其动作原理如下（参见

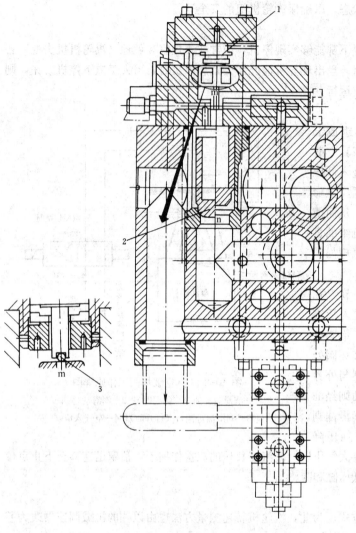

图 10-25　快关装置结构图
1—波纹筒；2—滑阀；3—球阀

图 10-25）：

由液压油系统演变来的安全油（1.1MPa）进入波纹筒内，波纹筒伸长，使其下部的球阀向下移动，关小排油口 m 的开度；滑阀在其上部液压油油压的作用下，向下移动至下止点位置，关闭液压油排油口 n；则液压油（12.1MPa）便进入油动机活塞下腔室，开启主汽阀。

一旦安全油失压，波纹筒回缩，其下部的球阀便向上移动，开大排油口 m；滑阀上部的液压油油压降低，滑阀向上移动，打开排油口 n；则油动机活塞下腔室的液压油经节流孔 d，滑阀油口 n、s 通往排油（参见图 10-19），油动机活塞便在弹簧力的作用下快速向下移动，关闭主汽阀。

快关装置的液压油回路上还配有一个试验电磁阀。当该试验电磁阀动作时，可使滑阀上部的液压油通往排油，同样会引起主汽阀的快速关闭。

综上所述，安全系统的作用是当汽轮机处于危险情况时，使液压油系统泄压，达到关闭汽轮机进汽阀门的目的。进汽阀门的油动机及弹簧操纵座则是各阀门关闭、开启的执行机构。由液压油系统来的液压油经快关装置控制后，进入油动机活塞下腔室，在该液压油的作用下，油动机活塞向上移动，开启进汽阀门。一旦液压油失压，活塞便在弹簧力的作用下，快速向下移动，关闭进汽阀门。

7. 安全系统的定期检查试验

为了保证安全系统工作的可靠性，安全系统的有关部分应分别进行定期检查试验。安全系统的定期检查试验主要包括如下项目：

（1）模拟超速试验，每星期一次或在实际超速试验之前进行；

（2）实际超速试验，每年一次；在调节组件大修后或进行其他检修工作之后，也应进行一次实际超速试验；

（3）润滑油母管压力降低跳闸试验，每星期一次；

（4）凝汽器真空降低跳闸试验，每星期一次；

（5）高中压进汽阀门全行程运动试验，每星期一次，或在油动机大修后进行（可按高压缸主汽阀、调节阀 1~4 号和中压缸主汽阀、调节阀 1~4 号依次逐一进行）；

（6）高中压主汽阀严密性试验，每年一次，在机组大修前或油动机检修后进行。

第二节　汽轮机数字电液控制系统（DEH）

为了实现机炉协调控制，就要求机、炉、电及与之有关的各工作系统在工况变化时，有及时、准确的监测手段，并迅速地发出相应的控制指令，使机、炉、电及有关系统能在新的工况下，协调、稳定地工作。采用电气调节方式是达到上述要求的最有效方法。

汽轮机的数字电液控制系统（DEH 是 Digital Electro-Hydraulic Control System 的缩写）就是采用电子元件和电气设备对机、炉、电及其有关工作系统的状态进行监视，以数字的方式传递信号、计算机分析判断、发出（电气的）控制指令，然后通过电液转换器（伺服阀、伺服放大器）将电气指令信号转换为液压执行机构能够执行的液压信号，达到完成控制操作的目的。

不同的机组、不同的制造厂，其机组的数字电液控制系统的构成和具体控制逻辑略有不同，但总的要求是基本相同的，那就是应具备监视、保安、控制、调节的各项功能。

下面，将通过实际应用的例子，就汽轮机组的数字电液控制系统有关问题，作一简要介绍。

一、哈尔滨汽轮机厂采用 DEH

（一）概述

哈尔滨汽轮机厂用于平圩电厂、哈尔滨第三电厂 600MW 汽轮机组的 DEH 控制系统如图 10-26 所示。

该控制系统中的数字控制装置接受汽轮机三个反馈参量：转速、发电机功率和调节级后压力（此压力与汽轮机的功率成正比）。数字控制装置借助电液伺服回路来控制主汽门和调节阀（包括高中压）。操纵调节阀的液压执行机构均附加有弹簧作用力，当万一甩负荷超速时，超速油路就泄压（即保安油路泄压），并通过薄片式泄油阀反应到高压油路上的停机遮断装置，使其动作，主汽门及调节阀均关下。若甩部分负荷，则可使电磁阀通电励磁，将相应的中压调节阀短时间关下。

1. 启动过程

在汽轮机进行盘车并建立最低真空时，高压调节阀、中压主汽门及调节阀均全开，只有高压主汽门处于关闭位置，利用高压主汽门内的旁通阀可将汽轮机升速到 2700~2800r/min。在 2100~2200r/min 时，可按需要在此转速下进行暖机。在 2700~2800r/min 时，转速控制可由主汽门控制转为调节阀控制（由运行人员控制而自动完成），然后用调节阀提升汽轮机转速至同步转速，由人工或准同期自动并网。合上油开关，汽轮机就自动开始带上 5% 的初始负荷，避免了发电机变作电动机，由电网倒送功率的可能性。上述过程也可由自动升速程序（ATC）来完成。然后，汽轮机就可由运行人员进行负荷控制，也可由电力系统总调度来控制，加减负荷，但可自动保证转子热应力在许可的范围内。应该指出，当机组设有旁路系统时，在启动过程中，中压调节阀也参加调节。

2. 液压系统

（1）高压供油系统。它与润滑油系统完全独立，采用卸载型式，亦即当高压油油压过高时，油泵有卸载阀能自动向油箱泄油。不锈钢油箱的容积约为 800L。它采用磷酸脂型抗燃油。这种抗燃油即使明火试验达 538℃ 也不引起自燃。系统采用双重泵供油，其中一台运行，另一台备用。油泵的出口参数压力为 17.25MPa，流量为 80L/min。高压油经过 10μm 金属网过滤器。滤

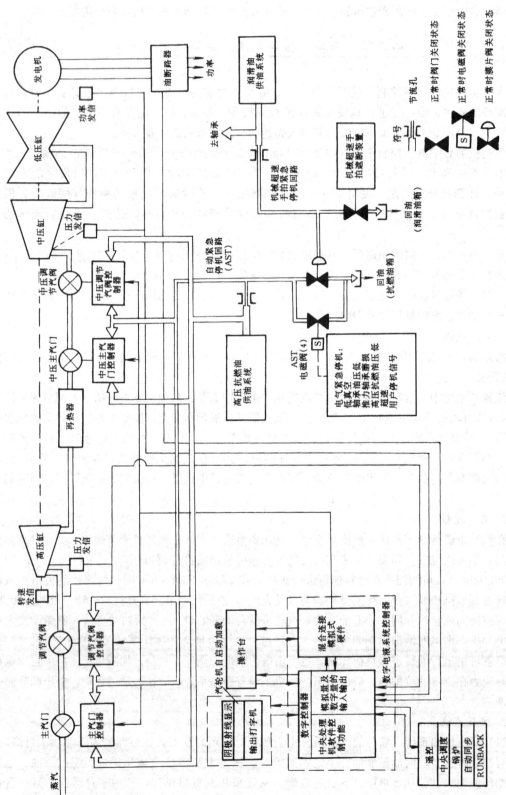

图 10-26 数字电液控制系统示意图

油器装在去卸载阀和止回阀的管道上，该管道上还设置有充氮的活塞式储气筒。其充氮压力为8.82MPa，卸载阀可调整系统压力为13.73MPa。到达此值时，泵的出口就转向泄油，减轻电动机和泵的负荷而由蓄能储气筒来满足执行元件（油动机）的需要。当油系统压力降至11.76MPa时，卸载阀重新复位并关闭泄油。这种方式使泵的耗功减少并延长了泵的寿命。

（2）紧急停机保安系统。机械超速和手拍危急遮断器是用润滑油作控制工质的，所以需经过膜片式泄油阀，将紧急停机信号转入高压抗燃油为工质的紧急停机回路，使各个阀门迅速关下。自动紧急停机回路（AST）还可直接由4只电磁阀来控制。

（3）阀门位置执行元件。阀门位置执行元件如同一般调节系统中的油动机，因为采用电液伺服阀控制，所以其本身结构就简化了。阀门位置执行元件由不锈钢制成，直接装在每个调节阀及主汽门上，阀杆上均装有加载弹簧，以保证失油时仍能迅速关闭。

高压抗燃油经过隔离阀和滤油器进入电液伺服阀（见图10-22），由电信号输入伺服阀线圈以改变执行元件的活塞位置，然后活塞的阀位反馈信号经过线性电压位移变送器传输到电子部分放大器的加法节点上，以使两个电信号相平衡。这种执行元件的静态位置精度可小于0.125mm，瞬态响应在延迟90°相位时的频率为10Hz，在紧急状态下的汽阀关闭时间为0.15s。值得指出的是，电液伺服阀设有机械偏置，没有电磁阀作用力时，不在中间位置，当万一失去电源时伺服阀会动作，将油缸中的压力油排出，在弹簧力的作用下将汽门关闭。

中压主汽门和中压调节阀所用的阀门位置执行元件，因为只需要全开或全关，所以不需要伺服放大器、线性电压位移变送器等部件，执行元件的开启速度可选择高压油进入管路上的节流孔来满足。为使执行元件能快速关闭，装有泄放阀。它的动作可由紧急停机及辅助调速器来控制。也应该指出，在设有旁路系统的机组中，中压调节阀所用的阀门位置执行元件，其原理应与高压的执行元件相似，也可进行阀位控制。

（二）电子控制器

数字电液调节系统的电子控制器设计成一个混合式控制系统，包括数字系统和模拟系统。数字控制器经过模拟子系统来控制各个阀门位置执行元件。电子控制器由下列三部分组成：

（1）模拟系统，包括阀门位置伺服回路；超速保护控制器（OPC）；手动备用控制系统。

（2）数字系统，包括数模转换部件；计算机监视系统；DEH应用程序；给定值快速返回（Refence runback）；自动同步；中心调度自动控制；汽轮机自启动和加载（ATC）；CRT显示。

（3）选用功能，包括数据传输线（Data links）；双通道数字系统；双通道CRT显示。

1. 数字系统部分

数字系统部分包括中央数据处理机、输入—输出硬件和一组软件。

中央数据处理单元是一台微型数字计算机（W2500）。它的特点是有一个灵活的输入—输出（I/O）系统。它配有一个公用的信息传输总线，以提供任何直接的I/O设备和高速直接存储器存取I/O设备间的信息接口。此外，还有其他一些设备。

系统的控制软件是由控制器监视系统程序和五个DEH应用程序组成。DEH程序中，主要是转速和功率的给定控制。在转速控制中，转速给定是希望达到的汽轮机转速；在功率控制中，功率给定是希望达到的汽轮机功率（有功率反馈投入时）或阀位（没有功率反馈投入时）。这些给定值是在图10-27所示的逻辑基础上，由中央数据处理单元来计算的。

数字单元调节系统的应用程序必须完成下述三个基本步骤：

（1）计算出给定值（或参考值）；

（2）把该给定值与汽轮发电机组的反馈值进行比较（包括转速、功率以及调节级后蒸汽压力）；

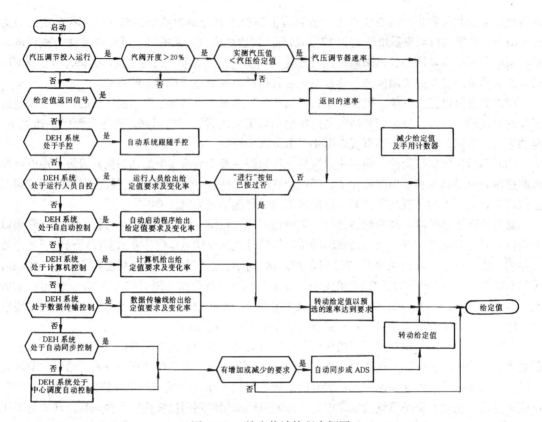

图 10-27　给定值计算程序框图

（3）计算出阀位给定值。此信号使电液伺服回路改变汽轮机的调节阀位置，从而使反馈值（转速、功率和调节级后蒸汽压力）满足计算值。

从图 10-27 中可以看出：主蒸汽压力控制器的作用和外部原因使给定值快速返回（Runback）的作用，跨越了其他所有的控制方式；

假如 DEH 系统是手动控制方式，则给定将跟踪手动系统；

假如 DEH 系统处于由运行人员自动控制方式，运行人员给出给定值要求及其变化率，按下"运行"按钮后，就按这一预先选定的速率变化到给定值；

假如 DEH 系统处于自启动（ATC）、计算机控制（协调控制）或数据传输线控制方式，则三种系统方式都给出给定值及变化率，只要给定值与要求值有偏差，就按预先选定的速率变化到给定值；

假如 DEH 系统处于自动同步并网或调度中心自动控制方式，给定值将由开关量或模拟量输入加以改变。

图 10-28 表示了反馈量输入与给定值比较的升程指令程序框图。

如果汽轮机处于功率控制，给定值就须经过电网频率偏差修正，电网频率偏高就将给定值降低，电网频率偏低就将给定值升高，这就实现了汽轮机的负荷、频率控制。经过修正后的功率给定值与发电机的电功率以及汽轮机调节级后蒸汽压力值进行比较，只要新的给定值不超过调节阀的位置极限，任何负荷偏差均能使调节阀位置按需要变化。

DEH 系统可按两种方式调节，即喷嘴调节和节流调节。两者的转换由汽阀管理程序来执行，该程序最后输出调节阀的升程指令。

如果汽轮机处于转速控制状态，则将汽轮机转速与转速给定值比较，在主汽门控制时，转速

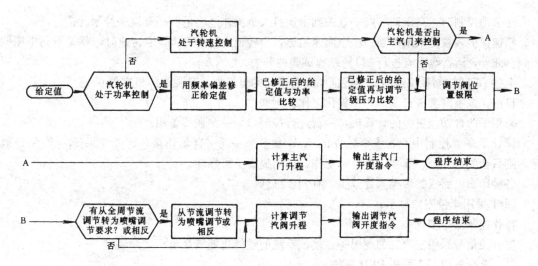

图 10-28　调节汽阀升程指令程序框图

偏差就会使主汽门开度按要求变化，程序最后就输出主汽门的升程指令。当达到 90％额定转速时，蒸汽流量控制就由主汽门控制转换为调节阀控制，因此转速偏差就会引起调节阀开度按要求变化。在按喷嘴调节进行功率控制时，各个调节阀根据预先确定的顺序、按所带负荷情况先后开启，汽阀开启的顺序要尽量减少节流损失。当在冷态启动以及机组承担尖峰负荷时，则希望将各调节阀全开，组成全周进汽，以减小汽轮机部件的热应力。此外，当负荷快速变化时，在调节级处也将发生温度的急剧变化，此时全周进汽也较为有利。DEH 系统的数字控制器能够满足上述控制要求。

2. 模拟子系统

模拟子系统由一个阀位指令的数模转换器、一个手动备用控制系统、阀门伺服环节的放大部分和一个超速保护装置（OPC）组成。

中央数据处理单元给出的阀位信号是数字式的，而阀位执行元件的伺服回路却要求模拟量信号输入，所以需要数—模转换器。数模转换器装设在模拟子系统中，模拟式的阀位指令信号输入伺服回路的相加点，在此点上与阀位反馈进行比较。

手动备用控制系统仅由一个可逆计数器和一个数模转换器组成。可逆计数器由运行人员按照增减方向，按下运行操作台上的按钮来存取。主蒸汽压力控制器和给定值快速返回操作仅起减少方向的作用。可逆计数器也经过数模转换器后输入伺服回路。在手动控制时，运行人员直接操作阀门开度，也即通过它来控制转速和功率，同时自动控制系统的给定值将自动地进行跟踪。

超速保护装置主要由超速逻辑和一个甩负荷预期逻辑组成。它的目的是，当甩全负荷时，避免超速引起汽轮机脱扣，以及当甩部分负荷时，有助于发电机和电力系统间的稳定。其逻辑图如图 10-9 所示。

如果汽轮机的功率超过发电机功率一个预先给定的数值，并且测量元件没有故障，汽轮机的功率大于发电机功率 30％时，就发出指令关下中压调节阀，并经过一段时间延迟之后又再开启。这就是通常所称的快关汽门技术。

万一甩全负荷（主油开关跳闸），就导致高、中压调节阀全部关闭，给定值自动回到额定转速，由转速来控制中压调节阀，使再热器中的蒸汽释放掉。

在自动控制中，高压调节阀由转速偏差使其一直关到转速降至同步转速为止，在此点上数字控制系统就控制汽轮机转速，以期机组准备再次并网。

在手动控制时，高压调节阀一直关到由运行人员操作适当的阀门开度来控制转速。

超速保护装置是采用单独的一个测速通道，当转速超过103％额定转速时，就关下高中压调节阀。此外，运行盘上有进行111％超速试验的开关。

上述 DEH 控制系统经电厂实践证明具有高度的可靠性，其强迫停机率仅 0.04％。

目前，该系统又进行了一些完善化工作。例如：

采用了两台功能更强的计算机，一台进行控制，另一台在线备用；

设计了多个控制中心、多个独立的 A/D 及多个手动—自动切换，这样如果任一个 A/D 故障，则只会失去一个，其余仍能继续工作，从而提高了可靠性；

各种印刷电路板的种类大为减少，有利于维修；

CRT 采用彩色图像显示；

操作控制盘小型化；

油开关信号采用三取二的逻辑等，使该系统的性能更能满足电厂实际要求。

二、北仑发电厂 2 号机 DEH 系统

（一）概述

北仑发电厂 2 号机的 DEH 系统由汽轮机控制系统、安全系统、监视系统三部分组成。这三部分相对独立、各自有其独立的机柜。三个机柜之间大量的信号联系都采用硬接线。汽轮机控制系统的任务是实现汽轮机的转速/负荷调节，是 DEH 系统的最主要部分；汽轮机安全系统的任务是实现汽轮机的保护跳闸功能以及保护试验、阀门试验等功能；汽轮机监视系统的任务则是实现对汽轮机转速、振动、轴向位移、蒸汽温度/压力、汽轮机金属温度等一些重要参数的测量、监视功能。除了这三个机柜外，还有一个继电器柜兼作中间接线柜，主要用于开关量输出以及与其他系统的接口。

两个电源柜分别为 DEH 系统提供 48V 和 24V 直流电源以及 220V 交流电源。电源柜的主要电源为 380V 交流电源和来自 UPS 的 220V 交流电源，两个电源柜各配一组蓄电池，在电源柜的交流电源全部中断的情况下，依靠蓄电池可维持 DEH 系统工作 15min。

（二）控制系统

首先简要介绍该机组控制系统的硬件结构，然后介绍控制系统的功能。

1. 硬件结构

控制系统主要由上位控制器、基本控制器和阀门控制器三部分组成。一个触摸式屏幕作为维修用人机接口，安置在电子室控制柜内；设在主控室的彩色显示器作为操作站，为操作人员提供所有参数显示、状态显示以及功能键，操作人员通过跟踪球进行选择操作。其硬件结构如图10-29所示。

上位控制器和基本控制器都是以 INTEL 公司的 CPU 芯片为基础的微机型控制器。阀门控制器则是模拟电路控制器，4 个高压调节阀和 4 个中压调节阀分别采用 8 个阀门控制器。由图10-29可知，2 个转速信号通过转速处理卡 MVIT 直接与基本控制器接口，阀门开度指令由基本控制器输出至阀门控制器。因此，当上位控制器故障时，基本控制器也能维持机组运行。但是，由于操作显示器是通过通信接口与上位控制器通信的，一旦上位控制器故障，操作员就无法通过操作显示器进行操作控制。在这种情况下，操作员可通过备用盘上的手动操作按钮，进行负荷设定和调节阀开度设定操作，备用盘上还有若干状态指示灯以及模拟指示表。

（1）上位控制器的构成。上位控制器共有 13 块卡件板，即主机板、存储器板、串行通信板、I/O 控制板各一块以及 9 块 I/O 板。

SBC386/133 为主机板，采用 INTEL80386 为主机 CPU。

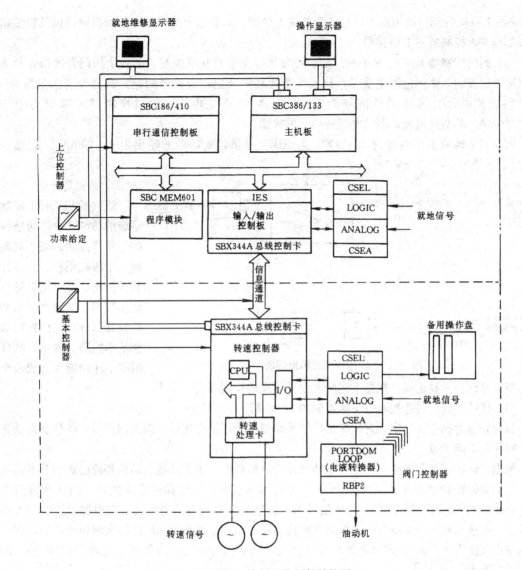

图 10-29　控制系统硬件结构图

在主机板上有 2 个串行通信口分别与操作显示器接口。FAB121 为存储器板，供用户软件的内存容量为 8M。

SBC186/410 为串行通信控制板，连接打印机及其他终端设备。

IES 为输入/输出控制板，用于 I/O 卡的通信控制，在 IES 上另有 1 块子卡 SBX344A 为总线控制卡，专门用于和基本控制器的接口通信。

9 块 I/O 卡，其中 2 块 CSEA 为模拟量 I/O 卡，每块卡件都有 16 个通道，根据跨接线的不同可分别组态成电流输入输出和电压输入输出；7 块 CSEL 为开关量输入输出卡，每块卡件均有 32 通道，也是根据跨接线组态成输入或输出以及不同的电压等级。

(2) 基本控制器的构成。基本控制器有一块主机板和 2 块 I/O 板。

REG 为主机板，其上面的子卡 SBX344A 用于和上位控制器以及维修显示器的通信。另一块子卡 MVIT 为转速处理卡，作为一个独立的输入卡挂在内部总线上，转速测量信号来自测速发电机，3000r/min 时的输出交流电压为 55V。

2块I/O板分别为模拟量I/O板和开关量I/O板。后备盘上的手操按钮和指示灯以及模拟指示表都是基本控制器的I/O信号。

（3）阀门控制器RBP2。8个阀门控制器分别接受来自基本控制器的8个阀门开度指令和来自就地变送器的8个阀位测量信号，构成8个闭环的比例积分调节回路。阀门开度指令为0～10V的直流电压，阀位测量信号为0.5～9.5V的直流电压。阀门控制器的输出为小于|±550mA|的直流电流，驱动电液转换器的线圈。

阀位变送器的工作电源为24V DC，由RBP2提供，变送器的输出为4～20mA DC，输入RBP2后转换为0.5～9.5V DC。

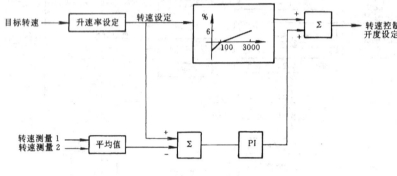

图10-30　转速控制逻辑原理图

2. 功能简介

该汽轮机DEH控制系统的功能可分成转速控制、负荷控制、高压缸限制、中压缸限制、应力计算及控制、高中压缸进汽切换控制、汽轮机自启动控制几部分。上位控制器和基本控制器的用户软件根据上述功能划分成若干功能组，操作显示器也同样根据上述功能划分不同的控制画面。

（1）转速控制。转速控制逻辑原理如图10-30所示。

目标转速由操作员给定。升速率由控制系统根据中压缸金属温度以及同期等一些状态自动选择，操作员不能干预。

根据目标转速和升速率，产生一个转速设定，然后由一函数功能块给出相应的阀门开度偏置值。该偏置值在转速设定小于100r/min时为负值，以保证调节阀的完全关闭。当转速设定为3000r/min时，该偏置值为6%。当机组采用中压缸启动方式时，中压调节阀根据偏置值的大小来开启、升速。在这个基础上，再根据实际转速和转速设定的偏差ΔF进行比例积分调节，调节器的输出范围为±5%。该调节器输出在同期及并网后保持不变。当负荷设定为250MW后，调节器输出为零。

实际转速值采用了两个测量信号，正常情况下取2个测量值的平均值。当其中一个故障时，则选用另一个测量信号；若2个测量信号都出现故障，则汽轮机跳闸。

（2）负荷控制。负荷控制逻辑原理如图10-31所示。

负荷控制有直接控制、负荷调节和CCS三种运行方式。

1）直接控制方式，为开环控制方式。由操作员在操作画面上给出目标负荷和负荷变化率，由此得到负荷设定值。在负荷设定值的基础上叠加上转速控制所需要的开度设定和频差修正值，在经过压力修正和限制值小选后，得到阀门开度指令。阀门控制器根据阀门开度指令调节阀门开度。由于阀门控制器具有比例积分调节作用，所以能使阀门固定在要求的位置上。在这种开环控制方式下，实际负荷通常不会和负荷设定值相同，实际负荷将随着频率和蒸汽压力的变化而变化，主蒸汽压力修正正是为了减小压力变化对负荷的影响。由图10-31可知，主蒸汽压力作为一个前馈信号对高压调节阀开度进行修正，主蒸汽压力上升时调节阀关小；主蒸汽压力下降时，调节阀开大。因此，减小了由于压力变化所引起的负荷波动。中压调节阀的压力修正与高压调节阀的有所不同，只在高压旁路关闭后中压调节阀可以开得较大。图10-32为高、中压调节阀的压

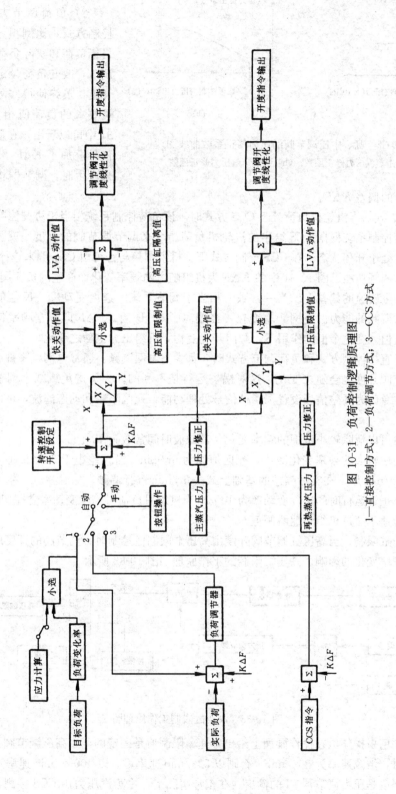

图 10-31 负荷控制逻辑原理图

1—直接控制方式; 2—负荷调节方式; 3—CCS方式

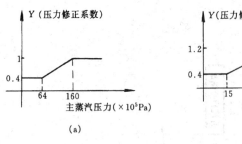

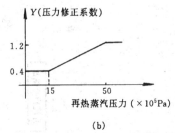

图 10-32　高、中压调节阀的压力修正系数曲线图

(a) 主蒸汽压力修正函数；(b) 再热蒸汽压力修正函数

力修正系数曲线。

2) 负荷调节方式，为闭环控制方式。比例积分调节器根据目标负荷和实际负荷的偏差进行调节，改变负荷设定值以及阀门开度，最终使得实际负荷与操作员要求的负荷值相等。从图 10-31 中可以看出，在调节器的输入信号叠加了 $K\Delta F$，即当 $K\Delta F$ 信号产生时，调节器将维持实际负荷与目标负荷的偏差 $K\Delta F$。

3) CCS 方式，当汽轮机负荷处于 CCS 方式时，该负荷控制系统相当于协调控制系统 CCS 的执行级。负荷控制系统根据 CCS 给出的汽轮机负荷指令来调节调节阀的开度，就负荷控制系统自身而言，它处于开环状态。在 CCS 控制方式下，机组调频与否可由 CCS 侧来选择。

(3) 机组调频功能。图 10-31 中的 $K\Delta F$ 为机组随电网频率变化而产生的负荷调节量。ΔF 为设定转速和实际转速的偏差；K 为一常数，相当于调节系统的速度变动率，K 值的大小决定了机组参与一次调频的能力。电网频率变化，当偏离了 50Hz 后，$K\Delta F$ 即根据频率偏离的方向成为一正值或负值。在这个值的作用下，阀门开度变化，机组出力也随之变化。

机组处于直接控制方式和负荷调节方式时，都参与电网调频。通常电网频率都会有一定的波动，因此调节阀开度也会随之变化，这对锅炉运行是不利的。为了避免或减小调节阀开度的变化，在系统中专门为频差信号设置了两种信号处理功能：死区限制和动态滤波，可由操作员选择使用。

动态滤波可以消除较小范围的频率变化，其滤波时间常数为 10s。

死区限制使较大的频率变化减小，死区值设为 6r/min。当频差小于 6r/min 时，$K\Delta F$ 为零；当频差大于 6r/min 后，在实际频差的基础上减去 6r/min 进行调频。

该系统在正常运行时的速度变动率为 10%。当机组甩负荷时速度变动率立即切换为 4%，以保证汽轮机转速不超过机组超速跳闸值。

(4) 高压缸限制。当高压缸调节阀开度由高压缸限制值控制时，调节阀的开度就不受负荷设定、汽压和频率变化的影响。高压缸限制的工作原理如图 10-33 所示。

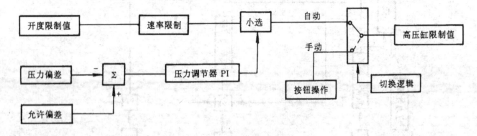

图 10-33　高压缸限制工作原理图

开度限制值由操作员在操作画面上给出，速率限制值是固定的。当高压调节阀开度由高压缸限制值控制时，增减速率为 5%/min，否则以 5%/min 速率增，以 100%/min 速率减。

压力限制值是压力调节器 PI 的输出。在正常情况下，主蒸汽压力由 CCS 控制，实际主蒸汽压力与设定主蒸汽压力的偏差基本为零，此时压力调节器的输出为 100%。当运行中出现故障，

汽轮机设备及其系统

主蒸汽压力快速下降，与压力设定值的偏差超过允许偏差值，这时压力调节器的输入变成负值、输出开始减小，高压缸限制值减小，关小调节阀减小负荷。通过压力调节器的作用，将主蒸汽压力控制在设定值允许偏差范围内，因此压力限制可以对机组故障工况起后备保护作用。

当高压缸限制值切换为手动状态时，可由后备盘上的操作按钮来改变高压缸限制值，这时的速率为100%/min。当机组出现故障需要快速减负荷时，也可通过手动操作按钮来快速减小高压缸限制值。

从图10-31可知，高压缸限制值和负荷指令通过小选后控制调节阀开度。因此，如果操作员希望调节阀开度不受压力、频率变化的影响时，可以将负荷指令设置得较大。此时调节阀由小值高压缸限制值来控制，通过改变开度限制值来改变调节阀开度，这样高压调节阀的开度就可以固定在操作员要求的位置上了。

(5) 中压缸限制。中压缸限制值也是开度限制值和压力限制值的小选，其原理如图10-34所示。

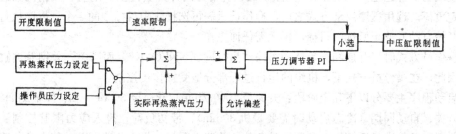

图10-34　中压缸限制工作原理图

开度限制值由操作员在操作画面上给出，速率限制值为100%。在一般情况下，开度限制值为100%。当机组故障，必须限制中压缸出力时，可以改变开度限制值来关小中压调节阀。

压力调节器根据再热蒸汽压力设定和实际再热蒸汽压力的偏差来调节压力限制值。当压力偏差值小于允许偏差值时，压力调节器输出为100%；当压力偏差值超过允许偏差值时，压力调节器输入为负值、输出开始减小，关小中压调节阀使压力回升。通过压力调节器的作用，将再热蒸汽压力控制在压力设定的允许偏差范围内。

正常情况下，再热蒸汽压力设定由低压旁路系统给出。对于采用中压缸启动的本机组，倒缸前为一定值，倒缸后随着负荷的上升而逐渐增大。当旁路系统故障无法给出压力设定值或机组采用高压缸启动方式时，自动切换到操作员压力设定方式，由操作员在操作画面上给出压力设定值，其速率为0.6MPa/min。

(6) 倒缸。一般情况，本机组采用中压缸启动方式。在升速和并网期间，主汽门和高压调节阀都处于全关状态，高压缸内为真空。并网以后，当一系列条件满足时，主汽门开启，真空阀关闭，高压调节阀根据负荷设定缓慢开启，高压缸开始进汽带负荷，这个过程称为倒缸。

倒缸必须满足的主要条件是温度和蒸汽流量。

温度条件是指主蒸汽温度和高压缸金属温度的偏差。当该偏差在允许范围内时，温度条件满足。此时缸体产生的热应力在允许的较小范围内。

流量条件根据3个流量信号（最大流量、最小流量和要求流量）来判断。最大流量是指倒缸时的高压旁路流量；最小流量根据再热蒸汽压力计算得出，是指高压缸进汽后不会导致排汽端温度上升所必须的流量；要求流量是指倒缸后高压缸的进汽流量，根据当时的负荷设定值计算得出。当要求流量值介于最大流量和最小流量之间时，流量条件得到满足。也就是说，高压旁路流量能满足倒缸后的高压缸进汽量，倒缸后的进汽量也能满足高压缸进汽后的冷却要求。

当温度和流量的条件都得到满足后，倒缸自动进行。倒缸后若要求流量又降低至 8% 以下时，主汽门和高压调节阀会自动关闭，高压缸又重新回到倒缸前的隔离状态。

（7）应力计算。根据主蒸汽温度、高中压缸金属温度等一系列参数，计算出高压和中压转子的应力参数。根据应力参数来确定负荷变化速率，这个速率称为应力控制速率。当操作员选择应力控制方式时，应力控制速率和操作员设定的负荷速率小选后作为实际的负荷变化率。

（8）汽轮机自启动。汽轮机自启动有两种方式，即程序启动方式和操作员方式。

在程序启动方式下，可选择 4 个目标，即

"RUN−SPEED−SELECT"；

"EXCIT−SELECT"；

"IP−RUN−SELECT"；

"HP−RUN−SELECT"

分别实现汽轮机升速至 3000r/min、完成励磁、自动并网并升负荷至一定值、汽轮机倒缸并升负荷至额定负荷。选用程序启动方式之后，操作员只需再选择 4 个目标中的 1 个。程序执行后，汽轮机即开始自动升速至所选的目标，再无需任何操作。

在操作员方式时，升速和升负荷均需操作执行键 "UNLOCK"，而励磁、并网及倒缸则无需操作。因此，在操作员方式下，机组的运行过程部分地受操作员控制。

自启动程序主要分以下几个阶段：升速至 1000r/min、升速至 3000r/min、停辅助润滑油泵、合励磁开关、自动同期（冷态启动时需要暖机 30min）、带初负荷、投入应力限制控制、中压缸升负荷、倒缸条件满足后倒缸、高压缸升负荷、关疏水阀门、投入负荷调节功能、升负荷至额定负荷。

自动启动程序在执行过程中，可以在任何一步被中止或复位而不影响机组的运行。因此，可以在机组运行过程中改变运行方式和改变目标。

（9）快关保护。汽轮机的快关保护主要有如下几种：

1）LVA。当汽轮机转速超过额定转速的 107% 后，叠加在高、中压调节阀开度指令上的 LVA 控制值立即变成 −150%，使得高、中压调节阀迅速关闭，以降低转速。转速下降至低于 107% 额定转速后，LVA 控制值便恢复到零。LVA 保护的目的是稳定汽轮机在甩负荷后的转速，以避免甩负荷后的超速跳闸。

2）外部快关指令。从系统稳定盘到 DEH 的快关指令共有 4 个，即 EVA、FCB、RUNBACK1 和 RUNBACK2。接收到 EVA 信号后，负荷设定值就立即减到 30%，调节阀快关，等 EVA 信号消失后，再慢慢恢复到动作前的开度。接收到 FCB 信号后，负荷设定值也立即减到 30%，这时由于机组已经解列，汽轮机转速将随着厂用电负荷大小而变化。因此，$K\Delta F$ 将对调节阀开度进行调节，此时已属于转速调节了。RUNBACK1 和 RUNBACK2 分别为减负荷设定值 50% 和 70%。通常 RUNBACK 之前应先有 EVA 信号，所以负荷设定值的变化是先降至 30%，再慢慢回升到 50% 或 70%。

3. 操作画面

汽轮机设置有两组操作画面，即安全系统操作画面和控制系统操作画面。

汽轮机控制系统一共有 8 幅操作画面，即汽轮机转速控制、负荷控制、高压缸阀位限制、中压缸阀位限制、高压缸倒缸、应力限制、汽轮机自启动转速控制、汽轮机自启动负荷控制。选择 "GOV−LOOPS" 就进入这组画面。画面上除了功能键、状态显示、部分参数量显示以外，还有可由操作员改变的设定值，通过 "↑"（上移）"↓"（下降）键选择要给出的定值项，通过 "＋"（增加）"−"（减少）、"NOM"（额定值）、"MAX"（最大值）、"<"（下限值）、">"（上限值）

键来改变设定值的大小。在这 8 幅画面中，除了高压缸外，每幅画面都有各自的子画面。在子画面上分别组态了各操作画面所具有的不同操作功能以及返回主画面的功能键。如在负荷控制子画面上，可以选择负荷控制方式；在转速控制的子画面上，可以选择动态滤波和实际超速试验等。子画面上的状态显示、参数显示以及设定值操作都与主画面相同。

在控制系统的操作画面上，AUTO 表示该幅画面的控制功能处于上位控制器；MANU 表示该幅画面处于基本控制器，这时只能通过后备盘上的操作按钮进行操作。UNLOCK 是改变转速设定和负荷设定的执行键；LOCK 是转速设定和负荷设定的闭锁键。

4. 用户软件

(1) 上位控制器的用户软件。上位控制器的用户软件有以下几部分，即功能块软件、程序控制软件、操作画面组态、报警信号组态、内部定值清单、输入输出信号组态、通信监视。

功能块软件主要实现调节和逻辑控制功能，按转速控制、负荷控制等划分成 15 个功能组，采用专用的计算机语言编制。

程序控制软件是用 SEQ 方式构成的多个控制任务的子程序，通过这些子程序确定设定值的增减操作、运行方式切换、控制功能的切投等逻辑条件以及状态和控制信号输出。程序控制软件共有 26 个子程序。

操作画面组态用来定义操作画面上要显示的参数、设定值、测量值、状态变量以及这些信号的信号源，定义各个画面的操作控制输出。

(2) 基本控制器的用户软件。基本控制器的用户软件有以下几部分，即功能块软件、报警信号组态、输入输出信号组态、通信监视、内部定值清单、基本调节软件。

功能块软件分成 6 个功能组，主要实现上位控制器和基本控制器之间的跟踪和切换逻辑以及操作员通过操作按钮给出的各项设定值的运算。

基本调节软件实现转速信号处理、频差信号动态滤波和死区限制处理、阀门线性变化处理、负荷指令与流量指令的转换以及 LVA、EVA、FCB、RUNBACK 等保护功能动作后设定值的处理等。

(三) 安全系统

安全系统主要分为汽轮机跳闸回路和程序控制两部分。

汽轮机跳闸回路是用硬逻辑电路实现的汽轮机跳闸保护功能。程序控制则采用可编程控制器实现汽轮机复位、跳闸回路试验、高压进汽阀试验、中压进汽阀试验、主汽阀严密性试验的功能。汽轮机复位以及每一项试验都作为控制任务由独立的子程序实现，由操作员在操作画面上选择和启动子程序执行。

汽轮机安全系统一共有 5 幅操作画面，即汽轮机复位操作、安全系统试验、高压缸进汽阀试验、中压缸进汽阀试验、主汽阀严密性试验。在画面上选择 CONTROL 功能键即可进入这组画面。这组画面除了提供状态显示外，主要还有两个功能键，即 RUN 和 STOP。RUN 表示开始执行所选择的试验程序；STOP 表示停止执行该程序。

1. 汽轮机跳闸回路

汽轮机跳闸回路的任务是保证汽轮机在必要时停机。为了保证跳闸回路的可靠性，采用了双重设计，两套完全相同的逻辑电路分别控制两只 24V DC 的安全电磁阀。只要其中 1 只电磁阀失电，就会导致安全油泄压，关闭所有的主汽门和调节阀，实现汽轮机跳闸。在机组正常运行时，安全电磁阀常带电。当汽轮机出现跳闸时，安全电磁阀控制卡切断电源，电磁阀失电。汽轮机跳闸回路的方框图如图 10-35 所示。

汽轮机跳闸条件有两种类型。一种是基本跳闸条件，有真空低、润滑油油压低和超速。这些

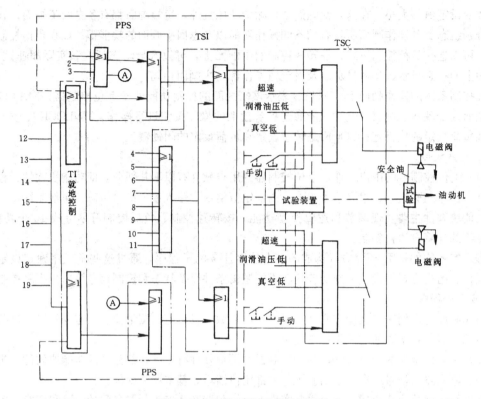

图 10-35　汽轮机跳闸回路方框图

跳闸条件的检测是双重的，两个真空低压力开关、两个润滑油油压低压力开关、两套转速测量和处理装置分别对应两套跳闸回路。这些条件都是失电动作，即正常运行时接点闭合，接点开路则汽轮机跳闸。另一种类型是一般跳闸条件（即外部跳闸条件），其检测是单一的，同一个状态信号同时作用于两套跳闸回路。它们都是得电动作，即正常运行时接点开路，接点闭合则汽轮机跳闸。一般跳闸条件有如下各项：

(1) 发电机保护动作；

(2) 锅炉主燃料跳（MFT）；

(3) 主变压器保护动作；

(4) 轴向位移达到跳闸动作值；

(5) 汽轮发电机组任一轴承处的垂直轴振幅达 $130\mu\mathrm{m}$；

(6) 机组转速≥1040r/min，且高压调节阀全关，其排汽压力大于 0.24MPa，持续 4min 以上；

(7) 机组转速≤1050r/min，高压缸内的压力大于 1.8MPa；

(8) 高压缸排汽温度高于 420℃；

(9) 推力轴承应力超过允许值；

(10) TSI 盘故障；

(11) 调速控制盘故障；

(12) 高压缸放气管内气体流量太大，即压力大于 0.6MPa；

(13) 高压缸电动放气阀关闭时间大于 90s；

(14) 高压缸排汽止回阀的电动旁路阀关闭时间大于 90s；

(15) 发电机氢密封系统油/氢压差值小于 0.02MPa，信号三取二；

(16) 发电机下液位高于 600mm，信号三取二；

(17) 励磁机下液位高于 600mm，信号三取二；

(18) 汽轮机主润滑油箱内油位低至 1800mm，信号三取二；

(19) 操作润滑油就地控制盘上的安全开关。

一般跳闸条件在汽轮机监视系统柜内通过"与"、"或"逻辑构成两个跳闸指令，分别作用于两个跳闸回路。

除了上述跳闸条件外，在主控室后备盘上和汽轮机机头的控制台上各设有 1 个手动紧急停机按钮，每个按钮都有两个接点，两个按钮的两个接点两两相串后作为手动跳闸条件分别作用于两个跳闸回路。只要有一个按钮按下，跳闸回路动作，汽轮机随即跳闸。

跳闸回路的 DPD 卡面板指示灯具有汽轮机跳闸首出原因显示功能。汽轮机运行时这些灯都处于常亮状态，一旦汽轮机跳闸，只有一个代表汽轮机跳闸首出原因的灯会灭，并且能自保持，必须人工复位。因此，根据这些指示灯的状态就能清楚汽轮机跳闸的原因。

2. 程序控制

(1) 硬件结构。程序控制用 MICROREC 可编程控制器来实现，其硬件结构如图 10-36 所示。

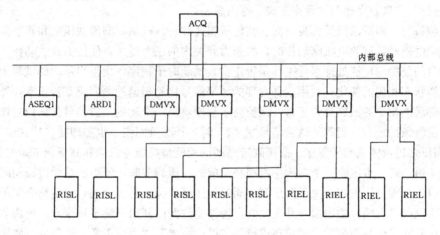

图 10-36　程序控制硬件结构图

ACQ 为主机板，微处理器为 INTEL8031、INTEL8033 芯片用于通信处理。

ASEQ1 为显示卡，通过数字显示窗可分别显示外部模拟量输入输出、内部模拟变量、外部数字量输入输出、子程序执行状态等。

ARD1 为故障显示卡，由面板指示灯表示挂在内部总线上各卡件的工作状态，灯亮则表示对应的卡件故障。

DMVX 为 I/O 卡与系统之间的接口卡件。通过 DMVX 可组态所属的 I/O 卡为输入或输出，并确定其在系统中的地址。

RIEL 为逻辑量输入卡，这种卡件可由组态改变其输入信号的电压等级（24V 或 15V），每块卡共有 16 个输入通道。

RISL 为逻辑量输出卡，每块卡有 16 个输出通道。

(2) 功能说明如下。

1) 汽轮机复位子程序。汽轮机跳闸后，复位子程序随时检测复位条件，若复位条件满足，则操作画面提示"复位许可"。当操作员启动复位子程序后，子程序输出指令去合安全电磁阀的电源，建立安全油压，再输出指令开启高、中压主汽门，并检测 8 个主汽门的状态。若在规定时间内未接收到主汽门全开信号，则子程序退回初始状态，安全电磁阀失电。汽轮机复位失败，必须由操作员重新启动子程序。

2）跳闸回路试验子程序。设计两套跳闸回路不仅提高了保护的可靠性，而且也为跳闸回路在线试验提供了可能。当对一套跳闸回路进行试验时，另一套跳闸回路仍然处于正常工作状态，对汽轮机起着保护作用。

跳闸回路试验的目的是检验跳闸回路的逻辑功能是否正常、各信号回路是否正常、安全电磁阀是否能正常动作。

为了保证试验时不引起汽轮机跳闸，必须将进行试验的安全电磁阀所控制的安全油回路与另一个回路相隔离，隔离电磁阀的作用就在于此。机组运行时隔离电磁阀处于正常位置，对安全油回路没有影响；进行试验时，隔离电磁阀处于试验位置，将安全油回路变成互不相通的两部分。

试验时首先由操作员选择两个跳闸回路中的一个。启动子程序后，子程序输出指令动作隔离电磁阀，使之处于试验状态，并确认其状态正确。再根据操作员指定的试验项目，输出不同的试验信号，动作相应的试验电磁阀，使保护条件出现，安全电磁阀动作，检测安全电磁阀动作状态正确与否。然后依次恢复试验电磁阀、安全电磁阀和隔离电磁阀。试验过程中操作画面上提示"试验在进行"、"试验完成"、"动作正确"等信息。

试验项目有：润滑油压低、真空低、汽轮机超速和外部跳闸。润滑油压低和真空低压力开关都配有试验电磁阀，试验电磁阀动作时，将压力开关内的压力泄放，使压力开关动作。汽轮机超速试验的目的是检测转速处理卡件工作是否正常，试验时子程序依次发出不同的试验信号，并检测卡件工作状态相应的变化，利用卡件内部的频率信号检验超速检测回路是否正常。外部跳闸试验检测外部跳闸指令的回路是否正常，试验时子程序输出一个跳闸试验信号。该信号作为外部跳闸指令的逻辑条件之一，当跳闸试验信号变"1"时，外部跳闸指令也随即变"1"。

3）高压缸进汽阀试验子程序。高压缸进汽阀试验就是高压主汽阀和高压调节阀的关闭试验。试验分成4组，每一组试验一个高压主汽阀和相应的高压调节阀，每组的试验过程相同。子程序依次执行以下步骤：输出指令关闭高压调节阀，检测高压调节阀已全关；输出指令关闭高压主汽阀，检测主汽阀已关闭；输出指令开主汽阀，检测主汽阀已开启；输出指令开高压调节阀至试验前阀位。试验时操作画面显示"试验在进行"、"试验完成"、"动作正确"等信息。如果试验时检测到的阀门状态与指令不相符，则提示"试验出错"，子程序返回初始状态。

4）中压进汽阀试验子程序。中压进汽阀试验指中压主汽阀和中压调节阀的关闭试验。试验也分4组进行，每组试验一个中压主汽阀和相应的中压调节阀。试验步骤与高压进汽阀试验相同。

5）主汽阀严密性试验子程序。主汽阀严密性试验的目的是检验主汽阀的漏汽情况。该试验只能在汽轮机转速大于1000r/min并且机组尚未并网的情况下进行。试验时子程序输出指令关闭4个高压主汽阀和4个中压主汽阀。由于主汽阀关闭，汽轮机转速将下降，在转速调节作用下，高压调节阀和中压调节阀将全开，最后根据转速变化曲线以及最终的转速可判断主汽阀的严密性是否符合要求。该项试验结束后应手动停机。

以上4个试验程序是相互闭锁的，"没有其他试验正在进行"是各项试验的许可条件之一。

（四）汽轮机监视系统

汽轮机监视系统由两部分构成，即数字式振动测量装置和MICROREC可编程控制器构成的信号采集处理装置。

1. 振动测量装置VDMS

VDMS是瑞士Erni Amrein公司的产品。它以微处理器为基础，具有测量、处理、显示、信号输出及自诊断功能。主要测量振动、位移，可用于汽轮机、发电机、电动机、风机等多种旋转机械上。

该汽轮机组的 VDMS 装置用来测量高压缸差胀、中压缸差胀、低压缸差胀、轴向位移、10 个轴承的水平振动和垂直振动及其相位。检测元件为与 VDMS 配套的 VF71，配有前置放大器。

VDMS 装置由一个中央处理模件 CM、一个分析模件 AM、28 个信号处理模件和两个电源模件 PM 构成。

中央处理模件以 8 位处理器为基础，包括数模转换、I/O 控制。模件面板上有 20 个操作键，通过操作键可组态所有测量通道的参数和系统参数，如测量信号的量程、报警值、工程量单位，以及是否报警、报警是否闭锁、保密令修改、传感器切除等。组态修改均可在线进行。模件面板上 2×16 个字母的液晶显示窗可显示测量值、报警值、报警整定参数等所有测量通道的参数和系统参数。中央处理模件的任务是将信号处理模件输出的 0～10V 信号转换成数字量，经过运算比较后，再以工程量形成送到处理模件面板上显示，显示刷新时间为 0.5s，并产生报警信号输出。

信号处理模件接受经过前置放大器放大的测量信号，产生 0～10V 信号送到中央处理模件，产生 4～20mA 信号输出至 DAS，用于 CRT 显示和记录。模件面板上 51 个显示单元的棒状显示器显示实际测量值和报警设定值，模件面板上的 2 个指示灯分别显示"高报警"（低报警）"动作和"高高报警（低低报警）"动作。前置放大器的工作电源也由信号处理模件提供。

分析模件 AM 根据汽轮机转子上键槽随转子转动产生的脉冲，测量汽轮机转速，并为振动信号提供相位，同时也用作零转速的测量。

电源模件为系统提供直流＋5V、±15V、±24V 的工作电源，输入电压为交流 220V。该电源模件具有过载保护功能。

VDMS 共有 54 个继电器，用于报警状态输出。前 6 个为公用继电器，即公共振动高报警、公共振动高高报警、公共差胀高（低）报警、公共差胀高高（低低）报警（包括轴向位移）、系统故障报警（即出现失电、中央模件故障、贮存器参数丢失等）、传感器故障。第二组 24 个继电器用于测量信号，有正负值的报警输出，即差胀和轴向位移，分别产生高、高高、低、低低报警。第三组 24 个继电器用于测量信号为正值的报警输出，即轴承振动产生高、高高报警，这些继电器的输出信号分别用于汽轮机跳闸保护逻辑、主控室声光报警以及事故顺序记录装置（SOE）等。

VDMS 测量主机轴系上 10 个轴系的水平和垂直振动，但水平振动的测量信号仅用于指示，无报警输出。

2. MICROREC 测量系统

（1）硬件结构。MICROREC 测量系统的结构如图 10-37 所示。

其中，主机板 ACQ、显示卡 ASEQ1、故障显示卡 ARD1 均与汽轮机安全系统相同，RS232 为通信接口，DMVX 为接口卡。

CESA 为模拟量 I/O 卡，共有 3 块，每块要 4 个输入/输出通道，输入/输出都为直流 4～20mA 信号（电流输入或电压输入可由卡件内部的跨接片来选择）。

CIEA 为混合型 I/O 卡，也有 3 块，每块有 8 个模拟量输入通道、4 个开关量输入通道和 4 个带面板指示灯的开关量输出通道。模拟量输入为直流 4～20mA（电流输入或电压输入可由卡件内部的跨接片来选择），开关量输入信号的电压为直流 24V。

RISL 为继电器输出卡，有 16 个带面板指示灯的输出通道共 2 块。

MVT 为指示测量处理卡，指示测量元件是磁阻发信器，其测速齿轮为 60 齿，发信器的工作电源为直流 12V，由测量系统提供。发信器输出 0～3000Hz 频率信号对应于汽轮机 0～3000r/

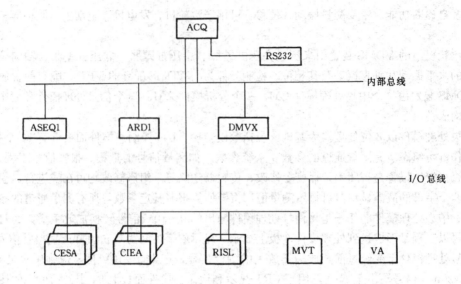

图 10-37　MICROREC 测量系统结构图

min 转速。MVT 卡带有微处理器 INTEL8031 和接口控制 INTEL8155 以及 EPROM 等，它根据测量信号的大小和内部整定值比较，产生 6 个带面板指示灯的开关量输出，分别为：

L1：<1r/min;　　　　L2：<40r/min;　　　　L3：>1000r/min;

L4：>1020r/min;　　　L5：>1900r/min;　　　L6：>2900r/min。

这些转速阈值信号分别用于电气系统、主汽阀控制、润滑油控制系统和 DAS 系统等。

VA 是逻辑电路卡，专门用于汽轮机跳闸保护逻辑，共有 12 个带面板指示灯的输入通道。通过 VA 卡上的逻辑电路，将轴承振动、轴向位移、锅炉 MFT 等汽轮机跳闸信号综合成 2 个汽轮机外部跳闸指令，输出至汽轮机安全系统的 2 套跳闸回路。

（2）功能。该系统的测量信号主要是轴承金属温度、汽缸壁温度、汽温、汽压以及汽轮机转速等，共有 28 个模拟量输入。由于温度测量全部采用了温度变送器，所以所有的模拟量输入都是直流 4～20mA 的信号。这些信号经 I/O 卡输入至主机板，经主机板的处理软件处理后，产生相应的状态信号和模拟量信号，再经 I/O 卡输出。

测量系统的处理软件采用 MICROREC 的专用语言 GEN51 编制，它的功能主要有以下几方面：

（1）对测量信号进行运算处理。如果测量信号超过报警整定值，就产生报警输出。对于轴承金属温度等温度信号，一般有 2 个报警整定值，即高报警和高高报警。除了每个信号的单独报警输出外，还有公共的报警输出，用于 DAS 系统和主控室声光报警。

（2）根据输入信号的类型和信号的数值，判断测量信号的可靠性。如出现信号超限的情况，则认为测量信号或测量元件故障。共有 3 个测量元件故障报警信号，即轴承金属温度测量元件故障、高压缸测量元件故障（高压缸排汽压力和高压缸排汽端金属温度）和其他测量元件故障。这 3 个报警信号都用于 DAS 系统。

（3）推力轴承保护信号的运算和逻辑，包括两部分内容，即高压缸保护跳闸和推力轴承保护。

（五）高压缸保护跳闸

当下列情况出现时，就有汽轮机跳闸信号输出：

（1）高压缸排汽端金属温度高于 420℃；

（2）高压缸启动时有 VMDS 故障或 MICROREC 故障（指失电），中压缸启动且未倒缸时有 VMDS 故障或 MICROREC 故障；

（3）转速已高于 1040r/min 但未倒缸，高压缸排汽压力高于 0.14MPa（在此阶段高压缸未进汽且真空阀打开，高压缸内应为真空状态）；

（4）转速低于 1040r/min 时，高压缸排汽压力高于 1.7MPa（当转速低于 1040r/min 时，暖缸阀处于开启状态，高压缸内压力较高）。

（六）推力轴承保护

根据高压缸第一级后压力和中压缸进汽压力计算出推力，若超限就产生汽轮机跳闸信号。

根据 MVT 卡的汽轮机转速信号，产生 3 个 4～29mA 的转速信号输出，分别用于 DAS 系统 CRT 显示、备用盘转速指示和辅助盘上的指示记录表。

比较 MVT 卡的指示信号和来自汽轮机控制系统的指示信号，如 MVT 卡的指示高于 12r/min 或控制系统的指示高于 25r/min，就输出信号闭锁 MVT 卡的转速小于 1r/min 的阈值。因为转速低于 1r/min 的阈值是停润滑油泵的许可条件。为了保证机组安全，必须使这个许可条件可靠，通过对两个系统的转速测量信号的判断，就能避免 MVT 卡转速低于 1r/min 阈值误动所造成的后果。

第十一章

发电机冷却系统和密封油系统

发电机在运行中会发生能量损耗，包括铁芯和绕组的发热、转子转动时气体与转子之间的鼓风摩擦发热，以及励磁损耗、轴承摩擦损耗等。这些损耗最终都将转化为热量，致使发电机发热，因此必须及时将这些热量排离发电机。也就是说，发电机运行中，必须配备良好的冷却系统。

发电机定子绕组、铁芯、转子绕组的冷却方式，可采用水、氢、氢的冷却方式，也可采用水、水、氢的冷却方式，近年来还有采用空气冷却的方式。

本章将介绍水、氢、氢的冷却方式，即发电机定子绕组用水进行冷却，而发电机的铁芯和转子绕组用氢气进行冷却。

第一节 发电机氢冷系统

发电机内的氢气在发电机两端部风扇的驱动下，以闭式循环方式在发电机内作强制循环流动，使发电机的铁芯和转子绕组得到冷却。其间，氢气流经位于发电机四角处的四个氢气冷却器（氢冷器），经氢冷器冷却后的氢气又重新进入铁芯和转子绕组作反复循环。氢冷器的冷却水来自闭式循环冷却水系统。

氢冷器进口处装有临时滤网，在机组首次升速至 3000r/min 后，稳定运行 4h，停机检查该滤网，若滤网是干净的，则可取出滤网。

常温下的氢气不怎么活跃，但当氢气与氧气或空气混合后，如果被点燃（如发电机内的闪电点），则将会发生爆炸，后果不堪设想！因此，要求发电机内的氢气纯度不低于 96%，氧气含量不超过 2%，而且在置换气体时，使用惰性气体进行过渡，或采用真空置换，以避免氢气与空气直接接触、混合，防止发生爆炸。

一、系统概况

图 11-1 是发电机氢冷系统示意图。该系统由发电机气体装置和二氧化碳装置两大部分组成。

发电机气体装置主要由氢气冷却器、氢气干燥器（其出口/进口与氢冷器氢侧的进口/出口相连接，示意图中未标出）、压力调节阀及其隔离阀1、旁路阀（阀门1）、安全阀1、三通阀、切换阀（阀门2～4、6、7）以及连接管道组成。该装置通过软管与来自制氢站的氢气管道或仪用压缩空气管道相连接，其间，各自配有隔离阀（阀门8、9）。

氢气冷却器用于冷却发电机内的氢气。每台氢冷器分别用一只阀门与进水管和回水管连接，在回水管上设有温度计，出口母管装有自动温度控制阀，用以自动控制冷却水量，保持氢气温度恒定。每只冷却器都有一根排气管，每段供水管和回水管都有放水管。

氢气干燥器用来保证氢气的干燥。发电机运行时，安装在发电机转子上的风扇将氢气送进干燥器。在干燥器里，氢气中的水分被干燥剂吸收，干燥的氢气再返回发电机内。干燥器由圆形外壳、干燥室和干燥剂还原操作箱等部分组成。外壳套在干燥室外，接有氢气进口和出口、观察

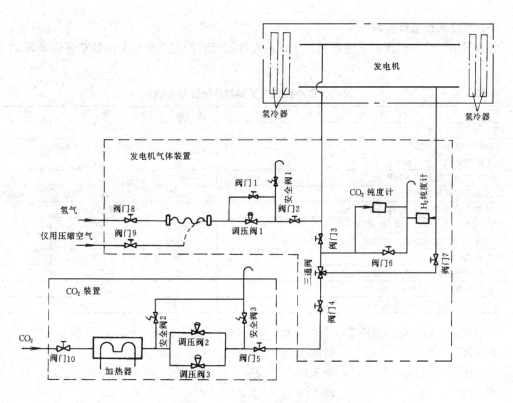

图 11-1 发电机氢冷系统示意图

（北仑发电厂 2 号 600MW 汽轮机）

窗、冷却空气进口、真空吸入口、排放阀和排放箱。干燥剂室放有干燥剂且装有铠装线加热器，被吸收的水分经加热，又脱离干燥剂，于是干燥剂还原。脱离出来的水，再由密封油系统的真空泵排入大气。

二氧化碳装置由防冻装置（加热器）和膨胀装置组成。

防冻装置用于加热气体，以防止二氧化碳气体在膨胀时产生结露。它主要包括电加热器、安全阀 2 及其管道。电加热器内充有苯基乙醇加热剂，二氧化碳通过浸沐在加热剂中的铜管被加热到一定温度。

膨胀装置用于降低二氧化碳气体的压力，以满足置换气体的要求。它主要包括两个互为备用的压力调节阀（调节阀 2、3）及其隔离阀、安全阀 3，以及出口阀（阀门 5）和管道等。

二、氢冷系统主要参数

北仑发电厂 2 号机组的发电机氢冷系统的主要技术参数如表 11-1 所示。

发电机氢冷器（每个）和励磁机空冷器（每个）的主要技术参数如表 11-2 所示。

表 11-1 发电机氢冷系统主要技术参数

发电机内的空间容积（标准 m³）	100
氢气的正常压力（MPa）	0.49
置换 CO_2 时的空气量（排氢时，标准 m³）	125
置换 H_2 时的 CO_2 量（标准 m³）	250
充 H_2 量（压力达到 0.39MPa 时，标准 m³）	390
氢冷系统的泄漏量（正常压力下，标准 m³/d）	≤12
被 CO_2 置换的空气量（充氢时，标准 m³）	225

表 11-2 氢冷器和空冷器主要技术参数

技术参数	氢冷器	空冷器
冷却面积（m²）	543	166
气体流量（m³/s）	14.5	2.4
冷却水流量（m³/h）	135	30
冷却水压降（MPa）	0.08	0.02

三、氢冷系统运行控制

北仑发电厂2号机组的发电机氢冷系统在正常运行时的主要参数及报警整定值如表11-3所示。

表 11-3　　　　　　　　　　发电机氢冷系统主要参数及报警整定值

技 术 参 数	正常运行值	报警值	跳闸值
加热器内的介质温度（℃）	125	>140，<120	
发电机内氢压（MPa）	0.49	>0.51，<0.47	
发电机内氢气纯度（%）	98	<96	
阀门8前的氢气压力（MPa）	0.7	<0.6	
密封油压与氢压的差值（MPa）	0.05	>0.1，<0.03	0.02
发电机下的液位（高/高高/最高，cm）		25/60/85	60
发电机内氢气温度（冷氢/热氢，℃）	48/63	55/70	
发电机绕组温度（冷却水出口处，℃）	60～61	80	
发电机铁芯温度（℃）	96	130	
发电机定子温度（在磁通屏蔽处，℃）	130	150	
励磁机下液位（高/高高，cm）		300/600	600
励磁机内空气温度（冷空气/热空气，℃）	48/92	65/110	

机组在正常运行时，氢冷系统各安全阀、调压阀的整定值如下（MPa）：

安全阀1：0.52；　　　　　调压阀1：0.50；

安全阀2：1.10；　　　　　调压阀2：0.25；

安全阀3：0.35；　　　　　调压阀3：0.25。

当加热器内介质（即苯基乙醇）的温度低于120℃时，加热器投用；当加热器内的介质温度高于140℃时，加热器停用。

当发生下列任一情况时，发电机定子冷却水泵不允许启动：

(1) 励磁机下液位高于300mm；

(2) 发电机下液位高于250mm。

当发电机或励磁机下液位高于600mm时，发电机定子冷却水泵跳闸。

当发电机内氢压为0.49MPa时，在恒定温度下，经24h后，发电机内的氢气压降小于1kPa（即漏氢量≤12标准m³/天），则认为发电机的密封性符合要求。

机组运行时，发现发电机内的氢压降低，应立即查明原因。若属正常降压，则应进行补氢；若属不正常降压，则应查明泄漏原因，待缺陷消除后再补氢。

四、氢冷系统气密性试验

在发电机密封油系统能正常运行、氢冷系统的设备和仪表等均能正常投运、发电机氢冷系统充入氢气之前，先用干燥压缩空气充入发电机内，并将压力升至运行工作压力。然后用洗涤液和卤素检漏的方法对系统及其设备进行仔细全面的检漏，并消除泄漏。最后进行系统的气体严密性试验，直至合格。

1. 用洗涤液检漏

向发电机内充入干燥压缩空气，当压力升至0.1MPa时停止充气。通过听泄漏声和用洗涤液的方法，对氢冷系统及其设备的所有法兰结合面、焊接点、隔离阀等部位进行查漏。对查得的漏点，在发电机气压降至大气压后进行处理。处理后重新充气至0.1MPa的压力，未发现漏点时，则再充气至工作压力，再用洗涤液全面检查、处理，直至用洗涤液检查无漏点为止。

2. 用卤素检漏

向发电机内充入氟里昂（卤素）气体，然后再充入干燥压缩空气，直至工作压力，经2h压力无变化。

3. 气体严密性试验

经全面查漏消缺后，向发电机内充入干燥的压缩空气，再放气，以排除系统内的卤素气体；然后再充入压缩空气，至工作压力（0.41MPa），关闭阀门，经2h压力无变化，则可进行气密性试验。

气密性试验时间约为24～36h。其泄漏标准为$\leqslant 4.48m^3/$天。

五、氢冷系统气体置换

发电机启动前，必须先将发电机内的空气置换为二氧化碳，然后再将二氧化碳置换为氢气，最后对发电机内的氢气加压，以达到其要求的工作压力。

在进行上述操作之前，必须对氢冷系统进行如下检查和准备工作：

(1) 将加热器投入工作，使加热器内的介质温度达到120～140℃；

(2) 逐渐打开阀门10，使加热器后的压力为0.65MPa；

(3) 按次序先后调整调压阀2、安全阀3和调压阀3的整定值，使其分别为0.25MPa、0.35MPa和0.25MPa；

(4) 检查和调整气体分析仪和指示器。

用二氧化碳置换发电机内空气的操作次序如下：

(1) 关闭阀门1、8、9，使二氧化碳装置投入运行，并使阀门5前的压力为0.15MPa；

(2) 将三通阀置于"CO_2"位置，打开阀门5、4、3、6和阀门7，二氧化碳气体通过阀门5、4、三通阀、阀门7，经发电机下部集管流入发电机内；而发电机内的空气则通过其上部集管，经阀门3、6排入大气；

(3) CO_2纯度计投用；

(4) 在充二氧化碳气体期间（约3～4h），部分关闭阀门6，使发电机内的压力保持为0.13MPa；

(5) 继续向发电机内充二氧化碳气体，直到二氧化碳纯度计的指示达到70％～75％为止，然后关闭阀门5、4和阀门6，停止充二氧化碳，之后再关闭阀门10，切断二氧化碳气源，并将加热器停用。

用氢气置换发电机内二氧化碳的操作次序如下：

(1) 关闭阀门3，将软管接至氢气供气管道，将三通阀置于"H_2"位置，检查阀门8前的氢气压力约为0.8MPa，然后打开阀门8，调整调压阀1，使其压力整定值为0.25MPa，检查和调整气体分析仪和指示器；

(2) 打开阀门2和阀门6，此时通过发电机上部集管开始向发电机内充氢气；而发电机内的二氧化碳气体则通过其下部集管，经阀门7、三通阀、阀门6排至大气；

(3) 在充氢气期间（约3～4h），通过调整调压阀1的整定值或部分关闭阀门6，使发电机内的压力维持在0.135～0.15MPa之间，若部分打开阀门1，则可加快充氢速度；

(4) 当发电机内氢气的纯度达到98％时，关闭阀门6、7，调整调压阀1，使其整定值为0.5MPa，然后继续充氢，直到氢压达到0.5MPa为止［部分打开阀门1也可加快升压速度］，之后再关闭阀门1、2和阀门8，切断氢气气源。

发电机停机后，应用二氧化碳置换发电机内的氢气，其操作次序如下：

(1) 打开阀门3、6、7，使发电机内的氢气压力降至0.13～0.15MPa；

(2) 用二氧化碳来置换发电机内的氢气，使发电机内的二氧化碳纯度达到90％～95％，该项置换工作结束；

(3) 用仪用压缩空气来置换发电机内的二氧化碳，当发电机内的空气含量达到 90%～95% 时，置换工作全部结束。

第二节 发电机密封油系统

发电机密封油系统的功能是向发电机密封瓦提供压力略高于氢压的密封油，以防止发电机内的氢气从发电机轴伸出处向外泄漏。密封油进入密封瓦后，经密封瓦与发电机轴之间的密封间隙，沿轴向从密封瓦两侧流出，即分为氢气侧回油和空气侧回油，并在该密封间隙处形成密封油流，既起密封作用，又润滑和冷却密封瓦。图 11-2 是发电机密封瓦的结构图。

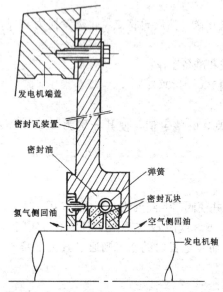

图 11-2　发电机密封瓦结构图

一、系统设备设置及其功能

发电机密封油系统主要包括主密封油泵、交流事故密封油泵、直流事故密封油泵、真空油箱、氢侧回油箱、备用氢侧回油箱、压力调节阀（PCV）、差压调节阀（PDCV）以及有关管道、阀门、滤网等。系统还设置有真空泵、氢油分离箱、排气风机等设备。图 11-3 是发电机密封油系统示意图。

由图 11-3 中可以看出，从汽轮机润滑油箱或氢侧回油箱、氢油分离箱来的油经滤网 3、4（滤网精度为 $70\mu m$）后，通过液位调节阀 LCV 喷射入真空油箱内进行真空处理，即除去油中的水分和气体。该真空油箱上的液位控制器能自动控制液位调节阀 LCV 的开启或关闭，以维持真空油箱内的正常油位。真空泵则用于维持真空油箱内一定的真空，使其压力不高于 3kPa。真空泵上方配有润滑油环，环内充入润滑油。

主密封油泵采用低速电动蜗杆泵，与真空油箱内的负压相匹配。泵的出口管道处装有压力调节阀 PCV（1），其整定值为 1.0MPa。该泵出口的密封油，大部分都通过压力调节阀 PCV（1），经喷淋管流回真空油箱，喷淋管可将密封油喷散成雾状，以进一步去除油中的水分和空气；另一小部分密封油则经滤网 1/2（过滤精度为 $25\mu m$）、压差调节阀 PDCV 后流入发电机密封轴瓦装置。压差调节阀 PDCV 可自动将密封油的压力调整到一定值，维持发电机的密封油压力比发电机内的氢压约高 0.05MPa。

发电机密封瓦的回油分为空气侧回油和氢气侧回油。靠近发电机支持轴承处的空气侧回油与轴承回油并为一体，经润滑油回油母管流回汽轮机润滑油箱，该回油流经氢油分离箱，通过排气风机将油箱内的残余氢气排入大气；氢气侧回油则流入氢侧回油箱。氢气侧回油至氢侧回油箱的管道中配有一段直径稍大一些的水平管道和 U 形管，以便在该水平管道内积聚、分离氢气，减小发电机内氢气的消耗。U 形管则用于当发电机两端的氢气压力不等时，防止其发生串动。

氢侧回油箱与氢侧回油管之间另接有一根连接管，其目的是使氢侧回油箱内压力与发电机内氢气压力相等。氢侧回油箱内的密封油经油箱内的浮子阀流入氢油分离箱。氢侧回油箱内的油位是通过浮子阀的开启或关闭来维持的，即维持氢侧回油箱内的压力与发电机内氢气压力相等，并以此来密封氢气，防止其泄往大气。

氢油分离箱为一立式油筒（$\phi600\times2200$），位于空气侧回油管道的 U 形管上方，其油位距筒

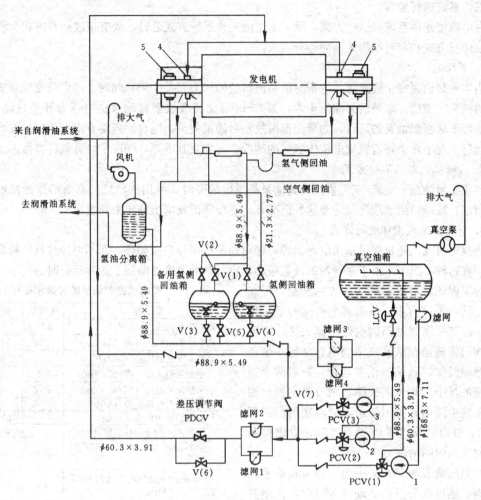

图 11-3 发电机密封油系统示意图

1—主密封油泵；2—交流事故密封油泵；3—直流事故密封油泵；
4—密封瓦装置；5—发电机轴承

顶约 300mm，即为该 U 形管的虹吸高度。设置该 U 形管的目的在于防止空气侧回油中的氢气流入汽轮机润滑油系统。此外，当汽轮机润滑油系统停运时，该氢油分离箱则用作密封油闭式循环回路中的中间储存箱。

排气风机可使氢油分离箱内建立起微负压，以助于发电机轴承回油和分离该箱内氢气侧回油中的氢气，并将箱内的氢气排入大气。

二、系统及设备主要技术参数

发电机密封油系统的主要技术数据如表 11-4 所示。

表 11-4 　　　　　　　　**发电机密封油系统主要技术数据**

密封油流量（L/min）	140	真空油箱内油量（L）	700
主密封油泵流量（L/min）	373	密封箱的有效容积（L）	270
事故密封油泵流量（L/min）	224	密封箱内油量（正常运行时，L）	135
发电机进口处密封油压力（MPa）	0.55	氢油分离箱的有效容积（L）	600
密封油泵出口压力（MPa）	1.4	氢油分离箱内油量（正常运行时，L）	460
真空泵流量（在 0.1MPa 压力下，标准 m³/h）	100	密封油与氢气的额定压差（MPa）	0.05
真空油箱内压力（正常运行时，kPa）	3	排气风机流量（L/min）	50
真空油箱的有效容积（L）	1400	排气风机压头（风压，kPa）	0.588

三、系统运行控制

发电机密封油系统的运行方式，除了上述的正常运行方式之外，尚有事故运行方式、汽轮机润滑油运行方式和密封油闭式循环运行方式。

1. 事故运行方式

当主密封油泵发生故障时，主密封油泵出口处的压力开关关闭，同时自动启动交流和直流事故密封油泵。随后，如果密封油压正常，则 2min 后交流事故密封油泵出口压力开关自动关闭，停止直流事故密封油泵的运行；如果交流事故密封油泵失灵，则自动启动直流事故密封油泵。在事故运行工况下，必须监视发电机内氢气的纯度，若发现其下降，则应予以补氢、排污。

2. 汽轮机润滑油运行方式

当主密封油泵、交流/直流事故密封油泵都发生故障时，可用汽轮机的润滑油作为发电机的氢密封油，维持机组继续运行。在这种情况下，必须降低发电机的出力和氢压。

3. 密封油闭式循环运行方式

当发电机及汽轮机润滑油系统停运时，密封油系统则作自身循环，而不再经过汽轮机润滑油系统。在这种工况下，由于密封油的流量很小，密封油的温度将略高于正常运行时的油温。

为了保证发电机密封油系统的安全、可靠运行，该系统设有主、备用两个相同的密封油箱。一旦某一密封油箱内的浮子阀失灵，即可通过阀门将该油箱从系统中隔离，靠另一个密封油箱继续保持系统的正常运行；如果两个密封油箱的浮子阀均发生故障，则可将主密封油箱从系统中隔离，关闭备用密封油箱的出口阀 V（3），开启并调整手动阀 V（5），以维持备用密封油箱内的油位。

当差压调节阀 PDCV 失灵，即可将该差压阀隔离，通过部分开启手动阀 V（6），控制其出口油压，使其仍高于氢压 0.05kPa。

北仑发电厂 2 号机组的发电机密封油系统在正常运行时的参数和报警值如表 11-5 所示。

表 11-5　发电机密封油系统参数和报警值

参　　数	正常值	报警值
真空油箱内压力（MPa）	−0.0067	−0.01
真空油箱内油位（高/低，cm）	中间	110/35
滤网 1/2 前后压差（MPa）		0.05
主密封油箱油位（高/低，cm）	中间	95/50
辅密封油箱油位（高/低，cm）	中间	95/45
密封油压与氢压差值（MPa）	0.05	0.03/0.02
氢侧回油管内油位高（mm）		100/170
真空泵上方润滑油池油位（mm）		−470/−550
主密封油泵出口油压（PCV 阀后，MPa）	0.9	0.6
交流事故密封油泵出口油压（PCV 阀后，MPa）	0.9	0.6
去交流事故密封油泵的滤网前后压差（MPa）		0.08
氢油分离箱内油位（mm）		300

此外，当发生下列任一情况时，汽轮机跳闸：

（1）密封油压与氢压的差值小于最低整定值（0.02MPa），延时 5s；

（2）氢侧回油管内油位高于最高整定值；

（3）主/备用密封油箱内的油位都高于最高整定值（95cm）。

第三节　发电机定子冷却水系统

发电机定子冷却水系统用于冷却发电机定子绕组及出线侧的高压套管。该系统为闭式循环系统。其工质为除盐水，来自化学补给水系统。在进入发电机闭式循环冷却水系统之前，冷却水先经过去离子装置进行离子交换，然后储存在定子冷却水箱，再由定子冷却水泵注入定子绕组。通常定子冷却水进水的温度在 35～46℃ 范围内（不同机组，取值也有所不同）。

发电机定子冷却水系统主要包括一只水箱、两台 100% 容量的冷却水泵、两台 100% 容量的水-水冷却器、一台去离子装置、压力调节阀、温度调节阀和滤网等设备和部件，以及连接各设备、部件的阀门、管道等。图 11-4 是发电机定子冷却水系统示意图。

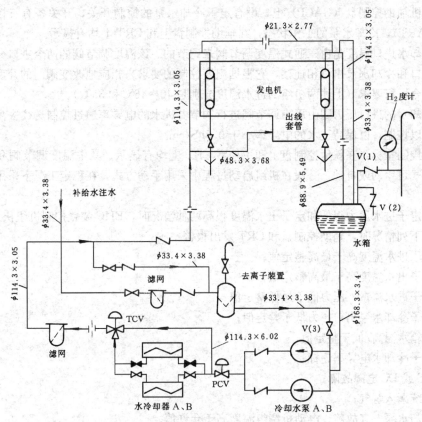

图 11-4　发电机定子冷却水系统示意图

　　两台 100% 容量的冷却水泵（水冷泵）可互为切换、备用，并通过温度调节阀和压力调节阀来调整送往发电机定子绕组和出线套管的冷却水温和水量，使其保持为定值。冷却器出水管上设有过滤器，用于去除冷却水中的固体杂质。从定子冷却水泵出来的冷却水有一小部分（约 10%）送往去离子装置，以保证进入发电机的冷却水电导率小于 $0.5\mu S/cm$。

　　为保证冷却水管内的清洁，防止堵塞，系统中设有冲洗管路，可在安装或检修后对定子冷却水管进行冲洗，冲洗水排入地沟。

　　定子冷却水箱设有充氮保护，系统运行时，水箱上部充以氮气，使空气和定子冷却水隔离，以防止空气进入冷却水，从而保证水质。当水箱没有水时，氮气将充满整个水箱，这样可以保护水箱的金属表面不受腐蚀。

　　为了保证定子冷却水的水质，系统的管道采用不锈钢材料。

　　一、系统主要技术参数

　　表 11-6 数据是北仑发电厂 1、2 号机组发电机定子冷却水系统的主要技术参数。

表 11-6　发电机定子冷却水系统的主要技术参数

技术参数		1 号机组	2 号机组
流量（t/h）		70	80
进水压力（MPa）		≥0.16	0.27
进水温度（℃）		40～46	35
水电导率（μS/cm）		<0.5	<0.5
去离子装置最大流量（t/h）		≤10.8	4
冷却水最高允许压力（MPa）		0.98	0.95
冷却水最高允许温度（℃）		100	70
定子冷却水泵	流量（t/h）	90	95
	压力（MPa）	0.786	0.78
	转速（r/min）	1465	2900
	电动机功率（kW）	45	37
定子水冷器	定子冷却水流量（t/h）	>79.2	95
	闭式循环冷却水流量（t/h）	150	127
过滤器	过滤器精度（μm）	3	3
	前后最大允许压差（MPa）	0.02	0.02
去离子装置出口水电导率（μS/cm）		<0.3	<0.3

二、系统运行控制

在发电机辅助控制盘（GACP）上，设有定子冷却水泵的控制开关，开关备有三档（STOP/AUTO/START），冷却水泵的工作状态，在辅助控制盘上和 CRT 上均有显示。

定子冷却水进口温度是由三通式温度调节阀来调节的。该温度调节阀的两个进口分别与定子水冷却器出口和冷却水泵出口相连接，它根据温度控制的要求来相应地改变阀门的开度，使其出口的水温符合运行要求（上述两机组的进水温度分别是 40~46℃ 和 35℃）。

定子冷却水的进口压力则由压力调节阀进行调节。进水的电导率通过控制送往去离子装置的冷却水量予以控制，以保持进水的电导率小于 $0.5\mu S/cm$。

以上各控制指标，在就地控制盘上和主控室 CRT 上均有显示。其中温度调节阀和压力调节阀的控制方式可手动或自动，一般在机组启动过程中采用手动方式，在稳定工况下采用自动控制方式。

当发生定子进水压力很低和定子出水温度很高两种情况时，EHC 装置控制机组快速降负荷。

当发生下列情况时，辅助控制盘和 CRT 发出报警：

(1) 定子进水温度高于最高整定值；

(2) 定子出水温度高于最高整定值；

(3) 定子进水流量、压力低于最低整定值；

(4) 定子冷却水泵出口压力低于整定值；

(5) 水箱水温高/低于整定值；

(6) 定子冷却水电导率超标；

(7) AC 或 DC 电源故障；

(8) 系统漏入氢气；

(9) 冷却水泵电气故障、电动机绕组温度高于允许值。

第十二章

压缩空气系统

压缩空气系统的功能是向电厂各工作系统及有关设备提供符合不同品质要求的压缩空气。它由三大部分组成：空压机、厂用气系统、仪表用气系统。空压机的容量和台数，视电厂的规模和总体规划而定，可以全厂公用一套压缩空气系统，也可以分期设置然后并列运行。空压机生产出一定压力和数量的压缩空气，并通过系统输送到厂用气和仪表用气系统。厂用气主要用于风动设备（或工具）和设备吹扫等；仪表用气则用于各类气动式仪表、装置和设备。与厂用气相比，对仪表用压缩空气的要求更高（无油、干燥、清洁、纯净）。

图 12-1 是北仑发电厂一期（600MW×2）的压缩空气系统示意图。通过对该系统的介绍，可以了解大型电厂压缩空气系统的基本特点和技术要求。

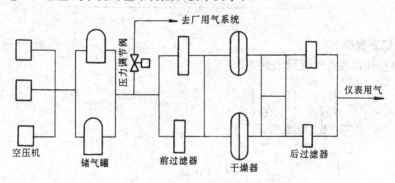

图 12-1　压缩空气系统示意图

第一节　系　统　概　述

该系统为两台 600MW 机组提供压缩空气，两台机组的厂用气和仪表用气系统用连接管连成一起，构成公共网络。该系统的空压机安装在 1 号机组汽机房的扩建端，而厂用气、仪表用气的各条管道、阀门则遍布两台机组范围内的各个用气点。

三台空压机都直接从空压机上的进口滤网处吸入室内空气，经压缩后的空气储存在两只互为备用的储气罐里。从储气罐出来的压缩空气通往厂用气系统和仪表用气系统。每台空压机的设计容量应当满足一台机组所需要的厂用气和仪表用气的总消耗量，而当厂用气量极小时，一台空压机能够满足两台机组低负荷运行时所需的仪表用气量。

厂用气系统的母管分成两路：一路经过一闸阀后，送到锅炉房区域，在锅炉房的联箱上进行用气再分配；另一路经过一个电动阀接到厂用气联箱，然后由联箱引出支管，分别直接送气到下列各个用气点：汽轮机房、辅助锅炉房、加氯房、废水处理房、化学处理房、二氧化碳间、循环水泵房、排涝泵房、加药房。在以上区域的适当位置都装有带隔离阀的软管接头，以满足检修时临时接管、用气的需要。

在厂用气母管上，设有一只气动阀，其控制信号是储气罐的压力。当仪表用气量骤增，或用气母管破裂，或其他原因造成储气罐压力低于用气极限最低压力（小于0.6MPa）时，此阀立即关闭，切断厂用气气源，以保证仪表用气。此阀门关闭后，一直保持其关闭状态，在储气罐压力恢复正常后，还需手动复位，才能开启。

仪表用气系统包括两套互为备用的干燥器和仪表用气分配网络。每套干燥器内有两只可相互切换的干燥罐，其中一只运行，将压缩空气干燥，另一只对干燥剂去湿，使其还原再生。

仪表用气系统在汽机房和锅炉房形成二个大环形母管，所有在这里需要用气的仪表、装置均可就近接出支管。此外，还从母管上接出支管，通往下列地点：辅助锅炉房、氮气间、二氧化碳间、加氯房、化学处理房、废水处理房、燃油泵及其储油罐区域、重油泵及其储油罐区域。

三台空压机和两套干燥器都配有各自的就地控制屏。空压机的控制方式采用手操开关、机电程控和继电连锁保护。干燥器的控制方式，除采用上述的硬手操和硬接线保护外，还配置了可编程控制器，来完成较为复杂的逻辑控制功能。另外，整个空气压缩系统在发生异常情况时，除有就地控制屏上报警外，还有信号与主控室联络。

空压机和干燥器在正常运行中所需的冷却水来自闭式循环冷却水系统。

第二节 空压机结构及运行

一、空压机装置概况

图12-2是空压机装置的流程示意图。

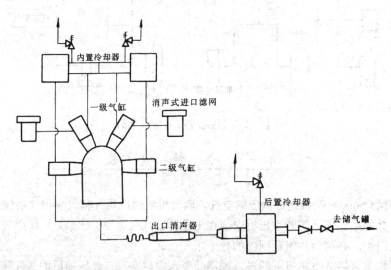

图12-2 空压机装置流程示意图

该压缩空气系统共有3台活塞式空压机以及相应的附属装置。室内空气直接由空压机本体上方的消声式进口滤网，经可卸载式进气阀，进入二级气缸实现二级空气压缩。经二级压缩后的出气流经出口消声器、冷却器、气水分离器，最后进入储气罐。空压机的型式是二级压缩、水冷、四缸、无润滑油型。

采用二级压缩有利于降低排气温度、节省功耗、降低压缩空气对活塞的作用力、提高气缸的容积效率。该系统的空压机采用二级双列四缸布置的型式（见图12-2）。这种布置型式可以基本平衡运行时各活塞的惯性力，运行平稳，能采用较高转速，而且其结构较为紧凑。

空压机本体主要由传动机构和气缸组成。传动机构主要包括曲轴、连杆、十字头等。为了减小各部件之间的摩擦力，减小发热和磨损，每个机械摩擦面都采用耐磨材料并经热处理，同时给予充分润滑。为此，每台空压机都配有一套润滑油系统（设计时已考虑保证仪表用气不被油污染）。

该系统空压机的主要技术规范如表12-1所示。

表 12-1　　　　　　　　　　　　空压机主要技术规范

容　量	42.5 标准 m³/min（在大气压力为 0.1013MPa，温度为 20℃，相对湿度为 36%的条件下）
进口空气压力（MPa）	0.1013
进口空气温度（最高，℃）	48
出口空气温度（℃）	~180
出口空气压力（表压，MPa）	0.78
空气湿度（%）	RH60
转速（r/min）	585
冷却器出口空气温度（℃）	43
冷却水量（t/h）	36
冷却水温（最高，℃）	35/38
轴功率（kW）	292
电动机功率/电压（kW/V）	320/3000

二、空压机主要部套

1. 空气进口滤网

带消声器的空气进口滤网装在一级气缸进口处，由消声筒体和滤芯组成。滤芯采用微孔合成纤维织物。根据当地空气清洁程度，一般 1000~2000h 清理一次滤芯。实际运行时，进口滤网前后压差大于 2.45kPa 时就应考虑清理。

2. 气缸

它是两端带压盖的双作用式结构。活塞的两侧空间均可完成吸气、压缩和出气的各自过程。其气缸套是湿式型的，即缸套外表面与气缸夹层中的冷却水是直接接触的，冷却效果较好。为了防止冷却水夹层泄漏，在缸套外表面的上、下端安装 O 形密封圈。气缸内表面经镀铬和精密加工，呈镜面光亮。纯净的冷却水在气缸夹层内自上而下流动。为了防止气缸内过冷引起水蒸气凝结而腐蚀气缸，设有四个电磁阀控制着四个气缸夹层的进水，当空压机处于停机或卸载状态时，切断向气缸夹层供水。

3. 活塞部件

它由活塞、活塞环、活塞杆及紧固件等组成。活塞由铝合金材料制成，其表面经阳极化处理，形成坚硬、抗腐蚀的氧化铝表层。活塞上套有三道活塞环，其中两端的两个活塞环较窄，这两道活塞环均圆周四等分，分成四块扇形状，每一块的中间有一个弹簧柱，以保持活塞与气缸的紧密接触，但又能防止卡死。中间的一道活塞环较宽，且为整圈。活塞中间为空心。活塞杆的一头穿入其间，并用螺母固定；活塞杆的另一头与十字头连接。

整个气缸内，包括活塞都不允许润滑油进入——"无润滑油式空压机"因而得名。气缸在活塞杆伸出处装有填料，以防止高压空气漏出，也防止机身里的润滑油漏入。活塞杆在进入机身的十字头之前的杆上还套有挡油圈和挡油套，十字头穿出机身的地方，也有一道挡油环，这样保证气缸内不会漏入润滑油。

4. 气阀

气阀是空压机中最重要的部件之一，同时又是易损元件。气阀的工作状况直接影响空压机的排气量、功率消耗以及运行的可靠性。该空压机的进出气阀均为自动阀，即气阀的启闭不需要专门机构控制，而由气缸和阀腔内的气体压差来决定。但是为了调节空压机排气量，进气阀另设有一套卸载器。当空压机排气量大于用户需要量时，卸载器动作，进气阀处于强制打开状态。该空压机（WN114F 型）采用双向缓冲式（JOY 专利）环状气阀。进气阀和出气阀分别安装在四只气缸的上气缸头和下气缸头上。进出气阀的结构基本相同，它们主要由以下几部分组成：

（1）阀座、阀片。阀片是交替开启、关闭阀座通道的零件，根据需要的通流截面，在厚为 0.8mm 的不锈钢圆片上加工出三道圆环；

（2）弹簧。它在气阀关闭时，推动阀片落向阀座，并在开启时抑制阀片，避免阀片撞击升程限制器；

（3）缓冲片。它位于阀片与弹簧之间；

（4）升程限制器。限制器上有 8 个导向凸台，保证阀片能够平稳的升降，正确运动；阀片在气阀中的行程为：进气阀 2.0mm，出气阀 3.0mm。

5. 卸载器

为防止排气压力超限，在每台空压机的进口阀上都装有隔膜式卸载器。它主要由气阀盖座、隔膜罩、隔膜、柱塞、弹簧和压叉组成。当储气罐内压力达到整定值时，控制机构（压力开关和三通电磁阀）使卸载器与压缩空气导通（打开），压缩空气的压力作用在卸载器的隔膜上面，推动隔膜将压叉压下，顶开气阀阀片，这样进气阀在活塞的全行程中始终处于强开状态，吸入的气体全部自进气阀返回，活塞的排气量为零。当储气罐的压力降低到正常值时，控制机构关闭通往卸载器的压缩空气通道，阀片恢复到关闭位置，空压机恢复正常运行。

6. 机身

机身上装有曲轴，其下部是润滑油池；顶部装有呼吸器，使机身内部与大气连通，借以降低油温和维持机身内部的压力平衡。

7. 连杆

将曲轴的旋转运动转变为活塞的往复运动。它由连杆体、小头和大头组成。

8. 十字头

它是连杆与活塞的连接件。

9. 曲轴

它用来传递全部驱动功率，并承受拉、压、扭转、剪切和弯曲等交变复合应力。因此，曲轴应具有足够的强度（包括疲劳强度和刚度）。曲轴由主轴、曲柄、曲轴销、平衡块等组成。整个曲轴由经热处理的锻制合金钢制成。曲轴经过精密的动平衡，以消除运行时的振动。支承曲轴的前后轴承是双球面滚动轴承，冷态安装时轴端间隙为 0.5~1.0mm。曲轴的非电动机侧连接着润滑油泵。

10. 内置冷却器

装在机身上方，用于冷却一级气缸出口的空气，使进入二级气缸的空气温度降至 55℃。其管束总表面积为 28.7m²、管外径 15.8mm、管壁厚 1.24mm，冷却水量为 4.4t/h。冷却器的气侧装有安全阀。

11. 后置冷却器

后置冷却器用于降温除湿，它由冷却和扩容两部分组成。空压机出口的压缩空气温度约为

180℃，使其先进入水冷却器，空气在管内，闭式循环冷却水在管外流动。管束总表面积为 32.6m²，冷却水量为 10.9t/h。从水冷却器出来的空气直接进入与冷却器尾部相连的气水分离器，空气在冷却器冷却后，析出同温度下空气中的过饱和水分，在这里进一步扩容分离，然后分离出来的水从底部的疏水器自动排出。气水分离器顶部也装有安全阀。

三、空压机润滑油系统

位于曲轴箱内的润滑油系统由油泵、进口滤网、止回阀、冷油器、全流量出口过滤器、旁路过压阀、油压表、油位计等组成。

整个润滑油系统的流程是：润滑油从曲轴箱油池的下部，经进口滤网、止回阀和冷油器进入润滑油泵。润滑油泵出口的压力油进入过滤器，在过滤器出口有一只旁路过压阀，使出口压力控制在设定值内。压力油进入曲轴的油通道，并依次进入连杆的大小头轴瓦、十字头销、十字头和十字头滑履，润滑这些部件。前后主轴承的润滑油是靠喷在曲轴上的各处用油，在曲轴高速旋转的作用下，飞溅到主轴承上。另有一路单独的油管接到后轴承（电动机侧）外圈处进行润滑。进口滤网位于油池底部，其内部有大量的小圆孔，根据工作情况，大约 4000h 清理一次。

止回阀的作用是在空压机停用时，使油泵进口管道仍充满油，以便在启动空压机时不需要再向进口油管注油。但若长期停机或止回阀泄漏比较严重，仍有可能启动空压机时，在规定时间内，不能达到正常油压，此时应停机并向油泵的进口管道注油。

旋转式油泵安装在前轴承箱内，它通过齿轮由曲轴带动。第一次启动油泵时应先向其进口油管注油。

迷宫式出口滤网位于前轴承箱上，它备有除污室，可暂时存放从油里过滤出来的杂质，每隔 200h 出口滤网清污一次，每隔 500h 过滤器清洗一次。

弹簧式旁路过压阀用调整其弹簧的紧度来调节通过旁路阀的油量。在油泵出口油温为 52～57℃的正常工作温度下，出口油压通过旁路阀调整为 0.18～0.21MPa 表压。

四、空压机运行控制及维护

1. 空压机的运行控制方式

该系统共有三台空压机。在运行中，可根据空压机本身的情况，指定任一台空压机为正常运行，在正常情况下能保持储气罐压力在 0.76MPa 以上；一台为低压备用启动，当储气罐的压力低于 0.71MPa 表压时，该备用的空压机自动启动；而另一台为在运行机跳闸时紧急启动。

就地共有三块仪表监视屏，每台空压机各一块，还有一块共用的操作控制屏。

处于任一状态的空压机，一旦启动，该空压机就处于卸载状态，卸载器强开进气阀，同时通往空压机左右侧的两只冷却水电磁总阀通电开启，此时通往内置冷却器左右侧的冷却水即接通。5s 后，通往后置冷却器的冷却水电磁阀通电开启，后置冷却器通水。30s 后，控制卸载器的四只三通电磁阀通电，卸载器的气体通道关闭，进气阀处于正常工作状态，空压机进入正常运行；与此同时，左右两只气缸夹层的冷却水电磁阀通电开启，四只气缸夹层全部进水冷却。

当储气罐的压力超过整定值时，四只三通电磁阀同时失电，空压机又处于卸载状态；此时，两只气缸夹层的冷却水电磁阀失电关闭。

当空压机停运后，上述五只冷却水电磁阀和四只三通阀同时失电关闭，恢复启动前的状态。

处于不同方式的空压机，其装、卸载的储气罐压力整定值是不同的。处于正常运行方式下的空压机，其重新装载的压力是 0.73MPa 表压，卸载压力是 0.78MPa；处于低压备用的空压机，其装、卸载压力分别为 0.71MPa 和 0.76MPa 表压；处于紧急启动备用的空压机，相应的装、卸载压力分别为 0.69MPa 和 0.74MPa 表压。

处于低压备用的空压机，在启动后如果连续 30min 处于卸载状态，则自动停运；而处于紧急启动备用的空压机，在启动后不能自动停运。

2. 空压机运行时的连锁保护和报警

空压机在发生下列任一情况时，紧急自动跳闸：

（1）电流超载引起热继电器动作；

（2）润滑油泵出口油压低于 0.14MPa 表压，并维持 30s 以上；

（3）空压机左侧或右侧出口空气温度高于 210℃。

在空压机停运时，空压机电动机的电加热器会自动投运，保持电动机绕组干燥，维持电动机较高的绝缘水平。空压机启动后，该加热器自动停用。

空压机在发生下列任一情况时，在就地控制屏上发出报警信号，并有部分信号在主控室的 CRT 上显示：

（1）仪表用气母管压力低（＜0.55MPa）；

（2）仪表用气母管压力低低（＜0.50MPa）；

（3）空压机后置冷却器出口气温高（＞60℃）；

（4）空压机后置冷却器出口气温高高（＞70℃）；

（5）空压机曲轴箱油池温度高（＞130℃）；

（6）空压机进口滤网前后压差大（＞4kPa）；

（7）空压机电源失电；

（8）就地控制盘上温度不正常（高于 40℃ 或低于 -5℃）。

3. 常见故障及处理

空压机除了存在与一般旋转机械相同的故障外，还会出现一些特有的故障，例如：

（1）压缩比不正常。在二级空压机中，如果一级气缸的进、出口阀或活塞环漏气，则一级气缸的吸气量减少，一级的排气压力就降低；若二级气缸的进、出口阀或活塞环漏气，而一级气缸的排气量不变，二级气缸容纳不了那么多空气量，则一级排气压力会升高。作为监视参数，内置冷却器的空气压力和温度可以作为判断一级气缸或二级气缸工作是否正常的依据，正常运行时的级间压差为 0.18MPa 表压左右。如果内置冷却器的空气压力、温度升高，则说明二级气缸工作不正常；空气压力、温度降低，说明一级气缸工作不正常。

（2）润滑油系统故障。油压高、油压低、油温高等，其中油温高比油压低更危险，应立即停机检查。

（3）排气量降低或出口压力低。产生的原因有供电系统频率下降造成转速降低、空气进口滤网堵塞、压缩气腔不严密（包括活塞、活塞环磨损、活塞杆漏气）、气阀不严密或对中不好、卸载器装配不当、气缸或内置冷却器冷却不良。

（4）气缸过热。产生的原因有冷却水中断、不足或进水温度高、水垢太厚、二级进口阀泄漏造成一级压缩比提高、内置冷却器冷却效果不佳造成二级进气温度高、气缸套移位或活塞跑偏、活塞或活塞杆卡住或结炭。

（5）空压机发出敲击声。运行中的敲击声有两种。一种是正常的轻微敲击声，如阀片启闭、卸载器动作和十字头在滑履中反向时跳动产生的敲击声。另一种是不正常的敲击声产生在气缸内时，引起的原因有气缸内有异物、气缸进水、活塞螺帽松动、活塞与活塞杆配合松动、活塞歪斜、气缸套歪斜或平移、十字头跑偏、部件磨损等；不正常的敲击声产生在机身时，引起的原因有平衡块松动、连杆大/小头轴瓦磨损或松动、主轴承磨损。其他如管道振动也会发出敲击声。

（6）卸载器工作不正常。表现在压力开关已动作，接通卸载器电路，而卸载器仍处于装载状态连续运行。产生的原因有隔膜破裂、压叉损坏、三通电磁阀工作失常。

第三节　储气罐和干燥器

一、储气罐

储气罐功能是均衡供气压力、储存和调节气量、分离水分。其顶部有安全阀，底部有疏水装置。

二、干燥器结构与控制

1. 主要设备

整个干燥器装置包括前、后过滤器和干燥器。

两只前过滤器和两只后过滤器均可相互切换使用，其过滤精度为 $0.3\mu m$。

两套干燥器也可相互切换使用。每套干燥器主要由下列设备所组成：两只在正常运行时可定时切换使用的干燥罐，一只电加热器，一台鼓风机，一台空气冷却器，一只四通阀以及消声式进口滤网、安全阀、启动控制阀等。干燥器的主要技术数据如表 12-2 所示。

表 12-2　　　　　　　　　　　干燥器主要技术数据

流量（标准 m^3/h）	3240	出口空气露点温度（℃）	−40
工作压力（MPa）	0.75	干燥剂	硅胶＋氧化铝
进口温度（℃）	45	干燥剂量（kg）	1050

2. 运行控制

每套干燥器在工作过程中经历五个阶段：干燥、减压、加热、冷却、增压。其中第一阶段是干燥器对压缩空气进行干燥，后四个阶段是干燥器内干燥剂本身的去湿再生过程。干燥器有如下三种运行方式：

(1) 常规方式。干燥罐的干燥阶段和再生阶段的切换时间固定不变，考虑到再生阶段必须的时间和再生设备的启停要求，定为每 4h 左右切换一次。

(2) 节能方式。干燥罐的干燥阶段和再生阶段的切换是根据干燥罐出口空气湿度进行的，当空气的露点温度高于−40℃时，即进行切换，但二次切换之间的时间间隔不少于 5h 时，最长不超过 12h。

(3) 步进方式。干燥罐的各阶段切换，可在满足规定条件的前提下，人工进行控制。但运行中一般不采用这种方式。

当发生下列任一情况时，就地控制盘上发出报警，并有部分信号在主控室 CRT 上显示：

(1) 干燥罐温度高于 120℃；

(2) 减压阶段开始 10min 后，干燥罐内压力高于 0.07MPa；

(3) 电加热器表面温度高于 400℃；

(4) 鼓风机电气故障；

(5) 在常规方式下，干燥罐的加热时间超过 3h20min；

(6) 在节能方式下，干燥罐的加热时间超过 4h20min；

(7) 就地控制屏温度不正常；

(8) 疏水罐水位高；

(9) 处于干燥阶段的干燥罐内和干燥器出口母管的空气露点温度同时高于−40℃；

(10) 前过滤器或后过滤器进、出口压差大于 0.02MPa；

(11) 整个干燥器进、出口压差大于 0.08MPa。

600MW 汽轮机安装

电厂汽轮机组的性能主要取决于设备和系统的设计、制造水平和质量保证，这是无可非议的。但是，正确、精细的安装是保证汽轮机具有良好性能的极为重要的因素。安装时，必须首先对汽轮机组各种设备的结构、性能，以及机组和相应工作系统的总体设置、性能要求有充分的了解，然后制定相应的安装技术措施和工作步骤，并予以严格执行。这样，设备及系统的固有基本性能才能保持，并在正确的运行操作条件下，达到机组和相应系统的设计性能要求。

本章将就汽轮机本体，以及与本体密切相关的主要设备安装的一些重要工作（包括检验），给予简要的介绍。

第一节 基础和设备验收

良好的基础和设备是汽轮机组正常运行最基本的物质条件。因此，它们的设计要求必须首先予以保证。

一、基础检验

汽轮机组基础的检验应包括如下几项工作。

1. 基础的标高检查

0m层、中间层、运行层、汽轮机基础、发电机基础、凝汽器基础的标高符合设计要求。其中，凝汽器基础至低压缸基础的相对位置，是汽轮机组安装的第一个基准点，此时应特别注意该尺寸能严格地符合设计图纸要求。各基础的沉降已稳定且符合要求。

在检验各基础的标高时，对于在软质地基打桩的基础，汽温、地下水位（海边电厂还有潮位）的变化，对基础不同位置的标高可能发生影响。在不同时间测量的数据可能各不相同。如果变化是微小的，且基本上呈重复性变化，则可取常年平均的气温、水位条件下测得的数据作为判断依据；如果变化明显，且呈不可回复之势，则测得的数据不可作为判断依据，且应考虑对基础进行补强处理。

2. 各基础相对位置的检查

汽轮机、发电机（包括励磁机）等主设备基础的相对位置（三维），以及与连接各设备的管道、出线、地脚螺栓有关的各种预留孔、洞的相对位置（三维）、尺寸，与设计图纸符合；各有关预埋件的相对位置、埋设质量符合图纸要求；凝汽器、回热系统加热器，及其连接管道的各有关预留孔、洞的相对位置和尺寸符合图纸要求。

二、设备检验

设备的检验通常由制造厂完成。但为了消除设备运输过程中可能发生的意外损伤，对到货的设备仍然要进行必要的复查。复查的内容包括：

设备出厂合格证明书。证明书应当提供设备的材料理化性能检验报告（包括设备材料的无损探伤报告等）、设备形位尺寸检查记录表、表面质量记录表，以及其他有关的性能试验报告，且上述各文件应有制造厂的有效合法负责人签字。

设备的型号、规格、数量应符合订货合同要求。

除进行上述总体检查之外，还应对下述设备或部件进行重点检查：

1. 汽缸

对汽缸的装配尺寸进行复查，包括汽缸上的隔板凹窝、汽封凹窝，各凹窝的径向、轴向尺寸，汽缸中分面的表面粗糙度、平直度，上、下半汽缸贴合时中分面处的严密性，上下法兰螺栓孔的对中，法兰螺栓孔刮面的平整、表面粗糙度，各搭子槽、键槽的平整、表面粗糙度，各导向键槽、导向销孔的位置、平整度和表面粗糙度，猫爪的形位尺寸、平直度和表面粗糙度等进行仔细的复查。

2. 隔板

对隔板应复查外圆、内圆及隔板汽封槽、动叶顶部汽封的径向和轴向尺寸，中分面的平直度和表面粗糙度，中分面键槽的位置、平直度和表面粗糙度，上、下半贴合时中分面的严密性，上下半螺栓孔的对中，搭子的位置、尺寸、平整度和表面粗糙度，导叶出汽边的完好情况，通流汽道的尺寸（高度和出汽边喉部宽度）、表面粗糙度，动叶顶部汽封片的完好情况等。

3. 转子

转子的复查应当从以下三方面进行。

（1）转子本体的检查。检查转子本体的平直度；叶轮、联轴器与轴颈的同心度和瓢偏度，即叶轮和联轴器外圆与轴颈的同心度，叶轮、联轴器轴向端面与轴颈的垂直度；联轴器端面本身的平直度和表面粗糙度；叶轮和联轴器的径向和轴向尺寸；轴颈部分的不柱度、不圆度和表面粗糙度等。

（2）叶片及围带/拉筋的检查。检查叶片根部的装配质量；同一级不同叶片的轴向位置偏差（尤其是叶片中部和顶部处）；围带/拉筋的装配、焊接质量；复测各级叶片（尤其是中/长叶片）的静频率等。

（3）平衡重块的检查。平衡重块的加装必须合理、牢固，与此同时，还要复查制造厂提供的动平衡报告。

目前大型汽轮机转子普遍采用无中心孔的整体锻制转子。

对于个别采用有中心孔的转子，其中心孔的检验由锻件供应厂家完成。只有经过仔细的探伤检查，并确认为合格的锻件，汽轮机制造厂才能接收使用，进行加工、装配。供货到电厂的转子，是已经过动平衡的成品转子，电厂现场不得拆动转子上的任何零部件，以免破坏其动平衡效果。

4. 轴承

检查轴承各部位的形位、尺寸、不柱度、不圆度、表面粗糙度；轴瓦的形位、尺寸、不柱度、不圆度、表面粗糙度；中分面的平直度、表面粗糙度和贴合的严密性；并与转子相应的轴颈尺寸校核组装后的轴承间隙；检查上、下半螺栓孔的对中，检查进油口的位置、尺寸等。

5. 主汽阀/调节阀

检查阀杆和阀杆套筒的平直度、表面粗糙度，阀杆与套筒之间的间隙，阀杆/阀芯与阀座的对中，阀芯与阀座配合的严密性；阀盖装配面的平直度、表面粗糙度；阀盖与阀壳配面合处的间隙。

6. 其他重要零部件

高、中压缸法兰螺栓、螺帽，以及主汽阀/调节阀法兰螺栓的硬度和材料化学成分光谱分析，高、中压缸缸体的材料化学成分光谱分析等。

在进行上述检查时，应当作出相应记录。检查中发现的问题，应当与供货方洽商，并由供货方负责修正，或在制造厂的指导下进行修正。

第二节　汽轮机本体安装

一、凝汽器安装

600MW 汽轮机组的低压缸和凝汽器的结构尺寸比较庞大，而凝汽器又是在低压缸的下部，因此汽轮机本体安装时，应当首先将凝汽器就位、安装。

当凝汽器的混凝土基础完成后，即可铺设凝汽器的垫板。垫板找平后灌浆固定，作为凝汽器就位的基础。

凝汽器就位时，应当根据已经测量过的机组基础预留孔洞具体尺寸，仔细找中，使得随后机组的轴承、汽缸的找中工作有一个准确的起始点。

凝汽器安装工作包括两部分，即凝汽器壳体的就位、连接和凝汽器内部件的安装。

600MW 等级汽轮机组的凝汽器结构尺寸相当庞大，其支承方式多数采用直接坐落在凝汽器基础上的支承形式。凝汽器与低压缸排汽口之间的连接，正如前文所述，采用具有伸缩性能的中间连接段。其目的是使汽轮机组运行时，其排汽部分不受凝汽器负荷变化的影响。

凝汽器内部设备、部件的安装，包括管板、回热系统的最后一级低压加热器、管束的安装、连接。凝汽器壳体内的管板、低压加热器的安装，在低压缸就位之前就应当完成；管束则可在低压缸就位之后进行穿管、连接。

凝汽器管束与管板之间的连接方式有两种，即胀管和焊接。实际运行经验证明，采用焊接的连接方式，其性能比较可靠。

二、台板、低压缸和轴承座就位

1. 低压缸就位

在凝汽器的基础找平之后，根据凝汽器基础与低压缸基础之间的距离，可以定准低压缸基础的标高，随后以此为依据，对汽轮发电机组的基础进行铺设、找平。

首先是垫板的铺设找平，地脚螺栓的配置、预埋，以及垫板和地脚螺栓的灌浆、固定。当基础已正确找平，地脚螺栓已正确配置、预埋之后，即可进行台板、低压缸和轴承座的就位安装。

首先是低压缸台板的就位、找中，随后低压缸即可根据与凝汽器的相互位置关系，进行就位、找中。由于低压缸的结构尺寸比较大，且通常是由钢板组焊而成，其刚度和稳定性是主要问题。因此，低压缸通常不是放置在轴承座上，而是直接坐落到汽轮机的基础台板上。

应当指出，低压缸的位置是汽轮发电机组对中的基础，所以必须极其认真地将其正确找中。

首先是低压外缸下半缸的就位、找中。此时，检查低压缸底面与台板的接触情况，应均匀接触；与凝汽器的相对位置（注意低压缸与凝汽器接口处的焊接间隙），符合设计要求；检查低压缸的垂直结合面，没有间隙；垂直结合面处在水平中分面上是齐平的。随后，如有必要，在台板与基础之间放置调整垫片，调整低压缸的标高，以及汽缸底面与台板的接触情况，使其符合设计要求。

在低压外缸下半缸就位、找中完成之后，将低压外缸上半缸放置到低压外缸下半缸上。首先检查上半缸垂直结合面的间隙，然后拧紧水平结合面全部螺栓，随后松开它们，并打开垂直结合面，调整垂直结合面间隙（涂亚麻油）；再次（最终）拧紧垂直结合面的螺栓，拧紧（临时）水平结合面螺栓，将其松开后再次拧紧，检查垂直结合面和水平结合面的间隙。其间隙应符合设计要求（与出厂数据相同）。

随后是低压内缸的就位、找中。用拉设高强钢丝进行找中；找中完成后，用定位键定位。

2. 台板、轴承座就位

当完成了低压缸的就位、找中之后，即可以进行机组其他台板、轴承座的就位、找中。

汽轮机组的高中压缸是由台板和轴承座支持的，它们的位置，取决于台板和轴承座的安装位置。因此，台板和轴承座的安装必须保证正确无误。

正确对中是台板和轴承座安装的首要任务。应根据基础预留孔洞的具体尺寸，定出基础的中心线；放置台板和轴承座时，应使轴承座的洼窝中心线与基础的中心线在垂直方向上重合；台板和轴承座的轴向位置符合设计要求；台板和轴承座的标高应计算及当汽轮机的汽缸就位后，其水平中分面的标高符合设计要求。同时，还必须注意汽轮机组汽缸、转子的负荷分配和扬度要求，在随后的安装过程中能够容易得到满足。

轴承座与台板之间的接触面应均匀，良好贴合，并注意随后的安装过程中，所需要的辅助垫铁数量尽可能少（要求少于三块）。

汽轮机组的滑销系统通常是设置在底板与轴承座底部之间。因此，在底板和轴承座就位、找中时，还应注意滑销系统的性能能够满足设计要求。

在各轴承座的安装中，前轴承座（以下称前箱）的安装最具有代表性、也最重要。其安装程序如下：

（1）用拉高强钢丝的方法，对前箱底板进行找中，并予以临时固定；

（2）装配前箱的滑销（导向键），锁紧地脚螺栓；

（3）将前箱放置到底板上，检查前箱底面与底板之间的贴合情况；

（4）在低压缸处于正确位置的情况下，用拉钢丝的方法，测量并调整前箱底板的标高，使其符合设计要求；

（5）根据图纸要求，将前箱对中（包括标高和轴向位置），使其符合设计要求；

（6）前、后、左、右移动前箱，以确认导向键的移动公差，并安装导轨；

（7）组装、焊接油管路，包括润滑油管路和液压油管路；

（8）用临时支架将前箱牢牢固定，防止放置高压缸时发生位移；

（9）将前箱底部和周边填实，以防倾斜。

通常前箱中设置有液压油泵和调节器件，这些设备和器件与前箱体是分别包装、存放的，在前箱就位、安装时，这些设备、器件暂不组装，直到机组本体组装基本完成、机组油管路清洗和主蒸汽管路吹扫完毕、机组具备了静态调试条件时，再将液压油泵和调节器件组装到前箱内。

机组的其他轴承座安装，也是采用拉钢丝的方法进行就位、找中，具体操作过程与上述类同。

三、汽缸就位和找中

在轴承就位、找中的过程中，汽缸即可同时就位、找中。对于 600MW 等级的汽轮机组来说，目前均采用双层缸（甚至三层缸）的结构。在就位、找中过程中，首先是将外缸就位、找中，然后在外缸内再进行内缸的就位、找中。其要求是：调整汽缸凹窝的中心线，使其符合设计要求；汽缸与轴承的相对位置、汽缸与汽缸之间的轴向距离符合设计要求；各汽缸的扬度、负荷分配符合设计要求；各汽缸的中分面标高符合设计要求；汽缸与其支承面、定位面之间的键或滑销的配置符合设计要求。

对于高压缸或中压缸，目前多数采用上猫爪搁置在轴承支承面上的支承形式。但在高压外缸或中压外缸进行就位、找中时，不可能用上外汽缸及其猫爪来就位、找中，只能用下半汽缸来就位、找中。因此，这种形式的下半汽缸下部设置有就位、找中时用的支承面。在轴承已初步完成找中之后，下半汽缸即可利用这些支承面将汽缸支承起来，进行就位、找中。

汽缸下半的就位、找中采用拉钢丝方法进行测量、调整，直到下半汽缸的中心与轴承座的中心一致，汽缸水平中分面与轴承支承面的相对位置符合设计要求。在用下半汽缸进行找中测量时，应考虑到此时下半汽缸是呈开口的薄壳状态，其时下半缸的垂弧度，比完成与上半缸连接、成为整体状态时的垂弧度大，故此时的找中仍是初步的，尚须随后的调整。

外缸下半就位、找中初步完成之后，在其内部进行内缸和轴封的安装，仍然用钢丝来测量、调整。此时应检查内缸和汽封体的水平中分面标高（符合设计要求），然后将上、下半用螺栓拧紧，检查中分面间隙（应为零）。

在下半缸就位、找中初步完毕之后，将上半外缸搁置到下半缸上，拧紧中分面螺栓，检查猫爪与轴承座上支承面之间的接触情况，要求均匀贴合；检查上、下缸中分面接触情况，随后进行（如果必要）调整，直到猫爪和中分面的贴合情况符合设计要求（应为零）为止；检查汽缸与轴承座之间的对中情况；检查汽缸端面的垂直情况（应符合设计要求）；以及定位键和滑销的间隙应全部符合设计要求。最后配置定位键和滑销，将汽缸的正确位置初步固定下来。

在完成各汽缸的初步就位、找中之后，进行整个机组汽缸、轴承的精对中。其工作步骤如下：

（1）在汽缸中分面法兰上，每隔两个螺孔紧一只螺栓（在汽缸端部转弯处每个螺孔都紧一只螺栓），将汽缸上下半连接，使中分面处无间隙；

（2）从前轴承箱中心至最后一个轴承中心拉钢丝，并仔细地调整钢丝位置，使其能代表机组的中心线；

（3）测量并记录各汽缸测量点与钢丝的径向距离，了解汽缸目前的具体位置；

（4）参照部件出厂记录，汽缸的中分面平直度和中分面间隙、汽缸的不圆度等数据，对汽缸进行对中调整，直到复测两次的数据均相同且符合设计要求；

（5）在精找中合格之后，检查汽缸端面的垂直度，应符合设计要求；

（6）设置对中定位键，注意定位键两侧间隙相同，将汽缸精对中后的位置固定下来；

（7）安装、焊接下半汽缸处的管道、阀门，随后再次（以原来的钢丝，不要移动该钢丝）检查汽缸的对中情况，如焊接前后有变化，应修正到焊接前的正确位置（包括将管道切除重焊）；

（8）取下临时键，插入永久键，注意永久键的形状尺寸应与临时键的完全相同，插入时不允许有任何偏差；

（9）在精找中后，将全部汽缸的正确位置适当固定，然后拆除中分面螺栓，再次（最终）测量中分面间隙；

（10）吊开上半缸，用直规和水平仪检查汽缸的水平中分面，其结果应符合设计要求，与合缸时的测量数据误差应在允许的范围内；

（11）将最后数据记录、备查。

对于低压缸，其尺寸比较庞大，保证其刚度和稳定性是很重要的，故低压缸不是由轴承支承，而是直接坐落在底板上，而且底板在垂直方向上可以调整。有的机组，将机组低压转子的支承轴承干脆设置在低压缸的排汽端外侧。这种结构形式，低压缸下半部的就位、找中，也即是低压转子支承轴承的就位、找中。

在轴承和汽缸的就位、找中过程中，都会涉及滑销系统的问题。此时，应当注意滑销系统的性能，使其能够满足设计要求。

在轴承的就位、找中过程中，还涉及轴承润滑油管路的铺设工作，应当保证轴承的润滑油进、排油通道的位置正确、畅通，油密封设施符合设计要求。

还应当注意各种管道的连接、位置，不影响运行中轴承、汽缸的膨胀或收缩。

四、隔板就位和找中

隔板在汽缸中的放置有两种方式：一种是直接放置于汽缸的隔板槽中，另一种是通过隔板套放置于汽缸内；隔板上、下半的结合，也有两种方式，即中分面没有螺栓和有连接螺栓两种。高压缸和中压缸的前几级，一般采用前一种方式；中压缸的后几级，以及低压缸内较大的隔板，则采用后一种方式。因此，隔板的就位、找中相应地有所不同。

第一种方式，即对于直接放置于汽缸隔板槽中的隔板，其就位、找中，实际上是隔板搭子，以及隔板底部与汽缸之间定位键及键槽的配置工作。这种安装方式的隔板，其上半安装于上半汽缸内；汽轮机扣缸以前，在汽缸的上半缸内与上半缸找中就位。而下半隔板则在下半汽缸内找中、就位。此时，其轴向位置由汽缸内的隔板槽所决定，水平中分面和径向间隙通过调整搭子、压板（上半隔板）、键和键槽的尺寸予以满足。当上、下半隔板分别完成在上、下半汽缸内的正确就位、找中之后，即能够保证汽缸扣缸后，上、下半隔板组成一个合格的隔板。

第二种方式是隔板置于隔板套内，这种结构方式的隔板，其就位、找中在隔板套内进行。隔板套也有两种结构形式，一种是隔板套与汽缸制成一体，另一种是隔板套也像隔板一样置于汽缸的隔板（套）槽内。隔板在前一种隔板套内的就位、找中与在汽缸中的方法相同；后一种隔板套，则应首先完成隔板套在汽缸内的就位、找中，而随后隔板在这种隔板套内的就位、找中，即与上述方法相同。

对于隔板上、下半设置有连接螺栓的结构形式，其隔板下半在下半汽缸内就位、找中，待扣缸前，将隔板上半与下半用螺栓连接好即可。

在完成了所有隔板的各自就位、找中工作之后，将所有隔板的隔板汽封装好，然后对整个汽轮机组（高压缸、中压缸、低压缸）的隔板对中情况进行复测，即复测所有的隔板汽封凹窝与轴承凹窝的对中情况。此时，应当考虑到如下因素对机组运行时中心线的影响。

（1）汽轮机组轴承、汽缸的负荷分配、扬度要求；

（2）汽轮机组轴系的扬度要求（以及运行时转子轴颈下的油膜厚度——600MW机组约为0.15～0.20mm）；

（3）汽缸在扣缸前所具有的挠度。

之后，对隔板汽封凹窝和轴承凹窝的对中情况进行复测检查、调整，直到符合设计要求为止。

五、轴承找中、转子就位和通流间隙调整

该项工作要求在环境处于无灰尘状态下进行。

因为转子是由轴承支承的，所以转子的就位、找中，实际上是轴承的就位、找中。

第一步，轴承的组装和间隙测量。轴承的就位、找中工作是在上一工序的基础上进行的，即用已经安装好的轴承座作为基准，将轴承与轴承座中心线测量、找准，直到轴承凹窝的中心线（包括对中、标高和扬度）符合设计要求为止。其主要工作程序如下：

（1）将轴承清洗干净，在下轴瓦敷上合格的润滑油，然后将转子放置到下轴瓦上，检查并调整轴颈处的扬度，检查并调整轴瓦与轴颈之间的接触，使其均匀；进行这一工作时，千万不可用修刮轴瓦乌金的方法，而应当仔细地调整对中、标高、扬度，使其和（轴瓦与轴颈之间的）接触面同时符合设计要求；

（2）盖上并拧紧上半轴瓦，测量轴瓦与轴颈之间的平行度和轴承间隙；

（3）检查转子的中心线是否在要求的位置上，如有偏差，则将转子吊起，在轴瓦外圆适当位置处，用调整薄片进行相应调整，直到轴颈与轴瓦的接触沿轴向分布均匀、轴颈扬度符合要求为止；并检查各轴承的供、排油口位置是否正确无误。

测量整个机组各轴承的轴向相对位置、扬度、标高，均应符合设计要求。

第二步，调整通流间隙。当所有的转子都完成上述工作之后，对整个汽轮发电机组的轴系进行下列各项复查、调整：

(1) 各轴承的负荷分配情况；

(2) 各转子扬度；

(3) 通流间隙；

(4) 转子上推力盘与推力轴承的总间隙。

调整通流间隙的主要工作程序如下：

(1) 组装推力轴承，使其位置和间隙达到设计要求，然后拆去其上半，只留下半，以便吊入转子；

(2) 吊入转子，并将转子向前推到推力轴承允许的极限位置，盘动转子，使其组装标志（也称转子的相位标志）高于水平中分面 50mm 以上；

(3) 用塞规检查每一级的（左和右侧）轴向间隙各两次，确保测量和记录的数据真实、可靠；

(4) 将转子转动 90°，重复上述测量，对于低压部分，测量静叶出汽边顶部与动叶进汽边顶部的轴向距离；

(5) 测量并记录轴封上的长齿与转子上凸肩的轴向距离；

(6) 按设计要求装入隔板汽封，用压铅丝的方法，测量并记录隔板汽封间隙；

(7) 用塞规测量并记录动叶顶部间隙；

(8) 测量并记录机组动静部分的最小轴向间隙；

(9) 测量并记录推力轴承的总推力间隙；

(10) 将测量结果与设计要求比较，对不符合项进行调整，直到合格为止；

(11) 将最终合格结果记录备查。

在上述各项检查、调整合格，并配准了转子之间的调整垫片之后，即具备了将各转子连接成汽轮发电机轴系的条件。

六、汽缸下部进/排（抽）汽管道连接

汽缸下部的管道连接（焊接），主要应注意两方面的问题。

一方面注意不能强拉接口，特别是对于尺寸甚大的进汽、排汽管道，绝不能强拉接口。进、排汽管道的支吊架，应当根据管道的重量以及冷态至热态的膨胀、收缩特点，予以精确设置，使其承载和预拉方向符合设计要求。管道安装时，必须将焊接对口处调整到符合设计要求，使得管道膨胀或收缩时，对汽缸的作用力限制在允许的范围内。

另一方面是焊接前的准备和焊接后的回火处理。焊接前的准备主要是焊口的预热，应当根据不同的材料、尺寸，编制预热的温度范围、加热速度、保温时间和具体的焊接操作程序，焊接完成后，立即按事先制定的回火处理操作程序（温度范围、加热速度、保温时间）进行回火处理。

在进行汽缸下部管道的组装焊接时，应监视已找中完毕的汽缸是否发生位移。如果发现汽缸发生位移，则应立即暂停焊接，改进操作方法。

管道连接过程中，应当检查回热抽汽止回阀、截止阀，高压缸排汽止回阀，汽缸本体疏水管道上疏水止回阀等的性能是否可靠。

管道焊接完毕后，对汽缸再次检查其对中是否发生变化。如有变化，必须进行相应修正（必要时切除管道，重新找中、焊接）。

七、汽轮机扣缸

在完成上述各项安装调整工作之后，即具备了进行汽轮机扣缸的条件。具体地说，在下列条件经复查，确认正确无误之后，可以进行汽轮机扣缸：

（1）轴承座和轴承就位、找中已完成，其对中、扬度、标高均符合设计要求，轴承的润滑油通道正确、畅通，润滑油的密封面严密性符合要求，轴承座与基础台板之间的贴合均匀，各键或滑销配置位置正确、间隙符合要求；

（2）汽缸就位、找中已完成，汽缸、轴封的对中符合设计要求，内缸相对于外缸的负荷分配符合要求；

（3）隔板（及隔板套）在汽缸内的就位、找中已完成，隔板、隔板汽封的对中符合设计要求；

（4）转子与轴承轴瓦的接触均匀，轴承负荷分配、转子扬度符合设计要求；

（5）轴承的油封间隙、汽缸端部轴封间隙、隔板汽封间隙、动叶顶部径向间隙、推力轴承的总推力间隙、通流间隙等，均已调整完毕，且符合设计要求；

（6）轴承的挡油环，轴封、隔板汽封和动叶顶部的阻汽片完好无损；

（7）汽缸内部合金部件的化学成分光谱分析已完成，符合设计要求；

（8）汽缸内部的检测元件已装设完毕，性能合格、可靠；

（9）汽缸螺栓/螺帽的光谱分析、硬度复测已经完成，符合设计要求；

（10）汽缸内部已清扫干净、无异物，必须放置到汽缸内部的所有部件已清扫干净、无污染物；

（11）扣缸所需的工具、设备已准备齐全，施工场地干净（无灰尘）、畅通；

（12）上半汽缸开口朝上的进汽口临时堵板已准备完毕；

（13）扣缸作业指导书已编制完毕，施工操作人员已配备就绪，具备了不间断完成扣缸工作的条件。

八、汽轮机主汽阀/调节阀安装

对于汽轮机组来说，主汽阀和调节阀是至关重要的部件。汽轮机组的启动、停机和安全运行都必须依靠主汽阀和调节阀来具体实现。因此，正确、精细地安装主汽阀和调节阀是汽轮机安装过程中一项极为重要的工作。

在主汽阀和调节阀安装之前，应将阀盖打开，抽出阀芯，检查阀杆的平直度和阀杆与套筒之间的间隙，检查阀芯的行程，均应符合设计要求。

在管道安装、焊接时，即对主汽阀阀体和调节阀阀柜进行就位、组装、焊接；随后将经检查确认符合要求的阀芯重新装入阀体内，并仔细测量阀芯的行程，应与设计要求相符合。

在安装主汽阀和调节阀的控制机构时，核对油动机行程、连接杠杆的行程应与阀芯的行程相匹配，各行程指示应准确。

九、汽轮发电机组各转子连接

在各汽缸、转子组装完成、对中良好的条件下，开始进行汽轮发电机组各转子的连接，组成机组的完整轴系。转子连接的主要程序如下：

（1）检查和确认各转子上的相位标志。向各轴瓦敷上高黏度润滑油，将汽轮机各转子的相位标志对齐，作为对中的基准位置。

（2）对中准备。向相邻转子的联轴器沿圆周均布的 4 只销、螺栓孔分别插入临时定位销、螺栓，保持相邻转子联轴器端面的距离，并转动这两根转子（在联轴器上绕上钢丝绳并用吊车牵拉盘动）5min 以上，待千分表读数稳定后，开始测量。

（3）对中精度测量（必要时调整）。每盘动转子 1/4 圈，在联轴器端面的顶、底、左、右 4 处测量两联轴器端面之间的间隙，将"顶"位置的测量结果予以记录。每转动转子一圈，测量并记录联轴器外圆处的摆动。根据上述记录，与设计数据比较，调整转子的对中，使其偏差在允许的范围内，达到精对中目的。

（4）联轴器的（临时）连接。清洁各联轴器的端面，向联轴器端面上涂抹二硫化钼润滑油，用临时锥形销对准联轴器的螺栓孔，然后将 4 只螺栓沿周边均布插入 4 螺栓孔，并一边转动转子一边拧紧这 4 只螺栓，直到联轴器两个端面紧密贴合为止。螺栓拧紧后，应检查联轴器贴合面处的间隙。

（5）测量偏差。在联轴器连接好之后，沿圆周均布 8 点处，测量并记录外圆的对中偏差，备查，必要时进行调整。

（6）铰孔（必要时）。确认两半联轴器对准之后，检查联轴器的螺栓孔是否符合装配要求，如有必要，进行铰孔修正。注意修正时铰刀必须与螺栓孔良好对中，且保持铰刀在钻铰过程中不发生偏摆，直到全部螺栓孔符合要求为止。

（7）销、螺栓准备。测量铰孔尺寸，随后与铰孔尺寸相匹配，精加工销、螺栓，使孔与销、螺栓之间的间隙小于 0.03mm；然后，称出各螺栓、螺母和垫圈的重量，并将其分别组合，使它们重量的最大偏差小于 5g；将各组打上编号。

（8）汽轮机低压缸与发电机最终对中复查。使汽轮机低压转子发电机侧联轴器外圆的相位标志与发电机转子联轴器外圆处的相位标志相差 180°，然后按前述方法进行测量、调整，直到符合设计要求为止。

（9）联轴器的最终连接。经过上述各工作程序，确认整个汽轮发电机组的各转子的对中已符合设计要求之后，可以将整个汽轮发电机组的各转子最终连接起来。此时，按如下程序操作：

1）清洁联轴器的贴合面，在对接支口部分涂抹二硫化钼润滑剂，不要在贴合面上涂抹任何物质，用清洗干净的临时锥形销将相邻转子联轴器的螺销孔对准，在相隔 90°的 4 个螺销孔中各插入一只清洗干净的螺栓，并装上螺母；用吊车盘动转子，一点一点拧紧上述 4 只螺栓，直到两个端面完全贴合为止。

2）将联轴器外圆 12 等分，记录该 12 等分处的偏差。

3）仔细清洁各部件，在螺母的螺纹部分涂抹二硫化钼润滑剂，根据编号将销、螺栓插入联轴器，用螺栓伸长计测量螺栓长度，并按要求（按中心对称、直径两端同时、直径位置垂直的次序）依次拧紧螺栓，最后加以锁定。

4）安装联轴器护板，注意调整其间隙达到设计要求。

第三节　汽轮机本体附件安装

这里所指的汽轮机本体附件包括转子盘车装置、大气减压阀、监视仪表和一些本体上的定位键、螺栓等。虽然这些部件尺寸规模不大，但它们对汽轮机运行却有着重要影响，所以应当仔细安装。

1. 转子盘车装置的组装

将事先已组装成一体的整个盘车装置按设计位置就位，在盘车装置的联轴器上涂抹油密封剂，然后插入组装用的定位销和螺栓并拧紧；检查传动机构（如齿轮）的配合情况和转速比，检查投入和脱开机构、限位开关的性能是否可靠，必要时进行相应的调整；检查盘车装置的电动机及电气配件是否符合设计要求。

2. 汽缸对中定位键的更换

在汽轮机组最终组装定位之后，应当将汽缸的临时对中定位键更换为正式的运行对中定位键。首先将汽缸的轴向推力键抽出，然后用液压千斤顶从汽缸的猫爪处均匀地将汽缸顶起，抽出临时对中定位键；将正式运行定位键涂抹防锈油之后，将其安装到原来临时键的位置上，随后将轴向推力键恢复到原来状态；最后向猫爪加润滑油并拧紧猫爪的压紧螺栓。

3. 汽轮机监视仪表的安装

在前储存箱内按设计位置安装转速表、传感器、差胀表、偏心表，并记录安装结果。以同样方式安装其他部位的差胀表、传感器（如温度、压力等），注意接头的严密性和引线的合理、牢固、可靠性，并调整其性能达到设计要求。

4. 轴承盖的安装

首先是前轴承盖，安装前应检查前轴承箱内部，确认所有部件安装正确，并已清洗（冲洗）清洁，没有任何灰尘、杂物、水滴、锈皮，在轴承盖结合面上涂抹油密封剂，防止漏油。其他轴承盖的安装按与此述相同方式进行。

5. 低压内、外缸人孔盖的安装

在安装人孔盖前，检查低压内缸内部，确认各部件正常，并拆除抽汽口的临时堵板后，将人孔盖装上；低压外缸的人孔盖则临时固定，待轴封蒸汽管进行蒸汽冲洗之后，在最后固定。

6. 大气减压阀的安装

在低压缸上部安装大气减压阀，安装时注意：

(1) 确认销子已正确锁定，不会脱落；

(2) 确认钢板无缺陷；

(3) 紧固钢板之后，检查钢板和刀口之间的间隙。

7. 轴振动表的安装

开始临时安装轴振动表和传感器，检查其性能是否能够正常匹配。在油系统进行冲洗时，注意保护好上述仪表（或卸下保管），油系统冲洗完毕后正式安装，注意调整其性能达到要求，并加以保护。

第四节　油系统冲洗

不论是润滑油系统还是液压油系统，都必须保证油质合格和系统所有充油腔室绝对清洁。在安装系统设备及其连接管路、阀门时，就必须重视这一要求。

安装时，所有运行中充油的腔室、阀门，都必须彻底清扫干净，直到呈现金属本色。用于连接管路的管道，安装前进行彻底清理，清除氧化皮和其他任何附着物，然后进行酸洗、钝化，经过酸洗钝化的管道，其管口予以包装保护。管道组装焊接时，应采用亚弧焊打底，系统组装完毕之后，对系统进行油冲洗。

油系统冲洗是汽轮机安装过程中一项非常重要，而又必须十分细致、认真才能达到满意结果的工作。其目的是清除遗留在油管道、油孔、储油箱、轴承箱以及所有运行时充油腔室内的焊渣、碎片、氧化皮等，以防止这些杂物进入轴承或控制装置，造成部件的损坏或破坏其正常工作。此外，在油冲洗过程中还可以检验管道和有关设备的安装是否得当，检测并排除任何泄漏，以及彻底试验、调整设备，如油调节器、安全阀、压力调节阀等。

一、油冲洗准备

油系统冲洗之前，对系统需做的一些临时安排或改装工作如下：

（1）轴承拆卸。拆下各轴承的上半部，从轴承下半的进油管口接上一根临时旁路油管。对于推力轴承，拆下其衬里和垫片。

（2）装接可视临时管道。拆下轴承旁路管道上的一个支管，装上一段可视流量的管道，在临时管道的出口处，装上一只100目的滤袋，拆下流量孔板。

（3）接通事故截断管路。拆下事故跳闸装置，安装临时管道和阀门，接通事故截断管路，以便冲洗油能对其进行冲洗。

（4）设置主油泵临时泄油间隙。使主油泵壳体水平法兰处有小间隙，以便让油冲洗过程中的油能从该间隙喷出，达到主油泵冲洗目的。

（5）设置临时滤网。用40目的钢丝滤网包住电动吸油泵、盘车油泵和事故油泵的进油口，将增压油泵暂时拆下，其位置用临时管道代替。

（6）装接临时压缩空气管道。在滤网出口处，接上压缩空气临时管道，并装上一只止回阀。

（7）装置内部清洁。彻底清洁各装置内部，直到裸手触摸时无杂质粘在手上。

（8）装上必要的监视仪表。

二、油冲洗操作要领

油冲洗过程的正确操作，可以事半功倍。

用高速的热油循环是油冲洗最有效的方法，油速越高，效果越显著。热油的黏度低，能够达到高速流动，这样可以将设备表面和拐角处的污物冲刷下来，随油带走。加热还能使某些附着物、杂质变得松散。

冷、热交替地改变油温，即定期地启动和停止，使设备交替地通油、不通油，以此致使设备交替地加热、冷却，在温度交替变化、膨胀、收缩交替变化的过程中，使氧化皮和附着物脱落。当油较冷时，黏度大，能够更好地带走杂质。

在油循环过程中采用锤击方法，可以使管道内部的氧化皮、焊渣及其他附着物松散、脱落，并被油带走；管道的振动还有利于杂质的悬浮、与油混合，这样能够较快地清除杂质。

在适合喷气的地方，向充油的管道内喷气，也是有效的油冲洗方法。其作用有两个，一是喷气可以提高油与管道表面的相对速度，提高冲洗效果；另一方面，在某些情况下能够使管道内发生类似于"水锤"的振动，这与人工锤击效果相当。喷气还能够形成两相流动，这对于水平设置的管道来说，能够保证整个管道表面都被油冲洗到。在轴承润滑油管路、发电机密封油系统、较小的管道中，采用喷气是可能且行之有效的方法。

采用反向冲洗，即在正常方向冲洗一段时间之后，改变冲洗油的流动方向，实行反冲洗，这时污物比较容易被冲下、带走。

三、油冲洗程序

油冲洗程序一般需要经过以下三个阶段。

1. 第一阶段油冲洗

第一阶段主要除去比较大的杂质。其操作步骤（见图13-1）如下：

第一步，启动冲洗油泵（电动抽吸泵或盘车油泵），用较低的油温（30～40℃，不用特别加热）进行冲洗，冲洗约1h。这时，只接入一只冷油器，另一只冷油器的管束应抽出（只留壳体）。与此同时，检查各设备、管路是否漏油，并予以处理。

随后，使油从电动抽吸泵或盘车油泵通往主油泵和主汽阀油管线，这一步至少冲洗4h；电动抽吸泵必须保持在588kPa压力条件下工作；向主油泵及前轴承箱输送冲洗油，冲洗4h；对汽轮发电机组所有各轴承至少冲洗6h，冲洗时取出轴承进油口前的滤网，使油的流动畅通无阻，并通过调节阀调节各轴承的冲洗油流量。

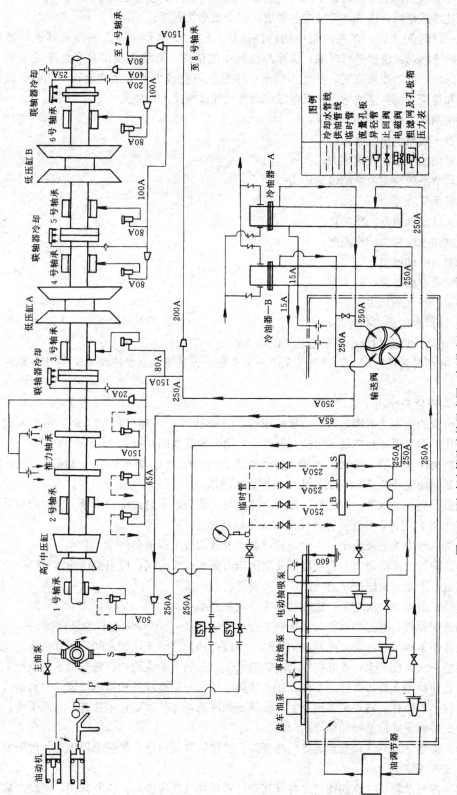

图 13-1 油冲洗管路连接示意图（邹县电厂 600MW 机组）

当向油管喷射压缩空气时，压缩空气的压力应始终保持高于油压49kPa。

在上述冲洗期间，用气动锤锤击各管道，使杂质更快脱落。

冲洗一段时间之后，将主油箱中的冲洗油排入临时储油器，清洗油箱及其进口滤网；用60～80目的滤网对冲洗油进行过滤，清除冲洗油中的杂质；清洗电动油泵和盘车油泵进口滤网（禁止用布擦），应当用橡皮泥，其他不脱落纤维的软织物或皮革来清理油箱、油泵等设备和部件。油箱和油泵、滤网清洗后，将已过滤好的冲洗油重新注入主油箱。

油冲洗期间，应做好如下记录：

(1) 盘车油泵的输送压力；

(2) 电动抽吸泵的输送压力；

(3) 调节系统中主油泵的输送压力；

(4) 轴承系统压力；

(5) 主油泵抽吸系统压力；

(6) 电动抽吸泵电动机温度；

(7) 油箱中的油温；

(8) 油箱中的油位；

(9) 压缩空气的压力；

(10) 冷却水的压力和温度；

(11) 电动抽吸泵和盘车油泵电动机的电流；

(12) 各部分冲洗时间，对于调节系统和主油泵抽吸系统，至少冲洗4h，对于各轴承，至少冲洗6h。

2. 第二阶段油冲洗

第二阶段的油冲洗范围与第一阶段的相同，但油温在30～40℃和60～80℃两个范围内，定期交替变化，即冷循环和热循环定期交替改变。两个冷油器同时投入。

轴承的油冲洗与第一阶段的相同，进入轴承的油温仍然是30～40℃，热循环期间，热油经过油冷却器，油温冷却至30～40℃之后，再进入轴承。

使油温升高，两台泵投入运行，投入压缩空气，调节轴承的冲洗油流量，利用两台泵使油温处于60～80℃范围内，并在热循环期间对管道进行锤击。

油冲洗过程中的记录应比第一阶段的增加冷油器的进出口油温。

在第二阶段油冲洗期间，应当清理几次油箱内部和有关滤网；应当操作油调节器，监视其振动、泄漏量、压差；操作控制油过滤器，监视其前后压差。

经过第二阶段油冲洗之后，进行初步冲洗效果判断：

用肉眼观察细目过滤袋，硬杂质颗粒度应小于0.25mm，软杂质允许少量存在。

随后使轴承和油箱恢复。在恢复轴承时，应检查轴瓦与转子轴颈之间是否有杂质。此时轴承将是最后的一次装配工作，务必按照所规定的条件，正确、细致地进行每一轴承的装配工作。同时，进行各种检测元件和附件的安装，如安装热电偶，并调整好各种检测仪表，尤其是对于安装在转动部件上的附件，需要可靠地锁紧。轴承盖和联轴器保护罩要仔细检查、清理干净，并迅速装配。装配后测量并记录挡油板等的间隙。

重新连接通往调节器和其他设备的油管路，并确认其正确性，然后予以固定，但千万不可用焊接的方式来固定。

清理并恢复油箱，必要的锁定件各就其位；清理并恢复冷油器；恢复阀门；清理汽缸下部底板，并使其复位。

3. 第三阶段油冲洗

第一、二阶段油冲洗所用的油不是运行油，第三阶段则是用运行油进行冲洗。向主油箱注油时，用100目的滤网进行过滤，以除去油中杂质。

首先投入盘车油泵，并检查各设备是否有泄漏，几分钟后，投入电动抽吸泵，再次检查各设备是否有泄漏。

电动抽吸泵在第三阶段工作时，应当调整增压油泵的油压。

在各轴承节流孔板的上游侧，装上100目的细目滤网，并连续运行4h以上，然后用肉眼检查滤网上的杂质情况，应当没有金属杂质、沙粒等硬颗粒，允许有少量的软纤维。

拆下临时旁路油管，并使导油管复位；检查并清理节流孔板内部，确认节流孔径、抛光其表面，然后定位、锁定。

用100目细目丝网包裹节流孔板，开始进行尽可能长时间的油循环冲洗。在没有确认油循环冲洗的油质合格以前，不要盘动转子，避免损伤轴颈和轴承轴瓦。

第五节　蒸汽管道吹扫

在汽轮机组第一次启动之前，必须对主要的蒸汽管道用高速蒸汽进行吹扫。必须进行蒸汽吹扫的蒸汽管道包括主蒸汽管道、低温再热段管道、高温再热段管道，以及向轴封供汽的管路。以排除蒸汽管道中残留的铁屑、焊渣、锈皮和其他杂物，避免这些固体杂质进入汽轮机内部，造成部件损坏。

一、准备及吹扫

进行吹扫之前，必须将如下不吹扫的部分予以隔离、保护。

(1) 主汽阀及其阀杆漏汽管路；

(2) 调节阀及其阀杆漏汽管路；

(3) 中压主汽阀/调节阀及其阀杆漏汽管路；

(4) 高压缸排汽止回阀；

(5) 高压旁路阀；

(6) 低压旁路阀；

(7) 排空阀；

(8) 安全阀；

(9) 轴封进汽口。

根据吹扫部分的具体划分，装接临时管道和相应的阀门。装接临时管道时，应当注意管道内部的清洁（清理干净，最好事先予以酸洗、钝化）。吹扫部分的划分应使得被吹扫管道内的蒸汽能够达到高速度，这一点是很重要的。图13-2是邹县电厂600MW汽轮机管道吹扫的管路连接示意图。

在辅助蒸汽管路中的吹管压力要求为1.47～1.96MPa。蒸汽首先通往辅助蒸汽管道，对其进行吹扫，并利用剩余压力，按计划步骤分别对主蒸汽管道、再热冷段管道、再热热段管道分别进行吹扫。

蒸汽管道的吹扫涉及许多管道、阀门，包括疏水管道及其阀门，而且整个管道系统都是从冷态条件下开始的，所以要特别注意管道疏水管路的设置并保证其畅通。在进行吹扫时，应监视管道是否有积水，并及时排出，以避免发生水击，造成管道或有关设备的损坏。

吹扫应当分段进行，以保证吹扫的蒸汽有足够的高速度。尚未吹扫的管道部分，应予以隔离。

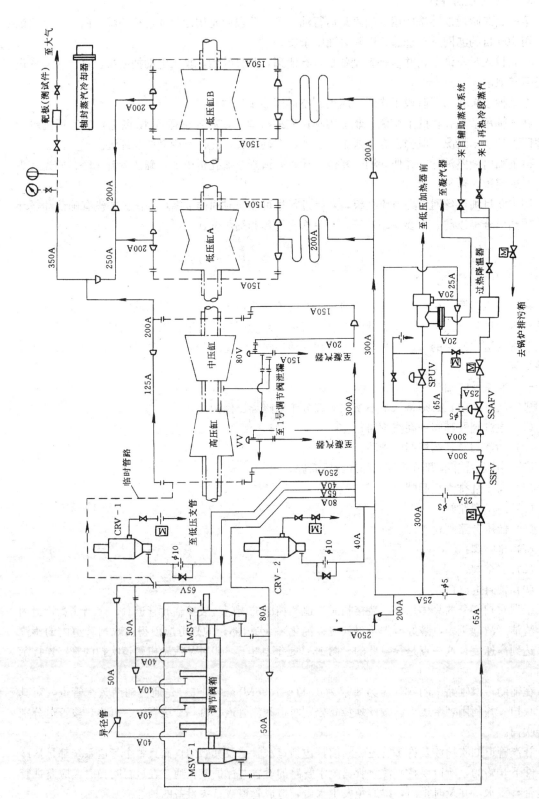

图 13-2　管道吹扫的管路连接示意图

吹扫次数，视靶板的靶点数量和大小决定（不允许 1mm 以上的靶点存在，每平方厘米面积上，0.5mm 的靶点允许 1～2 个）。

二、吹扫后恢复

在完成管道吹扫之后、调节系统液压控制系统油冲洗之前，必须完成主汽阀、调节阀、中压主汽阀/调节阀（简称中联门）的复位工作，并安排其他管道系统的复位工作。其中主汽阀、调节阀的复位，要特别注意满足对中、严密、行程灵活正确。注意保持其所有部件的清洁，要在 1 天内在无尘的条件下，按计划分别完成上述每一个阀门的复位工作，切不可让部件长时间在敞开状态下过夜。

以邹县电厂 600MW 机组的设备为例，对吹扫后的复位工作作一简要介绍。

1. 主汽阀（复位）安装（见图 13-3）

主汽阀由阀盖、阀壳、阀芯（阀碟＋阀杆＋套筒）和压紧弹簧室四部分组成。

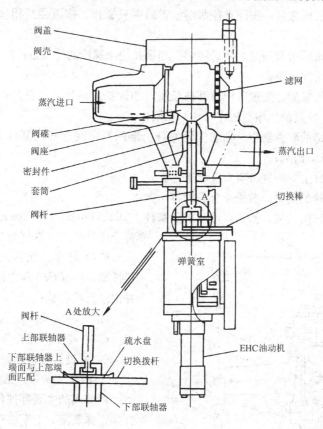

图 13-3　主汽阀安装示意图

主汽阀安装主要工作程序如下：

（1）在将主汽阀临时就位后，拆下阀杆，取出滤网；

（2）将壳体按设计位置就位，并调整准确；

（3）清洁阀壳内部之后，用螺栓将弹簧室与阀壳连接，对中合格之后，拧紧并锁定；

（4）将阀芯放入阀壳内，初步检查阀碟与阀座的接触、套筒和密封件的接触情况，然后取出阀芯；

（5）密封件就位，在阀座上涂抹红丹，将阀芯放入，检查阀碟与阀座的接触，检查阀碟行程并记录，然后将阀芯再次取出；

（6）清洁并再次检查阀壳内部，清洁、检查阀芯，然后将阀芯装入阀壳中；

（7）消除阀杆与阀碟之间的行程间隙（如果阀碟与阀杆之间有间隙，在阀门开启和关闭过程中，行程指示有差值，这一差值称为行程间隙）；

（8）调整行程指示标牌，使阀门关闭状态所对应的行程指示为"0"；

（9）将滤网放入，并检查其尺寸，调整好位置后锁定；

（10）将阀盖在无密封垫片情况下放到阀壳上，沿周边均布8处测量并记录其间隙，然后取下阀盖；

（11）准备阀盖密封垫片，检查并记录其内、外周边厚度；

（12）将涂抹有润滑剂的螺栓拧入阀壳上部的螺孔中，将密封垫片及阀盖就位，在螺栓的螺纹上涂抹润滑剂，套入垫圈和螺母；

（13）测量螺栓长度之后，按同直径两端位置的两只螺栓、按直径互相垂直的次序，依次拧紧螺栓；

（14）测量并记录阀盖与阀壳之间的间隙；测量并记录螺栓的伸长量；

（15）加热前标出螺母位置；

（16）螺栓加热拧紧后，测量并记录其伸长量，如伸长量不足，应补足；注意应按设计的拧紧扭矩来拧紧螺栓；拧紧的次序与程序（13）相同；

（17）将阀杆下部的联轴器与（油动机活塞杆上部的）中间连杆的联轴器用螺栓连接起来，注意连接螺栓应涂抹润滑剂；

（18）在切换拨杆上（本例特有）装上千分表；

（19）在拧紧螺栓的同时，监视千分表的指示数；

（20）根据千分表的读数，修正（油动机活塞杆上部的）中间连杆联轴器端面，使阀碟行程符合设计要求（本例为 25.4 ± 0.25mm）；

（21）将螺栓涂抹润滑剂，然后将联轴器拧紧，应保证行程在设计值范围内；测量并记录行程读数；

（22）将切换棒接至切换拨杆；

（23）将中间连杆与活塞杆连接起来；

（24）进行行程试验。

2. 调节阀安装（见图13-4）

调节阀的主要部件包括阀壳、阀芯、杠杆架、弹簧室、上下杠杆、拉杆、推杆、十字头和其他小部件。

安装前将座架临时组装到阀壳上，阀壳临时就位之后，按如下程序进行安装：

（1）从阀壳上拆下座架；

（2）将阀壳按设计要求位置就位；

（3）组装弹簧室及其托架，然后将其固定到阀壳上（注意螺栓涂抹润滑剂），检查弹簧室与阀壳的相对位置是否符合设计要求；

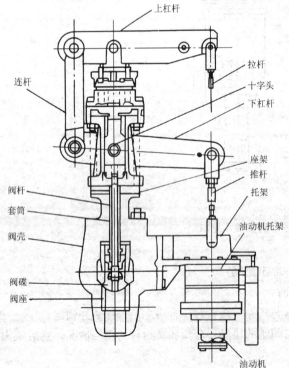

图 13-4　调节阀安装示意图

汽轮机设备及其系统

（4）清洁阀壳内部，并在其开口处装上堵板，防止杂物落入；组装座架和阀芯，使其达到标志要求；组装阀杆和十字头，保存其衬里；

（5）按照设计扭矩拧紧各组装部分的螺栓，使其位置达到设计要求；

（6）将阀芯、座架及十字头装到阀壳上，检查阀碟与阀座之间的接触；

（7）检查并记录座架与阀壳之间的接触面间隙，然后拆开各部件；

（8）将用于固定座架的螺栓涂抹润滑剂，然后拧入阀壳；

（9）准备好垫片，测量并记录其厚度；

（10）将座架重新装上，测量并记录座架与阀壳接触面的间隙，用胶带纸将其封贴，防止杂物落入；

（11）测量并记录螺栓长度，在螺母上涂抹润滑剂，然后按上述方法次序拧紧螺栓，测量并记录其伸长量，如有不足，应补足；

（12）在螺栓上涂抹润滑剂之后，用其将杠杆支架和弹簧盒组装到座架上；

（13）将杠杆和连杆组装到座架上；

（14）将上杠杆组装到座架上，并连接连杆；

（15）将下杠杆销子孔中心到阀壳与座架接触面之间的尺寸，调整到设计要求（本例为735.2mm），并予以固定；

（16）临时组装之后，按测量与设计数据的比较结果，加工垫片，以便将上杠杆调节到水平；

（17）装入垫片，拧紧上托架并测量其水平度；

（18）连接上杠杆和拉杆，并将气缸托架连接到上杠杆的水平位置上；

（19）组装下杠杆和推杆，连接弹簧室，将推杆的行程调整到设计要求（本例为25.4±0.25mm）范围内；

（20）调整行程之后，调整并保持左右拉杆的拉力相等。

3. 中联门组装

中联门是再热蒸汽进入中压缸的主汽阀/调节阀（组装在一个阀壳内）的习惯名称。中联门包括阀盖、阀壳（内有滤网、阀座）、阀芯（阀杆＋套筒＋阀碟）、上下杠杆、拉杆、推杆（即油动机活塞杆）和弹簧室等部件。

其主要安装程序如下：

（1）临时就位之后，从阀壳上拆下阀杆、滤网；

（2）将阀壳按设计要求的位置就位；

（3）最后组装前，清洗阀壳内部；

（4）用涂有润滑剂的螺栓将弹簧室装到阀壳上，并对中固定；

（5）初步将阀芯装入阀壳，检查阀碟与阀座的接触面，检查有关密封面，然后取出阀芯；

（6）装上密封垫片，将阀座涂抹红丹；

（7）将其余部件组装到再热主汽阀上；

（8）检查并记录再热主汽阀的行程，检查阀碟与阀座的接触情况；

（9）将再热调节阀阀盖（座架）和阀芯安装到阀壳上；

（10）组装十字头和阀杆，并调整销孔间隙，使行程间隙为"0"；

（11）取出座架和阀芯，再次在阀座上涂抹红丹，再次装上阀芯、阀盖，在无垫片情况下，检查并记录阀盖与阀壳之间的间隙，检查阀碟与阀座的接触情况，检查并记录阀碟行程；

（12）取出再热主汽阀阀芯和再热调节阀阀芯；

（13）清洗、检查阀壳内部，将垫片装上，将再热主汽阀阀芯和再热调节阀阀芯装入阀壳，调整好滤网位置，并将其固定；

（14）测量并记录阀盖与阀壳之间的间隙，拧上涂抹有润滑剂的螺栓，测量其长度后紧固之；紧固后测量并记录其长度；

（15）在螺栓加热、紧固后，测量并记录其长度，如伸长不足，应补足，测量座架与阀壳之间的间隙；

（16）连接拉杆和弹簧室；

（17）将上杠杆就位，连接拉杆和上杠杆，连接推杆和气缸，连接下杠杆、连杆和推杆；

（18）提升推杆，检查行程，应在设计要求（本例为 25.4±0.25mm）范围内；

（19）设置再热主汽阀的上下联轴器和疏水盘；

（20）将一只千分表装在切换棒上，然后按与高压主汽阀同样次序、方法组装、测量、试验。

第六节　液压油系统冲洗

液压油系统用于向调节和安全保护控制机构提供符合要求的（油质、压力、流量）液压油。其系统包括调节控制回路和危急保安跳闸回路两大部分。所以，该系统的油冲洗也分两部分进行。

液压油系统对清洁度的要求比较高，在该系统零部件组装前，就必须对各设备、部件仔细地进行检查（包括形位、尺寸、表面粗糙度、清洁度）和清洗，确保设备、部件本身能够符合设计要求，随后予以妥善保护，防止碰伤和污染。油管路组焊时，应确认管道内的清洁度，然后用亚弧焊工艺进行焊接。

油冲洗时，首先要保证冲洗油本身油质合格。

用一个经正式安装过的过滤泵，提高油箱里的液压油清洁度，使其达到标准。方法是首先将油温提高到 30～60℃，然后用事先准备好的硅藻土过滤器进行过滤，直到油质合格之后，才可以开始对液压油系统进行油冲洗。

一、第一阶段冲洗

第一阶段冲洗是清除现场装配时落入的杂质。此时用低压油（280～840kPa）对各回路中的有关部分分别进行冲洗。

冲洗前应作如下准备、检查：

（1）检查并清理冲洗泵入口处的过滤器滤芯，确认其位置安装正确。

（2）关闭蓄压器全部阀门，打开高压油泵主阀，向油泵内注油，并检查、确认高压油泵已注满油。

（3）将冲洗时需要的临时阀门（截流阀、电磁紧急关闭阀）以及测试用的阀门（伺服阀、电磁阀）安装到主阀控制回路上。

（4）将机械跳闸阀置于复位状态，将主跳闸阀的短管、弹簧和限流孔板拆下。

1. 危急跳闸回路冲洗

（1）卸下连接油管，将各控制腔室予以暂时保护连接临时管路和冲洗阀、旁路阀。

（2）将冲洗阀关闭，危急遮断器置于复位状态，旁路阀全开，然后启动高压油泵。

（3）逐渐关闭旁路阀，直到完全关闭为止，并用压力调节器将其压力调整在 280～880kPa 范围内；同时检查系统泄漏情况，必要时停泵处理、消缺。

（4）将过滤器投入使用。

（5）将所有冲洗阀门关闭，让大量的油先对危急跳闸回路的管道进行冲洗24h。

（6）危急跳闸回路的管道全部冲洗完毕之后，暂停高压油泵，完全打开旁路阀，在主跳闸阀中插入短管；将一个主跳闸电磁阀设定在机械跳闸状态。

（7）启动高压油泵，让油通过主阀控制回路，从危急遮断器流到排放系统，冲洗24h。

2. 调节控制回路冲洗

（1）在危急跳闸回路冲洗完毕之后，暂停高压油泵。

（2）将机械跳闸阀设定在跳闸动作位置。

（3）将主汽阀和调节阀的冲洗阀设定在中间位置，使大量的油流经主汽阀、调节阀控制机构的供油管路，冲洗24h。

（4）将主汽阀和调节阀的冲洗阀关闭，将中联门控制回路的冲洗阀设定在"中立"位置，让大量的油对中联门控制回路冲洗24h。

在上述两个控制回路冲洗完毕之后，对油质进行鉴定，如果油质不合格，则继续对上述回路进行冲洗，直到油质合格。随后进行各回路的耐压试验。

二、液压油系统耐压试验

液压油系统耐压试验的目的，是检查系统中各种管道连接处和液压部件各连接处的严密性，是否符合液压油系统的工作要求。试验时所采用的压力为系统正常工作压力的1.25倍。

1. 耐压试验的准备工作

（1）将危急快关电磁阀恢复（安装）到危急跳闸回路上。

（2）恢复危急遮断器，即恢复主跳闸的弹簧和限流孔板，并将机械跳闸阀和主跳闸电磁阀置于跳闸状态。

（3）向系统的蓄压器充入 N_2 气体，直到规定压力。

（4）完全打开旁路阀和蓄压器主阀，完全关闭储气器的排气阀，关闭所有的冲洗阀。

（5）检查并清理高压油泵进口侧的过滤器滤芯，将油泵出口侧过滤器滤芯更换成新的。

2. 耐压试验

（1）启动高压油泵，随后完全关闭旁路阀。

（2）依次将系统中每一个回路的压力提高到196kPa，在确认系统中每一个回路都不泄漏之后，将系统压力提高到1.25倍正常的工作压力，随后保持恒定压力1h以上，证实系统所有回路的管道接头以及零部件装配结合面都不泄漏。

三、第二阶段冲洗

这是在系统所有回路都处于几乎接近于操作状态的情况下所进行的最后一次冲洗，其目的是清理零部件内部。此时，冲洗油的压力采用系统的正常工作压力。通过冲洗阀的开启、关闭来对主阀和危急遮断器的控制油缸（油腔）进行冲洗。

1. 冲洗准备

关闭冲洗阀，危急遮断器置于复位状态，将旁路阀完全打开。

2. 冲洗

第二阶段冲洗按如下步骤进行：

（1）启动高压油泵，随后关闭旁路阀。

（2）用压力调节器将系统压力设定在系统运行时的额定压力。

（3）操作（关闭-中立-打开）冲洗阀，使液压控制机构的活塞（滑阀）前后移动，以此对油缸（油腔）进行冲洗。冲洗时，一个油缸接一个油缸地依次进行冲洗，每个油缸要求往复100次左右（即每个油腔100个冲程）。

（4）将蓄压器的主阀和排气阀在"打开"和"关闭"之间转换，对蓄压器进行冲洗。

（5）将冲洗阀关闭，操作危急遮断器的机械跳闸阀、闭锁阀和主跳闸阀，冲洗危急遮断器系统的排油管路和主阀及泄油阀的内部。

（6）投入过滤器。

（7）经过上述（1）～（5）步骤的冲洗之后，拆下并检查泄油阀，并在必要时予以恢复，随后继续进行同样冲洗。

（8）将主阀移动半个冲程，操作泄油阀，加强对泄油阀内部的冲洗。

经过上述各冲洗步骤之后，检查油质，如果油质不合格，则继续冲洗，直到合格为止。

四、系统恢复

最后冲洗完成后，立即将系统恢复，为试运行作好准备：

（1）拆除临时的冲洗阀和冲洗设备，装上测试用的伺服阀（或电磁阀）和截流阀。

（2）清洗高压油泵入口处的过滤器，更新油泵出口侧的过滤器滤芯。

（3）检查每个蓄压器的气压，必要时进行压力补充。

（4）完全关闭旁路阀，取下临时安装的过滤器。

（5）系统各回路的所有部件完全恢复后，重新启动高压油泵，在 1.25 倍正常工作压力情况下，对系统所有设备、管道、仪表的结合面，进行泄漏检查，直到满足要求为止。

经过上述工作程序之后，液压油系统具备了进行系统静态试验的条件。

第七节 其他系统检查和清洗

保证汽轮机辅助工作系统能够正常、协调的运行，是整个机组能够正常运行的重要保证。故在这些辅助系统的安装过程中，仍然必须认真、细致地完成每一个零部件的检查、安装和清洗，才能保证系统正常的功能。

一、回热抽汽系统设备检查和清洗

如前所述，回热抽汽系统由高压加热器、除氧器、低压加热器及有关的管道、阀门和检测表计组成。

高压加热器应对水侧和汽侧分别进行耐压试验。水侧用清洁的水（有条件时最好用除盐水）加压，试验压力为额定给水压力的 1.25 倍；汽侧也用清洁的水（有条件时最好用除盐水）加压，试验压力为加热蒸汽压力的 1.25～1.5 倍。

高压加热器水侧和汽侧的冲洗，首先用压缩空气进行吹扫，随后用清洁的淡水（有条件时最好用除盐水）进行冲洗，直到肉眼观察，水质透明无杂质为止。

低压加热器也应对水侧进行耐压试验，试验压力为凝结水泵出口压力的 1.25 倍。汽侧的试验分两种情况：加热蒸汽压力高于大气压力和低于大气压力。对于加热蒸汽压力高于大气压力的低压加热器，其汽侧进行耐压试验，试验压力仍为加热蒸汽压力的 1.25～1.5 倍；对于加热蒸汽压力低于大气压力的低压加热器，进行泄漏试验，试验压力为 196kPa。

低压加热器的冲洗方法与高压加热器的相同。

除氧器是混合式加热器，无汽侧、水侧之分（实际上只有汽侧），其耐压试验和冲洗方法与高压加热器汽侧的方法相同。

用于连接加热器的管道，在组装或焊接之前，应清洗干净，并加以酸洗、钝化。对于焊接管道，焊接时采用亚弧焊打底。阀门在组装前应进行压力试验和严密性试验。安全阀应进行整定值设定和动作试验。抽汽止回阀还要检查气动部分的可靠性。

管道、阀门的法兰连接部分，组装前应检查其结合面是否符合设计要求。在不设密封垫片情况下，初步拧紧法兰螺栓，检查贴合面间隙，应在合格范围内；垫入密封垫片组装后，再次检查其严密性。

二、冷油器检查和清洗

冷油器在组装时，应分别对其油侧和水侧进行耐压检查和清洗。最好首先进行抽芯检查、清洗，随后进行耐压试验。油侧用油加压，水侧用水进行加压。

三、抽真空系统设备检查

抽真空系统用于建立和维持汽轮机排汽部分的真空，除了保证抽真空的主要设备——真空泵必须满足设计要求之外，还要防止系统中有关设备、部件的泄漏，是保证其性能的最基本要求。真空系统所涉及的设备或部件比较多，一旦有任一设备或部件在安装时不够仔细，配合面的严密性不符合要求，就会造成系统的泄漏，导致汽轮机排汽部分的真空数值无法满足要求。因此，安装前对设备、部件进行认真地检查，安装时认真、仔细地操作，是防止真空系统泄漏的唯一有效方法。

在空负荷运行条件下，与汽轮机低压缸、凝汽器直接连接的设备、部件，其配合面都必须在装配前进行检查，包括低压缸各个结合面及汽缸壁、中压缸至低压缸导汽管、低压缸排汽口与凝汽器连接处（采用法兰连接时）、凝汽器壳体、凝汽器热井与凝结水泵的连接管道及其阀门、汽封冷凝器、低压加热器至凝汽器的连接管道及其阀门、各种测量表计接头等。对其壳体或结合面（阀门的阀杆盘根处）都必须在安装前进行检查，必要时予以修正，直到合格。

管道主要是检查法兰的结合面。在不加密封垫片情况下，互相连接的法兰端面贴合后，检查连接处的间隙应在允许范围内，否则予以修正。法兰连接时不可强拉对口。

阀门主要检查其壳体、连接法兰端面、阀杆盘根和阀门关闭时的严密性。阀门法兰端面及其连接的检查方法与管道法兰的方法相同（不可强拉对口）。

各种表计主要检查它们与被测量设备之间连接处的严密性。

在完成组装工作之后，进行灌水试验。把所有与凝汽器连接的管道上阀门全部打开，然后向凝汽器内灌水，直到水面与低压缸末级叶片顶部接触；随后检查泄漏点，并在必要时予以处理，直到合格为止。

600MW 汽轮机主要工作系统调试

在汽轮机整套启动以前，汽轮机各辅助工作系统必须进行试验、调整，测试并调整其各项工作性能，使系统在汽轮机整套启动期间，能够可靠地各尽其职。然而，有的系统可以在整套启动前完成调试，有的系统则必须在整套启动时才能进行调试（如蒸汽系统）。

本章将介绍在汽轮机整套启动前能够进行调试的系统。其主要调试项目的调试步骤和必须调试的主要技术参数。其中，一些系统可在整套启动前进行调试，但仍有部分技术参数需要到整套启动时才能进行测试、调整。

第一节 润滑油系统调试

在汽轮机组启动以前，应对润滑油系统（包括盘车装置）的驱动电气部分进行检查，确认正确无误之后，启动润滑油系统，进行各有关性能、数据的测试和调整。

一、系统连锁和报警试验

主机润滑油系统在汽轮机组启动前，必须进行连锁、报警试验的设备包括盘车油泵、事故油泵、辅助油泵、主油箱排烟风机、主油箱加热器、润滑油输送泵、油净化过滤泵、油净化装置排烟风机等。

主机润滑油系统各设备连锁试验项目、试验方法和判定标准如表 14-1 所示。

表 14-1　　　　主机润滑油系统各设备连锁试验项目、试验方法和判定标准

试 验 项 目		试验方法	判定标准
1. 盘车油泵	(1) 就地控制盘开关	实际操作	启停正常
	(2) CRT 上控制	实际操作	启停正常
	(3) 润滑油压低引起自启动	实际操作	正常
	(4) 主油泵出口油压低引起自启动	模拟信号	正常自启动
	(5) 发电机跳闸引起自启动	模拟信号	正常自启动
	(6) 电气故障引起停泵	模拟信号	正常
2. 事故油泵	(1) 就地控制盘开关	实际操作	启停正常
	(2) 备用盘紧急启动	实际操作	启停正常
	(3) 润滑油压低引起自启动	实际操作	正常
	(4) 盘车油泵出口油压低引起自启动	模拟信号	正常
	(5) 主油泵出口油压低引起自启动	模拟信号	正常自启动
	(6) 盘车油泵失电引起自启动	实际操作	正常
	(7) 电气故障时不停泵	继电器模拟动作	正常
3. 辅助油泵	(1) 就地控制盘开关	实际操作	启停正常
	(2) CRT 上控制	实际操作	启停正常
	(3) 主油泵进口油压低引起自启动	模拟信号	正常自启动
	(4) 发电机跳闸时 CRT 上不能停泵	模拟信号	正常
	(5) 电气故障引起停泵	继电器模拟动作	正常

试 验 项 目		试验方法	判定标准
4. 主油箱排烟风机	(1) 就地盘控制开关	实际操作	启停正常
	(2) 电气故障引起停机	继电器模拟动作	正常
5. 主油箱加热器	(1) 就地盘控制开关	实际操作	启停正常
	(2) 油箱油温低自启动	模拟信号	回路正确、启动正常
	(3) 油箱油温高自停用	模拟信号	正常
	(4) 油箱油位低自停用	就地盘接点模拟	正常
6. 润滑油输送泵	(1) 就地盘控制开关	实际操作	启停正常
	(2) 电气故障引起停泵	继电器模拟动作	正常
7. 油净化过滤泵	(1) 就地盘控制开关	实际操作	启停正常
	(2) 净化装置油位低引起自启动	实际操作	正常
	(3) 净化装置油位高引起停泵	实际操作	正常
	(4) 电气故障引起停泵	继电器模拟动作	正常
8. 油净化装置排烟风机	(1) 就地盘控制开关	实际操作	启停正常
	(2) 电气故障引起停泵	继电器模拟动作	正常

主机润滑油系统各设备报警试验项目、试验方法和判定标准如表14-2所示。

表 14-2　　　　主机润滑油系统各设备报警试验项目、试验方法和判定标准

试 验 项 目	试 验 方 法	判定标准
(1) 盘车油泵电气故障报警	继电器模拟	正常
(2) 盘车油泵自启动失败报警	在自启停控制逻辑中给定	正常
(3) 事故油泵电气故障报警	继电器模拟	正常
(4) 事故油泵自启动失败报警	在自启停控制逻辑中给定	正常
(5) 润滑油压低在 CRT、就地盘报警	实际操作	正常
(6) 辅助油泵电气故障报警	继电器模拟	正常
(7) 辅助油泵自启动失败报警	在自启停控制逻辑中给定	正常
(8) 主油箱油位高—低报警	模拟信号	正常
(9) 主油箱油位低—低报警	模拟信号	正常
(10) 主油箱排烟风机电气故障报警	继电器模拟	正常
(11) 主油箱压力高报警	就地盘接点模拟	正常
(12) 主油箱油温低报警	模拟信号	正常
(13) 润滑油输送泵电气故障报警	继电器模拟	正常
(14) 油净化过滤泵电气故障报警	继电器模拟	正常
(15) 油净化过滤器前后压差大报警	就地盘接点模拟	正常
(16) 油净化装置油位高报警	实际操作	正常
(17) 油净化装置排烟风机电气故障报警	继电器模拟	正常
(18) 净化装置净油箱油位高—低报警	就地盘接点模拟	正常
(19) 净化装置脏油箱油位高—低报警	就地盘接点模拟	正常
(20) 给水泵油箱油位高—低报警	汽轮机辅助盘接点模拟	正常

　　润滑油系统中的主油泵因为是由主汽轮机的主轴驱动的,在汽轮机组启动以前,无法进行调试。汽轮机组在冲转直到转速接近 3000r/min 时,主油泵才能进入正常工作。在此以前,润滑油系统由盘车油泵和辅助油泵供油。当主油泵出口油压达到额定值之后,盘车油泵和事故油泵自动退出,由主油泵向润滑油系统供油。此时,可以进行主油泵的性能测试和调整。

　　盘车装置连锁、报警试验项目、试验方法和判定标准如表14-3所示。

表 14-3　　　　　　盘车装置连锁、报警试验项目、试验方法和判定标准

试 验 项 目	试 验 方 法	判 定 标 准
(1) 盘车电动机就地盘控制开关	实际操作	启停正常
(2) 盘车电动机 CRT 控制	实际操作	正常
(3) 就地盘启动电动机	实际操作	正常
(4) 盘车自动启动	实际操作	回路正确、投入正常
(5) 盘车不能自动启动	在汽轮机辅助盘上模拟	正常
(6) 润滑油压低电动机停	实际操作	正常
(7) 电气故障电动机停	继电器模拟	正常
(8) 盘车就地盘啮合	实际操作	正常
(9) 盘车 CRT 啮合	实际操作	正常
(10) 盘车就地手动啮合	实际操作	正常
(11) 盘车投运后电磁阀失电	实际操作	正常
(12) 盘车电动机电气故障报警	继电器模拟	正常
(13) 盘车异常报警	在满足盘车条件下切断啮合气源	CRT 报警

二、主油泵特性试验和润滑油压调整

1. 主油泵特性试验

在汽轮机组首次冲转升速过程中，测取主油泵在不同转速下的出口处油压，并将出口油压和转速的关系做成性能曲线，如图 14-1 所示。

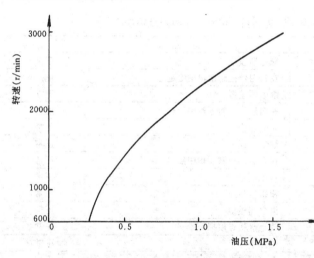

图 14-1　主油泵性能曲线示意图

2. 主机润滑油压的调整

在汽轮机组首次冲转到额定转速（3000r/min）之后，通过调整主机润滑油系统的节流阀、旁路阀的开度和溢流阀的压力整定值，使主油泵进口油压和润滑油压调整到符合设计要求的数值。

3. 油泵连锁实机试验

在汽轮机组达到 3000r/min 之后，将汽轮机组的目标转速定为 800r/min，使汽轮机开始减速，然后做如下试验观察：

当汽轮机减速、主油泵进口处油压降至辅助油泵启动整定值时，辅助油泵应能够自动启动；

当汽轮机转速降低、主油泵出口处油压降至盘车油泵启动整定值时，盘车油泵应能够自动启动。

三、顶轴油系统试验

顶轴油系统必须进行连锁、报警试验项目、试验方法和判定标准如表 14-4 所示。

表 14-4　　　　　　顶轴油系统连锁、报警试验项目、试验方法和判定标准

试 验 项 目	试 验 方 法	判 定 标 准
(1) 在就地控制盘控制开关	实际操作	启停正常
(2) 在 CRT 控制开关	实际操作	启停正常
(3) 盘车电流大油泵自动启动	模拟信号	正常
(4) 顶轴油压低备用油泵自动启动	模拟信号	正常
(5) 运行泵电气故障时备用泵自启动	继电器模拟	正常
(6) 转子转动时不能手动停顶轴油泵	实际操作	正常

第二节　EHC液动部分调试

汽轮机的液压驱动部分包括液压油供油系统、液压驱动机构、液压安全装置和各汽门。它们均应分别进行性能调试，直到各部分性能符合要求，且能够可靠地协调工作。

一、液压油供油系统调试

液压油供油系统主要包括两台互为备用的高压油泵、油再生过滤装置、油箱、滤网、泄油阀等。液压油供油系统连锁、报警的项目及其调试目标如下：

(1) 当液压油油箱的油位正常时，可在就地控制盘或主控室进行高压油泵的启、停泵操作。

(2) 当运行的高压油泵电气故障时，处于备用状态的另一台高压油泵自动启动，投入运行；当液压油液压降低至低限整定值时，备用泵自动启动，投入运行，以确保汽轮机液压油系统的正常供油。

(3) 当液压油油箱内油位高—低超限时，报警；油箱内油位低—低时，报警，高压油泵跳闸，此时备用泵也不能启动。

(4) 高压油泵出口滤网前后压差超限报警；冷却系统滤网前后压差超限报警；再生系统滤网前后压差超限报警。

(5) 油温高—低超限报警。

(6) 调整泄油阀（安全阀）的压力整定值，使其在油压超限即动作、排油。

(7) 液压油的油压高—低超限报警。

二、EHC液动部分静态试验

EHC液动部分静态试验包括各汽门行程测量、汽门限位开关位置测量、汽门特性试验（测量控制信号与阀门行程的关系、测量汽门行程位置反馈信号）、汽门关闭时间测量、汽门切断阀动作油压调整、调速器特性试验和液压系统的连锁、报警试验等内容。

1. 汽门行程和限位开关位置的测量

在液压油系统第二阶段冲洗时，即可进行该项工作。测量时各汽门（主汽阀、调节阀、中联门、旁路阀门）应记录的参数如下：

主阀阀杆行程设计值、实测值；

预启阀行程设计值、实测值（实测值已在阀门解体时测量）；

油动机行程设计值、实测值；

油动机关闭方向富裕行程设计值、实测值（第一阶段油冲洗时应测量）；

弹簧柱关闭方向富裕行程设计值、实测值（第一阶段油冲洗时应测量）；

联轴器间隙设计值、实测值（旁路阀此项没有）；

限位开关位置与阀门全开、全关位置的距离。

2. 汽门特性调试

(1) 高压主汽阀特性测量。测量阀位指令与阀位及阀位反馈信号的关系。它们应基本呈线性关系，如图14-2所示。

(2) 高压调节阀特性测量。高压调节阀特性测量分两种情况，即全周进汽和部分进汽两种情况。

1) 全周进汽情况。测量流量指令与阀位的关系，它们之间的关系应与阀门流量特性曲线相似；测量阀位指令与阀位，它们之间应呈线性关系；测量阀位指令与阀位反馈信号，它们也应呈线性关系。如图14-3所示，其中只给出一个高压调节阀1的特性曲线。注意，对于具有1～4号

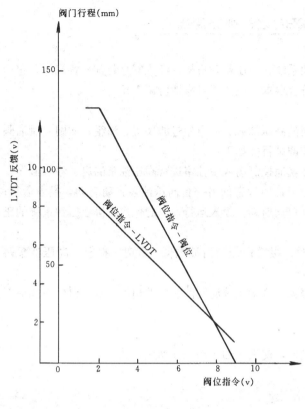

图 14-2　主汽阀特性示意图

调节阀的机组，其特性曲线的形状基本相似，但具体数据则有所不同。

2）部分进汽情况。测量内容与全周进汽的情况相同。图 14-4 是部分进汽高压调节阀特性示意图。由图可见，当流量指令大于零时，1、2 号调节阀同时开启；当流量指令约 70％时，3 号调节阀开始开启；流量指令约 82％时，4 号调节阀开始开启。注意，流量指令不等于机组功率。一般机组设计时，在额定参数条件下，机组零负荷对应的流量指令约为 2.7％，100％（额定）负荷对应的流量指令约为 90％。

（3）中压调节阀特性测量。中压调节阀特性测量的内容与高压调节阀的相同。图 14-5 是中压调节阀特性示意图，其曲线形状与高压调节阀的基本相同。

然而，由于高压旁路阀门的存在，高压调节阀流量指令与中压调节阀流量指令的关系是：当高压旁路阀门投运时，在一定的主蒸汽压力下，中压调节阀流量指令与高压调节阀流量指令的对应关系，为一条通过原点的直线，其斜率随蒸汽压力而变化。

（4）低压旁路阀特性测量。测量阀位指令与阀位之间的关系以及阀位指令与阀位反馈信号之间的关系，它们均为线性关系，如图 14-6 所示。

3. 汽门切断阀动作油压的调整

在汽门调试完成后，撤掉 EHC 控制逻辑中油压低跳闸和保安油压低跳闸保护，将汽轮机保安系统复位，并给汽门一个开启指令，如设定目标转速为 400r/min，然后慢慢调整油压，观察各油动机开始开启时的油压值。若切断阀动作所对应的油压不符合要求，则调整其调节螺栓，直到符合要求为止，并将各汽门关断阀动作所对应油压和调节螺栓位置记录备查。

4. 汽门关闭动作时间的测定

在汽轮机首次冲转之前，对各汽门进行活动试验，用录波器或秒表测取其关闭时间 T_1，开启时间 T_2。然后使汽门处于最大开度，在机头手动跳闸或在 EHC 装置中动作汽门快关按钮，使阀门以最快速度关闭，用录波器测取其关闭时间 T_3。这里 T_1、T_2、T_3 分别是试验关闭时间、试验开启时间和快关时间。

5. 调速器特性试验

在控制模块上进行模拟试验。先将汽轮机置于复位状态，采用部分进汽方式，转速设定为 3000r/min，其对应的流量指令设定为零负荷指令（约为 2.7％～3％），然后用频率发生器模拟汽轮机由 3000r/min 往下减速。在此过程中，每一个转速都对应着一个流量指令值（百分比形式）。当流量指令的值等于额定负荷的流量指令时，将此时所对应的转速确认、记录，并根据速度变动率的定义求得速度变动率。如果所得速度变动率不够满意，则调整反馈信号，直到速度变动率满意为止。

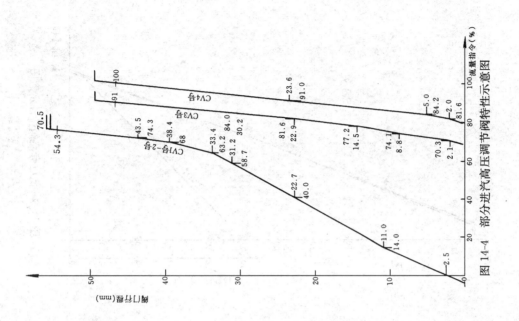

图 14-4 部分进汽高压调节阀调特性示意图

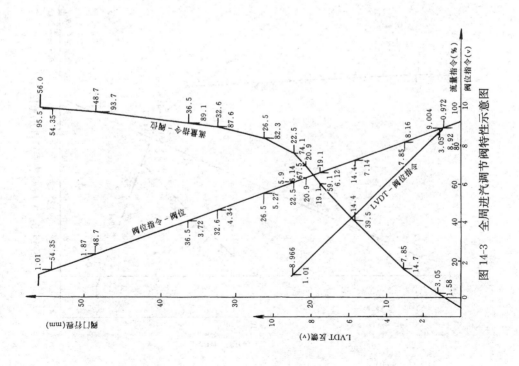

图 14-3 全周进汽调节阀特性示意图

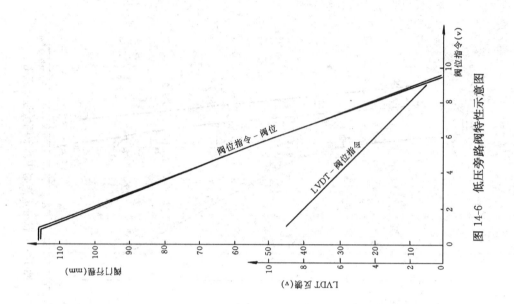

图 14-6 低压旁路阀阀位特性示意图

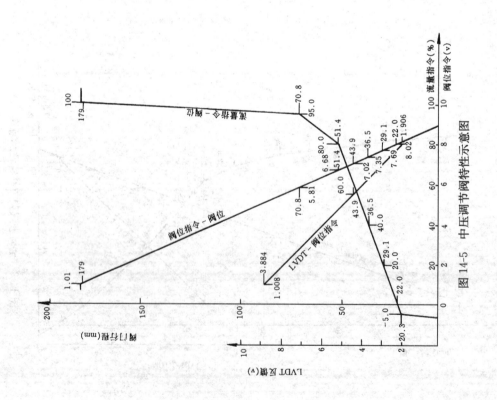

图 14-5 中压调节阀阀特性示意图

图 14-7 是调速器特性曲线示意图（北仑发电厂 1 号机组）。

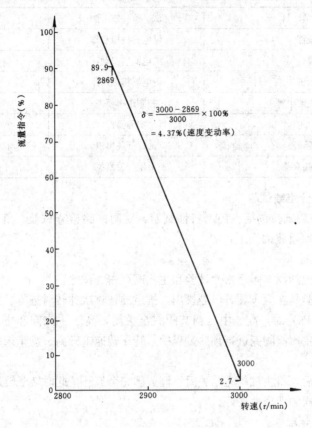

图 14-7　调速器特性曲线示意图

6. 液压油系统连锁和报警试验

在汽轮机首次冲转之前，对液压油系统的高压油泵、滤油泵和加热油泵（磷酸脂抗燃油不允许用电加热器加热，故设置了加热油泵，用加热油泵打油循环的方式对油进行加热）应进行连锁试验。各泵的试验项目、试验方法、判定标准如表 14-5 所示。

表 14-5　　　　　　　　液压油系统各泵试验项目、试验方法和判定标准

试　验　项　目		试　验　方　法	判　定　标　准
1. 高压油泵	(1) 就地控制盘开关	实际操作	启停正常
	(2) CRT 控制	实际操作	启停正常
	(3) EHC 油压低备用泵自动启动	实际操作	正常
	(4) 运行泵电气故障备用泵自启动	继电器模拟动作	正常
	(5) 电气故障停泵	继电器模拟动作	正常
2. 滤油泵	(1) 就地控制盘开关	实际操作	启停正常
	(2) 电气故障停泵	继电器模拟动作	正常
3. 加热油泵	(1) 就地控制盘开关	实际操作	启停正常
	(2) 电气故障停泵	继电器模拟动作	正常

EHC 液压油系统的报警试验项目、试验方法和判定标准，如表 14-6 所示。

表 14-6　　　　　　　　　　　　EHC 液压油系统报警试验项目、试验方法和判定标准

试 验 项 目	试 验 方 法	判 定 标 准
(1) 高压油泵电气故障报警	继电器模拟动作	CRT 报警正常
(2) 滤油泵电气故障报警	继电器模拟动作	CRT 报警正常
(3) 加热油泵电气故障报警	继电器模拟动作	CRT 报警正常
(4) 高压油泵自动启动失败报警	控制逻辑模拟	CRT 报警正常
(5) EHC 油压低报警	实际操作	CRT 报警正常
(6) EHC 油箱油位低报警	油位开关模拟	CRT 报警正常
(7) EHC 油箱油位低—低报警	油位开关模拟	CRT 报警正常

三、EHC 液动部分空载试验

EHC 液动部分空载试验包括汽门严密性试验、跳闸回路检查试验、危急遮断器充油试验、调速器调速范围复核和超速试验。

1. 汽门严密性试验

汽门严密性试验包括调节阀严密性试验和主汽阀严密性试验。

调节阀严密性试验是在盘车装置已经投用，机组准备首次冲转时进行。当蒸汽压力达到一定数值（如 3.5～4.0MPa）时，高、中压调节阀完全关闭，高压主汽阀和中压主汽阀完全打开，对阀壳进行预热。在主汽阀阀壳进行预热过程中，转子转速未升高、盘车未脱扣，则确认各调节阀的严密性良好。

完成上述工作之后，将主汽阀完全关闭，调节阀完全打开，此时转子转速无变化、盘车装置未脱扣，则确认主汽阀的严密性良好。

2. 跳闸回路检查试验

汽轮机组首次冲转至 3000r/min 时，在 EHC 试验盘上进行主汽阀的遮断阀试验和后备超速保护回路试验，试验时均能正常动作为合格。

3. 危急遮断器充油试验

危急遮断器充油试验分为不降速充油试验和降速充油试验两种情况。

不降速充油试验是在机组空载 3000r/min 时，使机械遮断闭锁，危急遮断器置于试验状态，对危急遮断器充油，危急遮断器应能正常动作（跳闸指示灯亮）。

降速充油试验是将机组的转速降至 2700r/min 后，重新将转速设定为 3000r/min，使机组升速，然后按危急遮断器的"试验跳闸"按钮，使危急遮断器充油，在转速升高过程中，危急遮断器能够正常动作为合格。

4. 调速器调速范围复核

在汽轮机组首次冲转到 3000r/min 之后，手操调节单元（Cov），将 Cov 设定值往下降，当设定值降至 -100% 时，记录此时所对应的转速。

在机组带 25% 负荷运行约 3h 后，机组解列维持额定转速，手操逐渐增大 Cov 设定值，当设定值达到最大极限时，记录此时所对应的转速。

上述两次试验所对应的转速范围就是调速器的调速范围（如北仑发电厂 1 号机组的调速范围是 2840～3192r/min）。

5. 超速试验

在汽轮机组带负荷约 3h 之后，进行超速试验两次，两次的危急遮断器动作所对应的转速均应合格。

第三节 发电机冷却水、密封油和氢冷系统调试

发电机冷却水系统、密封油系统、氢气冷却系统的调试，目的是使这些系统的主要技术参数能够满足正常运行的要求。

一、冷却水系统调试

发电机冷却水系统的调试主要包括定子绕组冷却水系统冲洗、严密性试验以及与此相关的连锁、报警试验。

1. 冷却水系统的水冲洗

冷却水系统必须用除盐水进行冲洗。冲洗前，首先对两台冷却水泵进行检查，如果其振动、温升、出口压力和流量都正常，则可开始进行冲洗。冲洗时，在就地控制盘启动冷却水泵，待其运行正常后，调整其出口压力至 0.7MPa 左右、流量约 77t/h、去除离子装置流量的再循环流量约为总流量的 10% 左右，用临时电加热器将水温升高到 45℃ 左右，控制冲洗水的电导率 <0.5μS/cm。

先对冷却水系统的连接管道进行冲洗（此时水不进入定子线圈）。每冲洗 20h 后停泵，对各滤网进行清理。当冷却水的清洁度达到表 14-7 的要求时，确认为管道冲洗合格。

然后对定子绕组进行严密性试验（见下面

表 14-7　冷却水清洁度要求

杂质颗粒直径（mm）	<0.05
主滤网处杂质量（g）	<10
水箱滤网处杂质量（g）	<10
回水管滤网处杂质量（g）	<10

2）。在确认定子绕组严密性合格之后，定子绕组可以进水，开始进行定子绕组的冲洗，直到冷却水的清洁度达到表 14-8 的要求时，确认为冲洗完毕。

表 14-8　　　　　　　　　　冷却水清洁度要求

杂质颗粒直径（mm）	<0.05
主滤网处杂质量（g）	<10
水箱滤网处杂质量（g）	<10
回水管滤网处杂质量（g）	<10
冷却水电导率（μS/cm）	≤0.25
除离子装置出口处冷却水电导率	≤0.25μS/cm（运行时系统出口处冷却水电导率<0.5μS/cm）
冷却水过滤器前后压差（MPa）	≤0.02

2. 定子绕组严密性试验

为了检查定子绕组是否有裂损，各接合处是否严密，在定子绕组通水以前，应对其进行充氮稳压试验。充氮稳压试验分两步进行。

首先，向定子绕组内充入 0.176MPa 的氮气，对系统的管道焊接、法兰连接进行查漏，并对发现的泄漏点予以处理，直到查不出漏点，标准压力表上压力指示在 1h 内稳定不变。然后，可以将定子绕组内的氮气压力升高至 2.2MPa，开始进行稳压试验。

稳压试验泄漏量的参考计算方法如下

$$\Delta V = 10\frac{\tau}{24}V\left\{(p_{e1}-p_{e2})-\left[\frac{t_1-t_2}{273+t_1}(p_{amb1}+p_{e1})-(p_{amb1}-p_{amb2})\right]\right\}$$

式中　ΔV——每天的漏气量，L/天或 m³/天；

　　　V——试验对象的气体容积，L 或 m³；

　　　p_{e1}——试验初始时的表压，MPa；

p_{e2}——试验终止时的表压，MPa；

p_{amb1}——试验初始时的大气压，MPa；

p_{amb2}——试验终止时的大气压，MPa；

t_1——试验初始时的气体温度，℃；

t_2——试验终止时的气体温度，℃；

τ——试验连续时间，h。

稳压试验允许的漏气量，每天泄漏气体体积大约为系统总容积的3%～3.5%。

3. 定子冷却水系统调试

将定子冷却水温度调整到40～46℃左右，手动调整定子绕组的进水压力调节阀，使冷却水的压力、流量达到正常运行时的参数，然后分别依次启动冷却水泵 A、冷却水泵 B、同时投入A、B 两泵，在这三种情况对定子冷却水系统进行下列特性测试：

(1) 泵的出口压力；

(2) 发电机绕组入口处冷却水压力；

(3) 发电机绕组入口处冷却水流量；

(4) 发电机绕组入口处冷却水温度；

(5) 发电机绕组出口处冷却水温度；

(6) 除离子装置的入口压力；

(7) 除离子装置的出口压力；

(8) 除离子装置的循环水量；

(9) 各滤网前后压差；

(10) 压力调节阀开度（%）。

上列各项的测量数据应与设计符合，才能满足机组运行要求。

最后，将除离子装置关闭，进行冷却水泵特性试验和发电机定子绕组入口处冷却水压力—流量关系试验，并将试验结果做成如图 14-8 的特性曲线。

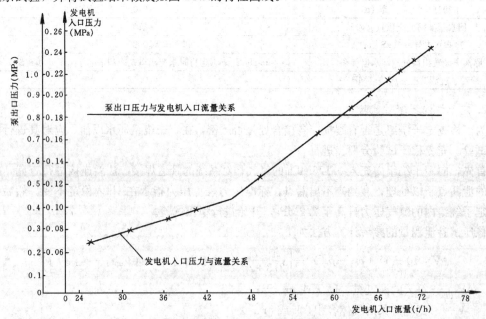

图 14-8　发电机定子入口处压力—流量特性曲线图

4. 定子冷却水系统连锁和报警试验

发电机定子冷却水系统必须进行连锁、报警试验,其试验项目、试验方法和判定标准如表14-9所示。

表 14-9　　　　　定子冷却水系统连锁、报警试验项目、试验方法和判定标准

试 验 项 目	试 验 方 法	判 定 标 准
(1) 定子进水温度高报警	模拟操作(48℃)	就地盘报警正常
(2) 定子出水温度高报警	模拟操作(80℃)	就地盘报警正常
(3) 定子进水流量小报警	实际操作	就地盘报警正常
(4) 定子进水压力低报警	实际操作	就地盘报警正常
(5) 冷却水泵出口母管压力低报警	实际操作	就地盘报警正常
(6) 冷却水泵出口母管压力很低报警	实际操作	就地盘报警正常
(7) 定子冷却水箱水位高报警	实际操作	就地盘报警正常
(8) 定子冷却水箱水位低报警	实际操作	就地盘报警正常
(9) 定子进水压力很低报警	实际操作(0.144MPa)	CRT、就地盘报警正常
(10) 定子出水温度很高报警	模拟操作(95℃)	CRT、就地盘报警正常
(11) 定子冷却水电导率高报警	模拟操作	CRT报警正常
(12) 定子冷却水电导率很高报警	模拟操作	CRT报警正常
(13) AC电源故障报警	实际操作	就地盘报警正常
(14) DC电源故障报警	实际操作	就地盘报警正常
(15) 定子冷却水漏入氢气报警	模拟操作	就地盘报警正常
(16) 冷却水泵电气故障报警	实际操作	就地盘报警正常
(17) 冷却水泵电动机线圈温度高报警	模拟操作	就地盘报警正常
(18) 定子冷却水系统故障报警	相应项目操作	主控室辅助盘显示正常
(19) 运行泵电气故障备用泵自启动	模拟操作	正常
(20) 运行泵出口压力低备用泵自启动	模拟操作	正常
(21) 定子进水压力用很低汽轮机减负荷	模拟操作三个情况（25%、25%～75%、>75%）	正常
(22) 定子出水温度很高汽轮机减负荷		正常

二、密封油系统调试

发电机密封油系统的调试主要包括系统冲洗、系统整定值的调整确定、系统特性测试和连锁、报警试验等工作。

1. 密封油系统油冲洗

在主机润滑油系统第二阶段冲洗工作完成后,向密封油箱充油,然后对密封油系统的各台密封油泵进行调试,测量各泵的启动电流、振动、温升等数据,随后,开始对密封油系统进行油冲洗。

冲洗过程中,每冲洗8h后将系统放油,然后清理各滤网、密封油箱等设备,这样反复循环冲洗,直到油质达到如下标准:

经8h冲洗,每个滤网杂质质量≤6.3mg,杂质直径≤0.1mm,油的理化性能达到航空油7级以内。

在密封油系统恢复后,必须再次冲洗24h,以清除恢复过程中偶然落入的杂质。

2. 密封油系统整定

(1) 启动密封油箱真空泵,调整密封油箱的真空至设计值（-0.1MPa）❶;

(2) 启动主密封油泵和真空泵,调整主密封油泵的出口泄压阀,使其阀后压力符合设计要求

---

❶ 此数据是一台具体机组的相应设计整定值,不是通用的标准。对于其他机组,应根据具体的设计整定值进行相应的调整。

(0.7MPa)；

（3）启动事故密封油泵和真空泵，调整事故油泵的出口泄压阀，使其阀后压力符合设计要求（0.7MPa）；

（4）调整密封油和氢差压调节阀，整定其差压符合设计值（0.052MPa）❶。

3．油、氢差压阀特性试验

油氢差压阀经上述整定后，逐渐向发电机内充入压缩干空气，使发电机内的气压从 0 上升至 0.43MPa，再逐渐放气，将气压降至 0。在升压和降压过程中，记录油压与气压的变化关系，即得到油和氢差压阀的特性。

4．密封油系统连锁和报警试验

发电机密封油系统连锁、报警试验的项目、试验方法、判定标准如表 14-10 所示。

表 14-10　　　　　　密封油系统连锁、报警试验项目、试验方法和判定标准

试 验 项 目	试 验 方 法	判 定 标 准
（1）密封油滤网前后压差大报警	实际操作	CRT 上报警正常
（2）油、氢差压低报警	实际操作	就地盘报警正常
（3）密封油箱真空低报警	实际操作	就地盘报警正常
（4）主密封油泵出口压力低报警	实际操作	就地盘报警正常
（5）密封油箱油温高报警	实际操作	就地盘报警正常
（6）密封油箱油位低报警	实际操作	就地盘报警正常
（7）油箱真空泵自启动失败报警	使油箱油位低或主密封油泵出口压力低	CRT 上报警正常
（8）事故密封油泵自启、停失败报警	启、停该泵	CRT 及主控室辅助盘硬报警均正常
（9）事故密封油泵过载报警	模拟操作	CRT 上报警正常
（10）事故密封油泵电动机绕组温度高报警	模拟操作	CRT 上报警正常
（11）事故密封油泵持续运行报警	实际操作	CRT 及主控室辅助盘硬报警均正常
（12）油、氢分离箱液位高报警	实际操作	就地盘报警正常
（13）发电机内部漏油报警	实际操作	就地盘报警正常
（14）AC 电源故障报警	实际操作	就地盘报警正常
（15）DC 电源故障报警	实际操作	就地盘报警正常
（16）油箱真空泵电气故障报警	实际操作	就地盘报警正常
（17）主密封油泵电气故障报警	实际操作	就地盘报警正常
（18）再循环油泵电气故障报警	实际操作	就地盘报警正常
（19）发电机密封油系统故障报警	相应模拟操作	主控室辅助盘显示正常
（20）事故密封油泵紧急启动试验	CRT 或就地盘操作	正常
（21）一台主密封油泵启动则另一台拒动	实际操作	正常
（22）再循环泵电气故障则主密封油泵拒动	实际操作	正常
（23）主密封油泵启动则再循环泵自启动	实际操作	正常
（24）备用主密封油泵启动则再循环泵自启动	实际操作	正常
（25）主密封油泵出口母管压力正常则油箱真空泵自启动	实际操作	正常
（26）油箱油位不高则真空泵自启动	实际操作	正常
（27）主密封油泵电气故障则事故密封油泵自启动	实际操作	正常
（28）主密封油泵出口母管压力低则事故密封油泵自启动	实际操作	正常

❶ 此数据是一台具体机组的相应设计整定值，不是通用的标准。对于其他机组，应根据具体的设计整定值进行相应的调整。

三、气体系统调试

发电机气体系统的调试包括气体系统管道的吹扫、氢气干燥器加热温度的整定、气体系统的连锁、报警试验、气体系统的严密性试验等工作。

1. 气体系统管道吹扫

在向发电机内充气之前，用仪用压缩空气对供氢管道、排氢管道、二氧化碳管道及仪表管道等进行吹扫 1h。

2. 氢气干燥器加热温度整定

将干燥系统中所有相连的隔离阀全部关闭，在干燥器内外壁分别装入温度计，然后接通加热器电源，通过对加热器高温动作点和低温动作点的调整，确定高温整定值和低温整定值。电加热器在运行中，当氢气的温度低于低温整定值时，电加热器自动进行加热；当氢气温度达到高温整定值时，电加热器自动停止加热（参考例：140～160℃）。

3. 气体系统连锁和报警试验

气体系统连锁、报警试验的项目、试验方法和判定标准如表 14-11 所示。

表 14-11　　　　　气体系统连锁、报警试验项目、试验方法和判定标准

试 验 项 目	（报警值举例）	试验方法	判定标准
(1) 发电机内氢气压力高报警	（0.43MPa）	实际操作	正　常
(2) 发电机内氢气压力低报警	（0.39MPa）	实际操作	正　常
(3) 发电机内氢气纯度低报警	（95%）	模拟操作	正　常
(4) 供氢气母管压力低报警	（0.47MPa）	实际操作	正　常
(5) 氢气温度高则加热器自动停用	（160℃）	实际操作	正　常
(6) 氢气温度低则加热器自动投用	（140℃）	实际操作	正　常
(7) 氢气冷却器水侧漏氢报警		模拟操作	正　常

4. 气体系统严密性试验

气体系统的严密性试验，首先是进行系统的检漏试验并在必要时予以处理，然后进行稳压试验。

气体系统的检漏是在密封油系统投入正常运行后，向发电机气体系统内充入干燥的仪用压缩空气，压力达到 0.41MPa 后，对发电机本体、两端密封瓦、测温引出线端子排、氢气冷却器、干燥器、氢侧油分离器、浮动阀筒体、气体控制屏、系统所有连接管、仪表管等设备及焊口、阀门、法兰进行全面的检漏工作。对查得的泄漏点，都应作认真的处理。如泄漏的阀门应解体检查，必要时对阀芯进行研磨处理；对泄漏的焊点应重新补焊；对泄漏的法兰应更换密封圈后重新紧固等。对系统进行反复检漏、处理，直到充氟里昂气体后用检漏仪查不到一点泄漏现象，标准压力表测得的机体内气体压力连续 4h 不变。

系统经过上述全面的检漏、处理后，重新充入干燥的仪用压缩空气，保持压力 0.42MPa，稳定 4h，然后进行气体系统的严密性稳压试验，并按泄漏量计算式计算出泄漏量。

在 0.1MPa 气压和室温（约 20℃）条件下，气体系统的每天总漏气量为

$$\Delta V=10\times\frac{\tau}{24}V\left\{(p_{e1}-p_{e2})-\left[\frac{t_1-t_2}{273+t_1}(p_{amb1}+p_{e1})-(p_{amb1}-p_{amb2})\right]\right\}$$

在大气压力条件下，密封油中空气的溶解率 A 为

$$A=6.2+00.062t$$

实际向外泄漏的空气量 ΔV_r 为

$$\Delta V_r = \Delta V - A$$

根据经验，运行时氢气的泄漏量为空气泄漏量的 3.75 倍，故机组在额定压力下运行时的漏氢量 ΔV_{rH_2} 为

$$\Delta V_{rH_2} = 3.75 \Delta V_r$$

5. 氢气和二氧化碳管道的严密性试验

首先向供氢母管充入干燥的仪用压缩空气，当压力达到 0.85MPa 后，对该管段的法兰、阀门、焊口处进行检漏、处理，然后把管内压力补足 0.85MPa 进行稳压试验 8h，如果管内压力无变化，则确认管道无泄漏。

第四节 汽动给水泵调试

汽动给水泵组（下称泵组）的调试包括泵组油系统冲洗、机械控制系统调整、泵组热工保护连锁试验、小汽轮机单机试运转、小汽轮机带泵试运转等项工作。

一、给水泵组油系统油冲洗

给水泵组油系统的油冲洗工作基本与主机油系统的油冲洗相同。

二、泵组机械控制系统调整

泵组机械控制系统应测量并调整各阀门行程、行程开关位置、油动机行程，测量小汽轮机调节阀的特性。其工作方法与主机的基本相同。

三、给水泵组热工保护连锁试验

泵组油系统的连锁保护与主机油系统的基本相同。汽动给水泵调节保安系统连锁保护的试验项目、试验方法、判定标准如表 14-12 所示。

表 14-12　　汽动给水泵调节保安系统连锁保护的试验项目、试验方法和判定标准

试　验　项　目	试验方法	判定标准
(1) 备用盘跳闸按钮	主控操作	跳闸报警
(2) 主控 CRT 跳闸按钮	主控操作	跳闸报警
(3) 给水泵进口压力低（<1.1MPa）*	就地模拟	跳闸报警
(4) 给水泵进口水量低—低	电子保护回路模拟	跳闸报警
(5) 给水泵小汽轮机跳闸优先按钮	主控模拟	正确动作
(6) 两台前置泵停	主控模拟	跳闸报警
(7) 给水泵小汽轮机 EHC 主要故障	电子室热工模拟	跳闸报警
(8) 给水泵小汽轮机 EHC 后备超速	空转时试验	跳闸报警
(9) 两台凝结水泵停	主控模拟	跳闸报警
(10) 除氧器水位低—低	就地模拟	跳闸报警
(11) 小汽轮机轴承油压低（<27kPa）*	就地模拟	跳闸报警
(12) 给水泵轴承油压低（<27kPa）*	就地模拟	跳闸报警
(13) 小汽轮机排汽真空低	就地模拟	跳闸报警
(14) MFT 动作	电子室模拟	跳闸报警
(15) 推力轴承前侧油压低	就地模拟	动作正确
(16) 推力轴承后侧油压低	就地模拟	动作正确

*　括号内数据仅是实例之一，不是通用标准数据，且为表压。

给水泵复位试验的项目、操作方法、判定标准如表 14-13 所示。

表 14-13　　　　　　给水泵复位试验项目、操作方法和判定标准

试　验　项　目	操　作　方　法	判　定　标　准
(1) 就地手柄复位	就地操作	正确复位
(2) 就地保安装置试验复位	就地操作	正确复位
(3) 备用盘上复位	主控操作	正确复位
(4) 主控 CRT 上复位	主控操作	正确复位

四、小汽轮机单机试运转

小汽轮机的单机试运转应完成盘车投入/退出试验、机组升速过程中的热状态检查、阀门的活动试验、保安系统的超速及后备超速试验等项目。

小汽轮机的热状态试验应检查如下项目：

(1) 小汽轮机转速；

(2) 控制油油压；

(3) 轴承进口油压；

(4) 轴承进油温度；

(5) 轴承回油温度；

(6) 推力轴承回油温度；

(7) 推力瓦前后侧金属温度；

(8) 高压进汽压力；

(9) 高压进汽温度；

(10) 轴封蒸汽压力；

(11) 排汽部分真空；

(12) 排汽温度；

(13) 高压主汽阀内金属温度；

(14) 汽缸内壁金属温度；

(15) 各轴承振动值。

五、小汽轮机带泵试运转

小汽轮机带泵试运转过程中，小汽轮机应检查的项目如上列；给水泵应检查的项目如下：

(1) 泵的转速；

(2) 泵进口压力；

(3) 泵出口压力；

(4) 给水温度；

(5) 轴承回油温度；

(6) 推力轴承回油温度；

(7) 密封水回水温度（联轴器侧）；

(8) 密封水回水温度（另一侧）；

(9) 泵体金属温度（上）；

(10) 泵体金属温度（下）；

(11) 各轴承振动值。

前置泵应检查的项目如下：

（1）泵的进口压力；

（2）泵的出口压力；

（3）泵进口处给水温度；

（4）各轴承温度；

（5）各轴承振动值。

第五节 抽真空系统调试

汽轮机组真空系统的调试主要包括抽真空设备性能调试和真空系统严密性检查等工作。

一、抽真空设备性能测试

在本书第四章中，介绍了两种配置方式的抽真空系统，一种是采用水环式真空泵及射气抽气器（前置式）；另一种是采用射汽抽气器及前置式抽气器。目前国内 600MW 汽轮机组多数采用前一种配置方式。

采用水环式真空泵组成的抽真空系统主要由水环式真空泵、循环冷却水供水泵、水—水热交换器及相应的管道、阀门等组成。在抽真空系统组装完毕之后，应进行水冲洗。在冲洗过程中，加压至 196kPa 左右，并在保持该压力条件下进行检漏，必要时予以处理，直到确认系统清洁、严密，有关阀门开启灵活、关闭严密，然后进行各设备性能调试。调试时，这些设备必须测量的主要技术性能如下：

水环式真空泵有以下几方面：

（1）泵吸入介质的温度；

（2）对应于各吸入温度时，泵的吸入压力（吸头）；

（3）对应于各吸入温度时，泵的吸气量；

（4）泵的转速；

（5）泵的耗功；

（6）从泵投入工作至达到要求真空值所需要的时间；

（7）在上述条件下，两台泵同时投入，达到要求真空值所需要的时间；

（8）两台泵互相切换的可靠性；

（9）泵的振动值；

（10）轴承温度。

循环冷却水供水泵有以下几方面：

（1）供水温度；

（2）供水压力；

（3）供水流量；

（4）回水温度；

（5）泵的转速；

（6）泵的耗功；

（7）泵的振动；

（8）轴承温度。

水—水热交换器有以下几方面：

（1）进口处水温；

（2）出口处水温。

二、真空系统查漏及泄漏量的测量

凝汽器本体及与其直接连接的管道都属于真空系统的范围。查漏时，除凝汽器本体要进行仔细检查外，还必须对该范围内的所有管道的连接处、阀门的连接处、阀杆盘根、阀门关闭时的严密性，以及有关检测表计接头等进行仔细的检查。

目前采用的检查方法有气雾检漏和灌水检漏。

采用灌水方法进行检漏是向凝汽器本体内注入清洁的水，此时应将位置低于凝汽器喉部的管道上阀门打开，以便排出管道内的气体和水的冒出。灌水水位达到汽轮机低压缸下部末级动叶顶部为止。然后检查凝汽器本体和有关管道、阀门，检漏后进行必要的处理，直到查不到泄漏点为止。

在系统内的设备、管道、阀门均调试合格之后，启动系统，测量系统的泄漏量。要求达到的标准（真空下降速率）是<0.399kPa/min，如果达不到要求，则应再次检漏，直到合格为止，切不可以为"带上负荷就好了"。

第六节 循环水系统调试

循环水系统的调试主要包括循环水泵、各有关阀门的性能测试调整和系统的连锁、报警功能试验。

一、循环水泵调试

循环水泵的调试包括性能检测和连锁、报警试验。

1. 循环水泵性能检测

对循环水泵应进行下列各项性能检测：

（1）两台泵并列运行时的流量；

（2）两台泵并列运行时的总压头；

（3）两台泵并列运行时，循环水泵可调叶片的角度；

（4）两台泵并列运行时，循环水泵的轴功率；

（5）单台泵运行时的流量；

（6）单台泵运行时的压头；

（7）单台泵运行时的轴功率；

（8）单台泵运行时，循环水泵可调叶片的角度；

（9）循环水泵的振动值；

（10）循环水泵的轴承温度。

测量泵的流量、压头之后，将检查所得数据与制造厂提供的循环水泵性能曲线比较，并进行必要的调整，直到符合运行要求为止。

2. 循环水泵连锁和报警

对循环水泵应进行下列的连锁、报警试验：

（1）循环水泵进口水位很低，自动跳闸；

（2）循环水泵上游滤网前后压差太大，自动跳闸；

（3）循环水泵电动机电流太大，自动跳闸；

（4）循环水泵电动机电气故障，自动跳闸；

（5）循环水泵出口阀门全关，自动跳闸；

（6）凝汽器进口或出口阀门全关，自动跳闸；

（7）出口碟阀开度太小，或阀门故障，自动报警；

（8）另一台停运，其出口阀门开度大于30%，或阀门故障，自动报警；

（9）另一台循环水泵逆转转速达到100%额定转速，自动报警；

（10）循环水泵电源电压太低，自动报警；

（11）循环水泵振动值太大，自动报警/跳闸；

（12）冷却水流量小，或循环水泵轴承温度太高，自动报警/跳闸（循环水泵轴承的润滑、冷却水有两种供水方式，一种是由服务水系统供水，一种是配置专用的冷却水供水泵。不同的系统设置，事故处理方法也就不同）。

调试时应当注意，在下列情况下循环水泵不能启动：

（1）出口碟阀控制油压力太低，不能启动；

（2）叶片角度未在最小位置，不能启动；

（3）循环水泵出口阀门未开，不能启动；

（4）凝汽器进口或出口阀门关闭，不能启动；

（5）泵进口水位低，不能启动；

（6）电动机冷却水流量小，不能启动。

二、循环水泵出口阀门、凝汽器进出口阀门调试

1. 循环水泵出口碟阀调试

循环水泵出口液力驱动碟阀配备有液压油系统（设置有油泵、滤网、油箱、安全阀以及相应的管道、阀门、监测仪表等）。调试时，首先应将液压油系统冲洗清洁、调整合格之后才能投运。然后测量油泵出口处的流量、压力，测量循环水泵出口碟阀的开启和关闭时间。对出口碟阀的控制油系统，还要进行下列报警试验：

（1）电动机启动故障，自动报警；

（2）控制油压低报警；

（3）控制油温度高/低报警；

（4）油箱油位高/低报警；

（5）控制油滤网前后压差大报警。

2. 凝汽器进出口碟阀的调试

凝汽器进出口电动碟阀调试时首先检查电气控制线路是否正常，然后测量其开、关是否灵活，开、关时间是否能够满足运行要求。

三、耙草机及旋转滤网调试

循环水泵进口处设置有拦污栅和旋转滤网，它们必须进行的连锁、报警试验项目如下：

1. 拦污栅耙草机报警试验项目

（1）耙草机电动机电流太大或力矩太大报警；

（2）耙草机电动油缸过载或电动机电流太大报警；

（3）横跑小车电动机电流太大或小车轨道夹电动油缸电动机电流过载报警；

（4）耙蓝牵引钢丝太松报警；

（5）耙蓝碰到上端盖，电动机紧急跳闸；

（6）控制柜内温度太高或太低报警。

2. 旋转滤网连锁和报警试验

（1）当滤网前后压差达到1.96kPa（200mmH$_2$O）时，一台冲洗泵自动启动，冲洗管上的气动控制阀自动打开，滤网开始在低速档运转；

（2）当滤网前后压差降到 1.96kPa（200mmH$_2$O）以下，滤网继续运转 15min 后自动停运；

（3）若滤网 8h 内未运转，定时器将使滤网运转 5min；

（4）当滤网前后压差达到 2.94kPa（300mmH$_2$O）时，滤网自动切换到高速运转，当滤网前后压差降到 2.94kPa（300mmH$_2$O）以下时，滤网自动恢复到低速运转；

（5）当两套气泡管差压计均超过 1.96kPa 或加氯系统也投运时，两台冲洗泵同时投入冲洗；

（6）运行中一台冲洗泵跳闸，则备用泵自动投运；

（7）旋转滤网前后压差大或冲洗泵出口滤网前后压差大报警；

（8）空压机气压低报警；

（9）循环水泵进口水位不正常报警；

（10）控制盘内温度太高或太低报警；

（11）当冲洗电动机、滤网电动机或小空压机电动机任一台的电流过载时，旋转滤网跳闸；

（12）滤网力矩过载，旋转滤网跳闸；

（13）冲洗水压太低，旋转滤网跳闸；

（14）滤网启动故障，跳闸。

四、开式和闭式循环水系统调试

1. 开式循环水系统

开式循环水系统应进行下列连锁、报警试验：

（1）电动机绕组温度超限，报警/跳闸，备用泵自动投运；

（2）开式循环水泵出口压力低超限，报警，备用泵自动投运；

（3）开式循环水泵出口流量小超限，报警，备用泵自动投运；

（4）开式循环水泵出口碟阀未全开，报警/跳闸，备用泵自动投运。

2. 闭式循环冷却水系统

（1）泵的进口滤网前后压差大超限，报警；

（2）泵的出口压力低超限，报警；

（3）泵的进口水温高超限，报警；

（4）高位水箱的水位高/低，报警；

（5）泵电动机绕组温度高超限，报警/跳闸；

（6）泵的轴承温度高超限，报警/跳闸；

（7）泵的电动机轴承温度高超限，报警/跳闸；

（8）泵出口处碟阀关闭，报警/跳闸；

（9）高位水箱的水位低—低，报警/跳闸。

第七节 凝结水系统调试

如前所述，凝结水系统包括凝汽器、凝结水泵、凝结水贮存箱、凝结水输送泵、凝结水收集箱、凝结水收集泵、轴封冷却器、低压加热器、除氧器及水箱，以及连接上述设备的管道、阀门、检测表计等。

凝结水系统调试包括设备主要性能的测试和系统的连锁、报警试验等工作。

一、设备性能测试

1. 凝汽器测量

凝汽器的真空在机组投运前应予以测量，其测量方法如本章第五节所述。凝汽器的其他主要性能，如传热系数、凝汽器热负荷、进口处循环水温、出口处循环水温、循环水管内水流速、循环水管内水阻、凝结水温度等，只能在汽轮机组投入运行以后才能进行具体测量。

2. 水泵测量

各种水泵应测量的主要性能参数如下：

（1）泵的转速、轴功率、电动机绕组电流；

（2）泵出口处的压力、流量；

（3）泵的振动值；

（4）泵和电动机的轴承温度；

（5）进口处滤网的前后压差；

（6）泵的进口压头。

其他设备应测量或整定的主要性能参数见系统介绍。

二、系统连锁和报警试验

1. 凝汽器连锁和报警试验

凝汽器应进行下列连锁、报警试验：

（1）热井水位低，报警；

（2）热井水位很低，报警，事故电动补水阀门自动打开；

（3）热井水位极低（超限），报警，凝结水泵跳闸（信号3取2）；

（4）热井水位在正常范围内，事故电动补水阀关闭；

（5）热井水位在正常范围内偏高，水位调节阀自动关闭；

（6）热井水位高，报警；

（7）热井水位很高（超限），放水阀自动打开；

（8）凝汽器压力高（超限），报警，汽轮机跳闸。

2. 凝结水泵连锁和报警试验

凝结水泵应进行下列连锁、报警试验：

（1）运行泵出口阀门未开，跳闸，备用泵自动启动；

（2）运行泵出口阀门全关，跳闸，备用泵自动启动；

（3）运行泵因故就地按钮紧急停泵，备用泵自动启动；

（4）运行泵轴承温度高（超限），跳闸，备用泵自动启动；

（5）运行泵电气故障，跳闸，备用泵自动启动；

（6）凝结水泵出口压力低，报警；

（7）凝结水泵出口处滤网前后压差大，报警；

（8）除盐装置出口处凝结水温度高，报警；

（9）凝结水泵的轴封水或冷却水流量低于70%正常流量，报警；

（10）凝结水泵电动机轴承温度高（超限），报警，立即跳闸；

（11）凝结水泵电动机线圈温度高（超限），报警，立即跳闸；

（12）凝结水泵轴承温度高（超限），报警，立即跳闸；

（13）凝结水泵的振动大（超限），报警，立即跳闸。

系统中其他设备的连锁、报警项目，参看系统介绍。

第八节 汽轮机监控系统连锁试验

在汽轮机组各工作系统调试完毕、性能良好的条件下，可以安排整个汽轮机组各监控系统的连锁试验。监控系统的连锁试验主要包括两大部分，即汽轮机本体的监控和各工作系统与汽轮机本体的协调（安全）监控。汽轮机本体的数字式电液监控系统（DEHC）是整个汽轮发电机组监控的核心，它将各监视系统送来的信号加以分析、判定，作出结论后发出相应的控制指令。

一、汽轮机本体监控试验

汽轮机本体监控试验主要包括转速监控、负荷监控、安全监控（振动、温度、相对膨胀、轴向位移、凝汽器真空）。

转速监控试验主要是模拟汽轮机启动时的升速过程。按照汽轮机启动过程所要求的升速规律，使 DEHC 向液压控制机构发出相应的控制指令，如果主汽阀和调节阀均能按得到的阀位指令动作，则认为升速过程的控制是可靠的；使 DEHC 向液压控制机构发出超速指令，如果主汽阀和调节阀均能按得到的指令动作，则认为汽轮机的转速控制通道是可靠的。

汽轮机带负荷的模拟试验与转速的模拟试验基本相同。

当达到模拟额定负荷后，模拟发电机失负荷信号，使 DEHC 向液压控制机构发出相应指令，如果调节阀能够按得到的指令动作（调节阀关闭，主汽阀不关），则认为汽轮机组的负荷控制是可靠的。

汽轮机本体的安全监视通道比较多。这些安全监视通道都应进行模拟试验，以确认其可靠性。

振动检测点分布于汽轮发电机组各个轴承的水平、垂直、轴向方向，相应的变送器将检测到的信号送至 DEHC，DEHC 对信号进行判定之后，向液压控制机构发出相应的控制指令。如果模拟（垂直）振动值严重超限，使 DEHC 发出相应的控制指令，液压控制机构能够使汽轮机跳闸，则认为振动监控通道是可靠的。

模拟汽缸内、外壁温差超限，或汽缸上、下半温差超限，使 DEHC 发出相应的控制指令，调节阀能够相应动作，则认为汽缸温差监控通道是可靠的。

模拟轴承和推力轴承乌金温度超限，使 DEHC 发出相应的控制指令，液压控制机构能够使汽轮机跳闸，则认为各轴承的保护通道是可靠的。

模拟汽轮机相对膨胀、轴向位移大和超限，使 DEHC 发出相应的控制指令，液压控制机构能够相应动作，使汽轮机跳闸，则认为汽轮机相对膨胀、轴向位移保护通道是可靠的。

模拟汽轮机窜轴（推力轴承的推力盘磨损），使 DEHC 发出相应的控制指令，液压控制机构能够相应动作，使汽轮机跳闸，则认为汽轮机窜轴保护通道是可靠的。

模拟凝汽器真空恶化（超限），使 DEHC 发出相应的控制指令，液压控制机构能够相应动作，使汽轮机跳闸，则认为汽轮机真空恶化保护通道是可靠的。

二、各工作系统与汽轮机本体的连锁试验——安全系统试验

在汽轮机启动前，应进行下列安全保护模拟（汽轮机跳闸）试验：

（1）汽轮机的润滑油压低；

（2）汽轮机推力轴承磨损（信号二选一）；

（3）汽轮机转速高于 75％额定转速时，主油泵出口压力低；

（4）汽轮机 EHC 油压低（信号三取二）；

（5）凝汽器真空低（信号三取二）；

（6）凝汽器热井水位低超限；

（7）除氧器水箱水位低超限；

（8）低压缸排汽端汽轮机侧温度高（信号二选一）；

（9）低压缸排汽端发电机侧温度高（信号二选一）；

（10）汽轮机振动大；

（11）汽轮机相对膨胀、轴向位移超限；

（12）汽轮机转速信号故障；

（13）危急保安油压低（信号二选一）；

（14）汽轮机主润滑油箱油位低超限（信号三取二）；

（15）阀门控制器电气故障；

（16）手动跳闸；

（17）机械跳闸电磁阀电气故障；

（18）后备超速动作；

（19）发电机保护动作（跳闸）；

（20）发电机油密封系统油/氢压差值小（信号三取二）；

（21）发电机下液位高超限（信号三取二）；

（22）励磁机下液位高超限（信号三取二）；

（23）发电机定子冷却水断水；

（24）主变压器保护动作；

（25）锅炉主燃料跳闸（MFT）；

（26）TSI 控制盘故障；

（27）主控制器电气故障；

（28）主控制器故障。

汽轮机整套启动调试

汽轮机整套启动调试主要包括汽轮机进汽系统严密性试验，升速、超速试验，并网和带负荷试验，甩负荷试验等。只有在汽轮机组所有系统都能正常工作的情况下，才能够进行这些试验。因此，汽轮机整套启动前，还应当对各系统进行一次仔细检查，确认正常之后，才能开始整套启动。

第一节 整套启动前检查

汽轮机组整套启动前，要特别仔细地检查调节/保安系统、主机润滑油系统、进汽系统、给水回热系统、轴封系统和疏水系统的可靠性。

一、润滑油泵自动启动试验

在汽轮机整套启动以前，润滑油系统中的辅助油泵、直流事故油泵、盘车油泵应再次进行启动和切换试验，务必使其启动和切换性能符合设计要求，并调整润滑油母管压力到设计值。对于设置有顶轴油泵的汽轮机组，其顶轴油泵也应再次进行试验，务必使其性能符合设计要求（测量顶轴油母管压力、轴颈顶起情况，试验备用泵的切换是否可靠）。

仔细检查润滑油系统中的各种监测表计，务必使监测通道真实、准确、可靠地显示监测数据。

二、主机润滑油压调整

大型汽轮发电机组，其转子轴系由推力轴承和若干径向支持轴承支承。由于转子轴系在各轴承处的载荷、轴颈线速度各不相同，各轴承所需要的润滑（兼冷却）油流量也就各不相同。汽轮机启动前，应调整轴承的进油调节阀或流量调节孔板，使各轴承的进油量、进油压力以及进油温度，能够满足相应轴承正常运行的需要（润滑良好，轴承温度和回油温度正常）。

三、汽门活动试验

主汽阀和调节阀以及中联门，在汽轮机组冲转之前，应再次进行汽门活动试验，务必使其开启灵活、行程准确，以确保汽轮机组冲转、升速、超速试验以及带负荷过程的绝对可靠。在进行汽门活动试验的同时，还要进行各汽门的严密性试验，务必使各汽门活动试验和严密性试验满足要求。

四、给水回热系统检查

启动前再次试验凝结水泵启动、切换的可靠性，电动给水泵的可靠性，凝汽器水位与补水调节阀协调工作的可靠性，除氧器水位与给水泵协调工作的可靠性，锅炉水位（对于直流锅炉则是"中间点"位置）与给水泵转速协调匹配的可靠性。

检查各回热抽汽管道上抽汽止回阀、截止阀的可靠性，检查给水管道旁路阀门的可靠性，检查疏水管道上各阀门的可靠性，检查加热器上安全阀的可靠性。

检查系统中所有监测表计，务必使其监测通道真实、准确、可靠地显示监测数据。

五、蒸汽系统检查

主蒸汽管道及阀门、再热蒸汽管道及阀门、旁路管道及旁路阀门，在汽轮机组启动前应进行仔细、全面的检查。主蒸汽管道上、冷/热再热蒸汽管道上的疏水管及疏水阀门，应无堵塞现象，疏水阀开启、关闭灵活可靠；高、低压旁路阀门开启灵活、关闭严密，疏水管道无堵塞现象，疏水阀开启、关闭灵活可靠；高压缸排汽止回阀性能可靠，高压缸放气管畅通、阀门开启和关闭灵活可靠。

各种监测表计性能可靠，监测通道能够真实、准确、可靠地显示监测数据。

六、辅助蒸汽系统及轴封系统检查

汽轮机组启动时，通常首先由辅助蒸汽系统向轴封系统供汽，进行机组的预热。汽轮机组启动前，应对辅助蒸汽系统和轴封系统进行检查，使其蒸汽母管内的蒸汽参数能够满足轴封系统的要求，以便安全、有效地对汽轮机进行预热。辅助蒸汽系统上的各种监测表计也应当进行检查，使其真实、准确、可靠。

第二节 暖管与暖机

汽轮机整套启动的第一步工作是锅炉点火，同时对各蒸汽管道进行暖管，并通过轴封系统对汽轮机本体进行初步暖机。

锅炉点火前汽轮机应具备下列条件：

(1) 润滑油箱内油位正常，油温高于 10℃，油质合格；

(2) 润滑油系统（和顶轴油系统）已经投入，运行正常；

(3) 当润滑油压高于 0.2MPa、油温高于 20℃、顶轴油压高于 25.1MPa 时，汽轮机组盘车装置投入，运行正常；

(4) 发电机油密封系统已经投入，运行正常，发电机已充氢，氢气压力符合设计要求，氢气密封系统严密性符合要求，氢气冷却系统符合设计要求；

(5) 液压油箱内油位正常，油质合格，液压油加热装置能够自动投入（当油温低于要求值时）或退出（当油温正常时）；

(6) 汽轮机调节和安全系统正常、可靠；

(7) 汽轮机循环水系统已投入，运行正常；

(8) 汽轮机闭式辅助冷却水系统、开式辅助冷却水系统均已投入，运行正常；

(9) 所有蒸汽管道的疏水系统均已投入，工作正常、可靠；

(10) 汽轮机轴封系统已投入（对于新建电厂，该蒸汽来自辅助锅炉；对于扩建机组，该蒸汽来自邻机），运行正常；

(11) 凝汽器抽真空系统已投入（真空破坏阀关闭），工作正常、效果明显；

(12) 除氧器已投入，其压力调节装置功能正常，能够自动调节除氧器的压力；

(13) 电动给水泵已经投入，运行正常；

(14) 给水精除盐装置投入工作，其出水水质达到如下要求：

电导率$<0.3\mu S/cm$；二氧化硅$<20ppb$；氯根$<30ppb$；铁离子$<20ppb$；铜离子$<3ppb$；钠离子$<10ppb$；pH 值$=9.0\pm0.2$。

(15) 汽轮机本体及其工作系统完成了有关试验和连锁保护，如凝汽器真空、润滑油压、手动跳闸试验等；

(16) 润滑油和液压油油温均$\geq35℃$。

当汽轮机满足上列条件时，锅炉进行点火。当锅炉产生的蒸汽具有一定的过热度时，开始对主要蒸汽管道进行暖管。用于暖管的蒸汽应具有一定的过热度（≥50℃），以提高暖管效果。蒸汽具有一定的过热度，还能减小管道内发生水击的可能性。

对蒸汽管道进行暖管时，要特别注意疏水系统能够有效地疏水，避免任何管道内积水而发生水击。当管道的金属温度接近蒸汽温度，两者之间的温差≤30～50℃时，可认为暖管已经符合要求。

然后打开主汽阀，对阀门箱进行预热。此时所有调节阀均关闭，蒸汽由阀门箱疏水管排出。直到阀门箱的金属温度接近蒸汽温度，两者之间的温差≤30～50℃时，可认为阀门箱预热已经符合要求。与此同时，观察汽轮机转子的转速是否有变化，如果汽轮机转子转速仍然处于盘车转速状态，则可确认调节阀的严密性符合要求。接着，关闭主汽阀，打开所有调节阀，如果汽轮机的转速仍然处于盘车转速状态，则可确认主汽阀的严密性符合要求。

利用辅助蒸汽系统向汽轮机轴封系统送汽，对汽轮机本体进行启动前的预热。当汽轮机本体高压部分的金属温度达到约200℃、中压部分的金属温度达到约150℃时，汽轮机具备启动冲转条件。

第三节 汽轮机启动

在完成管道暖管、汽轮机本体预热之后，若蒸汽参数（压力、温度）达到汽轮机冲转要求，即可进行汽轮机冲转。对于600MW汽轮机组来说，冲转的蒸汽压力约为4.0MPa、过热度应≥100℃。

对于具体汽轮机组，设计者根据机组的具体结构特点，进行温度场、热应力、热膨胀计算，给出汽轮机组在各种初始态（如冷态、温态、热态、极热态）下启动冲转的参数、升温速率和加负荷速率，以保证汽轮机本体部件的热应力、热膨胀在允许的范围内，避免损伤部件。

汽轮机组高压部件金属温度＜200℃时的启动，属于冷态启动，部件金属温度在200～350℃范围内的为温态启动，在350～450℃的为热态启动，450℃及以上的为极热态启动。

汽轮机组第一次启动必然是冷态启动，也是汽轮机组最重要、最典型而又最容易发生意外事故的启动。

汽轮机组冷态启动时，除应满足本章第二节所列各项要求外，还应注意汽轮机组轴系临界转速的分布情况，冲转、暖机、升速过程中应避开或尽快通过各阶临界转速。

汽轮机冲转后，当转速达到约为轴系一阶临界转速的80%时，定速暖机约20～30min（视汽轮机部件的温度场和热膨胀情况而定），然后继续升速，并尽快通过各阶临界转速，直到额定转速。

在暖机后的第一次升速过程中，应密切监视各轴颈处的振动值和轴承金属温度，以及汽缸上、下半温差的变化。如振动值或轴承金属温度超限，或汽缸上、下半温差超限，均应采取相应措施予以解决。

在汽轮机达到额定转速后，定速运转适当时间，检查机组各部分情况。如机组本体及各有关工作系统均正常，则可进行超速试验。危急遮断器动作所对应的转速为110%额定转速以下，则认为超速试验是成功的。至此，汽轮机发电机组具备并网条件。再次检查汽轮发电机组本体（包括励磁调节）及各系统的情况，如均正常，则调整同步之后并网。

并网后，汽轮机的1号、2号、3号调节阀全开。由于冲转时蒸汽参数不高，汽轮机带到某一较低负荷后，不可能再升负荷。此时，锅炉加强燃烧，蒸汽的参数不断上升，汽轮机的负荷也随着增加。这就是滑参数加负荷过程，直到蒸汽参数接近额定参数，汽轮机也基本带到额定负荷，进入正常运行。

在汽轮机冲转、升速、带负荷过程中，应监视或记录汽轮机本体及各系统的主要技术数据。

一、汽轮机启动和运行时主要监视项目

（1）汽轮机安全系统：凝汽器压力；汽轮机转速。

（2）汽轮机液压油系统：液压油箱油位；再生油回路滤网前、后压差；冷却回路滤网前、后压差；液压油泵出口处滤网前、后压差；液压油母管压力；液压油温度；安全油母管压力。

（3）润滑油系统：润滑油箱油位；润滑油箱回油侧油位；润滑油母管压力；润滑油（轴承处）进油温度；润滑油箱排烟风机风压；去盘车装置油路滤网前、后压差；顶轴油母管压力；顶轴油泵进口处压力；顶轴油路滤网前、后压差；推力轴承前、后瓦块温度；汽轮机、发电机轴承瓦块温度；盘车装置电动机电流。

（4）低压缸：排汽温度和排汽压力。

（5）高压缸：排汽温度和排汽压力；内外缸夹层压力。

（6）汽轮机轴向位移。

（7）汽缸与转子之间的膨胀差：高压缸胀差、中压缸胀差、低压缸胀差。

（8）汽轮发电机组各轴颈处振动值。

（9）高、中压缸上下半温差。

（10）汽轮机轴封系统：轴封蒸汽压力、温度。

二、汽轮机启动和运行时应记录的主要技术数据

（1）主蒸汽压力、温度；

（2）再热蒸汽压力、温度；

（3）汽轮机调节级后压力、温度；

（4）高压缸内缸上、下缸内外壁温度；

（5）中压缸上、下内缸内壁温度；

（6）高、中、低压缸胀差；

（7）汽轮机轴向位移；

（8）汽缸总膨胀量；

（9）低压缸 A/B 排汽温度；

（10）凝汽器内压力；

（11）凝结水流量和给水流量；

（12）汽轮发电机组各轴承处轴颈振动值（垂直/水平方向）；

（13）润滑油母管压力；

（14）轴承处润滑油进油温度；

（15）各轴承和推力轴承乌金温度。

三、大型汽轮机组启动实例

至今为止，大型汽轮机组启动冲转，有采用通常的高压缸启动，也有采用中压缸启动。汽轮机组第一次启动过程，一般按设计者提供的启动规程进行操作。下面给出一个机组的实际启动过程。

北仑发电厂 2 号机组，可以采用高压缸启动，也可以采用中压缸启动。由于考虑中压缸启动，汽轮机高压缸设置有通往凝汽器的放气管，防止采用中压缸启动时高压缸因鼓风摩擦而造成过热。

该机组的主要设计参数如表 15-1 所示。

表 15-1 机组主要设计参数

设计参数	额定工况	铭牌工况	最大工况
功率（MW）	600	620.67	661.03
主蒸汽压力（MPa）	16.66	16.66	17.49
主蒸汽/再热蒸汽温度（℃）	537/537	537/537	537/537
再热蒸汽压力（MPa）	3.618	3.76	4.033
主蒸汽流量（t/h）	1747.1	1820.4	1971.9
再热蒸汽流量（t/h）	1525.5	1586.1	1704.6
给水温度（℃）	269.1	271.7	276.6
背压（kPa）	4.04/5.25	4.11/5.39	4.24/5.63
冷却水温（设计/最高,℃）		20/33	
转速（r/min）		3000	

1. 制造厂提供的运行方式

该机组采用 1～3 号高压调节阀同步调节，定压—滑压—定压的混合运行方式。

在 0～50％额定负荷范围内为定压运行，1～3 号高压调节阀同时开启，直至全开，并维持主蒸汽压力为 8.72MPa，将汽轮机负荷带至 300MW。

在 50％～94.3％额定负荷范围内为滑压运行，1～3 号高压调节阀处于全开状态，主蒸汽压力从 8.72MPa 升至 16.66MPa，汽轮机负荷从 300MW 升至 565.83MW。

在 94.3％～103.4％额定负荷范围内为定压运行，4 号高压调节阀参与调节，直至全开（即 VWO 工况），主蒸汽压力维持 16.66MPa，汽轮机的负荷从 565.83MW 升至 635.41MW。

在 103.4％～110.17％额定负荷范围内为（超）滑压运行，4 只高压调节阀均处于全开状态，主蒸汽压力从 16.66MPa 升至 17.49MPa，即 5％超压，汽轮机负荷从 635.41MW 升至 661.03MW（即 VWO＋5％OP 工况）。

2. 中压缸冷态启动

汽轮机组在具备本章第二节所列条件之后，可以启动。通常在高压缸金属温度≤200℃、中压缸金属温度＜150℃时，称为冷态启动。

该机组可用高压缸启动，也可用中压缸启动。制造厂建议优先采用中压缸启动。

机组冲转后的升速率则根据中压缸的金属温度由 DEH 装置自动设定如下：

当中压内缸上缸金属温度＜150℃时，升速率为 100r/min²；

当中压内缸上缸金属温度≥150℃时，升速率为 250r/min²；

当中压内缸上缸金属温度≥400℃时，升速率为 300r/min²。

但应当注意，在接近临界转速区域时，应从转速≤临界转速×（1－15％）快速地冲至转速≥临界转速×（1＋15％）。

中压缸冷态启动曲线——蒸汽参数、汽轮机负荷的关系，如图 15-1 所示。

启动前，将高压缸与凝汽器连通的放气管先暂时关闭。汽轮机的旁路系统按下列步骤投入运行：

（1）手动开启高压旁路阀，控制其开度在 5％～10％左右，待蒸汽压力达到 4.6MPa 后，高压旁路系统的压力调节阀投入自动控制，其设定值为 4.6MPa，高压旁路阀后的蒸汽温度控制为

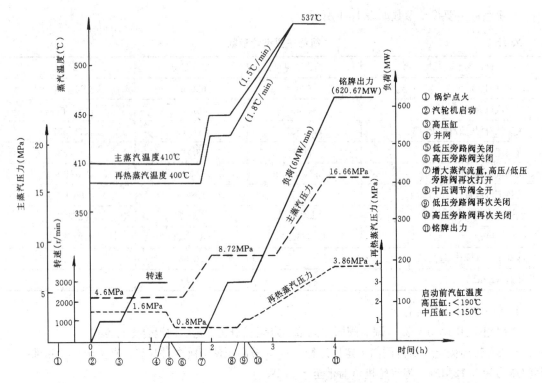

图 15-1 中压缸冷态启动时的启动曲线图

200~210℃；

（2）再热热段蒸汽压力由低压旁路阀自动控制，其设定值为 1.6MPa；

（3）当再热热段蒸汽压力达到 1.6MPa 后，7 号高压加热器投入运行；

（4）当再热热段蒸汽压力/温度达到 1.6MPa/280℃、低压旁路阀开度大于 2% 后，汽轮机 EHC 液压油系统投运，液压油母管压力为 12.2MPa，汽轮机复位、汽轮机进汽阀暖阀；

（5）由汽轮机高压旁路系统来的蒸汽，经高压缸排汽止回阀的电动旁路阀，倒流入高压缸内，将高压缸预热至接近对应于 1.6MPa 压力的饱和温度约 190℃，实施倒暖缸。当高压内缸的金属温度≥190℃时，自动关闭高压缸排汽阀的电动旁路阀，并打开其通往凝汽器的电动放气阀，使高压缸处于真空状态。

冲转前汽轮机应具备下列条件：

（1）中压主汽阀金属温度达到 240~280℃（以 TSI 盘表计为准）；

（2）汽轮发电机组已经盘车 36h 以上，且最后 24h 为连续盘车，转子的偏心率小于 0.05mm；

（3）低压旁路系统的流量控制，能够保证中压缸有足够的进汽量来冲动汽轮机；

（4）汽轮机的润滑油压≥0.25MPa、油温高于 35℃；

（5）汽轮机液压油（控制油）压力≥12.1MPa、油温高于 35℃，安全油压力为 1.1MPa；

（6）汽轮机上、下缸温差<50℃，各汽缸的胀差值及轴向移位值在正常范围内；

（7）凝汽器压力低于 8.5kPa；

（8）汽轮机监视系统（TSI）投运正常，记录正确、完好；

（9）中压调节阀开度限制值设定为 100%。

当主蒸汽参数达到压力为 4.6MPa、温度为 410℃时，汽轮机开始冲转。

汽轮机设备及其系统

汽轮机组冲转、升速、带负荷的具体程序如下：

汽轮机冲转及低速暖机：

（1）打开中压调节阀并控制其开度，使机组冲转，将其转速升至 1000r/min（升速率为 100r/min²）作低速暖机，此时盘车应能自动脱扣；

（2）投入一台磨煤机，必要时调整过热器一、二级减温水，使高压主汽阀前汽温为 410℃左右（不超过 440℃），并要求一、二级减温器出口蒸汽有必要的过热度；

（3）低速暖机至高压缸金属温度达到 190℃；

机组升速至 3000r/min、并网、带负荷及"倒缸"：

（4）当转速升至 1020r/min 时，重新关闭高压缸主汽阀，以防止高压缸调节阀不严密而导致主蒸汽流入高压缸；

（5）升速至 3000r/min 后，停止交流润滑油泵、停止顶轴油泵及盘车电动机的运行，并确认主油泵工作正常，其出口油压高于 0.25MPa；

（6）机组处于 3000r/min 时，进行汽轮机安全系统跳闸通道试验（润滑油压、低真空、模拟超速、外部跳闸信号各两个通道，共八个信号）；

（7）在完成并网前检查，确认并网条件已经具备后，并网；机组自动带初负荷（约 20～30MW）；

（8）并网后，手动将低压旁路的压力设定值从原来的 1.6MPa 改为 0.8MPa，使再热蒸汽压力降至 0.8MPa；

（9）在再热热段蒸汽压力接近 0.8MPa、主蒸汽温度在允许范围内（冷态启动时高压缸金属温度可能≤190℃，此时主蒸汽允许的温度为 330～410℃）、主蒸汽流量≥200t/h 的情况下，汽轮机自动切换为高压缸进汽，即"倒缸"。此时，高压缸主汽阀重新打开，高压缸放气阀关闭，1～3 号高压调节阀逐渐开启，主蒸汽进入高压缸，高压缸排汽止回阀被自动顶开，汽轮机高压旁路阀随着逐渐关小，"倒缸"完成；

（10）高压缸进汽后，主蒸汽参数暂时维持 400℃，对高压缸进行约 30min 的暖缸；

（11）根据高压缸排汽温度应低于 390℃的要求，可适当提高机组的负荷进行暖缸，以增加高压缸的蒸汽流量，加速暖缸过程；

（12）当高压缸金属温度与主蒸汽的温度差值小于 100℃时，认为高压缸暖缸达到要求，暖缸结束，投入各级高压加热器；

（13）待主蒸汽/再热蒸汽温度上升至 450℃/430℃时，进行第二次暖缸约 20min；

（14）投运第二台磨煤机，主蒸汽压力逐渐升至 8.72MPa，暂时维持该压力，机组作定压运行，负荷逐渐升至 150MW 左右；

（15）第一台汽动给水泵投运，与电动给水泵并列运行；

（16）进行厂用电切换；

机组升负荷至额定功率（滑参数过程）：

（17）第三台磨煤机投运；

（18）逐渐增大 1～3 号高压调节阀的开度，将机组负荷逐渐升至 300MW，此时主蒸汽仍维持 8.72MPa 的压力，直至 1～3 号高压调节阀全开，4 号高压调节阀微开；

（19）第二台汽动给水泵并入给水系统运行，电动给水泵撤出运行，处于热备用状态；

（20）相继投入第 4、5 台磨煤机，慢慢增大锅炉燃烧率，保持 1～3 号高压调节阀全开状态，机组做滑压运行，而其负荷随主蒸汽参数上升而增加；

（21）锅炉断油后，投运电除尘装置（机组负荷约为 300～350MW）；

（22）当主蒸汽压力升至 16.66MPa、温度 537℃时，机组负荷升至 565.83MW（即 94.3％额定负荷）；

（23）开启 4 号高压调节阀，将机组负荷升至 600MW，当 4 号高压调节阀全开时，机组负荷达到 635.41MW，此时机组进入（定参数）满负荷运行状态；

超压运行、最大出力：

（24）增强锅炉燃烧率，提高锅炉出口蒸汽压力，使主蒸汽压力从 16.66MPa 升至 17.49MPa，即超压 5％，4 只高压调节阀处于全开状态，机组负荷升至 661.03MW（即 VWO＋5％OP 工况）。

至此，采用中压缸冷态启动的全过程即告完成。

在汽轮机冷态启动过程中，除前面列举的监视项目外，还应注意监视如下项目：

（1）锅炉汽包上、下壁金属平均温差、饱和温度变化率在允许范围内；

（2）锅炉燃烧正常，汽包水位、炉膛压力等参数稳定；

（3）汽轮机绝对膨胀、高/中/低压缸胀差、轴向位移等参数变化趋势正常；

（4）汽轮机转子热应力在允许范围内；

（5）冷态启动时，最大升负荷率不大于 6MW/min；

（6）高中压内缸金属温度的变化率不大于 0.83℃/min（该机组的设计要求。通常，启动过程中，主蒸汽升温速率不高于 1.5℃/min 时，一般能够保证热应力、热变形在允许的范围内）；

（7）发电机、主变压器的温度变化正常。

3. 中压缸温态启动（停机后约 40h 的状态）

该机组规定高压缸金属温度高于 190℃、中压缸金属温度高于 150℃时，称为温态启动。

中压缸温态启动时的启动曲线，如图 15-2 所示。

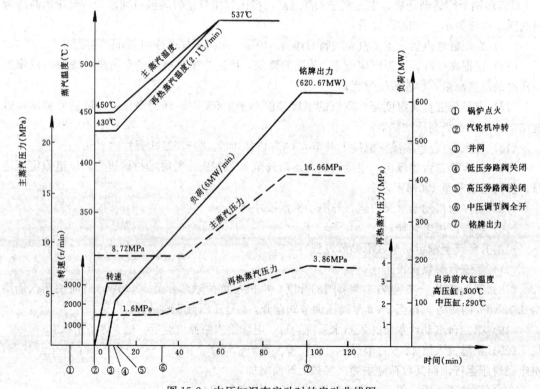

图 15-2 中压缸温态启动时的启动曲线图

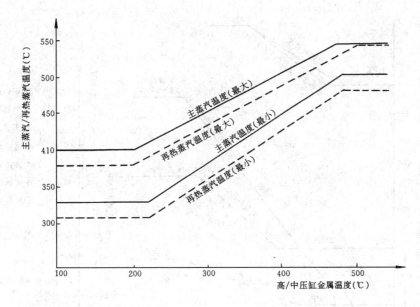

图 15-3 蒸汽温度与汽缸金属温度的关系曲线图（中压缸启动）

正常情况下，中压缸温态启动从汽轮机组冲转到带 100％负荷，约需 100min。温态启动的主要步骤如下：

冲转前机组状态：

（1）锅炉燃烧率维持在 25％MCR 左右，主蒸汽/再热蒸汽的压力控制在 8.72/1.6MPa，其温度则根据高中压缸金属不同温度情况，按图 15-3 所示曲线确定（冲转的主蒸汽温度约比汽缸金属温度高 140～220℃）；

（2）必须首先投轴封蒸汽，然后抽真空，并注意轴封蒸汽温度应与汽缸金属温度相匹配；

（3）关闭汽轮机高压缸排汽止回阀及其旁路阀，打开高压缸放气阀，使高压缸与凝汽器连通而处于真空状态；

（4）汽轮机复位，打开高中压主汽阀，对各主汽阀进行预热；

冲转、并网及"倒缸"后升负荷：

（5）冲转、升速至 3000r/min 之后，即并网；

（6）调整中压调节阀开度，使机组负荷升至 50MW 左右，并将低压旁路阀全关或加大高压旁路阀开度，确认高压旁路的流量大于 300t/h，此时即可进行"倒缸"；

（7）倒缸后，即投运第二台磨煤机，增加锅炉燃烧率，并调整高、中压调节阀的开度，按温态启动曲线提升负荷，同时关闭高、低压旁路阀；

（8）倒缸后的操作与冷态启动的（17）～（23）步骤相同。

4. 热态/极热态启动

热态、极热态（即停机后约 8h）启动曲线如图 15-4、图 15-5 所示。其操作步骤与温态启动的相同。

极热态启动前，主蒸汽/再热蒸汽压力应控制在 16.6MPa/1.6MPa，其温度仍根据高中压缸金属温度由图 15-3 的曲线确定。机组负荷与凝汽器压力的关系曲线如图 15-6 所示。

5. 高压缸冷态启动

与中压缸启动一样，高压缸启动也可在冷态、温态、热态和极热态状态下进行。现仅就冷态启动情况简述如下：

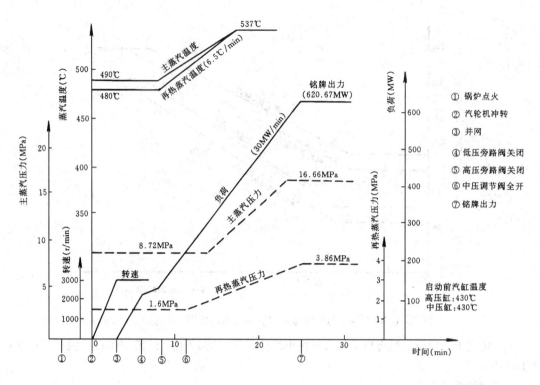

图 15-4　热态启动曲线图

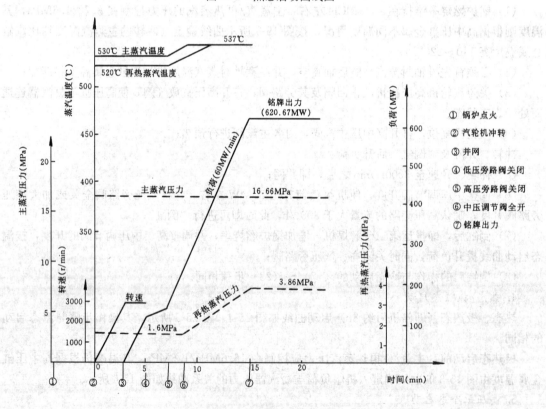

图 15-5　极热态启动曲线图

　　　　　‖ 汽轮机设备及其系统 ‖

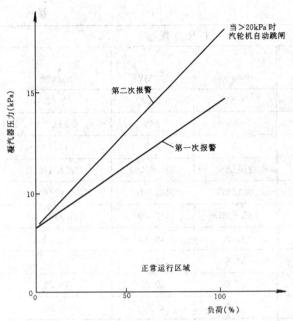

图 15-6 机组负荷与凝汽器压力的关系曲线图

启动前汽轮机状态：

（1）汽轮机组盘车投入；

（2）凝汽器抽真空；

（3）高低压旁路系统关闭（即关闭旁路阀前的电动隔离阀）；

（4）关闭高压缸放气阀；

（5）打开高压缸排汽止回阀，关闭其旁路阀；

（6）打开所有的疏水阀门；

（7）关闭各抽汽止回阀；

预热主汽阀（汽轮机复位）：

（8）尽快打开高中压主汽阀，通过阀后疏水系统排汽（水），使蒸汽预热高中压主汽阀；

冲转及暖机：

机组冲转时的蒸汽参数压力/温度为 5.1MPa/340℃（要求过热度＞50℃，蒸汽温度＜360℃）；

（9）开启并控制高压调节阀的开度，以 100r/min² 的升速率将机组升速至 800r/min，然后暖机 30min，以加热高压缸、再热冷段/热段蒸汽管道，直至再热热段内蒸汽的过热度＞30℃为止；

（10）将再热蒸汽压力整定为 0.6MPa；

升速至额定转速：

（11）逐渐开大高压调节阀（1～3 号高压调节阀同步调节，4 号高压调节阀关闭），以 100r/min² 的升速率将机组升速至 3000r/min，机组在此转速下运行 30min；

（12）在上述升速过程中，逐一地关闭再热热段管道上的疏水阀，以使再热热段蒸汽的压力升至 0.5MPa；

并网、带初负荷暖机、升负荷至铭牌出力：

机组并网后即带初负荷（30MW），暖机 30min，然后按启动曲线采用定压—滑压—定压运行方式，调整高中压调节阀开度，直至全开；调整锅炉燃烧率，提高蒸汽参数至额定值，使机组负荷升至 100％铭牌出力（620.67MW）。

高压缸启动方式的冷态启动曲线如图 15-7 所示；蒸汽温度与汽缸金属温度的关系曲线如图 15-8 所示。

6. 机组启动、运行时的主要技术数据

该机组整套启动、投入运行后的主要技术数据如表 15-2 所示。

表 15-2　　　　　　　　　机组整套启动、投入运行后的主要技术数据

技 术 参 数	工 况 及 数 据			
	首　次			
	3000r/min	3000r/min	303MW	602MW
主蒸汽压力（MPa）	8.2	4.48	9.16	16.68
主蒸汽温度（℃）	448	419.5	508	539.8

技 术 参 数	工 况 及 数 据			
	首 次	3000r/min	303MW	602MW
	3000r/min			
再热蒸汽压力（MPa）	1.6	1.62	1.92	3.62
再热蒸汽温度（℃）	433	402	463	534.2
调节级后压力（MPa）	0	0	7.3	14.49
高压上内缸内/外壁温度（℃）	222/220	210/208	451.6/394	478.8/412.1
高压下内缸内/外壁温度（℃）	226/223	206/205	466/447	490.9/460.4
中压内缸内壁上/下温度（℃）	292/275	286.6/276	447/430	511.8/512.9
高压缸胀差（%）	34.1	32.8	48.66	43.53
中压缸胀差（%）	55.9	54.8	56.47	44.75
低压缸胀差（%）	60.1	57.2	60.38	70.64
轴向位移（mm）	0.23	0.27	0.29	0.37
汽缸总膨胀（mm）	14.00	12.60	28.00	30.53
低压缸 A/B 排汽温度（℃）	48/47	50.8/48.4	34.9/35.5	37.8/42
高/低凝汽器压力（kPa）	8/8	8.9/8.3	4.5/4.6	4.2/4.5
凝结水流量（t/h）		459.0	1137.8	1588.7
给水流量（t/h）		8.3	914.6	1744.6
1号轴承垂直/水平振动（μm）	11/14	6.6/12.7	5.1/7.3	14.4/
2号轴承垂直/水平振动（μm）	11/13	18.6/19.5	22.7/26.4	34.2/35.2
3号轴承垂直/水平振动（μm）	43/	39.1/	29/	31.8/
4号轴承垂直/水平振动（μm）	33/32	31.8/36.6	40.3/43.5	52.8/44.0
5号轴承垂直/水平振动（μm）	10/13.0	12.5/25.2	9.0/19.5	13.9/32.7
6号轴承垂直/水平振动（μm）	7.0/6.0	8.6/8.6	19.3/10.0	42.5/28.8
7号轴承垂直/水平振动（μm）	13.0/34.0	14.1/31.0	9.8/12.7	10.8/28.8
8号轴承垂直/水平振动（μm）	11/2.0	14.4/28.6	16.6/8.6	15.1/30.5
9号轴承垂直/水平振动（μm）	21/43.0	15.9/30.0	12.5/12.9	6.8/31.5
10号轴承垂直/水平振动（μm）	31/45.0	52.3/69.6	24.9/31.3	77.4/101.3
润滑油母管内压力（MPa）	0.3	0.32	0.3	0.3
润滑油进油温度（℃）	48.0	41.9	44.9	44.7
1号轴承乌金温度（前/后,℃）	67/72	67.5/72.1	79.2/78.5	75.0/73.1
2号轴承乌金温度（前/后,℃）	78/74	78.2/73.8	79.2/86.1	76.1/80.4
3号轴承乌金温度（前/后,℃）	73/79	72.3/78.0	84.5/73.7	73.1/81.4
4号轴承乌金温度（前/后,℃）	85/85.0	86.4/87.4	92.2/92.2	90.8/95.1
5号轴承乌金温度（前/后,℃）	86/87.0	87.1/86.2	85.7/85.0	80.9/80.2

技 术 参 数	工 况 及 数 据			
	首 次 3000r/min	3000r/min	303MW	602MW
6号轴承乌金温度（前/后,℃）	98/89.0	98.8/88.0	92.8/98.9	88.5/97.6
7号轴承乌金温度（前/后,℃）	94/91.0	94.6/93.6	94.9/100.2	98.0/90.9
8号轴承乌金温度（前/后,℃）	89/94.0	88.5/91.9	92.8/87.8	90.5/87.7
9号轴承乌金温度（前/后,℃）	88.0	88.6	93.4	89.7
10号轴承乌金温度（前/后,℃）	81.0	79.8	81.0	76.1
推力轴承乌金温度（前/后,℃）	52/55.0	53.1/56.0	55.6/61.7	55.2/63.2

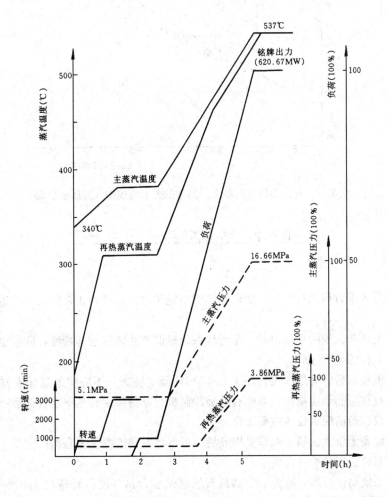

图 15-7　高压缸冷态启动曲线图

　　上述汽轮机启动步骤及有关数据，是针对一台具体机组列出的。不同结构形式的机组，具体的启动步骤和有关数据将略有不同。因此，对于不同的汽轮机组，应根据制造厂提供的指导书进行操作。

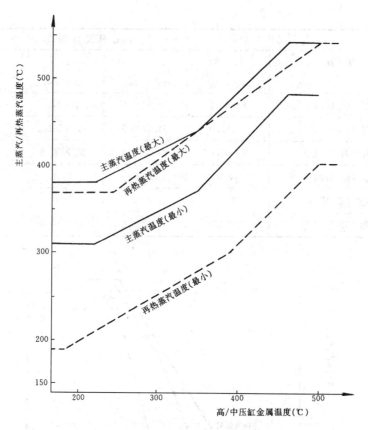

图 15-8　蒸汽温度与汽缸金属温度的关系曲线图（高压缸启动）

第四节　汽轮机甩负荷试验

　　汽轮机组进入满负荷运行之后，经调整热力系统和电气系统均正常时，可以进行汽轮机组的甩负荷试验。

　　汽轮机组甩负荷试验的主要目的，是考核汽轮机调节系统的动态特性，同时也是对热力系统和电气系统可靠性的全面检验。

　　汽轮机组甩负荷后，其最高飞升转速（＜110％额定转速）不应使危急保安器动作，而且调节系统的动态过程应能迅速稳定，并能有效地控制机组维持额定转速下空负荷运行。

　　一、甩负荷试验前应具备的主要条件

　　（1）主要设备无重大缺陷，操作机构灵活、可靠，主要监视仪表准确；

　　（2）调节系统静态特性符合要求；

　　（3）保安系统动作可靠，危急保安器提升转速试验合格（动作转速在110％～111％额定转速），手动停机装置动作正常；

　　（4）主汽阀和调节阀严密性试验合格，各阀杆无卡涩，油动机关闭时间符合要求；

　　（5）各抽汽止回阀、电动阀，高压缸排汽止回阀，联动试验动作准确、可靠，关闭严密，通风阀联动试验动作准确、可靠；

　　（6）机组各轴承处轴振动正常，轴瓦乌金温度正常；

（7）主蒸汽压力和温度、再热蒸汽压力和温度、凝汽器真空等主要表计和传感器校验合格，CRT 显示准确；

（8）密封油泵、交流润滑油泵、直流事故润滑油泵连锁动作正常，油系统油质合格，EHC 油系统工作正常，高压抗燃油油质合格，EHC 油泵连锁试验动作正常；

（9）高压加热器保护试验合格；

（10）除氧器和汽动给水泵的备用汽源能够可靠地自动投入；

（11）汽轮机旁路系统处于热备用状态（旁路是否投入，应根据机炉具体情况确定）；

（12）汽轮机本体疏水阀联动试验动作准确、可靠；

（13）排汽缸喷水降温系统联动试验动作准确、可靠；

（14）锅炉过热器、再热器安全阀调试、校验合格；

（15）锅炉磨煤机及烟、风系统启停操作正常，油枪能正常投入；

（16）热工、电气保护接线正确、动作可靠，并能满足试验条件要求；

（17）厂用电源可靠；

（18）发电机主开关和灭磁开关跳闸、合闸正常；

（19）电网系统频率保持在 $50\pm0.2Hz$ 以内，系统留有备用容量；

（20）试验用仪表、仪器已校验合格，并接入系统；

（21）甩负荷试验已得到批准。

二、试验前机组运行方式

（1）汽轮机。汽轮机在额定参数下满负荷运行 2h 以上，旁路系统处于热备用状态，除氧器和再热器压力、温度、水位均正常，凝汽器真空符合设计要求。

（2）锅炉。甩负荷前对锅炉燃烧系统应进行检查、调整，使其汽温、汽压符合设计要求；启动燃油泵；撤出汽压自动调节。

（3）电气。甩负荷前，在满足电压的情况下，尽可能将发电机功率因数调高，并检查备用厂用电电源，使其在必要时能可靠地投入供电。

三、试验前检查

（1）主汽阀、调节阀活动试验动作正常；

（2）机械危急遮断器注油试验合格；

（3）除氧器水位正常，备用汽源切换动作可靠；

（4）轴封供汽的备用汽源切换动作可靠；

（5）锅炉燃烧系统的油枪、磨煤机投入、撤出动作正常、可靠；

（6）试验用的测量、记录仪器已投入；

（7）试验工作人员任务明确，并已各就各位。

四、甩负荷试验安全措施

（1）试验过程中严密监视超速保护的动作，若不动作应紧急停机；

（2）试验时机头应派专人监视机组转速，若机组转速超过 3330r/min 时危急遮断器拒动，应立即打闸停机；

（3）机组甩负荷以后，调节系统出现等幅摆动，无法维持空负荷运行时，应立即打闸停机；

（4）机组甩负荷后，若转速连续降至 3000r/min 以下时，应及时启动密封油泵和润滑油泵；

（5）严密监视锅炉各压力容器的压力变化，若锅炉泄压手段失灵、锅炉超压时，应紧急停炉，待压力恢复正常后及时点火；

（6）严密监视主变压器油开关联跳灭磁开关，若未联跳时，应手动灭磁开关，以防发电机主变压器过电压；

（7）严密监视主机各瓦的振动和乌金温度，若超过保护设定值未跳机，应紧急停机；

（8）试验过程中若发生意外事故，就应由总指挥下达停止试验命令，试验人员撤离现场，由值长统一指挥进行事故处理。

五、试验及试验后检查与调整

（1）手动跳主变压器油开关，使机组失去所有负荷，实现机组甩负荷；

（2）检查各汽门开、关情况；

（3）检查各段抽汽止回阀、高压缸排汽止回阀关闭情况；

（4）检查各旁路系统开启情况；

（5）检查各疏水阀开启情况；

（6）机组转速未稳定前暂不调整机组转速，待机组转速稳定后，调整机组转速至 3000r/min；

（7）按规程将机组恢复到试验前状态。

超临界压力汽轮机组特性

在 20 世纪 80 年代中期至 90 年代末，中国电力工业迅速发展，向国外购买了一些亚临界压力和超临界压力的 600～900MW 汽轮机组。向外购买的汽轮机组，使电力工业学到一些使用经验，也吸取了许多教训。从 2000 年以来，国内汽轮机制造业重新得到了发展的机会，几个主要汽轮机制造厂能提供的产品有：600～1000MW 超临界压力汽轮机组；600～1000MW 等级核电汽轮机组；600MW 等级热电联供汽轮机组；200MW 等级燃气轮机机组。

本章将首先简单回顾外购超临界压力汽轮机组的状况，随后介绍国产超临界压力汽轮机的技术规范和结构特点，以及相关配套设备的基本要求等。

第一节　我国早期超临界压力汽轮机及其运行

一、已投入运行的超临界压力汽轮机简介

我国已建成十几座超临界压力机组火力发电厂，如华能石洞口第二发电厂、盘山发电厂、南京电厂、营口电厂、伊敏电厂、绥中电厂、华阳后石电厂、上海外高桥电厂等，但这些机组均为向国外购买的，其主要技术参数见表 16-1。

表 16-1　超临界压力机组主要技术参数

电厂名称	制　造　厂	台数	功率（MW）	蒸　汽　参　数	
				压力（MPa）	温度（℃）
华能石洞口第二发电厂	ABB/CE-SULZER	2	600	24.2	538/566
盘山电厂	前苏联	2	500	23.54	540/540
华能南京电厂	前苏联	2	320	23.54	540/540
上海外高桥电厂二期	西门子/ABB-ALSTHOM	2	900	24.96	538/566
营口电厂	前苏联	2	300	23.54	540/540
伊敏电厂	前苏联	2	500	23.54	540/540
绥中发电厂	前苏联	2	800	23.54	540/540
华阳后石电厂	三　菱	6	600	24.52	538/566

华能石洞口第二发电厂 600MW 超临界压力机组的主要结构特点，已在本书第一、二章中介绍。下面将简要介绍前苏联超临界压力机组主要结构特点、运行控制方式，以及华能石洞口第二发电厂 600MW 超临界压力机组的运行控制方式。

（一）汽轮机主要结构特点

1. 绥中发电厂 800MW 超临界压力汽轮机

绥中发电厂 800MW 超临界压力汽轮机组是前苏联列宁格勒金属工厂生产的 K-800-240-5 型汽轮机。

该型汽轮机是单轴、五缸、中间再热，凝汽式机组。它由 1 个高压缸（Ⅰ调节级＋11 个压力级）、1 个双流中压缸（9×2 个压力级）和 3 个双流低压缸（5×2×3 个压力级）组成。通流部分共有 60 级。高压缸采用双层回流式结构，中压缸、低压缸均为双层双流结构。汽轮机采用喷嘴调节。新蒸汽经过 2 个高压主汽阀、4 个高压调节阀进入高压缸，高压缸内效率不低于 86%，出力 260MW。高压缸排汽进入中间再热器。蒸汽再热后经 2 个中压截流阀、4 个中压调节阀进入中压缸。中压缸内效率不低于 91%，出力 304MW。中压缸排汽进入 3 个低压缸做功后，排入 3 台凝汽器。机组最大连续出力为 850MW。

高压内外缸均有水平中分面，内缸配有 4 个喷嘴室，喷嘴室的固定允许自由地热膨胀，4 根导汽管焊到高压外缸上，它借助活塞胀圈与喷嘴室接合。蒸汽经导汽管，进入喷嘴室，汽流向左流经 1 个调节级和 5 个压力级；第 6 级后，汽流 180°转弯，通过高压内外缸夹层，流向右侧的 6 个压力级。中压内缸的进汽室内，设有分流环，蒸汽通过分流环，流向左右两侧各自的压力级。低压缸的进汽口也设有分流环，使汽流流向左右各 5 个压力级。其末级动叶长度为 960mm。

凝汽器采用蒸汽逐级冷凝的双室结构，水管纵向布置，采用双背压蒸汽分区冷凝。

机组共有 8 段非调整抽汽，向给水回热系统的 4 个低压加热器、除氧器、3 个高压加热器提供用汽。其中，第 1、2 号低压加热器是混合式结构；第 3、4 号低压加热器和第 6～8 号高压加热器的内部有过热蒸汽放热区和疏水冷却区；高压加热器形成并联的两组。机组的设计热耗为 7640.9kJ/kWh。汽轮机可用率为 99.3%。

汽轮机调节系统为电液并存型调节系统，由相互作用的电气部分和液压部分组成，电气部分通过液压部分而起作用。调节系统的电气部分由快速回路和慢速回路组成。快速回路的输出作用于电液转换器和预保护电磁开关，并实现机组频率调节、负荷调节及超速保护的控制。调节系统电气部分慢速回路的输出作用于汽轮机控制机构，并实现控制机构电动机的远方操作、单元机组启动过程中汽轮机的操作、汽轮机功率与主蒸汽压力的自动调节和汽轮机主蒸汽压力的调节保护。

800MW 机组采用容量为 30% 的快速动作一级大旁路系统。

2. 盘山电厂和伊敏电厂 500MW 超临界压力汽轮机组

盘山电厂和伊敏电厂 500MW 超临界压力汽轮机组，均是前苏联列宁格勒金属工厂生产的 K-500-4 型汽轮机。该型汽轮机为单轴 4 缸机组，它由高压缸、中压缸和 2 个低压缸组成。

新蒸汽的参数为 23.54MPa，540℃/540℃，额定功率 500MW，转速 3000r/min。

高压缸采用双层回流式结构，中、低压缸均为双层双流式结构。汽轮机通流部分由 54 级组成。高压缸内有 1 个调节级和 11 个压力级；中压缸内按蒸汽顺流与逆流，各有 11 个压力级；2 个低压缸内，共有 4 个流道，每一流道各有 5 个压力级。

汽轮机采用喷嘴调节。新蒸汽经过 2 个高压主汽阀、4 个高压调节阀后进入高压缸。高压缸出力 165MW。高压缸排汽进入中间再热器。蒸汽再热后，经 2 个中压主汽阀、4 个中压调节阀进入中压缸。中压缸出力 230MW。中压缸排汽进入 2 个低压缸做功后，排入 2 个凝汽器。

4 根导汽管焊在高压外缸上，它与喷嘴室为活动连接。蒸汽从导汽管进入喷嘴室，汽流向左流经 1 个单列调节级和 5 个压力级，在第 6 级后，汽流 180°转弯，通过高压缸内外缸夹层，流向右侧的 6 个压力级。这种结构的好处是可以减小轴向推力平衡装置的直径，减少前汽封的漏汽，改善汽缸的预热效果，提高机组的灵活性。

单列调节级采用高效率等截面叶片，可保证机组在 50% 负荷以上采用喷嘴配汽调节。中压缸内缸的进汽室设有分流环，蒸汽通过分流环流向左、右两侧，左右流道的前 3 级隔板，安装在内缸上，每一流道的其余 8 级，则安装在外缸的隔板套上。低压缸为双流式，每一流道有 5 个压力级。

该机组的高、中压转子是整锻转子,低压转子是套装式转子。

高压缸所有动叶都自带围带,其上有汽封片,汽封片与围带上方顶盖形成高效能的迷宫式汽封。这种汽封结构可以允许径向间隙增大到3～3.5mm。这既可避免高压转子的低频振荡(所谓蒸汽振荡),又可防止汽封片的磨损,使设计间隙保持不变。此外,叶片根部有轴向汽封片,具有导流作用,使蒸汽在叶根部位能定向流入,从而提高了级效率。

中压缸的第一级动叶和第1～5级导叶均为等截面叶片,其余各级导叶与动叶均为变截面扭曲叶片,所有动叶的围带与高压缸类同。低压缸所有动叶,均具有整体铣制的围带。末级动叶长度960mm。

高、中压缸隔板为焊接隔板,低压缸隔板是铸铁隔板。

机组所有转子都是柔性转子,采用刚性连接。轴向推力由装在高中压缸间的推力轴承来承担。

汽轮机2台逐级冷凝的凝汽器,顺冷却水流方向串联布置。采用射水抽气器为其建立真空。

给水流经4台低压加热器(其中第1、2号为混合式)、除氧器(压力为0.68MPa)、3台高压加热器,共有8级回热抽汽加热。额定工况时给水温度277℃。除回热和给水泵小汽轮机抽汽外,厂用汽来自中压缸。3台高压加热器具有疏水冷却区,以提高机组经济性。

汽轮机组采用集中润滑系统来保证汽轮机轴承、升压泵、给水泵小汽轮机轴承的正常工作。调节系统及润滑系统采用合成抗燃油。

汽轮机组采用自动电液调节系统,并具备保证机组正常运行和紧急停机的保安系统。

3. 超临界压力900MW汽轮机特点简介

上海外高桥电厂二期2台900MW超临界压力汽轮机,是单轴、一次再热、四缸四排汽(高压、中压、低压、低压)机组,其额定负荷时的主要技术参数如表16-2所示。

表16-2　　　上海外高桥电厂二期2台900MW超临界压力汽轮机主要技术参数

项　　目	参　数	项　　目	参　数
额定出力	900MW	再热主汽阀前温度	566℃
最大连续出力	980MW	再热蒸汽流量	2264t/h
主汽阀前额定压力	23.96MPa	背　压	4.9kPa
主汽阀前额定温度	538℃	低压缸末级动叶长度	1146mm
主蒸汽流量	2537t/h	热　耗	7602kJ/kWh
高压缸排汽压力	5.495MPa		

汽轮机的高压外缸采用轴向对分筒形结构,对分面用螺栓连接,无水平中分面。内缸为筒形结构,并采用轴向对剖垂直分面,用螺栓连接,螺栓孔直接穿于筒形内缸壁。拆装高压外缸时,需将高压缸直立后才能进行。

高压缸内的通流部分有单流17级反动级,高压缸是由制造厂组装后整体运至现场的,其质量达170t。

由于采用筒形汽缸结构,高压缸内无法安装抽汽口,从高压缸排汽处接出回热系统的1段抽汽。因此,该机组的给水温度仅为267.7℃,这对系统热循环效率有不利影响。此外,对电厂自行维修,也有一定的难度。

西门子公司的高压缸通流部分没有调节级。主蒸汽通过汽缸左右两侧的联体式主汽阀和调节阀进入均压环室,直接进入反动级做功。调节阀采用节流调节方式。由于取消了高压缸内运行工况最差的调节级，源于调节级的负面影响也随之消除；例如，沿圆周不均匀进汽而引起的干扰力；非全周进汽时，部分进汽损失和蒸汽振荡等，均可消除。

由于汽轮机采用节流调节方式，机组采用滑压方式运行，这对直流锅炉的监控提出更高的要求。

该机组的中压缸为分流型，共 13×2 级。中压缸也是整体组装出厂，质量 197t。中压外缸采用窄法兰的水平中分面，缸体相对较薄，热均匀性较好。中压缸的排汽，从上部中间引出，送至低压缸。为防止上、下缸温度的不均匀分布，其排汽也作为第四段抽汽，从下缸中间引出，使内缸的热均匀性较好，最大限度地降低汽缸的不对称变形，有利于汽轮机运行的灵活性。

低压缸采用分流型的三层缸结构，共 6×2 级。低压内、外缸之间采用柔性连接。低压内缸，由内内缸和内外缸组成。整个低压内缸置于两侧的膨胀推力螺栓上。此推力螺栓除承担内缸的荷重外，还传递中压外缸和低压内缸的纵向膨胀或收缩。转子和中低压缸的死点位于中压缸前的 2 号轴承处，使得中压缸和两个低压缸内缸在启动和运行时，能与转子一起向发电机方向膨胀或收缩。另外，将不同级的蒸汽分别引入低压内缸的外侧腔室，使其能处于与低压转子相似的热环境中，在运行中，特别是变工况时，低压汽缸与转子能协调膨胀，从而改善了机组启动、变负荷的灵活性。

该汽轮机组采用的轴承系统为单支点方式，与华能石洞口第二发电厂 600MW 机组相同（见本书第二章内容介绍）。汽轮机长度缩短至 28.5m。

900MW 汽轮机末级叶轮的最大直径达 4200mm，叶顶的圆周速度达到 660m/s，而此处的蒸汽湿度为 2.2%，湿蒸汽对末级动叶的冲击将非常严重。该机组采用主动的去湿方法：在空心的末级静叶片内通入温度较高的蒸汽（3 段抽汽）。这样，静叶表面层的水膜，沿流向被逐步加热而汽化，确保出口处无水滴甩出，保护了末级动叶。

该机组及其相关系统的独特设计和结构特点，使 900MW 汽轮机组具备了优越的启动性能。汽轮机组用 95min 时间盘车暖机后，从机组冲转到 3000r/min，仅用 5min 时间，中间不作任何停留。再用 50min 的全速暖机，即可并网。以往的 $300\sim600$MW 汽轮机组的冷态启动，从冲转至全速，就需耗时约 5h。

（二）汽轮机运行控制方式简介

在上述所介绍的超临界压力汽轮机组中，相对运行年限较长的是伊敏电厂和盘山电厂的 500MW 机组、绥中电厂的 800MW 机组，以及华能石洞口第二发电厂的 600MW 机组。在这些机组中，华能石洞口第二发电厂的 600MW 机组运行控制方式，比较接近近期的控制技术水平。

华能石洞口第二发电厂的 600MW 汽轮机组，采用双层汽缸、高压缸采用圆筒式结构以及采用焊接转子等结构措施，提高机组的灵活性，使机组具有快速启动的特点。

1. 机组启停控制特点

（1）热应力控制启停。

热应力控制启停，最主要是对转子的热应力进行监控，使转子在汽轮机启停过程中，其所承受的热应力限制在允许的范围内，以保证汽轮机转子材料在预定使用期间内不产生影响安全的疲劳裂纹。

华能石洞口第二发电厂对转子热应力的控制，是用安装在调节级后的温度探针，测出调节级后汽流温度，然后计算出转子温度场和热应力，并与材料的许用应力比较，确定汽轮机的升速率和升负荷率（实质是升温率）的。

（2）旁路参与启停控制。

华能石洞口第二发电厂的高低压旁路系统均参与启停控制。高压旁路 100% 容量，又起到锅炉安全门的作用，故从锅炉出口到汽轮机之间不设任何隔离阀。锅炉一点火，产生蒸汽后，蒸汽就通到汽轮机高压缸入口的主汽阀前，同时又通过高压旁路通到中压缸主汽阀前，然后通过低压旁路，排入凝汽器。

（3）机组启动状态的划分。

不同的制造厂，对机组各种状态下启动的要求是不同的，对各状态的划分也不同。有的以停机时间的长短来划分，有的以启动时的汽缸金属温度来划分，有的划分为冷态、温态、热态、极热态 4 个状态，也有的只划分为冷态、温态、热态（或极热态）3 个状态。尽管划分状态的方法有所不同，但都是以在保证安全的条件下，尽可能地缩短启动时间为原则的。

华能石洞口第二发电厂 600MW 汽轮机以停机后再启动的时间来确定盘车时间的长短。停机时间小于 1 天，盘车必须达到 2h；停机时间为 1～7 天，盘车应达 6h；停机时间为 7～30 天，盘车必须达 12h；停机时间大于 30 天，盘车时间必须 30h 以上。如果盘车时间达不到规定，则机组自启动就不能自动进行下去。

华能石洞口第二发电厂汽轮机没有明确的启动状态划分。因为其汽轮机的启动是接受热应力控制的，可以当作划分了无数状态。机组启动前，由汽轮机组的热应力自动控制装置（TURBOMAX6）根据当时的压力下蒸汽饱和温度加上 20℃作为设定温度，并与之比较。当设定温度高于汽轮机要求温度时，则确定锅炉的设定温度为冲转时的设定温度；如锅炉设定温度低于汽轮机要求的温度，则选用汽轮机要求的温度作为蒸汽的设定温度。

华能石洞口第二发电厂锅炉的启动分为三态，这与其他锅炉是不同的。在锅炉停炉后，汽水分离器内压力和金属温度，都随时间的延续而逐步下降。当再次启动的时间间隔小于 5h，而且分离器压力大于 4.0MPa 时，划分为热态启动；当再次启动时间大于 5h，且分离器温度高于 100℃时，划为温态启动；如再次启动时间间隔大于 5h，且分离器温度低于 100℃时，为冷态启动。

机组整个冷态启动，从锅炉点火到汽轮机冲转需 130min，从冲转到满负荷需 200min，其中冲转及暖机仅用 30min，从锅炉升温升压情况来看，从点火到达启动参数需要 120min，从锅炉点火到产汽约 40min。从产汽到高压旁路全关需 170min。

热态启动时，从锅炉点火到汽轮机冲转需 20min，从冲转到满负荷需 30min。由于停炉时间较短，升温升压过程中的汽温、汽压接近冲转参数，所以这个过程很短。一般情况下，点火到达冲转参数只需 10min，点火约 20min 后，高压旁路全关。

温态启动位于热态启动与冷态启动两者之间。

2. 机组启动方式及有关系统

（1）机组自启停方式。

有一套完整的自启停控制系统，启停控制系统的工作范围是：当启动时，从全厂设备处于静止状态，一直带到满负荷；当停机时，则与此相反。

该机组的自启停控制系统，是一个由网络 90 条命令管理 MCS 组成的、以微处理机为基础的分散控制系统。整个自启停控制系统又分为启动和停机两大部分。其中，启动程序又细分为冷态、温态和热态三大部分；停机程序又细分为长期停机（如大修）和短期停机部分。自启停控制系统能够代替运行人员，完成机组启停时的大量操作，并能根据具体所需要的设计、条件、要求来判断操作的正常与否，向运行人员显示启停状态，并完成启停程序。

华能石洞口第二发电厂 600MW 机组的启停控制系统呈金字塔形式。最高层为主机控制程序，即 UMS，第二层由 5 个相对独立的部分组成，即锅炉主控程序（BMS），汽轮机主控程序（TMS），厂用设备主控程序（BOPMS），锅炉的 A 给水泵主控程序（AFPTAMS）和 B 给水泵主控程序（BFPTAMS）。这五个部分在 UMS 的协调指挥下，按 UMS 的程序要求，在相同或不同的时间内，完成各自程序内所需要完成的内容。每个分程序又按专业的启动步骤分成若干个节。每个节又分成若干个功能组，即 FG。在操作过程中，是最高一层发出指令，到下一层，直至最下一层的 FG。操作完成的信号反馈到上一层，再继续进行下一步操作，直至完成全部程序。

（2）高压旁路及控制系统。

华能石洞口第二发电厂 600MW 机组的高压旁路系统，容量为 100％BMCR，起锅炉安全阀作用。高压旁路有 4 根并联回路，将锅炉过热器出口的新蒸汽引入冷段再热系统。启停过程中，高压旁路参与控制。

高压旁路系统由蒸汽压力调节回路、喷水减温调节回路和喷水隔离阀控制回路三部分组成。整个控制回路有阀位方式、定压方式和滑压方式三种控制逻辑关系。

1）阀位方式（启动方式）。

这是从锅炉点火到汽轮机冲转前，高压旁路的运行方式。锅炉启动时，由于主蒸汽的压力低于高压旁路最小压力的设定值，高压旁路不能自动打开，所以预置一个强制打开高压旁路的最小开度（10％）。这个最小开度可以由运行人员在操作台上预置。此时高压旁路保持最小开度，锅炉产生的蒸汽通过高压旁路，流到冷段再热系统。当主蒸汽压力逐渐升高，达到最小设定值时，高压旁路的控制回路即开始控制高旁的阀门逐渐开大，以维持主蒸汽压力在最小值，直至高压旁路开度达到最大并保持其开度，主蒸汽压力则继续按预先设定的升压率逐渐升高。

2）定压方式。

当主蒸汽压力逐渐上升到汽轮机冲转压力时，高压旁路控制系统即自动转为定压运行方式。这时主蒸汽压力设定值保持不变，以保证汽轮机启动时的主蒸汽压力稳定，实现定压启动。汽轮机冲转后，耗汽量逐渐增加，主蒸汽压力下降。这时高压旁路相应关小，此时用高压旁路调节主蒸汽压力。

随着锅炉燃烧率的增强，主蒸汽压力按一定升压率升高，而高压旁路压力设定值逐渐增大，高压旁路为维持主蒸汽压力而逐渐关小。当高压旁路达到全部关闭后，控制系统自动转入滑压运行。

3）滑压运行。

滑压运行时，高压旁路动作压力设定值自动跟踪主蒸汽压力实际值。并且只要主蒸汽压力的变化率在规定值内，其动作压力设定值总是稍大于实际压力值，这样就能保证高压旁路的关闭状态。

在运行中，如果锅炉出口压力有扰动，其升压率超过规定值，且实际压力高于高压旁路动作的设定值时，高压旁路瞬时打开，待扰动消失，设定值大于实际值后，恢复正常。

必须注意，只要高压旁路一打开，高压旁路的运行方式立即由滑压转为定压方式。

（3）低压旁路。

低压旁路的作用，是将再热器出口的蒸汽，绕过汽轮机的中、低压缸而直接进入凝汽器。这样，由于高低压旁路的运行，在机组的启动和事故情况下，锅炉和汽轮机就可以做到暂时不相牵连。同时，低压旁路使中、低压缸单独运行成为可能。这样，就可以加快汽轮机的暖机和冲转过程。低压旁路还具有保证和控制再热器压力的作用。

3．机组启停过程简介

（1）调速系统的组成。

华能石洞口第二发电厂 600MW 机组的调节系统，采用电液调节系统 TURBOTROL5，它主要由手动操作控制器（TURBOTROL51）、主操作控制器（TURBOTROL52）、自动化设备

（TURBOTROL53 由 BALLY 系统替代）和 TURBOTROL51、TURBOTROL52 等组合主功能块组成。

此外，为了控制汽轮机的热应力，制造厂还提供了 TURBOMAX6（缩记为 TRX）作为电液调节系统的一部分。

主操作控制器（TT52）无论在机组启动升速、加载等各种情况下，都控制高中压调节阀的开度，使汽轮机始终保持在安全状态下运行。此外，TT52 还能与机组主控接口，使汽轮机和锅炉协调工作。

TT51 作为手动操作控制器，结构简单，具有最基本的调节功能。但它不能与 TRX 相配合来控制汽轮机升速及升负荷的变化率，在机组正常运行时，它也不能与机组主控相接，即不能接受机炉协调的控制信号。

TT51 和 TT52 的组合是电液调节系统的正常运行方式，TT51 与 TT52 并列运行，并作为 TT52 的备用。

（2）汽轮机升速及加载控制。

1）汽轮机冲转条件。

盘车装置运行正常，且已满足时间要求。汽轮机冲转参数如表 16-3 所示。

表 16-3　　汽轮机冲转参数

入口主蒸汽参数	冷　态	温　态	热　态
压力（MPa）	8.0	8.0	15.0
温度（℃）	300	420	480

2）冲转及升速控制。

TT52 作为机组正常控制调节器，具有各种工况的控制程序，同时与热加载计算机 TURBOMAX6 结合，高压和中压汽轮机可以按照最大允许极限应力启动，可自动进行转速调节，加载调节，初始压力调节，并能同机组旁路系统、数据采集系统一起协调工作，与机组协调系统通过高速通道保持联系。当机组甩 100% 负荷时，调节系统的转速上升最大值为 5.3%。

TT52 具有一个固定的升速程序，在汽轮机启动时，运行人员只需用转速预选器，选定一个目标转速（额定转速或其他希望的转速），汽轮机便会按升速程序升至选定目标值。该升速程序中，升速率的大小并不是固定的。升速率的大小，考虑了高中压转子热应力的水平，即升速率的大小，由热加载计算机 TURBOMAX6 根据计算结果来决定。

热加载计算机 TURBOMAX6 的主要功能是控制高中压转子热应力及机械应力，使其保持在允许范围内，并与汽轮机调节器相配合，在所有时间内，都可使汽轮机在应力极限内，选定汽轮机启动的主蒸汽温度和再热蒸汽温度，并可输给锅炉温度控制。当热应力超出允许值时，发出报警，达到危险值时，能使汽轮机跳闸。

用热应力和热疲劳，即用汽轮机转子疲劳寿命管理来指导运行，是现代大型汽轮机的特点之一。

3）汽轮机启动时有关指标的控制。

最关键的控制指标，是热应力和胀差。

大型高温、高压汽轮机的启动和升负荷，是一个要求很严格的过程。在机组启动、升负荷的过程中，蒸汽温度的变化，引起转子和汽缸温度的变化，使转子和汽缸都产生很大的热应力，并且由于转子和汽缸结构不同，因此热传导能力不同，温升状况不同，各自的膨胀也就不同，于是出现膨胀差。

控制胀差的最有效方法是控制主蒸汽的温升率，因为控制了温升率，就能控制转子和汽缸的热应力和温差，也就控制了胀差。另外，用控制中、高压调节阀开度比的办法来控制汽轮机的胀差。这种方法不仅能对高、中压缸加热速率进行控制，而且还具有限制高压缸排汽温度、限制高压缸排汽冷却速率、控制再热器最低压力等功能。

中压调节阀的开度 YIP 与高压调节阀开度 YHP 之比，称为开度比，记作 K_Y。

4）升速和加载时开度比的控制。

当机组采用 TT52 的升速及升负荷程序进行启动时，系数 K_Y 会自动设置在"1"的位置，升速程序按转子热应力裕度的大小，控制高中压调节阀，进行升速控制，直至机组并网。当发电机并网，并且自动带上初负荷后，系数 K_Y 即自动地由"1"向"5"增加（系数 K_Y 可调范围为 0.2～5），如果在此过程没有任何限制器动作，则当中压调节阀开至 100% 时，高压调节阀按比例开至 20%。中压调节阀已开足而无节流，负荷的增加只依靠增加高压调节阀的开度。

当采用 TT51 进行升速升负荷时，汽轮机冲转时，系数 K_Y 也会自动设置在"1"的位置，当发电机并网后，由运行人员手动增加系数 K_Y，使中压调节阀开大；一旦中压调节阀开至 105%，系数 K_Y 即转入自动控制。在 TT51 工作时，无法控制系数 K_Y。

4. 机组滑压运行

在机组并网并且达到 36% 额定负荷时，机组自动转入滑压运行状态，滑压范围为 8～25MPa，额定滑压率为 0.89；即负荷在 36%～89% 范围时采用滑压运行，负荷在 89%～100% 范围时采用定压运行。滑压率可在 0.8～1.0 范围内选取，即负荷在 36%～80% 范围时处于滑压运行，负荷在 80% 以上时处于定压运行，或者负荷在 36%～100% 范围时均采用滑压运行。

5. 汽轮机组启动程序

（1）启动状态的划分。

机组的启动状态是按照高压转子温度探针所测得的温度来进行划分的。

1）冷态启动：高压转子温度探针温度低于 100℃，主汽阀前蒸汽参数 8.0MPa/360℃。

2）温态启动：高压转子温度探针温度高于 100℃，主汽阀前蒸汽参数 8.0MPa/460℃。

3）热态启动：高压转子温度探针温度高于 300℃，主汽阀前蒸汽参数 15.0MPa/480℃。

必须保证：蒸汽有 20℃ 的过热度；再热蒸汽温度比中压转子温度探针温度高 20℃；温态和热态启动时，蒸汽温度比高、中压转子温度探针的温度要高 50～100℃。

（2）启动方式。

汽轮机组的启动有机组主控程序（UAM）方式、TT51 手动方式和 TT52 自动启动方式三种方式。当然，首选的是 UAM 方式，其次为 TT52 方式，只有上述两种方式都无法采用时，才采用 TT51 方式。

汽轮机组采用 UAM 启动方式时，其启动程序如下：

1）投入高、低压旁路系统，锅炉点火后，确认高压旁路系统自动投入控制状态。

锅炉点火后，随着升温升压到一定阶段，汽轮机进行复位，暖高中压汽室。

检查确认达到汽轮机冲转条件。

确认蒸汽参数已到相应启动状态的规定值。

K_Y 为 1。

其他条件满足启动要求。

2）汽轮机冲转、升速。

在 PROCONTROL 控制盘上按动相应按钮，冲动汽轮机转子。

转子冲动后，应密切监视高中压转子的热应力，一旦热应力增加，要根据引起热应力增加的转子温差，决定是继续升速还是稳定转速。原则上，出现转子正温差要考虑升速慢一些，若出现负温差则要应考虑升速快一些。

转子的升速率是由 PROCONTROL 内部设定的。当高压转子温度探针的温度低于 200℃ 时，升速率3%，即90r/min，一直升到高压转子温度探针温度高于300℃，改为升速率为10%，即300r/min。

过临界转速时，升速率设定值10%，即300r/min。

超速试验时，升速率设定值7%，即210r/min。

机组升速过程中，正常情况下，只要热应力不超过允许值的80%，可以不用稳定转速暖机，但冷态启动或机组存在某些问题时，应稳定转速暖机和检查确认。

稳定转速规定在450±50r/min和1000±20r/min范围内，作为暖机，一般稳定30min，但不宜超过1h；稳定时间太长，容易造成"汽轮机高压排汽温度限制"报警。

在1500、2940r/min转速下，进行有关设备和系统的检查和确认。机组转速达到3000r/min后，应全面检查机组运行情况及各方面的数据，确认正常后，准备并网。

3）机组并网、带负荷。

采用TT52方式，汽轮机组并网带负荷。

负荷变化率设定为：冷态启动5MW/min；温态启动7.5MW/min；热态启动10MW/min。

确认并网后，自动设定一个2.5%的最小升负荷率。

4）升负荷到600MW。

负荷到60MW，确认低压缸喷水调节阀自动关闭。

负荷增加到90～100MW，在此负荷范围内，不应长时间停留，以免疏水阀开关频繁。

带负荷过程中，应严密监视转子热应力，根据转子正、负温差决定加负荷率，但热应力若达到80%～100%允许值，热应力控制器将自动把加负荷率从100%降至0%；若热应力达到100%～120%，则以100%的降负荷率，快速减负荷；在升负荷过程中，一旦出现负应力，运行方式会自动切到"停止"。

升负荷到100MW以后，确认第1～4号低压加热器和6号高压加热器投入工作。

随着负荷的增加，锅炉燃料增加，锅炉至除氧器的ANB阀关闭，投入除氧器的抽汽。

负荷上升至35%，即210MW以后，应投入第7、8号高压加热器的抽汽。

随着燃料增加，负荷升高，当高压旁路阀门关闭后，汽轮机程序进行方式会从"GO"自动切换到"STOP"，运行人员在此时确认机组的运行条件，在机组主控盘上选择机组运行方式，即"机组协调"或"机跟踪方式"或"炉跟踪方式"。

在36%～90%负荷，机组在滑压运行，此时中压调节阀全开，高压调节阀的开度指令YHP维持在90%～95%左右；选择机组运行方式不同，维持主蒸汽压力的执行者也不同。

当机组负荷大于90%，机组转入定压运行，主蒸汽压力定值为24.2MPa。此时通过开大第4号调节阀开度，达到100%负荷。

6. 机组正常运行方式

机组正常运行，有以下三种运行控制方式，可供运行人员在主控盘上选择：

（1）机组协调方式：锅炉主控必须投自动，高压旁路全关，汽轮机TT52方式为初压调节方式。

（2）机跟踪方式：锅炉主控可以在手动，也可以在自动，汽轮机TT52必须在初压控制方式。

（3）炉跟踪方式：锅炉主控必须在自动，汽轮机TT52在功率控制方式。

7. 机组停机程序

与机组启动过程相反，停机过程是一个冷却过程。正确的停机操作，可以使机组所有金属部件得到均匀的冷却，使金属部件在冷却过程中，承受的冷却应力最小，以保证机组寿命损耗最低。

（1）机组停机的特点。

与其他机组相比，华能石洞口第二发电厂机组停机过程最大的特点：机组减负荷至36%时，锅炉继续燃烧，而汽轮机却快速减负荷至零，最终发电机逆功率（倒拖）保护使机组解列。采用这种方式停机的原因是，该机组在原设计中，具有每日启停功能（两班制运行），要求能快速启停。

在机组负荷减为36%时，汽轮机开始快速降负荷，主蒸汽压力为10.0MPa，过热器出口处的蒸汽温度基本仍为额定值，仅再热蒸汽的温度略有降低，所以锅炉和汽轮机几乎没有受到冷却。这样，对机组再次快速启动带来很多的好处，但是，也存在问题，如：①电网受到极大冲击；②机组停机后冷却困难，冷却时间长，如需要检修，会拖延检修时间；③浪费锅炉余热。

运行人员应严密监控停机、冷却过程中汽轮机部件的冷却拉应力，使冷却热应力限制在允许范围内。

（2）机组操作。

一开始，以5~10MW/min减负荷率，将机组的负荷从100%降至35%。由35%负荷开始，逐渐降低机组负荷，并严密监视汽轮机热应力、胀差、缸胀、轴向位移和机组振动的变化。当应力达80%~100%允许值时，停止降负荷。当机组负荷降至零时，确认机组逆功率动作正常；如不正常立即打闸停机。

在停机过程中，高、低压旁路只根据蒸汽压力偏差动作，因此在这种启停程序中并无指令对其控制。

8. 机组启动时压力调节

在机组启动时，其压力调节可分为三个阶段，即：①锅炉点火至35%MBCR；②（35%~89%）BMCR；③89%BMCR至满负荷。

在以上这3个阶段中，汽轮机调节的方式及控制方式均不同。

（1）锅炉点火至35%BMCR阶段的汽压调节。

在这一阶段中，主蒸汽压力由0升至8.0MPa（汽轮机冲转压力），主蒸汽压力由高压旁路控制。锅炉点火后，高压旁路自动开至20%，并维持这一最小开度，以保证锅炉启动初期，有足够的蒸汽通过再热器。

在主蒸汽压力达到8.0MPa之前，高压旁路处于阀位控制方式。在这种方式下，高压旁路的最小开度为20%，锅炉的升压取决于燃料的投入。当主蒸汽压力达到8.0MPa时，高压旁路的阀位开度限制，将自动设置为0%；主蒸汽压力从8.0MPa开始，机组控制方式由阀位控制转换为定压控制，直到35%BMCR。在汽轮机冲转、加载过程中，随着汽轮机调门开大，高压旁路逐渐关小。当通过高压旁路蒸汽量全部进入汽轮机时，高压旁路关闭，并转入跟踪控制方式，机组进入滑压运行阶段。

（2）35%~89%BMCR阶段汽压控制。

这一阶段也称滑压运行阶段。当高压旁路全部关闭后，机组转入协调控制。由于滑压运行时，汽轮机调速汽门全开，因此实际上滑压运行阶段，主蒸汽的压力是由锅炉主控控制的。在滑压运行时，通往汽轮机的进汽面积基本不变；在给定的升负荷率情况下，锅炉主控控制燃料投入量，使蒸汽量增加，参数提高，主蒸汽压力由8.0MPa升高到25.3MPa（额定值），机组负荷也由35%增加至89%。

在滑压运行阶段，第1~3号调速汽门全开，第4号调速汽门正常时不参与调节。只有当主蒸汽压力高于滑压运行压力设定值时，第4号调速汽门开起，以维持压力稳定。从89%~100%

负荷阶段，为定压压力调节。

机组转入定压运行之后，机组为协调控制，汽轮机主控和锅炉主控同时参与主蒸汽压力的调节。

(3) 再热蒸汽压力控制。

在机组启动时，由低压旁路控制再热器内的蒸汽压力。

（三）汽轮机组技术参数

绥中电厂超临界压力 800MW 机组、伊敏电厂超临界压力 500MW 机组、华能石洞口第二发电厂超临界压力 600MW 机组、国华厚石电厂超临界压力 600MW 机组的技术规范，列于表 16-4~表 16-7。

表 16-4　　　　　　　　盘山电厂 500MW 超临界压力汽轮机抽汽参数

参数　　　抽汽序号	压力 (MPa)	温度 (℃)	抽汽量 (t/h)	抽汽位置 (级后)	供汽对象
1	5.635	336	96.4	9	8 号高压加热器
2	3.92	290	136.5	12	7 号高压加热器
3	1.793	449	60.7	15 (26)	6 号高压加热器
4	1.137	386	99.3＋8.4	17 (28)	除氧器、汽动给水泵
5	0.452	270	48.4	21 (32)	4 号低压加热器
6	0.252	205	48.4	23 (34)	3 号低压加热器
7	0.104	126	74.5	36 (41)，46 (51)	2 号低压加热器
8	0.0187	59	37.9	38 (43)，48 (53)	1 号低压加热器

表 16-5　　　　　　　　伊敏发电厂 500MW 超临界压力汽轮机抽汽参数

参数　　　抽汽序号	压力 (MPa)	温度 (℃)	抽汽量 (t/h)	抽汽位置 (级后)	供汽对象
1	5.8	340	106.4	9	8 号高压加热器
2	4.09	293	148.2	12	7 号高压加热器
3	1.85	445	69.5	15 (26)	6 号高压加热器
4	1.187	381	103＋18.6	17 (28)	除氧器、汽动给水泵
5	0.471	264	52.2	21 (32)	4 号低压加热器
6	0.258	193	53	23 (34)	3 号低压加热器
7	0.108	121	78.6	36 (41)，46 (51)	2 号低压加热器
8	0.019	59	47.2	38 (43)，48 (53)	1 号低压加热器

表 16-6　　　　　　　　绥中发电厂 800MW 超临界压力汽轮机抽汽参数

参数　　　抽汽序号	压力 (MPa)	温度 (℃)	抽汽量 (t/h)	抽汽位置 (级后)	供汽对象
1	5.92	340	167.5	9	8 号高压加热器
2	3.75	283	219.9	12	7 号高压加热器
3	1.61	438	124.1＋98.7	15 (24)	6 号高压加热器、汽动给水泵

抽汽序号 \ 参数	压力 (MPa)	温度 (℃)	抽汽量 (t/h)	抽汽位置 (级后)	供汽对象
4	1.067	381	6.2	17 (26)	除氧器
5	0.58	305	91.5	19 (28)	4 号低压加热器
6	0.28	225	82.4	21 (30)	3 号低压加热器
7	0.11	142	123.3	32(37),42(47),52(57)	2 号低压加热器
8	0.018	58	66.9	34(39),44(49),54(59)	1 号低压加热器

表 16-7   早期超临界压力汽轮机技术规范小计

项 目 \ 电厂名称	绥中发电厂	华能石洞口第二发电厂	厚石电厂
额定功率（MW）	800	600	600
最大功率（MW）	850	645	600
额定主蒸汽压力（MPa）	23.54	24.2	24.5
额定主蒸汽温度（℃）	540	538	538
高压缸排汽压力（MPa）	3.75	4.66	
高压缸排汽温度（℃）	283	298.8	
中联门前蒸汽压力（MPa）	3.32	4.34	3.89 (39.7kgf/cm²)
中联门前蒸汽温度（℃）	540	566	566
凝汽器额定压力（kPa）	第一段：3.57 第二段：4.54	4.9	6.37
冷却水温度（℃）	16.4	20	
冷却水流量（t/h）	80000		
给水温度（℃）	272	285.5	
额定进汽量（t/h）	2432	1844.2	
最大进汽量（t/h）	2650	1957	1950
进入凝汽器蒸汽量（t/h）	1426.8		
热耗率（kJ/kWh）	7640.96	7647.6*	7766.5
通流级	60	76	48
高压缸级数	1+11	1+21	1+9
中压缸级数	9×2	17×2	6
低压缸级数	5×2×3	5×2×2*	8×2×2
给水回热级数	8	8	8
转速（r/min）	3000	3000	3000
末级叶片长度（mm）	960	867*	1029
再热汽流量（t/h）		1568.9	1541.2

* ABB 原设计值，试验结果达不到，对低压缸进行改造，详见后文介绍。

二、引进型超临界压力汽轮机运行中出现的问题

在上述介绍的 500、600MW 和 800MW 超临界压力机组运行中，出现了一些问题。其中，华能石洞口第二发电厂两台 600MW 机组发生的问题最大，也最多，现将其简要介绍如下。

华能石洞口第二发电厂两台超临界压力 600MW 机组，从 1991 年 11 月 7 日 1 号机点火，到 1992 年 12 月 19 日 2 号机 72h 运行结束，曾发生多次主燃料跳闸（MFT），使机组运行处于不稳定状态。机组试生产期的可靠性差，主要表现在下列方面：

1. 频频发生 MFT

从试运行到 1993 年 1 月底，发生 MFT 共 113 次，其中 1 号机发生 87 次，2 号机发生 26 次；两台机一年中非计划停机共 76 次，机组平均连续可用时间不到一星期。

2. 锅炉爆管

在调试期间，两台锅炉共发生 11 次、14 处爆管，其中因制造或施工质量差有 10 次。

在试生产期间，1 号锅炉因炉管爆漏，共停机 16 次。其中因水冷壁管焊接质量不好，爆管 6 次；包覆过热器安装质量不好，引起爆管 3 次；因制造厂焊接质量不好，引起水冷壁爆管 3 次；因锅炉结焦，大焦块落下，击坏水冷壁管 2 次；由于吹灰器安装不好而卡住，吹坏省煤器管 1 次；低温省煤器管内被异物堵塞，造成超温爆管 1 次。2 号锅炉在试生产期间，水冷壁因施工焊接质量不好而爆管 2 次。

3. 锅炉后水冷壁悬吊管扭曲变形

在 1993 年锅炉检修时，发现两台锅炉的后水冷壁悬吊管，严重扭曲变形，有的已扭挤在一起，几乎不起悬吊作用，对锅炉运行构成极大威胁。

经试验得知，锅炉运行时，在转态（湿转干或干转湿）部位，处于干态运行的管子与湿态运行的管子，其温差达 170℃，大大超过允许温差值 50℃。经多次与制造厂（SULZER）交涉，最后由制造厂重新设计，并提供管材，更换两台锅炉后水冷壁的全部悬吊管。

4. 汽轮机调节级叶片断裂

1993 年 9 月 16 日，1 号汽轮机在运行中发生强烈振动，引起跳闸停机。经开缸检查，调节级第 47～49 三只动叶断落，第 6、46 两只动叶明显开列，还有 12 只叶片根部有裂纹。经断口观察及分析计算，确认为振动疲劳断裂。

该调节级动叶的设计有问题。其一阶轴向振动频率，与喷嘴尾流扰动频率 2300Hz 重合，运行中发生共振，导致叶片断裂。ABB 在设计上的问题及制造管理上的漏洞，是事故的直接原因。

两台汽轮机的原配高压转子，不能使用，必须重新设计制造，予以更换。在 ABB 没有完成更换之前，两台汽轮机的高压转子先后送至上海汽轮机厂，车去调节级动叶片，汽轮机临时降低参数，无调节级运行。

5. 汽轮机低压缸效率低

华能石洞口第二发电厂两台汽轮机，由于设备存在问题，试生产期间未能顺利进行性能试验。第一次试验是在 2 号汽轮机上进行的，其结果如表 16-8 所示。

表 16-8　　　　　　　华能石洞口第二发电厂 2 号汽轮机性能试验结果

汽缸名称	高压缸		中压缸		低压缸		整机热耗（kJ/kWh）	
	设　计	实　测	设　计	实　测	设　计	实　测	设　计	实　测
效率（%）	89.77	89.72	93.77	94.92	85.26	77.81	7640.9	7846.8

试验结论：不合格。很明显，问题出在低压缸 h 上，其表现在以下几点：

（1）末两级子午面扩张角太大，分别为 52°、50°，汽流速度矢量的不做功径向分量太大，功

率损失太大。

（2）各级焓降分配不合理。

ABB公司承认原供货的低压缸，是20世纪60年代设计的，性能落后（末叶片长867mm，2×5级）。经过交涉谈判，ABB公司只愿意提供两只低压缸（末叶片长度916mm，6×2级），用于同一台汽轮机组，保证热耗为7595kJ/kWh，性能试验结果合格，其具体试验数据见表16-9。

表16-9 华能石洞口第二发电厂2号汽轮机性能试验数据

序号	项目名称	单位	设计值	预备试验	正式试验	600MW	450MW
1	试验热耗率	kJ/kWh	7588.3	7669.5	7663.2	7669.0	7761.0
2	高压缸效率	％	87.1	88.32	88.20	88.15	86.36
3	中压缸效率	％	94.6	92.45	92.41	92.37	92.30
4	低压缸效率（有用能）	％	86.3	85.11	86.34	86.10	87.21
5	低压缸效率（膨胀线）	％	90.9	90.42	91.01	90.12	91.09
6	系统不明漏气量	％	0.0	0.2	0.13	0.27	0.27
7	第一组修正后热效率	kJ/kWh	7588.3	7662.4	7656.3	7674.5	7779.8
8	参数修正系数	％	0.0	0.277	0.375	0.526	0.404
9	第二组修正后热效率	kJ/kWh	7588.3	7641.2	7627.7	7634.4	7748.5
10	老化修正系数	％	0.0	1.143	1.177	1.20	1.577
11	老化修正后热效率	kJ/kWh	7588.3	7554.8	7539.0	7543.9	7628.2
12	最终热效率	kJ/kWh	7588.3	7546.9			
13	两次试验偏差	％	—	0.21			
14	试验的不确定性	％	—	±0.39			

上述试验是在2号汽轮机进行。与第一次比较，高、中压缸的效率分别从89.76％、94.99％降低到88.23％、92.45％，这是汽轮机（尤其是通流部分）老化所致。

第二节 超临界压力汽轮机及主要辅机技术规范

经有关的研究院所、高等院校、各制造厂的协同努力，国家重大技术装备研制和国产化项目"600MW超临界压力火电机组成套设备研制"研究成果，对我国超临界压力火电机组的主要技术规范，提出了一些重要建议。现将有关汽轮机部分内容简述如下。

一、汽轮机技术规范

1. 汽轮机技术规范

汽轮机组采用的主蒸汽参数为24.2MPa，538℃/566℃（566℃/566℃）。

2. 加热系统配置

（1）加热器配置。

轴封加热器：卧式单列U形管，工作水压为2.87MPa，进汽压力为98.5kPa。

1号低压加热器：卧式单列U形管，工作水压为2.87MPa，进汽压力为25kPa。

2号低压加热器：卧式单列U形管，工作水压为2.87MPa，进汽压力为76kPa。

3号低压加热器：卧式单列 U 形管，工作水压为 2.87MPa，进汽压力为 0.231MPa。

4号低压加热器：卧式单列 U 形管，工作水压为 2.87MPa，进汽压力为 0.392MPa。

除氧器：卧式喷淋盘型，给水箱为卧式。

最高工作压力：1.202MPa。

最高工作温度：除氧器处为 363.4℃；给水箱处为 187℃。

最大出力：2400t/h。

进水温度：140℃。

出水温度：187℃。

安全门动作压力：1.4MPa。

6号低压加热器：卧式单列 U 形管，工作水压为 30.9MPa，进汽压力 2.40MPa，给水出口温度 233.8℃。

7号低压加热器：卧式单列 U 形管，工作水压为 30.9MPa，进汽压力 4.58MPa，给水出口温度 256.5℃。

8号低压加热器：卧式单列 U 形管，工作水压为 30.9MPa，进汽压力 7.10MPa，给水出口温度 354.6℃。

(2) 汽轮机共有 8 级抽汽。

一级抽汽分别来自低压缸Ⅰ和低压缸Ⅱ，共同向 1 号低压加热器供汽。

二级抽汽分别来自低压缸Ⅰ和低压缸Ⅱ，共同向 2 号低压加热器供汽。

三级抽汽分别来自低压缸Ⅰ和低压缸Ⅱ，共同向 3 号低压加热器供汽。

四级抽汽来自中压缸，向 4 号低压加热器供汽。

五级抽汽来自中压缸，五级抽汽分两路，一路向除氧器供汽，另一路去给水泵汽轮机供汽。给水泵汽轮机有两股汽源，一股来自再热冷段蒸汽，另一股来自五级抽汽；两股汽源互相隔离，可自动内切换：

主汽轮机在 35%MCR 负荷以上时，给水泵汽轮机由五级抽汽供汽运行；

主汽轮机在 20%MCR 负荷以下时，给水泵汽轮机由再热冷段供汽运行；

主汽轮机在 20%～35%负荷时，给水泵汽轮机由双汽源供汽运行。

六级抽汽来自中压缸，向 6 号高压加热器供汽。

七级抽汽来自高压缸，向 7 号高压加热器供汽。

八级抽汽来自高压缸，向 8 号高压加热器供汽。

3. 启动状态的划分和启动参数的规定

(1) 启动状态划分。

冷态：汽轮机停机 7 天以上，高压转子探针的温度＜100℃；

温态：汽轮机停机 7 天以内，高压转子探针的温度＞100℃；

热态：汽轮机停机 8h 以内，高压转子探针的温度＞350℃；

极热态：汽轮机停机 2h 以内。

(2) 启动参数规定。

冷态：汽轮机高压主汽阀前主蒸汽压力 8MPa，温度 360℃；

温态：汽轮机高压主汽阀前主蒸汽压力 8MPa，温度 400℃；

热态：汽轮机高压主汽阀前主蒸汽压力 15MPa，温度 480℃；

极热态：汽轮机和锅炉均停机 2h 以内，必须保证：

汽轮机高压主汽阀前主蒸汽温度有 50℃的过热度，且比高压转子探针的温度高 50～100℃；

再热汽温度必须比中压转子探针的温度高 20℃。

温态和热态启动时，蒸汽温度必须比高、中压转子探针温度高 50～100℃。

汽轮机启动时，在 36％～90％负荷阶段，采用滑压运行方式，当负荷＞90％时转为定压运行，直到 100％负荷。

汽轮机计划停机时，在负荷减至 90％时开始，机组转入滑压运行方式，主蒸汽压力逐渐降低，控制降负荷率在 5～10 MW/min 范围内。主蒸汽压力降至 8MPa 时，高压旁路打开，机组转为定压运行。投入功率控制方式，将负荷逐渐降低，直到负荷减到零。

二、主要辅机技术规范

1. 循环水泵

机组配备 2 台混流式循环水泵，流量为 38700m³/h，扬程为 196.13kPa，转速为 298r/min。

2. 工业水泵

机组配备 3 台 50％工业水泵，采用立式离心泵，流量为 268m³/h，扬程为 1.06MPa，转速为 2975r/min。

3. 闭式冷却水泵

机组配备 2 台 100％的闭式冷却水泵，采用双蜗壳形离心泵，流量为 2150 m³/h，扬程为 0.42MPa，转速为 1489r/min。

4. 凝结水泵

机组配备 2 台立式沉箱式凝结水泵，首级叶轮为双吸式。设计流量为 1537 m³/h，扬程为 3.06MPa，转速为 1491r/min。在最小流量 400m³/h 时可连续运行，在最小流量 240m³/h 时可短时间运行。

5. 真空泵

汽轮机配备 2 台 100％水环式真空泵，吸气介质为饱和空气/水蒸气，转速为 415r/min，容量为 3372kg/h。

6. 给水泵

汽轮机配备 2 台汽动给水泵和 1 台启动用的电动给水泵。每台汽动给水泵的流量为 50％额定工况流量。启动用的电动给水泵的流量为 40％额定工况流量。给水泵及其驱动汽轮机的技术规范如下：

(1) 汽动给水泵。

采用双缸圆筒多级离心泵，流量为 1051.2m³/h，扬程为 32.7MPa，转速为 5313r/min。

中间抽头：压力为 15.45MPa，流量为 65.5m³/h。

最小旁路流量：400m³/h。

(2) 前置泵。

单级双吸离心泵，流量为 1081.8 m³/h，扬程为 0.85MPa，转速为 1480r/min。

(3) 给水泵汽轮机。

额定转速：2500～5640 r/min，最高转速：5780 r/min。

输出功率：9.945MW，最大功率：14.5MW。

汽源参数（100％MCR 工况）：1.19MPa，374℃。

(4) 电动给水泵。

采用双缸圆筒多级离心泵：流量为 557 m³/h，扬程为 31.9MPa，转速为 5780r/min。

中间抽头：压力为 15.05MPa，流量为 33.48m³/h。

最小旁路流量：250m³/h。

（5）电动给水泵前置泵。

单级单吸离心泵，流量为 835.2 m³/h，扬程为 0.51MPa，转速为 1485r/min。

（6）汽动给水泵与电动给水泵的配合运行。

汽轮机启动时，首先启动电动给水泵，待机组负荷达 50%，2 台汽动给水泵带负荷运行正常时，才可停用电动给水泵。

主机正常停机，当负荷减至 50%MCR 时，停用 1 台汽动给水泵；负荷减至 35%MCR 时，启动电动给水泵，待给水流量全部移至电动给水泵后，停用另 1 台汽动给水泵，此时电动给水泵单独运行。

汽动给水泵和电动给水泵都可以对锅炉给水实施控制，它们都是通过改变转速来改变出口流量的。因此，汽动给水泵与电动给水泵不能同时投入给水自动控制。

关于给水泵和给水泵汽轮机的详细技术要求，请参考本书第六章和第七章的有关内容。

第三节　超临界压力机组自动控制系统功能要求

目前，对于超临界压力机组，最重要的任务是提高各主辅机设备的可靠性，提高机组的可用率，同时还要具备灵活的负荷适应性。为此，机组在结构、材料等方面，要求十分严格；同时，也要求采用自动化程度更高、功能更为完善、更灵活、可靠性更高的自动化控制系统。

下面对超临界压力机组自动控制系统将作简要介绍；主要介绍有关汽轮机部分的自动控制。

一、机组控制水平

1. 炉、机、电集中控制

控制室内大屏幕上设立发电机功率、汽轮机转速、电网频率、主蒸汽压力和温度等信号显示，炉膛火焰 CRT 显示。此外，不设辅助显示器，不设辅助操作手段。运行人员的全部监视、操作，都在操作站上完成。运行人员通过操作站 CRT 和大屏幕以及操作站键盘、触摸屏幕或鼠标，对整个超临界机组实施监视和控制。

2. 辅助车间和系统适度集中控制

超临界机组的辅助车间和系统要求适度集中控制，将多个车间形成几个网络，设置几个控制点，形成一个计算机监控网络，实现若干辅助车间远方集中控制。该网络通过网关与厂一级监控网相连。

二、控制系统硬件

目前，工业过程的控制有以下三大控制系统：

（1）数字式分散控制系统 DCS（distributed control system）；

（2）可编程逻辑控制器 PLC（programmable logic controller）；

（3）现场总线控制系统 FCS（fieldbus control system）。

1. 数字式分散控制系统 DCS

DCS 有集中显示和集中控制，在线参数监视、修改、调整方便，可实现灵活的控制方案；采用基本控制模件组合，可以真正实施分散控制，使局部故障不影响整个系统；系统较灵活，易于扩展；主控制模件和通信回路冗余配置，有容错及恢复功能，可用率高。

超临界压力机组主厂房以内热力系统的工艺过程控制，全部纳入 DCS 的覆盖范围以内，循环水控制也纳入 DCS 以内。

为实施 DCS 控制方式，汽轮机的调节系统必须采用数字式电液控制系统 DEH（digital electro-hydraulic）。

DEH 理所当然应具有与 DCS 协调控制的接口，DEH 必须与全厂的 DCS 协调。除本书第十章所列功能之外，对于超临界压力机组，DEH 还应具备转子热应力控制接口。超临界压力机组的旁路系统也应纳入 DEH 控制，使机组启动过程更安全、灵活。

2. 可编程逻辑控制器 PLC

PLC 是一部数字控制专用的电子计算机，它用可编程序存贮器存储指令，执行诸如逻辑、顺序、计时、计数及演算等功能，并通过模拟和数字输入、输出等组件，控制各种机械或工作程序，以及工艺流程。

采用的可编程逻辑控制器 PLC 必须具备的功能有：①PLC 之间可以连成网络；②PLC 必须能够与 DCS 进行通信。

3. 现场总线控制系统 FCS

现场总线控制系统 FCS，由于目前火力发电厂使用得较少，因此本书不作介绍。

三、分级控制

超临界压力机组自动控制系统的配置与组态，按分级控制的原则进行设计，将自动控制系统分成驱动级、子功能组级、功能组级、协调级和工厂管理级五级。其中，子功能组级（sub group）和功能组级（function group）有时合并称为局部自动控制级，此时自动控制系统则可分成 4 级。

1. 驱动级

驱动级又称执行级或基础控制级。驱动级是自动控制系统的基础，驱动级的每个单元就是每个控制对象的远方软手操控制手段，它控制每个独立的受控对象，它包括执行机构和控制执行机构的组态回路，如电动阀门，它们的驱动级就是驱动阀门的电动装置和控制电动装置的组态回路。

驱动级中某些单元本身可以具备一定的自动功能。联动控制就是利用驱动级单元之间的相互关系，将几个驱动级单元联系在一起，自动完成单项控制任务。例如，将离心式水泵电动机已经运行的信息，直接送入水泵出口电动阀门的组态回路，就可以实现水泵启动后自动开启出口阀门的动作。该组设备的联动控制就成为驱动级的一个大单元。驱动级绝大多数单元都是受局部自动控制级（子功能组级和功能组级）指挥而工作。

各类驱动级单元的组态回路均应具备足够完善的功能，它不仅能根据值班人员或局部自动控制级的指令，准确无误地完成任务，而且还有拒绝执行错误指令的功能。此外当驱动级单元本身发生故障时，它们除了能及时处理保护驱动级本身外，还应具有向局部自动控制级或集控室送去报警信息的功能。

2. 子功能组级和功能组级

子功能组级和功能组级，统称为功能组级或局部自动控制级，由于某些功能组的控制范围较大，所以又分成这两级。局部自动控制级的各系统，都是和它们所控制的各个驱动级单元结合在一起，共同完成指定的控制任务。

局部自动控制级的各个系统，都具有特定的控制任务，在整个自动控制系统中，它们各自具有不同的功能，是自动控制系统分级控制的核心，也是超临界压力机组自动控制系统的设计重点。

局部自动控制级的各个系统，接受协调级或值班人员的指挥进行工作，它们各自按照预定的条件和规律，指挥它们所管辖的所有驱动级单元。

在超临界压力机组自动控制系统的局部自动控制级，包含模拟量控制系统 MCS、顺序控制系统 SCS 和自动保护系统 APS 三大系统。

为了使局部自动控制级的各个系统能够接受值班人员的指挥，在 DCS 操作站设置了各系统的操作 Help 画面（含主画面和弹出画面）。在这些 Help 画面中，均含有操作手段和判据显示，值班运行人员可以随时掌握这些系统的工作状况，并能及时向它们发出指挥信息。

3. 协调级

协调级也可称为机组级，是整个分级控制系统中，以控制任务为主的最高一级。主要用于手动或由负荷调度中心发出的负荷指令，按选择的机组控制方式（协调控制的方式）指挥局部自动控制级的各系统，建立与负荷要求相匹配的燃料、风量和水量的调整控制体系。例如，快速降负荷、增减负荷闭锁、甩负荷、热应力限制、交叉限制，以及性能计算等，都将在协调级完成。

4. 工厂管理级

工厂管理级是整个分级自动控制系统的最高一级。工厂管理级主要由 DCS 的人机接口站（含操作员站、数据站、工程师站及相关软件、接口等），以及组态工具等组成。工厂管理级的功能偏重于厂级管理，以及建立计算机管理网络。

超临界压力机组自动控制系统的配置与组态，将各过程控制单元 PCU（process control unit）或电子计算机柜，基本上按被控系统划分，便于调试和检修维护。另外，各微处理器基本上是按局部自动控制的各系统和它们所指挥的各驱动级单元来划分，并做相应的交叉控制处理，将控制功能分散，减少故障扩大的危险性，提高系统运行可靠性。

四、变压运行和负荷跟踪

1. 变压运行

变压运行方式是保持汽轮机调节阀一定的开度，而锅炉供汽的压力随负荷而相应地按比例变化。这样，要求自动控制系统有效地控制锅炉的燃烧，使蒸汽压力与负荷变化相符合。

2. 负荷跟踪

超临界压力机组的负荷跟踪能力，取决于锅炉系统磨煤机的能力，以及自动控制系统对它们的有效控制。此外，还取决于机组热应力的状况，一般不会有太大的问题。

五、机组自启停

1. 汽轮发电机组的自动启停

超临界压力汽轮发电机组自动控制系统对机组的自启停控制应按如下方式完成：

（1）汽轮发电机组启动时，自动保护装置投入、汽轮机辅机启动、汽轮机冲转、摩擦检查、升速、暖机、过临界转速、定速同步、发电机电压建立、自动同期、并网带初始负荷，直至升至额定负荷，全部监视操作，都由值班人员在 DCS（及配套的 DEH）操作站上完成。

（2）汽轮发电机组停机时，由带额定负荷直到发电机解列，也由值班人员在 DCS（及配套的 DEH）操作站上完成。

2. 机组的自动启停

机组的自动启停简称机组自启停，是指超临界压力机组的锅炉、汽轮发电机组启动和停机两个过程的全部监视、操作自动完成的全过程。

机组自启停分级控制系统的协调级，它发出指令去指挥局部自动控制级的各相关系统——各功能组，而各功能组在 DCS 操作站 CRT 屏幕上均设置了 Help 画面，详细显示判据和各操作手段，运行人员可以随时掌握这些功能组的工作状况，并能及时向它们发出指挥信息。

六、汽轮机重点控制项目

1. 轴系振动监测

超临界压力机组的自动控制系统，必须具有完善的汽轮机轴系振动监测系统，将其全部信息输入到 DCS 中，供值班运行人员监控。

2. 汽轮机转子热应力测量

汽轮机转子热应力是决定汽轮机升速率和升负荷率的最重要因素之一，因此超临界压力机组的自动控制系统，必须配备完善的汽轮机转子热应力测量、计算系统，将其全部信息输入到 DCS 中，供值班运行人员监控。

3. 凝结水精处理

超临界压力机组对水质的要求极高，采取 100％容量凝结水精处理，有专门的凝结水精处理设备，并且树脂体外再生；凝结水精处理顺序控制系统，必须保证与主厂房内的 DCS 共同通信规约，重要信息全部能输入到 DCS 中，供值班运行人员监控。

七、自动控制系统涵盖范围

这里将简要介绍超临界压力机组自动控制系统主要控制范围。

1. 模拟量控制系统（MCS）控制范围

(1) 机组协调控制；

(2) RUN BACK（快速降负荷）；

(3) RUN UP ＆ RUN DOWN（快升速和快降速）；

(4) 煤量主控及锅炉与汽轮机协调（BTU）校正；

(5) 磨煤机组控制；

(6) 轻油压力控制；

(7) 重油流量控制；

(8) 送、引风控制；

(9) 一次风控制；

(10) 辅助风挡板控制；

(11) 燃油风挡板控制；

(12) 雾化蒸汽压力控制；

(13) 暖风器挡板控制；

(14) 暖风器疏水箱水位控制；

(15) 主蒸汽温度控制；

(16) 燃烧模式；

(17) 再热蒸汽温度控制；

(18) 给水流量控制；

(19) 给水流量控制阀；

(20) 分离器水位控制；

(21) 给水泵再循环控制；

(22) 凝结水再循环控制；

(23) 除氧器水位控制；

(24) 除氧器压力控制；

(25) 氢气温度控制；

(26) 主蒸汽管路温度控制。

2. 燃烧器管理系统（BMS）控制范围

燃烧管理系统 BMS（burner management system）由锅炉安全保护系统和燃烧器管理系统两部分组成。该系统还包括火焰监测系统。

被控对象是制粉系统和燃油系统。其外围设备有油枪、点火枪、三位阀、油气手动隔离阀、轻重油快关阀、回油阀、磨煤机冷热风门、密封门、出口门、磨煤机、给煤机、冷却风机、密封风机等启动继电器，以及相应的回报信号、压力开关控制器。

燃烧管理系统的控制范围如下：

(1) MFT——主燃料跳闸；

(2) LFT——轻油燃料跳闸；

(3) HFT——重油燃料跳闸；

(4) CFT——煤燃料跳闸；

(5) 油系统泄漏试验；

(6) 锅炉吹扫；

(7) 油、煤启动条件许可条件判断；

(8) RUN BACK；

(9) 二次风控制；

(10) 冷却风机控制；

(11) 磨煤机密封风机控制；

(12) 废油焚烧控制；

(13) AB、CD、EF 层轻、重油启停控制管理；

(14) A、B、C 层煤粉燃烧系统启动控制管理；

(15) D、E、F 层煤粉燃烧系统启动控制管理。

3. 顺序控制系统（SCS）控制范围

驱动级控制是功能组控制的基础，顺序控制系统的控制体现在驱动级控制。其控制范围如下：

(1) 循环水系统；

(2) 凝补水泵 A、B、C；

(3) 闭式冷却水系统；

(4) 给水泵密封水收集箱泵 A、B；

(5) 凝结水泵 A、B；

(6) 低压旁路液压泄漏油泵；

(7) 锅炉水回收泵 A、B；

(8) 发电机密封油系统；

(9) 电动给水泵；

(10) 空气预热器系统 A、B；

(11) 主机润滑油系统；

(12) 顶轴油泵 A、B、C、D；

(13) 主机盘车；

(14) 送风机 A、B；

(15) 引风机 A、B；

(16) 一次风机 A、B；

(17) 磨煤机组 A、B、C、D、E、F；

(18) 燃油系统；

(19) 煤仓闸门 A、B、C、D、E、F；

（20）轴封蒸汽系统；

（21）辅助蒸汽系统；

（22）凝汽器真空泵 A、B；

（23）主机液压泵 A、B；

（24）发电机定子冷却水泵 A、B；

（25）汽轮机抽汽系统、疏水系统；

（26）各管道疏水阀门及低点疏水阀门；

（27）各水箱注水、放水系统；

（28）各级抽汽止回阀门；

（29）各级加热器进汽阀门；

（30）工业水泵 A、B、C。

以及生成操作站中功能组级控制和驱动级控制 Help 画面及相应说明。

4. 保护控制系统控制功能

（1）锅炉主燃料快速切断（MFT）停炉保护；

（2）汽轮机跳闸保护；

（3）快速降负荷（RUN BACK）保护；

（4）甩负荷（FCB）保护；

（5）汽轮防进水保护；

（6）高压加热器水位保护；

（7）电动给水泵保护；

（8）汽动给水泵保护；

（9）磨煤机及空气预热器保护；

（10）操作站中相关"保护键"的设置及说明。

5. 旁路控制系统（BPS）控制功能

旁路控制系统配备的设备有供油装置、伺服阀、闭锁阀、油动机、两位控制阀、减压阀、快关装置、旁路控制油系统等。旁路控制系统的功能要求如下：

（1）高压旁路压力控制。

1）锅炉启动；

2）汽轮机启动；

3）机组带负荷运行；

4）汽轮机甩负荷/跳闸；

5）主要连锁保护。

（2）高压旁路温度控制。

（3）低压旁路压力控制。

1）锅炉启动；

2）机组带负荷运行；

3）凝汽器保护；

4）主要连锁保护。

（4）低压旁路温度控制。

6. 数据采集系统（DAS）功能要求

（1）显示功能的总要求。

1）每台 CRT 显示功能；

2）DCS 系统内每个过程点的显示要素；

3）开窗显示、滚动显示、收缩显示、弹出显示；

4）启动、正常、事故等运行方式的操作指导显示；

5）足够的画面显示能力和用户自行生成画面的手段。

操作显示如下：

1）概貌显示；

2）功能组显示；

3）细节显示。

标准画面显示如下：

1）成组显示；

2）棒状图显示；

3）趋势显示；

4）报警显示。

Help 显示。

系统状态显示。

（2）记录功能要求（含可编辑标题、指令控制）。

1）定期记录；

2）操作员记录；

3）运行人员操作记录；

4）事故顺序记录；

5）跳闸记录；

6）设备运行记录。

（3）历史数据的贮存与检索。

（4）性能计算。

（5）DCS 与适度集中控制的辅助车间和系统的联网。

第四节　国产超临界压力汽轮机组

上述第二、三节简要介绍了各研究院所、高等院校、制造厂等就我国超临界压力火电机组给出的主要技术规范建议。现具体介绍已经制造并安装的国产超临界压力汽轮机组。

一、汽轮机概述

1. 概述

近期我国制造的 600MW 超临界压力汽轮机组，是一次中间再热、单轴、三缸、四排汽凝汽式汽轮机。这种机组已在电厂中投入运行。

该机型适用于北方及南方地区各种冷却水温的条件，在南方夏季水温条件下照常满发 600MW。该机凝汽器可以根据不同的水质及用户的要求采用不同的管材，不仅适用于有淡水水源的内陆地区，也适用于用海水冷却的沿海地区。该机组的年运行小时数在 7800h 以上。

2. 技术规范

国产超临界压力汽轮机组技术规范，如表 16-10 所示。

表 16-10   国产超临界压力汽轮机组技术规范

汽轮机型式	超临界压力、一次中间再热、三缸四排汽、单轴、凝汽式
连续出力（MW）	600
转速（r/min）	3000
旋转方向	顺时针（从调端看）
主蒸汽压力（MPa）	24.2
主蒸汽温度（℃）	566
主蒸汽流量（kg/h）	1662628
再热蒸汽压力（MPa）	3.839
再热蒸汽温度（℃）	566
再热蒸汽流量（kg/h）	1415725
回热级数	8级
给水温度（℃）	275.4
低压缸排汽压力（kPa）	4.9
低压缸排汽流量（kg/h）	979142
调节控制系统型式	DEH
最大允许系统频率摆动（Hz）	48.5～51.5
空负荷时额定转速波动（r/min）	±1
噪声水平 [dB（A）]	85 以下
各轴承处轴径双振幅值（m）	0.076 以下
通流级数	44
高压部分级数	I+9
中压部分级数	6
低压部分级数	2×2×7
末级动叶片长度（mm）	1000
盘车转速（r/min）	3.35
汽轮机总长（包括罩壳，mm）	约 27200
汽轮机最大宽度（包括罩壳，mm）	11400
汽轮机本体质量（t）	约 1108
汽轮机中心距运行层标高（mm）	1070

3. 主机结构

（1）蒸汽流程。

汽轮机通流部分，采用冲动式与反动式组合设计。新蒸汽从下部进入置于该机两侧两个固定支承的高压主汽调节联合阀，由每侧各两个调节阀流出，经过 4 根高压导汽管进入汽轮机的高压缸。高压进汽管位于上半、下半各两根。进入高压缸的蒸汽，通过一个冲动式调节级和 9 个反动式高压级后，由外缸下部的两个排汽口进入再热器。再热后的蒸汽流经机组两侧的两个再热主汽调节联合阀，再由每侧各两个中压调节阀流出，经过四根中压导汽管，由高中压缸的中部进入中压缸，中压进汽管位于上半、下半各两根。进入中压缸的蒸汽，经过 6 级反动式中压级后，从中压缸上部排汽口排出，经中、低压缸连通管，分别进入 1、2 号低压缸中部。两个低压缸均为双分流结构，流入中部的蒸汽，经过正、反向各 7 个反动级后，流向各自的排汽口，然后蒸汽向下流入安装在每一个低压缸下部的凝汽器。汽缸下部设有抽汽口，其抽汽用于给水加热。

600MW 超临界压力汽轮机热平衡系统如图 16-1～图 16-4 所示，其高中压缸纵剖面图和低压缸纵剖面图分别如图 16-5 和图 16-6 所示。

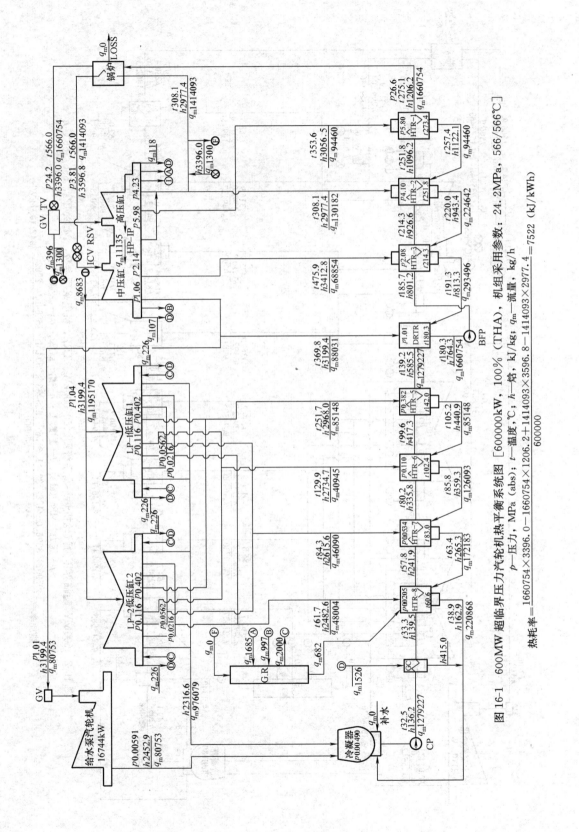

图 16-1　600MW 超临界压力汽轮机组热平衡系统图 [600000kW, 100% (THA), 机组采用参数: 24.2MPa, 566/566℃]

p—压力, MPa (abs); t—温度, ℃; h—焓, kJ/kg; q_m—流量, kg/h

热耗率 = $\dfrac{1660754 \times 3396.0 - 1660754 \times 1206.2 + 1414093 \times 3596.8 - 1414093 \times 2977.4}{600000}$ = 7522 (kJ/kWh)

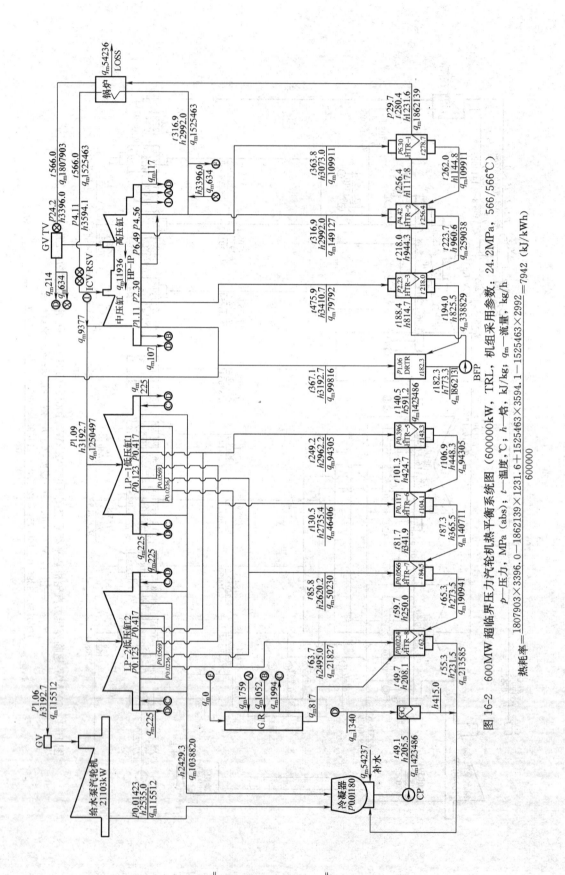

图 16-2 600MW 超临界压力汽轮机热平衡系统图（600000kW、TRL，机组采用参数：24.2MPa，566/566℃）

p—压力，MPa (abs)；t—温度，℃；h—焓，kJ/kg；q_m—流量，kg/h

热耗率 $= \dfrac{1807903 \times 3396.0 - 1862139 \times 1231.6 + 1525463 \times 3594.1 - 1525463 \times 2992}{600000} = 7942$ (kJ/kWh)

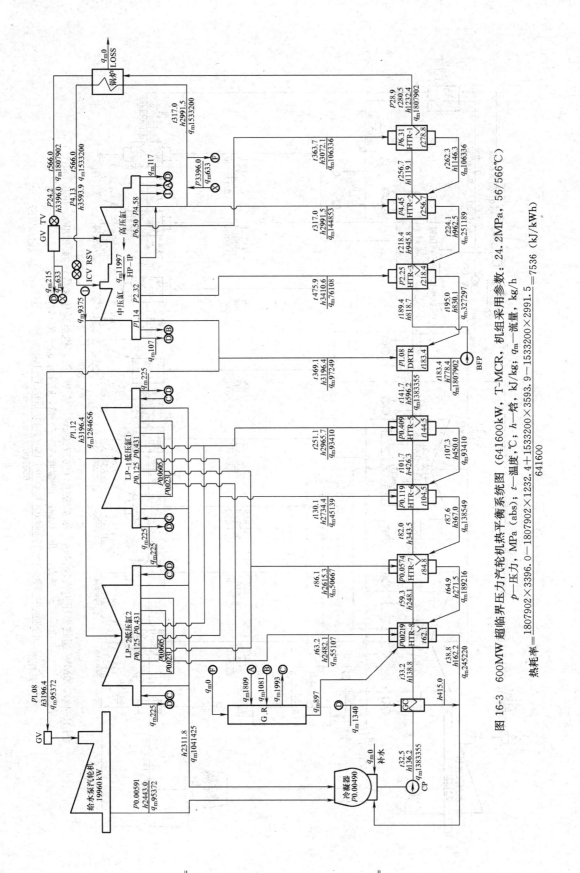

图 16-3 600MW 超临界压力汽轮机组热平衡系统图 (641600kW, T-MCR, 机组采用参数: 24.2MPa, 56/566℃)

p—压力, MPa (abs); t—温度, ℃; h—焓, kJ/kg; q_m—流量, kg/h

热耗率=$\dfrac{1807902\times3396.0-1807902\times1232.4+1533200\times3593.9-1533200\times2991.5}{641600}=7536$ (kJ/kWh)

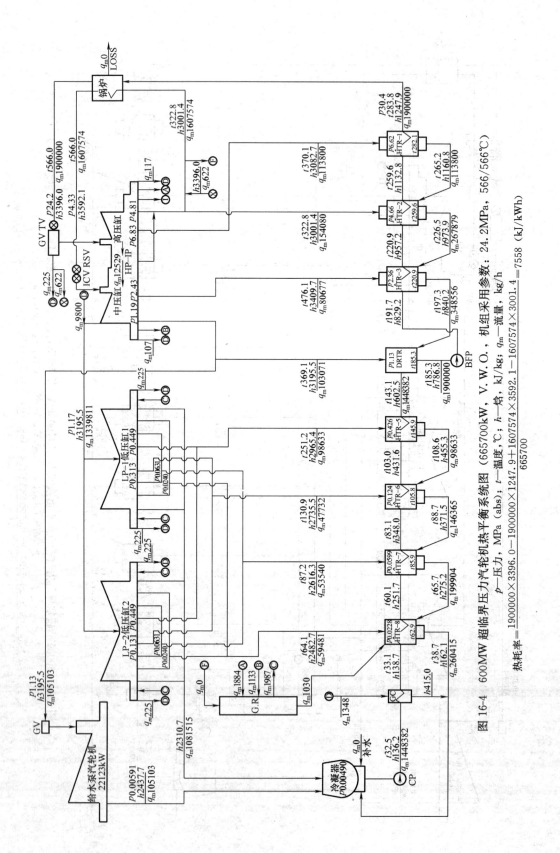

图 16-4 600MW 超临界界压力汽轮机热平衡系统图（665700kW，V.W.O．机组采用参数：24.2MPa，566/566℃）

p—压力，MPa（abs）；t—温度，℃；h—焓，kJ/kg；q_m—流量，kg/h

热耗率 = $\dfrac{1900000 \times 3396.0 - 1900000 \times 1247.9 + 1607574 \times 3592.1 - 1607574 \times 3001.4}{665700} = 7558$ （kJ/kWh）

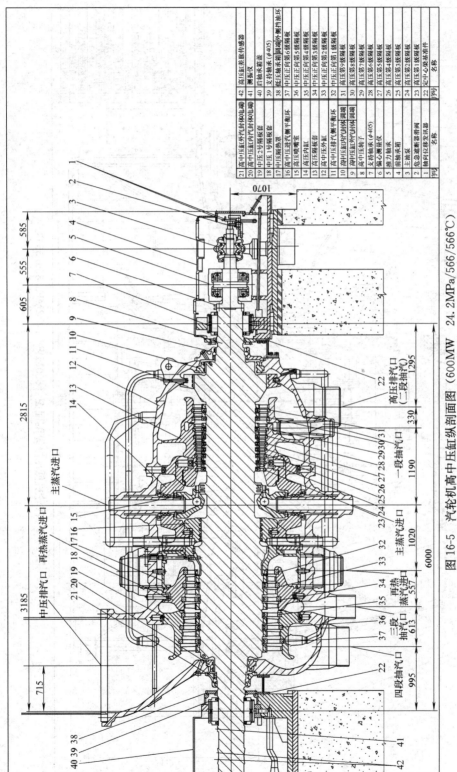

图 16-5　汽轮机高中压缸纵剖面图（600MW　24.2MPa/566/566℃）

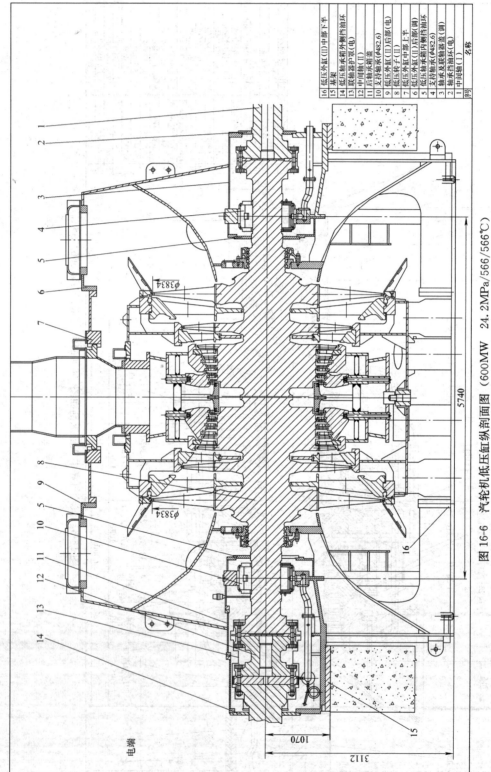

图 16-6 汽轮机低压缸纵剖面图（600MW 24.2MPa/566/566℃）

序号	名称
16	低压外缸（Ⅱ）中部下半
15	垫架
14	低压轴承外侧汽封油环
13	联轴器护罩（电）
12	中间轴（Ⅱ）
11	后轴承箱盖
10	支持轴承（φ482.6）
9	低压外缸（Ⅱ）后部（电）
8	低压转子（Ⅱ）
7	低压外缸（Ⅱ）后部上半
6	低压轴承箱内侧汽封油环
5	支持轴承（φ482.6）
4	轴承及联轴器盖（调）
2	轴内侧汽封油环（调）
1	中间轴（Ⅰ）

电端

汽轮机设备及其系统

（2）高中压阀门。

高压主汽调节联合阀的壳体，是一个整体合金钢锻件。机组装有两个高压主汽调节联合阀，分别位于高中压缸两侧，每个主汽调节联合阀，包括一个水平安装的主汽阀和两个相同的垂直安装的调节阀。这些阀门的开度，均由各自的油动机来控制，油动机由数字电液调节系统来控制。

再热主汽调节联合阀的壳体，是合金钢铸件。机组装有两个再热主汽调节联合阀，分别位于高中压缸两侧，每个再热主汽调节联合阀包括一个摇板式主汽阀和两个调节阀。这些阀门的开度，也由各自的油动机来控制，油动机也是由数字电液调节系统来控制。

（3）汽缸。

1）高中压缸。

汽缸的结构形式和支撑方式，在设计时给予周密考虑，当受热状况改变时，可以保持汽缸自由而且对称地收缩和膨胀，并且把可能发生的变形降到最低限度。由合金钢铸造的高中压外缸，从水平中分面分成了上、下两半。内缸同样为合金钢铸件，也是从水平中分面分成了上、下两半。内缸支撑在外缸的水平中分面处，并由上部和下部的定位销导向，使汽缸保持与汽轮机轴线的正确位置，同时使汽缸可随着温度的变化自由收缩和膨胀。

高压缸内的喷嘴室也由合金钢铸成，并从水平中分面分成上、下两半。它采用中心线定位，支撑在内缸中分面处。喷嘴室的轴向位置，由上、下两半的凹槽，与内缸上、下半的凸台配合定位。上、下两半内缸上均有滑键，借以确定喷嘴室的横向位置。这种结构可以保证喷嘴室在主蒸汽温度变化时，沿轴向收缩或膨胀。主蒸汽的进汽管与喷嘴室之间，通过弹性密封环滑动连接，这样可把温度引起的变形降到最低限度。外缸上半部分及内缸下半部分，可采用顶起螺栓抬高，直到进汽管与喷嘴室完全脱离，然后按常规方法用吊车吊起。在拆卸外缸上半部分或内缸下半部分时，应尽量保持进汽密封处蒸汽室的原状，在汽缸再次放下时，能与密封环同心。

汽轮机高压隔板套和高中压进汽侧平衡环，支撑在内缸的水平中分面上，并由内缸上、下两半的定位销导向。汽轮机中压1号隔板套、中压2号隔板套和高压缸排汽侧平衡环，均支撑在外缸上，支撑方式和内缸的支撑方式一样。

高中压缸的上、下两半，在水平中分面上用大型双头螺栓或定位双头螺栓连接。为使每个螺栓中保持准确的应力，必须对它们进行初始拧紧，获得一定的预应力。汽缸精加工完成后，中分面在不涂密封油情况下，进行水压试验，保证汽缸不漏；当电厂装配汽轮机并准备投入运行时，中分面需要涂性能较好的密封涂料。

2）低压缸。

该机组具有两个低压缸。低压外缸全部由钢板焊接而成，为了减少温度梯度，设计成3层缸。由外缸、1号内缸、2号内缸组成，以减少整个缸的绝对膨胀量。汽缸上、下两半各由调端排汽部分、电端排汽部分和中部三部分组成。各部分之间通过垂直法兰面由螺栓作永久性连接而成为一个整体，可以整体起吊。

低压缸调速器端的第1、2级隔板安装在隔板套内。此隔板套支撑在1号内缸上，第3～5级隔板安装在1号内缸内，第6、7级隔板安装在2号内缸内，内缸支撑在外缸上，并略低于水平中分面。

低压缸发电机端的第1～4级隔板，安装在隔板套内，此隔板套支撑在1号内缸上；第5级隔板安装在1号内缸内；第6、7级隔板安装在2号内缸内；内缸支撑在外缸上，并略低于水平中分面。

排汽缸内设计有良好的排汽通道，由钢板压制而成。面积足够大的低压排汽口与凝汽器弹性连接。低压缸四周有框架式撑脚，增加低压缸刚性，撑脚坐落在基架上，承担全部低压缸重量，并使得低压缸的重量均匀地分布在基础上。在 1 号低压缸的撑脚四边，通过键槽与预埋在基础内的锚固板配合，形成膨胀的绝对死点。在蒸汽入口处，1 号内缸和 2 号内缸之间，通过 1 个环形膨胀节相连接；1 号内缸由 1 个承接管与连通管连接。内缸由 4 个搭子支承在外缸下半中分面上，1 号内缸、2 号内缸与外缸之间，在汽缸中部下半处，由 1 个直销定位，以保证三层缸同心。为了减少流动损失，在进、排汽处，均设计有导流环。每个低压外缸的上半缸两端处，装有两个大气阀，其用途是当低压缸的内压超过其最大设计安全压力时，自动进行危急排汽。大气阀的动作压力为 0.034~0.048MPa（表压）。低压缸排汽区设有喷水装置，空转或低负荷、排汽缸温度升高时，按要求自动投入，降低低压缸温度，保护低压缸内的长叶片。

（4）转子。

高中压转子是无中心孔合金钢整锻转子。带有主油泵叶轮及超速跳闸装置的小轴，在调端用法兰螺栓刚性地与高中压转子连接在一起，主油泵叶轮轴上还带有推力盘。

低压转子也是无中心孔合金钢整锻转子。

当装有叶片的整个转子加工完成后，需做超速试验和精确动平衡试验。

高中压转子和 1 号低压转子之间有刚性的法兰联轴器；1 号低压转子和 2 号低压转子通过中间轴刚性连接；2 号低压转子和发电机转子通过联轴器刚性连接。

转子系统由安装在前轴承箱内的推力轴承定位，并由 8 个径向轴承支撑。

（5）静、动叶片。

静、动叶片采用全三维设计方法，进行通流部分的设计。

1）静叶片。

调节级采用子午面收缩静叶栅。降低静叶栅通道前段的负荷，可减少叶栅的二次流损失。

高中压静叶片全部为弯扭叶片，每只静叶两端自带菱形头叶冠，整圈组焊后，在中分面处割开，成为上、下两半结构。

低压第 1 级为弯曲静叶，第 2~4 级为扭曲静叶，第 5~7 级为弯扭静叶。低压第 1 级为铆接结构，第 2~5 为自带菱形叶冠焊接结构，末二级隔板为单只静叶焊接在内外环上的焊接结构。

2）动叶片。

调节级动叶片是 3 只为一组的三联叶片（采用电脉冲加工），并带有整体围带和三叉叶根。

高、中压动叶全部为弯扭自带顶冠的叶片，枞树型叶根。

低压 1~7 级为变截面扭曲动叶片，均为自带围带，枞树型叶根结构。

二、阀门

（一）高压主汽调节联合阀

1. 主汽阀

主汽阀具有"双重阀碟"，而且在水平位置操作。主汽阀体和蒸汽室为一体。油动机安装在弹簧支架上，并且通过连杆及杠杆与主汽阀杆相连接。

主汽阀是简单布置的通常被称为"双重阀碟"的结构。它由两个单座的不平衡阀组成，一个阀安装在另一个内部。阀门处于关闭位置时，蒸汽压力与压缩弹簧的作用力一起，通过阀杆把每一个阀门紧紧地关闭在它的阀座上。

主汽阀的预启阀由两部分组成，由安装在阀杆内部的弹簧弹性力压紧在主阀上。当关闭时，能与主汽阀内部的阀座较好地同心。当阀杆移动并打开主汽阀时，预启阀首先开启。之后，阀杆顶在阀碟套筒的底座上，开启主汽阀。当主汽阀全开时，主汽阀套筒的上端面顶在阀杆套筒的下端面上，防止蒸汽沿阀杆泄漏。阀杆的密封，由外径紧配合的套筒组成，但带有适当的漏汽口。这些漏汽口与低压区域相连接。当阀门处于关闭位置时，阀杆导向块的底部顶在阀杆套筒的底座上，防止蒸汽沿阀杆泄漏。圆筒型的蒸汽滤网也作为阀盖的一部分，环绕在阀的周围。

2. 调节阀及蒸汽室

主汽调节阀体和蒸汽室是整体的 Cr-Mo 合金钢锻件。机组有两个结构相同的蒸汽室，分别位于机组两侧，蒸汽通过主汽阀进入独立控制的调节阀，控制高压缸的进汽量。

每一个蒸汽室有 2 个调节阀，每个调节阀都由各自的执行机构控制。每个调节阀是单座结构。每个调节阀被蒸汽所包围，其压力近似主蒸汽压力。调节阀设计成两部分，阀蝶和阀杆活动连接。调节阀杠杆通过连杆、销、特制螺母和套筒与阀杆相连接，当油动机的活塞向上移动，就打开调节阀；向下移动，就关闭调节阀。杠杆和销连接，通过连杆和销，与弹簧室相连。阀杆导向套筒和在阀盖中的套筒，采用紧配合的形式来达到密封。套筒带有适当的泄漏口，高压部分的漏汽口与高压排汽区连接，低压部分的漏汽口，则与汽封凝汽器相连。压缩弹簧始终给每个阀门施以关闭的力。

3. 主蒸汽进汽管

由调节阀出口通向高中压缸上、下半的主蒸汽导汽管，与高中压缸上、下两半焊接在一起。

1 号和 2 号调节阀出口连接到高压缸上半部分，3 号和 4 号调节阀出口连接到高压缸的下半部分。通往高压缸上半部分的主蒸汽导汽管上设有法兰，便于检修时拆卸高中压缸上半部分。

（二）再热主汽阀及油控跳闸阀

1. 再热主汽阀

再热主汽阀安装在再热管路上，位于再热器和中压调节阀之间，作为中压调节阀的备用保险设备。当超速跳闸机构动作，汽轮机跳闸时，万一调节阀失灵，则再热主汽阀关闭。

阀门的形式通常称为"扑板式"结构。该阀门是由悬挂在摇臂上的再热主汽阀碟，以及用键与摇臂相连的阀杆组成的。

阀杆上装有衬环和嵌入环，防止蒸汽泄漏。带有球形接触面的衬环，安装在嵌入环和衬套之间。轴承室内的蒸汽泄漏，在蒸汽压力下，将阀杆推向执行机构一侧，嵌入环、两个衬套将严密接触，因此可以防止沿轴线方向的蒸汽泄漏。阀杆通过连杆、曲柄和油动机连杆相连接。

油动机的活塞向上移动，打开阀碟。油动机继续打开阀碟，直到在弹簧室里的止动器与弹簧室内的上法兰接触。调整位于连杆和连杆端部之间的垫片，使油动机的活塞与阀碟和摇臂，达到符合设计要求的正确安装位置。缓冲机构包括制动器、蝶形垫片和调整螺杆。

2. 油控跳闸阀

该阀门是由控制阀和油动机组成，油动机与控制油系统相连接。

（1）当超速跳闸阀和事故跳闸阀关闭时，再热主汽阀将被打开，油动机供油，油控跳闸阀将被关闭，使阀杆漏入腔室的蒸汽不能排走，从而对主轴产生一个推力，密封面严密接触，即能卡住主轴，使主轴不能转动，又能防止蒸汽泄漏。

（2）当超速跳闸机构跳闸时，油动机泄油，油控跳闸阀开启，排走腔室内的漏汽，减少作用在主轴上的压力，以便用最小的力关闭再热主汽阀。

（三）中压调节阀

中压调节阀安装在汽轮机的每个中压进汽管道上，在甩负荷时，用它们来限制从再热器到中、低压缸去的蒸汽流量。在启动期间，旁路系统投入运行时，这些阀门也能控制去中、低压缸的蒸汽流量。中压调节阀为双座活塞式结构，每一个阀门都有自己独立的执行机构。

中压调节阀出口通过中压导汽管与汽缸进汽室连接。主阀碟通过阀杆和连接件与油动机的活塞连接。油动机活塞向下移动关闭阀门，向上移动打开阀门。

每个阀门用压缩弹簧始终向阀和连杆施加向下的关闭力。预启阀由两部分组成，和阀杆之间为活动连接，使其关闭时与位于主阀碟内的阀座自动对中。因此，当阀杆移动开启主阀碟时，预启阀首先打开，随后阀杆继续移动，使连接螺母与连接套筒的下端面接触，进而开启主阀碟。主阀碟全开时，连接套筒端部顶在套筒上，防止蒸汽沿阀杆泄漏。阀杆密封由套筒构成，阀杆的漏汽通往轴封冷却器。圆柱形的蒸汽滤网套装在主阀碟外侧。滤网底部和阀体上的凹槽配合，顶部和阀盖用止动销固定。密封环能够阻止蒸汽从阀套筒与主阀之间泄漏。安装时注意将凹槽对着蒸汽泄漏方向。

（四）大气阀

大气阀装于汽轮机低压缸上半的两端，当低压缸的内压超过其最大设计安全压力时，可自动进行危急排汽。

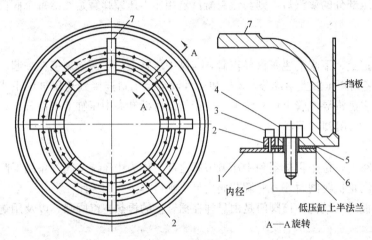

图 16-7　大气阀安装图

1—圆板；2—环夹；3、4—螺栓；5—铅板；6—垫片；7—阀盖

如图 16-7 所示，大气阀安装在汽缸上半，并用 28 个螺栓固定在汽缸法兰上。它包括一个薄的铅板，被压紧在垫片与阀盖之间的外密封面上，也被螺钉和环夹压紧在圆板的内密封面上，圆板对着外部大气，由阀盖 7 固定，见图 16-7 中 A—A 旋转剖视图。

如果排汽压力升高到超过预定值，圆板就被向外压，使铅板在环夹外缘和阀盖内缘之间被剪断。铅板的断裂，使汽轮机后汽缸内的压力降低，蒸汽沿汽缸向上喷出。阀盖可防止铅板、圆板和环夹飞出伤人和损坏设备。外径处的罩板引导汽流向上喷出。

铅板与一个自动低真空跳闸机构相连接。当排汽压力升高到预定点时，自动的低真空跳闸机构使汽轮机停机。铅板断裂时低压缸内压为 0.034～0.048MPa（g）。

三、连通管

连通管的作用，是以最小的压力损失，将蒸汽从中压缸的排汽口导入低压缸的进汽口。安装在连通管弯管内的多个叶片组成的导向叶栅，可以使汽流平稳地改变流向。

为了吸收管道产生的轴向热膨胀，在连通管上装有两组压力平衡式波纹鼓膨胀节，根据热膨胀量来确定膨胀节的波纹数量。当采用连杆装置将滑动波纹节同一个反方向的波纹节（平衡端）连接在一起限制压力推力时，压力平衡式膨胀节吸收轴向位移，另外它也承受管道的压力。为了达到较高的可靠性，波纹节由内、外两层组成的。外层吸收管道系统的膨胀，并且在较低应力水平的情况下，承受蒸汽压力。内层具有较高的压力承载能力，并作为衬套保护外层不受腐蚀。

在与汽轮机装配时，连通管采用冷拉预应力的方法。连通管通过密封隔板与低压外缸法兰和1号内缸承接管法兰相连，也采用冷拉预应力方法，以便在机组运行期间平衡一部分热应力，这样就能有效地改善膨胀节的受力状况。

四、通流部分

（一）冲动式调节级

图 16-8 所示的是高压汽轮机冲动式调节级，冲动式调节级由喷嘴组和转子上的调节级动叶

组成。

1. 喷嘴组

喷嘴组采用紧凑设计，并采用电火花加工形成一个整体的蒸汽通道。整体喷嘴组在安装时被分为上下两半，焊接在喷嘴室上。每半喷嘴室内又形成两个汽流通道。喷嘴采用先进的子午面收缩型线汽道，以降低二次流损失。

2. 动叶片

动叶片也采用电火花加工，是三支叶片为一组的三联叶片。动叶片叶根采用叉形叶根。每组动叶片采用 3 个轴向定位销钉，用冷淬的方法进行装配，将动叶固定在转子上。每组动叶片自带围带，装配后形成整圈连接。

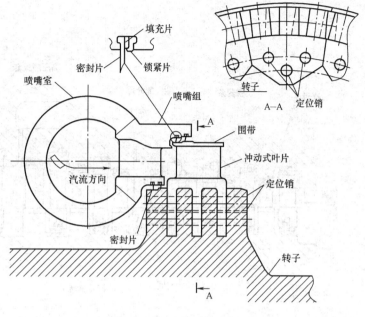

图 16-8　高压汽轮机冲动式调节级

3. 汽封

汽封片采用填片和锁紧片固定在喷嘴组上。汽封片与动叶围带、转子之间留有较小的间隙。如果这个间隙变大，则需要更换汽封片。

4. 注意事项

在维修汽轮机时应该仔细检查以下几项内容：

（1）在喷嘴和动叶片上的外来积聚物；

（2）叶片边缘和围带的侵蚀；

（3）由于锅炉水处理不当造成的叶片表面的腐蚀；

（4）初始裂纹；

（5）叶根和铆钉头的松动。

（二）反动式高压叶片

图 16-9 所示的是汽轮机高压缸通流部分。

1. 隔板

每只静叶片加工成自带内外环结构，静叶片通过内外环焊接在一起形成整圈的隔板，并在水平中分面处分开。隔板套上加工有单面平直的隔板槽，保证隔板安装在正确的位置上。每个隔板槽都与隔板所需的宽度尺寸相匹配。在每个隔板槽上，加工有一个放置金属塞紧条的槽，用来将隔板固定在隔板套的正确位置上。装配时装入塞紧条，保证隔板槽密封。隔板装配后，在上半和下半水平中分面处，各加工 1 个骑缝螺孔，位置如图 16-9 所示，并安装定位螺钉，防止运行时隔板转动。

2. 动叶片

单只动叶片自带围带，装配后形成整圈连接。动叶片采用枞树型叶根，安装在相配的转子叶根槽内。转子叶轮圆周外表面，按图 16-9 所示要求加工半圆形的槽，在每只叶片中间体下部与

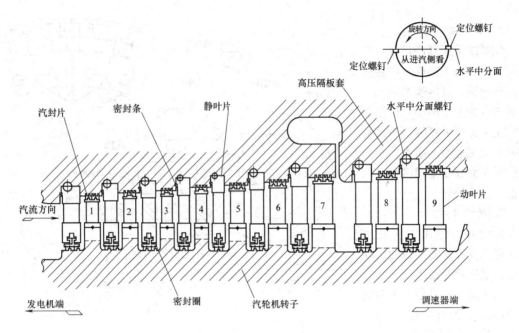

图 16-9　汽轮机高压缸通流部分

转子上半圆形槽相应的位置，加工相同半径的半圆销孔。当每只叶片装入叶根槽内相应位置后，将定位销装入销孔中，锁住叶片。叶片按顺序装入，每个叶片的销孔与前一只叶片的定位销一起，将叶片固定在转子上。最后一只叶片装入时不用销钉固定，而是通过位于出汽边和进汽边的径向销钉，固定在相邻的叶片上。

3. 汽封

图 16-10 所示的是高压隔板汽封示意图。

汽封是保持蒸汽在叶片内流动，维持汽轮机高效率的主要部件。迷宫式弹性汽封圈能够保持动静之间较小的径向间隙，使蒸汽泄漏量最小。迷宫式汽封圈包括成组的汽封圈弧段和弹簧。汽封圈安装槽内加工有安装弹簧用的槽。安装时，根据汽封圈弧段的位置确定弹簧位置。蒸汽压力将汽封圈推向密封面，形成轴向密封。汽封圈安装槽内留有足够的退让间隙，允许汽封圈在槽内径向移动。弹簧片从径向压紧汽封圈，使运行时转子与汽封圈之间的径向间隙很小。当机组非正常工况下，汽封与转子发生接触，弹性汽封圈可以被压缩，并在正常工况时弹回。这样可以防止汽封圈与转子发生严重摩擦而损坏。如果汽封与转子之间的间隙变得过大，就可以取出更换。

4. 注意

在维修汽轮机时应当仔细检查以下几项内容：

(1) 在喷嘴和动叶片上的外来积聚物；

(2) 叶片边缘和围带的侵蚀；

(3) 由于锅炉水处理不当造成的叶片表面的腐蚀；

(4) 初始裂纹；

(5) 叶根和铆钉头的松动；

(6) 汽封圈弹簧的硬度；

(7) 密封片的接触和磨损。

　　　　　┃┃ 汽轮机设备及其系统 ┃┃

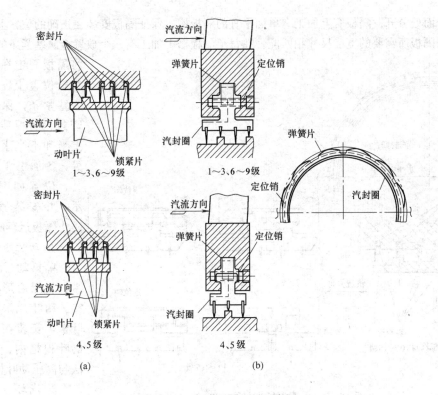

图 16-10　高压隔板汽封示意图

(a) 动叶端部汽封；(b) 隔板汽封

（三）反动式中压叶片

图 16-11 所示的是中压缸通流部分。

1. 隔板

每只静叶片加工成自带内外环结构。静叶片通过内外环焊接在一起，形成整圈的隔板，并在

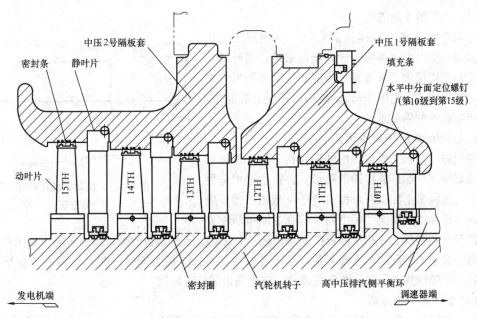

图 16-11　中压缸通流部分

水平中分面处分开。隔板套上加工有单面平直的隔板槽，保证隔板安装在正确的位置上。每个隔板槽都与隔板所需要的宽度尺寸相匹配。在每个隔板槽上加工有一个放置金属塞紧条的槽，用来将隔板固定在隔板套的正确位置上。装配时装入塞紧条，保证隔板槽密封。隔板装配后，在上半和下半水平中分面处，各加工 1 个骑缝螺孔，位置如图 16-11 所示，并安装紧定螺钉，防止隔板运行时转动。

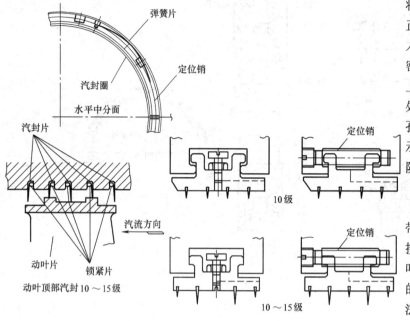

图 16-12　中压隔板汽封结构图

部分相同，如图 16-12 所示。

2. 动叶片

单只动叶片自带围带，装配后形成整圈连接。动叶片采用枞树型叶根，安装在转子相配的叶根槽内，其安装方法与高压动叶相同。

3. 汽封

汽封的结构与高压部分相同，如图 16-12 所示。

（四）反动式低压叶片

图 16-15 描述了安装在双流低压缸内调端的全三维设计的反动式低压叶片。电端叶片与图示调端叶片结构相同，但图形需要镜像。

1. 隔板

（1）低压第 1 级隔板。

每只静叶片带有整体顶部叶冠，由型钢加工而成，其根部是由内环热铆至叶片上而成的，当叶片装入隔板套中后用塞紧条塞紧，此塞紧条是半圆形外加凸台的结构形式，见图 16-13。隔板内环设有膨胀槽，用以吸收静叶的膨胀量。

（2）低压第 2~5 级隔板。

每只静叶片加工成自带内外环结构。静叶片通过内外环焊接在一起形成整圈的隔板，并在水平中分面处分开。隔板套上加工有单面平直的隔板槽，保证隔板安装在正确的位置上。每个隔板槽都与隔板所需要的宽度尺寸相匹配。在每个隔板槽上加工有一个放置金属塞紧条的槽，用来将隔板固定在隔板套的正确位置上。装配时装入塞紧条，保证隔板槽密封。隔板装配时，在上半和下半水平中分面处，各加工骑缝螺孔，并安装紧定螺钉，防止隔板运行时转动。

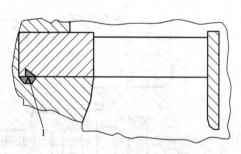

图 16-13　反动式低压叶片
1—塞紧条

（3）低压第 6 级隔板。

第 6 级隔板由精密铸造的静叶片和内外环焊接组成。隔板在水平中面处分成上下两半，每一半隔板在内环分成几组。每半隔板装在低压2号内缸相应位置上形成一个直角槽，用一连串的L形塞紧条将隔板固定于内缸上。同时，在隔板上半水平中分面的两端用螺钉将隔板上半固定在内缸上，以防止其转动，参见图16-14。隔板内环设有膨胀槽，吸收隔板的膨胀量。第6级隔板汽封，采用低直径的弹簧汽封，这种汽封的密封位置较隔板内环直径小，漏汽面积相对减小，从而显著地减少了漏汽量，提高了效率。

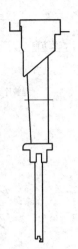

图16-14　低压第6级隔板

(4) 低压第7级隔板。

末级隔板由精密铸造的静叶片和内外环焊接组成。隔板在水平中面处分成上下两半，每一半隔板在内环分成几组。为了除去低压末级的水分，在隔板外环设计有整圈疏水槽。末级隔板在水平中分面处支撑在内缸上，隔板上半外环装有锁紧螺钉，防止起吊内缸上半时隔板掉落，防止隔板在运行中转动。在隔板上部和下部均设有定位键，防止隔板轴向移动。末级隔板汽封，采用低直径的弹簧汽封，这种汽封的密封位置较隔板内环直径小，漏汽面积相对减小，从而显著地减少了漏汽量，提高了效率。

2. 动叶片

低压缸叶片共7级，全部为自带围带叶片。其中，第1～5级动叶片为型钢铣制而成，第6级为模锻毛坯抛磨而成，所采用的技术依然是反动式结构的匹配方式，叶根采用已成熟的加强型枞树形叶根。

末级动叶运行在可能引起叶片腐蚀的高湿度区，为了将腐蚀减小到最小，在每一个叶片的进汽边装有抗腐蚀性很好的司太立合金片。

低压缸通流部分，如图16-15所示。

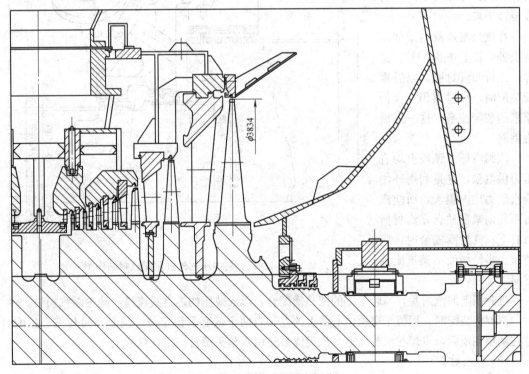

图16-15　低压缸通流部分

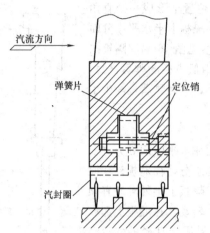

图 16-16 迷宫式弹性汽封

3. 汽封

汽封是迷宫式弹性汽封,见图 16-16。

五、端部汽封

1. 高中压缸

(1) 外汽封。

高中压缸外缸调端、电端汽封结构分别如图 16-17 和图 16-18 所示。为尽量减少漏汽量,采用由许多汽封片组成的迷宫式汽封,漏汽从汽封腔室通过汽封体上半的两个接口流向汽封冷却器。冷却器使汽封腔室维持一定的真空度,从而防止漏汽通过此腔室流入汽机房。

密封蒸汽通过汽封体下半的两个接口流向汽封下腔室,在任何工况下,此腔室靠汽封冷却器自动维持在大约 113760~126500Pa 的压力下。

每个汽封圈由四个弧段构成,带有"T"形根部,安装在汽封体上相应的槽中,装在每个上半汽封圈弧段的中分面处的专用销,用来防止汽封圈的转动;在每个汽封圈的背部有一个弹簧片,弹簧片一端有通孔,螺钉穿过弹簧片拧在每一弧段上;每一弧段沿螺孔四周敛缝,以防止螺钉松动;螺钉头部距弹簧片有一定距离,保证弹簧片径向位移。装配时保证汽封片与转子间隙符合设计要求。

在汽封圈弧段的端部结合面处,打上识别符号。这样,当拆卸汽封圈,以后重新装配时,汽封圈仍可保持原来的装配关系,这一点极为重要。

汽封圈每个弧段上均有压力供汽槽,这是利用外侧蒸汽压力比内侧大,而使汽封圈径向紧密贴合在汽封槽凸肩上;汽封圈安装时,应使压力供给槽面向蒸汽流动方向。

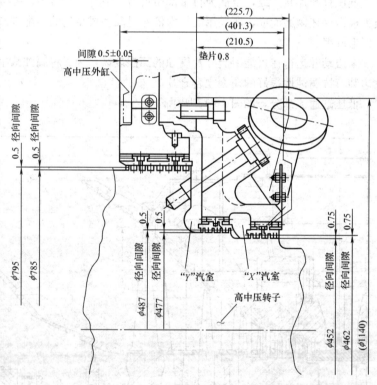

图 16-17 高中压缸外缸调端汽封结构图

汽封圈上的汽封片,与转子上的凹凸槽配合,形成减压的迷宫式流道,减少漏汽损失。

汽封体装配时,用位于螺栓中心线上的左、右两个偏心套筒定位,偏心套筒与偏心销配合,并在调整完成后,点焊在汽封体上。汽封体最终由六角头螺钉固定在汽缸上。

(2) 内汽封。

高中压缸内缸调端、电端汽封结构分别如图 16-19 和图 16-20 所示。内汽封是与汽缸分离的

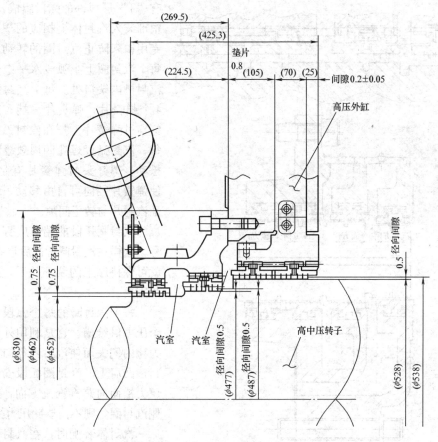

图 16-18　高中压缸外缸电端汽封结构图

独立部套，依靠水平中分面外支撑，搭在外缸下半水平中分面上，并在顶部和底部靠定位销定位，以保证汽轮机中心线保持正确的位置，使内汽封可以随着温度的变化自由地膨胀和收缩。内汽封的汽封圈结构与外汽封汽封圈结构相同，汽封圈每个弧段上进汽侧均有压力供汽槽，以利用外侧和内侧的蒸汽压力差使汽封圈径向定位。

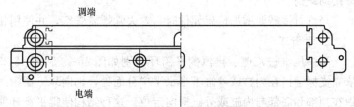

图 16-19　高中压缸内缸调端汽封结构图

2. 低压外汽封

低压外汽封结构如图 16-21 所示，是迷宫弹性汽封，它由许多汽封片组成，可使汽封漏汽减少到最低限度，汽封漏汽从腔室"Y"通过汽封体下半的接口通向汽封冷却器，冷却器维持腔室"Y"为部分真空从而防止漏汽通过腔室流向汽轮机房。

密封蒸汽通过汽封体下半上的接口通到腔室"X"，在任何工况下，汽封调节器自动维持此腔室的压力大约为 113760～126500Pa。

汽封圈均为同样型式的，每个汽封圈都有带

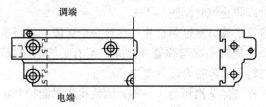

图 16-20　高中压缸内缸电端汽封结构图

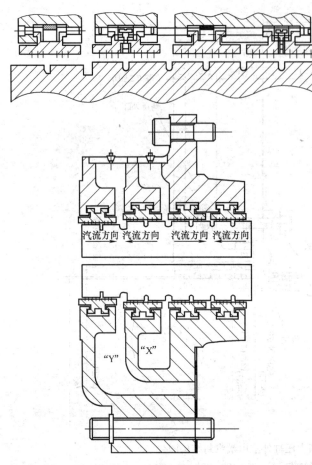

有"T"形根部的弧段组成，"T"形根部装入汽封体上相应的槽内，并用专用销来防止汽封圈的转动，它装在每个汽封圈上半弧段水平中分面处的汽封槽内缺口处。每个汽封圈背部有4个弹簧片，弹簧片一端有通孔，螺钉穿过弹簧片上拧在汽封弧段上，在每一汽封弧段螺孔四周敛缝防止螺钉松动，螺钉头与弹簧片有足够间隙，使弹簧片径向可自由移动，装配时保证汽封片与转子间隙。

汽封圈弧段的端部应打印辨认符号，这样在汽封圈拆卸后重新装配时，就可保持原来的装配关系，这一点极为重要。

每个汽封圈的每个弧段上都有一个压力供给槽，它是利用外侧蒸汽压力比内侧大而使汽封圈径向紧贴在汽封槽凸肩上。汽封圈弧段安装时应使压力槽面向蒸汽汽流方向，对于在外侧汽封圈，则不需要此压力槽。

汽封体装配时，在汽封体上半与汽缸上半连接螺栓节圆上钻两个孔，装两个螺销，当拆卸汽封体时，用螺母松动螺销。

图 16-21　低压外汽封结构图

当汽封体需要增加传感元件时，要去除螺旋管塞，并使用相应的管子。

3. 平衡环

高中压缸进汽侧、排汽侧平衡环分别如图 16-22 和图 16-23 所示，其平衡环均为两半组成，依靠支撑键搭在内缸或外缸下半水平中分面处，轴向靠一圈密封槽与内缸或外缸配合，并由定位销在顶部和底部与内缸或外缸横向定位。这种结构使得平衡环能够随着温度的变化而自由膨胀和收缩，同时相对汽轮机的轴线保持正确位置。

平衡环的汽封圈由 8 段组成，并带有"T"形结构，安装在平衡环体上相应的槽中，如附图所示。高压进汽侧汽封圈，在靠近水平中分面的汽封圈上半弧段处，装有止动销，防止其旋转。中压进汽侧汽封圈，在靠近水平中分面的汽封圈上半弧段"T型槽"处，装有紧定螺钉，防止其旋转。高压排汽侧汽封圈，在靠近水平中分面的汽封圈上半弧段处，装有止动销，防止其旋转。在拆卸并需要提起上半汽封时，销及紧定螺钉还可以防止汽封圈脱落下来。

每个汽封圈背面有 4 个片状弹簧，其一端有通孔，螺钉穿过弹簧片拧在每一个弧段上。当装配时，在汽封圈上螺孔四周敛缝，以防止螺钉松动，螺钉头部与弹簧片之间，留有足够的间隙；装配时，弹簧片沿径向可自由移动，保证汽封片与转子间隙符合设计要求。

在每个汽封圈上都有压力供给槽，这是靠外侧比内侧蒸汽压力大一些，而使得汽封圈径向定位。在汽封槽的凸肩上，汽封圈弧段装配时，这些压力槽总要对着汽流方向。每个汽封圈弧段在

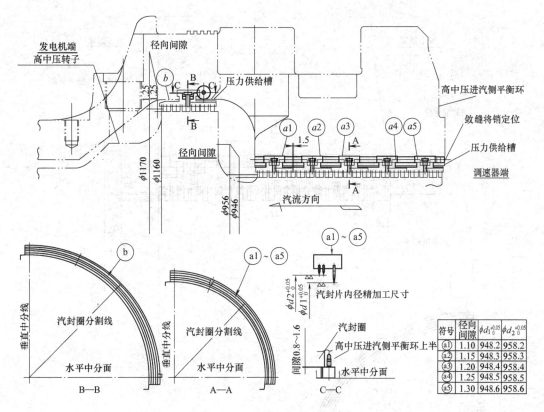

图 16-22　高中压缸进汽侧平衡环

符号	径向间隙	$\phi d_1{}^{+0.05}_{\ 0}$	$\phi d_2{}^{+0.05}_{\ 0}$
a1	1.10	948.2	958.2
a2	1.15	948.3	958.3
a3	1.20	948.4	958.4
a4	1.25	948.5	958.5
a5	1.30	948.6	958.6

结合端面处，要做出标记，以便辨认。在汽封圈拆卸后重新装配时，要使汽封圈弧段按原来的关系和位置配合。

汽封片和转子上的凸凹槽形成迷宫式减压流道，减小漏气损失。

六、轴封供汽系统

（一）概述

在汽轮机转子穿过外缸的部位，必须采取一些措施防止空气漏入或蒸汽从汽缸漏出，带有梳齿形密封环的汽封和轴封供汽系统，就是为了完成这一功能而设置的。

轴封供汽系统各设备的连接方法，见后面介绍的图 16-26。

（二）轴封供汽系统主要设备说明

1. 转子汽封

在每个外缸两端设置的汽封，都具有大量环绕转子的汽封齿。汽封齿与转子表面仅留有为防止在运行过程中发生接触的间隙。图 16-24 是典型的汽轮机在空载和低负荷下转子汽封压力分布示意图。

在汽轮机启动和低负荷运行时，汽轮机各汽缸内的压力都低于大气压力，见图 16-24，供至"X"腔室的轴封蒸汽在一侧通过汽封漏入汽轮机，在另一侧漏入"Y"腔室。由装在轴封凝汽器上的电动风机使"Y"腔室维持稍低于大气压力，因而空气通过外汽封从大气漏入"Y"腔室。汽气混合物则通过一个与轴封凝汽器相连的接口从"Y"腔室被抽出。

当排汽压力超过"X"腔室压力时，通过内汽封圈发生反向流动，流量随着排汽压力的升高而增加，因此高压缸的各轴封约在 10% 负荷时变成自密封，中压缸的各轴封约在 25% 负荷时变

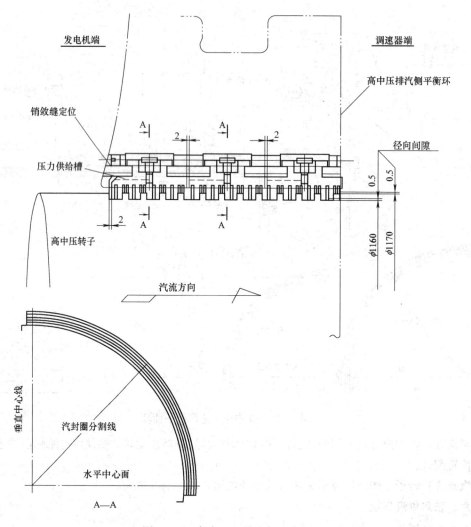

图 16-23　高中压缸排汽侧平衡环

成自密封。此时，蒸汽从"X"腔室排到汽封系统的联箱，再从联箱流向低压轴封。大约在 75%负荷下系统低压轴封达到自密封。如有任何多余的蒸汽，会通过溢流阀流往凝汽器。

在图 16-24 和图 16-25 中，绝对压力是按一个标准大气压（101325Pa 即 760mmHg 柱高）给出的，如果电厂处于高海拔区，则需要修正这些压力。根据图 16-24 和图 16-25 确定合适的表压力，并用于当地的大气压，以取得正确的厂址绝对压力。

2. 轴封蒸汽调节阀

去往各个轴封的密封蒸汽压力，是由下述 4 个气动膜板驱动阀调节的（蒸汽调节阀的数量按用户要求不尽相同，有 2 个阀的和 3 个阀的，也有 4 个阀的）。

（1）高压供汽调节阀；

（2）冷端再热供汽调节阀；

（3）溢流调节阀；

（4）辅助供汽调节阀。

每个阀门配有一个位移变送器，将阀门的开度转换为 4～20mA。轴封蒸汽联箱的压力变化，通过压力变送器，将 4～20mA 的电信号送往 DCS，由 DCS 完成对阀门的控制功能，并输出相应

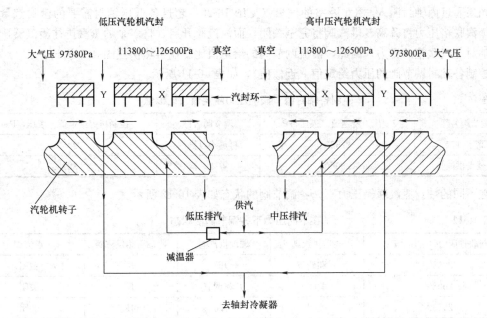

图 16-24　典型的汽轮机在空载和低负荷下转子汽封压力分布示意图

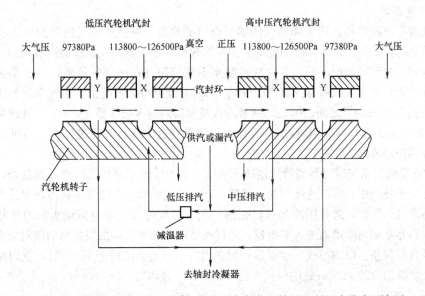

图 16-25　典型的汽轮机在 25％负荷或更高负荷下转子汽封压力分布示意图

控制信号，控制输往调节阀膜盒的空气量，从而控制轴封蒸汽调节阀的开度，来维持轴封蒸汽母
管的压力在规定的范围内。

　　DCS 检测轴封蒸汽联箱的压力。按照汽轮机蒸汽和负荷条件的要求，只要汽源有蒸汽，每
个调节阀便以阀门最高的压力给定值提供蒸汽。通常，高压汽源用于跳闸和甩负荷后的启动，或
当没有再热冷段供汽时的低负荷情况下。在冷态启动时，由辅助汽源供汽，此时，高压供汽阀将
处于关闭状态，也同样无再热冷段蒸汽。因此，高压供汽阀调整在最低的压力给定值，辅助供汽
阀的给定值比高压供汽阀的给定值高 3450Pa，再热冷段供汽阀的给定值比辅助供汽阀的给定值
高 3450Pa（0.035kgf/cm²）。

如果通过内轴封漏入"X"腔室的汽量（见图 16-25）超过各低压轴封需要的密封汽量，则轴封蒸汽联箱压力将升高，供汽阀将完全关闭，而溢流阀开启，将多余的蒸汽排往凝汽器，从而控制轴封蒸汽联箱的压力。因此，溢流调节阀的给定值比冷端再热供汽阀高 3450Pa。

控制各轴封调节阀的压力给定值（近似值），如表 16-11 所示。

表 16-11　　　　　　　　控制各轴封调节阀的压力给定值（近似值）

调节阀名称	控制压力给定值（表压，Pa）	调节阀名称	控制压力给定值（表压，Pa）
高压供汽	22630	再热冷段供汽	29530
辅助供汽	26080	溢　流	32980

在不同的轴封蒸汽联箱压力下，各调节阀的状态如表 16-12 所示。

表 16-12　　　　　　　　在不同压力下各调节阀的状态

汽封联箱压力（表压，Pa）	高压供汽阀	辅助供汽阀	冷端再热供汽阀	溢流阀
22630	开和调节	开	开	关闭
26080	关闭	开和调节	开	关闭
29530	关闭	关闭	开和调节	关闭
32980	关闭	关闭	关闭	开和调节

3. 低压减温器

低压轴封蒸汽减温器，用来降低低压轴封供汽的温度，将低压轴封内的蒸汽温度，维持在 120～180℃之间，以防汽封体可能的变形和损坏汽轮机转子。蒸汽在通过凝汽器辅助空间内供汽管道时被冷却，达到减温的目的；并由减温喷水系统控制（在一个低压轴封内被感受的温度），使喷水系统投入。在进入减温器的蒸汽温度约为 260℃或更高的情况下，用此系统就能使轴封蒸汽温度保持在 120～180℃之间。但是，如果进入减温器的蒸汽温度低于 260℃，特别是如果接近控制范围 120～180℃时，则不要喷水，而且由于供汽管道中的自然降温作用，还可能使轴封蒸汽的温度降到控制值 121℃以下。

图 16-26 是轴封系统减温器和管道连接示意图，其中标出了过热蒸汽进入减温器，而且在减温器收缩的管道截面中，蒸汽速度增加。然后，蒸汽通过喷嘴，在喷嘴中将冷却水注入高速汽流中，这样保证良好雾化，并且因冷却水汽化而使蒸汽温度降低。来自凝结水泵的冷却水通过管道，经过减温器喉部的喷嘴而进入减温器，经过喷嘴的冷却水量，由膜板驱动阀对应于来自 DCS 的控制信号进行控制，DCS 感受一个低压轴封的温度。当此温度高于 150℃时，就向减温器中喷水冷却。在喷嘴出口约 1.52m 处的供汽管道中装有一个疏水罐。

4. 高压减温器

在启动和停机过程中，为了控制轴封蒸汽和转子表面之间的太大温差，以防轴封区的转子在热应力的作用下产生疲劳裂纹，在系统中设置了高压减温器。DCS 中的温差控制器整定值为 85℃。当轴封蒸汽温度与调端高压缸端壁金属温度之差大于 85℃时，通过温差控制器，控制高压减温调节阀，向高压减温器内喷水，冷却高压轴封蒸汽。轴封蒸汽与缸壁之间的温差，用高压轴封供汽母管中的蒸汽热电偶，以及高压缸调端缸壁金属热电偶测得。

为了防止在轴封蒸汽温度较低时喷水，在 DCS 系统中提供如下控制逻辑：

当高、中压轴封供汽温度低于 150℃时，即使轴封蒸汽温度与调端高压缸端壁金属温度之差大于 85℃，高压减温调节阀仍处于关闭状态，切断水源。此外，为防止未充分雾化的喷水进入汽封，在距减温器出口约 1.52m 的供汽管道中装有一个疏水罐。

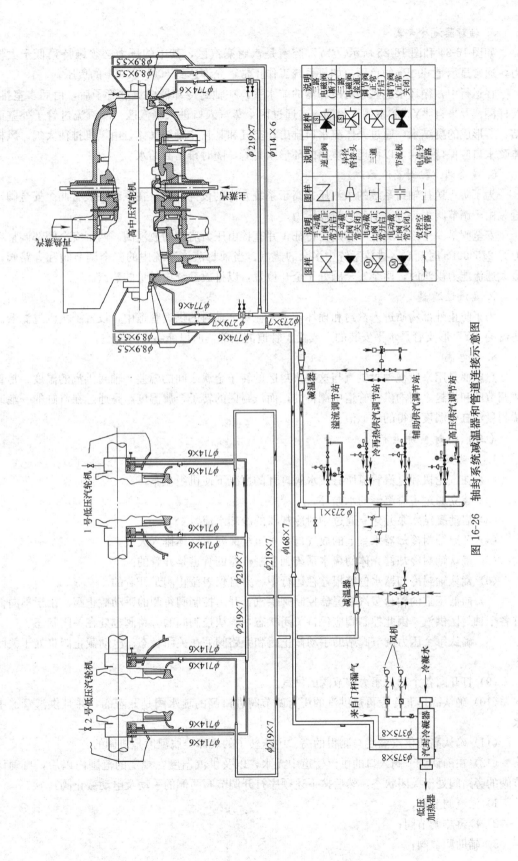

图 16-26 轴封系统减温器和管道连接连接示意图

5. 轴封蒸汽冷却器

如图 16-24 和图 16-25 所示，"Y"腔室是汽封漏汽区，其中的压力必须维持稍低于大气压力，通常显示是 690Pa 的负压。如果系统工作正常，允许达到 500~750Pa 的负压。

在运行中，循环水进入轴封冷却器的前水室，在轴封冷却器内流过管子后，由后水室排出。阀杆漏汽及来自"Y"腔室的汽封漏汽，通过两个蒸汽入口进入凝汽区；漏汽流过管子外壁而凝结，所形成的凝结水，通过壳体疏水口排出；空气和其它非凝结气体，由风机排往大气。风机壳体疏水口应保持开启，以便通过适当的环形水封管，随时排出凝结水。

6. 安全阀（轴封蒸汽系统）

为了防止送往轴封系统的供汽压力高于系统允许的设计压力，在系统中装有两个安全阀，以避免由于调节阀失灵可能引起的过高压力。

安全阀是一个以"突然"作用为特征，并直接由压力启动的放泄阀。两个安全阀都调整在压力为 275000Pa 时开启，排放系统中多余的蒸汽；当轴封蒸汽系统中的三个调节阀和旁路阀，以最大通流能力供汽时，两个安全阀处于全开位置，以排放系统中过量的蒸汽。

7. 蒸汽过滤器

为了防止外部物质进入汽封和损坏转子，在每个轴封的供汽管道中，设置了蒸汽过滤器。过滤器的"Y"形支管是水平安装的，或置于管道的顶部，所以能够自行排空。

8. 热电偶

热电偶是用来监视轴封供汽与这些汽封区的转子金属之间的温差。轴封供汽的温度，是直接从调节阀和汽封之间的供汽管道中测得的，而汽封区的转子金属温度，是通过在汽缸的一端或两端测量汽缸壁温度取得的近似值。

（三）轴封系统运行

1. 启动程序

(1) 在汽轮机和进汽管道所有疏水阀打开的情况下使机组盘车。

(2) 建立通过主凝汽器的水循环。

(3) 启动凝结水泵并建立通过轴封冷却器的冷却水流。

(4) 开启轴封冷却器水室上的放气口，直至全部残留气体排入大气。

(5) 确认轴封冷却器壳体的疏水系统到主凝汽器的管道是开着的。

(6) 确认轴封冷却器水位警报器在运行中，并且仪表截止阀是开着的。

(7) 向低压缸的轴封蒸汽减温器控制阀供汽，开启控制阀每侧的手动截止阀。由于不向低压缸各个轴封区供汽，因此控制阀应保持关闭状态，确认控制阀的旁路阀也处在关闭状态。

(8) 确认每个压力调节阀站的手动截止阀和旁路阀处在关闭状态。电动截止阀也处于关闭状态。

(9) 打开向各个轴封压力调节阀的供汽。

(10) 确认高压和冷段再热供汽的压力调节阀进口侧的疏水阀是开着的，并且供汽管道中无水。

(11) 确认高压供汽温度与测得的高、中压转子的表面金属温度是协调的。

(12) 在确认调节阀入口的供汽管道中无水，以及供汽温度在规定的范围内以后，再确认调节阀的旁路阀处于关闭状态，然后按下述顺序打开调节阀两侧的手动及电动截止阀：

1）溢流调节阀；

2）冷再热调节阀；

3）辅助调节阀；

4）高压调节阀。

两侧的手动及电动截止阀处于关闭状态，直到机组带负荷和轴封系统达到自密封后，再打开高压手动及电动截止阀。

（13）当高压供汽截止阀（或辅助供汽截止阀）打开后，在轴封供汽联箱内建起蒸汽压力，确认轴封供汽的压力稳定在控制调节阀的给定点。

（14）在轴封供汽联箱内的压力建立后，立即启动轴封冷却器风机。

（15）确认各汽缸的每个轴封区，均有低度真空。

（16）确认各汽缸的任何轴封的蒸汽没有漏入大气，如果发现有漏汽，则提高轴封冷却器真空，或调整各调节阀的给定值，以降低轴封联箱内的蒸汽压力，直至停止向外部漏汽。

（17）检查各低压缸轴封蒸汽的温度为限定值 120～180℃之间，还检查置于蒸汽减温器和低压轴封之间的轴封蒸汽联箱，正在连续疏水。

（18）关闭主凝汽器的真空破坏门，启动抽气设备，并在主凝汽器内建立尽可能高的真空，在每个汽缸的轴封建立起最大流量之前，所需的轴封蒸汽量，随主凝汽器真空的改善而增加。

（19）如果采用汽轮机自动控制（ATC）方式启动，则在下述情况下不停止盘车：

1）高压轴封蒸汽温度太低；

2）轴封供汽和端壁金属之间的温差太大；

3）轴封蒸汽减温，未将低压轴封供汽的温度适当地调整在最大和最小限制值之间。

如果探测到上述任何一种情况，汽轮机自动控制程序将接通轴封系统的故障报警指示器，且在故障排除前或运行人员超调报警前，需继续盘车。

（20）当负荷增加到超过初始值时，所需的外部轴封供汽量减少，并在约 25% 的额定负荷下，冷端再热供汽接口将提供密封汽轮机所需的全部供汽量；在更高的负荷下，来自高压和中压缸轴封的漏汽可能等于各低压轴封所需的蒸汽总量；到高负荷时，轴封蒸汽联箱的蒸汽压力将增加到冷段再热供汽阀控制器（在 DCS 中）的给定值，此时调节阀关闭。如果轴封蒸汽联箱的压力继续增高，则轴封蒸汽联箱溢流阀将开启，将多余的轴封漏汽流往主凝汽器。

2. 控制降负荷

在控制降负荷时，只要冷段再热蒸汽压力足以维持轴封供汽联箱的蒸汽压力高于 22630Pa（表压），则轴封系统所需的蒸汽是取自主冷段再热管道，当联箱压力低于此压力时，高压供汽调节阀根据需要而开启，以保持轴封蒸汽联箱压力 22630Pa（表压）。

当负荷降低时，应调整高压轴封供汽温度，使之与高、中压转子金属表面温度相匹配，尽量使转子热应力（在轴封区内）减小。

在冷段再热蒸汽调节阀入口的供汽管道上，装有一个止回阀，当冷段再热蒸汽压力低于轴封蒸汽联箱压力时，此止回阀防止蒸汽从轴封蒸汽联箱回流至冷段再热管道。

3. 汽轮机跳闸

当汽轮机跳闸时，在冷段再热蒸汽压力降到使轴封蒸汽联箱压力低于 22630Pa（表压）之前，轴封补充蒸汽量取自主冷段再热管道；当轴封蒸汽联箱的压力再降低时，轴封供汽将按前面各段所述取自高压汽源。

由于轴封汽源的快速切换，使高压供汽和汽缸端壁金属之间的温度匹配受到限制。然而，如果在跳闸之前温度匹配得好，则在供汽汽源切换时可避免产生过大的转子金属表面温度波动。

4. 停机

在需要抽气保持真空度时，就必须向汽轮机各轴封提供密封蒸汽，避免冷空气使转子表面金属急剧冷却，和汽封体因急剧冷却而变形。在主凝汽器的抽气设备停止运行和主凝汽器的真空完全消失以前，不得切断轴封供汽。

5. 停机顺序

（1）在机组盘车和汽封供汽来自外部汽源的情况下，确认主凝汽器真空已完全消失。

（2）关闭轴封冷却器风机。

（3）按下述顺序关闭各汽封压力调节阀两侧的手动及电动截止阀：

1）高压供汽阀；

2）辅助供汽阀；

3）冷端再热供汽阀；

4）溢流阀。

在切断轴封冷却器的风机后，应立即关闭上述阀门。在轴封体内无真空的情况下，轴封供汽的投入将导致蒸汽漏入大气，这些蒸汽会进入润滑油的积漏区并凝结，成为污染杂质积累在油箱中。

（4）切断向每个轴封压力调节阀的仪控空气供应。

（5）关闭轴封蒸汽减温控制阀两侧的手动截止阀。

（6）切断向轴封蒸汽减温控制阀的仪控空气供应。

（7）切断轴封冷却器的冷却水。

6. 汽封系统运行限制

（1）轴封供汽必须具有不小于14℃的过热度。

（2）盘车之前不得投入轴封供汽系统，以免转子弯曲。

（3）低压缸轴封供汽温度为120～180℃，低压轴封温度控制器整定值为150℃。

（4）为了防止轴封区段由于热应力而造成转子损坏，机组在启动和停机时，要尽量减小轴封蒸汽和转子表面间的温差。由于热应力而使转子开始产生裂纹的计算循环次数，因此应由图16-27所示的曲线确定，建议转子循环疲劳能力为10000次。

（5）如果热态启动采用辅助锅炉向轴封供汽，则应注意辅助锅炉所供蒸汽的温度也不得使轴封蒸汽与转子表面金属的最大允许温差超过上述规定。

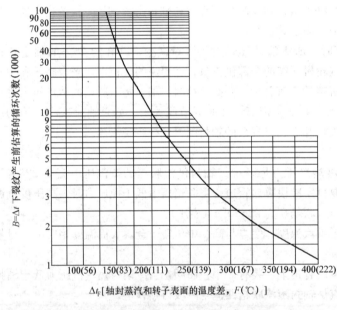

图 16-27　轴封蒸汽温度曲线推荐值

七、转子联轴器

1. 高中压转子与低压 1 号转子联轴器

图 16-28 描述了用于连接汽轮机高中压转子与低压 1 号汽轮机转子的刚性联轴器。联轴器的每半与汽轮机转子整体地锻造在一起。联轴器的两半用铰刀铰孔，配准间隙后，螺栓刚性连接。起定位环作用的垫片加工成止口形式，与每半联轴器相配合，因此为了取下垫片，转子必须轴向

移动，使两半联轴器分开，空出一个足够的止口安装间隙来，采用顶开螺钉实现此操作。最初装配时，联轴器上都应作标记，并且所有螺栓均按次序编号排列。

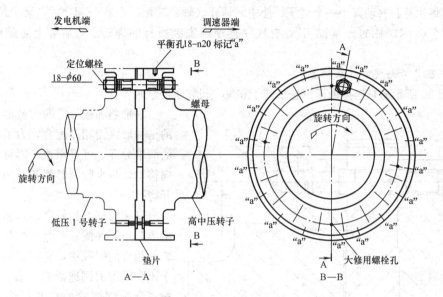

图 16-28　转子刚性联轴器（高中压—低压 1 号汽轮机转子）

两半联轴器之间的精确对中，以及正确的安装方法是极其重要的。在转子放入轴承之前，用平板检查联轴器表面，如发现有任何碰痕或毛刺，就必须把它们刮研掉，对这些表面不允许动锉刀，检查所有的螺孔、刮面等，去掉能够发现的任何毛刺。

在正确的对中状态下，所有的联轴器零部件应该是被清理干净的，螺栓和螺孔应是相互匹配好的，装上垫片并移动其中一根转子使两半联轴器靠在一起，不准用紧螺栓的办法把它们拉在一起。装上所有螺栓，并且按"合金钢螺柱的拧紧说明"，有次序逐渐地安装所有的螺栓。

2. 低压 1 号与低压 2 号联轴器

图16-29 所示的是用于连接 1 号低压转子与 2 号低压转子的联轴器。联轴器的每半是与汽轮机转子整体地锻造在一起的。联轴器的中间部分是一根中间轴，它在两个汽轮机转子之间也起着一个"垫片"的作用。中间轴被加工成有止口的结构，与垫片及一根汽轮机转子相配合。起定位环作用的垫片也被加工成有止口的结构，与另一相匹配的轴子联轴器半部及中间

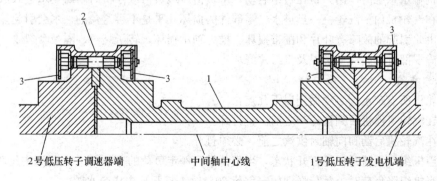

图 16-29　连接 1 号低压转子与 2 号低压转子的联轴器
1—中间轴；2—垫片；3—防鼓风盖板

轴相配合。

两半联轴器间的精确对中及安装方法与上述说明基本相同。

装上垫片并且移动其中一个转子，使中间轴和联轴器端面贴合在一起之后，装上所有螺栓，并且按"合金钢螺柱的拧紧说明"，有次序逐渐地安装所有的螺栓。最后装上防鼓风盖板即可。

3. 低压2号与发电机联轴器

图16-30所示的是连接低压汽轮机转子和发电机转子的联轴器。

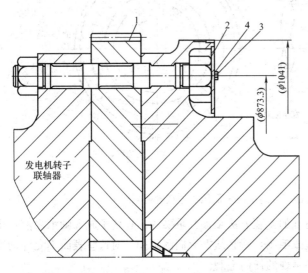

图 16-30　连接低压汽轮机转子和发电机转子的联轴器

1—盘车大齿轮；2—防鼓风盖板；3—盖板螺钉；4—特制垫片

联轴器和垫片的端面被加工成止口的结构形式而相互配合。为了将联轴器的两半分开，可采用顶开螺钉使转子轴向移动。每半联轴器都备有加工好的顶开螺孔。

安装盘车大齿轮之后，移动转子将两半联轴器装配在一起。把联轴器螺栓装入相应的螺孔中，有标记的一端应位于该联轴器的调速器的一端。紧螺栓可按"合金钢螺栓的拧紧说明"所述进行。

当首次装配联轴器时，防鼓风盖板在它们所在的位置上已作了标记，装上它们并且确保它们在所标志的位置上。

当每个盖板螺钉被拧上时，装上特制垫片，这样使垫片上弯成直角的凸起正好嵌在事先钻好的孔中。当一螺钉被拧紧，即将垫片的两端弯成翅片状与螺钉头两平面相贴合，以防止螺钉松开。在盖板上有几个开孔以便疏油。

八、疏水系统和低压缸喷水系统

（一）疏水系统

1. 概述

汽轮机的疏水系统，见图16-31。

汽轮机疏水系统的作用，是在机组启动、带负荷、甩负荷或停机时，防止水进入汽轮机的部件或积聚在汽轮机内。汽轮机一旦进水，零部件的损坏几乎是不可避免的。水会引起热冲击，机械冲击，由此引起的故障有叶片和围带损坏、推力轴承损坏、转子裂纹、隔板套裂纹、转子永久性弯曲、静子部分永久性变形以及汽封片磨坏等。

2. 注意事项

对汽轮机所有疏水阀必须做到以下几点：

（1）在汽轮机停机后到被冷却之前一直打开。

（2）在汽轮机启动和向轴封供汽之前，必须打开。

（3）当机组升负荷时保持打开状态，当负荷带到额定负荷的20%时，关闭高中压疏水阀。

（4）当机组降负荷时，负荷降到额定负荷20%时，打开高中压疏水阀。

（5）在主要疏水阀打开之前，避免破坏真空。但这个建议不适合用于在危急情况下需要立即破坏真空，也不适用于主蒸汽管道的疏水阀。

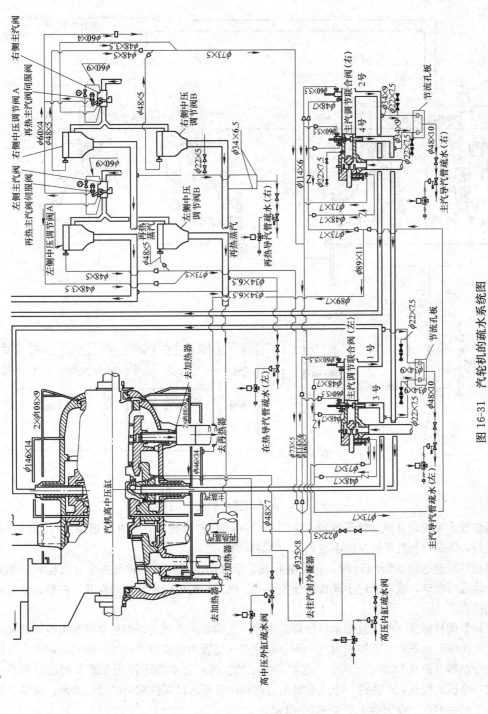

图 16-31 汽轮机的疏水系统图

（二）低压缸喷水系统

低压缸喷水系统，见图16-32。

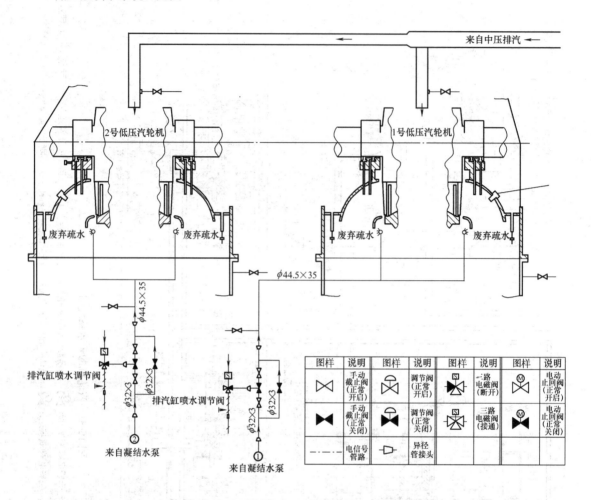

图16-32　低压缸喷水系统

低压缸喷水系统设计成在转子的转速达到 600r/min 时自动投入，并在机组带上约 15% 负荷前连续运行，同时，当低压缸排汽温度超过 70℃ 自动投入。

当机组的转速达到 600r/min 时，在控制开关处于自动位置时，电磁阀由来自汽轮机控制系统的一个信号所驱动，或者通过手动操纵开关驱动。电磁阀通电时使气动阀打开，由凝结水泵向喷水系统供水。

气动调节阀控制通往低压缸喷水口的凝结水量，它通常是关闭的。而当电磁阀由控制开关的自动或手动操纵而动作时，它被来自一个调节器或空气装置的仪控空气打开，供气动阀的空气由一个压力控制器（设在 DCS 中）调节。它利用恒压的空气，并对应于作用在调节阀出口的感受元件上的一个压力变化，产生的一个变量输出，这样给各喷水口提供均匀的凝结水量。通常低压缸喷水调节阀后的压力设定值为 0.4～0.6MPa。

在空载蒸汽流量和全真空的情况下，不希望低压缸排汽部分（即后汽缸）过热。真空不良会引起汽缸过热，正如当机组被允许倒拖时，蒸汽流量远远小于空载时的流量一样。如果温度超过 80℃，则必须通过增加负荷或改善真空，逐步地降低后汽缸的温度，后汽缸的极限温度为

120℃。如果达到这一温度，则应停机并排除故障。此外，低压缸喷水调节阀有一个旁路阀，此阀仅在调节阀损坏或维修的情况下使用。为维持设定的控制压力，旁路阀应开得足够大。为了防止汽轮机可能的损坏，要注意：当汽轮机在不需要后汽缸喷水的状态运行时，旁路阀不应处于开启状态。

九、滑销系统

汽轮机组的滑销系统，见图 16-33。

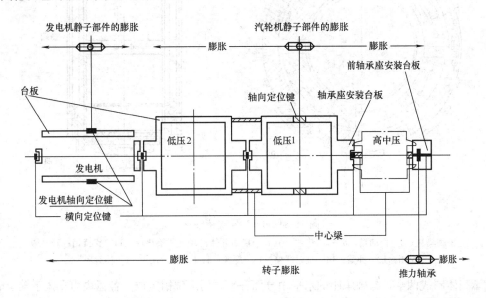

图 16-33　汽轮机组的滑销系统

在汽轮机启动、运行和停机时，为了保证汽轮机各个部件正确地膨胀、收缩和定位，同时保证汽缸和转子正确对中，设计了合理的滑销系统。

机组膨胀的绝对死点在 1 号低压缸的中心，由预埋在基础中的两块横向定位键和两块轴向定位键限制低压缸的中心移动，形成机组绝对死点；

高中压缸由四只"猫爪"支托，"猫爪"搭在轴承箱上，"猫爪"与轴承箱之间通过键配合，"猫爪"在键上可以自由滑动；

高中压缸与轴承箱之间、低压 1 号与 2 号缸之间，在水平中分面以下，都用定位中心梁连接。汽轮机膨胀时，1 号低压缸中心保持不变，它的后部通过定中心梁推动 2 号低压缸沿机组轴向向发电机端膨胀。1 号低压缸的前部通过定中心梁推着中轴承箱、高中压缸、前轴承箱沿机组轴向向调速器端膨胀。轴承箱受基架上导向键的限制，可沿轴向自由滑动，但不能横向移动。箱侧面的压板限制了轴承箱产生的任何倾斜或抬高的倾向。这种滑销系统经运行证明，膨胀通畅，效果良好。

转子之间都是采用法兰式刚性联轴器连接，形成了轴系。轴系的轴向位置，用高压转子前端推力轴承中的推力盘来定位；由此构成了机组动静之间的死点。当机组静子部件在膨胀与收缩时，推力轴承所在的前轴承箱也相应地轴向移动，因而推力轴承或者说轴系的定位点也随之移动，因此，称机组动静之间的死点为机组的"相对死点"。

十、轴承、轴承座和挡油环

（一）1～2 号支持轴承

如图 16-34 所示，1～2 号支持轴承是由 4 个键支撑的具有自位功能的可倾瓦轴承，该轴承由孔径镗到一定公差的四块浇有轴承合金的钢制瓦组成，具有径向调整和润滑功能。

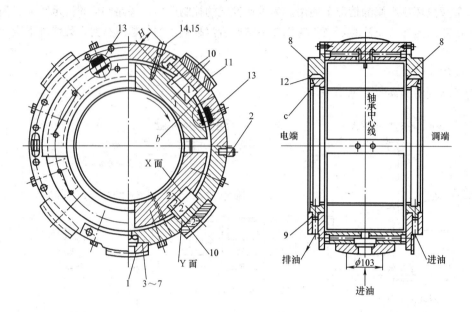

图 16-34　1～2 号支持轴承

1—钢制垫块；2—止动销；3～7—垫片；8、9—挡油环体；10—调整垫块；11—支持销；12—限位销；13—弹簧；14—临时螺栓；15—螺塞；a、b—轴承瓦块；c—油封环

轴承壳体制成两半，与轴承座的水平中分面齐平，用定位销定位。各瓦块均支撑于轴承壳体内，且用支持销 11 定位。位于瓦块中心的调整垫块 10 与支持销 11 的球面相接触，作为可倾瓦块的摆动支点。因此轴承可以随转子摆动并自对中心。

轴承壳体由 5 块钢制垫块 1 支撑在轴承座内，其外圆直径加工得比轴承座内孔直径稍小。这些垫块分别安装在壳体的上半、下半与轴承水平、垂直中心线成 45°的各个位置上。在每个垫块和轴承壳体之间设有垫片 3～7，以便在垂直和水平方向调整轴承，使转子在汽缸内精确地就位。安装于轴承壳体的止动销 2，伸入轴承座水平中分面下一凹槽内，用以防止轴承在轴承座内转动。

轴承瓦块 a、b 和调整垫块 10、支持销 11、均由 1～4 编号、打印，并在轴承壳体上相应的位置编号，以便在检修后瓦块和垫块仍能装在原来的相对位置。每块瓦块两端的临时螺栓 14 在组装和运送时，连接在轴承壳体上将瓦块固定就位，但在总装时拆去，并用螺塞 15 替代，螺塞旋入后必须略低于轴承体垫块的表面。

润滑油通过带孔垫片和节流孔板进入轴承壳体，轴承壳体两端面上开有环槽，润滑油经过环槽，经水平和垂直方向上的 8 个孔进入轴承各瓦块，沿着各瓦块间的轴颈表面分布，并从两端排出。

油封环 c 嵌入挡油环体 8、9 槽内，形成挡油环，防止从轴承两端大量漏油。挡油环做成两半，固定在轴承体上，用限位销 12 防止挡油环转动，油经两侧挡油环的排油孔排出，返回轴承座。

1. 轴承间隙调整

(1) 磨"X"平面处的瓦块及垫片，均匀接触达到 75% 的面积（包括上半和下半）。

(2) 磨"Y"平面处的支持销和轴承壳体，均匀接触达到 75% 的面积。

(3) 用深度千分卡测量从轴承壳体外表面到支持销"Y"表面的距离（尺寸 A）。

（4）除上半支持销外，装好瓦块上半，调整垫块和轴承壳体上半。确认以下事项后，通过轴承体上的孔，测量轴承壳体上半外表面到调整块平面端的距离（尺寸 B）：

1）瓦块已与轴颈接触；

2）轴承壳体的水平中分面没有间隙。

（5）将上半支持销的厚度磨至尺寸"C"：

$$C=(B-A-0.81+0.1)\pm0.02$$

然后按上述步骤（2）研磨"Y"表面。

（6）调整轴承间隙时去掉弹簧 13。

2. 轴承间隙测量

通过轴承壳体上的孔测量尺寸"C"（轴承壳体外表面到支持销的"Y"表面）。

3. 测量过程

（1）移去垫块 1、垫片 3、临时螺栓 14 和弹簧 13。

通过瓦块底部的径向孔用铜棒轻轻敲击"Y"表面，然后测量尺寸"A"，重复测量"A"直到测得稳定的数值。

（2）用螺栓 14 拉紧瓦块，测量尺寸"A"，重复测量"A"直到测得稳定的数值。

（3）确认上述二次测量尺寸之差为 0.71~0.81mm。

4. 带转子轴承找中

（1）除底部垫块外，研磨所有垫块 1，均匀接触达到 75％的面积。

（2）底部垫块在 ϕ103 的面积内研磨，均匀接触达到 100％面积。

（3）按"转子找中图"和"转子间隙图"的要求，调整下部调整垫块下的垫片厚度，以满足轴承找中要求。

（4）调整底部垫块下的垫片厚度，使垫块和轴承座间间隙为 0~0.1mm。

（5）调整上部垫块下垫片的厚度，使垫块与轴承压盖间获得 0~0.05mm 的过盈量。

（二）3~6 号支持轴承

1. 结构原理

（1）3~6 号轴承（见图 16-35）由一个钢制的轴承外壳Ⅰ和 4 个浇有轴承合金的钢瓦块Ⅱ组成，瓦块的内孔镗到规定的直径。瓦块依靠调整垫片 1 的厚度可作径向调整，并能绕支持销 2 的球面支点摆动。

（2）轴承外壳分上下两半，在水平中分面上用定位销定位。

（3）轴承外壳通过 5 钢垫块 7、9 支承在轴承箱内的洼窝中。在垫块和轴承外壳之间装有调整垫片 8，以便在水平和垂直方向调整轴承位置，使转子精确地就位。在轴承外壳上装有一个止动销 3，并伸入轴承箱下半部分，比中分面略低的凹槽中，这样可防止轴承相对于轴承箱转动。

（4）每一组轴承瓦块和销及调整垫块均应编顺序号 1~4，并在轴承外壳上相应地作上记号 1~4，以便在检修后将轴承瓦块、垫块、销和轴承外壳安装在它们原来的相对位置上。

（5）每一个轴承瓦块用临时螺栓 4~6 安装在轴承外壳上。螺栓位置靠近瓦块的两端。在与转子装配前，这些临时螺栓必须去掉，而换上永久螺塞。这些永久螺塞与轴承外壳的外表面齐平或略低一些。

（6）油来自润滑油系统，通过轴承箱底部的油管供给。油通过底部垫块的孔进入轴承外壳Ⅰ下半部分，并沿轴向流到轴承外壳两端的环形槽内。油从这些槽经 6 个孔进入轴承瓦块，其中 2 个孔在垂直中心线的顶部；2 个孔在水平中心线两侧。油同时也通过垂直中心线底部的一个孔流

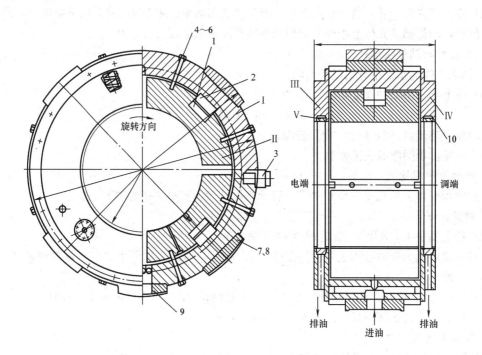

图 16-35　3～6 号轴承

1、8—调整垫片；2—支持销；3、10—止动销；4～6—临时螺栓；7、9—钢垫块；
Ⅰ—轴承外壳；Ⅱ—轴承；Ⅲ、Ⅳ—油封环；Ⅴ—轴颈

入轴瓦。油沿着轴颈分布，并从两侧流出。轴承两端的油封环Ⅲ、Ⅳ防止油从端部过多的泄漏。油通过油封环及其挡环下半的油孔返回到轴承支座。用止动销 10 防止挡油环转动。

2. 调整

（1）拆下轴承垫块并重新安装垫片，此时不必考虑底部打有标记 5 的垫块。调整在打有标记 3 和 4 两个垫块下部的垫片时，使这两个垫块与轴承箱贴合，并使转子位置符合转子间隙图的要求。在达到要求后，取下标记为 3 和 4 下部的垫片，换上永久垫片；永久垫片的厚度应和取下的垫片组的总厚度相等。这永久垫片应打印厚度和其在轴承外壳的位置编号。

（2）再用垫片装配底部的垫块，使垫块与轴承箱相接触。调整垫片厚度，使得垫块与轴承箱之间的间隙为 0～0.05mm，在顶部的垫块处（打记号 1 和 2）加垫片，使这些垫块和轴承箱上半之间有 0.075mm 的过盈量。

（3）因为轴承垫块和中心线成 45°夹角，所以必须注意轴承的中心线垂直方向的移动量不等于垫片厚度的改变量。因为 45°是给定的，因此在垫片厚度和轴承移动量之间有一个 0.7 的常数。下面的例子有助于理解这一概念。

（4）在下半的 45°方向一个垫块上加一个 0.125mm 厚的垫片，产生一个 0.7×0.125＝0.0875（mm）的垂直位移和 0.7×0.125＝0.0875（mm）水平位移。

（5）在下半的两个 45°方向垫块处各加上 0.125mm 厚的垫片产生 0.125÷0.7＝0.1786（mm）的垂直位移，但没有水平位移。

（5）垂直提高轴承 0.25mm：在下半各垫块均增加 0.7×0.25＝0.175（mm）垫片。

（6）向右移动轴承 0.25mm：从右边下半垫块减去 0.7×0.25＝0.175（mm）垫片，并在左边下半垫块加厚 0.175mm 垫片。

3. 轴承间隙

上半瓦块和轴颈的间隙（下半瓦块接触轴颈）应为 $C=0.002D-0.005$，间隙的公差为 $\pm0.05\text{mm}$。

（三）挡油环

图 16-36 是大型汽轮机挡油环的典型结构图。它的作用是防止润滑油沿着汽轮机转子泄漏。挡油环由上半和下半组成，并且通过六角头螺钉固定在轴承箱端部。挡油环上、下半用六角头螺钉在水平中分面处连接，并用销定位。

油封片镶在挡油环上、下半内径上，许多油封片集中形成一组集油器。由于离心力而被汽轮机转子甩出的润滑油，由这些油封片聚集起来。聚集起来的润滑油通过一组钻出的通孔，向下流到挡油环下半的小油槽里。同时保持小油槽里的油位在足够的高度上，以便封住排油孔。而溢出的油通过排油管路排入主油箱。

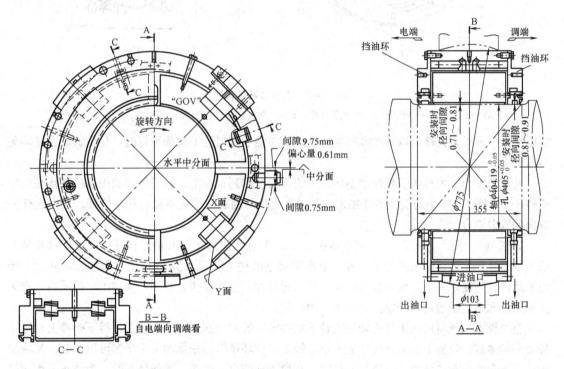

图 16-36　大型汽轮机挡油环的典型结构图

在正常条件下，挡油环不应该有油泄漏。必须注意是，要保证排油通道的清洁和畅通；如果发现油量超过标准，沿着转子轴承箱溢出，应该立即检查油封，特别是排油通道。

挡油环应该安装在转子运行时正确的位置上。为了安装挡油环，应该首先将上、下半在水平中分面装配起来，然后安装整个挡油环，以得到按转子间隙图上规定的间隙，最后用螺钉牢固地将挡油环固定在轴承箱上。

（四）推力轴承

图 16-37 所示的是推力轴承结构图。

推力轴承是瓦块间自动平均分配载荷的均载式轴承，为此瓦块支承在由两半制成的定位环 8、9 内的平衡块 11、12 上。平衡块自动使瓦块处于某一位置，从而使轴承合金面的载荷中心都在同一平面内。因此，每一瓦块承担相等的载荷。对这种结构的所有瓦块，不要求具有精确的相

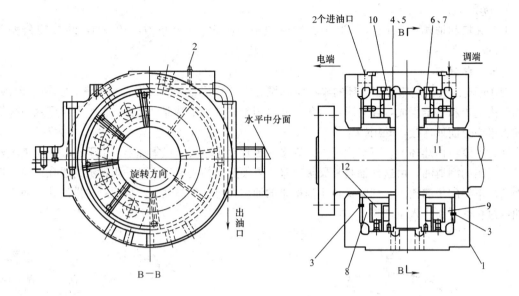

图 16-37　推力轴承结构图

1—轴承外壳体；2—节流螺钉；3—调整垫片；4～7—瓦块；8、9—定位环；10—键；11、12—平衡块

同厚度。平衡累积位移，以及在带有推力盘的轴与轴承箱镗孔不精确平行时，瓦块负载也是均匀分布的。

转子的推力，由与转子延伸轴整体加工的推力盘传到瓦块上，转子延伸轴用螺栓连接在汽轮机转子上。图 16-17 中的剖视图详细地表明了推力盘两侧装有的整圈瓦块和定位环，以承受任一方向的轴向推力。

如图 16-17 所示，瓦块 4～7 和平衡块 11、12 装在水平面上分开的定位环内。而定位环装在推力轴承外壳 1 内，装在推力轴承外壳上半键槽里的键 10，防止定位环相对于外壳的转动。推力轴承的外壳在水平中分面处分为两半，并用螺钉和定位销连接。利用外壳加工出的凸台，安装在轴承座和上盖的槽内，确定推力轴承的轴向位置。

整个推力轴承可以在未移去转子或转子延伸轴时拆卸。卸下轴承压盖后，拆下连接上、下半外壳间的螺钉，可拆下轴承外壳体的上半。卸去定位环螺钉，轴承的上下半都可以拆开。瓦块松动地支承在两半定位环内，当提起部件时，瓦块不会落出。然而，重新装配时，为防止平衡块错位，靠近水平接合面处的瓦块和平衡块应填塞浓的油脂，否则平衡块和瓦块有卡住的危险，由于瓦块不灵活，将会引起两块或多块瓦块的过载。

推力轴承总的轴向间隙，在"转子间隙图"中给出，此间隙可用调整垫片 3 得到。

在轴承装配后，可转动转子，把转子从一端轴向极限位置，推到另一端来检查间隙。在推力瓦块上施加 171.62kPa（1.75kgf/cm²）的轴向压力，以保证推力盘在瓦块上的正常位置。同时，可用千分表测量端部移动量。

在任何时间，推力轴承都充满润滑油。通过推力轴承外壳上半的两个接头，连接从轴承供油管提供的润滑油。当推力盘相对瓦块旋转时，在每一瓦块与推力盘之间的油膜成为楔形，楔形的厚边在瓦块的前部即进入边。因此，由于推力盘的运动，油被带到支承表面之间，并保证这些表面的正常润滑，流入推力轴承的油流量，由装在推力轴承外壳出口管道上的两个节流螺钉 2 来调整确定。

（五）推力轴承定位机构

图 16-38 所示的是推力轴承定位机构图。

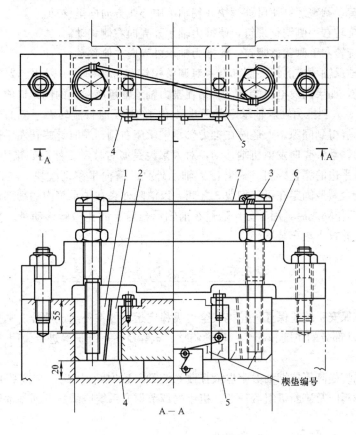

图 16-38　推力轴承定位机构图

1、2—锁紧线；3—可移楔块；4—固定楔块；5—调整螺钉

　　由调整螺钉 5、可移楔块 3、固定楔块 4 和垫片组成的止动件确定推力轴承外壳的轴向位置。当需要得到转子在汽缸内的正确位置时，利用调整螺钉可向里或向外移动楔块 3 从而改变推力轴承外壳的轴向位置。调整螺钉转一圈，推力轴承外壳的轴向位置变动 0.1mm。当调整时，应卸去锁紧线 1、2 并旋松防松螺母，使调整螺钉可以转动。轴承箱两侧的调整螺钉变动值应随同前部和后部的楔块变动值相应变动，但方向相反。当机组运行时，如转子端部千分尺指示转子不在正确位置，则可进行这种调整。当外壳一端的两个楔块调整后给出转子的正确位置时，另一端的两个楔块必须紧紧地楔入以防止外壳在轴承箱内轴向移动。

　　在安装和维修期间，这种可调止动件的结构是用来简化拆卸、装配等工作。

　　按以下要求调整可移楔块：

　　（1）调整推力轴承外壳的轴向位置，使汽轮机转子正确就位，以达到在"转子间隙图"中所示的轴向间隙。

　　注意：必须使推力盘和推力瓦块间的间隙与"转子间隙图"中所示位于推力盘的同侧。

　　（2）向里移动可移楔块直到它们紧靠在外壳凸肩上，使外壳紧固在此位置并消除外壳在轴承箱内的端部移位。

　　（3）当调整楔块时，应注意下列各点：

1）调整螺钉旋转一圈轴承外壳移动0.1mm，如要求的移动量约大于0.08mm，则必须改变垫片的厚度。

2）顺时针转动调整螺钉使可移楔块3朝轴承中心线方向向里移动。

3）反时针旋转右手侧调整螺钉，使推力轴承外壳向右侧移动。

4）反时针旋转左手侧调整螺钉，使推力轴承外壳向左侧移动。

5）在推力轴承轴承座的每一侧都有一对调整螺钉和可移楔块。因此，为向发电机方向移动推力轴承的外壳，如果向发电机端看，人站在推力轴承轴承座左侧的调螺钉前，反时针旋转左手侧的调整螺钉5。人到推力轴承轴承座右侧并以相同的量反时针旋转右手侧的调整螺钉，这样就在楔块和外壳凸肩得到间隙。人还站在推力轴承轴承座右侧，顺时针旋转左手侧的调整螺钉，向里移楔块使推力轴承外壳向发电机端移动，对人来说是向右移动。然后到推力轴承轴承座左侧，并顺时针旋转右手边的调整螺钉，靠着推力轴承外壳凸肩向里移动楔块。在拧紧这些调整螺钉时，要确保外壳紧紧地固定在可移楔块3之间，以消除外壳在轴承箱内的端部移位。

6）在调整工作完成后，用千分尺通过在前轴承箱盖上的孔检验移动量。在进行调整时，应向轴承供润滑油并投入盘车装置。

第五节　汽轮机调节保安系统

汽轮机调节保安系统是保证汽轮机安全可靠稳定运行的重要组成部分。本节将对调节保安系统中机械及DEH部分的系统和部套、现场调整、试验及运行维护等进行说明。

一、概述

调节保安系统是高压抗燃油数字电液控制系统DEH的执行机构，它接受DEH发出的指令，完成挂闸、驱动阀门及遮断机组等任务。机组的调节保安系统应满足下列基本要求：

（1）挂闸。

（2）适应高、中压缸联合启动的要求。

（3）适应中压缸启动的要求。

（4）具有超速限制功能。

（5）当需要时能够快速、可靠地遮断汽轮机进汽。

（6）适应阀门活动试验的要求。

（7）具有如下超速保护功能：

1）机械式超速保护。

当转速为额定转速的110%～111%（3300～3330r/min）时，危急遮断器的飞环击出，打击危急遮断装置的撑钩，使撑钩脱扣，机械危急遮断装置连杆带动遮断隔离阀组件的机械遮断阀动作，同时将高压安全油的排油口打开，泄掉高压安全油，快速关闭各主汽阀门、调节阀门，遮断机组进汽。

2）DEH电超速保护和TSI电超速保护。

当检测到机组转速达到额定转速的110%（3300r/min）时，发出电气停机信号，使高压遮断模块和机械停机电磁铁动作，泄掉高压安全油，遮断机组进汽。同时DEH又将停机信号送到各阀门遮断电磁阀，快速关闭各汽门，保证机组的安全。

机组的调节保安系统按照其组成可划分为低压保安系统和高压抗燃油系统两大部分。而高压抗燃油系统是由液压伺服系统、高压遮断系统和抗燃油供油系统三大部分组成，现将各组成部分分别加以说明。

600MW机组调节保安系统，如本书最后附图16-39所示。

二、低压保安系统

低压保安系统是由危急遮断器、危急遮断装置、危急遮断装置连杆、手动停机机构、复位试验阀组、机械停机电磁铁（3YV）和导油环等组成，如图 16-40 所示。

润滑油分两路进入复位试验电磁阀组件，一路经复位电磁阀 1YV 进入危急遮断装置活塞侧腔室，接受复位电磁阀 1YV 的控制；另一路经喷油电磁阀 2YV，从导油环进入危急遮断器腔室，接受喷油电磁阀 2YV 的控制。手动停机机构、机械停机电磁铁、遮断隔离阀中的机械遮断阀通过危急遮断装置连杆与危急遮断装置相连，高压安全油通过高压遮断组件、遮断隔离阀组件与无压排油管相连。

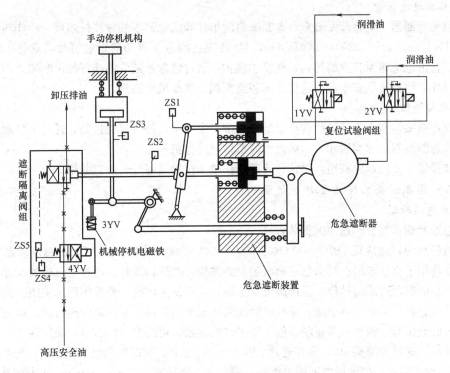

图 16-40　低压保安系统

低压保安系统主要完成如下功能要求。

（一）挂闸

系统设置的复位试验阀组中的复位电磁阀 1YV，机械遮断机构的行程开关 ZS1、ZS2 供挂闸用。挂闸程序为：按下挂闸按钮（设在 DEH 操作盘上），复位试验阀组中的复位电磁阀 1YV 带电动作，将润滑油引入危急遮断装置活塞侧腔室，活塞上行到上止点，使危急遮断装置的撑钩复位，通过危急遮断装置连杆的杠杆将遮断隔离阀组件的机械遮断阀复位，将高压安全油的排油口封住，建立高压安全油。当高压压力开关组件中的三取二压力开关检测到高压安全油已建立后，向 DEH 发出信号，使复位电磁阀（1YV）失电，危急遮断器装置活塞回到下止点，DEH 检测到行程开关 ZS1 的动合触点由闭合—断开—闭合、ZS2 的动合触点由断开—闭合，DEH 判断挂闸程序完成。当行程开关 ZS1 触点状态不正常时，必须查找出原因〔如检查行程开关 ZS1 有无脱线和复位电磁阀（1YV）阀芯有无卡涩等〕。

（二）遮断

从可靠性角度考虑，低压保安系统设置有电气、机械和手动三种冗余的遮断手段。

1. 电气停机

实现该功能由机械停机电磁铁和高压遮断组件来完成。系统设置的电气遮断本身就是冗余的，一旦接受电气停机信号，ETS使机械停机电磁铁3YV带电，同时使高压遮断组件的电磁阀失电。机械停机电磁铁3YV通过危急遮断装置连杆的杠杆使危急遮断装置的撑钩脱扣，危急遮断装置连杆使机械遮断阀动作，将高压安全油的排油口打开，泄掉高压安全油，快速关闭各主汽阀、调节阀，遮断机组进汽。而高压遮断组件中的遮断电磁阀失电，直接泄掉高压安全油，快速关闭各阀门。因此，危急遮断器装置的撑钩脱扣后，即使遮断隔离阀组的机械遮断阀拒动，系统仍能遮断所有调门、主汽门，以确保机组安全。

2. 机械超速保护

由危急遮断器、危急遮断装置、遮断隔离阀组件和危急遮断装置连杆组成。动作转速为额定转速的110%～111%（3300～3330r/min）。当转速达到危急遮断器设定值时，危急遮断器的飞环击出，打击危急遮断装置的撑钩，使撑钩脱扣，通过危急遮断装置连杆使遮断隔离阀组的机械遮断阀动作，泄掉高压安全油，快速关闭各进汽阀，遮断机组进汽。

3. 手动停机

系统在机头设有手动停机机构供紧急停机用。手拉手动停机机构按钮，通过危急遮断装置连杆使危急遮断装置的撑钩脱扣，后续过程同机械超速保护。

系统设置了复位试验阀组，供危急遮断器作喷油试验及提升转速试验用。

（三）低压保安系统主要部套说明

1. 危急遮断器

危急遮断器是重要的超速保护装置之一。

当汽轮机的转速达到110%～111%（3300～3330r/min）额定转速时，危急遮断器的飞环在离心力的作用下迅速击出，打击危急遮断装置的撑钩，使撑钩脱扣。通过危急遮断装置连杆使遮断隔离阀组的机械遮断阀动作，泄掉高压安全油，从而使主汽阀、调节阀迅速关闭。为提高可靠性和防止危急遮断器的飞环卡涩，运行时借助遮断隔离阀组件、复位试验阀组件，可完成喷油试验及提升转速试验。调整危急遮断器的飞环弹簧的预紧力可改变动作转速，动作转速大幅度调整可调整导柱，顺时针调整90°，动作转速上升60～70r/min，逆时针调整90°，动作转速下降60～70r/min；动作转速小幅度调整可调整螺栓，螺栓向外调转速上升7～8r/min，向内调转速下降7～8r/min。

2. 复位试验阀组件

（1）在跳闸状态下，根据运行人员指令使复位试验阀组件的复位电磁阀1YV带电动作，将润滑油引入危急遮断装置活塞侧腔室，活塞上行到上止点，通过危急遮断装置的连杆使危急遮断装置的撑钩复位。

（2）在飞环喷油试验情况下，使喷油电磁阀2YV带电动作，将润滑油从导油环注入危急遮断器腔室，危急遮断器飞环被压出。

3. 遮断隔离阀组件

（1）在提升转速试验情况下，遮断隔离阀组件中的机械遮断阀处在关断状态。将高压安全油的排油截断，待其上设置的行程开关ZS4的动合触点断开、ZS5的动合触点闭合并对外发信，DEH检测到该信号后，将转速提升到动作值，危急遮断器飞环击出，打击危急遮断装置的撑钩，使危急遮断装置撑钩脱扣，通过危急遮断装置连杆使遮断隔离阀组的机械遮断阀动作，泄掉高压安全油，快速关闭各进汽阀，遮断机组进汽。

（2）在飞环喷油试验情况下，先使遮断隔离阀组的隔离阀4YV带电动作，高压安全油的排油被隔离阀截断，待其上设置的行程开关 ZS4 的动合触点闭合、ZS5 的动合触点断开并对外发信，DEH 检测到该信号后，使复位试验组的喷油电磁阀 2YV 带电动作，润滑油从导油环进入危急遮断器腔室，危急遮断器飞环被压出，打击危急遮断装置的撑钩，使危急遮断装置撑钩脱扣，通过危急遮断装置连杆使遮断隔离阀组的机械遮断阀动作。由于高压安全油的排油已被截断，机组在飞环喷油试验情况下不会被遮断。此时系统的遮断保护由高压遮断组件及各阀油动机的遮断电磁阀来保证。

4. 手动停机机构

为机组提供紧急状态下人为遮断机组的手段，运行人员在机组紧急状态下，手拉手动停机机构，通过危急遮断装置的连杆使危急遮断装置的撑钩脱扣，并导致遮断隔离阀组的机械遮断阀动作，泄掉高压安全油，快速关闭各进汽阀，遮断机组进汽。

5. 危急遮断装置连杆

危急遮断装置连杆是由连杆系及行程开关 ZS1～ZS3 组成。通过它将手动停机机构、危急遮断装置、机械停机电磁铁、机械遮断阀相互连接，并完成上述部套之间力及位移的可靠传递。行程开关 ZS1、ZS2 指示危急遮断装置是否复位，行程开关 ZS3 在手动停机机构或机械停机电磁铁动作时，向 DEH 送出信号，使高压遮断组件上的遮断电磁阀失电，遮断汽轮机。

6. 高压遮断组件

高压遮断组件主要由 4 个电磁阀、2 个压力开关、3 只节流孔、高压压力开关组件及 1 个集成块组成。正常情况下，4 只电磁阀全部带电，这将建立起高压安全油压，条件是遮断隔离阀组的机械遮断阀已关闭；各油动机卸荷阀处于关闭状态。当需要遮断汽轮机时，4 只电磁阀全部失电，泄掉高压安全油，快关各阀门。

高压压力开关组件由 3 个压力开关及一些附件组成。监视高压安全油压，其作用：当机组挂闸时，压力开关组件发出高压安全油压力建立与否的信号给 DEH，作为 DEH 判断挂闸是否成功的一个条件。当高压安全油失压时，压力开关组件发出高压安全油失压信号给 DEH，作为 DEH 判断是否跳闸的一个条件。

7. 机械停机电磁铁

为机组提供紧急状态下遮断机组的手段，各种停机电气信号都被送到机械停机电磁铁上使其动作，带动危急遮断装置连杆使危急遮断装置的撑钩脱扣，并导致遮断隔离阀组中机械遮断阀动作，高压安全油卸压，快速关闭各进汽阀，遮断机组进汽。

8. 低润滑油压遮断器

低润滑油压遮断器是由 8 只压力开关、3 只压力变送器、3 个节流孔和 3 个试验电磁阀及附件组成。

压力开关 PSA1 检测主油泵出口的油压，当油压降至 1.205MPa 时，启动辅助油泵（TOP）。

压力开关 PSA2 检测主油泵的进油压力，当油压降至 0.07MPa 时，启动吸入油泵（MSP）。

压力开关 PSA3 检测润滑油母管油压，当油压降至 0.105MPa 时，启动直流事故油泵（EOP）。

压力开关 PSA4 检测润滑油母管油压，当油压降至 0.115MPa 时，发出润滑油压低报警信号。

压力开关 PSA5 检测润滑油母管油压，当油压降至 0.07MPa 时，停止盘车。

压力开关 PSA6～PSA8 检测润滑油母管油压，当油压降至 0.07MPa 时，信号送至 ETS，经三取二逻辑处理后遮断汽机。

压力变送器 Pt1～Pt3 分别检测主油泵出口油压、润滑油压及升压泵出口油压。

3 个节流孔和 3 个电磁阀可分别实现交流辅助油泵 TOP、启动吸入油泵 MSP 及直流润滑油泵在线试验。

9. 凝汽器低真空遮断器

当背压升至 0.0197MPa 时，A 凝汽器的压力开关 PSB1 报警和/或 B 凝汽器的 PSB5 报警。

当背压升至 0.0253 MPa 时，A 凝汽器的压力开关 PSB2～PSB4 和/或 B 凝汽器的 SPB6～PSB8 将信息报送 DEH，控制停机。

PSB1～PSB8 是凝汽器真空监控"压力开关"，其中 PSB1～PSB4 连接 A 凝汽器；PSB5～PSB8 连接 B 凝汽器。

低润滑油压遮断器及低冷凝真空遮断器中，各压力开关的设定值，以汽轮机启动运行说明书中的规定为准，请参见第十七章内容介绍。

三、液压伺服系统

(一) 系统设备及功能

液压伺服系统是由阀门操纵座和油动机两部分组成，其主要完成以下功能。

1. 控制阀门开度

系统设置的 2 个高压主汽阀、4 个高压调节阀、2 个中压主汽阀、2 个中压调节阀，都各自有专用的油动机，其中高压、中压调节阀及右（或左）侧高压主汽阀油动机由电液伺服阀实现连续控制，左（或右）侧高压主汽阀油动机、中压主汽阀油动机由电磁阀实现两位控制。

机组挂闸，高压安全油建立后，DEH 自动判断机组的热状态，并根据需要可完成阀门预暖。预暖开始时，DEH 首先控制右（或左）侧高压主汽阀油动机的电液伺服阀，高压油进入油缸下腔，使活塞上行，并在活塞端面形成与弹簧相适应的液压载荷。由于位移传感器的拉杆和运动部件连接，活塞的移动，便由位移传感器（LVDT）产生位移信号；该信号经解调器反馈到伺服放大器的输入端，直到油动机活塞的位置与阀位指令相平衡时，活塞停止运动。此时蒸汽阀门已经开到了所需要的开度，完成了电信号—液压力—机械位移的转换过程。DEH 控制右（或左）侧高压主汽阀的开度，使蒸汽进入主汽阀并通到高压调节阀前，开始阀门预暖。然后 DEH 发出开主汽阀指令，并送出阀位指令信号，分别控制右（或左）侧高压主汽阀油动机的电液伺服阀，以及左（或右）侧主汽阀和中压主汽阀油动机的进油电磁阀，使主汽阀门全开。再控制各调节阀油动机的电液伺服阀，使调节阀开启［调节阀油动机电液伺服阀的控制原理与右（或左）侧高压主汽阀油动机相同］，随着阀位指令信号的变化，各调节阀油动机不断地改变调节阀的开度。

2. 实现阀门快关

系统所有进汽阀门均设置有阀门操纵座，阀门的关闭由操纵座弹簧紧力来保证。

机组在正常工作时，各油动机底部的盘式卸载阀阀芯，将加载压力油、回油和安全油分开。机组在停机时，保护系统动作，高压安全油压被卸掉，卸载阀在油动机活塞下方的油压作用下被打开，油缸下腔与油缸上腔相连，油动机活塞下方的一部分油回流到油缸上腔，另一部分油回流到油源。阀门在操纵座弹簧力的作用下迅速关闭。

(二) 油动机

油动机是系统的执行机构，接受 DEH 的控制指令，完成阀门的开启和关闭。

1. 油动机组成和工作原理

机组各个进汽阀的油动机，都由活塞、活塞杆及连杆、油缸、位移传感器和一个控制功能组块相连而成。所有油动机均为单侧进油，其开启由高压抗燃油驱动，而关闭是靠操纵座上的弹簧力，以保证在失去油压力的情况下，油动机能够将相应的阀门关闭。当油动机快速关闭时，为使进汽阀的阀蝶对阀座的冲击力得到缓冲，在油动机活塞底部设有液压缓冲装置。

油动机按其动作类型可分为连续控制型和开关控制型两类。

(1) 连续控制型油动机。高压调节阀油动机、右侧高压主汽阀油动机和中压调节阀油动机，都是连续控制型油动机，在其控制功能组块上装有伺服阀、关断阀、卸载阀、遮断电磁阀及测压接头等。

(2) 开关控制型油动机。左侧高压主汽阀、中压主汽阀的油动机，则是开关控制型油动机，在控制功能组块上装有遮断电磁阀、关断阀、卸载阀、试验电磁阀及测压接头等。

下面对各油动机分别加以说明：

(1) 高压调节阀油动机、右侧高压主汽阀油动机和中压调节阀油动机的工作原理基本相同，现以高压调节阀油动机为例加以说明。

当遮断电磁阀失电时，遮断电磁阀排油口关闭，高压安全油压作用在卸载阀上腔，卸载阀关闭；同时关断阀在安全油压力的作用下开启，压力油经关断阀流到伺服阀前，油动机工作准备就绪。

(2) 伺服阀接受 DEH 来的信号，控制油动机油缸活塞下的油量；当需要开大阀门时，伺服阀将压力油引入活塞下腔室，油压力克服弹簧力和蒸汽力的合力，使阀门开大，由位移传感器 (LVDT) 产生位置信号，并将其行程信号反馈至 DEH。当需要关小阀门时，伺服阀将活塞下腔室接通排油，在弹簧力及蒸汽力的作用下，阀门关小，位移传感器将其行程信号反馈至 DEH。当阀位开大或关小到需要的位置时，DEH 将其指令和 LVDT 反馈信号综合计算后，使伺服阀回到电气零位，遮断其进油口或排油口，使阀门停留在指定位置上。伺服阀具有机械零位偏置，当伺服阀失去控制电源时，能保证油动机关闭。

(3) 油动机备有卸载阀，在遮断状况，能快速关闭油动机。

当安全油卸压时，卸载阀打开，将油动机活塞下腔室与油动机活塞上腔室及排油管接通，在弹簧力及蒸汽力的共同作用下，快速关闭油动机，同时伺服阀将与活塞下腔室相连的排油口也打开，接通排油，作为油动机快关的辅助手段。

(4) 甩负荷或遮断状况时，由关断阀快速切断油动机进油，避免因油动机快关的瞬态大油耗而导致系统油压下降。

2. 左侧高压主汽阀油动机、中压主汽阀油动机

左侧高压主汽阀油动机、中压主汽阀油动机都采用两位开关控制方式，控制阀门的开关由限位开关指示阀门全开、全关和试验位置。其工作原理基本相同，现以左侧高压主汽阀油动机为例加以说明。

遮断电磁阀失电，安全油压使卸载阀关闭、关断阀开启，油动机准备工作就绪。油动机在压力油作用下使阀门打开。当安全油失压时，卸载阀在活塞下方油压的作用下打开，油动机活塞下腔室与回油相通，阀门操纵座在弹簧紧力的作用下迅速关闭主汽阀。当阀门进行活动试验时，试验电磁阀带电，将油动机活塞下的压力油经节流孔与回油相通，阀门活动试验速度由节流孔来控制。当单个阀门需作快关试验时，只需使遮断电磁阀带电，油动机和阀门在操纵座弹簧紧力作用下迅速关闭。关断阀、卸载阀的功能与调节阀油动机相同。

四、供油系统

供油系统为调节保安系统各执行机构提供符合要求的高压工作油 (11.2MPa)。其系统主要由高压装置（含再生装置、蓄能器）、滤油器组件及相应的油管路、阀门等组成，如图 16-41 所示。

(一) 供油装置工作原理和设备

1. 供油装置工作原理

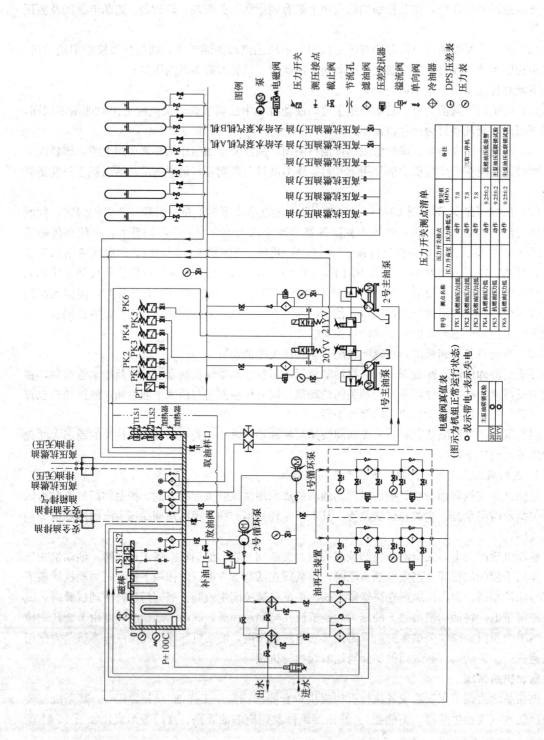

图 16-41　供油系统图

由交流电动机驱动高压柱塞泵，经过滤网用油泵将油箱中的抗燃油吸入。这些油从油泵的出口，经过滤油器，流入高压蓄能器及高压油母管，并由高压油母管将高压抗燃油送到各执行机构和高压遮断系统。

溢流阀在高压油母管压力达 14 ± 0.2MPa 时动作，起到过压保护作用。高压母管上压力开关 PSC4 能对油压偏离正常值时提供报警信号，并提供自动启动备用泵的开关信号，压力开关 PSC1～PSC3 能送出遮断停机信号（三取二逻辑）。泵出口的压力开关 PSC5、PSC6 能对泵出口油压偏离正常值时提供报警信号，并提供自动启动备用泵的开关信号。20YV、21YV 用于主油泵联动试验。油箱内装有温度开关及液位开关，用于油箱油温过高及油位报警和加热器及泵的连锁控制。油位指示器安放在油箱的侧面。

2. 供油装置组成及主要部件

供油装置的电源要求如下：

两台主油泵：2×45kW，380VAC，50Hz，三相；

两台循环泵：2×1.5kW，380VAC，50Hz，三相；

一组电加热器：2×3kW，220VAC，50Hz，单相。

（1）油泵。

两台 EHC 泵均为压力补偿式变量柱塞泵。当系统流量增加时，系统油压将下降。如果油压下降至压力补偿器设定值时，压力补偿器会调整柱塞的行程将系统压力和流量提高。同理，当系统用油量减少时，压力补偿器减小柱塞行程，使泵的排量减少。

系统采用双泵工作系统，一台泵工作，另一台泵备用，以提高供油系统的可靠性；两台泵布置在油箱的下方，以保证正的吸入压头。

（2）高压蓄能器组件。

高压蓄能器组件安装在油箱底座处，蓄能器均为丁基橡胶皮囊式蓄能器，共 6 组，预充氮压力为 8.0MPa。高压蓄能器组件通过集成块与系统相连，集成块包括隔离阀、排放阀和压力表等。压力表指示的是油压而不是气压，它用来补充系统瞬间增加的耗油及减小系统油压脉动。关闭截止阀可以将相应的蓄能器与母管隔开，因此蓄能器可以在线修理。

（3）冷油器。

两个冷油器装在油箱上，设有一个独立的自循环冷却系统（主要由循环泵和温控水阀组成），温控水阀可根据油箱油温调整水阀进水量的大小，以确保在系统工作时，油箱油温能控制在正常的工作温度范围之内。

（4）油再生装置。

油再生装置由硅藻土过滤器和精密过滤器（即波纹纤维滤器）组成，每个过滤器上装有一个压力表和压差指示器。压力表指示装置的工作压力，当压差指示器动作时，表示滤芯需要更换了。

硅藻土滤油器以及波纹纤维滤油器均为可调换式滤芯，关闭相应的阀门，打开滤油器盖即可调换滤芯。

油再生装置是保证液压系统油质合格的必不可少的部分，当油液的清洁度，含水量和酸值不符合要求时，启用液压油再生装置，可改善油质。

（5）油箱。

用不锈钢板焊接而成，密封结构，设有人孔板，供今后维修清洁油箱时用。油箱上部装有空气滤清器和干燥器，使供油装置呼吸时，对空气有足够的过滤精度，以保证系统的清洁度。

油箱中还插有磁棒，用以吸附油箱中游离的铁磁性微粒。

（6）过滤器组件。

过滤器组件（集成块）上安装有安全阀用的溢流阀、直角单向阀、高压过滤器及检测高压过滤器流动情况的压差发信器各两套，并各成独立回路。系统的高压油由组件下端引出，分别供大机和给水泵小汽轮机用油，各由高压球阀控制启闭，按需取用。

（7）回油过滤器。

该装置的回油过滤器内装有精密过滤器，为避免当过滤器堵塞时过滤器被油压压扁，回油过滤器中装有过载单向阀，当回油过滤器进出口间压差大于 0.5MPa 时，单向阀动作，将过滤器短路。

该装置有两个回油过滤器在循环回路，在需要时启动系统过滤油箱中的油液。

（8）油加热器。

油加热器由两只管式加热器组成。当油温低于设定值时，先启动循环泵，后启动加热器（只有在先启循环泵的情况下才能启动加热器），以保证油液受热均匀。当油液被加热至设定值时，温度开关自动切断加热回路，以避免由于人为的因素而使油温过高。

（9）循环泵组。

该装置设有自成体系的油滤、冷油系统和循环泵组系统，在油温过高或油清洁度不高时，可启动该系统对油液进行冷却和过滤。

（10）必备的监视仪表。

该装置还配有泵出口压力表、系统压力测口、压力开关、压力变送器、液位开关、温度传感器等必备的监视仪表。这些仪表与集控室仪表盘、计算机控制系统、安全系统等连接起来，可对供油装置及液压系统的运行进行监视和控制。

（二）供油装置所设置的仪表及其整定值

（1）铂电阻（温度）分度号 Pt100，用户配用二次仪表后，可遥测油箱中的温度。

（2）压力开关的设定值。

1）油压低跳闸整定值：压力开关 PSC1～PSC3（三选二）的压力设定为 7.8 ±0.2MPa（降）。

2）油压低报警及备用主油泵自启动整定值：压力开关 PSC4 的压力设定为 9.2±0.2MPa（降）。

3）2号主油泵联动试验：压力开关 PSC5 的压力设定值为 9.2±0.2MPa（降）。

4）1号主油泵联动试验：压力开关 PSC6 的压力设定值为 9.2±0.2MPa（降）。

（3）压力变送器的设定值。

压力变送器 PT1 的设定值为：当压力为 0～25MPa 时，变送器输出电流为 4～20mA，用于远传母管压力。

（4）溢流阀压力设定值为 14±0.2MPa，用作系统安全阀。

（5）系统（主泵）压力设定值为 11.2±0.2MPa。

（6）循环泵溢流阀压力设定值为 0.5±0.1MPa。

（7）蓄能器充氮压力为 8.0±0.2MPa。

（三）高压滤油器组件

为了保证伺服阀、电磁阀用油的清洁度，在每一个油动机进油口前均装有滤油器组件。滤油器组件主要由滤网、截止阀、差压发信器和油路块等组成。当正常工作时，滤网前后的两个截止阀处于全开状态，旁通油路上的截止阀处于全关闭状态。当差压发信器发信时，表明需要更换滤芯。在正常工作条件下，一般要求至少6个月应更换一次滤芯。

高压蓄能器组件安装在油箱底座上，蓄能器均为丁基橡胶皮囊式蓄能器，共6组，预充氮压力为8.0MPa。高压蓄能器组件通过集成块与系统相连，集成块包括隔离阀、排放阀以及压力表等。压力表指示的是油压而不是气压，它用来补充系统瞬间增加的耗油及减小系统油压脉动。关闭截止阀可以将相应的蓄能器与母管隔开，因此蓄能器可以在线修理。

五、抗燃油系统安装及首次启动

（一）系统初次安装时应遵循的程序

（1）将油源水平放置，并将其四脚用地脚螺栓或膨胀螺钉固定牢。

（2）安装下列部套：

1）高压遮断组件；

2）遮断隔离阀组件；

3）油动机；

4）滤油器组件。

（3）连接冷却水管。

（4）连接高压油至现场各需要的部套。

（5）将现场各部套回油接至油箱顶部对应回油管。

（6）连接各部套的电气线路。

（7）将下列各开关置于正确位置：

开关名称	位　置
1号EHC泵/2号EHC泵	关
1号循环泵	关
2号循环泵	关
加热器	关

若设有远控开关，应将其置于"停止"位置。

（8）检查空气滤清器机械指示器有无触发，若有则需查明原因。

（9）将下列各阀门置于正确位置，同时应注意：当球阀的开关手柄与球阀阀体中心线重合时，球阀处于"开"的状态，当球阀的开关手柄与球阀阀体中心线垂直时，阀处于"关闭"状态。

阀门所处位置	正确状态
1号EHC泵吸入口	开
1号EHC泵出口压力表	开
1号EHC泵出口压力开关	开
2号EHC泵吸入口	开
2号EHC泵出口压力表	开
2号EHC泵出口压力开关	开
2号循环泵充油口	关
1号循环泵吸油口	开
2号循环泵吸油口	开
循环泵出口压力表	开
1号冷油器冷却水进口	开
1号冷油器冷却水出口	开
2号冷油器冷却水进口	开
2号冷油器冷却水出口	开

再生装置顶部放气	关
再生滤油器压力表	开
高压蓄能器隔离阀	关
高压蓄能器排放阀	开
高压蓄能器油压表	开
油源高压油供油管	关
油源高压油供油管压力开关隔离阀	开
供油采样口	关
油动机滤油器入口（10处）	关
油动机滤油器出口（10处）	关
油动机滤油器旁路（10处）	关

注意：高压蓄能器预充压力为 8.0 MPa 的氮气，蓄能器上的压力表仅仅指示油压。在氮气未放完之前，不得维修蓄能器。

（二）检查蓄能器预充氮步骤

（1）打开蓄能器排放阀，关闭蓄能器隔离阀，拆下蓄能器顶部的安全阀及二次阀的盖。

（2）确认充气组件的手轮完全退出以防止漏氮。此时不得将充气软管与充气组件相连。

（3）将充气组件连接到蓄能器顶部的阀座上。

（4）确认充气组件的放气阀已关闭。

（5）顺时针方向缓慢旋转充气手轮，以放松蓄能器的充气阀芯。此时充气组件的压力表可以读得氮气压力。

（6）确认压力读数为 8.0 MPa。

（7）如需充气时，要用软管将氮气瓶和充气组件连接好，顺时针旋转手轮，使蓄能器充到 8.0 MPa（低压为 0.2MPa）。

（8）反时针旋转充气手轮，关闭蓄能器充气阀。

（9）拆下充气组件。

（10）重新安装蓄能器顶部二次阀盖和安全阀。

（三）检查电动机转向

（1）将下列端子短接以解除低液位：

EHC 泵低-低油位连锁。

（2）确认开关位置符合本条（一）中第（7）款。

（3）向电气控制箱提供电源。

（4）确认所有的绿色指示灯亮。

（5）将各个泵的联轴节腔室的塑料盖取掉。从油源（HPU）背面看，泵的转向应为顺时针，电动机上的箭头也指示了正确的转向。

（6）短暂地将 2 号循环泵控制开关置于"投入"位置并按其启动按钮，确认"停止"灯灭，"运行"灯亮。

（7）确认泵的转向，然后将开关置于"切除"位置。

（8）短暂地将 1 号循环泵控制开关置于"投入"位置并按其启动按钮，确认"停止"灯灭，"运行"灯亮。

（9）确认泵的转向，然后将开关置于"切除"位置。

（10）短暂地将 1 号 EHC 泵控制开关置于"投入"位置，并确认"停止"灯灭，"运行"灯亮。

(11) 确认泵的转向，然后将开关置于"切除"位置。

(12) 短暂地将 2 号 EHC 泵控制开关置于"投入"位置，并确认"停止"灯灭，"运行"灯亮。

(13) 首先确认泵的转向，然后将开关置于"切除"位置。

(14) 切断控制箱电源。

(15) 解除本条第（1）款的短接线。

（四）油箱首次充油

为了保持液位处于现场液位计的可视范围中，应将油箱充到高液位标记（系统无压力情况下），当系统建立压力并向蓄能器充油后，液位将有所下降，当油位处于低液位报警液位以上时，不要向油箱加油。

初次充油应遵循以下步骤：

(1) 确认阀门位置符合本条（一）中第（9）款要求。

(2) 确认开关位置符合本条（一）中第（7）款要求。

(3) 接通控制箱电源。

(4) 将充油软管与 2 号循环泵充油阀连接。

(5) 将充油软管的吸油端插入油桶至离油桶底面约 50mm 处，这样可防止将油桶中的沉淀物吸入油箱。

(6) 开启 2 号循环泵充油阀，关闭油箱底部循环泵的对应吸油口。

(7) 将 2 号循环泵控制开关置于"投入"位置并按其启动按钮。

(8) 当一只油桶接近抽空时，停止 2 号循环泵，关闭充油阀。

(9) 换另一只油桶，重复本条第（5）～（8）款步骤，直到油箱油位达到高油位标记。

(10) 轻轻地将充油软管提起使泵将软管中油吸干净，操作泵控制开关将泵停止，关闭充油阀。

(11) 将充油软管从充油阀上拆下，给充油阀装上堵头以保持清洁。

(12) 将油箱下部的 2 号循环泵吸油口开启。

(13) 将 2 号循环泵控制开关置于"投入"位置并按其启动按钮，在启动主油泵之前，循环回路至少应连续运行 4h。

（五）油系统冲洗

油系统冲洗程序步骤如下。

1. 第一次冲洗

(1) 先将关断阀冲洗板取下，取出产品节流孔，装入冲洗节流孔（堵头），然后重新将关断阀冲洗板装好。

(2) 卸下手动换向阀及冲洗转接板组件，在油动机集成块压力油入口处装上适当的节流孔（$\phi 0.7$），清洗干净后，重新装上冲洗转接板组件和手动换向阀，进行管路的冲洗。

(3) 将高压遮断组件的 4 个电磁阀和 3 个节流孔取下，做好标记，并装入干净的塑料袋，同时装上冲洗板。

(4) 关闭每一个油动机滤油器上的所有阀门。

(5) 选择一个位置最高的油动机，开启其滤油器进口及出口阀门。

(6) 用冲洗滤芯替代下列滤油器中原来的滤芯：

1) 油动机滤油器（共 10 只）；

2) 主油泵出口滤油器（每台泵1只，共2只）；

3) 循环泵出口滤油器（共2只）。

(7) 冲洗油动机供油管及回油管，并确认油温已大于24℃。

1) 确认循环泵出口滤油器差压已稳定。如果差压仍在上升，则继续进行油箱净化（即循环回路继续运行），直到差压稳定。

注意：不管是何种情况，油箱净化至少连续运行4h以上。

2) 短暂的将1号主油泵控制开关置于"投入"位置。

3) 调整1号泵压力补偿器使1号主油泵出口压力低于4.1MPa。

4) 短暂地将2号主油泵控制开关置于"投入"位置。

5) 调整2号泵压力补偿器，使2号主油泵出口压力与1号主油泵出口压力相等，在冲洗过程中使两台主油泵同时运行。

6) 缓慢开启供油管的隔离阀。

7) 检查系统泄漏情况及油箱油位处于正常范围。

8) 在冲洗过程中，任何一个滤油器的差压达到设定值就应立即更换。

9) 在冲洗位置最高的油动机、供油管及回油管12h后，检查各滤油器压差是否已稳定。如果继续上升，则继续冲洗；如果压差已稳定，则开启另一个油动机滤油器进口及出口隔离阀。如此逐个开启所有油动机滤油器进口及出口的隔离阀。

10) 冲洗系统直到所有滤油器的压差稳定。

11) 缓慢开启高压蓄能器的隔离阀。

12) 缓慢开启各蓄能器的排放阀，冲洗1h以上。

13) 当冲洗可以结束（即所有滤油器压差已稳定）时，停止2台主油泵。

2. 第二次冲洗

(1) 当供油压力表读数为0时，卸下冲洗座组件，装上关断阀和电磁阀，同时将关断阀处控制油节流孔（在油动机集成块上）装入正式节流孔（ϕ0.8）。

(2) 将高压遮断组件的冲洗板取下，装上电磁阀，同时将节流孔安装好。

(3) 在冲洗座、关断阀和电磁阀的安装、拆卸过程中应小心谨慎，不能损伤零件的配合表面，不允许将杂质掉入油路孔道中，密封圈不能漏装或脱出密封圈安装槽外。

(4) 关闭各蓄能器的排放阀。

(5) 启动2台主油泵。

(6) 将所有冲洗阀手柄放在关闭位置。

(7) 利用冲洗阀的开关使各油动机从关到开，再从开到关循环8~12次，以保证有足够的流量流过油缸。

(8) 将冲洗阀手柄置于关闭位置。

3. 两次冲洗后工作

(1) 上述两次冲洗过程至少应进行18h，此时检查各滤油器压差，如果压差不稳定，则应重新进行油冲洗程序，直到压差稳定。

(2) 压差稳定后采样检验。

(3) 在等待检验结果的同时，应继续进行油冲洗程序。

(4) 当检验合格后，将2台主油泵停止。

(5) 当供油压力表读数为零时，将冲洗阀拆下，将伺服阀装上。

(6) 关闭供油管隔离阀。

（7）短暂地置1号主油泵控制开关置于"运行"位置。调整压力补偿器，使其设定值缓慢升至11.2MPa。

（8）缓慢开启供油管的隔离阀，检查整个系统有无泄漏，如有泄漏应采取措施。

（9）停止1号主油泵。

（10）关闭供油管的隔离阀。

（11）短暂地置2号主油泵控制开关置于"运行"位置，调整压力补偿器，使其设定值缓慢升至11.2MPa。

（12）缓慢开启供油管的隔离阀，检查系统有无泄漏。

（13）停2号主油泵。

（14）关闭供油管的隔离阀。

（15）短暂地置1号主油泵控制开关于"运行"位置，调整压力补偿器，使其设定值缓慢升到14MPa。注意应先将该泵的出口安全阀设定提高。

（16）缓慢开启供油管的隔离阀，检查系统有无泄漏。

（17）试验完成后，重新设定安全阀于14.0MPa。

（18）调整压力补偿器，使其设定值缓慢降至11.2MPa。

（19）停1号主油泵。

（20）将冲洗用滤芯拆下，换上工作滤芯。

（21）打开油再生装置进口阀门，使油液充满再生滤油装置。

（22）检查循环回油压力表读数，若低于0.3MPa，则启动另一台循环泵。但若循环回油压力高于1MPa，则应调整溢流阀使其在0.5MPa。

（23）利用再生装置壳体盖上的排气阀将装置中的气体排出。

（24）运行再生装置24h以上。

（25）应注意以下事项：

1）抗燃油系统冲洗完毕后的油质应合格。

2）新油不是合格油，冲洗完毕后不得直接加入新油。

3）每次加油时，都应将充油管清理干净。

4）在冲洗过程中，每隔一定时间应用木棒在管路的不同位置敲打油管路。

六、常规操作及检查

（一）系统启动

抗燃油系统的启动需按如下步骤进行：

（1）确认油位处于正常油位的最高位。

（2）确认冷却水系统正常。

（3）确认供电电源的正常。

（4）将加热器控制开关置于"开"位置。

（5）将下列阀门置于正确位置：

阀门所处位置	正确状态
1、2号EHC泵吸入口	开
1、2号EHC泵出口压力表	开
1、2号EHC泵出口压力开关	开
2号循环泵充油阀	关
2号循环泵吸入口	开

循环泵出口压力表	开
1号循环泵吸入口	开
再生装置顶部放气	关
再生滤油器压力表	开
所有蓄能器隔离阀	开
所有蓄能器排放阀	关
所有蓄能器油压表	开
供油隔离阀	开
供油管压力开关隔离阀（4只）	开
供油采样阀	关
油箱排污阀	关
所有油动机滤油器入口	开
所有油动机滤油器出口	开
所有油动机滤油器旁路阀	关
1号冷油器进油口	开
1号冷油器出油口	开
1号冷油器冷却水进口	开
1号冷油器冷却水出口	开
2号冷油器进油口	开
2号冷油器出油口	开
2号冷油器冷却水进口	开
2号冷油器冷却水出口	开

（6）启动2号循环泵。

（7）确认油温大于20℃。

（8）将1号循环泵控制开关置于"投入"位置并按其启动按钮。

（9）将1号主油泵控制开关置"投入"位置，确认泵已被启动，其出口压力维持在11.2MPa左右，检查系统有无泄漏。

（10）将2号主油泵控制开关置于"投入"位置。

（11）停1号主油泵，确认2号主油泵在供油压力降至9.2MPa时自动启动。并维持出口压力为11.2MPa左右。

（12）置1号主油泵控制开关于"投入"位置。

（13）停2号主油泵，确认1号主油泵在供油压力降至9.2MPa时自动启动，并维持其出口压力为11.2MPa左右。

（14）置2号主油泵控制开关于"投入"位置。

(15）常规检查项目。在正常运行中以下项目应每天检查一次。

1）确认油箱油位略高于低油位报警30～50mm，油箱油位不得太高，否则遮断时将引起溢油；

2）确认油温在32～54℃之间；

3）确认供油压力在10.7～11.7MPa之间；

4）确认所有泵出口滤油器压差小于0.5MPa；

5）检查空气滤清器的直观机械指示器是否触发，触发则需更换；

6）检查泄漏、不正常的噪声及振动；

7）确认循环系统压力小于 1MPa；

8）确认再生装置的每个滤油器压差小于 0.138MPa。

（16）每星期将备用泵与运行泵切换一次，其过程如下：

1）将备用泵控制开关置于"投入"位置并按其启动按钮；

2）确认备用泵出口压力在 10.7～11.7 MPa 之间；

3）确定备用泵电机电流正常；

4）将运行泵置于"切除"位置，当其停止后，将其置于"投入"状态。

（17）每月应清洗一次 3 只集磁组件。

将集磁组件从油箱顶部拆下，注意不得碰撞及振动，当集磁组件拆下后要保证外部颗粒不能进入油箱，但不得用尼龙等密封材料来密封其螺纹。

用干净的、不起毛及不含亚麻的布将集磁组件擦干净后，再装入油箱。

（18）每月对抗燃油采样、检验一次。

油样品应做颗粒含量分析，样品分析实验室应提供干净的采样瓶，其清洁度要求为：$10\mu m$ 及以上的颗粒含量小于 1.5 颗/mL。

（19）每 6 个月应检查一次蓄能器充氮压力，其程序如下：

1）关闭被检查蓄能器的隔离阀；

2）开启被检查蓄能器的排放阀；

3）拆下该蓄能器顶部安全阀和二次阀盖；

4）将充气组件的手轮反时针拧到头，注意此时不得连接充气软管；

5）将充气组连接到蓄能器顶部阀座上；

6）确认充气组件的排放阀已关；

7）顺时针旋转充气组件的手轮，直到可读出氮气压力；

8）确认充气组件上压力表读数为 8.0MPa；

9）如果需要充气，则将充气软管接上，将其充到要求压力；

10）反时针将充气组件手轮旋转到头；

11）拆下充气组件；

12）重新装上二次阀盖和安全阀；

13）关闭蓄能器排放阀；

14）缓慢开启蓄能器隔离阀。

（二）系统停止及油箱加油

1．系统停止

（1）置备用主油泵的控制开关于"切除"位置。

（2）置运行主油泵的控制开关于"切除"位置。

（3）如果需要停止循环回路，置加热器及 1 号循环泵的控制开关于"切除"位置。

（4）置 2 号循环泵的控制开关于"切除"位置。

2．油箱加油

（1）若 2 号循环泵正在运行，将其控制开关置于"切除"位置。

（2）将充油软管与 2 号循环泵的充油阀相连。

（3）将充油软管的吸油端插于油桶至油桶底面约 50mm 处，以减少油桶底部沉淀物吸入油箱。

（4）关闭油箱下部 2 号循环泵吸油口。

（5）打开 2 号循环泵充油阀。

（6）将 2 号循环泵控制开关置于"投入"位置并按其启动按钮。

（7）当一桶油吸完时，轻轻提起充油软管，停止 2 号循环泵运行，换另一桶油重复上述相关步骤直到油箱油位达到要求。

（8）停 2 号循环泵并关充油阀。

（9）拆下充油软管并拧上螺塞。

（10）开启油箱底部 2 号循环泵吸油口。

七、试验及其他

1. 静态试验

（1）阀门快关试验。

1）测定油动机自身动作时间，要求所有油动机从全开到全关的快关时间常数＜ 0.15s；

2）测定总的关闭时间，要求从打闸到油动机全关时间＜0.5s。

（2）阀门打闸试验。

1）各阀门处于全开状态，手拉机头手动停机机构，所有油动机应迅速关闭；

2）重新挂闸，全开各阀门，手按集控室停机按钮，所有油动机应迅速关闭；

3）重新挂闸，全开各阀门，汽机保护（ETS）给 DEH 送一停机信号，所有油动机应迅速关闭。

（3）其余静止试验项目，如阀门活动试验、高压遮断组件电磁阀活动试验、危急遮断器喷油试验等均参照 DEH 说明书进行。

2. 机组定速后试验

当机组所有静止试验项目及其准备工作全部完成后，就可冲转机组（参照 DEH 说明书）。在机组定速 3000r/min 时至少需做以下试验项目：

（1）检查调节系统各部套是否动作正常；

（2）检查系统有无泄漏；

（3）做打闸试验（分别完成下述打闸试验）：

1）机头手拉机头手动停机机构；

2）集控室停机按钮；

3）汽机保护（ETS）停机；

（4）做电气各项试验；

（5）汽门严密性试验：

1）机组定速 3000r/min，关闭 4 只主汽阀，经过一段时间后，其转速应低于（$p/p_0 \times 1000$）r/min。其中：p—实际进汽压力；p_0—额定蒸汽压力。

2）转速满足要求后，打闸停机。重新挂闸，升速，定速 3000r/min，关闭所有调节汽门，其转速经过一段时间后应低于（$p/p_0 \times 1000$）r/min。

3. 喷油试验及提升转速试验

甩负荷试验详见本节第八条介绍。

4. 甩负荷试验

甩负荷试验详见本节第九条介绍。

5. 其他

（1）正常运行调节系统试验：

1）每天进行一次阀门活动试验；

2）每周进行一次高压遮断组件活动试验；

3）每周进行一次高压抗燃油主泵切换试验；

4）每半年做一次危急遮断器喷油试验；

5）每年整定一次低润滑油压遮断器及低凝汽器真空遮断器压力开关设定值。

以上各种试验的时间间隔可以进行调整。

6）每年校验一次系统中所用的测量仪表（如传感器、压力表、压力开关等）。

（2）定期对操纵座各关节轴承进行润滑（加二硫化钼）。

（3）透平油在进入调节系统前，其清洁度要求必须达到 MOOG4 级。

（4）抗燃油在进入调节系统前，其清洁度要求必须达到 MOOG2 级。

（5）机组检修时，检查各操纵座上所有导向衬套，当其内表面露出金属铜本色面积达 60％时，则须更换；机组每次大修都应更换所有导向衬套。

八、喷油试验和提升转速试验

该系统配置了复位试验阀组供喷油试验和提升转速试验用。

当机组所有静止试验项目及其余准备工作全部完成后，就可冲转机组。在机组定速 3000r/min 时至少需做以下试验项目。

（一）喷油试验

1. 概述

喷油压出试验是在机组正常运行时及做提升转速试验前，将低压透平油注入危急遮断器飞环腔室，依靠油的离心力将飞环压出的试验，其目的是活动飞环，以防飞环可能出现的卡涩。在不停机的情况下，通过给遮断隔离阀组的隔离阀带电，来截断高压安全油排油，以避免飞环压出引起的停机。此时高压遮断组件处于警戒状态。

2. 飞环喷油试验

喷油试验程序步骤如下：

将"试验钥匙"开关旋到"试验"位置。此时遮断隔离阀组件的隔离电磁阀 4YV 带电，高压安全油的排油被截断，遮断隔离阀组上设置的行程开关 ZS4 的动合触点闭合、ZS5 的动合触点断开，并对外发信。DEH 检测到该信号后，使复位试验阀组的喷油电磁阀 2YV 带电，透平油润滑油被注入危急遮断器飞环腔室，危急遮断器飞环被压出，打击危急遮断装置的撑钩，使危急遮断装置撑钩脱扣。危急遮断电指示器发出飞环压出信号，DEH 检测到上述信号使复位试验阀组的喷油电磁阀 2YV 失电、复位电磁阀 1YV 带电，使危急遮断装置的撑钩复位。在检测到机械遮断机构上设置的行程开关 ZS1 的动合触点闭合、ZS2 的动合触点断开的信号后，遮断隔离阀组的隔离控制阀 4YV 才能失电。将"试验钥匙"开关旋到"正常"位置。飞环喷油试验完毕。

（二）提升转速试验

1. 提升转速试验目的

检查危急遮断器动作转速为 3300～3330r/min。

2. 试验步骤

所有条件具备后，可进行提升转速试验（即机械超速试验）项目：

（1）将 ETS 超速保护线解除，将集控室 DEH 面板上超速试验钥匙开关旋到电气位，DEH 自动将电气保护值由原来的 3300 r/min 改为 3330r/min。

（2）按下"超速试验"按钮，DEH 检测到遮断隔离组上设置的行程开关 ZS4 的动合触点断开、ZS5 的动合触点闭合时，将 DEH 目标值设为 3330r/min。将 DEH 升速率设置为 10～15r/（min·s），使机组升速到危急遮断器动作，危急遮断器指示灯亮，各主汽阀、调节阀迅速关闭。

记录其动作转速,连续 3 次试验并合格。

3. 注意事项

(1) 机组在进行提升转速试验之前,应在规定的新汽参数和中压缸进汽参数下,带 20% 额定负荷连续运行 3~4h(以满足制造厂对转子温度要求的规定)。在带 20% 额定负荷之前危急遮断器应做飞环喷油试验。

(2) 提升转速试验时,蒸汽参数规定如下:

新汽压力不得高于 5~6 MPa;

新汽温度 350~400℃以上。

凝汽器真空应在 0.03 MPa 以内,排汽温度应在 30℃以下,否则应投入排汽缸的冷却喷水装置,以保持上述温度(以上数据供参考,具体参见第十七章)。

(3) 一、二级旁路应同时开启,保持中压缸进汽参数为:压力 0.1~0.2MPa,温度不低于 300~350℃(以上数据供参考,具体参见启动运行说明)。

(4) 提升转速试验之前,必须先做打闸停机试验,确认打闸停机时系统状况良好。

(5) 提升转速试验前应修改电气超速保护目标值为 3330 r/min,试验完后应注意恢复。

(6) 试验过程中,轴承进油温度应保持在正常范围之间。

(7) 提升转速试验必须由经过培训的、熟悉该机组操作的人员进行操作,由熟悉该机组调速系统功能的工程师进行指挥和监护。要有一名运行人员站在打闸停机手柄旁边,做好随时打闸停机的准备。集控室的停机按钮也要有专人负责操作,随时准备打闸停机。

(8) 提升转速试验过程中,必须由专人严密监视机组的振动情况,并与指挥人员保持密切联系,若振动增大,未查明原因之前,不得继续作提升转速试验,振动异常应立即打闸停机。

(9) 提升转速试验前,不得再做喷油试验。

(10) 每次提升转速在 3200 r/min 以上的高速区停留时间不得超过 1 min。

(11) 当转速提升到 3330 r/min 危急遮断器仍不动作时,打闸停机。在查明原因并采取正确处理措施之后,才能继续作提升转速试验。

(12) 提升转速试验过程的转速监视,由与 TSI 电气超速保护数字转速表相当精度的数字转速表显示,其他的数字转速表仅供参考。

(13) 提升转速试验的全过程应控制在 30min 以内完成。

4. 禁止做提升转速试验的情况

(1) 机组经长期运行后准备停机,其健康状况不明时,严禁做提升转速试验。

(2) 严禁在大修之前做提升转速试验。

(3) 禁止在额定参数或接近额定参数下做提升转速试验。若一定要在高参数下做提升转速试验时,则应投入 DEH 的阀位限制功能和高负荷限制功能。

(4) 调节保安系统、调速汽门、主汽门或抽汽逆止门有卡涩现象。

(5) 各调速汽门、主汽门或抽汽逆止门严密性不合格。

(6) 轴承振动超过规定值或机组有其他异常情况。

5. 应做提升转速试验的情况

(1) 汽轮机安装完毕,首次起动时;

(2) 机组经过大修后,首次起动时;

(3) 危急遮断器解体复装以后;

(4) 在前箱内作过任何影响危急遮断器动作转速整定值的检修以后;

(5) 停机 1 个月以上,再次启动时;

（6）做甩负荷试验之前。

上述说明绝非是提升转速试验的全部规定，整个试验必须按照电力管理部门有关提升转速试验的规定执行，并严格按制造厂的相关技术文件进行试验。

九、甩负荷试验

（一）甩负荷试验的目的

甩负荷试验是特殊的提升转速试验，其目的如下：

（1）测定控制系统在机组突然甩负荷时的动态特性，它包括以下两点：

1）甩负荷后的最高动态飞升值，该值应小于超速保护装置动作值；

2）甩负荷后的转速过渡过程，该过程应是衰减的，其转速振荡数次后趋于稳定，并在3000r/min左右空转运行。

（2）测定控制系统中主要环节在甩负荷时的动态过程。

（3）检查主机和各配套设备对甩负荷的适应能力及相互动作的时间关系。为改善机组动态品质，分析设备性能提供数据。

（二）电厂与制造厂双方必须明确的一些问题

（1）甩负荷试验，除考核机组甩负荷时控制系统性能外，也是对设备性能、制造、安装（检修）、运行质量的一次严峻考验，关系重大，电厂必须认真对待。

（2）试验前双方应对试验项目、试验条件、试验操作方法及步骤等各方的分工、责任等达成书面协议，并编制甩负荷试验大纲和技术措施。

（3）双方协商在试验中采用的仪器、仪表的型号、规格、精度等级、检验方法、标定方法、安装和拆除时间等，并达成协议。

（4）电厂应指定一人做总指挥，统一指挥试验，并在万一发生观测精度、关键参数和操作方法等方面有争议时，组织各方进行讨论，寻求统一意见。

（5）试验时，有关各方的授权代表应出席，以确保试验按制造厂说明，和试验前所达成的协议、试验大纲和技术措施进行。

（6）试验后由双方共同提出统一的试验报告，其报告应包括：目的、结果、结论、认可和协议、测试仪器、试验方法、测量摘要、计算方法、校正系数应用、允许误差、试验结果、对结果介绍、讨论及附录等部分组成。

（7）试验需在主辅机及本系统所布置的测点，由双方共同提出并由用户施工。

（8）试验中所需仪表、仪器、材料、能源及人工等费用均应由用户承担。

（9）试验中若因制造厂的制造质量问题而引起设备损坏，则按制造厂"质量三包"条例进行处理，其余均由用户负责。

（10）试验时间由双方商定，一般不应迟于机组投运后一年，对投运数年后的机组，进行试验双方另协商。

（11）用户应制定对任何可能发生事故的处理措施。

（三）甩负荷试验条件

（1）甩负荷试验必须具备以下几项：

1）具有强有力的领导指挥机构。

2）具有经主管部门审批的和各方共同制订的、完整的试验大纲。

3）应有各有关专业人员参加并设置可靠的通信联络设施。

4）测试设备齐全、可靠、完好。

5）运行、操作及工作人员应训练有素，岗位责任明确。

（2）必须完成规定的试验项目，它们主要有以下几项：

1）阀门活动试验。

2）DEH、TSI、ETS 甩负荷前必须完成的检查、试验内容，详见有关说明书。

3）检查高压抗燃油系统供油装置的两台 EH 主泵互相切换正常，油压 10.7～11.7 MPa、油位正常、油温 32～54℃、高压蓄能器充氮压力 8.0 MPa。

4）提升转速试验合格：①危急遮断器动作整定值符合要求，其值为 110%～111% 额定转速；②电超速保护整定值符合要求，其值为 110% 额定转速。

5）各主汽阀、调节阀在跳闸时的总关闭时间测定完毕，且符合要求。

6）各主汽阀、调节阀严密性试验符合要求。

7）空载试验、带负荷试验、本系统及汽轮机主辅机运转正常，操作灵活正常。各主要监视仪表指示正确，主、辅机设备无缺陷。

（3）调节保安系统用抗燃油、透平油，其油质完全符合要求。

（4）汽轮机抽汽回热系统，蒸汽旁路系统等工作正常，保护连锁可靠，尤其是抽汽逆止门动作正常。

（5）控制系统工作正常。

（6）汽轮机所有电气、热工保护试验合格。

（7）现场手动遮断、远方遥控遮断装置应灵活、可靠。

（8）整台机组（包括机、炉、电及辅助设备）适应甩负荷试验要求。

（9）机组旁路系统设备正常。

（10）临时加装的"甩负荷按钮"等启动装置（便于程序控制录波器、发电机主油开关、母线开关等）准备就绪，试验合格。

（四）甩负荷试验测定项目

甩负荷试验所需的测定项目，如表 16-13 所示。

表 16-13　　　　　　　　　　　甩负荷试验所需的测定项目

序号	名　　称	符号	试验前后稳定值及过程中的极值	仅记试验前后稳定值	录　波
1	时间	t			√
2	发电机油开关跳闸信号				√
3	发电机电功率	P	√		√
4	转速	n	√		√
5	高压调节阀油动机 CV1 行程	M_{11}	√		√
6	高压调节阀油动机 CV2 行程	M_{12}	√		√
7	高压调节阀油动机 CV3 行程	M_{13}	√		√
8	高压调节阀油动机 CV4 行程	M_{14}	√		√
9	中压调节阀 ICV1 油动机行程	M_{21}	√		√
10	中压调节阀 ICV2 油动机行程	M_{22}	√		√
11	抗燃油系统油压	p_{GH}	√		√
12	各段抽汽止回阀行程	h_i		√	√
13	高压主汽阀油动机行程（左）	H_{11}		√	√
14	高压主汽阀油动机行程（右）	H_{12}		√	√
15	中压主汽阀油动机行程（左）	H_{21}		√	√
16	中压主汽阀油动机行程（右）	H_{22}		√	√
17	高压缸排汽止回门行程	h_{10}		√	
18	主蒸汽压力（主汽阀前）（左）	p_{01}	√		√
19	主蒸汽压力（主汽阀前）（右）	p_{02}	√		√

序号	名　　称	符号	试验前后稳定值及过程中的极值	仅记试验前后稳定值	录　波
20	主蒸汽温度（主汽阀前）（左）	T_{01}	✓		✓
21	主蒸汽温度（主汽阀前）（右）	T_{02}	✓		✓
22	调节级后压力（高压缸）	p_{KP}	✓		✓
23	再热器热端蒸汽压力（左）	p_{R1}	✓		✓
24	再热器热端蒸汽压力（右）	p_{R2}	✓		✓
25	再热器热端蒸汽温度（左）	T_{R1}	✓		✓
26	再热器热端蒸汽温度（右）	T_{R2}	✓		✓
27	主蒸汽流量	q_m		✓	
28	高压缸排汽温度	T_{10}		✓	
29	凝汽器真空	p_G		✓	
30	调节油温（透平油）	T_t		✓	
31	调节油温（抗燃油）	T_g		✓	
32	旁路系统阀门开度	H_P		✓	
33	轴向位移		✓		
34	胀差（高、低）		✓		
35	各轴承振动		✓		
36	主油泵出口油压		✓		✓

（五）甩负荷试验仪器仪表

1. 用于手抄观测记录的仪表

机组正常运行时使用的压力表如果精度等级较低（如 1.5 或 2.5 级表），可用精度等级高的替换。原使用的指示标尺可用刻度较密，容易读数的刻度尺替换。数字式转速表也可多配几只，最好配用带峰值记忆的数字式转速表。所有表计均应考虑其动态响应时间，应能适应甩负荷时参数迅速变化的要求。

2. 录波用仪器仪表

（1）压力传感器，用于油压、蒸汽压力测量，将压力信号变换成电信号。

（2）位移传感器，将机械位移信号变换成电信号。

（3）转速测量装置。

（4）功率测量装置。

（5）光线示波器，可采用 16 线以上的光线示波器。

（六）甩负荷试验方法

由于甩负荷试验涉及到机、炉、电全套设备及与之相配合的系统，因此在进行甩负荷试验时必须根据具体情况制订详尽的试验措施。在这里仅试验原则予以叙述。

1. 纯冷凝工况甩负荷试验

在纯冷凝工况下甩负荷试验方法，如表 16-14 所示。

表 16-14　　　　　　　　　在纯冷凝工况下甩负荷试验方法

序　号	甩前负荷（MW）	主蒸汽参数	甩　负　荷　方　式
1	300	额定值	用"甩负荷按钮"使油断路器跳闸，发电机脱离电网，进行转速过渡过程录波
2	600	额定值	用"甩负荷按钮"使油断路器跳闸，发电机脱离电网，进行转速过渡过程录波

2. 甩负荷试验要领

甩负荷试验步骤可分为试验前、试验进行和试验后三方面工作。

（1）试验前。

1）应对系统中用于防卡涩的活动试验装置进行操作，以防试验中发生拒动；

2）应对测试仪器、仪表进行检查、保证完好可靠；

3）应将妨碍试验的一些连锁解除；

4）应调整运行工况，保证在额定的蒸汽参数，额定真空和规定的负荷点上运行，并在稳定后全面记录转速、压力、位移（行程）等重要参数；

5）应保证指挥系统联络畅通。

（2）进行试验。

1）由总指挥根据各分项负责人的汇报、下令甩负荷；

2）在甩负荷前约1s录波器必须起动；

3）应严密监视机组转速飞升情况，若转速达到3330r/min时，应立即打闸停机；

4）应严密监视机组各主汽阀，调节阀和抽汽止回门动作情况，如有异常应立即采取措施；

5）应严密监视机组轴承振动情况，以确保安全；

6）转速、压力、位移（行程）等重要参数应有记录值，必须记录试验过程中的最大（最小）值。

（3）试验后。

1）转速稳定后全面记录一次转速、压力、位移（行程）值；

2）对第一、二次试验，机组在额定转速，由总指挥决定机组何时并网；

3）试验结束后，必须恢复机组正常运行状态，恢复为试验而解除的各种连锁；

4）整理录波图及手抄记录，并及时撰写出试验报告。

（七）甩负荷试验安全措施

（1）甩负荷试验前规定的项目必须逐项落实，试验数据合格。

（2）机组在提升转速试验中的一切安全措施，在甩负荷试验中均适用。

（3）甩负荷后，运行人员应密切监视机组状态，并进行相应的操作。

（4）甩负荷后处理操作必须迅速、准确。汽轮机甩额定负荷后，空负荷运行时间不宜超过30min。

（5）有专人监视制造厂提供的数字转速表；甩负荷后，当转速达到表上刻线（3330r/min）时，应迅速、果断地打闸停机，打闸后若转速上升或不下降，应立即采取关闭电动截止阀、各抽汽止回门、破坏真空等应急措施。

（6）由于甩负荷后机组转速飞升率（加速度）很高，有可能扩大轴承振动，因此有关防止轴承振动的措施必须严格执行。试验时必须有专人监视各轴承振动值，一旦有异常出现则必须迅速打闸，防止事故发生或扩大。

（7）甩负荷后若出现高压调节阀油动机或中压调节阀油动机未关，恢复时高压调节阀油动机或中压调节阀油动机未开造成汽轮机单缸进汽，应打闸停机。

（8）汽轮机空转和负荷变化时应监视高、中、低压胀差值，若有异常应及时采取措施。

甩负荷后还应注意蒸汽旁路系统、除氧器、凝汽器水位、抽汽回热系统、汽轮机及抽汽管道疏水、高压缸排汽温升、推力轴承金属温度、汽缸金属温度等情况，如有异常应采取措施。

十、抗燃油

1. 概述

抗燃油是EH系统的工作介质，油质是否合格对系统能否正常工作有重大影响，故在系统安装及运行中应对其给予特别关注。

2. 运行参数

（1）运行温度过高或过低都是不允许的，温度过低造成油的黏度升高，容易使泵电动机过载；运行温度过高，易使油产生沉淀及产生凝胶。因此，油的运行温度应控制在32~54℃之间。

（2）油质清洁度：中压抗燃油应达到SAE749D5级标准；高压抗燃油应达到SAE749D3级标准（见表16-18）。由于系统工作压力高达11.2 MPa，其零部件间隙都很小，所以对油质清洁度有较高要求。

（3）含氯量$<1\times10^{-4}$（质量分数，100ppm），含氯量过高会对系统零件造成腐蚀，并进而污染油质本身。

（4）含水量$<0.1\%$，含水量过高会使油产生水解现象，故应严格控制。

（5）酸值<0.2mgKOH/g（运行中），酸值增加会使油的腐蚀性加大，同时含水量及酸值增加均会使油的电阻率下降，加剧伺服阀的腐蚀。

3. 采样

在运行过程中，应对抗燃油进行定期采样检验，其周期如下：

（1）油系统冲洗完成后应立即采样检验。

（2）油系统冲洗完成后一个月内，每两星期采样检验一次。

（3）正常运行中每三个月采样检验一次。

（4）如果发现运行参数中任一参数超标，都应立即采取措施。

4. 油质纯度和清洁度标准

油质纯度和清洁度，见表16-15~表16-18。

表 16-15　　　　　　　　　　　　　　新抗燃油质量标准

项　目	ZR-881 中压油	ZR-881-G 高压油	试　验　方　法
外　观	透明	透明	DL 429.1
颜　色	淡黄	淡黄	DL 429.2
密度（20℃，g/cm³）	1.13~1.17	1.13~1.17	GB/T 1884
运动粘度（40℃，mm²/s）	28.8~35.2	37.9~44.3	GB 265
凝点（℃）	≤−18	≤−18	GB 510
闪点（℃）	≥235	≥240	GB 3536
自燃点（℃）	≥530	≥530	
颗粒污染度 SAE749D（级）	≤6	≤4	SD 313
水分（m/m，%）	≤0.1	≤0.1	GB 7600
酸值（mgKOH/g）	≤0.08	≤0.08	GB 264
氯含量（m/m，%）	≤0.005	≤0.005	DL 433
泡沫特性（24℃，mL）	≤90	≤25	GB/T 12579
电阻率20℃（Ω·cm）		≥5.0×10⁹	DL 421

表 16-16　　　　　　　　　　　　　　运行中抗燃油质量标准

项　目	ZR-881 中压油	ZR-881-G 高压油	试　验　方　法
外　观	透明	透明	DL 429.1
颜　色	桔红	桔红	DL 429.2
密度（20℃，g/cm³）	1.13~1.17	1.13~1.17	GB/T 1884
运动粘度（40℃，mm²/s）	28.8~35.2	37.9~44.3	GB 265
凝点（℃）	≤−18	≤−18	GB 510
闪点（℃）	≥235	≥235	GB 3536
自燃点（℃）	≥530	≥530	
颗粒污染度 SAE749D（级）	≤5	≤3	SD 313
水分（m/m，%）	≤0.1	≤0.1	GB 7600
酸值（mgKOH/g）	≤0.25	≤0.20	GB 264
氯含量（m/m，%）	≤0.015	≤0.010	DL 433
泡沫特性（24℃，mL）	≤200	≤200	GB/T 12579
电阻率20℃（Ω·cm）	—	≥5.0×10⁹	DL 421
矿物油含量（m/m，%）	≤4	≤4	附录F

5. 注意事项

(1) 由于不同生产厂家生产的抗燃油的成分有所差异，故不允许将两个厂家生产的抗燃油混合使用。

(2) 对于桶中储存的抗燃油，建议其储存期不超过 1 年，且存放期间应定期对其进行采样检验，采样后应立即将其密封，防止空气及杂质进入。

(3) 装载抗燃油的桶内部一般都涂有一层防腐层，故在运输过程中应特别小心，以免损坏防腐层。

(4) 对每一次采样结果都应仔细保管，作为抗燃油的历史依据。

(5) 在对系统进行维修时，如有油泄漏，应立即用锯末将其混合并作为固体垃圾处理。

(6) 定期换油，建议 4 年 1 次。

(7) 鉴于系统对油的清洁度要求较高，除非不得已的情况，最好不要打开系统，以免空气及杂物进入系统。

(8) 系统中所有"O"形圈只能采用氟橡胶材料，不得采用其他与抗燃油不相容的材料。

(9) 抗燃油的其他一些使用维护要求，请参阅电力行业标准《电厂用抗燃油验收、运行监督及维护管理导则》(DL/T 571—1995) 中规定。

表 16-17 　　　　　　　　　**抗燃油及矿物油对密封衬垫材料的相容性**

材料名称	磷酸酯抗燃油	矿物油	材料名称	磷酸酯抗燃油	矿物油
氯丁橡胶	不适应	适应	乙丙橡胶	适应	不适应
丁腈橡胶	不适应	适应	氟化橡胶	适应	适应
皮革	不适应	适应	聚四氟乙烯	适应	适应
橡胶石棉垫	不适应	适应	聚乙烯	适应	适应
硅橡胶	适应	适应	聚丙烯	适应	适应

表 16-18 　　　　　　　　　　　**颗粒度分级标准 (SAE 749D)**

级　　别	100mL 油中颗粒数				
	$5\sim10\mu m$	$10\sim25\mu m$	$25\sim50\mu m$	$50\sim100\mu m$	$100\sim150\mu m$
0	2700	670	93	16	1
1	4600	1340	210	28	3
2	9700	2680	380	56	5
3	24000	5360	780	110	11
4	32000	10700	1510	225	21
5	87000	21400	3130	430	41
6	128000	42000	6500	1000	92

第六节　1000MW 超（超）临界压力汽轮机组

近期，我国已开始生产和安装 1000MW 超临界压力汽轮机组。例如，浙江华能玉环电厂计划安装 4×1000MW 超临界压力机组，第一台将于 2006 年底开始发电；浙江国华宁海电厂二期将安装 2×1000MW 超临界压力机组。本节将简要介绍 1000MW 超临界压力汽轮机组的主要技术特点。

一、浙江国华宁海电厂二期 1000MW 汽轮机组技术参数

浙江国华宁海电厂二期 1000MW 汽轮机组技术参数，列于表 16-19。

表 16-19　　　　　　　**浙江国华宁海电厂二期 1000MW 汽轮机组技术参数**

序号	项　目	单位	数　据
一	机组性能规范		
1	机组型号		
2	THA 工况功率	MW	1000
3	额定主蒸汽压力	MPa	26.25
4	额定主蒸汽温度	℃	600
5	额定高压缸排汽压力	MPa	5.55
6	额定高压缸排汽温度	℃	374.5
7	额定再热蒸汽进口压力	MPa	5.0
8	额定再热蒸汽进口温度	℃	600
9	主蒸汽额定进汽量	t/h	2719.768
10	再热蒸汽额定进汽量	t/h	2288.448
11	额定排汽压力	MPa	0.0057/0.0067
12	配汽方式		全周进汽
13	设计冷却水温度	℃	24.5
14	额定给水温度（TRL）	℃	295.1
15	额定转速	r/min	3000
16	热耗率（THA）	kJ/kWh	7377
		(kcal/kWh)	(1762)
17	给水回热级数（高压加热器＋除氧器＋低压加热器）		3＋1＋4
18	低压末级叶片长度	mm	1146
	低压次末级叶片长度	mm	625.6
19	汽轮机总内效率	%	93.76（含相应的阀门损失和连通管损失）
	高压缸效率	%	91.06
	中压缸效率	%	93.27
	低压缸效率	%	90.15/90.82
20	通流级数		
	高压缸	级	14
	中压缸	级	2×13
	低压缸	级	2×2×6
21	临界转速（分轴系、轴段的计算值一阶、二阶）		
	高压转子	r/min	轴系Ⅰ阶/Ⅱ阶：2640/7860
			单跨Ⅰ阶/Ⅱ阶：3240/10620
	中压转子	r/min	轴系Ⅰ阶/Ⅱ阶：1920/5460
			单跨Ⅰ阶/Ⅱ阶：2100/6840
	低压转子Ⅰ	r/min	轴系Ⅰ阶/Ⅱ阶：1200/3480
			单跨Ⅰ阶/Ⅱ阶：1320/4200
	低压转子Ⅱ	r/min	轴系Ⅰ阶/Ⅱ阶：1320/3660
			单跨Ⅰ阶/Ⅱ阶：1320/4200
	发电机转子	r/min	轴系Ⅰ阶/Ⅱ阶：720/2040
			单跨Ⅰ阶/Ⅱ阶：720/2520
22	机组轴系扭振频率	Hz	14、22、31、62、66、136、146
23	机组外型尺寸（长×宽×高）	m	29×10.4×7.75（汽机中心线以上）
24	寿命消耗规划		
	冷态启动	%/次	0.0115
	温态启动	%/次	0.0115
	热态启动	%/次	0.0115
	极热态启动	%/次	0
	负荷阶跃＞10%负荷（THA）	%/次	无

序号	项 目	单位	数 据
25	启动方式		开始定压然后滑压 高、中压联合启动
26	变压运行负荷范围	%	30%到100%额定负荷
27	负荷变化率	%/min	10 或更大
28	轴颈振动两个方向最大值	mm	0.05
29	临界转速时轴振动最大值	mm	0.15
30	最高允许背压值	MPa（a）	0.028（跳机 0.030）
31	最高允许排汽温度	℃	90℃报警，110℃跳机
32	噪声水平	dB（A）	额定负荷正常运行按 IE1063 为 85
33	润滑油系统		
	主油泵型式		电动离心泵
	润滑油牌号		ISOVG46
	油系统装油量	m³	30
	主油泵出口压力	MPa（g）	0.55
	轴承油压	MPa（g）	0.01～0.2
	主油箱容量	m³	32
	油冷却器型式、台数	台	板式，2 台
	顶轴油泵型式		叶片泵
	顶轴油泵出口压力	MPa（g）	17.5
	顶轴油泵供油量	l/min	108
34	液力控制系统		
	抗燃油泵型式、台数		轴向活塞泵，2 台
	抗燃油牌号		FYRQUEL
	抗燃油系统装油量	m³	0.909
	抗燃油泵出口压力	MPa（g）	16
	抗燃油供油量	m³/h	2.4
	抗燃油箱容量	m³	0.8
	抗燃油冷却器型式、台数		空气冷却，2 台
	抗燃油冷却器管侧设计压力	MPa（g）	0.5
	在线滤油装置容量	m³/h	2.4
35	盘车速度	r/min	60
36	轴封有无自密封系统		有
二	汽轮机性能保证		
	铭牌功率（TRL）	MW	1000
	最大连续功率（T-MCR）	MW	1053.485
	THA 工况时热耗率	kJ/kWh （kcal/kWh）	7377 （1762）
	5%THA 工况时热耗率	kJ/kWh （kcal/kWh）	7503 （1792.1）
	轴颈振动值	mm	0.05
	噪声	dB（A）	85
三	主要阀门数据		
1	主汽阀		
	数量	只	2
	内径	mm	320（阀座直径）
	阀体材质		GX12CrMoVNbN9-1
	阀杆材质		X12CrMoWVNbN10-1-1
2	主汽调节阀		
	型式		平衡柱塞式
	数量	只	2
	内径	mm	250（阀座直径）

序号	项　目	单位	数　据
	阀体材质		GX2CrMoVNbN9－1
	阀杆材质		X12CrMoWVNbN10－1－1
3	排汽止回阀		
	数量	只	2
	内径	mm	DN800
	阻力	Pa	5000
	阀体材质		1%Cr 钢（推荐）
	阀杆材质		1%Cr 钢（推荐）
4	中压联合汽门		
	数量	只	2
	内径	mm	560（再热主汽阀阀座直径）
			500（再热调节阀座直径）
	阀体材质		GX12CrMoVNbN9－1
	阀杆材质		
5	真空破坏装置		
	型式		电动
	内径	mm	200
6	大气隔膜阀		
	直径	mm	800
	厚度	mm	1.5
	材料		1.4301/Teflon
7	汽轮机排汽缸喷水量	t/h	15
四	机组质量		
1	汽轮机本体	t	1570
2	主汽阀、调节汽阀、中压联合汽门等	t	一套主调阀组件约 29
			一套再热主调阀组件约 57.5
3	润滑油系统	t	约 60

二、浙江华能玉环电厂 1000MW 汽轮机组技术参数

（一）汽轮机本体技术数据

汽轮机本体的有关技术参数，见表 16-20～表 16-26。

表 16-20　　　　　　　　汽轮机本体技术数据

名　称	单位	数　值
型式		超超临界压力中间再热凝汽式、单轴、四缸四排汽汽轮机（TC4F）
制造厂商		上海汽轮机厂和西门子公司联合设计制造
转速	r/min	3000
转向（从汽轮机向发电机看）		顺时针
汽轮机允许最高背压值	kPa（a）	20（报警），28（跳闸）
抽汽级数	级	8
冷态启动从空负荷到满负荷所需时间	min	250（大气温度启动）
轴系扭振频率	Hz	14、22、31、62、66、136、146
汽轮机外形尺寸（长×宽×高）	m	29×10.4×7.75（汽轮机中心线以上）
机组总长（包括罩壳）	m	29
机组最大宽度（包括罩壳）	m	10.4
高压缸排汽口数量及尺寸	个/mm	2 /ϕ700
中压缸排汽口数量及尺寸	个/mm	1 /ϕ2000
低压缸排汽口数量及尺寸	个/mm	2 / 10400×6700
设备最高点距运转层的高度	mm	9250

表 16-21

汽轮机叶片级数及末级叶片技术数据

名　称	单　位	数　值
高压转子	级	15
中压转子	级	2×14
低压转子	级	4×6
低压缸末级叶片长度	mm	1145.8
低压缸次末级叶片长度	mm	625.6
低压缸末级叶片环形面积	m²	4×10.96
高压转子脆性转变温度（FATT）	℃	≤50
中压转子脆性转变温度（FATT）	℃	≤50
低压转子脆性转变温度（FATT）	℃	≤0

表 16-22

汽轮机本体各部件质量

名　称	单　位	数　值
转子（高、中、低压转子）	kg	14000/39200/2×96000
上汽缸（每个内外上缸）	kg	高压前外缸：42000；排汽缸：23000； 高压内缸：26000 中压内外：32500/32000 低压外：125000；外内：39000；内内：28500
下汽缸（每个内外下缸）	kg	中压内外：39000/36000 低压外内：60000；内内：26500
总质量	kg	1570000（包括附件）

表 16-23

转子转动惯量 GD^2

名　称	单　位	数　值
高压转子	kN·m²	13.425
中压转子	kN·m²	55.839
低压转子	kN·m²	414.076×（2）

表 16-24

汽轮机组轴瓦

轴瓦号	轴径尺寸 （直径×宽度，mm）	轴瓦形式	轴瓦受力面积 （cm²）	比压 （MPa）	失稳转速 （r/min）	设计轴瓦温度 （℃）
1	250×180	椭圆瓦	450	2.3	>3900	<105
2	380×300	椭圆瓦	1140	2.53	>3900	<105
3	475×475	椭圆瓦	2256	3.2	>3900	<105
4	560×560	椭圆瓦	3136	3.2	>3900	<105
5	560×425	椭圆瓦	2380	2.43	>3900	<105
6	500×400	椭圆瓦	2000	2.56	>3900	<105
7	500×400	椭圆瓦	2000	2.56	>3900	<105
8	260×170	椭圆瓦	442	2.09	>3900	<105
推力	内径380×外径630	可倾瓦	2×1983	1.9	>3900	<105

注　高压转子一阶临界转速 44Hz，对数衰减率 0.536；中压转子一阶临界转速 32Hz，对数衰减率 0.214；1 号低压转子一阶临界转速 20Hz，对数衰减率 0.082；2 号低压转子一阶临界转速 22Hz，对数衰减率 0.176；电机转子一阶临界转速 12Hz，对数衰减率 0.006；电机转子二阶临界转速 34Hz，对数衰减率 0.069。

表 16-25		汽轮机 TMCR 工况时各级抽汽参数			
抽汽级数	流量（kg/h）	压力 [MPa（a）]	温度（℃）	允许最大抽汽量 （kg/h）
第一级（至 1 号高压加热器）	141714	8.022	413.0	
第二级（至 2 号高压加热器）	320684	6.110	373.2	厂用汽量 252000
第三级（至 3 号高压加热器）	115452	2.312	464.4	
第四级（至除氧器）	93672	1.159	365.2	
第四级（至给水泵汽轮机）	71496	1.107	364.7	
第四级（至厂用汽）	60000	1.159	365.2	厂用汽量 180000
第五级（至 5 号低压加热器）	121237.2	0.633	285.0	
第六级（至 6 号低压加热器）	132699	0.2481	184.6	
第七级（至 7 号低压加热器）	81687	0.0615	86.4	
第八级（至 8 号低压加热器）	90140	0.0242	64.2	

表 16-26			汽轮机发电机组临界转速				
轴段名称	一阶临界转速（r/min）			二阶临界转速（r/min）		
	设计值		试验值	设计值		试验值
	轴系	轴段		轴系	轴段	
高压转子	2640	3240		7860	10620	
中压转子	1920	2100		5460	6840	
低压转子 I	1200	1320		3480	4200	
低压转子 II	1320	1320		3660	4200	
发电机转子	720	720		2040	2520	

（二）汽轮机特性数据

汽轮机特性数据，见表 16-27 和表 16-28。

表 16-27		汽轮机无节流运行特性数据			
项　目 　　　　工况	TRL 工况	T-MCR 工况	VWO 工况	THA 工况	高加全部 停用工况
功率（MW）	950	1016.023	1062.5	950	950
热耗率（kJ/kWh）	7830	7321	7310	7341	7615
主蒸汽压力 [MPa（a）]	25	25	26.25	23.272	20.730
再热蒸汽压力 [MPa（a）]	5.443	5.488	5.75	5.12	5.364
主蒸汽温度（℃）	600	600	600	600	600
高压缸排汽温度（℃）	372.2	373.2	372.3	374.5	398.8
再热蒸汽温度（℃）	600	600	600	600	600
主蒸汽流量（t/h）	2803	2803	2953	2594	2260
再热蒸汽流量（t/h）	2310	2326.5	2440	2167	2247
高压缸排汽压力 [MPa（a）]	6.06	6.11	6.4	5.701	5.97
中压缸排汽压力 [MPa（a）]	0.614	0.633	0.659	0.596	0.663
低压缸排汽压力 [kPa（a）]	10.8 12.9	4.4 5.39	4.4 5.39	4.4 5.39	4.4 5.39
补给水率（%）	3	0	0	0	0
末级高压加热器出口给水温度（℃）	294.4	294.8	298	290.0	189.5
发电机氢压 [MPa（a）]	0.5	0.5	0.5	0.5	0.5

表 16-28　　　　　　　　　　　　　　机组节流 5%运行特性数据

项　目　＼　工　况	TRL 工况	T-MCR 工况	VWO 工况（未节流）	THA 工况	高加全部停用工况
功率（MW）	950	1016.241	1062.5	950	950
热耗率（kJ/kWh）	7847	7334	7310	7353	7625
主蒸汽压力 [MPa（a）]	26.25	26.25	26.25	24.45	21.775
再热蒸汽压力 [MPa（a）]	5.462	5.51	5.75	5.14	5.377
主蒸汽温度（℃）	600	600	600	600	600
高压缸排汽温度（℃）	369.3	370.4	372.3	371.8	396.2
再热蒸汽温度（℃）	600	600	600	600	600
主蒸汽流量（t/h）	2814	2814	2952	2604	2265.4
再热蒸汽流量（t/h）	2819	2319	2440	2175	2252.3
高压缸排汽压力 [MPa（a）]	6.08	6.13	6.4	5.72	5.984
低压缸排汽压力 [kPa（a）]	10.8 12.9	4.4 5.39	4.4 5.39	4.4 5.39	4.4 5.39
补给水率（%）	3	0	0	0	0
末级高压加垫器出口给水温度（℃）	294.5	294.9	290.0	290.2	189.6

（三）汽轮机启动参数

汽轮机启动参数见表 16-29 和表 16-30。

表 16-29　　　　　　　　　　　　　　转子轴颈双振幅振动值

轴承	第一临界转速振幅值	额定转速时振幅值（μm）		
		正　常	报　警	跳　闸
1~5	<150	<50	165	转子轴振 265 轴承振动速度超过 11.8mm/s
6~8	<150	<50	165	转子轴振 265 轴承振动速度超过 14.7mm/s

表 16-30　　　　　　　　　　　　　　汽轮机各阀门关闭时间

阀 门 名 称	时　间　特　性	
	动作时间（ms）	延迟时间（ms）
主汽阀	150（有蒸汽）	<50
主汽调节汽阀	150（有蒸汽）	<50
再热汽阀	150（有蒸汽）	<50
再热调节汽阀	150（有蒸汽）	<50

（四）汽轮机启动方式、条件及时间

汽轮机启动方式、条件及时间，见表 16-31。

表 16-31　　　　　　　　　　　　　　汽轮机启动方式、条件及时间

启动状态	冲转方式	冲转至额定转速时间（min）	额定转速至并网时间（min）	并网至额定负荷时间（min）	冲转至额定负荷时间（min）	主蒸汽压力 [MPa（a）]	主蒸汽温度（℃）	高压缸金属温度（℃）	中压缸第一级金属温度（℃）	凝汽器背压 [kPa（a）]	备注
冷态（大气温度）	先高压然后高中压	80	50	195	325	8.8	400	50	50	13	
冷态	先高压然后高中压	约5	约0	120	125	8.8	400	340	210	13	72h 后

启 动 状 态	冲转 方式	冲转至额定转速时间 (min)	额定转速至并网时间 (min)	并网至额定负荷时间 (min)	冲转至额定负荷时间 (min)	主蒸汽压力 [MPa (a)]	主蒸汽温度 (℃)	高压缸金属温度 (℃)	中压缸第一级金属温度 (℃)	凝汽器背压 [kPa(a)]	备注
温态	先高压然后高中压	约5	约0	50	55	8.8	440	400	260	13	48h 后
热态	先高压然后高中压	约4	约0	25	29	8.8	510	540	410	13	8h 后
极热态	先高压然后高中压										8h 内

注　1. 启动时间偏差±15%。
　　2. 34%负荷以后的升负荷时间由锅炉确定。

（五）汽轮机运行参数

汽轮机运行参数，见表16-32。

表 16-32　　　　　　　　　　汽轮机运行参数

项　　目	单　位	数　据
不破坏真空惰走时间	min	90
破坏真空惰走时间	min	60（部分真空破坏）
主开关断开不超速跳闸的最高负荷	kW	同 VWO 功率
超速脱扣转速	r/min	3300
最大运行背压	kPa (a)	20
汽机报警背压	kPa (a)	20
汽机脱扣背压	kPa (a)	28
汽机喷水流量	t/h	15
盘车转速	r/min	60
允许盘车停止时汽缸最高温度	℃	150

（六）接口允许受到推力和力矩

从管道接口处传至汽轮机各接口处的允许推力和力矩数值，如表16-33 所示。

表 16-33　　　　　从管道接口处传至汽轮机各接口处的允许推力和力矩数值

受　力　部　位		推力（N）	力矩（N·m）
主蒸汽进口	轴向	50000	
	切向	50000	
	弯矩		200000
	扭矩		200000
热再热蒸汽进口	轴向	50000	
	切向	50000	
	弯矩		200000
	扭矩		200000
高压缸排汽出口	轴向	50000	
	切向	50000	
	弯矩		200000
	扭矩		200000

受 力 部 位		推力（N）	力矩（N·m）
1号抽汽出口	轴向	7000	
	切向	7000	
	弯矩		12000
	扭矩		12000
3号抽汽出口	轴向	13000	
	切向	13000	
	弯矩		32000
	扭矩		32000
4号抽汽出口	轴向	18000	
	切向	18000	
	弯矩		48000
	扭矩		48000
5号抽汽出口	轴向	18000	
	切向	18000	
	弯矩		48000
	扭矩		48000
6号抽汽出口	轴向	21000	
	切向	21000	
	弯矩		56000
	扭矩		56000

（七）润滑油系统技术参数

润滑油系统技术参数，见表16-34。

表 16-34 润滑油系统技术参数

名 称		单 位	数 值
1. 采用的油牌号、油质标准			ISO VG46
2. 油系统需油量		m³	30
3. 轴承油循环倍率			9.7
4. 轴承油压		MPa（g）	0.01～0.2
5. 组合油箱			
型式			方 形
容量		m³	32
外形尺寸（长×宽×高）		mm	4900×2900×2300
设计压力		MPa（g）	0
材料			碳 钢
油箱质量		kg	8000
回油流量		kg/h	166320
6. 主油泵			同第9栏
型式			
容量		m³/h	
出口压力		MPa（g）	
入口压力		MPa（g）	
材 料	壳 体		
	轴		
	叶 轮		
总质量		kg	
7. 电加热器			
功率		kW	4×12

名　称	单　位	数　值
电压	V	380
8. 冷油器		
型式		板式
数量	台	2
冷却面积	m²	175
冷却水入口设计温度	℃	38
出口油温	℃	50
冷却水流量	m³/h	268
油量	m³/h	198
水阻	MPa	0.1
板片尺寸（壁厚）	mm	0.4/0.5
设计压力	水　侧	MPa（g）	1.0
	油　侧	MPa（g）	1.0
设计温度	水　侧	℃	80
	油　侧	℃	90
材　料	板　片		不锈钢（TP316 进口）
	密封垫		丁腈橡胶
	接口法兰		碳　钢
	框　架		碳　钢
外形尺寸（长×宽×高）	mm	2000×780×2160
每台总质量	kg	2200
9. 交流润滑油泵（主油泵）		
型式		离心泵
制造厂		
数量	台	2
容量	m³/h	198
出口压力	MPa（g）	0.55
转速	r/min	3000
材　料	外　壳		铸　铁
	轴		合金钢
	叶　轮		铸　铁
电动机		
型式		防　爆
容量	kW	69
电压	V	380
转速	r/min	3000
总质量	kg	500
10. 直流事故油泵		
型式		离心泵
制造厂		
数量	台	1
容量	m³/h	198
出口压力	MPa（g）	0.25
转速	r/min	2900
材　料	外　壳		铸　铁
	轴		合金钢
	叶　轮		铸　铁
电动机		
型式		防　爆

名　　　称		单　　位	数　　值
容量		kW	23.3
电压		V	220
转速		r/min	2900
总质量		kg	
11. 顶轴油泵			
型式			螺杆泵
制造厂			Denison
数量		台	2
容量		kg/h	6955
出口压力		MPa (g)	15.5
转速		r/min	1500
材料	外　壳		铸　铁
	轴		碳　钢
	叶片		碳　钢
电动机			
型式			防爆
容量		kW	69
电压		V	380
转速		r/min	1500
总质量		kg	500
12. 氢密封备用油泵			无（由发电机供货商提供）
型式			
制造厂			
数量		台	
容量		m³/h	
电动机			
型式			
容量		kW	
电压		V	
转速		r/min	
总质量		kg	
13. 主油箱排油烟机			
型式			离心式
制造厂			
数量		台	2
容量		m³/h	780
电动机			
型式			防爆
容量		kW	0.4
电压		V	380
转速		r/min	3000
总质量		kg	20

（八）盘车装置技术参数

盘车装置技术参数，见表 16-35。

表 16-35　　　　　　　　　　　盘车装置技术参数

名　　　称	单　　位	数　　值
型式		液压电动机
液压电动机功率容量	kW	8.5
电动机电压	V	—
液压电动机驱动转速	r/min	～360
盘车转速	r/min	～60

（九）轴封系统设备技术参数

轴封系统设备技术参数，见表16-36。

表16-36 汽封系统设备技术参数

名　　称		单　　位	数　　值
1. 汽封蒸汽调节器			
型式			气　动
温度调节范围		℃	280～320
压力调节范围		MPa（g）	0.0035
2. 汽封排气风机			
型式			离心式
制造厂			
数量		台	2
容量		m³/h	1440
排汽压力		kPa（g）	4.3
转速		r/min	2930
材料	壳体		铸铁
	轴		碳钢
	叶轮		碳钢
电动机			
型式			交流
容量		kW	5.5
电压		V	380
转速		r/min	3000
总重		kg	30
3. 轴封冷却器			
型式			管壳式
制造厂			
冷却表面积		m²	40
冷却水最小流量		m³/h	378
管子尺寸（外径×壁厚）		mm	19×1
管子根数		根	420
传热系数		W/（m²·℃）	666
管阻		MPa	
尺寸	总长	mm	2800
	壳体直径	mm	φ700
设计压力	管侧	kPa（g）	凝结水泵关闭扬程
	壳侧	kPa（g）	100/4000
设计温度	管侧	℃	100
	壳侧	℃	350/100
材料	管子		不锈钢
	壳体		碳钢
	水室		碳钢
	管板		碳钢
总质量		kg	2000

（十）机组频率特性

机组频率特性，见表16-37。

表16-37 机组频率特性表

频率（Hz）	允许时间	
	每次（s）	累计（min）
47.5～51.5	保证连续运行	
46.5～47.5 和＞51.5	在低压叶片寿命期内累计不超过2h	

（十一）汽机液力控制系统设备

汽机液力控制系统设备，见表16-38。

表 16-38 汽机液力控制系统设备

名　称		单　位	数　值
1. 抗燃油泵组			
油箱的外形尺寸（宽×高×长）		mm	2700×2900×650
抗热油系统需用油量		kg	200
系统储备容量		kg	1000
抗燃油设计压力		MPa（g）	16
抗燃油储油量		m³	0.909
抗燃油牌号			FYRQUEL EHC
抗燃油油质标准			ISODIN 4406（C）
抗燃油泵			
型式			柱塞泵
数量		台	2
容量		m³/h	2.4
出、入口压力		MPa（g）	0/16
电动机			
型式			TEFC
容量		kW	18.5
电压		V	380
转速		r/min	1500
总质量		kg	150
2. 滤油器			
型式			管式
数量		台	2
外形尺寸		φm×mm	
3. 储能器			
型式			皮囊式
数量		台	4
氮气充有压力		kPa（g）	105
4. 抗燃油冷却器			
型式			空冷
数量		台	2
冷却面积		m²	
设计压力	管侧	MPa（g）	0.5
	壳侧	MPa（g）	—
设计温度	管侧	℃	60
	壳侧	℃	—
材料	管子		铝合金（暂定）
	壳体		—
	水室		—
外形尺寸（直径×长度）		φm×mm	B720×H760×T537
5. 抗燃油再生装置			
型式			离子交换器＋分子筛
数量			1＋1
6. 抗燃油输油泵			
型式			齿轮泵
数量		台	1
容量		m³/h	47
压力		MPa（g）	0.75

名　称		单　位	数　值
电动机型式	容量	kW	1.5
	电压	V	380
	转速	r/min	1500
	总质量	kg	25
7. 抗燃油再生泵			
型式			
数量		台	2
容量		m³/h	—
压力		MPa（g）	—
电动机型式	容量	kW	—
	电压	V	—
	转速	r/min	—
	总质量	kg	—

第十七章

超临界压力汽轮机组运行维护导则

火力发电厂的大型汽轮机，绝大多数采用压力、温度极高的亚临界或超临界汽轮机组。这些类型的机组，除了汽轮机组本身的合理设计、精细制造之外，其安全性和可用性，取决于电厂的正确运行和维护。本章所要阐述的运行维护导则，对电厂的技术负责人和决策人来说，是极其重要的。

第一节　重要技术措施

在正常运行中，超临界压力汽轮机组要着重掌握的技术措施有以下几方面：

（1）防止汽轮机本体及相关的管道进水或积水；

（2）控制热应力和差胀；

（3）避免蒸汽所携带的固体颗粒对汽流通道的冲蚀；

（4）防止汽轮机通流部分积垢；

（5）防止汽轮机转子强烈振动。

下面，就上述5项技术措施加以具体说明。

一、防止汽轮机本体及相关管道进水或积水

汽轮机一旦进水，零部件的损坏几乎是不可避免的。进水而引起的汽轮机故障有：叶片和围带损坏、推力轴承损坏、转子裂纹、转子永久性弯曲、静子部分永久性变形、汽封片磨坏等。

零部件的损坏程度与水的进入点、水量、进水时间长短、汽轮机金属温度、机组转速和负荷、蒸汽流量、动静部分相对位置以及运行人员的处理方式等因素有关。因此，这里的说明不可能讨论上述每一个因素所引起的事故。但是，人们相信电厂能为每台机组制定运行规程，并培训运行人员执行规程中的细则，以便在进水事故中尽量减少零部件的损坏。

（一）总则

（1）培训运行人员，提高其处理进水事故的能力。

（2）当有报警或有仪表指示汽轮机正在进水或在危急之中，运行人员必须遵守预定的规程。

（3）当发现有进水指示时，应立即进行处理。

（4）对热力系统中所有监视进水的热电偶，装设相应的报警装置，并在控制室中使用记录仪。

（5）当进水报警器发出音响时，不要只依赖那些应急阀门的自动动作，要远控操纵并观察这些阀门，确认它的正确位置。

（6）如果连接水源的保护仪表出了故障，则切断汽轮机和水源的连接管路，按照缺仪表的要求调整运行工况。

（7）当发生进水事故时，分析其原因，并不仅在影响区，而且在易受同类事故影响的所有其他区域，都要对设备进行检查和相应的调整。如有必要，则应修改运行规程和训练运行人员。

（8）如果发现一台加热器工作不正常或水位超标，或抽汽管道上的水检测传感器指示有水，或任何一对汽轮机水检测热电偶指出上、下缸金属温差超过 42℃，且下缸温度低于上缸，则被认为是一次进水事故。如果上、下缸金属温差超过 56℃，则应立即停机。如果此温差没有超过 56℃，而且没有任何事故停机的仪表指示和其他信号，则可使机组维持运行，对水进行隔离和处置。如果出现以前从未有过的又无法解释的振动或管道摇摆，则也被认为可能有一次进水事故发生，必须立即执行事故操作规程。

（9）当企图凭指示数据在机组运行中进行水检测，隔离排水的处理时，必须注意，一旦水进入热态汽轮机中，将会发生超过运行限制值的故障，这时机组必须停止运行。因此，运行人员必须掌握处理这种意外情况的方法。为了迅速地采取措施使汽缸上、下半的温差控制在 56℃ 以下，有必要推荐自动保护方法。

下面假定疏水阀或隔离阀均可以电动远控，或自动控制来加以说明，这些说明也适用于手动阀。但是，为了尽量减少故障而必须采取行动的情况下，手动阀是来不及的。如果采用自动的，则要一步一步地按照规程程序可以避免误操作。由于加热器引起进水故障最多，因此运行规程主要考虑的是防止加热器进水。

加热器的基本隔离规程程序如下：

1）关闭抽汽管道上的隔离阀。

2）打开抽汽管道和汽轮机的所有疏水阀。

3）检查所有隔离阀和疏水阀是否在正确位置。

4）将加热器水位降低到正常水位。

5）确认和清除事故的原因。

6）如果不能很快地确定事故的原因，那么只要在下列情况下，机组还可以继续运行：

①上、下缸的金属温差小于 42℃，从而表明水已从汽轮机中排出；

②在抽汽管道中彻底排除了水；

③没有带缺陷的设备，以及对有缺陷的设备完全进行隔离，以防事故再发生，则机组可以安全运行；

④所有监视仪表的读数，特别是金属温度、偏心度、振动和差胀，都表明参数满足机组运行的要求；

⑤汽轮机和截止阀加热器侧所有抽汽管道疏水阀打开；

⑥不存在任何妨碍机组运行的故障和有必要拆除一个以上汽轮机零部件进行立即修理的迹象。

（10）如果不注意所装的保护设备及其发出的报警信号，可能造成偶然性的进水事故。如果进水事故发生后，过快地重新启动机组，将有可能造成严重事故，以致使机组停机半年以上。所以运行人员必须认识到，一旦进水事故已经发生，或出现将发生进水事故的迹象，要在 24h 或更长时间内重新安全地启动机组是不可能的。

（二）疏水系统

（1）所有汽轮机的疏水阀和其他影响汽轮机安全的疏水阀必须做到以下几点：

1）当机组停止运行时，要将疏水阀门打开，直到汽轮机完全冷却为止；

2）在机组运行前，和对轴封系统送汽前，疏水阀必须打开；

3）在机组负荷增加到 20% 额定负荷之前，全部疏水阀应保持开启状态；

4）在机组负荷减到 20% 额定负荷时，应打开所有疏水阀，负荷小于 20% 额定负荷时，一直保持开启状态。

（2）在所有疏水阀开启以前，要避免破坏真空。但这个建议不适用于危急情况下立即破坏真空，也不适用于主蒸汽管道的疏水阀。

（三）主蒸汽系统

（1）如果有信号表明来自锅炉的水正在进入或即将进入汽轮机时，应立即停机。

（2）主蒸汽管道上的疏水阀，应在机组启动时保持开启状态，直到金属温度和锅炉参数都表明系统中不存在水，或不可能形成水而注入汽轮机为止。

（3）主蒸汽压力调节器不要长期停止使用。这是因为这种调节器停用时，如果锅炉压力下降，它的积水可能性增大，从而对汽轮机造成较大的危害。通常这个装置只有在机组启动和蒸汽压力小于额定值而升负荷的情况下，才停止使用。

（4）主蒸汽管道上的疏水阀，在汽轮机跳闸后，应立即打开，如果这个操作与锅炉推荐的运行规程相矛盾，应由电力设计院进行协调，在设计上予以解决好。

（5）当锅炉熄火后，不得向汽轮机送蒸汽。

（四）再热器减温装置

（1）如果系统失灵，由于喷水不足而危及汽轮机时，应立即使汽轮机跳闸。如果因水过量出现问题，则应按照再热前蒸汽管道中带水的运行规程进行操作。

（2）在额定转速和空载情况下，一般不需要减温喷水。所以，当机组不带负荷和跳闸时，喷水阀、旁路阀、截止阀应自动关闭。如果锅炉允许在低负荷下中断减温喷水，则在这个低负荷时，自动关闭喷水阀、旁路阀和截止阀。

（3）如果再热器或再热器管道中有水，则汽轮机应立即跳闸，并且：

1）关闭再热器的减温喷水阀、旁路阀和截止阀；

2）打开再热汽管道上的所有疏水阀；

3）在再热器和再热汽管道中的水未排净，以及事故原因未查清以前，不得启动机组。

（五）机组盘车

（1）如果进水事故在延续，或汽轮机某个区的进水检测热电偶指示出下缸比上缸温度低42℃以上，则不得用蒸汽冲转汽轮机，并做如下操作：

1）切除给水加热器；

2）如果包括再热前蒸汽管道，则关闭再热减温喷水阀，旁路阀和截止阀。

（2）如果汽缸因进水而变形，则在转子的偏心度达到允许的极限值范围内，以及所有成对的上、下缸热电偶的温差小于42℃之前，不得再启动机组；如果受到影响的汽缸壁上没有安装进水检测热电偶，则要进行至少18h的盘车。如果用检测水的热电偶来判断汽缸是否变形，则这些热电偶必须适当地安装在径向近似对称的上、下缸壁内。法兰或螺栓处的热电偶，对确定汽缸是否变形是不够的。在校正汽缸变形后再启动机组时，应采取低的加速率，并密切注视再启动情况。当遇到第一个事故信号时，即将机组跳闸，在保持6h盘车后，可按照同样的规程程序再启动。汽缸变形后的启动必须特别小心，最安全的方法是在再启动前保持18h以上的盘车。

（3）如果转子被卡住，应设法每小时将机组盘车一次。当转子转动自如时，应继续谨慎地进行盘车，不要用起重装置及向汽轮机送汽，或用气动马达或其他的辅助方法来转动已卡住了的转子。

（六）再热前（冷段）蒸汽管道系统

（1）当机组在低于额定转速时，如果有水进入或可能进入再热前（冷段）蒸汽管道或高压缸排汽管，应立即紧急停机，同时进行如下操作：

1）关闭再热器，减温喷水阀、旁路阀和截止阀；

2）对给水加热器采用基本的隔离程序；

3）投盘车装置。并按照制造厂提供的说明书，由盘车状态重新启动机组。

（2）机组在额定转速和空载状态下，或在带负荷的过程中，如果有水进入或可能进入再热前蒸汽管道或高压缸排汽管，遇有振动、差胀、金属温差超过56℃，或其他停机事故信号时，则应立即停机。同时做如下操作：

1）关闭再热器的减温喷水阀、旁路阀和截止阀；

2）对给水加热器采用基本的隔离程序；

3）投入盘车装置，并按照制造厂提供的说明书由盘车状态重新启动机组。

（3）机组在额定转速和空载下，或在带负荷过程中，如果有水进入再热前蒸汽管道或高压缸排汽管的信号，但振动和差胀是合格的，也不存在其他足以使机组跳闸的事故信号，只要上、下缸温差不超过56℃，则不必停机。同时：

1）保持额定转速或负荷不变；

2）对给水加热器采用基本的隔离程序；

3）如果机组在额定转速或低负荷下不需要喷水，则关闭再热器、减温喷水阀、旁路阀和截止阀。

（4）如果在再热前蒸汽管道中，或再热后蒸汽管道中、再热器中或高压缸中存有水，则不得为启动或其他原因使机组挂闸。当汽轮机挂闸后，再热主汽阀、再热调节阀和高压调节阀开启。如果在打开这些阀门的同时，在上述某个区域进了水，并且水的温度高于凝汽器压力下的饱和温度，则将汽化并流过中、低压缸到凝汽器。在这种情况下，根据汽化蒸汽量的多少，往往使汽轮机加速至某一转速，并可能损坏汽轮机或其他设备。特别是在再热前蒸汽管道中，可能发生水击，而导致汽轮机和再热管道故障。例如，蒸汽管道破裂、吊钩和支架的损坏；此外，也会损伤管道、电缆、设备或临近区域的厂房钢架，甚至造成人身伤亡事故。当蒸汽管道中的水随着蒸汽流动和加速，冲击管道系统的弯头和阀门时，会产生水击现象，不管使水加速的汽源是由于汽化、再热部分的加压或阀门打开，这种水击现象将会损坏汽轮机、电站设备和管道。

因此，在汽轮机挂闸之前，必须保证再热前后蒸汽管道、再热器和汽缸内无水。

（七）抽汽系统和给水加热器

（1）当机组在低于额定转速时，如果有水进入或可能进入汽轮机，则应立即紧急停机，并且：

1）对给水加热器采用基本隔离程序；

2）投入盘车装置，并按照规程由盘车状态重新启动机组。

（2）当机组在额定转速和空载状态下，或者在带负荷过程中，如果有水进入或可能进入汽轮机时，如有振动、差胀，监视进水的热电偶或其他必须停机的事故信号，则应紧急停机，并且：

1）对给水加热器采用基本隔离程序；

2）投入盘车装置，并按照规程由盘车状态重新启动机组；

（3）当机组在额定转速和空载状态下，或在带负荷过程中，如果有水进入汽轮机的信号，但振动、差胀是合格的，也不存在足以使机组跳闸的其他事故信号，只要上、下缸的温差不超过56℃，则不必停机，并按下列程序进行操作：

1）保持额定转速或负荷不变；

2）对给水加热器采用基本隔离程序。

（4）当加热器切除时，应开启抽汽管道上的疏水阀。

（八）轴封系统

当汽轮机处于热态，并且有必要切换到另一个辅助汽源时，必须保证：

(1) 蒸汽为过热蒸汽；

(2) 蒸汽温度不高于轴封区转子金属温度149℃；

(3) 从辅助汽源到汽轮机轴封系统的管道是热的，这样不会使蒸汽凝结成水并流到轴封系统中去。

（九）给水泵小汽轮机的汽源

当给水泵小汽轮机停机时，其新汽管道的疏水阀应自动开启，同时所有的进汽阀门均应关闭。

（十）减温喷水

当泄放阀关闭或阀前的压力为低值时，切断每一个由泄放阀到凝汽器的过热减温喷水，这将避免当凝汽器真空破坏时水倒流到汽轮机的可能性；如果系统失灵，并可能进水而危及汽轮机时，则应使汽轮机立即跳闸。

（十一）检查和维护

为防止汽轮机发生进水事故，所使用的设备和仪表要处在必要的正常工作状态，建议列出一个关键零部件的明细表，对表中所列关键零部件，每30天进行一次检查，以确保其安全可靠地运行。但实际经验指出，对某些特殊的零部件要更经常的检查，所以上述30天一次的检查可根据需要来调整，只要不危及汽轮机或其他电站设备，不导致机组停机，关键设备的试验要尽可能接近于它们实际的运行状态。控制回路和备用控制回路应完整地进行试验。

1. 机组启动期

(1) 机组在初始启动，并经30天时间的运行之后，应清洗所有的汽水阀、节流孔板和排水槽，但如有特殊情况，应立即进行清洗。

(2) 机组经大修或小修约两星期后，要清洗汽水阀、节流孔板和排水槽。

2. 每月一次的检查

(1) 检查汽轮机监视仪表，包括差胀、汽缸膨胀、偏心度、振动、转子位置和金属温度记录器。这些仪表应清理干净，并做电气检查，及时更换不可靠元件。

(2) 检查所有汽轮机金属温度热电偶，这些一次元件基本上每30天检查和维修一次。但是，一般机组在运行时，均可立即更换失灵的热电偶，对关键的水检测器，应存有备用热电偶。

(3) 检查抽汽管道上的所有阀门以及这些阀门的所有控制机构，包括开关、电磁阀、空气过滤器、电源、气动装置等。这些阀门大部分可以在机组运行中进行检测，也可与汽轮机的主要阀门同时进行。

如果可能，应制订出专门检查止回阀泄漏的方法，因为止回阀泄漏会带来较大的麻烦。当一根管道上装有两个阀门时，则阀门间管道的泄漏可用压缩空气来检查。

(4) 为了保证机组正常运行，应检查所有加热器的水位控制和报警系统，这些仪表必须清理干净，并更换不可靠的零部件。

(5) 检查所有加热器的疏水阀，清洗每个阀门的外部，并更换不可靠的零部件。

3. 每三个月的检查

(1) 从汽轮机到各连接管道，检查全部疏水管道及阀门，包括主蒸汽、抽汽和再热前后蒸汽管道。采用测温法检查疏水管路和阀门。

(2) 用测量疏水器或节流孔进、出口管道温度的方法，检查全部节流孔和疏水器。

(3) 用测量法来检查疏水阀和疏水管道，是用一个接触式高温计或热电偶来测定温差，以判断疏水管道是否畅通。这种方法并不完全可靠，但总比不测为好。这种方法是：首先测量疏水管道阀门上游入口处的温度，然后关闭疏水阀门，经 $1\sim2h$ 之后，再测量疏水管道上疏水阀门下游侧的温度，两者的温差记作 ΔT_1；随后开启阀门，重新测量这两点温度，将第二次的温差记作 ΔT_2。如果测得的温差 ΔT_1、ΔT_2 相同或很接近，说明管线全部堵塞。如果测得的温度差 ΔT_1、ΔT_2 差异很大，且 ΔT_2 很小（注意管道应良好保温），则可以认为管道是畅通的，运行是正常的。

（4）对于疏水阀，应检查手动和电动阀门上的螺纹是否保持干净，并注入润滑油。手操阀应有一个适当固定在阀杆上的手轮或手柄。疏水阀应彻底检查，所有部件的功能应正确可靠。阀杆应保持干净、润滑，并及时更换不可靠部件。

4. 每年一次的检查

至少每年一次对主要阀门、汽水阀和节流孔板等进行内部检修、清洗和维护。在每次大修时，都应进行检修、清洗和维护。

二、控制热应力和差胀

这里所说明的内容，是传热学、温度场研究、热应力计算、结构力学计算、金属材料断裂力学等多门学科的研究结果，为至今的实践证明是正确的结论。

（一）材料 $FATT_{50}$ 概念

1. 脆性转变温度 $FATT_{50}$ 含义

脆性转变温度，是指按规定的方法，在不同温度下做材料冲击试验，当冲断面上，脆性断裂和韧性断裂的面积比各占 50% 时所对应的温度，称为该材料的脆性转变温度，记做 $FATT_{50}$。高于这一温度，则韧性断裂的面积比大于 50%；直到韧性断裂的面积达到 100%，则材料处于完全韧性状态；此时，材料的承载能力达到正常的设计要求。

2. 汽轮机转子材料的机械性能（$\sigma_{0.2}$、σ_b、$FATT_{50}$）数值

至今转子锻件的制造水平，其锻件材料的机械性能统计数值如下：

（1）高中压转子锻件材料的机械性能。

标准：$\sigma_{0.2}\geqslant585MPa$，$\sigma_b\geqslant758MPa$，$FATT_{50}<120℃$。

实际：$\sigma_{0.2}=590\sim648MPa$，$\sigma_b=782\sim800MPa$，$FATT_{50}=10\sim100℃$，而且纵向和切向有一些不同。

（2）低压转子锻件材料的机械性能。

标准：$\sigma_{0.2}=760\sim860MPa$，$\sigma_b>860MPa$，$FATT_{50}<-7℃$。

实际：$\sigma_{0.2}=831\sim850MPa$，$\sigma_b=924\sim942MPa$，$FATT_{50}=-20\sim-90℃$，而且纵向和切向有一些不同。

3. 汽轮机转子材料韧性断裂的面积达到 100% 所对应的温度 t_R

对所统计到的转子，$t_R-FATT_{50}>50℃$。也就是说，当转子的温度为 $250℃$ 以上，则汽轮机组的所有转子，其材料的承载能力达到设计要求，不会发生脆性断裂，请参见图 17-1 及其说明。请注意："当转子的温度为 $250℃$ 以上，"是指转子温度场已处于均匀状态而言。

（二）转子温度场

1. 汽轮机组预热阶段

汽轮机组冷态启动时，将从向轴封送汽和向高压缸内送汽两种途径送汽预热。

（1）向轴封送汽。

汽轮机组初次启动或冷态启动时，向轴封系统所提供的蒸汽，参数很低，分配到每个汽封齿前后的压力降非常小，汽流速度很低；而转子处于低速盘车状态，蒸汽与转子金属表面的相对速

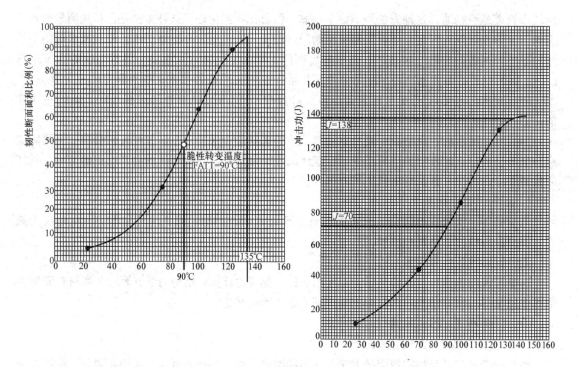

图 17-1　材料脆性转变温度曲线图

注：1. 本图线是近期用于兰溪电厂 600MW 超临界压力汽轮机高压转子的材料脆性转变温度 FATT 试验报告。

　　2. 材料在温度≥135℃时，能安全承载。电厂具体运行，高压转子在其温度≥135℃时，才允许做超速试验。此时，材料的承载能力≥138J，做超速试验是允许的。

度很小，于是蒸汽与转子表面之间的热交换很缓慢。此时，转子能承受的金属表面与蒸汽之间的温差约为 250℃。

用轴封蒸汽来预热汽轮机组需要较长的时间。对于高中压缸，采用逐渐提高轴封蒸汽的温度，即一开始供汽参数为 1.0MPa/（210～265℃）（过热度 50℃以上），并取 1.0℃/min 的温升率，使汽轮机组尽可能预热到接近可以冲转的温度（如 250℃以上），是较合理的方法。这个过程，能够保证转子温度场分布均匀，而转子的寿命损伤率微小到可以忽略不计。

轴封系统运行中应注意的事项，请复读第十六章第四节六（三）"轴封系统运行"的有关内容介绍。

（2）向高压缸内送汽。

汽轮机高压缸预暖的最有效措施，是向高压缸内通入蒸汽，并逐步使汽缸内蒸汽压力升高，从而使汽缸金属温度升高至蒸汽对应的饱和温度或更高；升温率可取为 1.0℃/min。当高压内缸第一级后的金属温度接近冲转所需的温度时，预暖就完成了。

注意一下：向高压缸内送汽，蒸汽与通流部分的相对速度≈0，转子盘车速度很低。因此，可以认为蒸汽与转子之间，基本上处于静态热交换，蒸汽通过热传导和微弱的热辐射（过热蒸汽的黑度 ε≈0）向转子传送热量。蒸汽的热导率比转子材料的热导率低得多，转子内部的温差很小。例如，用 1MPa/240℃的蒸汽（过热度约 60℃）送汽，此时蒸汽的热导率 $\lambda = 0.038$W/（m·℃），而此时转子材料的热导率 $\lambda = 43$W/（m·℃）。因此，向高压缸内送汽，金属材料内部的温差很小，转子、汽缸的寿命损伤率≈0。

2. 汽轮机组冲转及滑参数带负荷阶段

从转子圆柱表面被蒸汽加热开始，到转子中心开始升温响应所需经历时间，与转子直径大小有关：

(1) 对于$\phi600$的转子轴段，约为20min；

(2) 对于$\phi1000$的转子轴段，约为30min。

3. 定参数运行阶段

对于隔板汽封处直径为$\phi1000$的转子，在定参数运行过程中，从定参数时算起，经历4h之后，转子圆柱表面与转子中心的温差可以忽略不计。此时，转子沿轴向温度变化及数值，与蒸汽沿轴向温度变化及数值非常接近。

（三）蒸汽温度控制

汽轮机组各个部件的温度变化，导致了热变形和热应力。而汽轮机各个部件的温度变化，是蒸汽温度的变化所引起的。因此，要使汽轮机部件的变形和热应力限制在允许的数值内，关键在控制蒸汽温度的变化率。在这里以冷态启动为例子加以说明。

某汽轮机组经送汽充分预热之后，用具有足够过热度的360℃蒸汽冲转，以2℃/min的升温速率升至503℃，对其热交换、温度场、热应力作详细计算。取转子材料的最小机械性能为$\sigma_{0.2}$ =585MPa，σ_b=758MPa。计及转子结构造成的应力集中，并用断裂力学方法进行计算，其允许使用寿命为9741次；一次冷态启动的寿命损伤率为0.0001/次。

该汽轮机组转子改进后，没有应力集中，以3℃/min的升温速率，同样的一次冷态启动，其允许使用寿命>40000次，启动一次的寿命损伤率<0.000025/次。

（四）转子热应力控制

由上述例子可以知道，以往所谓升速率、升负荷率，从控制热应力和差胀的角度考虑，实际应以升温率更能直接地控制汽轮机转子的热应力和汽轮机组的差胀。

由于汽缸与蒸汽的热交换，比转子与蒸汽的热交换弱得多，所以当转子的热应力得到妥善控制时，汽轮机组的差胀也就得到了控制。

1. 合理温升率选取

国产超临界压力汽轮机组高中压转子选用的材料，其机械性能比上述例子的转子材料更好，所以有以下结论：

(1) 对于有应力集中的汽轮机组，以2℃/min的升温率启动，是可靠的；

(2) 对于转子结构没有应力集中的汽轮机组，以3℃/min的升温率启动，也是可靠的。

将合理的升温率通知"燃烧控制功能组"，让其控制燃料送给量和送风量，使蒸汽的升温率符合要求。于是，汽轮机热应力和差胀的控制，用直接可见的燃料送给量和送风量控制来完成。而汽轮机组调节系统在控制启动、停机过程中，将简化为功频控制。当然，在设备或系统发生故障时，仍然要完成相应的危急保安任务。

2. 转子能够承受热冲击限制值

详细计算得知，在汽轮机组加（或减）负荷阶段：

(1) 对于有应力集中的转子，转子材料能承受的金属与蒸汽的温差约为50℃；

(2) 对没有应力集中的转子，转子材料能承受的金属与蒸汽的温差约为80℃。转子材料实际性能比上述例子材料性能更好，转子材料能承受的金属与蒸汽的温差约为85℃（按一次热冲击，其寿命损伤率<0.0001/次考虑）。

为确保机组长期安全使用，在正常启动、运行、停机过程中的各种情况下，蒸汽温度的变化率都应限制在上述条件内。

3. 甩负荷（事故停机）时转子寿命损伤率

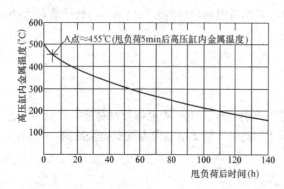

图 17-2 汽轮机调节级后的内缸金属温度变化

（1）甩负荷后惰走、盘车，让汽轮机组自然缓慢冷却的情况。

这是正确的处理方法，这样汽轮机调节级后的内缸金属温度变化，如图 17-2 所示。

运行人员可以根据停机时间的长短，判断机组是处于极热态、热态、温态、冷态中的何种状态，然后按相应的启动程序，重新安全地操作机组投入运行。

（2）甩负荷维持空转或带厂用电运行。

从图 17-2 可以看到，在甩负荷时，调节级后转子的温度约为 500℃。而维持空转或带厂用电运行时，进汽量非常小，汽流在调节级内的焓降很大，调节级后汽温降到≤400℃。这对转子将产生强烈的"冷冲击"，对转子的寿命损伤率将达到 0.00045/次（无应力集中）～0.002/次（考虑了应力集中）（按材料的 $\sigma_{0.2} = 585MPa$，$\sigma_b = 758MPa$，调节级后的转子直径 $\phi = 1000mm$ 条件计算，相当于 600MW 超临界压力汽轮机组的高压转子）。

此外，空转或带厂用电运行，将造成低压缸过热和湿蒸汽冲蚀的加剧。

建议：在《电厂运行规程》中应加上："禁止甩负荷维持空转或带厂用电运行。"

（五）调节级后蒸汽温度限制值

（1）对于送汽温度为 566℃/566℃ 的汽轮机组，调节级后的蒸汽温度限制≤522℃；

（2）对于送汽温度为 538℃/566℃ 的汽轮机组，调节级后的蒸汽温度限制≤510℃。

（六）主汽阀壳和调节阀壳温差限制值

图 17-3、图 17-4 给出了主汽阀壳、调节阀壳内外壁温差允许值。

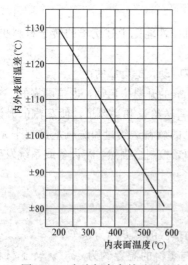

图 17-3 主汽阀壳内外壁温差允许值

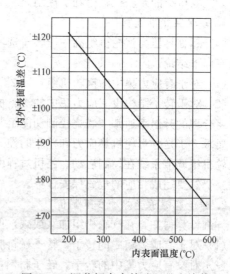

图 17-4 调节阀壳内外壁温差允许值

三、避免蒸汽所携带的固体颗粒对汽流通道的冲蚀

汽轮机通流部分的腐蚀表现在化学锈蚀和（蒸汽夹带的固体颗粒和水滴的）气动冲蚀。锈蚀和冲蚀都会使通流部分造成损伤，导致效率降低，严重时还可能造成零部件的损坏，导致事故。蒸汽夹带的固体颗粒主要是由于超临界压力机组高温金属部件的蒸汽氧化。所以，先说明高温金

汽轮机设备及其系统

属部件的蒸汽氧化情况，然后阐述防止蒸汽所携带的固体颗粒对汽流通道冲蚀的措施。

（一）超临界压力机组高温金属部件蒸汽氧化

在华能石洞口第二发电厂两台 600MW 超临界压力机组的检修过程中发现，高温金属有明显的氧化。

1. 高温阀门氧化

两台机组的主汽阀门门芯无明显的氧化皮，中压缸调门门芯每次检查均有不同程度的氧化皮，而且 2 号机比 1 号机严重，每次都需要人工进行清理。

2. 汽轮机本体氧化

两台机组的高压缸转子和静叶片没有明显的氧化现象。

两台机组中压缸高温部件的氧化情况基本相似。转子中间平衡块表面均有一层较厚的氧化皮，较致密，部分已脱落或呈壳起状。两侧第一级至第四级叶片表面，都有一薄层致密的氧化皮，部分已脱落；氧化皮的厚度随级数的增加逐渐减薄；第四级以后无明显的氧化情况。汽封部分，两侧从第三级，汽封齿片有氧化皮，第三级至第八级汽封齿片的氧化皮较厚，大部分已脱离或壳起；随后几级汽封齿片的氧化皮逐级减薄。转子体表面光洁，无明显氧化皮。

3. 过热器管氧化情况

高温过热器管经 10 年运行后其内壁有一层灰黑色的致密氧化皮，采用机械剥离法测得氧化皮的量为 $324g/m^2$，说明高温过热器管经长期运行，金属表面也会慢慢地发生高温氧化。

4. 再热器管氧化

不同的管材、不同的部位，其氧化情况有所不同。

材质为 10CrMo910 的管子，运行时间 1992～1998 年，氧化皮量为 $562.5g/m^2$，氧化皮较致密，部分呈龟裂并有鼓泡，绝大部分呈青灰色，鼓泡部分呈红色，用机械方法能全部剥离，剥离后呈黑色。

材质为 X20CrMoV121 的管子，运行时间 1992～1998 年，氧化皮量为 $572.3g/m^2$，氧化皮较厚，呈严重的龟裂，已有部分剥离，采用机械方法很难剥离，部分氧化皮剥离后表面粗糙。

（二）固体颗粒对汽轮机通流部分的冲蚀

汽轮机通流部分的静止和转动部分，均存在固体颗粒冲蚀损伤。检修时可发现，通流部分某些流动死角区域内，有金属氧化物堆积。这些固体颗粒，主要来自锅炉和蒸汽管道内壁剥落的金属氧化物，它们随蒸汽流入汽轮机。夹带有固体颗粒的汽流，高速地冲击汽轮机的通流部分，会改变阀门、叶片、喷嘴的型线，增大其表面的粗糙度或间隙，使汽轮机效率降低，缩短检查时间间隔，延长停机检修时间，增加汽轮机的维修费用。防止固体颗粒对汽轮机通流部分的冲蚀，是非常重要的任务。

1. 固体颗粒在调节级内的运动和冲击

超临界压力机组的锅炉及其再热器管道内产生的氧化物剥离而进入蒸汽中，使汽轮机的高中压主汽阀、调节阀、调节级喷嘴、动叶和中压缸的第一级静叶、动叶，都受到固体颗粒的冲蚀。

（1）对调节级的冲蚀，主要发生在喷嘴的出汽边内弧面上。部分进汽时产生的冲蚀最严重，而在满负荷运行时，冲蚀稍微轻一些。沿喷嘴内弧面的撞击程度，主要取决于汽流速度和汽道型线。通常，在部分进汽和调节级中，受冲击最严重的，是首先开启的调节阀所对应的喷嘴组。

（2）调节级前后的大压降和较大的轴向间隙，使固体颗粒加速，在喷嘴的出汽边被冲击后，汽流中的固体颗粒速度降低，冲击到动叶的进汽边背弧。

2. 固体颗粒在中压缸第一级的运动和冲蚀

（1）对静叶的冲击。

在静叶的汽道内，即使微小的固体颗粒，其速度也低于汽流的速度，于是固体颗粒冲击到出汽边的背弧上。

（2）对动叶的冲击。

在动叶的汽道内，固体颗粒的速度也低于汽流的速度，从而撞击到动叶出汽边的内弧面，导致该处冲蚀损伤。

在中压缸第一级后面的各级冲蚀情况，也与第一级类似。

（三）减少固体颗粒冲蚀的措施

1. 运行方面措施

（1）机组启动前，锅炉及蒸汽管道应彻底吹扫干净，清除固体颗粒。

（2）机组启动时，先将锅炉来的蒸汽，通过旁路而不进入汽轮机。但启动多长时间停用旁路，则需根据机组的运行方式和升负荷率来决定。

（3）在蒸汽进入汽轮机之前的通道处，设置临时细目滤网。

2. 设计方面措施

（1）改进调节级喷嘴的通流汽道。减少喷嘴数目，增加汽道宽度；改进喷嘴静叶型线——减小汽流的折转角、增大折转半径，使固体颗粒容易通过。这样，撞击在喷嘴出汽边内弧的固体颗粒将减少，从而减轻冲蚀量。

（2）增加动、静叶之间的轴向间隙，减少固体颗粒反弹冲蚀喷嘴出汽边，也减少对动叶的冲蚀。

（3）对将受冲蚀的金属表面，进行表面硬化处理。

四、防止汽轮机通流部分积垢

循环于汽轮机设备系统的水、蒸汽，若含杂质将降低设备的长期可靠性。为防止污染，应控制给水和锅炉水质。但是在长期运行的许多汽轮机设备中，杂质仍然会逐渐沉积。

（一）杂质沉积机理

1. 蒸汽杂质在汽轮机内沉积的机理

高温蒸汽中的杂质，沉积在汽轮机零件表面。杂质在蒸汽中的溶解度，取决于蒸汽压力。压力越高，杂质的溶解度就越大。

以下各种过程之一反复循环，可在高温部件表面沉积杂质：

（1）蒸汽从高压区流到低压区，蒸汽膨胀，压力降低，杂质析出，沉积于汽轮机零件表面。

（2）汽轮机快速降负荷时，引起汽轮机内压力下降，杂质析出，沉积于汽轮机零件表面。

（3）汽轮机零件表面的水蒸发和干燥。蒸汽中的杂质，因汽轮机负荷变化，造成干燥和湿润的交替，而在低压部分末级附近沉积。并且，在正常运行的干燥阶段，以及启动或停机时，疏水干燥而蒸发，也会在汽轮机零件表面沉积杂质。

（4）氧化物表面的吸附、毛细作用和化学反应。窄缝或小孔，诸如起吊孔、燕尾槽、接头和铆钉头，铆接区里的积水，因表面张力不易蒸发，这种水容易凝结。如果汽轮机表面发生腐蚀，蒸汽中的杂质、水和氧气则将进入腐蚀层，然后它们将离子化，并与铁结合。

（5）杂质与悬浮固体物，因碰撞而产生杂质黏附；固体杂质与通流部分相碰撞，而黏附在其上面。

在蒸汽中的杂质（如 SiO_2）可能黏附于高压缸通流，这样将不利于蒸汽顺畅流动，并减少喷嘴面积。有报道说 $80\mu m$ 沉积，可使高压缸通流区的蒸汽流速降低 1%。另一个例子是，在中压到高压汽缸中发现一处 4mm 的铜沉积。这是一些极端的例子。这样的沉积一般不能在运行过程中由汽流冲走，于是汽轮机需要修理或更换通流部件。

以上一些现象可能同时出现，在实际沉积情形中，很难找到单个原因。

2. 杂质举例

下面列出在汽轮机中检测出的杂质物的各种类型。可以看出，检测出了范围很广的杂质。图17-5给出了在汽轮机零件表面检测到的主要杂质的分布情况，该图给出了质量分数与比体积的关系，并反映汽轮机零件表面发现的沉积物中所含主要化学物质的分布情况。沉积厚度从几个微米到几个毫米不等。

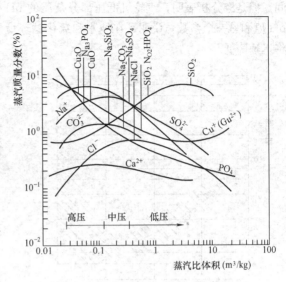

图 17-5　蒸汽质量分数与比体积关系图

（二）杂质影响

蒸汽中的杂质除了形成通流部分的积垢之外，还对汽轮机部件有如下影响。

1. 腐蚀

腐蚀是由化学反应造成的一种金属损坏，它易在某种环境中发生。腐蚀分为湿腐蚀和干腐蚀。湿腐蚀发生于潮湿的环境，干腐蚀发生于干燥的环境，如高温气体环境。汽轮机一般情况下受到湿腐蚀。在以下的讨论中，术语"腐蚀"，即指湿腐蚀。

由杂质引起的腐蚀分为以下几类：

（1）点蚀；

（2）应力腐蚀裂纹；

（3）腐蚀疲劳；

（4）缝隙腐蚀；

（5）一般腐蚀。

在以上类型中，应力腐蚀裂纹和腐蚀疲劳最为普遍。

在给水泵小汽轮机中，停机时易发生凝结，是因为这时汽轮机快速冷却。因此，杂质容易沉积，腐蚀环境容易生成。

如果杂质进入滑动零件的间隙，比如阀杆和阀套之间，可能会发生卡涩。

2. 使部件材料强度降低

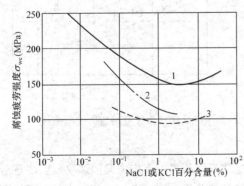

图 17-6　氯化钠杂质与腐蚀疲劳强度的关系
1—Cr 合金，3000r/min，NaCl；2—SS50，1500r/min，NaCl；3—15 号钢，1500r/min，NaCl

在含有杂质的环境中，铁合金的强度，特别是疲劳强度会大大降低。典型杂质有氯离子，钠离子和硫酸根离子。图17-6所示的是氯化钠杂质与腐蚀疲劳强度的关系。

氯化钠杂质增加，使疲劳强度降低。图17-7所示的是在氯化钠环境里，温度对腐蚀疲劳强度的影响。对疲劳强度影响最大的温度在 80～180℃ 之间（使疲劳强度最低的温度约为 150℃）。因此，在检查低压通流部分和给水泵汽轮机时，整个末级和中间级，必须检查杂质引起的损害。

氧浓度的 pH 值也是一个重要的因素。对于一台电厂汽轮机，给水的 pH 值，一般在 8.5～9.5 之间。但是经分析表明，汽轮机低压部分杂质的 pH 值降到了 5～6 之间（见图 17-8）。图 17-9 用 pH 值和另一个参数，说明了在纯水和氯化钠环境里，材料强度的变化。pH 值减小，疲劳强度将迅速降低。

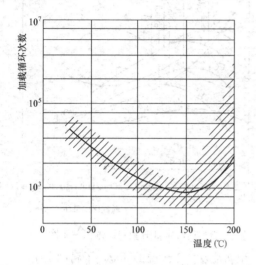

图 17-7　温度对腐蚀疲劳强度的影响
（NaCl 溶液浓度 3%～27% 和腐蚀疲劳强度）

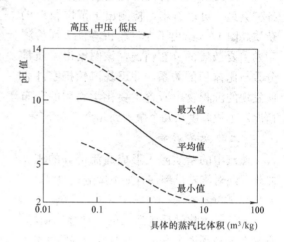

图 17-8　汽轮机沉淀的 pH 值

氧聚集问题与一般杂质问题不同，氧气浓度一般不会超过 7ppb。只有超过了这一指标，材料强度才会降低，如图 17-9 所示。氧浓度的增加引起疲劳强度的降低，如图 17-10 所示。

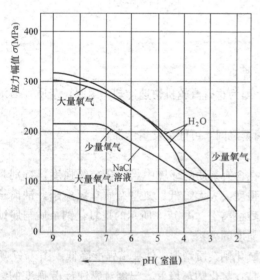

图 17-9　pH 值与疲劳强度关系

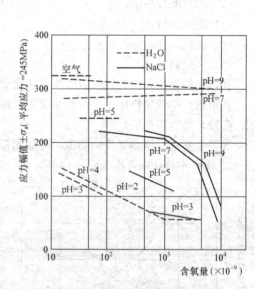

图 17-10　含氧量与应力关系曲线

3. 运行、检查和维护

在检查期间，特别要注意干湿蒸汽的过渡区域。这些区域很可能有应力腐蚀裂纹，应注意避免未经过处理的凝结水，通过冷凝管渗漏到凝结水系统的热井里。如果未经处理的冷凝水用于下列方面，则杂质就会进入汽轮机内：

（1）采用温控喷雾器控制锅炉过热和再热温度；

（2）采用喷水器控制汽轮机排汽缸温度。

（3）在维护期间的机组运行中，不要使用高浓度的氯、硫化物溶液，应使用不含氯的 PT 试剂。

（4）在锅炉运行压力超过 7.5MPa 时，不要使用硫酸钠作为氧化剂。因为硫化钠会导致硫化氢的形成，将引起低合金钢迅速产生应力的腐蚀裂化。

（三）水的质量要求

1. 蒸汽质量

表 17-1～表 17-4 经验性地列出了蒸汽纯度的限制和指标。为防止汽轮机水垢集结、腐蚀，蒸汽纯度必须超过这些数值。

2. 运行一般条件

（1）监控蒸汽和给水质量。

蒸汽中钠的质量分数必须小于等于 3×10^{-9}，并且阳离子电导率必须是 $0.15\mu S/cm$，保持给水电导计处于理想的工作状态。如果它有缺陷，就不能保证给水质量。对钠、铜离子、碳有机物总数的含量，也是要测量的。

（2）除盐。

仔细监测凝结水和除盐水的质量。未能按时且适当地让树脂再生，会导致给水中的钠、氯、硫失控。它还会导致锅炉给水的钠、硫离子指标高得让人无法接受。如果采用了混合树脂床，就要充分考虑完全确保再生中的阴离子树脂与阳离子树脂的分离。如果分离不充分，在再生过程中，在使用具有腐蚀性的碳酸钠和硫酸的情况下，混合床将释放出自由的钠离子和硫离子。要对系统瞬间的化学反应保持严密控制，如在凝汽器泄漏引起水质迅速变化的时候。在这样的例子中，氨型除盐必须转化为氢型除盐。

（3）在净化操作时防止汽轮机污染。

采用酸性或碱性化学药品对水和蒸汽除垢，会污染汽轮机部件。在酸洗锅炉的时候，应将蒸汽管道、给水加热器以及与汽轮机相关的部分加以隔离，防止蒸汽通道的污染。对汽轮机不要使用碱性清洁剂。如果采用了碱性清洁剂，它会在汽轮机运行启动时浓缩，并腐蚀汽轮机。

为进一步避免汽轮机零部件的污染，应将汽轮机完全排除在锅炉酸洗之后的中性、钝化保护膜处理之外。

3. 水质标准

表 17-1～表 17-4 经验性地列出了水质量的限制和指标。为防止汽轮机水垢集结腐蚀，蒸汽纯度必须超过这些数值。

表 17-1   华阳后石电厂超临界压力汽轮机组启动水冲洗程序和水质控制指标

项目 \ 指标	控制标准								监测周期
	pH 值	全铁 ($\mu g/L$)	浊度 NTU	溶氧 ($\mu g/L$)	SiO_2 ($\mu g/L$)	Cl ($\mu g/L$)	联胺 ($\mu g/L$)	氢电导率 ($\mu S/cm$)	
凝汽器排水	—	<500	<3	—	—	—	—	—	—
凝汽器循环	9.3～9.6	<50	—	—	—	<0.1	>200	<0.5	1h
低压加热器清洗排放	9.3～9.6	<500	<3	—	—	<0.1	>200	<0.5	1h
低压加热器清洗循环	9.3～9.6	<50	—	<10 (50)	—	<0.1	>200	<0.5	1h
高压加热器清洗排放	9.3～9.6	<500	<3	—	—	<0.1	>200	<0.5	1h
高压加热器清洗循环	9.3～9.6	<50	—	<10 (50)	<30	<0.1	>200	<0.5	1h
锅炉冷态清洗排放	9.3～9.6	<500	<3	—	<30	<0.1	>200	<0.5	1h
锅炉冷态清洗循环	9.3～9.6	<200	—	—	<30	<0.1	>200	<0.5	1h
锅炉热态清洗循环	9.3～9.6	<100	—	<10	<30	<0.1	>200	<0.5	1h

表 17-2　　超临界压力锅炉给水质量标准（国内部分）

电厂／项目	盘山电厂500MW机组		华能石洞口第二发电厂600MW机组				后石电厂600MW机组		汇　总
	制造厂标准	电厂暂行标准	制造厂标准	电厂标准	运行值		运　行	启　动	
					AVT	OT			
固态物（mg/L）	硬度<0.2μmol/L		<0.035						
氢电导率（25℃时，μS/cm）	<0.3	<0.2	<0.2	<0.2	0.08	0.07	25	<0.5	<0.3～0.2
溶氧（μg/L）		<7	<10	<5	<7	50～150	<5	<5	<105
N_2H_4（μg/L）	20～60	20～60	>10	20～50			10	>200	20～60
Fe（μg/L）	<10	<10	<20	<20	<5	<2	<10		<10～20
Cu（μg/L）	<5	<5	<3	<3					<5～3
SiO_2（μg/L）	<15	<15	<20	<20	<3		<20	<30	<3～20
Cl（μg/L）		<5							<5
油（μg/L）		<100							<100
pH 值（25℃）	9.0～9.2		>9	9.0～9.4		9.0～9.4	9.3～9.6	9.3～9.6	
Na（μg/L）	<5	<5		<10	<2	<1			<10～2
SO_4^{2-}（μg/L）		<5			浊度<0.5				<5

注　AVT——加氨、加联氨的全挥发处理简称；OT——加氨、加氧联合处理的简称。

表 17-3　　超临界压力机组水质标准（国外部分）

项　目	欧　洲	日　本		前　苏　联		
		挥发性工况	加氧工况	挥发性工况	OT	NWT
pH 值（25℃）	7～10	9.0～9.7	6.5～9.3			
氢电导率（25℃时，μS/cm）	<0.2	<0.25	<0.2	<0.3	<0.3	<0.2
溶氧（μg/L）	<250	<7	20～200	<10	100～400	50～200
Fe（μg/L）	<10	<10	<10	<10	<10	<10
Cu（μg/L）	<3	<2	<2	<5	<2	<2
SiO_2（μg/L）	<20	<20	<20	<15	<15	<15
Na（μg/L）	<10			<5	<5	<2
联氨（μg/L）		>10		20～60		
TOC（mg/L）	<0.2					

表 17-4　　蒸汽纯度目标和限制值

序号	项　目	限　制	目　标　值		备　注
			锅　炉	流经锅炉	
1	阳离子导电（25℃时，μS/cm）	0.30	0.30	0.15	目标值①小于或等于0.15，但由于锅炉出力小于或等于350MW时这些值得到满意的结果，所以可小于或等于0.30

序号	项 目	限 制	目 标 值		备 注
			锅 炉	流经锅炉	
2	溶解氧（μg/kg）		(7μg/kg)	(7μg/kg)	
3	钠离子（μg/kg）		3μg/kg[①]	3μg/kg	
4	氯离子（μg/kg）		3μg/kg[①]	3μg/kg	
5	二氧化硅（μg/kg）	20μg/kg	10μg/kg[①]	10μg/kg	[①]若无二氧化硅此值可增加至20μg/kg，因为减少了汽包喷水的流动速率。但应该尽可能的降至10μg/kg
6	硫酸根离子（μg/kg）		3μg/kg[①]	3μg/kg	
7	铜（μg/kg）		2μg/kg[①]	2μg/kg	早期美国超临界压力机组现有较大的铜沉积
8	有机碳总数（TOC，μg/kg）		100%μg/kg[①]	100%μg/kg	

[①]采用的目标值是可变的。由于锅炉磷化，上面表中限制是控制值。

（四）主机定期检查

定期检查中，检查汽轮机由于杂质沉积引起的损害，并且进行相应的维护和检修。

1. 检查汽缸内表面

如果发现了沉淀，就要用纯水彻底清洗，并且也要清洗汽缸法兰螺栓和螺栓自留加热孔。腐蚀加速杂质沉积，如果发现腐蚀，则用打磨或者别的清除方法排除。

2. 螺母和螺栓

彻底清洗每个螺母和螺栓的螺纹。

3. 连通管

检查连通管底部的沉淀状况。若有沉淀，则用纯水清洗。如果清洗时用了工业用水，就要彻底去除水中存在的杂质。

4. 转子

检查转子有否附着杂质。若发现有附着杂质，立刻进行干磨。不要用水清洗，因为水会溶解表面杂质从而进入啮合部分。若发现腐蚀，用细沙布擦除。若有重度腐蚀和一些凹陷，吻合部位的叶片和内表面也会被腐蚀。如果是这样，则挪开一些叶片，并且检查吻合部位和围带的内表面。特别仔细检查前几级和末级叶片。用超声波定期检查拉筋孔上的杂质沉积和腐蚀、叉型叶根的裂纹。根部和拉筋上的腐蚀和杂质沉积，会引起额外应力。如果出现这些问题，则应拆开检查受影响部位。

5. 喷嘴和隔板

检查并去除喷嘴根部、隔板焊接坡口和弹簧片的杂质沉积。

五、防止汽轮机转子强烈振动

防止汽轮机转子的强烈振动，是汽轮机组运行中最重要的监控项目。转子振动的监控指标是：

转子轴径振动，报警设定值为0.125mm；

转子轴径振动，停机设定值为0.25mm。

当转子发生强烈振动时，必须认真地进行检查，找出引起振动的原因，消除故障。

引起转子振动的因素固然很多，但归根结底，振动是由干扰力引起的。干扰力可能来自转子轴系本身，即转子轴系的内因，也可能来自转子以外的外因。

（一）转子振动外部因素

1. 工作介质因素

这里工作介质因素是指与转子直接接触的润滑油和蒸汽。

（1）润滑油。在转子转动时，转子轴径下表面与下轴瓦表面之间形成的油膜，将转子托起，并维持转子在良好润滑状况下稳定运转。当油膜的托起力大于转子加在该轴承的载荷时，转子失稳，发生油膜振荡。油膜振动一旦发生，振动强烈。实际经验得知，油膜振动在转子的转速等于转子临界转速两倍时发生，其振动频率约等于该转子的临界转速。其处理方法如下：

1）降低润滑油的黏度；

2）加大转子在该轴承的载荷。

（2）蒸汽。汽缸内蒸汽压力沿周向不对称，将造成所谓的"蒸汽振荡"。维持正确的阀门开度和减小进汽压力的波动，可以避免"蒸汽振动"。

2. 机械因素

保持以下各部分设备的正常状态，可以避免外部干扰力引起的转子振动：

（1）滑销系统形位正确，滑动正常；

（2）汽缸和所有管道没有积水；

（3）管道没有对汽轮机本体施加不正常的作用力；

（4）轴承、垫铁、地脚螺栓情况正常；

（5）轴瓦正常，润滑良好；

（6）汽轮机组的动、静部分没有相互摩擦。

（二）转子振动内部因素

1. 电机部分

（1）检查电机转子的平直度是否符合要求，并在必要时加以修正；

（2）如果电路接线接触不良或局部绝缘破损，可能引起局部发热，造成质量不平衡。

2. 汽轮机转子

（1）检查汽轮机转子的平直度是否符合要求，并在必要时加以修正；

（2）检查各联轴器连接是否正确，并在必要时加以修正；

（3）在上述两项及外部各种影响因素均被排除之后，如果转子振动仍然没有消除，则应开缸检查，并作相应处理。

第二节　监视仪表和控制设定值

作为具体使用的例子，本节介绍安装于沁北电厂、乌沙山电厂的600MW超临界压力汽轮机组所配备的监视仪表及其相应的控制设定值。

一、监视仪表

（一）汽轮机监视仪表

600MW超临界压力汽轮机装有本节所列的各类监视仪表，用来观察机组的启动、运行和停机状况。这些监视仪表的输出量，由图表记录仪进行记录。它们的报警值和跳闸限制值在"运行限制值"中列出。

1. 汽缸膨胀测量仪

该仪表用来测量汽轮机组的膨胀。如果该装置不能显示和记录膨胀值的变化，操作人员应立即检查原因。通常对应于一定的蒸汽状态、负荷和凝汽器真空，此膨胀值为定值。与已有的经验值对照此膨胀值也很重要。

当机组从冷态进入升温和带负荷状态时，温度的变化必然导致汽缸的膨胀。汽缸膨胀测量仪用来测量汽缸从低压缸死点向前轴承箱方向的轴向膨胀量，前轴承箱沿着加润滑剂的纵向键可以自由移动。当汽缸膨胀时，如果机组的自由端在导向键上的滑动受阻，则会造成机组的严重损坏。

汽缸膨胀测量仪实际上是测定前轴承箱相对于死点（基础）的移动量，并记录当机组启、停和负荷、蒸汽温度变化时，汽缸的膨胀量和收缩量。在这些瞬时工况下，如果指示值出现异常现象，则运行人员应当对它加以分析。在负荷、蒸汽参数和真空相似的情况下，这种仪表所指示的前轴承箱的相对位置，应该基本上是相同的。

汽缸膨胀没有报警或跳闸限制值。仪表指示的汽缸膨胀值应和以前在同样运行工况下的读数进行比较，若两者存在较大差异，运行人员就应该作出判断，通常可采用在低压缸撑脚、轴承箱底座与台板接触面上加润滑脂改善润滑的方法来加以处理。有时候也需要调整轴承座，使之膨胀顺畅。

2. 转子位置测量仪

该装置能指示和记录转子的推力盘相对于轴承座的轴向位置。用来监视推力方向和推力轴承瓦块的磨损。由于蒸汽的作用，推力盘对位于其两侧的推力瓦块施加轴向推力。若润滑不良或轴向推力超限，由此而引起的轴瓦磨损将使转子轴向的移动，将在转子位置测量仪上显示出来。每个测量仪都装有报警和跳闸继电器，当转子的轴向移动超越第一个预定位置时，便自动报警。如果转子的轴向移动量超过第二个预定的位置，则跳闸继电器动作，使汽轮机跳闸停机。

设定的报警值和跳闸值列于"运行限制值"。

3. 差胀测量仪

差胀测量仪用来显示动、静部分的相对位移，它可以连续地指示汽轮机在运行中的轴向间隙。

当蒸汽进入汽轮机后，动静部分将随之膨胀。由于转子的质量比汽缸小，因此转子加热较快，膨胀也较快。动、静部分的轴向间隙虽然允许汽轮机内部有差胀，但如果差胀超过允许的限制值，则会造成动、静部分的磨损，甚至碰撞。

测量仪装有报警和跳闸继电器，当差胀使轴向间隙达到限制值时，继电器动作。在经过一个暂态过程后，动、静部分的温度逐步趋向一致，差胀值随之减小，接着允许再改变进入汽轮机的蒸汽流量和温度。

设定的差胀报警值和跳闸值列于"运行限制值"。

4. 转子偏心度测量仪

本装置指示和记录转速低于 600r/min 时的转子偏心。当汽机转速超过 600r/min 时，该装置由速度继电器控制自动断开。

转子偏心度测量仪装有报警信号器，当偏心度达到限制值时进行报警。这种测量仪的另一个输出信号是瞬时偏心度，该信号由盘车装置上的一个偏心表指示出来，当机组正在盘车时，这个表指示转子和传感器之间间隙的周期性变化。

在机组停机过程中。如果上缸的温度比下缸高，则由于不均匀冷却，会导致转子弯曲，用盘车装置低速旋转转子，使转子温度趋于均匀，从而减小转子的弯曲程度。

如果可以在轴承挡油环处用便携式转子偏心表测量，汽机冲转前的双振幅偏心值不应超过

0.025mm。

如有必要使机组停止盘车，则应使转子弓背位于转子的下部，以减小转子上、下部分的温度梯度。当偏心度测量仪的瞬时值为最小时，是转子的最佳静止位置。

注意：偏心度传感器应装于汽轮机前轴承箱垂直中心线的顶部，其读数的最小值，就是转子和传感器的最小间隙。这一位置是转子的上部（较冷部分），最有代表性。

5. 振动测量仪

振动测量仪用来测量和记录当转速高于 600r/min 时转子的振动。汽轮发电机组的每个轴承座上装有一个振动传感器，它能直接测量转子的振动值。太大的振动预示汽轮机可能发生事故，或表示汽轮机运行不正常。每个振动测量仪装有报警和跳闸继电器，当任何一个轴承上测得过大的振动值时，继电器发出相应的动作。

表 17-5　振动限制值

项　　目	设定值（mm）
转子振动—报警	0.125
转子振动—停机	0.25

表 17-5 是给出的振动限制值（峰—峰值）。

（1）上述值在临界转速范围内也适用；

（2）在轴承座上临时测量时，振动限制值按上表至少减小一半。

6. 相角仪

相角仪显示某一特定轴承的凸起处和转子上一个参考点之间的角度关系。相角仪的正面装有一个选择开关，以供选择任何一个传感器测得的相角读数。

7. 零转速指示器

零转速指示器装有几只继电器，当机组达到零转速时，这些继电器动作。在前轴承箱内装有两个零转速传感器，监视着安装在转子上齿轮的转速。零转速测量有两个单独的保护通道，为了防止误动作，每个通道的输出继电器与"2选2"逻辑线路连接。继电器的输出信号用来向盘车装置发出投入信息，并用于报警。

8. 转速指示仪

转速指示仪使用一只零转速传感器作为输入装置，一个转速的模拟输出信号与记录仪相连，连续记录汽轮机的转速。另有两个继电器作为附加输出，它们分别对应两个各不相关的预定转速。当转速超越某一预定值时，相应的继电器动作，以控制盘车装置，排汽缸喷水装置和顶轴油装置。

（二）蒸汽和金属热电偶

表 17-6 列出高—中压缸热电偶测温对象和说明。

表 17-6　　　　　　高—中压缸热电偶测温对象和说明

热　电　偶　位　置	测温对象	说　　　　明
主汽阀内壁（右）	金属	从主汽阀向调节阀控制切换之前，均加热蒸汽室
主汽阀外壁（右）	金属	用以保证蒸汽室内、外壁温差不超过83℃
第一级金属（调节级后）	金属	采取冷态启动还是热态启动
调节级后蒸汽	蒸汽	与第3项对照，将实测温度和预定温度相比较
高—中压缸端壁（调端）	金属	与第6项比较，以监测汽封区转子金属与汽封蒸汽间的温差（见图16-27"汽封蒸汽温度曲线推荐值"）
高压汽封蒸汽（高中压汽封公用集汽管）	蒸汽	指示轴封蒸汽温度，并与第5项温度进行比较
高压缸下部进水检测（调端） 高压缸上部进水检测（调端） 中压缸下部进水检测（电端） 中压缸上部进水检测（电端） 中压缸上部排汽区	金属	进水检测热电偶，在所述温度区成对使用，当下缸温度比上缸温度低42℃时即报警 当下缸温度比上缸温度低56℃时，即停机，参见本章第一节第一条"防止汽轮机本体及相关管道进水或积水"内容

表 17-7 列出低压缸热电偶测温对象和说明。

表 17-7 低压缸热电偶测温对象和说明

热电偶位置	测温对象	说　　明
低压排汽缸蒸汽 1 号（调端） 低压排汽缸蒸汽 1 号（电端） 低压排汽缸蒸汽 2 号（调端） 低压排汽缸蒸汽 2 号（电端）	蒸汽 蒸汽 蒸汽 蒸汽	用于报警和记录低压排汽缸蒸汽温度，80℃时报警，120℃为极限值，持续时间为 15min，如果超过 120℃则运行人员必须紧急停机
低压汽封蒸汽	蒸汽	用以监视低压汽封蒸汽温度，如果温度超过 180℃或低于 120℃，即予报警
高中压外缸法兰温度	金属	用于测量高中压外缸法兰温度
高中压外缸螺栓温度	金属	用于测量高中压外缸螺栓温度

（三）汽轮机控制设定值

这里列出的汽轮机控制设定值，是用于后石电厂、沁北电厂、乌沙山电厂 600MW 超临界压力汽轮机组的具体例子。对于其他制造厂的超临界汽轮机组，其控制项目大同小异，但具体控制值会有微小差异，应按具体制造厂相应的汽轮机组说明书取值。

1. 润滑油压设计值

润滑油压设计值，如表 17-8 所示。

表 17-8 润滑油压设计值

名　　称	说　　明	设计参数［MPa（g）］
主油泵	在额定转速下的进口油压①	2.21～2.63
	交直流危急油泵投入时的吸口油压①	0.0686～0.1373
	在额定转速下的吸口油压①	0.0686～0.3099
辅助油泵	高压密封油备用油泵出口①	0.83～0.90
	交流润滑油泵工作油压①	0.1～0.18
	直流危急油泵工作油压①	0.1～0.18
	交流顶轴工作油压①	7～15
压力设定值（在额定转速下）	润滑油工作油压①	0.1～0.18
	机械超速和手动跳闸杆 1 号安全阀	0.69～0.76
	机械超速和手动跳闸杆 2 号安全阀	0.86～0.93
	超速保护跳闸设定值	3300r/min

① 在调整油压之前，油温必须大于或等于 32℃。

注　所有压力值均以转子中心线的高程为基准读得，不同高程应加以修正。

2. 高压抗燃油压设计值

高压抗燃油压设计值，如表 17-9 所示。

表 17-9　　　　　　　　　　　　　　　　高压抗燃油压设计值

说　明	设计参数		说　明	设计参数
高压抗燃油母管最小压力（带负荷）	12.41MPa	蓄能器充氮压力	高压蓄能器充到	8.4～9.2MPa
安全阀动作油压	17.0MPa		低压蓄能器充到	0.16～0.21MPa
			油箱中的工作油温	37～60℃

润滑油箱油位开关，如图 17-11 所示。

高压油箱油位开关，如图 17-12 所示。

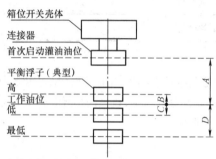

当油位达到下列表中所列的高度时，油开关动作

A	B	C	D
1150mm	466.7mm	200mm	300mm

当油位达到如图所示的高度时，油位开关动作；油位容量：26496L。

图 17-11　润滑油箱油位开关

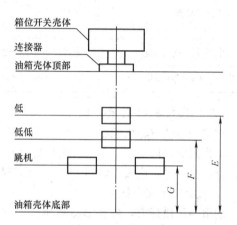

当油位达到下列表中所列的高度时，油开关动作

E	F	G
450mm	370mm	230mm

图 17-12　高压油箱油位开关

3. 压力开关整定值

压力开关整定值，如表 17-10 所示。

表 17-10　　　　　　　　　　　　压力开关整定值

动合触点		要求值△	受控设备状态
压力增加	压力减小	kPa	
1	打开	75.51～82.38（g）	润滑油泵自启动
2	打开	75.51～82.38（g）	
1闭合		68.65～75.51（g）	润滑油泵运行
2		最大	
1	打开	68.65～75.51（g）	危急油泵启动
2	打开	68.65～75.51（g）	
1闭合		68.65～75.51（g）	危急油泵运行
2		最大	
1	打开	34.32～48.05（g）	轴承油压低
2	打开	34.32～48.05（g）	

动合触点		要求值 △	受控设备状态
压力增加	压力减小	kPa	
1	打开	34.32~48.05（g）	轴承油压低
2	打开	34.32~48.05（g）	
1 闭合		28 绝对值	低真空
2 闭合		16.7 绝对值	
1 闭合		28 绝对值	低真空
2 闭合		16.7 绝对值	
1 闭合		28 绝对值	低真空
2 闭合		28 绝对值	
1 闭合		28 绝对值	低真空
2 闭合		28 绝对值	
1	打开	9.3MPa	EH 油压低
2	打开	9.3MPa	跳闸
1	打开	9.3MPa	EH 油压低
2	打开	9.3MPa	跳闸
1	打开	7.0MPa	自动停机
2	打开	7.0MPa	跳闸油压
1 闭合		9.3MPa	AST 第一通道电磁阀打开油压
2 闭合		9.3MPa	
1 闭合		4.2MPa	AST 第二通道电磁阀打开油压
2 闭合		4.2MPa	
1 闭合		138.27	盘车装置脱扣气动连锁
2 闭合		最大	
1	打开	11.2MPa	EH 油压低
2	打开	最大	报警
1 闭合		16.2MPa	EH 油压高
2 闭合		16.2MPa	报警
1	打开	11.2MPa	1、2 号 EH 油泵自启动油压
2	打开	11.2MPa	
1 闭合		7MPa	超速保护动作压力
1 闭合		31.38（g）	自动盘车电机闭锁
2 闭合		31.38（g）	
1		最大	排汽缸喷水投入
2 闭合			
1 闭合		6.0（a）	高压缸排汽压力
2 闭合		6.0（a）	

动合触点		要求值 △	受控设备状态
压力增加	压力减小	kPa	
1闭合		1.06MPa（a）	中排压力
2		最大	
1闭合		180（a）	连通管压力
2闭合		240（a）	
1	打开	498.2Pa　真空	排烟风机运行
2	打开	498.2Pa　真空	
1	打开	20.69	顶轴油泵吸入口油压
1	打开	48.25	顶轴油泵吸入口油压
1闭合		4140	顶轴油出口压力
1闭合		0.24MPa	EH主泵出口滤芯压差开关
闭合		0.24MPa	回油过滤器差压报警
闭合		0.24MPa	回油过滤器差压报警
闭合		0.24MPa	循环过滤器差压报警
闭合		0.24MPa	循环过滤器差压报警

注　1. 绝对压力开关在0Pa（绝对），其动合触点是打开的（动断触点闭合）；当绝对压力增加到压力开关给定值时，动合触点将闭合，动断触点打开。

　　2. 所有的压力开关整定值均指每个开关的动合触点而言，不考虑具体开关是动合触点还是动断触点。

　　3. 表格中出现"最大"字样，表示调整开关使其离开工作范围，以给出相对于同一箱体中不同于其他工作开关的最小"开—关"差。

4. 温度开关整定值

温度开关整定值，如表17-11所示。

表 17-11　　　　　　　　　　　　　温度开关整定值

开 关 号	动合触点		要 求 值	受 控 设 备
	温度增加	温度减小		
1				润滑油箱油温
2		打开	21℃	
1				EH油箱油温
2		打开	21℃	
1	闭合		32.2℃	高压缸罩壳风机起动
2	闭合		35.0℃	
3	闭合		37.8℃	
—	闭合		56℃	冷却水投切
—	闭合		37℃	
—		最大	最大	切加热器
—	闭合		53℃	

5. 薄膜接口阀

在高压抗燃油供油压力为 14MPa（表压），自动停机润滑油压降到 0.45MPa（表压）时，阀门打开。在高压抗燃油压力为 0Pa，自动停机润滑油压升 0.2MPa 时，阀门关闭。

6. DEH 控制器维修盘设定值

DEH 控制器维修盘设定值，如表 17-12 所示。

表 17-12 DEH 控制器维修盘设定值

主蒸汽压力控制器设定值	额定压力的 90%
中压缸排汽压力（kW 比较值）	80%
超速跳闸设定值（ETS）	与机械超速跳闸转速相同或稍低
超速保护转速设定值（OPC）	额定转速的 103%

7. 监视仪表传感器安装

监视仪表传感器安装，如图 17-13 和表 17-13 所示。

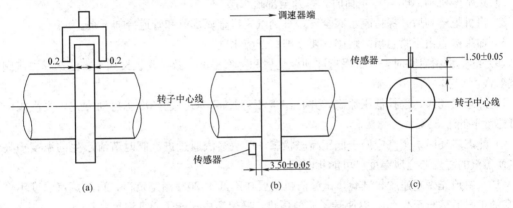

图 17-13 监视仪表传感器安装图

表 17-13   **监视仪表传感器安装**

标注符号	传感器	图 17-13	备注
PU/RX	转子偏心	(c)	
PU/MPW	TSI 鉴相器	(c)	
PU/VB1～VB2	转子振动	(c)	
PU1～4/SD	转速	(c)	
PU1、2S1、2S2	零转速	(c)	
PU/DE	差胀	(a)	
PU/RP1A、RP1B	1 号轴向位置	(b)	
PU/RP2A、RP2B	2 号轴向位置	(b)	
PU/OB1、OB2	超速	(c)	

二、汽轮机组运行限制条件及注意事项

（一）一般注意事项

（1）当汽轮机处于充分受热和正常工作状态时，短时间内减小负荷不会产生损害，但是不推荐在极低的负荷下运行。如果不可避免地要在极低的负荷下运行，必须注意要避免造成汽轮机的排汽缸过热。

（2）在主负荷甩掉后，带辅助负荷（或维持额定转速）运行时间不能超过几分钟，最好是不带任何负荷，让其惰走直到盘车投入。

（3）在转子静止时，注意避免蒸汽泄漏进入汽缸。

（4）为了避免在转子静止时空气从轴封处进入，在轴封没有送密封蒸汽的情况下，不要运行抽气器或真空泵。

（5）要避免汽轮机的低压部分因加热不当，而导致排汽缸膨胀和低压缸中心偏移产生应力，导致汽封相互间摩擦。因此，在启动时，需提供轴封蒸汽，并开启排气设备和维持尽可能高的真空度。

（6）机组中的排汽缸喷水装置，在启动时应最小限度地使用这些喷水装置，使凝汽器维持尽可能高的真空度。

（7）在跳闸或正常停机时，将真空维持到机组转速降到400r/min以下。在紧急情况下机组跳闸后，需要立即破坏真空的情况除外。

（8）疏水阀的操作步骤。

1）在启动前打开疏水阀，并保持全开，直到机组负荷达到20％额定负荷。

2）正常停机到20％额定负荷时，打开全部疏水阀。

3）当机组解列后，保持疏水阀全开，直到汽轮机金属部分和管道冷却下来。

4）如果机组由于紧急事故跳闸，要立即打开疏水阀。

（9）汽轮机组启动时，为了保持冲动级金属和蒸汽温度一致，建议按如下方法选择主汽阀的蒸汽参数：

1）冷态启动时，选择低压蒸汽，并且温度不超过430℃。选择冷态启动方式，主汽阀的蒸汽过热度不低于56℃；

2）热态启动时，蒸汽应处于低压高温状态，以使蒸汽通过进汽阀时节流产生的温度损失最小，使蒸汽的温度与金属温度尽可能相匹配。

（10）要预先做超速脱扣试验，试验前机组要在不低于20％额定负荷，再热蒸汽温度不低于400℃的工况下运行至少3h，以使转子充分预热，确保高中压转子心部温度≥250℃。

（11）汽轮发电机组不允许长时间在倒拖状态下运转，倒拖的时间要限制在1min之内，以防止由于鼓风和通风不畅而造成叶片过热。

（12）如果汽轮机长时间没有运行过，在启动之后，要及时断开主汽阀，以检查并确定跳闸机构功能及阀门严密性完好。

（13）在停机过程中，应保持盘车装置运行。

（14）当起吊较大的汽轮机部件时，请参阅制造厂提供的"起吊装置图"，并注意规定中的缆绳尺寸及注意事项。

（15）应保存一份完整的蒸汽压力和温度记录，任何相对于正常值的波动，均需及时地加以分析和处理，这一点对于在任何给定负荷下的蒸汽压力分布尤为重要。

（16）要保持油系统清洁和无水。建议在长时间的停机之后，从油箱底部抽出少量的油，因为杂质和水可能沉积在底部，如能将油分批抽出经处理后再投入系统更好。

（17）油泄漏既影响机组外观，又在靠近高温蒸汽的部分存在着火的危险。应及时清理这些泄漏油。

（18）保持机组外部的清洁，避免灰尘和杂质堆积。清洁机组，及时处理油泄漏和蒸汽泄漏，全面地做好机务工作，以确保机组更好地运行。

（二）轴封系统

（1）轴封供汽必须具有不小于14℃的过热度。

（2）盘车之前不得投入轴封供汽系统，以免转子弯曲。

（3）低压缸轴封供汽温度不得低于120℃，不得高于180℃。建议轴封系统温度调节器设定在150℃。

（4）为了防止转子的轴封部位由于热应力而造成损坏，当机组在启动和停机时，要尽量减小轴封供汽和转子表面间的温差。通常其温差不应超过110℃。最高温差限制是165℃。

（5）在热态启动时，若用辅助锅炉向轴封供汽，则应保证蒸汽与转子的最大温差在允许范围内。

（三）低压缸排汽和排汽缸喷水

（1）在向轴封供汽之前，不得开启真空泵和轴封抽汽风机。

（2）排汽缸喷水置于自动控制下，当转子的转速达到600r/min时，开始喷水，直到机组带上15%负荷为止。在机组启动期间，控制开关必须放在"自动"位置。该开关还应设有一个"手动"位置。

（3）运行人员必须确认，当汽轮机转速高于3r/min时，排汽缸喷水控制阀要通水。

（4）当低压缸排汽温度达到70℃，投入喷水系统。当排汽缸喷水切除时，如果机组继续运行，则低压排汽缸温度报警值为80℃，或15min内的短时间运行不得超过120℃。如果达到120℃，则应立即紧急停机加以处理。

注意：当排汽缸喷水投入时，虽然不会有过高的排汽温度，但是低压通流部分仍可能有高的温度。为避免叶片温度过高，有必要注意背压的限制值。

（5）低压排汽缸在空负荷流量，凝汽器低背压以及排汽缸喷水切除的情况下，不可出现过热现象。当凝汽器在高背压时，将使低压缸产生过热。当机组处于倒拖运行状态，也将会产生过热。

（6）如果低压排汽缸的蒸汽温度达到80℃，则运行人员必须以增加负荷或改善真空来降低该温度。

（7）当排汽缸喷水投入时，高背压运行会引起通流部分的高汽温，因此运行人员必须注意在这种情况下的运行不要发生低压缸动、静之间出现不允许的差胀或径向膨胀。

（8）在排汽温度较高下运行，要特别注意当时的差胀，振动和轴承金属温度变化等。在喷水装置切除时，可由排汽缸上的温度计或热电偶测定温度，如果排汽温度已达到报警值80℃，则运行人员必须采取下列相应的措施来降低排汽缸温度。

1）改善真空。

2）如果机组在低负荷下运行，则应使负荷增加到≥15%的额定负荷。

3）如果机组还未并网，则将机组降至暖机转速。

4）如果机组处于暖机转速，则应回到盘车转速。

5）投入喷水装置。

（9）排汽缸喷水调节阀有一个旁通阀，此阀只可在调节阀故障和维修时使用。旁通阀只开大到保持计算的喷水压力，请见本节一（三）"汽轮机控制设定值"内容。

特别注意：为了避免汽轮机在启动时发生故障，当不需要投入排汽缸喷水装置时，这个旁通阀不得打开。

（10）真空跳闸设定值请见本节一（三）"汽轮机控制设定值"内容。

（11）真空破坏。

低压缸要同时破坏真空。

机组只要在跳闸或正常停机时无意外情况发生，真空应一直保持到机组惰走至400r/min以下或到盘车投入为止。除非如遇到危急情况，要求主汽阀关闭后立即破坏真空。一般在跳闸停机后，不要立即破坏真空，这是因为排汽部分介质的密度突然增加，会产生一个制动作用而引起叶片事故。

跳闸后要求立即破坏真空的例子有：

1）交流电源断电，直流电源断电；

2）润滑油压低，润滑油断油，冷油器断水；

3）推力轴承引起跳闸；

4）汽缸进水；

5）动、静部分摩擦以及机组惰走时振动过大。

下列情况在任何转速下不得破坏真空：

1）汽轮机跳闸停机前；

2）主汽阀关闭前；

3）发电机解列前；

4）汽轮发电机组在正常惰走时。

如果机组已并网，以及主汽阀虽然关闭，但其转速仍保持为额定转速，则不得破坏真空。这种情况出现在机组处于倒拖状态下运行。

如果机组虽然甩去负荷，但仍由调速系统保持额定转速而带厂用电，则不得破坏真空。在这种情况下，主汽阀并没有关闭，或虽然发电机已从电网解列，但机组并没有在正常惰走。

如果轴封供汽切断，一旦出现上述的情况，则要立即停机并破坏真空。

在轴封供汽停止以前，为了不使冷空气通过温度较高的轴封和转子的间隙而进入汽轮机内部，真空应尽快降低。

(12) 机组的负荷在 0～100％额定负荷范围内，允许最高背压为 16.7kPa（a）报警，28kPa（a）停机。忽视规定的背压极限值，可能会造成叶片损坏或汽轮机动、静间摩擦，导致汽轮机部件的严重损坏。

（四）疏水阀

(1) 汽轮机所有疏水阀在正常情况下，都是自动动作的。但是，如果有必要进行手动时，则这些疏水阀以及影响汽轮机安全运行的其他疏水阀必须：

1）机组停机但尚未冷却之前，必须呈开启状态。

2）在机组启动及轴封供汽之前呈开启状态。

3）在机组负荷增加到 20％额定负荷之前，必须保持开启状态。

4）当机组负荷降至 20％额定负荷时，打开疏水阀，并在该负荷以下一直保持开启状态。

(2) 在主要疏水阀开启前，要避免破坏真空。此项规定并不适用于需要立即破坏真空的紧急情况，也不适合于用户的主蒸汽管道疏水阀。

(3) 在初始启动过程中，机组在盘车，转速和负荷保持期间（一般在 10％～20％负荷以下），要注意查看并记录每根疏水管道上的压力表读数。如果任何管道的压力超过了连接该管道的最低压力源的压力，就应使机组停机，并排除故障。

（五）轴承金属温度限制值

(1) 根据进油温度、油量、轴承尺寸及轴承载荷等不同，汽轮机轴承巴氏合金的温度一般在 66～107℃之间，巴氏合金温度的报警值为 107℃，高于此温度时的运行应小心地监视，直到找到原因为止。当金属温度超过 113℃时，汽轮机应跳闸。

注意：当轴承温度变化不定时，应立即查明原因。必要时要停机进行原因分析。检查轴承并进行必要的检修。

(2) 推力轴承巴氏合金的温度范围是从略高于进油温度到 99℃，主要决定于推力的大小。报警值为 99℃，跳闸值为 107℃。报警和跳闸之间的运行应小心地监视，直到查出原因为止。

（六）事故电源

当汽轮机冲转后在任何转速下运行时，备有一个可靠的事故电源是很重要的。机组通常具有两种轴承润滑油泵，一种是交流电动油泵，另一种是直流事故备用油泵。在事故状态下，例如交流电源发生故障时，需要有一个事故电源连续供电，至少维持到机组从惰走到安全停机。

如果以蓄电池作为事故电源，它的容量必须能使事故油泵维持 45～60min 额定功率，从惰走到停机期间保持供油，否则不得开启汽轮机。蓄电池必须经常检查，以保证机组安全。在用直流电源进行机组惰走之后，或用直流电源试验应急设备及系统（如直流事故油泵）后，必须检查蓄电池是否还充足。

注意：直流事故油泵及其压力开关试验后应立即关闭，并将开关转向"自动"位置。

（七）汽轮机旁路系统

（1）机组带旁路运行期间，由热电偶测得的高压缸排汽温度不得超过 450℃，跳闸值为 450℃。

（2）当转速在稳定控制状态下，注意保持中压调节阀在部分开启位置。如果汽轮机转速超过其设定值，则阀门应缓缓关闭，一旦转速恢复，则中压调节阀仍回到部分开启的位置。此阀门开度可以在 DEH 司机操作盘上来观察或者用 CRT 进行显示。

（3）甩负荷后，如果汽轮机在空载流量下运行，再热冷段压力在 10min 内必须降至 1.0MPa。如果负荷增加到 10% 以上，则在任何特定的负荷下，再热冷段压力应为该负荷对应下的正常期望的压力值。

（4）机组投旁路系统时的启动，再热冷段压力应该限制到 1.0MPa。但是，随着进口压力的降低，旁路的通流量也在减小，这将限制了再热冷段压力。

（八）汽轮机组运行限制值

这里给出的运行限制值，是对应于参数为 24.2MPa/566℃/566℃ 的 600MW 超临界压力汽轮机组。对于其他参数的机组，应按制造厂提供的说明书执行。

1. 设备形位限制值

设备形位限制值，如表 17-14 所示。

表 17-14 设 备 形 位 限 制 值

项 目	应 用			限 制 值	备 注
偏 心	偏心记录仪指示			（双振幅值 μm）低于 50	0～600r/min
	便携式记录仪指示			低于 25	0～600r/min
	报警			低于 75	0～600r/min
振 动	带负荷	运行好		低于 75	
		可以继续运行		75～125	适当时候做平衡
		可以短期运行		高于 125	
		停机		250	
	机组启动时	额定转速	报警	125	
			停机	250	
		超速	报警	125	
			停机	250	
		其他（包括过临界转速）	报警	125	
			停机	250	

项　目	应　　用		限　制　值	备　　注
转子位置	转子位置指示器＋推力端－反推力端	报警	从推力中心线±0.9mm	
		停机	从推力中心线±1.0mm	
汽缸差胀	高中压缸胀差	报警	＋10.3mm －4.0mm	转子伸长 转子缩短
		停机（如果有）	＋11.1mm －4.7mm	转子伸长 转子缩短
	低压缸胀差	报警	＋22.7mm －0.76mm	转子伸长 转子缩短
		停机（如果有）	＋23.5mm －1.52mm	转子伸长 转子缩短

2. 温度限制值

温度限制值，如表 17-15 所示。

表 17-15　　　　　温 度 限 制 值

项　　目	应　　用		限　制　值	备　　注
轴承温度	支持轴承金属	报　警	107℃	
		停机（人工）	113℃	
	推力轴承金属	报　警	99℃	
		停机（人工）	107℃	
	轴承排油	报　警	77℃	
	轴承温度低限		21℃（参考）	盘车时
排汽温度	报警		80℃（参考）	
	停机（人工）		120℃（参考）	
	排汽缸喷水设定值		70℃（参考）	
主蒸汽	主蒸汽和再热蒸汽（汽轮机入口）	连续运行值	额定温度	
		连续运行最大值	＋8℃	
		事故情况允许值	＋14℃	每年 400h
		限制运行最大值	＋28℃	连续 15min 每年 80h
	主蒸汽压力（汽轮机入口）	连续运行值	＋5%	
		连续运行最大值	＋10%	
		事故情况允许值	＋30%	每年 12h
	冷再热压力		1.25 倍额定冷再热压力	
	机组启动时	主蒸汽过热度	高于 56℃	
		冷态起动（第一级出口金属温度≤120℃）	主蒸汽温度低于 430℃	过热度：高于 56℃
		热态起动	第一级出口蒸汽温度和第一级出口金属温度温差＋110～－56℃	

3. 升温率及温差、真空度限制值

升温率及温差、真空度限制值，如表 17-16 所示。

表 17-16　　　　　　　　　　升温率及温差、真空度限制值

项　目	应　用		限　制　值	备　注
温度变化率	第一级出口蒸汽		±165℃/h	
温　差	汽封蒸汽	过热度	高于 14℃	
	每个 MSV/每个 ICV	14℃	正常运行	
		28℃	几分钟	
		42℃	每 4h15min	
	主蒸汽和再热蒸汽 T_{MS} 和 T_{RH} 之间 与额定值的偏差（T_{MS} 温度减 T_{RH} 温度）参见图 17-14	低于±28℃	正常运行	
		低于+42℃	再热温度低	
		低于+83℃	启动和低负荷运行	
	蒸汽和金属温度（冲动腔室）	限制值	+140～−83℃	正常运行
		建议值	+110～−56℃	
	法兰和螺栓		+140～−30℃	
	高压缸上半和下半		42℃	正常运行
	中压缸上半和下半		42℃	正常运行
	蒸汽室内外壁金属		83℃	
	汽封蒸汽和转子		低于±110℃	正常运行
			低于±165℃	每年 25 次
凝汽器真空	真空	报警	16.7kPa（a）	
		停机	28kPa（a）	
	真空破环阀		400r/min 打开	不适用于紧急情况

4. 功频调节及润滑油温限制值

功频调节及润滑油温限制值，如表 17-17 所示。

表 17-17　　　　　　　　　　功频调节及润滑油温限制值

项　目	应　用	限　制　值	备　注
其　他	超速停机	低于 111%	
	最小负荷	5%～10%负荷	
	负荷突变	低于 25%负荷	
	MSV/GV 阀杆试验	低于 70%负荷	
	MSV 到 GV 转换运行	内壁温度高于主汽压力下的饱和温度	
	汽机疏水阀动作	20%负荷	
冷油器出口轴承油温	900r/min 及以下	40℃	冷油器出口润滑油温度按下图控制：
	900r/min～额定转速	50℃	

注　表中所列的限制值是一般的要求，在经过成功的运行试验后，可以根据每一台机组的特点调整。

5. 其他限制

(1) 轴封蒸汽，如表 17-18 所示。

表 17-18 轴封蒸汽

项目	限制	备注
过热度	高于 14℃	
低压汽轮机汽封蒸汽	120~180℃	汽封蒸汽喷水点 150℃

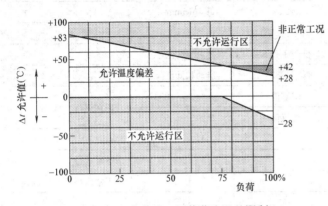

图 17-14 主蒸汽、再热蒸汽温差限制

$$\Delta t = (t_{MS} - t_{RH})$$

式中 t_{MS}——主蒸汽温度；
t_{RS}——再热汽温度。

(2) 其他要求，如表 17-19 所示。

表 17-19 其他要求

项目	限制
超速跳闸	3300~3330r/min
最小负荷	5%~10%额定负荷
盘车转速	大约 3r/min
真空破坏阀的运行	低于 400r/min（在正常情况下关闭）

(3) 蒸汽室的预热，直到蒸汽室内壁金属温度升高到主蒸汽压力下的饱和温度。

(4) 主蒸汽、再热蒸汽温差限制，如图 17-14 所示。

(5) 不同负荷条件下，调节级后的蒸汽温度如图 17-15 和图 17-16 所示。

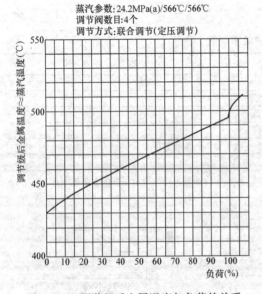

蒸汽参数:24.2MPa(a)/566℃/566℃
调节阀数目:4个
调节方式:联合调节(定压调节)

图 17-15 调节级后金属温度与负荷的关系

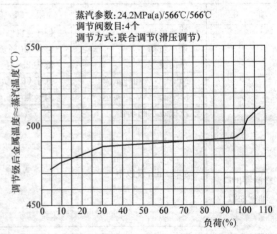

蒸汽参数:24.2MPa(a)/566℃/566℃
调节阀数目:4个
调节方式:联合调节(滑压调节)

图 17-16 调节级后金属温度与负荷的关系

第三节　汽轮机组启动前准备

一、总则

机组必须具备下列条件，才能进行启动：

（1）机组各部套齐全，各部套、各系统均按制造厂提供的图纸、技术文件和安装要求进行安装、冲洗、调试完毕，各部套、各系统连接牢固、无松动和泄漏、各运动件动作灵活、无卡涩。各部套、各系统清洁度必须达到《汽轮机清洁度标准》（JB/T4058—1999）有关规定要求。

（2）新机组安装完毕或运行机组检修结束，在投运前油系统必须进行油冲洗，冲洗验收须符合《油系统冲洗说明书》有关规定。抗燃油系统验收须符合《调节保安系统说明书》有关规定。

（3）需作单独试验的部套、系统必须试验合格，满足制造厂的安装试验要求。

（4）机组配备的所有仪器、仪表、测点必须齐全，安装、接线正确、牢固。所有仪器、仪表和电缆检验合格。

（5）机组必须保温良好，本体部分应按制造厂提供的《汽轮机保温设计说明书》进行保温，管道及辅助设备等应按电力行业有关规定进行保温，保温层不得有开裂、脱落、水浸、油浸等现象存在，保温层与基础等固定件之间应留有足够的膨胀间隙。

（6）现场不得有任何妨碍操作运行的临时设施（按《电业安全工作规程》执行）。

（7）机组运行人员和维护人员必须经过专门培训，熟悉各分管设备的位置、结构、原理、性能、操作方法及紧急状态下的应急处理方法。

二、汽轮机启动前检查

（一）检查准备

在汽轮发电机组作启动检查工作之前，应做如下几项预备性检查，并确认：

（1）所有电气附件的电源供给是正确无误的。

（2）仪表压缩空气系统已投运，接至仪表和控制系统的供气压力是正常的。

（3）所有监控仪表运行情况良好。

（4）冷却水系统已投运。

（5）辅助设备的润滑油供给正常。

（6）所有通道口和检查孔口均密闭。

（7）辅助设备的液压介质供给正常。

（二）启动前检查

（1）接通所有的监测装置并检查记录是否全部正确。检查发电机密封油系统处于正常工作状态。

（2）检查主油箱的油位。如果油位低于低油位线，加油到正常油位线。

（3）开启油泵，使轴承处油压高于 0.083MPa（g），开启顶轴油泵使油压达到 11.76～14.70MPa（g）。

（4）将直流事故油泵控制开关旋到自动—启动位置。

（5）确定冷油器的冷却水处于工作状态，所有冷油器的出口油温度为 30℃。检查位于主油箱上部和发电机密封循环油箱上的抽油烟装置处于工作状态。

（6）开启盘车装置（如没有投入使用）。

（7）检查偏心表，并观察转子的实际偏心读数。

（8）建立凝汽器的水循环。

（9）启动凝结水泵，建立轴封冷却器的水循环。

（10）启动轴封蒸汽冷却器的排汽系统，确认汽机的低压轴封减温器处于自动状态。

（11）开启汽轮机轴封的蒸汽系统。轴封系统控制器要保证轴封处的压力大约在 0.007～0.021MPa（g）之间。轴封蒸汽压力调节器可调整轴封蒸汽母管在一个合适的压力范围，供各轴封用汽。轴封系统及其布置参见图 3-10 和图 16-26 轴封系统图。轴封系统的运行见第十六章第四节六（三）"轴封系统的运行"内容，但注意不同机组的温度和压力控制值，应按制造厂说明书选取。

（12）关闭真空破坏阀，开启抽气装置，使凝汽器内的真空度达到尽可能高。

（13）凝汽器真空建立后，开启与汽轮机本体有关的所有疏水阀（包括主汽阀、调节阀、再热主汽阀、主汽管、再热主汽管和所有抽汽管道上的疏水阀）。保持阀门开启直到汽机带约 20％负荷时关闭。

（14）检查润滑油系统。

（三）设备和系统具体检查

1. 阀门检查

（1）检查并确认所有疏油阀关闭。

（2）操作冷油器切换阀以选定运行冷油器。

（3）关闭冷油器水室疏水阀。

（4）打开水室排气阀门。

（5）打开冷却水进/出口阀门。

（6）当水从水室溢流，关闭水室排气阀门。

2. 电动油泵及油泄漏检查

（1）启动辅助油泵，检查确认振动、噪声、启动与运行电流、出口压力等正常。交流润滑油泵的开关应处于"自动"位置，以保证油泵处在压力开关的控制之下，防止油压下降。检查并确认所有装在汽轮机轴承箱和主油箱仪表箱上的压力表是否显示正常。

（2）辅助油泵的开关从"自动"转到"断开"位置，检查油泵压力开关的动作。交流润滑油泵应启动，保持辅助油泵的开关处于"断开"位置，并将交流润滑油泵开关从"自动"打到"断开"。此时直流事故油泵应该启动。转子会暂时脱离盘车装置。重新启动辅助油泵并且停止直流事故油泵，并将所有油泵的开关设为"自动"，保证转子处于盘车转速。

（3）启动过程中，当油箱内的油位降到安全线以下时，报警装置会动作。此时辅助油泵若停运，应排除故障。

（4）从观察孔查看冷油器壳侧油流动正常。

（5）检查并确认润滑油系统有无油泄漏。

（6）停下辅助油泵，确认事故油泵能自动开启，检查并确认事故油泵运行的振动、噪声、启动与运行电流、出口压力等是否正常，停止事故油泵。

（7）启动"启动油泵（MSP）"，检查并确认其振动、噪声、启动及运行电流、出口压力是否正常。

（8）启动辅助油泵。

（9）启动顶轴油泵，检查并确认振动、噪声、启动与运行电流、出口压力等是否正常。

（10）检查并确认顶轴油泵无油泄漏。

（11）停顶轴油泵。

（12）停启动油泵（MSP）。

（13）停辅助油泵，确认事故油泵能自动开启。

（14）停事故油泵。

3.冷油器切换试验

（1）打开冷油器充油管路上的隔离阀门。

（2）从观察孔检查并确认显示两冷油器壳侧均有油流动。

（3）用冷油器切换阀切换冷油器。

（4）恢复冷油器转换阀原状态。

4.主油箱排烟风机检查

（1）启动主油箱排烟风机。

（2）检查并确认振动、噪声、启动及运行电流正常。

（3）检查并确认主油箱内的真空良好。

（4）停排烟风机。

5.检查抗燃油系统

（1）现场检查，确认所有的排油阀门都关上。

（2）用隔离阀选用一个冷油器。

（3）确认冷却水系统正常。

（4）启动1号循环油泵，现场检查振动、噪声、启动和运行电流以及出口压力达到额定值。

（5）确认运行中的1号循环泵油路没有渗漏。

（6）如果油箱的油温低于32℃时，且有循环油泵在运行，才能投入加热器。

（7）启动2号循环油泵，现场检查振动、噪声，并确认启动和运行电流、出口压力达额定值。

（8）确认运行中的2号循环泵油路中没有漏油。

（9）关掉2号循环泵。

（10）现场检查液压油联箱的旁路阀，确认已全开。

（11）启动A液压油泵，现场检查并确认振动、噪声、启动和运行电流都是正常的。

（12）逐渐关闭液压油箱的旁路阀，提高液压油油压。然后检查并确认振动、噪声、负荷电流和压力油油压是正常的。

（13）确认运行中的液压油管路无泄漏。

（14）停止A液压油泵。

（15）检查B泵。

（16）确认蓄能器进口阀全关，蓄能器排放阀全开。

（17）检查并确认氮气压力达到设定值。如果压力低于设定值，应对蓄能器补充氮气，使其达到设定值。

（18）完成氮气检查后，打开蓄能器进口阀并且关上排放阀。

（19）确认冷却水系统已投入使用。

（20）确认1号循环油泵就地控制已设置在"投入"位置。如果压力油的油温低于32℃，可以启动加热器对油进行加热。当油温高于37℃，加热器自动停止加热。

（21）切换启动2号循环油泵。该泵将连续运行直到液压油系统完全停止工作。

（22）检查并确认过滤系统的压力表显示值正常。

（23）启动A或B抗燃油泵。

（24）检查并确认所有装在供油装置仪表板上的压力表显示正常值。

（25）检查并确认抗燃油的温度、压力，应能满足液压油系统连续运行的要求。

（26）检查并确认 EHC 控制油油箱的油位正常。

6. 转子偏心读数

偏心表检查转子的偏心读数，汽轮机启动前读数应该≤0.075mm。

7. 疏水阀前蒸汽管路不应有水

确保每个主汽阀和再热主汽阀前的蒸汽管路也没水。确认疏水系统的所有管道都疏水（包括主汽管和再热蒸汽管热段疏水、主汽阀疏水、中联门疏水、抽汽管道疏水以及轴封加热器开设的永久性节流孔疏水）正常。为此，应做如下检查并确认：

（1）抽汽管道疏水截止阀是开启的，并接通凝汽器，疏水阀状态已显示在 OIS 上。

（2）两个主汽阀下阀座的疏水阀是开启的，此两阀可通过按下 OIS 上的按钮来打开。

（3）锅炉和主汽阀之间的所有主汽管应彻底吹干净并预热。蒸汽温度（过热度）应足够高，以免节流后进入湿蒸汽区。

（4）位于汽缸和蒸汽管道上的疏水阀，均应开启并与凝汽器接通。

（5）中联阀（CRV）下阀座的疏水阀是开启的，并与凝汽器接通。

（6）按下 OIS 上的按钮可控制这些阀门。

8. 读出汽轮机调节阀壳内表面的温度

根据汽轮机阀壳内表面温度，应使锅炉供汽温度在机组启动时高出汽轮机金属内表面温度约42℃。虽然要时刻满足此温度要求比较困难，但应尽一切努力来尽可能满足此要求。

9. 摩擦检查

（1）摩擦检查的目标转速选定为 200r/min。加速率选定为 100r/min²，高压主汽阀开启。当转速达到约 200r/min 时，按下"关全阀"按钮，关闭除中压主汽阀以外的所有阀门，避免升速太快和蒸汽流动噪声，便于汽轮机运转声音的传出。

（2）仔细倾听有无摩擦声。确认摩擦检查合格，随后将高压调节阀（CV）和中压调节阀（ICV）关闭。

10. 按 DEH 程序指令动作

检查高压调节阀和中压调节阀能否能按 DEH 程序指令动作，如摆动和超调。

（1）将 EHG 程序从运行的一台切换到备用的一台。如果两套的指令都不能控制，立即进行打闸停机。

（2）现场检查伺服阀的性能是否正常。

（3）现场检查各种位移传感器是否正常。

（4）现场检查液压执行机构供油和危急保安系统的压力是否正常。

（5）现场检查液压供油无漏油和危急保安系统是否报警。

11. 抗燃油供油和危急保安系统压力

（1）现场检查抗燃油泵在运行。

（2）现场检查抗燃油压力应正常。

（3）现场检查抗燃油系统无漏油。

12. 高压缸预暖

高压缸预暖系统，如图 17-17 所示。

（1）高压缸预暖操作的条件。

当下列条件达到后，高压缸预暖操作就可开始。

1）检查盘车运转，情况正常。

2）检查冷段再热管道内蒸汽压力，应不低于 700kPa。

3）检查凝汽器中压力，应不高于 13.3kPa（a）。

4）确认汽轮机处于跳闸状态。

5）检查并确认高压缸第一级后汽缸内壁金属温度低于 150℃。

（2）高压缸预暖的操作程序。

操作程序是由操作准备、操作和完成后操作三个部分组成。

操作准备如下：

1）如果高压缸预暖管系上设有疏水阀时，首先将其完全开启，并保持 5min，然后将其关严。

2）将汽轮机调节阀与汽缸间导汽管上的疏水阀由 100％开度关闭到 20％开度。

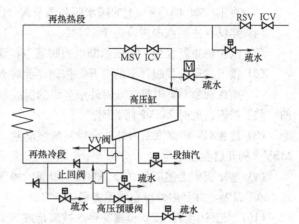

图 17-17　高压缸预暖系统示意图

MSV—主汽阀；CV—高压缸调节阀；RSV—再热主汽阀；ICV—中压缸调节阀；VV—高压缸通风阀

操作如下：

1）将高压缸预暖阀开启到 10％的开度，同时应检查通风阀处于全关位置。完成该操作后，预暖蒸汽通过再热冷段流入高压缸。

2）高压缸预暖阀 10％开度保持 30min 后，再开启到 30％开度。

3）高压缸预暖阀 30％开度保持 20min 后，再由 30％开度开启到 55％开度，保持此开度直至高压缸第一级后汽缸缸内金属温度升至满意的数值。

4）预热蒸汽进入高压缸的控制：预热蒸汽进入高压缸是通过电动预暖阀来实现的，该阀设在冷段再热蒸汽管止回阀前的旁路管上。高压缸内蒸汽压力由 0.35MPa（g）逐渐提高，这是通过仔细地调节预暖阀和各疏水阀来实现的。

5）在预暖过程中，注意控制金属内外表面的温差在允许值内。

完成后操作如下：

1）完全开启汽轮机调节阀（CV）与汽缸间高压导汽管上的疏水阀。

2）在强迫开启高压排汽止回阀前，完全开启冷段再热管（C/R）上的疏水阀。

3）将预暖阀开度关闭至 10％的开度位置，并保持 5min，然后在 5min 内逐步关闭预暖阀直至全部关严。当高压缸预阀全部关严时，检查通风阀应全开。

4）在将 C/R 管止回阀的控制模式由强迫模式切换至自动模式前，将冷段再热管上的疏水阀全关。

13. 调节阀蒸汽室预热

当调节阀（CV）蒸汽室内壁或外壁温度低于 150℃时，在汽轮机启动前必须预热调节阀蒸汽室，以免汽轮机一旦启动时调节阀蒸汽室遭受过大的热冲击。从调节阀蒸汽室预热开始，直至完成预热前，1 号高压主汽阀（MSV1）是不开启的。预热用的主蒸汽通过 2 号主汽阀的预启阀进入调节阀蒸汽室。

预热程序如下：

（1）检查并确认危急遮断阀处于跳闸位置，而负荷限制设定是关闭位置。

（2）检查并确认控制系统油压已由液压泵建立起来。

（3）将主汽阀（MSV）上的疏水阀和调节阀（CV）与汽缸间导汽管上的疏水阀打开。

（4）建议：主蒸汽温度应高于271℃。

（5）汽轮机重新复位。高压遮断电磁阀通电，而机械遮断电磁阀是失电。

（6）按下"阀壳预暖"下的"开"按钮，此时MSV2阀开启至预热位置21％。

（7）注意观察CV阀蒸汽室内外壁金属的温度差。当温差超过80℃时，按下"阀壳预暖"下的"关"按钮，此时MSV2阀关闭。

（8）注意CV阀蒸汽室内外壁金属间的温度差。当温差小于70℃时，按下"开"按钮，此时MSV-2阀开启至预热位置。

（9）重复实施上述项目（7）和（8）步骤的操作，直至CV阀蒸汽室内外壁金属的温度都升至180℃以上，并且内外壁金属温差低于50℃。

（10）当上述项目（9）步骤的要求被满足或者CV阀蒸汽室预热已进行了至少1h后，则认为已完成蒸汽室预热操作。

至此，汽轮机组启动准备完成，可以进行启动程序操作。

第四节 汽轮机启动运行

一、启动状态划分

汽轮机组在启动前，可能处于各种各样的温度状况。为了选择合理的蒸汽参数进行启动，必须确认汽轮机本体的温度状况，使启动时所选择的蒸汽参数，与汽轮机本体的金属温度相匹配，以便又快又好地完成汽轮机组的启动操作。

汽轮机组启动前的温度状态，习惯分为冷态、温态、热态和极热态。不同的电厂和制造厂，对上述几种状态的定义有所不同，其中按汽轮机组启动前的温度来划分比较合理和直观，如表17-20所示。

表 17-20   汽轮机组启动状态

状　态	冷　态	温态（1）	温态（2）	热　态	极热态
温度 t（℃）	$t \leqslant 120$	$120 \leqslant t \leqslant 280$	$280 \leqslant t \leqslant 415$	$415 \leqslant t \leqslant 450$	$t \geqslant 450$

在做好启动前准备后，按制造厂的说明书和电厂相应的运行规程进行启动操作。

作为具体例子，介绍用于沁北电厂、后石电厂、乌沙山电厂600MW超临界压力汽轮机组的启动方案。

二、汽轮机组启动

（一）蒸汽暖机和加负荷

（1）当蒸汽入口最低压力大约5MPa（g），过热度56℃，但是最高温度不超过430℃，真空度达到最高时，适当开启主汽阀使转子加速到400r/min。

（2）当转子速度增加，盘车装置会自动脱开，电动机会停转，如"盘车装置"中描述的一样。

（3）在400r/min时盘车装置供油会自动关闭。

（4）保持汽机转速在400r/min运行足够时间，检查并确定汽轮机的如下附属设备无异常状态：

1）关闭主汽阀，听听有无摩擦或其他不正常的噪声。

汽轮机设备及其系统

2）检查各设备基架和轴承箱有无漏油。

3）大约600r/min时，偏心记录仪会自动脱开，振动记录仪开始工作，最终检查偏心值应在400～600r/min之间进行。

4）在启动过程中，如果测得温度状态或监测装置指示接近或超过推荐极限时，适当调整冲转时间（见上述本章第二节"汽轮机监视仪表"和"运行限制值及注意事项"内容）。

（5）用控制室内的超速跳闸按钮，或前箱的手动跳闸杆关闭主汽阀、调节阀、再热主汽阀、中压调节阀等所有进汽阀。

（6）机组重新挂闸，观察调节阀、再热主汽阀、中压调节阀自由开启，旋转主汽阀控制器到"阀门关闭"位置。

（7）稍稍开启每个主汽阀，使汽机继续在大约400r/min运转。

（8）由主汽阀控制，按照下列步骤升速：

1）冷态启动（调节级腔室初始金属温度低于120℃）。

以150r/min² 的升速率升速到2000r/min。如果在中间转速停机检查汽机附属设备，则需要更长的时间。

在此过程中，入口温度可以升高到430℃，但是温升速率不得超过55℃/h。

保持2000r/min超过150min。

暖机结束后，以150r/min² 的升速率升速到3000r/min。

2）温态和热态启动（调节级腔室初始金属温度高于120℃）。

稳定升速到2000r/min后，升速率按照图17-18（进汽蒸汽参数、调节级腔室金属初始温度，冲转至初始负荷时间关系图表）来确定。之后以300r/min² 的速率升速到3000r/min。是否需要提高升速率通过临界转速由运行经验决定。

3）确定蒸汽室内壁金属温度不小于节流蒸汽压力下的饱和蒸汽温度。

图17-19描述了转速控制由主汽阀切换到调节阀时，主蒸汽压力和温度的关系曲线。

（9）需要时启动冷油器的循环水系统，调节油的流量，保持轴承出口油温介于60～70℃之间。

（10）通过机头的跳闸手柄或电磁阀来使系统跳闸。检查全部进汽阀，应全部关闭。随后重新挂闸，用主汽阀升速。保持汽机转速处于或接近3000r/min。

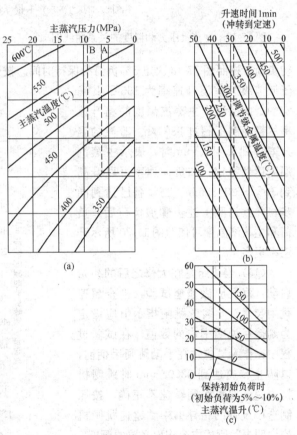

图17-18　参数、负荷、金属温度匹配

注：1. 调整主蒸汽压力（7MPa）和温度（400℃）以使调节级腔室的蒸汽温度与调节级腔室的初始金属温度（200℃）相匹配。从图（a）可确定升速时间为27min。

2. 如果升速过程中进口蒸汽压力和温度有变化，重新确定入口状态（9MPa，450℃）下的升速时间36min。

3. 如果在最小负荷保持期间，主蒸汽温度升高50℃，从图（c）可查到保持最小负荷的时间为25min，以防负荷突升。

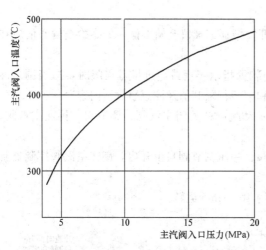

图 17-19　主蒸汽压力和温度的关系曲线图

初负荷。按照图 17-18 决定 5% 负荷的保持时间。按照图 17-20 所示进一步加负荷。图 17-20 是基于调节级腔室温升速率为 165℃/h 确定的。此过程中主蒸汽温度的温升速率尽量控制不超过 83℃/h。蒸汽的温升率降到 1.4℃/min 时，表示主蒸汽温度达到稳定，加负荷速率可以升高到 10%～20%/min。当设备已达到同步，并且按照上述步骤加负荷后，负荷和主蒸汽温度可依照图 17-20 所示升温率提高。

（13）当机组是在大修之后的初始启动，汽机应做超速试验，检查超速跳闸装置。此装置跳闸指示值应设定为制造厂说明书中的数值。在试验过程中操作人员应站在手动跳闸手柄前，以防止转速达到 3300r/min 时跳闸机构失灵。如果跳闸转速不正确，按照制造厂设备的指导书中"超速跳闸机构说明书"所述内容作出必要的调整。

注意："在做超速试验之前，设备要在负荷不低于 20%，再热蒸汽温度不低于 400℃ 情况下运行至少 7h。"的说明，只是一家制造厂的观点。

（14）超速跳闸装置调整正常后，设备在低负荷或保持 3000r/min 转速时，通过油压实验装置试验超速跳闸装置。记录动作油压以供以后参考。

（11）旋转辅助油泵开关到"断开"来停止油泵，开关手柄再回到"自动"位置，使油泵处于压力开关的控制之下。

（12）同步转速。

1）冷态启动。

机组同步后，由调节阀控制，并带上 5% 的初负荷。保持 5% 负荷足够长时间，以待进汽温度稳定。

此过程中，主蒸汽温度的温升率要尽量稳定，并不得超过 83℃/h。

进一步加负荷时，要确保调节级腔室温升率最大不超过 110℃/h。

2）温态和热态启动。

机组同步后，由调节阀控制，并带上 5% 的

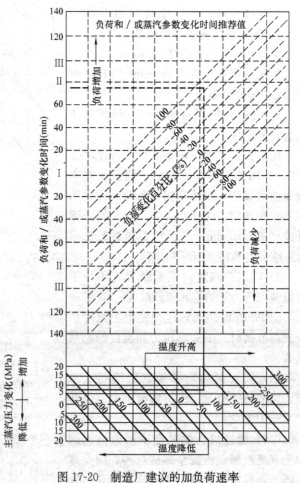

图 17-20　制造厂建议的加负荷速率

例：从 6MPa/450℃ 带负荷到 12.7MPa/538℃100% 负荷需要 78min。

（15）按照设备指导书中"保护指导"调试位于前箱的超速跳闸装置。

（16）如果低压缸喷水装置失效，必须注意防止低压缸过热。在高真空度条件下，空载蒸汽流量不会产生低压缸过热，然而在低于空载蒸汽流量或低真空情况下，会导致低压缸过热，机组倒拖将引起排汽温度迅速和显著的上升。如果排汽缸温度升到大约80℃，逐步增加负荷，或改善真空来降低汽轮机排汽缸温度。排汽缸允许最高排汽温度在120℃下短时间运转。

如果温度不能降低到70℃或更低，与电网解脱，并纠正问题。

（17）给水加热器运行时，确保凝结水泵在汽机带负荷时开始运行。

（18）设备按照上述步骤达到同步转速并加负荷后，热态启动参考图17-20"负荷—节流蒸汽温度和压力关系曲线"增加负荷或降低负荷。在冷启动时，进一步加负荷，要按调节级腔室蒸汽温升速率最大110℃/h来控制。

（19）热电偶装在高中压外缸水平法兰内表面和水平法兰螺栓附近。法兰和螺栓之间的温差允许值为140℃。运行经验表明，按照指导书中的正常启机过程操作，温差不会超过允许值。

（20）其他的热电偶，按照制造厂安装指导说明书装设。这些热电偶的监测数值，可以指导操作者选择更合理的时间改变运行状态。

（二）启动曲线

1. 概述

哈尔滨汽轮机厂向用户提供的图17-21～图17-25，表述汽轮机启动和投入运行过程建议的启动曲线，这组启动曲线只覆盖了正常的情况。非正常情况下，启动曲线的变化应该由现场操作工程师来判断决定。

2. 启动状态

推荐应用如下由第一级金属温度决定的五种启动状态。

（1）冷态启动：第一级金属温度<120℃，长期停机之后；

（2）温态（1）启动：120℃≤第一级金属温度<280℃，停机超过72h；

（3）温态（2）启动：280℃≤第一级金属温度<415℃，停机10～72h；

（4）热态启动：415℃≤第一级金属温度<450℃，停机1～10h；

（5）极热态启动：450℃≤第一级金属温度，停机不到1h。

3. 启机时注意事项

为避免共振，汽轮机不应在如下速率范围内定速。

（1）700～900r/min；

（2）1300～1700r/min；

（3）2100～2300r/min；

（4）2650～2850r/min。

本节对具体汽轮机组启动过程的说明，和这里上述所给出的图17-18～图17-20，以及列出的启动曲线（见图17-21～图7-25），是由制造厂向用户（沁北电厂和乌沙山电厂）提供的说明。这些特性线和启动曲线是用于600MW超临界压力汽轮机组（参数：24.2MPa/566℃/566℃）的具体例子。

安装于浙江兰溪电厂的4台600MW超临界压力汽轮机组，其参数和结构与上述沁北电厂、乌沙山电厂、后石电厂的汽轮机组基本相同，其启动运行曲线列于图17-26～图17-31。

前后两家制造厂的观点有差别，同样的机组（如参数相同、结构基本相同），不同的制造厂所给出的结果相差颇大。

又如，关于超速试验的条件，一个制造厂说明必须带20％负荷要经历至少7h以上；另一家

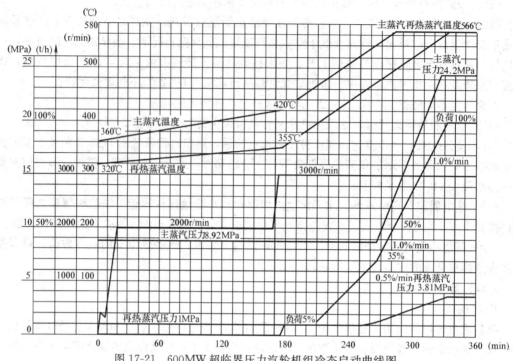

图 17-21　600MW 超临界压力汽轮机组冷态启动曲线图

（高中压缸联合启动，$t < 120℃$，参数：24.2MPa/566℃/566℃）

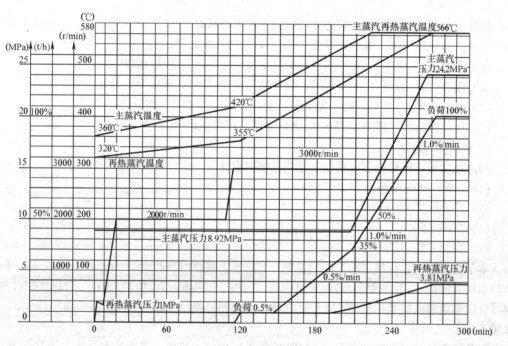

图 17-22　600MW 超临界压力汽轮机温态（1）启动曲线图

（高中压缸联合启动，$280℃ \geqslant t \geqslant 120℃$，参数：24.2MPa/566℃/566℃）

则说明带必须 20％负荷要经历 3h。

　　其实，用控制热应力和热疲劳，即控制汽轮机转子疲劳寿命的方法来指导运行，是现代大型

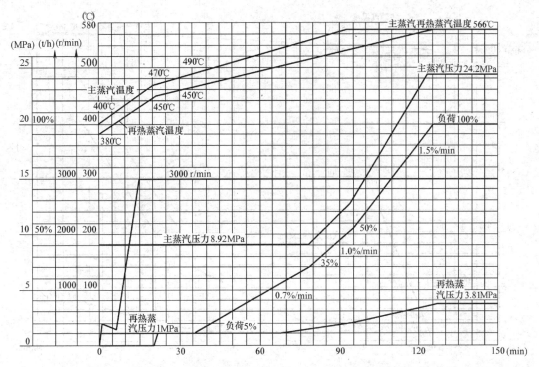

图 17-23　600MW 超临界压力汽轮机温态（2）启动曲线图

（高中压缸联合启动，415℃＞t≥280℃，参数：24.2MPa/566℃/566℃）

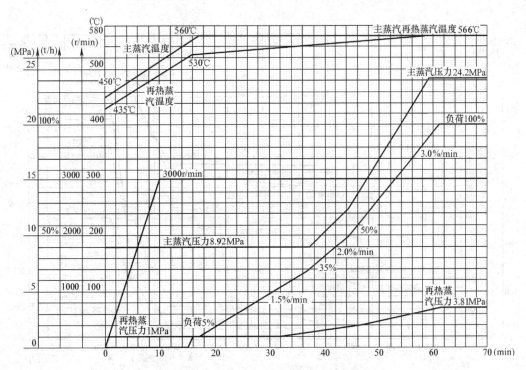

图 17-24　600MW 超临界压力汽轮机热态启动曲线图

（高中压缸联合启动，450℃＞t≥415℃，参数：24.2MPa/566℃/566℃）

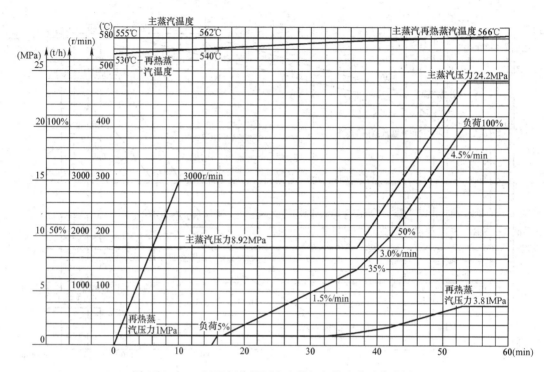

图 17-25　600MW 超临界压力汽轮机极热态启动曲线图

（高中压缸联合启动，$t > 450℃$，参数：24.2MPa/566℃/566℃）

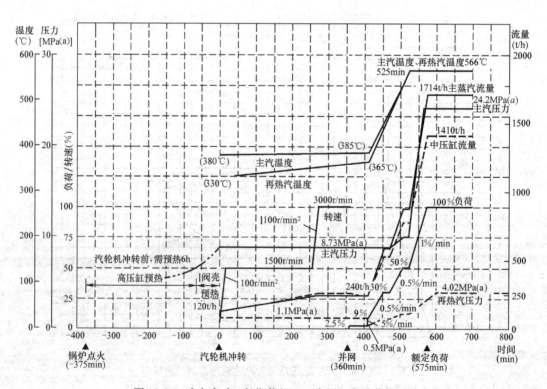

图 17-26　冷态启动（长期停机）—中压缸启动曲线图

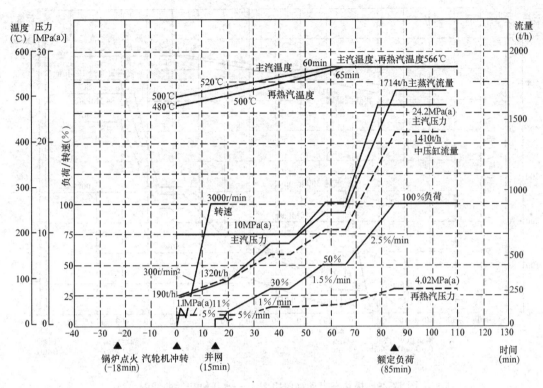

图 17-27　极热态启动（停机 1h）—中压缸启动曲线图

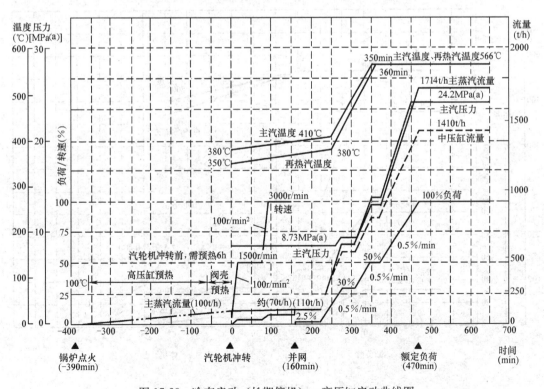

图 17-28　冷态启动（长期停机）—高压缸启动曲线图

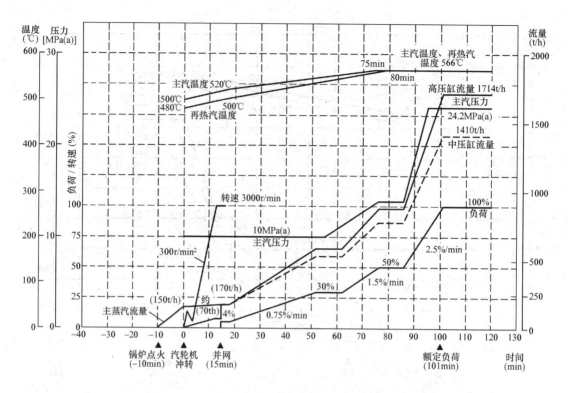

图 17-29　极热态启动（停机 1h）—高压缸启动曲线图

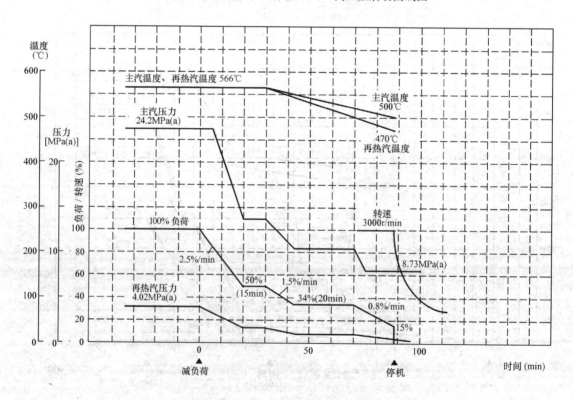

图 17-30　汽轮机正常停机曲线图

　汽轮机设备及其系统

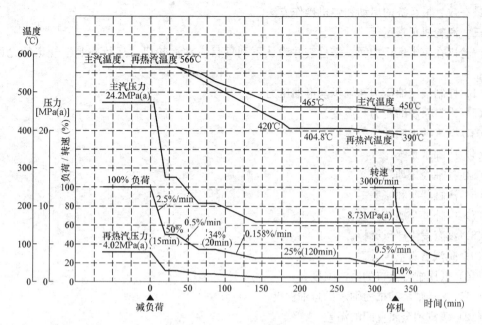

图 17-31　汽轮机维护停机曲线图

汽轮机运行控制过程中最有效的方法。

汽轮机在启动时，最关键是热应力和胀差的控制指标。

高温、高压大型汽轮机的启动和加负荷，是一个要求很严格的过程。在机组启动、加负荷的过程中，蒸汽温度的变化，引起转子和汽缸温度的变化，使转子和汽缸都产生热应力。并且由于转子和汽缸结构不同、热传导不同、温升状况不同，因此各自的膨胀就不同，于是出现膨胀差。

控制胀差的最有效方法是控制主蒸汽的温升率，因为控制了温升率，就能控制转子和汽缸的热应力和温差，也就控制了胀差。

另外，用控制高、中压调节阀开度比的办法来控制汽轮机的胀差。这种方法不仅能对高、中压缸加热速率进行控制，而且还具有限制高压缸排汽温度、限制高压缸排汽冷却速率、控制再热器最低压力等功能。

中压调节阀的开度 YIP 与高压调节阀开度 YHP 之比，称为开度比，记作 K_Y。

当机组进行启动时，K_Y 系数设置在"1"的位置，直至机组并网。当发电机并网，并且自动带上初负荷后，K_Y 系数即由"1"向"5"增加（K_Y 系数可调范围为 0.2～5）。如果在此过程没有任何限制器动作，则中压调节阀可开至 100％，高压调节阀按比例开至 20％。此时，中压调节阀已开足而无节流，负荷的增加可依靠高压调节阀开度的增大来完成。

必须保证：在冷态启动时，蒸汽有 20℃ 的过热度，再热蒸汽温度比中压转子温度探针温度高 20℃；在温态和热态启动时，蒸汽温度比高压转子温度高 50～100℃（考虑调节级的温降），比中压转子温度高 20℃。

在 36％～90％ 负荷阶段，采用滑压运行方式；当负荷>90％ 时，转为定压运行，直到 100％ 负荷。

汽轮机计划停机时，从负荷减至 90％ 时开始，机组转入滑压运行方式，主蒸汽压力逐渐降低，控制降负荷率在 5～10MW/min 范围内。当主蒸汽压力降至 8MPa 时，高压旁路打开，机组转为定压运行。投入功率控制方式，将负荷逐渐降低，直到负荷减到零。

读者可以用本章第一节第二条的具体数据来仔细分析，就能得出明确的结论，并制订出最好、最有效、最经济的启动和停机操作方法。

三、汽轮机正常运行

汽轮机在正常运行期间，需检查并确认下列项目应在汽轮机"运行限制"规定的允许范围之内：

(1) 控制液压油压力和轴承润滑油压力。

(2) 汽封系统的压力和温度。

(3) 空气抽出系统。

(4) 冷却水系统。

(5) 各轴径振动。

(6) 汽缸膨胀和胀差。

(7) 内外壁金属的温差。

(8) 没有发生严重摩擦。

(9) 凝汽器真空度。

(10) 低压缸排汽口的蒸汽温度。

(11) 支持轴承和推力轴承的排油温度。

(12) 蒸汽和金属壁间的温差。

(13) 在每一轴承回油观察窗口处的回油流动状况。

(14) 主汽阀疏水和阀杆处的泄漏量。

(15) 支持轴承和推力轴承的巴氏合金温度。

(16) 所有疏水阀均处于正确位置。

(17) 高压调节级和热段再热蒸汽管道处蒸汽的压力。

除观察和检查上述各项外，应按试验程序定期进行运行试验（如本章第五节所述内容）。

四、汽轮机组异常状况检查和操作

1. 危急遮断阀动作

(1) 检查并确认汽轮机已脱扣。

(2) 调查造成脱扣的原因。

(3) 检查并确认汽轮机转速是否达到脱扣转速。

2. 热应力过高跳闸

(1) 检查并确认汽轮机已脱扣。

(2) 检查并确认高压调节级或再热蒸汽入口处汽缸内外壁金属温差已超标。

3. 高中压缸胀差过大跳闸

(1) 检查并确认汽轮机已脱扣。

(2) 检查并确认胀差方向是转子伸长或缩短。

4. 低压缸胀差过大跳闸

(1) 检查并确认汽轮机已脱扣。

(2) 检查并确认胀差方向是转子伸长或缩短。

5. 振动过大跳闸

(1) 检查并确认汽轮机已脱扣。

(2) 检查并确认振动已超标。

6. 高压缸排汽温度过高跳闸

(1) 检查并确认汽轮机已脱扣。

（2）检查高压缸排汽温度以及高压缸排汽口处上下半汽缸内壁金属温度。

（3）检查并确认高压缸接往凝汽器的通风阀已开启。

7. 主蒸汽温度过低跳闸

（1）检查并确认汽轮机已脱扣。

（2）检查并确认锅炉自动控制系统工作正常。

（3）检查汽缸膨胀，胀差，振动和热应力指示值。

8. 推力轴承事故报警

当发出下列报警时，检查推力轴承摩损探测器是否在试验位置。

（1）推力轴承排油温度过高。

（2）推力轴承瓦块乌金温度过高。

（3）轴的轴向位移超标。

9. 轴承油压低报警

（1）检查并确认电动启动油泵 MSP（或 TOP 泵、EOP 泵）运转。

（2）检查轴承油压。

（3）检查主油箱油位。

（4）检查并确认润滑油系统有无泄漏。

（5）如轴承油压不能重新建立，汽轮机应脱扣。

10. 轴承油压过低跳闸

（1）检查并确认汽轮机已脱扣。

（2）检查并确认辅助油泵（TOP）或事故油泵（EOP）已运转。

（3）检查轴承巴氏合金温度，轴承进油压力，轴承排油温度和振动。

11. 低压缸排汽口温度过高跳闸

（1）检查并确认汽轮机已脱扣。

（2）检查低压缸排汽口喷水系统是否已投运。

（3）检查凝汽器真空度是否正常。

（4）检查低压缸排汽口温度，低压缸胀差和振动。

12. 凝汽器真空度过低跳闸

（1）检查并确认汽轮机已脱扣。

（2）检查凝汽器真空度，低压排汽缸温度，汽封蒸汽压力，低压缸胀差和振动。

（3）检查并确认空气抽出系统和轴封系统工作正常。

（4）检查低压旁路控制阀的开度位置。

13. 高中压缸胀差过大报警

（1）检查胀差的趋向（转子伸长或缩短）。

（2）保持汽轮机负荷，主蒸汽温度的波动应很小。检查高压缸排汽温度。

（3）如发现转子在伸长，应降低主蒸汽温度或逐渐降低汽轮机负荷。

（4）如发现转子在缩短，应提高主蒸汽温度或逐渐提升汽轮机负荷。

（5）检查并确认通风阀（VV 阀）处于规定阀位。

14. 低压缸胀差过大报警

（1）检查胀差的趋向（转子伸长或缩短）。

（2）保持汽轮机负荷，再热蒸汽温度的波动应很小。检查低压缸排汽温度。

（3）如发现转子在伸长，应降低再热蒸汽温度或逐渐降低汽轮机负荷。

（4）如转子伸长指示进入"橙带区"，不用停机，直至该指示显示出低于"橙带区"。因为机组在"橙带区"跳闸可能引起转子的伸长，从而使胀差进入"红带区"。

（5）如发现转子有缩短趋势，应增加再热蒸汽温度或逐渐增加汽轮机负荷。

15. 轴承振动过大报警

（1）注意每一轴承的振动趋势（增大还是减小）。

（2）检查并确认下列指示值：

1）轴承巴氏合金温度；

2）轴承进油温度和排油温度；

3）主蒸汽和再热蒸汽温度；

4）凝汽器真空度；

5）低压缸排汽口温度；

6）主汽阀阀壳与高中压缸内外壁的金属温差；

7）汽缸膨胀量与胀差。

（3）如果在汽轮机启动期发生振动过高情况，不应让机组运转在临界转速区，应将机组降至规定转速。如振动过高发生在加载运行期，应停止加负荷而维持汽轮机原负荷。在振动过高信号消除前，不应升速和加负荷。

16. 高压缸排汽温度高

（1）检查并确认下列指示值：

1）主蒸汽温度和压力；

2）高压调节级汽缸内壁金属温度和蒸汽压力；

3）汽缸膨胀量与胀差。

（2）在汽轮机启动期，检查并确认调节阀（CV 阀）和通风阀处于规定阀位。

17. 主蒸汽温度低

（1）主蒸汽和再热蒸汽温度波动应小。

（2）升负荷速度应低或保持不变。

（3）检查汽缸膨胀量、胀差、振动和热应力。

18. 低压排汽口温度高

（1）检查低压缸胀差和振动值。

（2）检查凝汽器真空度是否正常。

（3）必要时，启动备用真空泵。

（4）检查并确认由凝结水泵供给的低压排汽口喷水压力是正常的。

（5）检查低压排汽口喷水控制阀的阀位。

（6）必要时，打开低压排汽口喷水控制阀的旁路阀。

19. 凝汽器真空度低

（1）必要时，启动备用真空。

（2）检查低压排汽口温度。

（3）检查并确认所有通大气的阀门全部关闭。

（4）检查并确认汽封蒸汽压力正常。

（5）检查并确认循环水系统正常。

（6）检查低压缸胀差和振动。

（7）检查并确认低压排汽口喷水系统正常。

20. 零转速开关失灵

(1) 检查并确认汽轮机——发电机转子已停止转动。

(2) 手动启动盘车装置电动机。

(3) 手动啮合盘车装置。

21. 轴封蒸汽压力高/低

(1) 检查汽封蒸汽的压力。

(2) 检查汽封冷却器的真空。

(3) 检查并确认汽轮机汽封系统、辅助蒸汽供汽阀、主蒸汽供汽阀和汽封卸载阀均应运行正常。

(4) 确认汽轮机汽封蒸汽联箱减压阀工作或未投运。

(5) 当汽封蒸汽压力高时，如有必要，应打开汽封卸载阀的旁通阀。

(6) 当汽封蒸汽压力低时，如有必要，则应打开汽封系统辅助蒸汽调节阀的旁通阀或汽封系统主蒸汽供汽隔离阀。

22. 主油箱油位高/低

(1) 当主油箱油位低时。

1) 查明主油箱油位；

2) 查明润滑油系统中无泄漏；

3) 查明污油处理箱油位。检查并确认没有润滑油经油净化器进入污油处理油箱。

(2) 当主油箱油位高时，打开冷油器壳体上的排油阀。如发现冷油器在连续漏水，用备用冷油器替下工作冷油器，并将工作冷油器的冷却水管路分隔开。

23. 事故油泵（EOP）自动启动

(1) 不要关掉事故油泵，保持其运转。

(2) 检查润滑油系统的压力，如油压有下降的趋势，立即使汽轮机脱扣。

(3) 检查交流电源低电压继电器是否闭合。

24. EOP 泵电气故障

(1) 启动辅助油泵（TOP），关掉 EOP 泵。

(2) 查明机械事故造成过载的原因，如油温低（油黏度高）、轴承润滑系统和油泵故障。

(3) 检查并确认直流电瓶电压是正常的。

(4) 注意避免过热的油泵和电动机引起火灾。

25. 盘车装置电动机电气故障

(1) 采用手动盘车转动汽轮发电机组转子。

(2) 查明有无过载及其原因。

(3) 检查并确认未发现盘车装置的机械故障。

(4) 如果用手盘动汽轮电机组转子时，需要很大力矩，则要注意动静部分是否磨碰，必要时对汽轮机进行检修。

26. 盘车装置故障

如果盘车装置电动机没有启动，采用手动盘车。

人工给盘车装置电磁铁通电，如果盘车无法自动啮合，则应采用手动啮合。

查明故障原因，并检查和确认下列情况：

(1) 电气接线正确无误。

(2) 供气正常。

（3）电磁阀操作正常。

27.TOP 泵电气故障

查明并确认事故油泵自动启动。

检查轴承供油压力，如果由于电气连锁原因，使盘车电动机停转，应立即重新启动。

查明故障原因，检查并确认下列情况：

（1）润滑油系统未发现泄漏。

（2）润滑油温度不低。

（3）此泵无机械故障。

启动辅助油泵，在检查轴承进油压力正常后，关掉 EOP 泵。

28.电动启动油泵（MSP）电气故障

查明有无过载及其原因，检查并确认下列情况：

（1）润滑油温度不低。

（2）此泵无机械故障。

29.汽轮机润滑油箱排烟风机不工作

（1）切换到备用油烟分离器。

（2）查明有无过载及其原因。

（3）检查并确认排烟风机无机械故障。

（4）检查并确认主油箱的油位是正常的。

（5）仔细检查每一轴承的油渗漏情况。

30.顶轴油泵（JOP）电气故障

（1）如果盘车装置电动机已停转，重新启动盘车装置电动机，并手动将盘车装置啮合上。

（2）检查并确认汽轮机——电机各轴承巴氏合金温度未超过设定极限值。

（3）查明有无过载及其原因。

（4）检查并确认此泵无机械故障。

31.JOP 泵出口油压低

（1）检查并确认指示低压的压力表无误。

（2）检查并确认顶轴油泵系统中无油泄漏。

（3）检查并确认压力开关的安全阀的设定点正确无误。

32.抗燃油泵（EH）电气故障

查明 EH 泵是自动启动状态。

检查抗燃油压力。

查明故障原因，检查并确认下列情况：

（1）抗燃油系统中无泄漏。

（2）抗燃油温度不低。

（3）此泵无机械故障。

五、汽轮机停机工况

（一）正常停机

（1）除非紧急停机，必须逐渐降低负荷，尽量遵循图 17-19 所示的过程。

（2）大约 20%负荷时，打开所有疏水阀。

（3）负荷降到 5%时，手动或遥控停机。汽机所有的主汽管和再热管线的阀门关闭，发电机脱网。

（4）确保轴承油压降到 0.084MPa（g）时，辅助油泵打开。

（5）氢冷却器的供水遵照发电机的指导书进行。

（6）为了远方操作盘车齿轮，保证控制开关转到"启动"位置之前，转速低于盘车转速。如"盘车装置"说明中所述，此时会向盘车齿轮供油。

（7）轴承油压降到 0.074MPa（g）时，确保直流事故油泵打开。

（8）转速降到 400r/min 时，打开真空破坏阀，关闭空气去除设备。当真空达到 0 时，从轴封供汽调节阀处关闭密封蒸汽，并且关闭汽封冷却器排气风机。

（9）关闭凝结水泵。

（10）关闭水循环泵。

（11）如果可能，控制油冷却器的冷却水，保持离开冷油器的油温约 30℃。

（二）汽轮机故障（甩负荷）

1. 发电机断路器跳闸事故

甩负荷是指机组带额定负荷运行、进汽阀全部打开、调节系统的转速/负荷控制设定在 100％情况下，汽轮机突然跳闸的情况。如果是因发电机断路器跳闸事故，则应按以下程序处理：

（1）汽轮机转速将在约 1s 的时间里升至 107％额定转速值。由于转速升高，所有汽轮机控制阀——高压调节阀、中压节阀，均立即关闭，转速随之下降，而低压旁通阀打开，以保持再热器的运行。

（2）当转速降至 102％额定转速时，中压调节阀打开到能通过汽轮机空载的蒸汽流量，此时，低压旁通阀是处于全开位置。

（3）当汽轮机转速回复到 100％额定转速时，调节阀将开始逐步打开达到对应于 100％额定转速而汽轮机为空载时的开度位置。汽轮机将在此转速下运转直到再次并网运行。

（4）当中压缸再热蒸汽入口处蒸汽压力低于 15％额定压力时，低压排汽口喷水控制阀将自动全部打开，以冷却低压缸排汽（低压排汽口喷水阀受低压排汽口温度信号的控制，当该温度达到 47℃，低压排汽口喷水控制阀将打开，而当低压排汽口温度达到 80℃时，喷水控制阀将全部打开）。

2. 和系统相关的甩负荷

（1）如果需要，机组可按照如下步骤重新同步和带负荷：

1）如果机组可在 15min 之内重新达到同步转速和带负荷，尽可能快的增加负荷；

2）如果超过 15min，重新达到同步转速和带负荷时间应推迟；

3）如果决定机组不再并网，则按照上述正常停机步骤进行。

（2）如果不能确定甩负荷的原因，导致再并网延迟，应按照下列的"压力或温度下降"的描述进行停机。

3. 压力或温度下降的停机操作

（1）正常运转时，IRP（初压调节器）运行，其功能如下：

1）锅炉压力有任何降低时，初压调节器会在设定值时切断；

2）初压调节器切断后，负荷会降低直到主蒸汽压力达到调节器的设定值，或达到阀门 20％最小开度；

3）在此过程中，操作人员应该决定是否可以维持运行的温度和压力，否则停机；

4）如果锅炉的压力升到允许值，操作人员可以将负荷升高到失压前的参考值。

（2）如果初压调节器的设定值低于正常运行入口压力的 90％，或初压调节器失效，按照以下步骤进行：

1）操作人员应该减负荷来尝试维持压力高于正常运行值的 90％，以及主蒸汽、再热蒸汽温度下降不超过 83℃。

2）如果压力低于正常运行值的 90％，或温度下降 83℃，甩去负荷停机。负荷降到 20％时，汽机的所有疏水阀打开。检查所有抽汽加热器疏水管线上的旁通阀门。

3）机组处于盘车时，检查有无摩擦声。

4）如果一切正常，按照"正常启动程序"升速到同步。

5）如果压力保持正常运行值的 90％，或温度下降不超过 83℃，在压力和温度恢复正常值后，按正常方式升速加负荷。

（三）保护装置功能控制停机

（1）汽轮机具有保护装置，在低真空和低油压时停机，并且汽轮机可以通过跳闸电磁阀或手动停机。如果超速跳闸试验手柄永久松开，在进行保护装置试验时也可停机。

（2）如果按照上述第（1）条步骤停机，可以清除故障保持真空，重新升速同步。

（3）如果失真空停机，则按照正常停机步骤停机。故障排除后，按正常启动步骤重新启动汽轮机。

（4）设备或系统故障的危急停机，按本节第四条说明操作处理。

（四）停机程序

当汽轮机准备停机时，应按下列程序进行：

1. 降负荷

对正在运行的汽轮机进行降负荷，准备停机前预备工作。

2. 卸负荷

（1）逐渐降低负荷到额定负荷的 10％左右。

（2）在降负荷过程中，如果排汽温度高于 47℃，则必须注意低压缸排汽口喷水系统应在喷水状态。

3. 停机

（1）按下操作台上的"停机"按钮。当危急遮断阀位于脱扣位置时，OIS 红灯亮。

（2）确认 MSV 阀和 RSV 阀是处于全关闭状态，如全关闭，OIS 的相应显示由灰变绿。

（3）检查并确认发电机断路器电路是开启的。

4. 停盘车并检查高压内缸内壁金属温度

当内缸内壁金属温度低于 150℃时，停盘车。在停盘车 8h 后，可以停供润滑油。

六、调节方式切换

大型汽轮机组都具有单阀（SIN-节流配汽）和顺序阀（SEQ-喷嘴配汽）控制机组的功能。其中，单阀控制就是 4 个高压调节阀门同步动作完成对机组的控制；顺序阀控制就是 4 个高压调节阀门按照相应的顺序流量曲线完成对机组的控制。

单阀/顺序阀切换的目的，是为了提高机组的经济性和快速性，实质是通过喷嘴的节流配汽（单阀控制）和喷嘴配汽（顺序阀控制）的无扰切换，解决变负荷过程中均匀加热与部分负荷经济性的矛盾。在单阀方式下，蒸汽通过高压调节阀和喷嘴室，在 360°全周进入调节级动叶，调节级叶片加热均匀，有效地改善了调节级叶片的应力状况，使机组可以较快改变负荷；但由于所有调节阀都属于部分开启，节流损失较大。顺序阀方式则是让调节阀按照预先设定的次序，逐个开启和关闭。在一个调节阀完全开启之前，另外的调节阀保持关闭状态或较小开度（即重叠度），蒸汽以部分进汽的形式通过调节阀和喷嘴室，节流损失大大减小，机组运行的热经济性得以明显改善。但同时对叶片产生周期性冲击，容易造成叶片的动应力疲劳，机组负荷改变速度受到限制。因此，在冷态启动或低参数下的变负荷运行期间，采用单阀调节方式，能够加快机组的热均匀过程，减小热应力，减小对机组的寿命损伤率。在额定参数下的变负荷运行期间，采用顺序阀方式，则能有效地减小节流损失，提高汽轮机热效率。

对于定压运行带基本负荷的工况，各个调节阀都接近全开状态，这时节流调节和喷嘴调节的差别很小，单阀/顺序阀切换的意义不大。对于滑压运行的调峰变负荷工况，部分负荷对应于部分压力，调节阀也近似于全开状态，这时阀门切换的意义也不大。对于定压运行变负荷工况，在变负荷过程中，希望用节流调节改善均热过程。而当均热完成后，又希望用喷嘴调节来改善机组效率。因此，这种工况下要求运行方式采用单阀/顺序阀切换，来实现两种调节方式的无扰切换。以求得最好的运行工况。

当机组负荷在一定范围内，打开 DEH 主画面"AUTOCTL"，选择"SIN/SEQ"，可以选择 SIN 方式或 SEQ 方式，两者在切换过程中，在信息栏中有单阀/顺序阀转换过程中的状态指示。

单阀、顺序阀详细的控制原理及操作详见 DEH 说明书。

七、司机自动控制方式

"司机自动"是汽轮发电机组的主要控制方式。

进入 DEH 控制主画面"AUTOCTL"，汽轮机挂闸前，运行人员观察到 DEH 主控画面的显示应为正常状态。

在机组挂闸前，DEH 主控画面状态信号的显示，如表 17-21 所示。

表 17-21   机组挂闸前 DEH 主控画面状态信号的显示说明

棒图或文字说明	状　态	文　字　说　明
高压调节阀阀位指示	0% 阀位	(TV1, 2)
高压调节阀阀位指示	0% 阀位	(GV1, 2, 3, 4)
再热调节阀阀位指示	0% 阀位	(IV1, 2, 3, 4)
再热主汽阀阀位指示	CLOSED	关闭
主断路器状态	OFFLINE	解列
汽轮机状态	TRIPPED	跳闸
阀门控制方式	SINGLE	单阀
发电机功率控制回路	OFF	切除
主蒸汽压力控制回路	OFF	切除
汽机控制方式	MANUAL	手动

提醒：在机组在运行中，如果 DEH 控制柜的门开着，不准在控制柜附近打开手提式收音机、对讲机等电子设备（电话除外），以防止电磁波干扰控制的稳定性。

当预检查和操作完毕后，可进行下列步骤。

（一）启动

(1) 点击 DEH 主控画面"挂闸（Latch Turbine）"按钮，下侧显示状态"TRIPPED"，挂闸成功后，按钮下侧显示状态"RESET"。

(2) 选择"司机手动"方式。在主画面的"自动/手动 AUTO/MANU"上选择 AUTO，控制方式由 MANUAL 变为 AUTO。

(3) 本例的机组是高、中压联合启动方式（高主门与中调门联合 TV/HIP、高调门与中调门联合），选择一种方式，处于控制方式的门就会全开。

(4) 手动控制打开再热调节阀至全开（100%开度）为止。

(5) 用远方跳闸按钮，或装在前箱的手动跳闸杆，操作超速跳闸机构，关闭所有进汽阀。试验调闸系统是否正常。

提醒：在测试机组手动打闸系统功能的试验中，打开所有阀门之前，要确认电动主闸门是处于关闭状态。

(6) 重复上述步骤（1），使机组重新挂闸。

（7）到此为止，汽轮机已具备冲转条件。按照本节第二条"汽轮机组的启动"的有关内容和根据要求，可以进行汽轮机升速。

（二）升速

无论汽轮机机组是处于哪种热状态，都要根据有关启动和停机的说明，来确定何时采用何种启动规程，具体操作执行按照 DEH 操作说明书执行，并要求运行人员熟悉和掌握"控制画面"的使用方法。

1. 进汽前状态（TV 方式）

（1）汽轮机在盘车；

（2）主汽阀全关；

（3）高压调节阀、再热主汽阀全开；

（4）主蒸汽参数符合启动时主蒸汽参数的要求；

（5）真空破坏阀关闭；

（6）所有疏水阀全开。

2. 冲转

（1）在完成"进汽前的起动规程"的步骤后，按照"启机和停机说明"的要求，操作均由主控室的操作人员按照 DEH 系统操作说明，一步步地进行。

（2）当运行人员选择完运行方式（TV/HIP）、启动控制方式（A/M）为 AUTO、按下"运行（RUN）"按钮时，选择出"目标值（TARGET）"、升速率（RATE）、"GO"，DEH 系统将按运行方式打开相应的阀门开始升速。

提醒：为避免事故，人们应避开处于气动"脱扣"位置的盘车装置的操纵杆。机组在冷态、温态启动时，要保持单阀控制方式一天，以减少固体粒子冲蚀。

（3）保持转速应注意避开叶片的共振转速。

（4）在汽轮机升速过程中，如果需要保持某一转速，则可在"GO/HOLD"上选择"HOLD"，也可以直接将目标转速设定成此值。这时升速停止，汽轮机保持在这个转速下运转。

（5）如果在机组转速保持后，要继续进行升速，则按"GO"按钮。

提醒：在初始起动时，暖机期间不采用汽轮机自动控制（ATC）程序。按照"冷态启动"进行暖机。

（6）将目标转速输入到"目标值"中。按"冷、温、热、极热态启动曲线"规定的转速暖机。

（7）按"GO"按钮。当选定的目标转速达到时，汽轮机就在该转速下定速暖机。暖机时间以及主汽温度，再热蒸汽温度按"冷、温、热、极热启动曲线"确定。

3. 主汽阀到调节阀的切换

（1）汽轮机以相应的升速率升速到"进汽阀切换转速 2900r/min"。在主汽阀切换到调节阀控制之前，要确认蒸汽室内壁温度至少等于主蒸汽压力下的饱和温度。图 17-19"汽轮机入口蒸汽状态"表示在冷态启动时主汽阀进口温度和压力之间的关系。如果要使蒸汽室的温度达到要求值，建议按照此参数关系。

（2）当机组达到切换转速且上述条件已经满足时，则可按下列步骤进行将主汽阀控制切换到调节阀的控制：

1）打开 DEH 主控画面，当汽机转速升至 2900r/min 时，汽机停止升速进入保持状态。DEH 主控画面相应位置显示"保持（Hold）"。

2）点击"主汽阀/调节阀切换（TV/GV CHANGE）"按钮，GV 逐渐关闭，信息栏中 TV/GV CHANGE IN PROGRESS 会变亮，当 GV 关闭到一定值时，TV 逐渐打开。当 TV 全开后，切换完成，机组自动向 3000r/min 升速，"TV/GV CHANGE IN PROGRESS" 变暗。

3）从 DEH 主控画面监视主汽阀和调节阀行程，观察从主汽阀到调节阀控制的切换过程。汽轮机此时处在调节阀控制之下。

（3）超速跳闸试验，以保证超速跳闸机构和阀门工作正常。操作超速跳闸机构既可在控制室内按"跳闸"按钮，也可用前箱上的手动跳闸杆。必须确认跳闸后所有主汽阀和再热阀都已全闭。

提醒：在做超速试验时，要有一名运行人员在手动跳闸杆旁边，随时准备用手动跳闸。

（三）同步和带初负荷

机组同步，并立即带 3%～5% 额定负荷。

如果用自动同期装置实现机组并网，则汽轮机必须控制在 3000±50r/min 转速之下。

在 DEH 主控画面上点击"自动同期"按钮，投入自同期控制方式后，状态显示 YES，使汽轮机的转速控制切换到自动同期装置控制。这时，自动同期装置发送升/降闭合触点信号到 DEH 系统，使汽轮发电机组达到同步转速，并进行并网。当发电机的主断路器闭合后，"自动同期"按钮恢复原状。

（1）在发电机的主断路器闭合的同时，"目标值"窗口将显示出以"参考值"%的数值，自动地把调节阀置于当时主蒸汽压力下，相应于约 3%～5% 负荷的位置上。此时控制方式是阀位控制方式。

（2）在 DEH 主控画面上，点击"加载（LOAD）"按钮，投入功率反馈回路，功率反馈回路投入后，LOAD 状态显示"IN"（当功率反馈回路投入时，"目标值"窗口显示的功率值，将调整到与实发功率值相一致）。

由于此时阀门的开度比较小，负荷在初负荷区域，在阀位控制方式下开启阀门。当离开初负荷区域时，再投入功率反馈回路，这样系统控制会更稳定。

主蒸汽压力控制回路的投入和切除，以及功率控制回路的投入和切除，各自的切换是无扰动的，它不会影响负荷的大小。当要投入另外一控制回路时，要先从当前控制回路，切换到阀位控制，然后再投入想要投入的回路。

（四）超速试验

汽轮机超速试验具体操作，详见第十六章第五节第九条和 DEH 说明书进行。

（1）超速跳闸试验。汽轮机初始启动或大修后的启动，以及前箱检修影响了超速跳闸设定值，都应该进行超速试验，以确认超速跳闸机构动作正常。必要时可随时进行。

试验时所用的参数，必须严格控制在安全运行允许的范围内。如果试验时间超过 15min，则运行人员必须严加注意，不能超出安全的运行参数。

提醒：在做超速试验时，要有一名运行人员站在手动跳闸杆旁随时准备用手动跳闸。

（2）在机组同步和带 5% 初始负荷后，可将负荷升到额定负荷的 20%。在做超速试验之前，要确认转子表面温度达到 300℃ 的时间，已经 3h 以上（参见本章第一节第二条内容）。

（3）超速试验必须在 3000r/min 定速（转速大于 2950r/min）、油断路器未合闸的情况下进行，它包括 OPC 超速试验（103%）、电气超速试验（110%）和机械超速试验（111～112%）三项试验。这三项试验在逻辑上相互闭锁，即任何时候只有一项超速试验有效。对于机械超速试验，除满足上述条件外，ETS 操作盘上的"超速保护"钥匙开关必须在"试验"位。

在电气或者机械超速试验过程中，如果汽机转速超过 3360r/min 仍未跳闸，为安全起见 DEH 将无条件地发出超速跳闸指令，并送 ETS。

观察汽轮机转速表，并记录机组跳闸时的转速，要做好手动跳闸的准备。

（4）如果机组达到了跳闸转速，并希望机组继续运行，则可以重新挂闸。如果跳闸转速不能令人满意，则在将机组重新投入运行之前，要调整好跳闸飞锤的弹簧力。

（五）负荷控制

这里是指启动过程的负荷控制。

在发电机主断路器闭合和机组处于 ATC 控制方式下，汽轮机自动控制（ATC）程序，具有控制负荷的能力。由于负荷控制能自动地选择最佳的升负荷率，因此所有的负荷变化都希望用 ATC 方式来完成。ATC 程序能够连续地监视汽轮机的各种参数，计算转子的应力，并根据当时的状态选择合适的负荷变化率。此变化率取转子应力计算所确定的最佳负荷率、运行人员选定的负荷率和外部输入的负荷率三者之中的最低值。运行人员监视着转子应力的极限值，和以兆瓦为单位的最大负荷值。无论采用任何一种控制方式来改变负荷，都假定给水加热器或其他辅助设备都正常工作。当机组升负荷时，在负荷升到 20％ 额定负荷以前，疏水阀应始终开着。之后，这些疏水阀将自动关闭。同样，在机组减负荷或者停机时，当负荷降到 20％、疏水阀自动打开时，运行人员必须确认疏水阀能自动动作，否则必须用手动操作。

负荷控制操作步骤如下：

（1）在 DEH 主控画面上点击负荷变化率"按钮"。

（2）把上面确定的负荷变化率输入到 DEH 控制系统中。

（3）在 DEH 主控画面上点击负荷"目标值"按钮。

（4）把期望的负荷值输入。

（5）如果要在 ATC 控制方式下，完成所有负荷变化，按下"ATC"按钮，则机组即在 ATC 控制方式下运行，并控制升负荷直到结束。如果不采用 ATC 方式，在"AUTO"方式下，则按下"GO"按钮，负荷将以选定的升负荷率变化。

（6）如果在负荷变化期间，需要一段时间的负荷保持，则按下"GO/HOLD"按钮，选择"HOLD"，这时负荷停止变化，如果要继续变化负荷，再按选择"GO"，则负荷就以预定的升负荷率变化。

（7）当"参考值"的数值等于"目标值"的数值时，则表示负荷变化结束。

（六）主汽压力控制

（1）在主蒸汽压力达到额定压力时，运行人员可在 DEH 主控画面上按"主蒸汽压力（TPC）"按钮，把主蒸汽压力控制回路投入运行。

（2）在主蒸汽压力达到额定压力 90％时，运行人员可在 DEH 主控画面上点击"主蒸汽压力限制（TPR）"按钮，把"主蒸汽压力限制（TPR）"功能投入。此功能保证当主汽压接近设定值时，DEH 能控制调门快速向下关，以保证主汽压的稳定。

（七）停机

1. 正常停机

除非在事故情况下停机，负荷应逐渐下降。对于汽轮机不同运行工况，负荷的下降速度必须注意热应力和胀差。

减负荷操作步骤如下：

（1）由图 17-20"负荷和/或蒸汽状态变化时间推荐值"上，可得到推荐的减负荷时间，并确定负荷变化率。

（2）将变化率转换成每分钟兆瓦数（MW/min）。

（3）把上面得到的每分钟兆瓦数值，输入到 DEH 系统中。

（4）把要求的负荷输入到 DEH 系统中，使机组负荷降到上述负荷值。

（5）如果在 ATC 下进行减负荷。按 ATC 按钮，使机组的整个减负荷过程由 ATC 方式控制。如果不采用 ATC 方式，而采用"AUTO"方式，则按"GO"按钮。此时，机组负荷以选定的负荷变化率使负荷下降。

（6）如果在负荷变化期间，需要一段时间的负荷保持，则在"GO/HOLD"选择按钮，按下"HOLD"，这时负荷停止变化。如果要继续变化负荷，再按选择"GO"，则负荷就以预定的降负荷率变化。

（7）当"参考值"和"目标值"相等时，负荷变化结束。

2．事故停机

（1）机组从电网解列。

当发电机偶然甩掉全部或部分电负荷时，残存蒸汽的能量将导致转子加速，加速度的大小与甩电负荷时的负荷大小有关。

DEH控制系统中设有超速保护控制器（OPC），它具有下列功能：

1）检测甩负荷量。

OPC的负荷下降预感器的作用是检测甩负荷量，并迅速关闭所有的高压调节阀和再热调节阀，以限制汽轮机超速量。但这个功能仅在负荷大于30％和主断路器跳开时才起作用。

经过一个时间间隔以后，机组的转速降低到额定转速的103％以下，信号断开，使调节阀和再热调节阀慢慢打开。

再热系统中的残存蒸汽可能会使汽轮机第二次超速，使得所有的调节阀和再热调节阀再次关闭。当再热系统中的残存蒸汽被耗尽后，机组的转速降至额定转速。在额定转速下，调节阀将承担机组的控制任务，并使机组保持额定转速。

2）检测汽轮机超速。

OPC的另一作用是，当转速超过103％额定转速时，将所有调节阀和再热调节阀关闭。其功能与负荷下降预感器的功能相同，它使调节阀和再热调节阀动作，耗尽再热器的蒸汽，从而使机组达到同步转速。

3）OPC阀门快关功能。

OPC借助于比较汽轮机输入功率（中压缸排汽压力）和发电机输出功率（功率传感器），来检测机组的部分甩负荷。当汽轮机功率超过发电机功率约30％时（这种情况发生在电厂附近三相故障时），阀门快关逻辑功能迅速地将再热调节阀关小。再热调节阀的这种瞬时关小，相应地，将汽轮机的输入功率瞬时减小，随之瞬时减小发电机的输出功率，使机组与系统保持同步。

（2）与系统保护功能有关的停机。

按本节第四条说明进行操作。

八、远方自动控制方式

这里是指负荷的远方自动控制。

当需要远方控制机组的负荷时，可在DEH主控画面上点击"远控（BOILER CONTROL-CCS）"按钮，选择"IN"。这样，机组受控于远控输入综合指令，DEH完全受控于CCS指令，按照CCS指令的变化而变化，不进行变化率的限制。注意：不同机组的"远控"按钮可能有不同的标记，如自动调度系统（ADS）、机炉协调系统（CCS）等。

九、汽轮机自动控制

汽轮机自动控制，简称ATC。在DEH主控画面上点击"ATC"按钮，便可把汽轮机的控制从其他任何一种自动方式切换到ATC方式。这时，"ATC"按钮变色，前一种方式恢复原状。这种切换在任何时候都可以进行，且不发生转速和负荷的波动。

选用这种控制方式，由ATC程序使机组从盘车转速一直升到同步转速，同时连续地监测系统的各种参数和报警值。在这种方式下，ATC程序可以检查冲转前的转速，确定转子是否需要暖机，选择最佳升速率。它还可以使机组的转速自动地避开共振转速范围。

ATC程序除了具有转速控制的功能外，当发电机的主断路闭合后，它还具有负荷控制的功能。负荷控制程序能自动地选择机组的最佳升负荷率，以适应运行人员，或外部系统对改变负荷的要求。在汽轮机运行期间，无论是在升速或带负荷过程中，计算机将监测汽轮机的各种参数，并把它们与限制值相比较，显示在屏幕上。

提醒：当机组初始起动时，建议采用运行人员自动控制方式，而不宜采用 ATC 控制方式。因为采用运行人员自动方式可以进行一些辅助的测量和观察。这些辅助的测量和观察通常对于初次启动来说是非常必要的。

十、手动控制方式

汽轮机手动控制方式，是由运行人员来确定阀门位置，观察结果，如果需要可调整阀门位置，直到达到期望的结果。

当机组在手动控制方式下运行时，DEH 处于一种开环的控制状态，闭环调节的控制精度也无从保证，而且运行人员负担加重。因此，除非在不得已时，一般不推荐采用这种方式启动机组。

在 DEH "AUTOLIM" 画面上的 "MANUAL CONTROL" 控制方式 "F" 选择 "MANU-AL"，然后在 "E" 上给出手动控制的目标值，DEH 就控制机组达到相应的阀位。

第五节　超临界压力汽轮机组维护

正确地使用和维护，才能保证汽轮机组处于良好的可用状态。本节将说明汽轮机在运行中，必须怎样检查和维护各种设备及相应的工作系统。其内容包括以下几方面内容：

(1) 主汽阀试验（日常、每星期）；

(2) 高压调节阀活动试验（每月）；

(3) 阀门汽密性试验（6～12 个月）；

(4) 抽汽止回阀试验（日常）；

(5) 转子电压测量（每星期）；

(6) 主油箱油位仪试验（每星期）；

(7) 自动泵启动试验（每星期）；

(8) 抗燃油系统联动、连锁（每星期）；

(9) 主遮断电磁阀试验（每星期）；

(10) 危急遮断器试验（每星期）；

(11) 危急遮断器试验（6～12 个月）；

(12) 真空电磁阀遮断试验（6～12 个月）；

(13) 备用超速遮断试验（每星期）；

(14) 备用超速遮断试验（12～24 个月）；

(15) 设备和工作系统检查明细表。

一、进汽阀试验

（一）阀杆动作试验

1. MSV-GV 和 RSV、ICV 的阀杆动作试验程序

为保证汽轮机的主汽阀、调节阀、再热主汽阀和再热调节阀正常工作，汽轮机在带负荷情况下，每星期对主汽阀和再热主汽阀进行一次功能性试验。其目的是防止这些重要控制设备因长期运行可能发生卡涩现象，维持这些阀门的正确运行。

在试验期间，运行人员应在阀门旁边观察阀门的工作情况。阀门的动作是否平滑和自由。任何跳动或间歇动作表示：

　　　　　　　　　　　　汽轮机设备及其系统

（1）阀门轴或阀杆上沉垢的形成（要清除此类沉垢）；

（2）阀杆或轴弯曲；

（3）EH控制油压波动；

（4）阀门中心偏移。

找到并维修轴或阀杆沉垢的原因。

由于这些阀的运行是非常重要的，因此即使在试验期间遇到困难，也必须努力采取补救的措施。

2. 主汽阀和调节阀阀杆活动试验

在进行阀门试验时，调节阀必须在单阀控制方式下运行通过试验可获得准确的点。试验应按下列步骤每星期进行一次：

（1）通过负荷限制阀降低负荷到70％THA。

（2）操纵试验装置慢慢关闭同一蒸汽室中的两个调节阀。当阀门关闭时，通过调节器或负荷限制器控制负荷。

（3）之后关闭相应的主汽阀，压下并保持开关标识为"关闭试验"位置。在阀关闭后，相应的指示灯亮。

（4）打开主汽阀，压下并保持开关标识为"开启试验"位置。当阀开启后，相应的指示灯亮。

（5）操纵试验装置打开两个调节阀。在阀开启的同时通过调节器或负荷限制器控制负荷，在阀开启后进行观测。

（6）对于另一侧的蒸汽室和主汽阀，重复上述步骤（2）～（5）。

（7）通过调节器和负荷限制器恢复负荷。

（8）开关是连锁的，不能同时对两侧的主汽阀阀杆进行试验。

（9）阀位置的远程指示由开关信号提供。如果其中的任何开关与运行控制装置相连，在试验前应断开。

阀杆动作试验可通过控制室内的试验开关自动进行，这时操作员应监测阀的动作。

3. 高压调节阀活动试验

由于四个调节阀试验装置都是电气连锁的，因此试验时不能同时关闭两个阀。在试验之前，机组的负荷应减少到满负荷的75％，以防机组负荷在试验时发生波动。在75％MCR工况负荷时，CV-4基本处于全关位置，因此在试验CV-1～CV-3的过程中，CV-4阀的行程在其全行程范围内变化。

（1）按住OIS面板上，CV-1的试验按钮。

（2）通过CV-1的行程指示灯来观察阀的移动并确认阀平稳、匀速地关闭到10％开启位置。

在CV-1～CV-3的试验过程中，阀CV-4的行程自动增大，以维持此时机组的负荷与阀门试验前的负荷水平相当。

（3）当CV-1阀的行程到10％的开启位置时，CV-1的电磁操作快速关闭阀通电，CV-1迅速关闭。

（4）在证实了CV-1阀位置为0％开启位置后，放开"CV-1"试验按钮，并确认CV-1阀回到了试验前位置。

（5）当CV-1显示灯表明CV-1已回到了试验前位置后，就可以通过操纵CV-2试验按钮依次重复以上步骤（1）～（5）对CV-2进行试验。同样也可如此试验CV-3。

无需对CV-4阀门进行试验，因为在试验CV-1～CV-3的过程中，CV-4阀的行程会发生平稳的变化。

4. 再热主汽阀和中压调节阀的阀杆动作试验

检查再热主汽阀和中压调节阀的阀杆动作，按下列步骤进行试验：

（1）用开关进行两个再热主汽阀和四个中压调节阀的试验。

（2）在任意负荷下，关闭一个试验开关直至中压调节阀关闭，并打开相关再热主汽阀的电磁阀。此阀关闭时相应的指示灯亮。

（3）松开开关，再热主汽阀首先打开，接着中压调节阀打开。

（4）观测所试验的两个阀都打开后，对另一侧的中压调节阀和再热主汽阀重复上述试验。

（5）开关是连锁的，不能同时对两侧的阀门进行试验。

再热主汽阀和中压调节阀试验，每星期进行一次，可在机组带全负荷的情况下进行。关闭一个再热主汽阀会损失约 5% 的负荷。

阀杆动作试验可通过控制室内的试验开关自动进行，这时操作员应监测阀的动作。

（二）主汽阀试验

通过操作汽轮机的局部控制装置对主汽阀、再热联合阀进行遥控活动试验，目的是为了证实这些阀门能完全关闭。同时，还带动了操动机构运动，这有利于防止阀门被卡死在某一固定位置。

在按照一定顺序进行试验时，允许任一主汽阀或再热联合阀完全关闭后再打开，并且在这一过程中会出现降部份负荷现象。在主汽阀试验时，可能会降 10%～15% 的负荷，再热联合阀试验也大约会降 9% 的负荷。

通过指示灯的变化，来验证上述阀门行程的改变（包括从阀开启位置到行程中间位置和直到关闭位置）。虽然为显示阀所处的位置而设置了几种不同的显示形式，但一般开启位置都是由红灯（亮）来显示，而关闭位置则由绿灯（亮）来显示。显示阀门行程处于全开到全关过程中，任意中间位置的最常用一种方法是：红灯和绿灯都不亮来表示。由于信号灯顺序交替显示（亮与不亮）的方式很容易被看到，因此这种典型的信号灯显示顺序安排。

1. **主汽阀的遥控试验（每天）**

由于主汽阀的试验装置是电气连锁的，因此不可能同时试验关闭两个主汽阀。

（1）在 OIS 面板上按下左高压主汽阀试验按钮。

（2）注意观察主汽阀从开启位置开始关闭时，红灯和绿灯都不亮的现象。

（3）按下试验按钮直到全开灯（红灯）熄灭，全关灯（绿灯）单独亮时为止。

（4）松开试验开关。

（5）当全开灯（红灯）单独亮时，表明左高压主汽阀又处于完全打开的位置；此时右高压主汽阀可通过同样的顺次操作来试验。

2. **中压主汽阀及中压调节阀的遥控试验（每天）**

由于再热联合阀的试验装置是电气连锁的，因此不可能同时关闭两个再热联阀（关闭再热联合阀包括关闭其中的主汽阀和调节阀）。

（1）按下左中压再热联合阀的试验按钮，并使其保持在这一位置。

（2）注意观察再热调节阀由开到全关的过程。

（3）当再热调节阀完全关闭时，左中压再热主汽阀的空气试验阀自动启动使 B 再热主汽阀自动关闭，同时超速保护继电器通电。此时注意观察再热主汽阀从开启位置关闭时全关灯亮，随后全开灯灭的现象。

（4）松开试验开关，并且观察阀门的行程如下：

再热主汽阀先开启，然后调节阀的超速保护继电器断电，再随后是调节阀开启。

（5）当所有指示灯显示左中压再热联合阀已处于全开状态时，右中压再热联合阀就可以通过操作 A 再热联合阀的试验按钮来重复以上过程的试验。

3. **主汽阀试验（周检）**

通过阀杆的实际活动来每周一次确认主汽阀、再热主汽阀、调节阀的关闭情况，这样以绝对保证阀门能被完全关闭。此外，阀杆的任何不规则或粘滞性动作，能够通过阀门活动试验诊出并及时地采取措施。

(1) 主汽阀活动试验。

由于主汽阀的试验装置是电气连锁的，因此同时关闭两个主汽阀进行试验是不可能的。

1) 按住 OIS 面板上左高压主汽阀试验按钮；

2) 观察阀门的实际移动直到绿灯亮。确认左高压主汽阀匀速平稳地移动到 10% 开度的位置；

3) 当阀门到达 10% 开启位置时，左高压主汽阀电磁阀通电，左高压主汽阀被迅速关闭。

4) 按住试验按钮直到红灯亮；

5) 切除左高压主汽阀试验按钮；

6) 观察左高压主汽阀能平稳匀速地上升到原来位置；

在左高压主汽阀已达到完全开启之后，依次重复上述步骤 1)～6)，用右高压主汽阀试验按钮及绿灯/红灯显示，对右高压主汽阀阀进行试验。

(2) 再热主汽阀和再热调节阀的活动试验。

由于再热联合阀试验装置是电气连锁的，因此不能同时关闭两个阀门进行试验。例如，不能同时关闭两个调节阀也不能同时关闭两个再热主汽阀进行试验。

1) 按住 OIS 控制面板上的左中压联合汽阀试验按钮；

2) 确认阀行程匀速平稳关闭到 10% 的开启位置；

3) 当阀门关闭到 10% 的开启位置时，左中压联合汽阀的电磁阀快速关闭阀通电，左中压联合汽阀阀被快速关闭；

4) 调节阀被完全关闭时，左中压主汽阀的试验电磁阀通电，自动关闭左中压主汽阀；

5) 观察左中压主汽阀的实际移动直到只有左中压主汽阀的绿灯亮，确认左中压主汽阀的行程，平稳匀速地关闭到 10% 的开启位置；

6) 当阀移到 10% 开启位置时，左中压主汽阀的电磁快速关闭阀通电，并快速地关闭左中压主汽阀；

7) 确认左中压主汽阀到达 0% 开启位置，放开试验按钮。确认左中压主汽阀平稳匀速地打开到 100% 开启位置。

8) 当左中压主汽阀位置达到 100% 开启位置时，自动开启左中压联合汽阀确认左中压联合汽阀匀速平稳地打开；

9) 当左中压主汽阀和左中压联合汽阀的指示灯显示阀 100% 的开启时操纵右中压联合汽阀的试验按钮，依次重复上述步骤 1)～9) 试验右中压联合汽阀。

(三) 阀门严密性试验（6～12 月一次）

1. 主汽阀严密性试验

该项试验的目的是确定机组转速是否能控制好，并检查主汽阀座紧密。

主汽阀严密性在每次机组以 100% 额定压力启动时确定。但是，如果机组并不经常在满足要求的条件下启动，主汽阀就必要建立条件来考查其严密性。

当汽轮机盘车时，所有控制装置复位，相关设备为启动设好，核实主汽阀全关。

开启所有调节阀至全开行程。

注意汽轮机并未停止盘车，此时主汽阀应密封。

当表明主汽阀出现超标泄漏（转子升速）时，应立刻采取步骤维修阀门。

2. 调节阀严密性试验

该项试验的目的是确定机组转速能否良好地从零到额定转速之间进行调节。在此范围内的转速调节要求蒸汽控制阀（调节阀和 ICV 阀）的阀座密封紧密。

调节阀严密性试验步骤如下：

（1）使机组达到额定主汽压力和再热蒸汽压力（如可能）。

（2）汽轮机盘车，所有控制装置复位，相关设备为启动设好，核实调节阀和 ICV 阀全闭。如有必要，开始加热调节阀阀室。

（3）通过控制蒸汽流量并建立汽压，在推荐的加热率下，获得所需要的金属温度。预热完成后，压力立刻建立起来，允许打开主汽阀和再热截止阀。

（4）预热完成后，打开主汽阀和再热截止阀。

注意如果满足以下条件，则表明调节阀严密性符合要求。

1）主汽阀和再热截止阀处于开启状态。

2）到调节阀的蒸汽压力几乎等于新汽压力。

3）汽轮机可能脱离盘车，此时转速应保持在 600r/min 以下。

（四）抽汽止回阀试验（每天）

大部分抽汽止回阀都配有具有危急遮断功能的气动操动机构，这是危急遮断系统超速保护功能中的一个重要部分。通常这些止回阀都配有用来活动操动机构的就地空气试验阀。这些止回阀只能部分关闭，这是由于关闭弹簧的力达不到能完全克服正常抽汽时抽汽流的反作用力。它的作用只能降低止回阀后压力的 10% 左右。

这种试验以保证每一个具有动力机构的止回阀都可以被它的动力机构活动，并使运动机构活动以保证阀门能自由活动。空气试验阀通常就地装在抽汽系统中的抽汽止回阀上。

抽汽止回阀试验步骤如下：

（1）人工操作空气试验阀。

（2）检查并确认抽汽止回阀被部分关闭。

（3）使空气止回阀复位。

（4）检查并确认抽汽止回阀已返回完全打开的位置。

（5）对每一个由动力操作的抽汽系统中的止回阀重复以上过程，直到全部试验完为止。

二、定期功能试验

（一）主油箱油位仪试验（每星期）

每星期一次试验，核实主油箱油位仪能够实现油位低、高的报警功能，同时检查并确认油箱的油位。油位仪限位开关的动作，在控制室里显示出来，并且听到报警声。当由另一人将主油箱内油位杆提起（高位报警线）或压下（低位报警线）时，控制室的操作者，应注意观察和监听油位仪限位开关的动作和报警。

为了活动油位仪,有必要移开油箱油位仪的上盖,用一个钩子来机械带动浮动杆。其操作如下：

（1）手动提升浮动杆到达上止点；

（2）注意高位报警动作；

（3）手动压下浮动杆直到下止点；

（4）注意低位报警动作。

（二）自动泵开启试验（每星期）

汽轮发电机组正常运行时，有三种油泵（如辅助油泵、事故油泵和启动油泵）处于自启动备用状态，自启动受汽轮机供油减少控制程度（比如当供油压力降低到压力开关预先设定的压力值时压力开关闭合，把信号送到自动泵启动控制回路），每个压力开关处装一个试验阀以切断并排放压力开关的油压，使汽轮机组在正常运行时能对这些泵进行试验。

这种试验的目的是为了证实所有辅助和事故油泵通过压力开关的动作都能实现自动开启，并且每个备用油泵都试验，以保证其运转良好。

推荐的试验方法包括单独开启及停止透平的每个辅助及事故油泵，以确定每个油泵的工作良好。试验通常是通过试验阀就地实现的，并且压力开关的面板定位在主油箱的顶部，以便一个人能实现开启和检查泵的运转这一双重目的。为确定每个泵是否开启及运转良好，操作者在泵启动前及启动时放一只手在电机壳体上，以便检查确认电机的振动情况。

在试验过程中，让操作者在机组控制室内依次停每一个油泵。当一个泵接通时，显示指示灯就亮，经过一段时间后，就可以在主油箱上检测泵是否达到全速。当一个泵开启前，应关闭先启动的泵。

自动泵开启试验步骤如下：
(1) 确认润滑油系统工作处于常规模式，顺时针开启油泵试验阀；
(2) 检查并确认辅助油泵已启动并运转良好；
(3) 再次开启试验阀，使之处于逆时针到头位置，此时辅助油泵不会自动停止；
(4) 通过按"STOP"按钮，停止辅助油泵，确认 AUTO/MANUAL 模式置于"AUTO"；
(5) 顺时针开启事故油泵试验阀；
(6) 按下透平超速油遮断试验按钮；
(7) 检查并确认事故油泵已启动并运转良好；
(8) 再次开启试验阀，使之处于逆时针到头位置；
(9) 按"STOP"按钮，停止事故油泵，并确认 AUTO/MANUAL 模式处于"AUTO"；
(10) 顺时针开启启动油泵试验阀；
(11) 检查并确认启动油泵已启动并运转良好；
(12) 将试验阀再开到逆时针到头位置；
(13) 停止启动油泵电动机。

注意：以上油泵试验完成后，应核实以下内容：
(1) 每个被试验的油泵都被关闭，并且 AUTO/MANUAL 模式处于"AUTO"；
(2) 所有自动泵启动试验阀都是处于反时针到头位置（开启位置）。

（三）转子电压测量（每星期）

转子电压接地装置，是用来保护汽轮机的转子，免受电压对其损害。转子电压的主要来源有以下三种：
(1) 电机转子产生转子电压；
(2) 励磁系统产生的转子电压；
(3) 汽轮机转子的凝汽部分产生的电压。

由于水密封的良好特性，在用水密封的汽轮机中，转子电压能有效地接地。然而，在汽密封的汽轮机中，由于转子电压没有上述的接地途径，此时就需要有特殊的转子接地装置，这样就可以避免转子电压的形成。否则，转子电压将传到前箱支持轴承（特制是油泵轴上的轴承），主支持轴承和推力轴承的薄油膜上，然后再传到大地上。

以上传到各轴承上的电压将导致这些部件形成电击凹坑，这些凹坑使表面腐蚀或表面拉毛。因此，在电压检测装置上，有成套的铜垫片装镶在发电机内侧轴承上。

（四）危急遮断器试验（每星期）

机组上安装有危急遮断器和危急遮断装置，并且允许在机组不停机状况下进行试验。以上试验是通过操作隔离阀来实现的。隔离阀使供给主遮断电磁阀的 ETS 不被中断，这样就使危急遮断器和机械遮断阀动作时，各个主汽阀和调节阀的油动机油缸的 ETS 压力不会突降。

每星期一次的试验旨在证实危急遮断器和危急遮断装置是否处于良好的工作状态。控制器有规律的试验，可以保证其活动自如，能正常地工作。

在 OIS 面板上做如下操作：

(1) 按下汽轮机阀门和遮断系统控制板上的相应的试验按钮（按钮上有指示灯）。

在操作前应确保所有的按钮指示灯亮。

(2) 按下"隔离"下的"投入"按钮。

确认汽轮机机械超速遮断系统复位按钮灯灭和隔离按钮灯亮（这表明隔离记忆被设置）。确认 OIS 面板上的"已隔离"（透平机械超速隔离）报警已投入。

注意：如果以上提示信号没有出现，不要进行试验。

(3) 按下"喷油试验"下的"投入"按钮。

检查并确认"喷油试验"下的"喷油试验"灯和"ZS2"灯亮。

以上反馈信息表明危急遮断器和机械遮断阀已被成功操作并且现在可以开始复位。

(4) 按下"喷油试验"下的"切除"按钮。

检查并确认"喷油试验"下的"ZS2"灯灭，"1YV 带电"灯亮。

注意：如果以上反馈信息没接收到，不要进行以下的复位步骤，如果没有以上反馈信息，就表明透平机械遮断阀处在遮断位置，如果试图使隔离阀复位就会导致汽轮机遮断。

(5) 按下"隔离试验"下的"切除"按钮。

检查并确认 LOCKED OUT（机械超速隔离）报警已复位。

继续按住复位按钮直到其显示灯亮并且 LOCK-OUT（隔灯）按钮指示灯熄灭。

以上反馈信息表明机械遮断系统被复位并且已在正常工作。

（五）主遮断电磁阀试验（每星期）

主遮断电磁阀试验能够在机组带负荷的正常运行状态下完成。

(1) 按下与阀门和遮断系统连锁的控制板上相应的试验按钮灯。

在进行试验前应保证所有的按钮和显示灯亮着。

注意：电磁阀上有一个按扭灯熄灭表明连锁失败，如果此时对另一组中的任一个电磁阀进行试验，机组将跳闸。

(2) 按住 A 高压遮断电磁阀的按钮。

检查并确认 A 电磁阀按钮灯应熄灭。

(3) 松开 A 主遮断电磁阀按钮。

检查并确认 A 电磁阀按钮灯应亮。

注意：如果 A 电磁阀按钮灯不亮，不要继续以下的试验过程，此时试验 C、D 主遮断电磁阀会导至机组跳闸。

(4) 重复以上（2）、（3）步骤的试验过程，对 B、C、D 主遮断电磁阀进行试验。不要试图同时试验 A（B）和 C（D）阀，连锁会阻止这种情况发生。但当连锁失败时，两个主遮断电磁阀都同时失电，此时机组立即跳闸。

（六）抗燃油系统联动和连锁（周检）

EHC 液压泵站有两个主泵，用来向危急控制装置和调节保安系统各执行机构提供符合要求的高压工作油。

这两个泵都是 100% 容量。在通常情况下，只有一个泵运转，另一个泵作备用。正常液压供油不足时，后者自动启动补充（压力开关上的压力降低到整定值，使备用泵自启动）。

试验电磁阀安装在压力开关处的液压油管道上，用以控制流向压力开关的液压油，使在汽轮发电机组正常运转时可对泵进行试验。

此项试验旨在确认备用液压泵可通过压力开关的动作实现自动开启。

试验是通过试验电磁阀完成的，开关面板安装在液压泵站。

在试验时，当所对应的试验电磁阀带电，其相对应的压力开关动作，使处于备用状态的主油泵自动启动。具体操作说明见第十六章第五节"汽轮机调节保安系统"内容。

（七）危急遮断器试验（6～12 月一次）

建议机组在计划停机后的再启动过程中，做超速试验。

1. 冷态启动时超速试验的准备

这里要再次强调的是，冷态启动后，在高中压转子所有金属温度到达 250℃或更高以前，不要进行超速试验。当转子中心的温度高于材料脆性转变温度（汽轮机高中压转子的材料性能标准，脆性转变温度 $FATT_{50} \leqslant 120℃$）时，转子材料才能承受超速所增加应力（复读本章第一节第二条内容）。

为了使中心温度升到安全的水平，提高转子材料的抗断裂韧性性，机组就需要运行一段时间，即从转子表面温度达到 250℃时算起，运行 3h 之后，使转子中心的金属温度高于转子材料的脆性转变温度 50℃以上，才可以进行超速试验。

为了补偿机组并网前没有确认危急遮断器的实际遮断转速，就必须设置最小的油遮断转速，以确保危急遮断器是可操作的，并已设置在一个适当的范围。最小油遮断转速和实际遮断转速间，存在一个相互关系。因此，对于 3000r/min 的机组，如果最小油遮断转速高于 96％ 额定转速（2880r/min），此时应停机，将最小油遮断转速在并网前，调整到 96％ 额定转速或再低些。遮断器最小油遮断转速调整的百分比，与超速遮断点的调整百分比相同，应在机组停机检查之前，试验和记录危急遮断器最小油遮断转速。如果危急遮断器遮断转速没有变化，并且在设计范围内，则在机组重新带负荷之前的检查时，最小油遮断转速值应与停机前记录的值一样。

2. 试验过程

建议对危急遮断器定期地做如下试验：

（1）当机组初次投运时，遮断器的实际遮断点应被确认。在此试验前，达到额定转速，进行油遮断试验，以保证危急遮断系统工作正常。

（2）当投运后正常启动时，如果在停机过程中，危急遮断器的某些部件被拆卸或调整过，则超速试验和危急遮断器的校正，应重新检查并确认。首先进行油遮断，然后对遮断器进行超速遮断试验。

如果在进行定期超速试验时，从来没有对危急遮断器进行拆卸或调整过，则对定期的试验只做超速遮断试验，不再做初始的油遮断。这是因为油遮断试验，会导致超速遮断值有轻微下降，并且这个值也就不能精确反映遮断器的遮断转速。

3. 遮断点设置

危急遮断器遮断点设置在 3300～3330r/min（110.0％～111.0％的额定转速）。

需要有一个精确的方法测定转速，如频闪转速或数字转速仪等这类精密仪器是可取的。

遮断点设置试验操作过程如下：

（1）最小油遮断转速试验。

1）把转速升到大约 2700r/min；

2）按下连接阀门和遮断系统控制台的试验按钮灯；

3）按下"隔离试验"下的"投入"按钮。

检查并确认超速遮断系统复位的（复位）按钮灯熄灭，隔离（LOCKOUT）按钮灯亮（这表明隔离记忆被设置），检查并确认 OIS 面板上超速隔离报警已投入。

注意：如果以上信号没有显示出来，则不要继续以下操作过程。

4）如果透平在接近 2700r/min 时跳闸，停机并调整危急遮断器；

5）用手动调节器，慢慢地提高透平转速；

6）注意并记录油遮断操作时的转速，检查机械遮断阀操作显示灯亮，以上反馈信息出现，表明对危急遮断器和机械遮断阀的操作取得成功。

（2）危急遮断器超速试验。

开始超速试验前，请参照本条"1. 冷态启动时超速操作的准备"进行。

遵照正常停机过程，卸掉负荷（如果有负荷）。

1）在 EHG 超速功能的控制下，当按下超速按钮时，转速会增加。

2）转速升到危急遮断器的遮断转速，此时下列各阀都将关闭。

主汽阀和高压调节阀、再热主汽阀和再热调节阀、空气遮断阀动作，关闭止回阀。

3）记录遮断转速。

4）当转速降低到额定转速时，按下 OIS 面板上的主复位按钮，危急遮断阀复位后，松开按钮并有以下情况出现：主汽阀打开，再热主汽阀打开。

5）增加负荷限值器位置，使其到最大（或是另外需要的位置）。

6）选择合适的温态/热态启动条件下的加速率，例如：

温态 150r/min^2（参考）；

热态 150r/min^2（参考）。

7）选择目标转速为 3000r/min。

8）发电机励磁并使汽轮机并网。

（八）备用超速遮断试验（12～24 月一次）

机组计划停机后再启动期间，对备用控制器进行试验。

在开始对备用超速控制器进行超速试验前，依照危急遮断器超速试验操作前的准备规程来操作汽轮发电机组。

（1）当机组初次投运时，备用超速控制器的实际遮断点应被确认，在这项试验之前，首先在额定转速时进行油遮断，以保证危急遮断系统工作正常。

（2）在油遮断试验完成后，应对与"备用超速控制器"相连的电子线路进行功能试验，以确认备用超速控制器的电子线路能实现其功能。

（3）确认备用超速控制器的电子线路工作正常后，应按如下要求进行备用超速控制器的实测试验：

1）按下 OIS 面板上的 lockout（隔离）按钮，确认显示处于复位条件下的红色指示灯熄灭，同时表示隔离阀处于隔离位置的淡黄色指示灯亮后，松开隔离按钮。

2）按下"BNG 超速试验"按钮，在 EHG 超速功能的控制下，汽轮机开始升速（与危急遮断器超速试验过程一样）。

3）让机组转速升到备用控制器动作转速，下列阀将关闭：

主汽阀和调节阀；

再热主汽阀和再热调节阀。

（4）记录遮断转速。

（5）当转速降低到额定转速，按下机组控制板上的超速复位按钮，危急遮断阀复位后，松开复位按钮并出现下列情况：

主汽阀打开；

再热主汽阀打开。

（6）用 EHG 复原额定转速。

（九）定期检查和试验项目清单表

定期检查和试验项目清单表，见表 17-22～表 17-25。

表 17-22 　　　　　　　　　　　　　　运行时主要部件定期检查

检查对象	检查和维修项目	检查周期	备 注
1. 汽轮机本体：主机			
汽缸和转子	（1）非正常声音、噪声和振动情况	每天	
	（2）检查汽轮机监测仪表记录器的指示		
	1）转子位置	每天	在"K"中性位置： 报警±0.9mm 跳闸±1.0mm ＋推力侧 －反推力侧
	2）振动（轴）	每天	在轴上（双振幅）： 报警 0.125mm 跳闸 0.25mm
	3）胀差	每天	高中压缸、低压缸： 报警条件： 加热瞬变：＋10.3mm ＋22.7mm （转子伸长） 冷却瞬变：－4.0mm －0.76mm （转子缩短） 跳闸条件： 加热瞬变：＋11.1mm ＋23.5mm （转子伸长） 冷却瞬变：－4.7mm －1.52mm （转子缩短）
	4）汽缸膨胀	每天	
	5）调节阀打开位置	每天	
	6）偏心度	在盘车运行时（0～600r/min）	双振幅： 正常低于 0.05mm 报警高于 0.075mm
	（3）检查汽轮机进口和各级压力和温度	每天	
	（4）检查各点的蒸汽泄漏	每天	特别是： 汽缸水平法兰 各汽封
	（5）汽轮机排汽温度	每天	限制值： 报警 80℃ 将温控喷水装置设置在 70℃
轴承座	（1）检查转子电流保护装置情况	每天	
	（2）在下列部件中涂防咬合剂（MOLYKOTE） 　1）汽缸支撑下 　2）高压轴承箱下	每3～6月	

检查对象	检查和维修项目	检查周期	备注
轴承	(1) 轴承供给油压	每天	
	(2) 金属和排油温度 检查所有较大变化	每天	限制值（报警）： 推力轴承金属 99℃ 支持轴承金属 107℃ 支持轴承排油 77℃
	(3) 检查油密封环和轴承箱的漏油	每天	
	(4) 通过流量观测器检查轴承排油流量	每天	
轴封蒸汽管道	(1) 汽封蒸汽调节阀运行情况	每天	
	(2) 检查汽封蒸汽供汽压力	每天	
	(3) 检查汽封蒸汽冷却器真空	每天	
	(4) 检查疏水器的运行情况并清理过滤器	每星期	
	(5) 检查低压汽封蒸汽温度，应在 120～180℃ 范围内	每天	设定点 150℃
盘车装置	(1) 检查漏油	每天	
	(2) 检查盘车装置手柄位置	每天	

2. 汽轮机本体：主要阀门

检查对象	检查和维修项目	检查周期	备注
主汽阀、调节阀、再热主汽阀、中压调节阀	(1) 阀杆动作试验		
	1) 节流和调节阀	每星期	低于 65% 负荷
	2) 再热主汽和中压调节阀	每星期	
	(2) 检查运行中的运行情况	每天	对阀杆特别注意
	(3) 在汽轮机跳闸时各阀迅速关闭		
	(4) 检查阀杆和阀盖的漏汽情况	每天	
	(5) 不正常的声音，噪声和振动	每天	
抽汽止回阀	阀杆动作试验	每星期	气缸型式

3. 汽轮机本体：控制系统

检查对象	检查和维修项目	检查周期	备注
主油泵	检查下列项目的油压		
	1) 主油泵吸入口		检查所有较大变化
	2) 主油泵排油口		
保护装置	(1) 轴承油压低跳闸	每月	设计点： 报警 0.069～0.079MPa（g） 跳闸 0.044～0.059MPa（g）
	(2) 真空低跳闸	每月	背压高： 报警 16.7kPa（a） 跳闸 28kPa（a）
	(3) EH 油压低跳闸装置试验	每月	
	(4) 超速跳闸试验	每年	检查超速跳闸值
	(5) OPC 试验	每年	检查设定值

4. 汽轮机本体：油系统

检查对象	检查和维修项目	检查周期	备注
储油器、冷油器、油管道	(1) 油位	每天	
	(2) 油管道，冷油器和储油器周围的漏油情况	每天	
	(3) 储油器中的真空设置	每天	

检查对象	检查和维修项目	检查周期	备注
储油器、冷油器、油管道	（4）不正常的声音、噪声，振动和排油烟机的轴承温度	每天	
		每月	进行润滑油分析
	（5）主油箱润滑油取样	每天	
	（6）检查冷油器出口油温控制器的运行情况	每天	
	（7）检查冷油器泄漏	每天	将手柄转动几圈
	（8）清理油箱和高压轴承箱叠片转动式滤油器	每星期	尽快清理过滤器，小心各轴承箱处的油密封环漏油
	（9）检查储油器中的回油过滤器		
润滑油泵、辅助油泵、盘车油泵、事故油泵	油泵的自启动试验	每星期	设置点： A. O. P.：0. 084 MPa（g） T. O. P.：0. 075 ～ 0. 0823MPa（g） E. O. P.：0. 06865～0. 0755MPa（g）
油净化装置		每星期	
DC 顶轴油泵	油泵自启动试验	在停机时	设置点是 7. 0MPa（g）

5. 汽轮机本体：E/H 油系统

检查对象	检查和维修项目	检查周期	备注
E/H 油系统	（1）液位	每天	
	（2）E/H 管道，冷却器和储油器周围的泄漏	每天	
	（3）E/H 油泵的不正常的声音、噪声、振动	每天	
	（4）E/H 油取样	每月	
	（5）储油器油温	每天	
E/H 油泵	E/H 油泵自启动试验	每星期	设置点是 9. 3MPa（g）

表 17-23　　　　　　　**常规试验和检查计划**

汽轮机本体　　　　　　　标准 RW-061-919

序号	常规试验项目	试验条件	试验周期	备注
1-1	阀杆动作试验： （1）节流阀 （2）调节阀 （3）再热主汽阀 （4）中压调节阀 （5）抽汽截止阀 1）油动 2）气动	少于 65% 负荷	每星期	
1-2	保护装置功能试验： （1）油控超速跳闸试验 （2）真空低跳闸 （3）润滑油压低试验	任何负荷	每月	检查报警和跳闸值
1-3	油泵自动启动试验： （1）辅助油泵 （2）盘车油泵 （3）危机油泵 （4）E/H 油泵	任何负荷	每月	检查设定值和润滑油压低报警值
1-4	超速跳闸试验	空载时	每年 1 次	检查超速跳闸值
1-5	OPC 试验	空载时	每年 1 次	检查设置值
1-6	汽轮机电磁跳闸试验	空载时	每年 1～2 次	盘车或完全停止时

序号	常规试验项目	试验条件	试验周期	备　　注
1-7	冷油器切换	任何负荷	每月	
1-8	其他			
	（1）E/H 油中的过滤器	任何负荷	每星期	
	（2）检查储油器中的回油过滤器	任何负荷	每星期	
	（3）检查主油泵和 E/H 油箱中的油位	任何负荷	每星期	
	（4）检查油净化装置中的油位和喷水器水位	任何负荷	每星期	在连续运行时
	（5）排烟风机	任何负荷	每星期	在连续运行时
	（6）汽轮机润滑油分析	任何负荷	每月	从冷油器底部和油净化器出口取样
	（7）滑动面涂防黏合剂（在气缸支撑和高压轴承箱下）	任何负荷	每 3 或 6 个月	
	（8）清理转子接地装置的接地刷	任何负荷	每星期	
	（9）分析 E/H 油（微孔和化学的）	任何负荷	每月	从冷油器底部和油净化器出口取样

表 17-24　　　　　　　　　　　　大、小修检查间隔

分　类	设　备	大修检查项目	间　隔	大修类型
1. 汽轮机	（1）汽缸	上半缸拆卸、内表面检查、变形检查等	每 4 年	大修
	（2）转子	转子大修、叶片检查、间隙检查、时效等调查状态	每 4 年	大修
	（3）隔板	检查每个部件的情况	每 4 年	大修
	（4）汽封、平衡环	检查每个部件的情况	每 4 年	大修
	（5）高温螺栓	时效检查	每 4 年	大修
	（6）轴承	推力轴承检查、支持轴承检查	每 2 年	小修
	（7）盘车装置	总体检查 大修检查	每 2 年 每 4 年	小修 大修
	（8）轴系对中	联轴节对中检查	每 2 年	小修
2. 阀门	节流阀、调节阀、再热主汽阀、再热调节阀	拆卸阀体	每 2 年	小修
3. E/H 控制油系统	（1）油泵	更换	每 4 年	大修
	（2）入口过滤器 （3）管路过滤器	清洁并重新使用	每 1 年	定期维修
	（4）回流过滤器	更换部件：如果压差高于 0.2MPa（g），更换元件	每 1 年	定期维修
	（5）硅藻土过滤器	更换元件：如果中性值不能保持在 0.3mgKOH/g 以下，更换元件	每 4 月	定期维修
	（6）备用过滤器	更换元件	每 4 月	定期维修
	（7）微分离器	清洁并重新使用	每 1 年	定期维修
	（8）抛光过滤器	更换元件：如果压差高于 0.24MPa（g），更换元件	每 6 月	定期维修
	（9）压差开关 （10）卸载阀 （11）止回阀 （12）泄放阀	更换	每 4 年	大修
	（13）冷油器	更换密封部件、压力试验	每 4 年	大修
	（14）角阀 （15）截止阀	更换密封部件	每 4 年	大修

分　类	设　备	大修检查项目	间　隔	大修类型
4. E/H 油蓄能器	(1) 高压蓄能器	更换活塞环和密封部件	每 4 年	大修
	(2) 低压蓄能器	更换气囊和密封部件	每 4 年	大修
	(3) 截止阀	更换密封部件	每 4 年	大修
5. 执行机构	(1) 液压缸	更换活塞环和密封部件	每 4 年	大修
	(2) 伺服阀	(1) 性能试验（按试验结果要求更换部件）	每 2 年	小修
		(2) 更换过滤器及密封部件	每 4 年	大修
	(3) 过滤器	清洁并重新使用	每 1 年	定期维修
	(4) 电磁阀	更换	每 4 年	大修
	(5) 泄放阀、截止阀、止回阀	更换密封部件	每 4 年	大修
6. 电磁块	(1) 电磁阀	更换和功能试验	每 4 年	大修
	(2) 止回阀、截止阀	更换密封部件	每 4 年	大修
7. 润滑油系统	(1) 泵	拆卸和检查	每 2 年	小修
	(2) 泄放阀	拆卸和检查	每 2 年	小修
	(3) 油箱	内部部件检查	每 2 年	小修
	(4) 冷油器	内部管路清洁	每 2 年	小修
		拆卸和检查	每 4 年	大修
	(5) 油调节器	清洁和检查	每 1 年	定期维修
8. 仪表	(1) 调节阀	检查及调整	每 1 年	定期维修
	(2) 仪表	检查及调整	每 1 年	定期维修
9. 管系	管系	油漆和管路状况、管系变形	每 4 年	大修
10. 保温	保温	厚度和涂层	每 4 年	大修

表 17-25　　　　　　　　　　　大修检查程序

工作程序	检查项目	方　法	标准及采取措施
一、汽轮机本体：准备			
1. 汽轮机停机及盘车	油压、汽缸温度、转子偏心度、转子位置	(1) 监测仪表和实际指示器 (2) 监测仪表和深度千分表	当最高的温度（调节级汽室金属温度）低于170℃时，停止盘车；报警 0.075mm 报警±0.9mm
2. 拆除隔热罩和保温层			应从低温区开始去除保温材料
二、汽轮机本体：本体			
1. 拆卸连通管	(1) 膨胀节的变形和裂纹 (2) 内表面的侵蚀 (3) 导叶的焊接位置	P. T. V. I. P. T.	
2. 拆卸 LP 缸上半	(1) 水平中分面法兰的变形和泄漏 (2) 撑板和拉筋的焊接位置内表面的侵蚀	V. I V. I&、P. T.、V. I	

工作程序	检查项目	方 法	标准及采取措施
3. 拆卸主要阀门：主汽阀、调节阀、再热调节阀、再热主汽阀	(1) 密封垫圈表面变形 (2) 阀座表面情况 (3) 阀体内侧表面损坏 (4) 阀杆与套筒之间的间隙 (5) 阀杆的挠曲 注：以上的检查应在清洗和去除氧化皮后进行	V. I V. I D. I P. T D. I.	当大于最大设计间隙的1.5倍时，更换阀杆和套筒
4. 拆卸 LP 内缸上半部和隔板	(1) 水平中分面法兰的变形和泄漏 (2) 静叶的裂纹和水垢	V. I. P. T.	除去水垢，根据检查情况确定采取措施
5. 拆卸 HP 和 IP 外缸上半	(1) 水平中分面法兰的变形及漏汽 (2) 汽缸的外表面和内表面 (3) 外缸管支撑件的裂纹 (4) 主蒸汽和再热蒸汽进口管焊接部位的裂纹 (5) 焊环的磨损和变形	V. I&P. T V. I. &P. T.（M. T.） V. I.、P. T. & U. T. V. I.、P. T. & U. T. D. I. & V. I.	
6. 高温螺栓（高于350℃）	螺栓的时效劣化（HP缸，主阀门，隔板和平衡环等的螺栓）	V. I.、M. T.、U. T.、P. T.	
7. 拆卸 LP 和 HP 汽封体上半	垂直法兰的变形和损坏	V. I.	
8. 拆卸 HP 缸其他管路的螺栓			
9. 油箱和冷油器中的排油			
10. 拆卸 HP 和 IP 内缸上半，隔板和平衡环	HP 和 IP 内缸、隔板和平衡环的变形及漏汽	V. I. &P. T.	
11. 拆卸喷嘴室	焊接部位和静叶的裂纹及侵蚀	V. I. &P. T.	
12. 拆卸 HP/IP，LP 和发电机之间的联轴节	(1) 对中 (2) 联轴节螺栓的长度 (3) 联轴节螺栓的铰刀直径 (4) 铰孔直径 (5) 螺栓螺纹的损坏	D. I. D. I. D. I. D. I. P. T.	记录重新装配螺栓和铰孔之间的设计间隙：0.06mm。当超过0.10mm时，更换螺栓发现时，更换螺栓
13. 拆卸上半轴承，轴承座和盘车装置	(1) 支持轴承的损坏 (2) 轴承和转子之间的接触部位 (3) 盘车齿轮的损坏和齿接触面	P. T. V. I. V. I.	
14. 拆卸主油泵和推力轴承	(1) 推力轴承和主油泵轮盘的损坏 (2) 推力轴的松动 (3) 主油泵轴的挠曲和偏心	P. T. V. I. D. I. & V. I.	

工作程序	检查项目	方　　法	标准及采取措施
15. LP 转子的起吊	(1) 转子挠曲 (2) 围带、凸榫和叶片的损坏和裂纹 (3) 司太立的腐蚀 (4) 水垢 (5) 连轴器表面和套管 (6) 转子本体	D. I. P. T. &M. T. P. T. &V. I. V. I. D. I. &V. I. M. T.	包括低压末级拉筋必须除去水垢
16. HP 转子的起吊	(1) 转子挠曲 (2) 围带和叶型部分的破损和裂纹 (3) 水垢 (4) 联轴节表面和套管 (5) 转子本体	D. I. P. T. &M. T. V. I. D. I. &V. I. M. T.	必须除去水垢，对平衡槽进行特别检查
17. 拆卸 HP 和 LP 缸下半、喷嘴室、HP 内缸、HP 隔板、HP 平衡环、HP 内汽封、LP 内缸、LP 隔板、LP 汽封	变形和损坏 注：参照相对于每个上半的以下所提及的项目	V. I. &P. T.	
18. 保护装置	(1) 继动装置和联动装置的松动和连接 (2) 推力轴承磨损跳闸装置的喷嘴和止回阀的损坏	V. I. V. I.	
19. 装配轴承的下半部	轴承球形键和外壳之间的接触面	D. I.	接触面积应超出总面积的 75%
20. 装配各部件：LP 下半汽封、LP 下半隔板、LP 下半缸	汽封片的弯曲和磨损	V. I	修复
21. 调整 LP 转子	(1) 径向和轴向间隙 (2) 设定胀差传感器	V. I &D. I. V. I &D. I.	参照间隙表
22. 装配 HP 下半：喷嘴室、隔板、平衡环、内缸、内汽封	汽封片的弯曲和磨损	V. I.	修复 切记连接和焊接 HP 内缸的疏水管
23. 调整 HP 转子	(1) 径向和轴向间隙 (2) 轴位和偏心度传感器	V. I. &D. I. V. I. &D. I.	参照间隙表 检查间隙信号特性
24. 装配 LP 缸上半部：隔板、汽缸内汽封	(1) 上半部件和低压转子的顶部间隙 (2) 检查汽缸内部是否有异物	V. I. &D. I. V. I.	参照间隙表 除去异物
25. 装配 HP 上半缸：喷嘴室、隔板、平衡环、内缸、内汽封	(1) 每个部件和 HP 转子之间的顶部间隙 (2) 检查汽缸内侧是否存有杂质	V. I. &D. I. V. I.	参照间隙表 除去异物

工作程序	检查项目	方　法	标准及采取措施
26. 装配 HP 和 LP 上半：外缸、外汽封			
27. 调整推力轴承	推力环和推力轴承之间的间隙检查 注：应把推力轴承调整在转子的"K"值位置	V. I. & D. I.	设计为： 0.25～0.38mm
28. 装配轴承上半部	每个轴承的间隙	V. I. & D. I.	参照间隙表
29. 装配主油泵汽缸	主油泵油密封环间隙	V. I. & D. I.	设计为： 0.14～0.22mm（直径）
30. LP-2 和 LP-1 转子的对中	检查和判定 0°和 180°位置的记录	V. I. & D. I.	进行对中记录
31. LP-1 和 HP 转子的对中	检查和判定 0°和 180°位置的记录	V. I. & D. I.	进行对中记录
32. LP-2 和发电机转子的对中	检查和判定 0°和 180°位置的记录	V. I. & D. I.	进行对中记录
33. 连接 HP/IP、LP-1、LP-2 和发电机之间转子联轴节	螺栓紧固扭矩	V. I. & D. I.	安装联轴节螺栓和螺母时采用匹配标记
34. 装配盘车装置	检查齿轮间隙	V. I. & D. I.	
35. 安装汽轮机监测仪表	传感器和防蚀板之间的间隙	D. I.	检查间隙信号特性
36. 装配所有轴承盖	(1) 油封环的间隙 (2) 轴承座和轴承球形座之间的间隙	V. I. & D. I. V. I. & D. I.	参照间隙表
37. 装配连通管			
38. 装配各部件：主汽阀、调节阀、再热调节阀及主汽阀	(1) 阀门和阀座之间的接触面 (2) 伺服电动机行程	V. I. V. I. & D. I.	参照伺服电动机图纸
39. 装配冷油器			
40. 把润滑油注入油箱内	油位	V. I.	
41. 把抗燃油注入 E/H 油箱中	油位	V. I.	
42. 油冲洗	氧化皮和泄漏	V. I.	在油冲洗过程中对每个轴承进口安装临时过滤器
43. 转子盘车	(1) 盘车装置连锁试验 (2) 摩擦 (3) 盘车电动机的电流	V. I. V. I. V. I.	转子盘车前，检查电动机
44. 保护装置的调整和试验	(1) 汽轮机保护装置试验 (2) 机组连锁试验	V. I. V. I.	参照控制油压，调整和连锁次序图表

工作程序	检查项目	方　　法	标准及采取措施
45. 安装隔热罩和保温层	汽轮机辅件的保温	V. I.	
46. 空载运行和带负荷运行试验	(1) 调节器和油压设定 (2) 保护装置试验（包括汽轮机超速跳闸试验） (3) 振动测定 (4) 运行过程中进行记录（压力和温度）	V. I.	参照汽轮机运行程序和控制油压设定指导记录表